国家出版基金项目
NATIONAL PUBLICATION FOUNDATION

中国胡蜂科昆虫原色图鉴

A Color Atlas of the Chinese Vespid Wasps

李廷景　陈　斌　主编

河南科学技术出版社
·郑州·

内容提要

本图鉴收录我国胡蜂科昆虫 6 亚科 65 属 388 种，内容包括基础知识、蜾蠃亚科、马萨胡蜂亚科、马蜂亚科、狭腹胡蜂亚科、胡蜂亚科、长腹胡蜂亚科等七部分。基础知识包括胡蜂科昆虫的分类研究概述、生物学特性及经济学意义、地理分布和我国胡蜂科昆虫种类名录。各亚科介绍了各属和种的中文名称、拉丁学名、形态特征和地理分布信息，并编制了分属、分种检索表；每个物种都配有成虫标本整体和局部特征照片，部分种类还提供有成虫生态照片。本图鉴可供昆虫研究人员、农林行业和科普教育工作者、高等院校师生及昆虫爱好者参考。

图书在版编目（CIP）数据

中国胡蜂科昆虫原色图鉴/李廷景，陈斌主编. —郑州：河南科学技术出版社，2023.10

ISBN 978-7-5725-1352-7

Ⅰ. ①中… Ⅱ. ①李… ②陈… Ⅲ. ①胡蜂科—中国—图集 Ⅳ. ①Q969.554.408-64

中国国家版本馆CIP数据核字（2023）第203771号

出版发行：河南科学技术出版社
地址：郑州市郑东新区祥盛街27号　邮编：450016
电话：（0371）65737028　65788613
网址：www.hnstp.cn
邮箱：hnstpnys@126.com
总 策 划：周本庆
策划编辑：李义坤
责任编辑：李义坤
责任校对：崔春娟
整体设计：张　伟
责任印制：徐海东
地图审图号：国审字（2023）第04210号
地图编制：湖南地图出版社
印　　刷：河南瑞之光印刷股份有限公司
经　　销：全国新华书店
开　　本：889 mm × 1 194 mm　1/16　印张：40.25　字数：1 420千字
版　　次：2023年10月第1版　2023年10月第1次印刷
定　　价：598.00元

作者简介

李廷景，博士，重庆师范大学生命科学学院教授，博士生导师。长期从事胡蜂科、钩土蜂科及土蜂科等类群的分类及系统演化研究，主持国家自然科学基金项目、《中国动物志 昆虫纲 膜翅目 胡蜂科》编研及省部级科研项目等16项，发表学术论文75篇，合著专著2部；获重庆市自然科学奖二等奖1项，云南省科学技术奖励自然科学奖二等奖1项，周尧昆虫分类学奖励基金2项；曾多次荣获校级“优秀教师”“巾帼标兵”“师德标兵”等荣誉称号。

陈斌，博士，重庆师范大学二级教授，博士生导师，英国知山大学客座教授。俄罗斯自然科学院外籍院士，享受国务院政府特殊津贴专家，重庆市“两江学者”和“巴渝学者”。曾在英国利兹大学作研究员、在日本东京大学作客座教授、在美国耶鲁大学作研究科学家等达11年。长期从事昆虫学、分子生物学和有害生物控制领域的教学和科研工作。主持联合国IAEA项目，美国NIH项目、英国Wellcome Trust基金、国家自然科学基金等科研项目80余项。发表论文362篇，出版专著32部，获准专利33项。

序

胡蜂科 Vespidae 是膜翅目 Hymenoptera 的重要类群。胡蜂通常也叫马蜂、黄蜂等，是人们常见的一类昆虫。中国古人对此类昆虫曾有壶蜂、奔蜂、蒲芦、蠓螉、蚴蜕等称呼，主要源于其形态与习性，早在《诗经》中就有“螟蛉有子，蜾蠃负之”的记载。

人们对于胡蜂的第一印象是其性情凶猛，进攻性强；部分种类常在房屋、果园、农田等处筑巢，如被人畜误扰常会引起群蜂蜇刺而致受伤，严重者甚至死亡，常使人们“闻蜂丧胆”。特别是近年来，在陕西、山东、北京、江苏等地多次发生胡蜂袭人事件，仅陕西 2005 年 9 月见于报道的被胡蜂袭击而死亡的人数竟达 36 人，蜇伤的有 678 人之多；胡蜂袭人现象一度成为影响局部区域社会安定、农林生产和人居环境安全的恶性公害，在国内外引起强烈反响，受到社会各界的高度关注。

实际上，胡蜂的生活习性多样，有独居性、亚社会性和社会性三大类，多数种类并不主动攻击人畜。不少胡蜂能捕食棉铃虫、黏虫、玉米螟等鳞翅目害虫，是自然生态系统中重要的捕食性天敌昆虫，有些种类已被开发作为农林害虫的天敌昆虫并广泛应用；湖北、安徽、浙江等地曾利用胡蜂对农林害虫进行生物防治，取得了明显效果。部分胡蜂的成虫能取食花蜜和花粉，为植物花粉或种子的传播媒介。

胡蜂也是常见的食用昆虫与药用昆虫。在唐代它们就已成为民间馈赠或出售的一种上好产品，877 年刘恂《岭表录异》中曾有取胡蜂蛹以盐炒之作为特产寄送京城亲友的记载。胡蜂幼虫与蛹是山区老百姓重要的蛋白质来源之一，在我国西南山区的农户祖祖辈辈都会用火烧的方式获取山林中胡蜂的幼虫与蜂蛹食用；近年来，胡蜂幼虫与蜂蛹的营养价值越来越被人们认可，市场价格越来越高，在山区农贸市场形成了区域性产业行为。胡蜂酒是山区老百姓预防治疗风湿病的有效中药，还能起到保健作用；胡蜂蜂毒在预防和治疗风湿病、关节炎等病痛方面的效果已被人们广泛认可和接受，胡蜂的抗肿瘤、抗病毒、抗炎及免疫调节等作用及其作用机制正在逐步被揭示。

为了更好地利用胡蜂资源，人们已完成了多种胡蜂的规模化养殖，部分解决了人工条件下蜂王批量交配、批量越冬、越冬蜂王筑巢等技术难题，实现了蜂资源的可持续发展，探索出一套“蜂口夺金”的技术。

我国胡蜂科 Vespidae 昆虫种类丰富，但分类研究起步较晚。从 20 世纪 40 年代开始，在刘崇乐、马骏超等老一代昆虫学家相关研究积淀的基础上，经李铁生、董大志、陈斌、李廷景、谭江丽等学者的研究，中国胡蜂科的物种多样性基本清晰。重庆师范大学李廷景与陈斌两位教授近 20 年来专注于胡蜂科 Vespidae 昆虫的分类、系统发育和进化研究，集前人之大成，完成了《中国胡蜂科昆虫原色图鉴》这部专著，并获得了国家出版基金项目资助。该图鉴是我国现阶段胡蜂科昆虫分类的系统总结，共收录了我国胡蜂科 Vespidae 昆虫 6 亚科 65 属 388 种，编制了分亚科、分属、分种的检索表，简要描述了各种的形态特征和地理分布，并提供了其形态及部分种生态和雄性外生殖器照片。

我相信该著作的出版会大大促进我国胡蜂科昆虫多样性的保护与资源的有效利用。

中国农业大学昆虫学系教授 彩万志

2023 年 9 月

前言

胡蜂科 Vespidae 隶属膜翅目 Hymenoptera 细腰亚目 Apocrita，全世界已知 8 亚科约 6 000 种，全球分布。在形态上，停飞时翅常呈折叠状；口器为咀嚼式或嚼吸式；复眼大，内缘中部深凹陷；前胸背板倒 V 形，两侧分别伸达翅基片基部；中足基节相互接触，胫节端部具 1~2 个距，跗节无排刷状毛簇；体常具色斑。在生活习性上，可分为独居性（蜾蠃亚科 Eumeninae、犹胡蜂亚科 Euparagiinae、马萨胡蜂亚科 Masarinae 及盖胡蜂亚科 Gayellinae）、亚社会性（长腹胡蜂亚科 Zethinae 和狭腹胡蜂亚科 Stenogastrinae）和社会性（马蜂亚科 Polistinae 和胡蜂亚科 Vespinae）三种类型。胡蜂科昆虫种群数量大、飞翔迅速、性情凶猛、捕食量大，是自然生态系统中重要的捕猎性昆虫，不少种类已被开发作为农林害虫的天敌昆虫并广泛应用，但胡蜂亚科 Vespinae 种类可捕食蜜蜂和蜻蜓等益虫，严重时产生危害。大多数种类的成虫取食花蜜和花粉，马蜂亚科 Polistinae 和胡蜂亚科 Vespinae 的种类还取食植物种子的附属物及树脂等。因此，该类群也是植物花粉或种子的传播媒介。规模化养殖胡蜂亚科 Vespinae 种类及蜂毒的开发利用亦是近些年资源昆虫研究的热点。马蜂亚科 Polistinae 和胡蜂亚科 Vespinae 部分种类常在果园、农田及房屋等处筑巢，人畜误扰蜂巢后常会导致群蜂蜇刺而受伤，严重者甚或死亡，让人“闻蜂丧胆”。

我国胡蜂科 Vespidae 昆虫种类丰富，已知 6 亚科 69 属 481 种，全国分布，尤以热带和亚热带种类最为丰富，不少种类是重要的经济昆虫。近 20 年来，我们专注于胡蜂科 Vespidae 昆虫的分类、系统发育和进化研究，旨在弄清我国胡蜂科 Vespidae 昆虫的物种多样性，建立自然的分类系统，为物种的正确鉴定、有益昆虫利用、有害昆虫控制提供依据。足迹遍布全国各省区市，特别是重要的生态环境区，采集和制作该科昆虫标本 3 万余号，拍摄了大量的生态照片，共收集 65 属 420 余种，其中已发表新记录属 8 属，新种 80 余种，新记录种 59 种，部分新种、新记录种待发表。目前，我国胡蜂科 Vespidae 昆虫分类研究尚缺乏系统总结，更没有全面介绍我国胡蜂的原色图鉴，为此我们系统编写了本图鉴。本图鉴收录我国胡蜂科 Vespidae 昆虫 6 亚科 65 属 388 种。它共分基础知识、蜾蠃亚科 Eumeninae、马萨胡蜂亚科 Masarinae、马蜂亚科 Polistinae、狭腹胡蜂亚科 Stenogastrinae、胡蜂亚科 Vespinae、长腹胡蜂亚科 Zethinae 等七部分。基础知识包括胡蜂科 Vespidae 昆虫的分类研究概述、生物学特性及经济学意义、地理分布和我国胡蜂科 Vespidae 昆虫种类名录。各亚科介绍了各属和种的中文名称、拉丁学名、形态特征和地理分布信息，并编制了分属、分种检索表；每个物种都配有成虫标本整体和局部特征照片，部分种类还提供有成虫生态照片。本图鉴中的标本照和测量数据主要基于所研究的标本（采用基恩士超景深三维显微系统 VEX-5000 拍摄和测量），生态照除作者及其团队拍摄的之外，其余均标注拍摄者。本图鉴可供昆虫学研究人员、农林行业和科普教育工作者、高等院校师生及昆虫爱好者参考。

长期以来，胡蜂科 Vespidae 昆虫分类研究工作能够顺利开展和持续深入，得到了国家自然科学基金项目（31772490，31372247，31000976）及科技基础资源调查专项（2022FY202100）的资助。同时，本书也得到国家出版基金资助（2023）。

由于作者水平有限，书中可能存在遗漏或不妥之处，敬请专家学者和广大读者批评指正。

编著者

2023 年 9 月

目录

第一部分　基础知识 …… 1

一、胡蜂科 Vespidae 昆虫分类研究概述 …… 2

二、胡蜂科 Vespidae 昆虫生物学特性及经济意义 …… 4

三、胡蜂科 Vespidae 昆虫形态特征 …… 23

四、胡蜂科 Vespidae 昆虫地理分布 …… 30

五、中国胡蜂科 Vespidae 昆虫名录 …… 38

第二部分　蜾蠃亚科 Eumeninae …… 53

蜾蠃族 **Eumenini** …… 54

一、华丽蜾蠃属 *Delta* de Saussure, 1855 …… 55

1. 铃华丽蜾蠃 *Delta campaniforme* (Fabricius, 1775) …… 56

2. 锈色华丽蜾蠃 *Delta conoideum* (Gmelin, 1790) …… 57

3. 德钦华丽蜾蠃 *Delta deqinensis* Dong *et* Wang, 2017 …… 58

4. 半羽华丽蜾蠃 *Delta dimidiatipenne* (de Saussure, 1852) …… 59

5. 原野华丽蜾蠃指名亚种 *Delta esuriens esuriens* (Fabricius, 1787) …… 60

6. 大华丽蜾蠃 *Delta pyriforme* (Fabricius, 1775) …… 61

二、蜾蠃属 *Eumenes* Latreille, 1802 …… 63

7. 密毛蜾蠃 *Eumenes affinissimus* de Saussure, 1852 …… 66

8. 北风蜾蠃 *Eumenes aquilonius* Yamane, 1977 …… 67

9. 热带蜾蠃 *Eumenes atrophicus* (Fabricius, 1798) …… 68

10. 贝尔蜾蠃 *Eumenes belli* Giordani Soika, 1973 …… 70

11. 北方蜾蠃指名亚种 *Eumenes coarctatus coarctatus* (Linnaeus, 1758) …… 71

12. 冠蜾蠃指名亚种 *Eumenes coronatus coronatus* (Panzer, 1799) …… 72

13. 锈触蜾蠃 *Eumenes ferrugiantennus* Zhou, Chen *et* Li, 2012 …… 73

14. 锈腹蜾蠃 *Eumenes ferruapiculus* Qin, Chen *et* Li, 2023 …… 74

15. 孪蜾蠃 *Eumenes fraterculus* Dalla Torre, 1894 …… 75

16. 新疆蜾蠃 *Eumenes fulvopilosellus* Giordani Soika, 1965 …… 76

17. 凸圆蜾蠃 *Eumenes gibbosus* Nguyen, 2015 …… 77
18. 康格拉蜾蠃 *Eumenes kangrae* Dover, 1925 …… 78
19. 江苏蜾蠃 *Eumenes kiangsuensis* Giordani Soika, 1941 …… 79
20. 唇蜾蠃 *Eumenes labiatus* Giordani Soika, 1941 …… 81
①唇蜾蠃黄黑亚种 *Eumenes labiatus flavoniger* Giordani Soika, 1986 …… 81
②唇蜾蠃指名亚种 *Eumenes labiatus labiatus* Giordani Soika, 1941 …… 82
③唇蜾蠃中华亚种 *Eumenes labiatus sinicus* Giordani Soika, 1941 …… 82
21. 陆蜾蠃东北亚种 *Eumenes mediterraneus manchurianus* Giordani Soika, 1971 …… 84
22. 黑盾蜾蠃 *Eumenes nigriscutatus* Zhou, Chen *et* Li, 2012 …… 85
23. 基蜾蠃指名亚种 *Eumenes pedunculatus pedunculatus* (Panzer, 1799) …… 86
24. 点蜾蠃 *Eumenes pomiformis* (Fabricius, 1781) …… 87
25. 孔蜾蠃 *Eumenes punctatus* de Saussure, 1852 …… 88
26. 方蜾蠃指名亚种 *Eumenes quadratus quadratus* Smith, 1852 …… 90
27. 红胫蜾蠃 *Eumenes rubrofemoratus* Giordani Soika, 1941 …… 92
28. 显蜾蠃 *Eumenes rubronotatus* Pérez, 1905 …… 93
29. 北部蜾蠃指名亚种 *Eumenes septentrionalis septentrionalis* Giordani Soika, 1940 …… 95
30. 外贝加尔蜾蠃 *Eumenes transbaicalicus* Kurzenko, 1984 …… 96
31. 三斑蜾蠃 *Eumenes tripunctatus* (Christ, 1791) …… 97
三、黄斑蜾蠃属 *Katamenes* Meade-Waldo, 1910 …… 99
32. 斯氏黄斑蜾蠃金黄亚种 *Katamenes sichelii fulvus* (Eversmann, 1854) …… 100
33. 断带黄斑蜾蠃 *Katamenes tauricus* (de Saussure, 1855) …… 101
四、奥蜾蠃属 *Oreumenes* Bequaert, 1926 …… 103
34. 镶黄蜾蠃 *Oreumenes decoratus* (Smith, 1852) …… 104
五、费蜾蠃属 *Phimenes* Giordani Soika, 1992 …… 105
35. 弓费蜾蠃指名亚种 *Phimenes flavopictus flavopictus* (Blanchard, 1804) …… 106
盾蜾蠃族 Odynerini …… 108
六、全盾蜾蠃属 *Allodynerus* Blüthgen, 1938 …… 112
36. 糙全盾蜾蠃 *Allodynerus asperipunctarus* Zhang, Chen *et* Li, 2020 …… 113
37. 双斑全盾蜾蠃 *Allodynerus bimaculus* Zhang, Chen *et* Li, 2020 …… 114
38. 宽唇全盾蜾蠃 *Allodynerus delphinalis* (Giraud, 1866) …… 115
39. 凹齿全盾蜾蠃 *Allodynerus dignotus* (Morawitz, 1895) …… 116
40. 迪庆全盾蜾蠃 *Allodynerus diqingensis* Zhang, Chen *et* Li, 2020 …… 117
41. 东北全盾蜾蠃 *Allodynerus mandschuricus* Blüthgen, 1953 …… 118
42. 翘全盾蜾蠃 *Allodynerus reduncus* Zhang, Chen *et* Li, 2020 …… 119
七、异喙蜾蠃属 *Allorhynchium* van der Vecht, 1963 …… 120
43. 黑异喙蜾蠃 *Allorhynchium argentatum* (Fabricius, 1804) …… 122
44. 中华异喙蜾蠃 *Allorhynchium chinense* (de Saussure, 1862) …… 123

45. 远异喙蜾蠃 *Allorhynchium diffinis* (Giordani Soika, 1986) …… 125
46. 叶突异喙蜾蠃 *Allorhynchium lugubrinum* (Cameron, 1900) …… 126
47. 孟连异喙蜾蠃 *Allorhynchium menglianensis* (Dong *et* Wang, 2017) …… 127
48. 斑异喙蜾蠃 *Allorhynchium quadrimaculatum* Gusenleitner, 1997 …… 128
49. 似远异喙蜾蠃 *Allorhynchium radiatum* Li, Barthélémy *et* Carpenter, 2019 …… 129
八、沟蜾蠃属 *Ancistrocerus* Wesmael, 1836 …… 130
50. 远沟蜾蠃 *Ancistrocerus abditus* Gusenleitner, 1977 …… 133
51. 拟树沟蜾蠃 *Ancistrocerus antilope* (Panzer, 1798) …… 134
52. 安东尼沟蜾蠃 *Ancistrocerus antoni* (Cameron, 1900) …… 135
53. 金沟蜾蠃 *Ancistrocerus aureovillosus* Giordani Soika, 1977 …… 136
54. 婆罗洲沟蜾蠃 *Ancistrocerus borneanus* Giordani Soika, 1996 …… 137
55. 和田沟蜾蠃 *Ancistrocerus chotanensis* Blüthgen, 1942 …… 138
56. 短鞍沟蜾蠃 *Ancistrocerus densepilosellus* (Cameron, 1911) …… 139
57. 德钦沟蜾蠃 *Ancistrocerus deqinensis* You *et* Li, 2013 …… 140
58. 拙沟蜾蠃 *Ancistrocerus dusmetiolus* (Strand, 1914) …… 141
59. 寒沟蜾蠃 *Ancistrocerus frigidus* Giordani Soika, 1977 …… 142
60. 羚羊沟蜾蠃 *Ancistrocerus gazella* (Panzer, 1798) …… 143
61. 糙沟蜾蠃 *Ancistrocerus hirsutus* (Meade-Waldo, 1910) …… 144
62. 日本沟蜾蠃 *Ancistrocerus japonicus* (von Schulthess, 1908) …… 145
63. 克劳斯沟蜾蠃 *Ancistrocerus krausei* Giordani Soika, 1966 …… 146
64. 长棘沟蜾蠃羚羊亚种 *Ancistrocerus longispinosus gazelloides* (Guiglia, 1943) …… 147
65. 蒙古沟蜾蠃 *Ancistrocerus mongolicus* Kostylev, 1940 …… 148
66. 山沟蜾蠃 *Ancistrocerus montuosus* Gusenleitner, 1993 …… 149
67. 黑触沟蜾蠃 *Ancistrocerus nigricornis* (Curtis, 1826) …… 150
68. 圆腹沟蜾蠃指名亚种 *Ancistrocerus oviventris oviventris* (Wesmael, 1836) …… 151
69. 旁灰沟蜾蠃 *Ancistrocerus parapoloi* Giordani Soika, 1966 …… 152
70. 墙沟蜾蠃 *Ancistrocerus parietinus* (Linnaeus, 1761) …… 153
71. 川沟蜾蠃 *Ancistrocerus parietum* (Linnaeus, 1758) …… 154
72. 拉杰沟蜾蠃 *Ancistrocerus raddei* (Kostylev, 1940) …… 155
73. 笑斑沟蜾蠃 *Ancistrocerus renimaculus* (Lepeletier, 1841) …… 156
74. 黑沟蜾蠃指名亚种 *Ancistrocerus scoticus scoticus* (Curtis, 1826) …… 157
75. 锡金沟蜾蠃 *Ancistrocerus sikhimensis* (Bingham, 1897) …… 158
76. 寺山沟蜾蠃 *Ancistrocerus terayamai* Yamane, 1993 …… 159
77. 捷列克沟蜾蠃 *Ancistrocerus terekensis* (Kostylev, 1940) …… 160
78. 横沟蜾蠃 *Ancistrocerus transpunctatus* You *et* Li, 2013 …… 161
79. 三带沟蜾蠃史氏亚种 *Ancistrocerus trifasciatus shibuyai* (Yasumatsu, 1938) …… 162
80. 肯尼斯沟蜾蠃 *Ancistrocerus tussaci* Gusenleitner, 1987 …… 163

81. 高原沟蜾蠃 *Ancistrocerus waltoni* (Meade-Waldo, 1910) …… 164
九、啄蜾蠃属 *Antepipona* de Saussure, 1855 …… 165
82. 棕足啄蜾蠃 *Antepipona asiamontana* Gusenleitner, 2004 …… 166
83. 椭圆啄蜾蠃 *Antepipona biguttata* (Fabricius, 1787) …… 168
84. 双斑啄蜾蠃 *Antepipona bipustulata* (de Saussure, 1855) …… 169
85. 锡兰啄蜾蠃 *Antepipona ceylonica* (de Saussure, 1867) …… 170
86. 巧啄蜾蠃 *Antepipona deflenda* (Saunders, 1853) …… 171
87. 香港啄蜾蠃 *Antepipona menkei* Giordani Soika, 1986 …… 172
88. 红啄蜾蠃 *Antepipona rufescens* (Smith, 1857) …… 173
89. 六带啄蜾蠃 *Antepipona sexfasciata* Giordani Soika, 1986 …… 174
90. 山东啄蜾蠃 *Antepipona shantungensis* Giordani Soika, 1993 …… 175
91. 哨啄蜾蠃 *Antepipona sibilans* (Cameron, 1903) …… 176
92. 提提俄斯啄蜾蠃 *Antepipona tytides* (Cameron, 1904) …… 177
一〇、缘蜾蠃属 *Anterhynchium* de Saussure, 1863 …… 178
93. 棕腹缘蜾蠃 *Anterhynchium (Anterhynchium) abdominale* (Illiger, 1802) …… 178
94. 迈氏缘蜾蠃 *Anterhynchium (Anterhynchium) mellyi* (de Saussure, 1852) …… 179
一一、代盾蜾蠃属 *Antodynerus* de Saussure, 1855 …… 180
95. 缘代盾蜾蠃 *Antodynerus limbatus* (de Saussure, 1852) …… 181
一二、短触蜾蠃属 *Apodynerus* Giordani Soika, 1993 …… 182
96. 棕毛短触蜾蠃 *Apodynerus flavidus* Li *et* Chen, 2016 …… 184
97. 黄刺短触蜾蠃 *Apodynerus flavospinosus* (Giordani Soika, 1994) …… 185
98. 台湾短触蜾蠃 *Apodynerus formosensis* Giordani Soika, 1994 …… 186
99. 脊短触蜾蠃 *Apodynerus icarioides* (Bingham, 1897) …… 188
100. 印度短触蜾蠃 *Apodynerus indicus* (Giordani Soika, 1994) …… 189
101. 凸短触蜾蠃 *Apodynerus protuberantus* Li *et* Chen, 2016 …… 190
102. 穴居短触蜾蠃 *Apodynerus troglodytes* (de Saussure, 1855) …… 191
103. 雅短触蜾蠃 *Apodynerus yayeyamensis* (Matsumura, 1926) …… 192
一三、柄蜾蠃属 *Coeleumenes* van der Vecht, 1963 …… 193
104. 斑柄蜾蠃 *Coeleumenes burmanicus* (Bingham, 1897) …… 193
一四、细蜾蠃属 *Cyrtolabulus* van der Vecht, 1969 …… 194
105. 刻点细蜾蠃 *Cyrtolabulus punctatus* (Meade-Waldo, 1910) …… 195
一五、代喙蜾蠃属 *Dirhynchium* van der Vecht, 1963 …… 196
106. 长唇代喙蜾蠃 *Dirhynchium coracinum* van der Vecht, 1963 …… 197
107. 斑代喙蜾蠃 *Dirhynchium flavolineatum* (Smith, 1857) …… 198
108. 黄缘代喙蜾蠃 *Dirhynchium flavomarginatum* (Smith, 1852) …… 200
109. 黄刻代喙蜾蠃 *Dirhynchium flavopunctatum* (Smith, 1852) …… 201
110. 小窝代喙蜾蠃 *Dirhynchium melanopterum* Yamane, 1981 …… 202

111. 云南代喙蜾蠃 *Dirhynchium yunnanensis* Giordani Soika, 1973 …… 203

一六、外舌蜾蠃属 *Ectopioglossa* Perkins, 1912 …… 204

112. 凸外舌蜾蠃 *Ectopioglossa convexa* Wang, Chen *et* Li, 2020 …… 204

113. 彩外舌蜾蠃 *Ectopioglossa sublaevis* (Smith, 1857) …… 206

114. 台湾外舌蜾蠃 *Ectopioglossa taiwana* (Sonan, 1938) …… 207

115. 三斑外舌蜾蠃 *Ectopioglossa trimacula* Wang, Chen *et* Li, 2020 …… 208

一七、埃蜾蠃属 *Epsilon* de Saussure, 1855 …… 209

116. 福建埃蜾蠃 *Epsilon fujianensis* Lee, 1981 …… 209

117. 似小式埃蜾蠃 *Epsilon similimanasicum* Zhang, Chen *et* Li, 2020 …… 210

一八、佳盾蜾蠃属 *Euodynerus* Dalla Torre, 1904 …… 211

118. 脊佳盾蜾蠃 *Euodynerus* (*Euodynerus*) *carinatus* Ma, Chen *et* Li, 2017 …… 214

119. 卡佳盾蜾蠃 *Euodynerus* (*Euodynerus*) *caspicus* Morawitz, 1873 …… 215

120. 单佳盾蜾蠃 *Euodynerus* (*Euodynerus*) *dantici* (Rossi, 1790) …… 216

①单佳盾蜾蠃指名亚种 *Euodynerus* (*Euodynerus*) *dantici dantici* (Rossi, 1790) …… 216

②单佳盾蜾蠃紫阳茎亚种 *Euodynerus* (*Euodynerus*) *dantici violaceipennis* Giordani Soika, 1973 …… 217

121. 凹胸佳盾蜾蠃指名亚种 *Euodynerus* (*Euodynerus*) *disconotatus disconotatus* de Saussure, 1853 …… 218

122. 乏佳盾蜾蠃 *Euodynerus* (*Euodynerus*) *fastidiosus* de Saussure, 1853 …… 219

123. 小点佳盾蜾蠃指名亚种 *Euodynerus* (*Euodynerus*) *semisaecularis semisaecularis* (Dalla Torre, 1889) …… 221

124. 英佳盾蜾蠃库氏亚种 *Euodynerus* (*Euodynerus*) *variegatus kruegeri* (von Schulthess, 1928) …… 222

125. 直毛佳盾蜾蠃 *Euodynerus* (*Euodynerus*) *velutinus* Blüthgen, 1951 …… 223

126. 德钦佳盾蜾蠃 *Euodynerus* (*Pareuodynerus*) *deqinensis* Ma, Chen *et* Li, 2017 …… 224

127. 锈佳盾蜾蠃 *Euodynerus* (*Pareuodynerus*) *ferrugineus* Ma, Chen *et* Li, 2017 …… 225

128. 日本佳盾蜾蠃 *Euodynerus* (*Pareuodynerus*) *nipanicus* (von Schulthess, 1908) …… 226

①日本佳盾蜾蠃指名亚种 *Euodynerus* (*Pareuodynerus*) *nipanicus nipanicus* (von Schulthess, 1908) …… 226

②日本佳盾蜾蠃东京亚种 *Euodynerus* (*Pareuodynerus*) *nipanicus tonkinensis* Giordani Soika, 1973 …… 227

129. 显佳盾蜾蠃指名亚种 *Euodynerus* (*Pareuodynerus*) *notatus notatus* (Jurine, 1807) …… 229

130. 四带佳盾蜾蠃指名亚种 *Euodynerus* (*Pareuodynerus*) *quadrifasciatus quadrifasciatus* (Fabricius, 1793) …… 230

131. 类日本佳盾蜾蠃 *Euodynerus* (*Pareuodynerus*) *similinipanicus* Ma, Chen *et* Li, 2017 …… 231

132. 纹佳盾蜾蠃 *Euodynerus* (*Pareuodynerus*) *strigatus* (Radoszkowski, 1893) …… 232

133. 三叶佳盾蜾蠃 *Euodynerus* (*Pareuodynerus*) *trilobus* (Fabricius, 1787) …… 233

一九、宽沟蜾蠃属 *Eustenancistrocerus* Blüthgen, 1938 …… 234

134. 阿斯宽沟蜾蠃 *Eustenancistrocerus* (*Eustenancistrocerus*) *askhabadensis* (Radoszkowski, 1886) …… 234

135. 四斑宽沟蜾蠃 *Eustenancistrocerus* (*Parastenancistrocerus*) *amadanensis* (de Saussure, 1855) …… 236

二〇、凹顶蜾蠃属 *Gribodia* Zavattari, 1912 …… 237

136. 黑凹顶蜾蠃 *Gribodia nigra* Nguyen *et* Xu, 2015 …… 237

二一、胡蜾蠃属 *Jucancistrocerus* Blüthgen, 1938 …… 238

137. 黑带荒漠胡蜾蠃 *Jucancistrocerus* (*Eremodynerus*) *atrofasciatus* (Morawitz, 1885) …… 239

138. 和田荒漠胡蜾蠃 *Jucancistrocerus* (*Eremodynerus*) *chotanensis* (Blüthgen, 1942) …… 240
139. 阿拉善胡蜾蠃 *Jucancistrocerus* (*Jucancistrocerus*) *alashanicus* Kurzenko, 1977 …… 241
140. 窄额胡蜾蠃 *Jucancistrocerus* (*Jucancistrocerus*) *angustifrons* (Kostylev, 1940) …… 242
141. 塔胡蜾蠃 *Jucancistrocerus* (*Jucancistrocerus*) *tachkensis* (Dalla Torre, 1889) …… 243
二二、小柄蜾蠃属 *Labus* de Saussure, 1867 …… 244
142. 可爱小柄蜾蠃 *Labus amoenus* van der Vecht, 1935 …… 246
143. 角小柄蜾蠃 *Labus angularis* van der Vecht, 1935 …… 247
144. 唇小柄蜾蠃 *Labus clypeatus* van der Vecht, 1935 …… 248
145. 无齿小柄蜾蠃 *Labus edentatus* Li *et* Carpenter, 2018 …… 249
146. 锡兰小柄蜾蠃 *Labus humbertianus* de Saussure, 1867 …… 250
147. 罗浮小柄蜾蠃 *Labus lofuensis* Giordani Soika, 1973 …… 251
148. 小小柄蜾蠃 *Labus pusillus* van der Vecht, 1963 …… 252
149. 刺小柄蜾蠃 *Labus spiniger* de Saussure, 1867 …… 253
二三、短小蜾蠃属 *Leptochilus* de Saussure, 1853 …… 254
150. 白额短小蜾蠃 *Leptochilus* (*Lionotulus*) *argentifrons* (Kostylev, 1935) …… 255
151. 宽触短小蜾蠃 *Leptochilus* (*Lionotulus*) *callidus* (Kostylev, 1940) …… 256
152. 中华短小蜾蠃 *Leptochilus* (*Lionotulus*) *chinensis* Gusenleitner, 2001 …… 257
153. 戈壁短小蜾蠃 *Leptochilus* (*Lionotulus*) *gobicus* (Kostylev, 1940) …… 258
154. 短沟短小蜾蠃 *Leptochilus* (*Lionotulus*) *habyrganus* Kurzenko, 1977 …… 259
155. 可疑短小蜾蠃 *Leptochilus* (*Lionotulus*) *incertus* (Kostylev, 1940) …… 260
156. 科氏短小蜾蠃 *Leptochilus* (*Lionotulus*) *kozlovi* Kurzenko, 1977 …… 261
157. 粗刻短小蜾蠃 *Leptochilus* (*Lionotulus*) *locuples* Giordani Soika, 1970 …… 262
158. 西藏短小蜾蠃 *Leptochilus* (*Neoleptochilus*) *tibetanus* Giordani Soika, 1966 …… 263
二四、多片蜾蠃属 *Lissodynerus* Giordani Soika, 1993 …… 264
159. 黄带多片蜾蠃双斑亚种 *Lissodynerus septemfasciatus feanus* (Giordani Soika, 1941) …… 264
二五、长片蜾蠃属 *Malayepipona* Giordani Soika, 1993 …… 265
160. 棕长片蜾蠃 *Malayepipona brunnea* Bai, Chen *et* Li, 2021 …… 266
161. 宽唇长片蜾蠃 *Malayepipona clypeata* Nguyen *et* Carpenter, 2013 …… 267
162. 黄唇长片蜾蠃 *Malayepipona flaviclypeata* Bai, Chen *et* Li, 2021 …… 268
163. 薄片长片蜾蠃 *Malayepipona lamellata* Bai, Chen *et* Li, 2021 …… 269
164. 四斑长片蜾蠃 *Malayepipona maculosa* Bai, Chen *et* Li, 2021 …… 270
165. 黑斑长片蜾蠃 *Malayepipona nigricans* Bai, Chen *et* Li, 2021 …… 271
166. 疏刻长片蜾蠃 *Malayepipona sparsipuncta* Bai, Chen *et* Li, 2021 …… 272
167. 三角长片蜾蠃 *Malayepipona triangula* Bai, Chen *et* Li, 2021 …… 273
二六、长背蜾蠃属 *Megaodynerus* Gusenleitner, 2012 …… 274
168. 双斑长背蜾蠃 *Megaodynerus bimaculus* Bai, Chen *et* Li, 2021 …… 274
二七、微盾蜾蠃属 *Microdynerus* Thomson, 1874 …… 275

169. 小拟微盾蜾蠃 *Microdynerus* (*Pseudomicrodynerus*) *parvulus* (Herrich-Schäeffer, 1838) …… 276

二八、盾蜾蠃属 *Odynerus* Latreille, 1802 …… 277

170. 条腹盾蜾蠃 *Odynerus melanocephalus* (Gmeling, 1790) …… 277

二九、少须蜾蠃属 *Okinawepipona* Yamane, 1987 …… 278

171. 黑少须蜾蠃 *Okinawepipona nigra* Nguyen *et* Xu, 2014 …… 279

三〇、小片蜾蠃属 *Onychopterocheilus* Blüthgen, 1955 …… 280

172. 毛小片蜾蠃 *Onychopterocheilus* (*Asiapterocheilus*) *hirtus* (Kostylev, 1935) …… 281

173. 凯氏小片蜾蠃 *Onychopterocheilus* (*Asiapterocheilus*) *kiritshenkoi* (Kostylev, 1940) …… 282

174. 图氏小片蜾蠃 *Onychopterocheilus* (*Ghilarocheilus*) *turovi* (Kostylev, 1937) …… 283

175. 双斑小片蜾蠃 *Onychopterocheilus* (*Onychopterocheilus*) *eckloni* (Morawitz, 1885) …… 284

三一、胸蜾蠃属 *Orancistrocerus* van der Vecht, 1963 …… 285

176. 墨体胸蜾蠃 *Orancistrocerus aterrimus* (de Saussure, 1852) …… 286

①墨体胸蜾蠃指名亚种 *Orancistrocerus aterrimus aterrimus* (de Saussure, 1852) …… 286

②墨体胸蜾蠃端棕亚种 *Orancistrocerus aterrimus khasianus* (Cameron, 1990) …… 288

177. 黑胸蜾蠃 *Orancistrocerus drewseni* (de Saussure, 1857) …… 288

①黑胸蜾蠃指名亚种 *Orancistrocerus drewseni drewseni* (de Saussure, 1857) …… 288

②黑胸蜾蠃丽胸亚种 *Orancistrocerus drewseni opulentissimus* Giordani Soika, 1941 …… 291

三二、光带蜾蠃属 *Orientalicesa* Kocak *et* Kemal, 2010 …… 292

178. 黑光带蜾蠃 *Orientalicesa nigra* Li, Barthélémy *et* Carpenter, 2019 …… 292

179. 黄光带蜾蠃 *Orientalicesa rangpocus* (Girish Kumar, Carpenter *et* Lambert, 2017) …… 294

三三、旁细蜾蠃属 *Paraleptomenes* Giordani Soika, 1970 …… 295

180. 宽触旁细蜾蠃 *Paraleptomenes darugiriensis* Girish Kumar, Carpenter *et* Sharma, 2014 …… 296

181. 台湾旁细蜾蠃 *Paraleptomenes kosempoensis* (von Schulthess, 1934) …… 297

182. 平胸旁细蜾蠃山地亚种 *Paraleptomenes nurseanus montanus* Giordani Soika, 1994 …… 298

183. 毛旁细蜾蠃 *Paraleptomenes setaceus* Bai, Chen *et* Li, 2022 …… 299

184. 横窝旁细蜾蠃 *Paraleptomenes transifoveolus* Bai, Chen *et* Li, 2022 …… 300

三四、旁沟蜾蠃属 *Parancistrocerus* Bequaert, 1925 …… 301

185. 隆背旁沟蜾蠃 *Parancistrocerus elatitergus* Qin, Chen *et* Li, 2023 …… 303

186. 延背旁沟蜾蠃 *Parancistrocerus extentitergus* Qin, Chen *et* Li, 2023 …… 304

187. 弱脊旁沟蜾蠃 *Parancistrocerus fragilitergus* Qin, Chen *et* Li, 2023 …… 305

188. 广西旁沟蜾蠃 *Parancistrocerus guangxiensis* Li *et* Carpenter, 2019 …… 306

189. 长触旁沟蜾蠃 *Parancistrocerus irritatus* Giordani Soika, 1972 …… 307

190. 贾法尔旁沟蜾蠃 *Parancistrocerus jaferpaloti* Girish Kumar *et* Carpenter, 2016 …… 308

191. 特片旁沟蜾蠃 *Parancistrocerus lamnulus* Li *et* Carpenter, 2019 …… 309

192. 宽腹旁沟蜾蠃 *Parancistrocerus latitergus* Li *et* Carpenter, 2019 …… 310

193. 长刻旁沟蜾蠃 *Parancistrocerus samarensis* (von Schulthess, 1934) …… 311

194. 拟雄旁沟蜾蠃 *Parancistrocerus similiandrocles* Li *et* Carpenter, 2019 …… 312

195. 方形旁沟蜾蠃 *Parancistrocerus sulcatus* Giordani Soika, 1994 …… 313
196. 台湾旁沟蜾蠃 *Parancistrocerus yachowensis* Giordani Soika, 1986 …… 314
三五、旁喙蜾蠃属 *Pararrhynchium* de Saussure, 1855 …… 316
197. 凹旁喙蜾蠃 *Pararrhynchium foveolatum* Li *et* Chen, 2018 …… 318
198. 光滑旁喙蜾蠃 *Pararrhynchium impunctatum* Li *et* Chen, 2018 …… 319
199. 无胫旁喙蜾蠃 *Pararrhynchium obsoletum* Li *et* Chen, 2018 …… 320
200. 丽旁喙蜾蠃 *Pararrhynchium ornatum* (Smith, 1852) …… 321
①丽旁喙蜾蠃指名亚种 *Pararrhynchium ornatum ornatum* (Smith, 1852) …… 321
②丽旁喙蜾蠃前旁亚种 *Pararrhynchium ornatum infrenis* Giordani Soika, 1973 …… 322
201. 细齿旁喙蜾蠃 *Pararrhynchium paradoxum* (Gussakovskij, 1932) …… 323
202. 平脊旁喙蜾蠃 *Pararrhynchium parallelum* Li *et* Chen, 2018 …… 324
203. 中华旁喙蜾蠃 *Pararrhynchium sinense* (von Schulthess, 1913) …… 325
204. 斜纹旁喙蜾蠃 *Pararrhynchium striatum* Nguyen, 2015 …… 326
205. 台湾旁喙蜾蠃 *Pararrhynchium taiwanum* Kim *et* Yamane, 2007 …… 327
206. 文氏旁喙蜾蠃 *Pararrhynchium venkataramani* Girish Kumar *et* Carpenter, 2017 …… 328
三六、秀蜾蠃属 *Pareumenes* de Saussure, 1855 …… 329
207. 中华秀蜾蠃 *Pareumenes* (*Pareumenes*) *chinensis* Liu, 1941 …… 330
208. 四秀蜾蠃 *Pareumenes* (*Pareumenes*) *quadrispinosus* (de Saussure, 1855) …… 331
①四秀蜾蠃棘秀亚种 *Pareumenes* (*Pareumenes*) *quadrispinosus acutus* Liu, 1941 …… 331
②四秀蜾蠃间秀亚种 *Pareumenes* (*Pareumenes*) *quadrispinosus interruptus* Liu, 1941 …… 332
③四秀蜾蠃倾秀亚种 *Pareumenes* (*Pareumenes*) *quadrispinosus transitorus* Liu, 1941 …… 332
三七、等齿蜾蠃属 *Parodontodynerus* Blüthgen, 1938 …… 333
209. 毛等齿蜾蠃达斑亚种 *Parodontodynerus ephippium dalanicus* Kurzenko, 1976 …… 334
210. 赞等齿蜾蠃 *Parodontodynerus laudatus* (Kostylev, 1940) …… 335
三八、拟蜾蠃属 *Pseudepipona* de Saussure, 1856 …… 336
211. 名拟蜾蠃 *Pseudepipona* (*Pseudepipona*) *augusta* (Morawitz, 1867) …… 337
212. 赤足拟蜾蠃 *Pseudepipona* (*Pseudepipona*) *herrichii* (de Saussure, 1856) …… 338
213. 科氏拟蜾蠃 *Pseudepipona* (*Pseudepipona*) *kozhevnikovi* (Kostylev, 1927) …… 339
214. 普氏拟蜾蠃 *Pseudepipona* (*Pseudepipona*) *przewalskyi* (Morawitz, 1885) …… 340
215. 双糙拟蜾蠃 *Pseudepipona* (*Pseudepipona*) *punctulata* Bai, Chen *et* Li, 2021 …… 341
216. 稿秆拟蜾蠃 *Pseudepipona* (*Pseudepipona*) *straminea* (André, 1884) …… 342
217. 李氏拟蜾蠃 *Pseudepipona* (*Pseudepipona*) *tingjingliae* Fateryga, 2022 …… 343
三九、窄蜾蠃属 *Pseudonortonia* Giordani Soika, 1936 …… 344
218. 缩角窄蜾蠃 *Pseudonortonia abbreviaticornis* Giordani Soika, 1941 …… 344
四〇、刚蜾蠃属 *Pseudozumia* de Saussure, 1875 …… 345
219. 黑金刚蜾蠃 *Pseudozumia indosinensis* Giordani Soika, 1958 …… 346
四一、饰蜾蠃属 *Pseumenes* Giordani Soika, 1935 …… 347

220. 四刺饰蜾蠃指名亚种 *Pseumenes depressus depressus* (de Saussure, 1855) …… 347

221. 酋饰蜾蠃 *Pseumenes imperatrix* (Smith, 1857) …… 348

四二、长须蜾蠃属 *Pterocheilus* Klug, 1805 …… 350

222. 颚长须蜾蠃 *Pterocheilus* (*Pterocheilus*) *mandibularis* Morawitz, 1889 …… 350

223. 纳氏长须蜾蠃 *Pterocheilus* (*Pterocheilus*) *napalkovi* Kurzenko, 1977 …… 352

四三、喙蜾蠃属 *Rhynchium* Spinola, 1806 …… 353

224. 黄唇喙蜾蠃指名亚种 *Rhynchium brunneum brunneum* (Fabricius, 1793) …… 354

225. 黄喙蜾蠃指名亚种 *Rhynchium quinquecinctum quinquecinctum* (Fabricius, 1787) …… 355

四四、直沟蜾蠃属 *Stenancistrocerus* de Saussure, 1863 …… 357

226. 横带直沟蜾蠃 *Stenancistrocerus* (*Paratropancistrocerus*) *transcaspicus* (Kostylev, 1934) …… 357

四五、平盾蜾蠃属 *Stenodyneriellus* Giordani Soika, 1961 …… 358

227. 凹平盾蜾蠃 *Stenodyneriellus depressus* Li *et* Chen, 2016 …… 359

228. 斑平盾蜾蠃 *Stenodyneriellus guttulatus* (de Saussure, 1862) …… 360

229. 茂兰平盾蜾蠃 *Stenodyneriellus maolanensis* Li *et* Chen, 2016 …… 361

230. 似斑平盾蜾蠃 *Stenodyneriellus similiguttulatus* Li *et* Chen, 2016 …… 362

四六、直盾蜾蠃属 *Stenodynerus* de Saussure, 1863 …… 363

231. 巴氏直盾蜾蠃 *Stenodynerus baronii* Giordani Soika, 1975 …… 365

232. 青直盾蜾蠃 *Stenodynerus bluethgeni* van der Vecht, 1971 …… 366

233. 羊直盾蜾蠃 *Stenodynerus chevrieranus* (de Saussure, 1855) …… 367

234. 中华直盾蜾蠃 *Stenodynerus chinensis* (de Saussure, 1863) …… 368

235. 凹触直盾蜾蠃 *Stenodynerus clypeopictus* (Kostylev, 1940) …… 370

236. 丰直盾蜾蠃 *Stenodynerus copiosus* Gusenleitner, 2012 …… 371

237. 福直盾蜾蠃 *Stenodynerus frauenfeldi* (de Saussure, 1867) …… 372

238. 丧直盾蜾蠃 *Stenodynerus funebris* (André, 1884) …… 373

239. 尼泊尔直盾蜾蠃 *Stenodynerus nepalensis* Giordani Soika, 1985 …… 374

240. 宁蒗直盾蜾蠃 *Stenodynerus ningliangensis* Ma, Chen *et* Li, 2016 …… 375

241. 帕氏直盾蜾蠃指名亚种 *Stenodynerus pappi pappi* Giordani Soika, 1976 …… 376

242. 内蒙古直盾蜾蠃 *Stenodynerus pullus* Gusenleitner, 1981 …… 377

243. 曲直盾蜾蠃 *Stenodynerus reflexus* Ma, Chen *et* Li, 2016 …… 378

244. 类巴氏直盾蜾蠃 *Stenodynerus similibaronii* Ma, Chen *et* Li, 2016 …… 379

245. 纹直盾蜾蠃 *Stenodynerus strigatus* Ma, Chen *et* Li, 2016 …… 380

246. 窄片直盾蜾蠃 *Stenodynerus tenuilamellatus* Ma, Chen *et* Li, 2016 …… 381

247. 背直盾蜾蠃 *Stenodynerus tergitus* Kim, 1999 …… 382

四七、亚沟蜾蠃属 *Subancistrocerus* de Saussure, 1855 …… 383

248. 骆驼亚沟蜾蠃 *Subancistrocerus camicrus* (Cameron, 1904) …… 384

249. 凹亚沟蜾蠃 *Subancistrocerus compressus* Li *et* Chen, 2014 …… 385

250. 景洪亚沟蜾蠃 *Subancistrocerus jinghongensis* Li *et* Chen, 2014 …… 386

251. 港口亚沟蜾蠃 *Subancistrocerus kankauensis* (von Schulthess, 1934) …… 387
252. 斯氏亚沟蜾蠃 *Subancistrocerus sichelii* (de Saussure, 1855) …… 388
四八、同蜾蠃属 *Symmorphus* Wesmael, 1836 …… 389
253. 细旁同蜾蠃 *Symmorphus* (*Parasymmorphus*) *parvilineatus* (Cameron, 1904) …… 391
254. 双孔同蜾蠃 *Symmorphus* (*Symmorphus*) *ambotretus* Cumming, 1989 …… 392
255. 窄同蜾蠃 *Symmorphus* (*Symmorphus*) *angustatus* (Zetterstedt, 1838) …… 393
256. 尖饰同蜾蠃 *Symmorphus* (*Symmorphus*) *apiciornatus* (Cameron, 1911) …… 394
257. 二带同蜾蠃 *Symmorphus* (*Symmorphus*) *bifasciatus* (Linnaeus, 1761) …… 395
258. 善捕同蜾蠃 *Symmorphus* (*Symmorphus*) *captivus* (Smith, 1873) …… 396
259. 洞同蜾蠃 *Symmorphus* (*Symmorphus*) *cavatus* Li *et* Chen, 2014 …… 397
260. 坑同蜾蠃 *Symmorphus* (*Symmorphus*) *foveolatus* Gussakovskii, 1932 …… 398
261. 棕足同蜾蠃 *Symmorphus* (*Symmorphus*) *fuscipes* (Herrich-Schäeffer, 1838) …… 399
262. 库氏同蜾蠃 *Symmorphus* (*Symmorphus*) *kurzenkoi* Kim, 2017 …… 400
263. 光同蜾蠃 *Symmorphus* (*Symmorphus*) *lucens* (Kostylev, 1938) …… 401
264. 瑞穗同蜾蠃 *Symmorphus* (*Symmorphus*) *mizuhonis* Tsuneki, 1977 …… 402
265. 黑唇同蜾蠃 *Symmorphus* (*Symmorphus*) *nigriclypeus* Li *et* Chen, 2014 …… 403
266. 小同蜾蠃 *Symmorphus* (*Symmorphus*) *sublaevis* (Kostylev, 1940) …… 404
267. 天池同蜾蠃 *Symmorphus* (*Symmorphus*) *tianchiensis* Li *et* Chen, 2014 …… 405
268. 紫茎同蜾蠃 *Symmorphus* (*Symmorphus*) *violaceipennis* Giordani Soika, 1966 …… 406
269. 云南同蜾蠃 *Symmorphus* (*Symmorphus*) *yunnanensis* Gusenleitner, 2002 …… 407
四九、塔蜾蠃属 *Tachyancistrocerus* Giordani Soika, 1952 …… 408
270. 施氏塔蜾蠃 *Tachyancistrocerus schmidti* (Kokujev, 1912) …… 408
五〇、弯触蜾蠃属 *Tropidodynerus* Blüthgen, 1939 …… 409
271. 凹足弯触蜾蠃 *Tropidodynerus* (*Tropidodynerus*) *concavus* Li *et* Chen, 2015 …… 409
272. 六盘山弯触蜾蠃 *Tropidodynerus* (*Tropidodynerus*) *liupanshanensis* Li *et* Chen, 2015 …… 410

第三部分　马萨胡蜂亚科 Masarinae …… 412

五一、花粉胡蜂属 *Quartinia* André, 1884 …… 413
273. 蒙古花粉胡蜂 *Quartinia mongolica* (Morawitz, 1889) …… 413

第四部分　马蜂亚科 Polistinae …… 414

五二、异腹胡蜂属 *Parapolybia* de Saussure, 1854 …… 416
274. 库侧异腹胡蜂 *Parapolybia bioculata* van der Vecht, 1966 …… 418
275. 黄侧异腹胡蜂 *Parapolybia crocea* Saito-Morooka, Nguyen *et* Kojima, 2015 …… 419
276. 金黄异腹胡蜂 *Parapolybia flava* Saito-Morooka, Nguyen *et* Kojima, 2015 …… 420
277. 印度异腹胡蜂 *Parapolybia indica* (de Saussure, 1854) …… 421

278. 叉胸异腹胡蜂 *Parapolybia nodosa* van der Vecht, 1966 …… 423

279. 染翅异腹胡蜂 *Parapolybia tinctipennis* (Cameron, 1900) …… 425

280. 变侧异腹胡蜂 *Parapolybia varia* (Fabricius, 1787) …… 426

五三、马蜂属 *Polistes* Latreille, 1802 …… 428

281. 棕马蜂 *Polistes* (*Gyrostoma*) *gigas* (Kirby, 1826) …… 431

282. 约马蜂 *Polistes* (*Gyrostoma*) *jokahamae* Radoszkowski, 1887 …… 432

283. 果马蜂 *Polistes* (*Gyrostoma*) *olivaceus* (De Geer, 1773) …… 434

284. 陆马蜂 *Polistes* (*Gyrostoma*) *rothneyi* Cameron, 1900 …… 435

285. 褐马蜂 *Polistes* (*Gyrostoma*) *tenebricosus* Lepeletier, 1836 …… 437

286. 焰马蜂 *Polistes* (*Polistella*) *adustus* Bingham, 1897 …… 438

287. 黑棕马蜂 *Polistes* (*Polistella*) *brunus* Nguyen *et* Carpenter, 2017 …… 439

288. 日本马蜂 *Polistes* (*Polistella*) *japonicus* de Saussure, 1858 …… 441

289. 柑马蜂 *Polistes* (*Polistella*) *mandarinus* de Saussure, 1853 …… 442

290. 黑跗马蜂 *Polistes* (*Polistella*) *nigritarsis* Cameron, 1900 …… 444

291. 环带马蜂 *Polistes* (*Polistella*) *nipponensis* Pérez, 1905 …… 445

292. 黄裙马蜂 *Polistes* (*Polistella*) *sagittarius* de Saussure, 1853 …… 446

293. 斯马蜂 *Polistes* (*Polistella*) *snelleni* de Saussure, 1862 …… 448

294. 点马蜂 *Polistes* (*Polistella*) *stigma* (Fabricius, 1793) …… 450

295. 皱马蜂 *Polistes* (*Polistella*) *strigosus* Bequaert, 1940 …… 451

296. 跳马蜂 *Polistes* (*Polistes*) *associus* Kohl, 1898 …… 453

297. 中华马蜂 *Polistes* (*Polistes*) *chinensis* (Fabricius, 1793) …… 454

298. 强马蜂 *Polistes* (*Polistes*) *dominula* (Christ, 1791) …… 455

299. 柞蚕马蜂 *Polistes* (*Polistes*) *gallicus* (Linnaeus, 1767) …… 457

300. 窄马蜂 *Polistes* (*Polistes*) *nimpha* (Christ, 1791) …… 459

五四、铃腹胡蜂属 *Ropalidia* Guérin-Méneville, 1831 …… 460

301. 毛织铃腹胡蜂 *Ropalidia aristocratica* (de Saussure, 1853) …… 463

302. 新铃腹胡蜂 *Ropalidia artifex* (de Saussure, 1854) …… 464

303. 双色铃腹胡蜂 *Ropalidia bicolorata* van der Vecht, 1962 …… 465

304. 袖铃腹胡蜂 *Ropalidia birmanica* van der Vecht, 1962 …… 466

305. 杯式铃腹胡蜂 *Ropalidia cyathiformis* (Fabricius, 1804) …… 467

306. 带铃腹胡蜂 *Ropalidia fasciata* (Fabricius, 1804) …… 468

307. 香港铃腹胡蜂 *Ropalidia hongkongensis* (de Saussure, 1854) …… 470

308. 大铃腹胡蜂 *Ropalidia magnanima* van der Vecht, 1941 …… 471

309. 马来铃腹胡蜂 *Ropalidia malaisei* van der Vecht, 1962 …… 472

310. 缘铃腹胡蜂 *Ropalidia marginata* (Lepeletier, 1836) …… 473

311. 暗铃腹胡蜂 *Ropalidia obscura* Gusenleitner, 1996 …… 474

312. 饰铃腹胡蜂 *Ropalidia ornaticeps* (Cameron, 1900) …… 475

313. 近新铃腹胡蜂 *Ropalidia parartifex* Tan *et* van Achterberg, 2014 …… 476
314. 桑铃腹胡蜂 *Ropalidia santoshae* Das *et* Gupta, 1989 …… 478
315. 刻点铃腹胡蜂 *Ropalidia sculpturata* Gusenleitner, 2001 …… 478
316. 点铃腹胡蜂 *Ropalidia stigma* (Smith, 1858) …… 480
317. 刺铃腹胡蜂 *Ropalidia sumatrae* (Weber, 1801) …… 482
318. 台湾铃腹胡蜂 *Ropalidia taiwana* Sonan, 1935 …… 483
319. 多色铃腹胡蜂 *Ropalidia variegata* (Smith, 1852) …… 484

第五部分　狭腹胡蜂亚科 Stenogastrinae …… 485

五五、匙角狭腹胡蜂属 *Cochlischnogaster* Dong *et* Otsuka, 1997 …… 486
320. 大渡岗匙角狭腹胡蜂 *Cochlischnogaster daduogangensis* Dong *et* Otsuka, 1997 …… 487
321. 勐仑匙角狭腹胡蜂 *Cochlischnogaster menglunensis* Dong *et* Otsuka, 1997 …… 488
五六、真狭腹胡蜂属 *Eustenogaster* van der Vecht, 1969 …… 489
322. 异真狭腹胡蜂 *Eustenogaster eximia* (Bingham, 1890) …… 491
323. 光真狭腹胡蜂 *Eustenogaster micans* (de Saussure, 1852) …… 492
324. 黑真狭腹胡蜂 *Eustenogaster nigra* Saito *et* Nguyen, 2006 …… 493
五七、平狭腹胡蜂属 *Liostenogaster* van der Vecht, 1969 …… 494
325. 洁平狭腹胡蜂 *Liostenogaster nitidipennis* (de Saussure, 1853) …… 494
五八、侧狭腹胡蜂属 *Parischnogaster* von Schulthess, 1914 …… 495
326. 杰柯侧狭腹胡蜂 *Parischnogaster jacobsoni* (du Buysson, 1913) …… 496
327. 密侧狭腹胡蜂 *Parischnogaster mellyi* (de Saussure, 1852) …… 497
328. 黑侧狭腹胡蜂 *Parischnogaster nigricans* (Cameron, 1902) …… 498

第六部分　胡蜂亚科 Vespinae …… 499

五九、长黄胡蜂属 *Dolichovespula* Rohwer, 1916 …… 501
329. 尖齿长黄胡蜂 *Dolichovespula adulterina* (du Buysson, 1905) …… 503
330. 花长黄胡蜂 *Dolichovespula flora* Archer, 1987 …… 504
331. 间长黄胡蜂 *Dolichovespula intermedia* (Birula, 1930) …… 505
332. 中长黄胡蜂 *Dolichovespula media* (Retzius, 1783) …… 506
333. 挪威长黄胡蜂 *Dolichovespula norwegica* (Fabricius, 1781) …… 507
334. 太平洋长黄胡蜂 *Dolichovespula pacifica* (Birula, 1930) …… 508
335. 熊猫长黄胡蜂 *Dolichovespula panda* Archer, 1981 …… 509
336. 石长黄胡蜂 *Dolichovespula saxonica* (Fabricius, 1793) …… 510
337. 点长黄胡蜂 *Dolichovespula stigma* Lee, 1986 …… 511
338. 树长黄胡蜂 *Dolichovespula sylvestris* (Scopoli, 1763) …… 512
六〇、原胡蜂属 *Provespa* Ashmead, 1903 …… 513

339. 平唇原胡蜂 *Provespa barthelemyi* (du Buysson, 1904) …… 514

六一、胡蜂属 *Vespa* Linnaeus, 1758 …… 516

340. 黄腰胡蜂 *Vespa affinis* (Linnaeus, 1764) …… 518

341. 三齿胡蜂 *Vespa analis* Fabricius, 1775 …… 520

342. 基胡蜂 *Vespa basalis* Smith, 1852 …… 521

343. 黑盾胡蜂 *Vespa bicolor* Fabricius, 1787 …… 523

344. 褐胡蜂 *Vespa binghami* du Buysson, 1904 …… 525

345. 黄边胡蜂 *Vespa crabro* Linnaeus, 1758 …… 527

346. 黑尾胡蜂 *Vespa ducalis* Smith, 1852 …… 529

347. 笛胡蜂 *Vespa dybowskii* André, 1884 …… 531

348. 变胡蜂 *Vespa fumida* van der Vecht, 1959 …… 532

349. 金环胡蜂 *Vespa mandarinia* Smith, 1852 …… 533

350. 茅胡蜂 *Vespa mocsaryana* du Buysson, 1905 …… 535

351. 东方胡蜂 *Vespa orientalis* Linnaeus, 1771 …… 536

352. 近胡蜂 *Vespa simillima* Smith, 1868 …… 537

353. 黄纹胡蜂 *Vespa soror* du Buysson, 1905 …… 538

354. 金箍胡蜂 *Vespa tropica* (Linnaeus, 1758) …… 541

355. 黄脚胡蜂 *Vespa velutina* Lepeletier, 1836 …… 543

356. 寿胡蜂 *Vespa vivax* Smith, 1871 …… 545

六二、黄胡蜂属 *Vespula* Thonmson, 1869 …… 547

357. 阿里山黄胡蜂 *Vespula arisana* (Sonan, 1929) …… 550

358. 奥地利黄胡蜂 *Vespula austriaca* (Panzer, 1799) …… 551

359. 细黄胡蜂 *Vespula flaviceps* (Smith, 1870) …… 552

360. 德国黄胡蜂 *Vespula germanica* (Fabricius, 1793) …… 554

361. 金氏黄胡蜂 *Vespula kingdonwardi* Archer, 1981 …… 556

362. 朝鲜黄胡蜂 *Vespula koreensis* (Radoszkowski, 1887) …… 557

363. 那氏黄胡蜂 *Vespula nursei* Archer, 1981 …… 559

364. 环黄胡蜂 *Vespula orbata* (du Buysson, 1902) …… 560

365. 红环黄胡蜂 *Vespula rufa* (Linnaeus, 1758) …… 562

366. 施氏黄胡蜂 *Vespula shidai* Ishikawa, Yamane *et* Wagner, 1980 …… 563

367. 锈黄胡蜂 *Vespula structor* (Smith, 1870) …… 564

368. 普通黄胡蜂 *Vespula vulgaris* (Linnaeus, 1758) …… 565

第七部分 长腹胡蜂亚科 Zethinae …… 567

六三、丽腹胡蜂属 *Calligaster* de Saussure, 1852 …… 568

369. 蓝翅丽腹胡蜂 *Calligaster cyanoptera* de Saussure, 1852 …… 569

370. 喜马拉雅丽腹胡蜂 *Calligaster himalayensis* (Cameron, 1904) …… 570

六四、元蜾蠃属 *Discoelius* Latreille, 1809 ······ 571
371. 短片元蜾蠃 *Discoelius brevilamellatus* Wang, Chen *et* Li, 2019 ······ 572
372. 法国元蜾蠃 *Discoelius dufourii* Lepeletier, 1841 ······ 573
①法国元蜾蠃指名亚种 *Discoelius dufourii dufourii* Lepeletier, 1841 ······ 573
②法国元蜾蠃东北亚种 *Discoelius dufourii manchurianus* Yasumatsu, 1934 ······ 574
373. 峨眉山元蜾蠃 *Discoelius emeishanensis* Zhou, Chen *et* Li, 2013 ······ 575
374. 黑唇元蜾蠃 *Discoelius nigriclypeus* Zhou, Chen *et* Li, 2013 ······ 576
375. 彩色元蜾蠃 *Discoelius pictus* Kostylev, 1940 ······ 577
376. 特氏元蜾蠃 *Discoelius turneri* (Meade-Waldo, 1910) ······ 578
377. 王氏元蜾蠃 *Discoelius wangi* Yamane, 1996 ······ 579
378. 长腹元蜾蠃 *Discoelius zonalis* (Panzer, 1801) ······ 580
六五、长腹胡蜂属 *Zethus* Fabricius, 1804 ······ 581
379. 钝腹长腹胡蜂 *Zethus angulatus* Nguyen *et* Carpenter, 2016 ······ 582
380. 糙点长腹胡蜂 *Zethus asperipunctatus* Wang, Chen *et* Li, 2019 ······ 583
381. 贝氏长腹胡蜂 *Zethus bakeri* Giordani Soika, 1995 ······ 584
382. 虚长腹胡蜂 *Zethus dolosus* Bingham, 1897 ······ 585
383. 南岭长腹胡蜂 *Zethus nanlingensis* Nguyen *et* Xu, 2017 ······ 587
384. 黑长腹胡蜂 *Zethus nigerrimus* Gusenleitner, 2001 ······ 588
385. 无边长腹胡蜂 *Zethus nullimarginatus* Wang, Chen *et* Li, 2019 ······ 589
386. 脊长腹胡蜂 *Zethus striatus* Wang, Chen *et* Li, 2019 ······ 590
387. 台湾长腹胡蜂 *Zethus taiwanus* Yeh *et* Lu, 2017 ······ 591
388. 宽柄长腹胡蜂 *Zethus tumidus* Nguyen *et* Carpenter, 2016 ······ 592

参考文献 ······ 593
中文名称索引 ······ 607
拉丁学名索引 ······ 613
后记 ······ 621

第一部分

基础知识

图 1-a　黑尾胡蜂 *Vespa ducalis*（浙江台州　许威　摄）

一、胡蜂科 Vespidae 昆虫分类研究概述

（一）分类地位

胡蜂科 Vespidae 隶属昆虫纲 Insecta 膜翅目 Hymenoptera 细腰亚目 Apocrita 针尾部 Aculeata，是细腰亚目乃至整个膜翅目 Hymenoptera 中较大的类群，目前全世界已知约 6 000 种。传统分类学将胡蜂科与钩土蜂科 Tiphiidae、寡毛土蜂科 Sapygidae、蚁蜂科 Mutillidae、拟柄土蜂科 Sierolomorphidae、刺角土蜂科 Rhopalosomatidae、蛛蜂科 Pompilidae、笨蜂科 Bradynobaenidae、土蜂科 Scoliidae 及蚁科 Formicidae 归为胡蜂总科。近些年，上述各科在分子系统学中常被分别提升为总科。

（二）研究简史

胡蜂科的系统分类学研究历史悠久，最早始于林奈时期，模式属为胡蜂属 *Vespa* Linnaeus, 1758，在《自然系统》（第 10 版）中便记载了该科很多种类，如川沟蜾蠃 *Ancistrocerus parietum* (L., 1758)、凹华丽蜾蠃 *Delta emarginatum* (L., 1758)、红环黄胡蜂 *Vespula rufa* (L., 1758)、普通黄胡蜂 *Vespula vulgaris* (L., 1758) 等。很多胡蜂种类早在 18、19 世纪即被定名，如 Lepeletier（1836—1841）、Fabricius（1775—1804）、de Saussure（1852—1900）、Smith（1850—1879）、Bingham（1888—1904）、Dalla Torre（1889—1904）等多位昆虫学者对胡蜂分类做了大量的研究工作，此时期以建立新属及描述种类为主。其中，仅 de Saussure（1852—1875）就建立该科 82 属 561 种 32 亚种，详细记述并修订了当时世界已知的胡蜂各属及种类，是当时唯一的世界性胡蜂专著，为后续乃至今天的胡蜂分类研究奠定了坚实基础，在他所建立的 82 属中，如今仍有 50 属有效。

20 世纪是胡蜂科分类研究的重要发展时期。该科分类研究得到了长足发展，该科绝大部分的属和种在这一时期建立，并在种类记述基础上开启分类修订和区系研究。Cameron（1890—1909）、Dover（1922—1931）、Blüthgen（1938—1968）、Guiglia（1933—1979）、Giordani Soika（1934—1996）、Gusenleitner（1965—2011）及 Kurzenko（1976—2004）等分别系统整理记述了大量古北区及东洋区胡蜂科种类，其中仅 Blüthgen、Giordani Soika、Gusenleitner 就分别建立和记述了 55 属 66 种、84 属 876 种和 7 属 433 种，极大地促进了古北区和东洋区胡蜂区系分类发展；Bequaert（1913—1948）、Bohart（1938—1974）、Raw（1985—2000）、Silveira（1993—2008）、Hermes（2004—2010）等分别记述及修订了新热带区及新北区的胡蜂种类。Sonan（1927—1943）记述了中国、日本及菲律宾的部分胡蜂种类；Richards（1940—1984）修订了澳大利亚、秘鲁、阿拉伯半岛等区域的胡蜂研究体系；van der Vecht

（1935—1990）系统记述了澳大利亚及周边区域的胡蜂种类；美国学者 Carpenter 从 1982 年至今一直致力于世界胡蜂种类的整理修订，已先后整理出胡蜂科各亚科的世界名录及部分国家或地区的分属及分种检索表等，并形成了以形态特征为主的胡蜂科分类学研究方法和以 Carpenter（1982）的分析结果为主的分类体系。20 世纪 80 年代开始，中国、日本、韩国、印度等国学者开始系统整理亚洲部分国家或地区的胡蜂种类情况，如日本学者 Yamane（1982—1990）和 Kojima（1982—2007）分别对日本及我国台湾的胡蜂进行记述，韩国学者 Kim（1998—2013）、我国学者李铁生（1982、1985）和董大志等（1997）对我国胡蜂科种类进行了较系统的种类记述。Archer（1980—2008）等分别结合胡蜂生物学习性如筑巢特点等记述了部分种类并讨论了各亚科间的亲缘关系。

21 世纪以来，中青年学者为世界胡蜂分类研究注入了新的力量。印度学者 Girish Kumar（2004 至今）和 Kishore（2004—2007）、越南学者 Nguyen（2003 至今）、意大利学者 Selis（2016 至今）、俄罗斯学者 Fateryga（2003 至今）、中国学者谭江丽（2014 至今）以及李廷景（2010 至今）等分别对所在国家及地区的胡蜂科种类进行了补充描述及修订。

（三）分类系统

de Saussure（1852—1858）首次提出将胡蜂划分为 3 个族即马萨胡蜂族 Masarini、蜾蠃族 Eumenini 和胡蜂族 Vespini；Smith（1857）将胡蜂分为 3 个科即马萨胡蜂科 Masaridae、胡蜂科 Vespidae 和蜾蠃科 Eumenidae；Bingham（1897）将胡蜂归为针尾部 5 个族之一，其下划分 2 个科即蜾蠃科 Eumenidae 和胡蜂科 Vespidae。Ashmead（1902）将胡蜂科提升为胡蜂总科 Vespoidea，其下包括三个科即蜾蠃科 Eumenidae、马萨胡蜂科 Masaridae 和胡蜂科 Vespidae；Bequaert（1918）又将这 3 个科合并为胡蜂科并将科下划分为 10 个亚科。胡蜂科的分类系统频繁变迁，在此期间围绕胡蜂科下有多少个亚科这一问题，昆虫学界一直存在争议。直至 1962 年，Richards 再次将胡蜂总科划分为 3 个科即蜾蠃科 Eumenidae、马萨胡蜂科 Masaridae 和胡蜂科 Vespidae，在 1962—1980 年此分类系统被大多数学者采用。

Carpenter（1982）基于支序法对胡蜂总科下各亚科、族之间的关系进行了系统发育分析，将胡蜂总科降为胡蜂科，将其下划分为 6 个亚科即犹胡蜂亚科 Euparagiinae、马萨胡蜂亚科 Masarinae、胡蜂亚科 Vespinae、马蜂亚科 Polistinae、蜾蠃亚科 Eumeninae 和狭腹胡蜂亚科 Stenogastrinae；基于形态和行为学特征，Carpenter 等学者提出胡蜂科的 6 个亚科关系为：Euparagiinae + (Masarinae + (Eumeninae + (Stenogastrinae + (Polistinae + Vespinae))))，认为胡蜂科生物学习性从独居性的犹胡蜂亚科 Euparagiinae、马萨胡蜂亚科 Masarinae 和蜾蠃亚科 Eumeninae 向亚社会性的狭腹胡蜂亚科 Stenogastrinae 过渡，最后演化至社会性的马蜂亚科 Polistinae 和胡蜂亚科 Vespinae，根据这个分类系统，3 个社会群体狭腹胡蜂亚科 Stenogastrinae、马蜂亚科 Polistinae 和胡蜂亚科 Vespinae 构成一个单系，这意味着真社会性在胡蜂科 Vespidae 中进化了一次。此后，也有科学家质疑 Carpenter 的胡蜂分类系统，但大量的形态系统发育数据支持了 Carpenter 提出的胡蜂分类系统，即胡蜂作为一个科被细分为 6 个亚科。

随着分子生物学技术的发展，Schmitz 和 Moritz（1998）基于线粒体和核基因的分子片段对胡蜂科 Vespidae 的系统演化进行了分析，结果暗示了胡蜂科 Vespidae 昆虫社会性的两次起源且质疑蜾蠃亚科 Eumeninae 的单系性，第一次提出马蜂亚科 Polistinae 和胡蜂亚科 Vespinae 与蜾蠃亚科 Eumeninae 的关系可能比与狭腹胡蜂亚科 Stenogastrinae 的关系更密切。Hines 等人（2007）通过研究 4 个核基因（包括一个 Schmitz 和 Moritz 分析的基因）和一个改进后的分类单元样本推断出关系类似于 Schmitz 和 Moritz 的系统发育结果。Peters 等人（2017）对膜翅目 Hymenoptera 主要谱系的系统发育进行研究，结果显示狭腹胡蜂亚科 Stenogastrinae 和胡蜂科其余的亚科为姐妹群关系，支持两次社会性起源。Bank 等人（2017）基于转录组数据再次提出胡蜂科中两次社会性起源，并将长腹胡蜂亚科 Zethinae 从蜾蠃亚科 Eumeninae 中独立出来，Piekarski 等人（2018）对整个胡蜂科 Vespidae 系统发育进行了重建，将该科分为 8 个亚科即蜾蠃亚科 Eumeninae、犹胡蜂亚科 Euparagiinae、马萨胡蜂亚科 Masarinae、盖胡蜂亚科 Gayellinae、长腹胡蜂亚科 Zethinae、狭腹胡蜂亚科 Stenogastrinae、马蜂亚科 Polistinae 和胡蜂亚科 Vespinae（图 1-1）。此分类系统是目前比较公认的，本图鉴亦采用此分类系统。

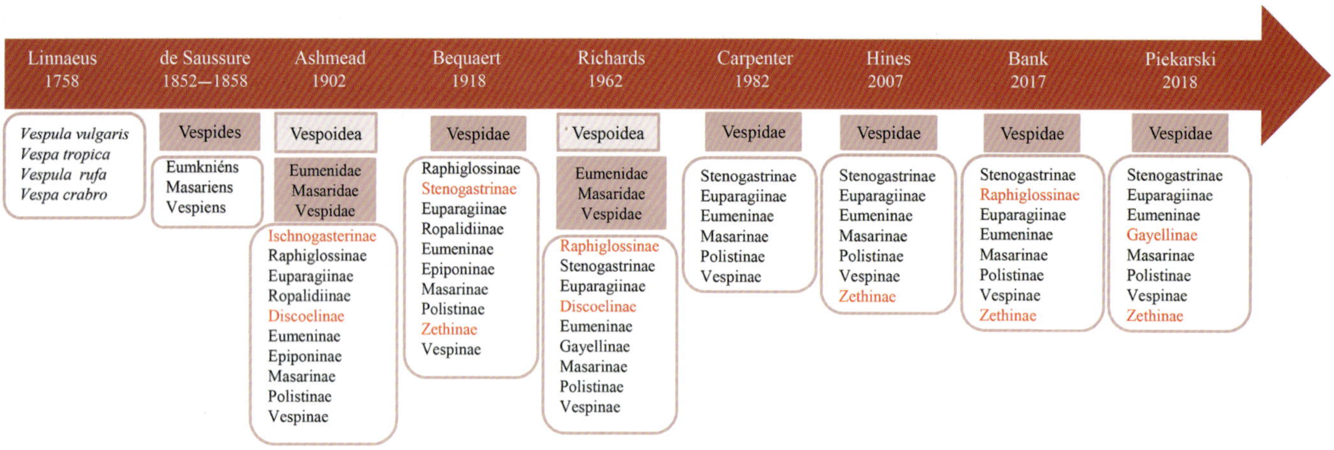

图 1-1　胡蜂科 Vespidae 昆虫分类系统沿革

二、胡蜂科 Vespidae 昆虫生物学特性及经济意义

胡蜂科 Vespidae 昆虫有为其幼虫筑巢的习性且较为复杂，主要分以下三种类型：①独居性类群：蜾蠃亚科 Eumeninae、犹胡蜂亚科 Euparagiinae、马萨胡蜂亚科 Masarinae 及盖胡蜂亚科 Gayellinae；②亚社会性类群：长腹胡蜂亚科 Zethinae 和狭腹胡蜂亚科 Stenogastrinae；③社会性类群：马蜂亚科 Polistinae 和胡蜂亚科 Vespinae。

（一）蜾蠃亚科 Eumeninae

蜾蠃亚科 Eumeninae 种类营独栖生活，即成虫平时营自由生活取食花粉和花蜜（图 1-2）。雌蜂仅在繁殖时筑巢，它们通过衔泥（图 1-3 ~ 图 1-5，图 1-10），在竹管、芦苇秆等孔洞中（图 1-8）在土中或干木头中挖洞筑巢（图 1-7），巢穴仅 1 个巢室或几个巢室相邻，巢室明显比社会性种类的巢室少，雌蜂外出主要捕猎鳞翅目昆虫的幼虫（图 1-12），将其蜇刺麻醉后衔回并储存于巢内（图 1-6）。蜾蠃卵孵化为幼虫后取食亲代为其准备好的食物（图 1-9，图 1-11）。

图 1–2　江苏蜾蠃 *Eumenes kiangsuensis* 访花（辽宁辽阳）

图 1–3　黑胸蜾蠃丽胸亚种 *Orancistrocerus drewseni opulentissimus* 筑泥巢（安徽金寨　陈尽虫　摄）

图 1-4　孔蜾蠃 ***Eumenes punctatus*** 筑泥巢（陕西安康）

图 1-5　蜾蠃属种类 ***Eumenes* sp.** 的壶状泥巢（陕西安康）

蜾蠃主要捕猎鳞翅目 Lepidoptera 幼虫，通过蜇刺麻痹猎物，使其失去活动能力，为其幼虫提供新鲜食物。《诗经・小雅・小苑》有“螟蛉有子，蜾蠃负之”的记述。据估算，每头雌蜾蠃每天可产 6 ~ 12 粒卵，每粒卵需储存 6 ~ 25 头猎物，依此推算每头雌蜾蠃每天因捕猎而使毛毛虫减少达 100 余头，在多种农林生态环境中对害虫种群数量起到了直接的生物控制作用（图 1-13 ~ 图 1-15）；此外，蜾蠃蜂毒具有麻痹猎物并使其在蜾蠃幼虫取食前丧失活动能力的特殊功能，可作为开发新型麻醉剂和生物源农药等的资源。

图 1-6　黄喙蜾蠃指名亚种 *Rhynchium quinquecinctum quinquecinctum* 衔猎物回巢（浙江温州　何既白　摄）

A　　B

图 1-7　直盾蜾蠃属种类 *Stenodynerus* sp. 在土墙上筑巢（云南怒江）

A. 土墙上的巢穴　B. 直盾蜾蠃属种类正在筑巢

图 1–8 黄缘代喙蜾蠃 *Dirhynchium flavomarginatum* 在竹管中筑巢（江西赣州 黄敦元 摄）

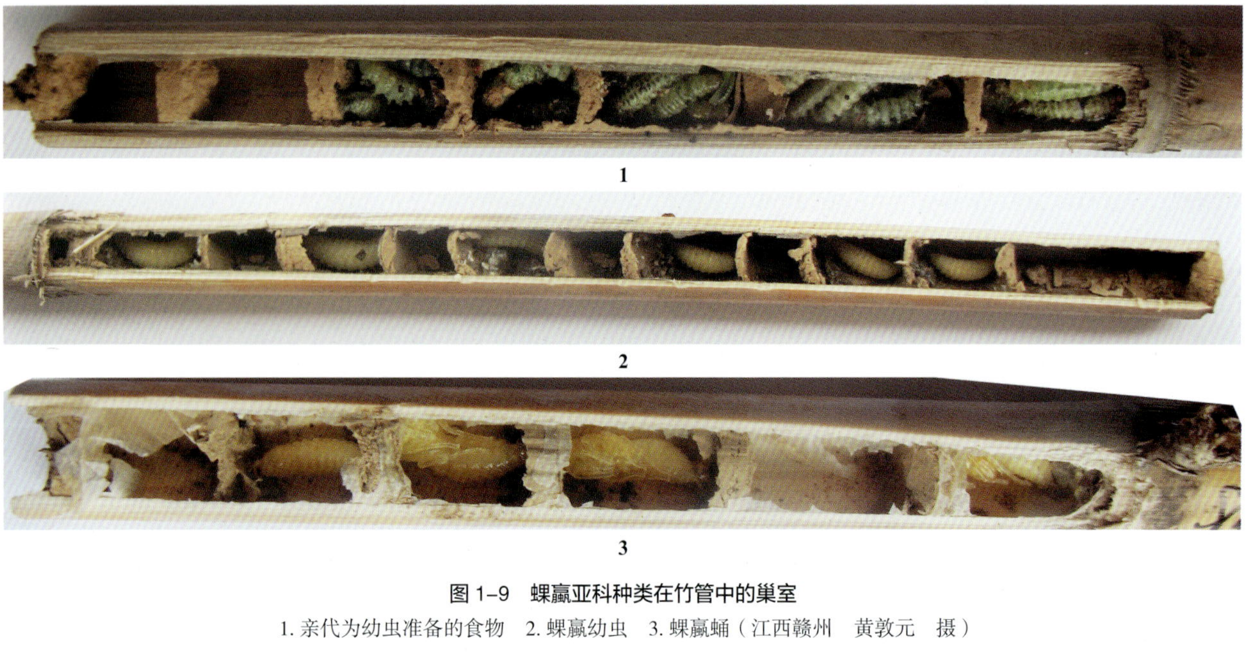

图 1–9 蜾蠃亚科种类在竹管中的巢室

1. 亲代为幼虫准备的食物 2. 蜾蠃幼虫 3. 蜾蠃蛹（江西赣州 黄敦元 摄）

图 1–10 蜾蠃亚科种类的泥巢
（云南西双版纳 陈尽虫 摄）

图 1–11 蜾蠃亚科种类泥巢里的幼虫及食物
（云南西双版纳 陈尽虫 摄）

图 1–12　凸圆蜾蠃 *Eumenes gibbosus* 捕猎鳞翅目幼虫（云南腾冲）

图 1–13　农田采集环境（四川喜德）

图 1-14　农田采集环境（云南兰坪）

图 1-15　农林生态采集环境（云南德钦）

（二）马萨胡蜂亚科 Masarinae

马萨胡蜂亚科种类习性与蜜蜂类似，成虫主要取食花蜜，幼虫取食亲本为其在巢穴中准备的花粉和花蜜（图 1–16、图 1–17）。雌性用泥土或沙子附着在树枝或岩石上筑巢，也常在地下筑巢，或利用已用巢穴等储存花粉和花蜜并产卵。卵孵化为幼虫后会吃掉亲代储存的食物，最后化蛹为成虫。

图 1–16　科氏似蜜胡蜂 *Celonites kozlovi* 访花（俄罗斯蒂杜亚里克　Alexander V. Fateryga　摄）

图 1–17　黄带似蜜胡蜂 *Celonites sibiricus* 访花（俄罗斯蒂杜亚里克　Alexander V. Fateryga　摄）

（三）马蜂亚科 Polistinae

马蜂亚科种类为进化程度较高的社会性昆虫，不同属有不同的巢穴结构和筑巢习性。常见的主要由多只雌蜂共同筑巢，其蜂巢最初由上一年的越冬蜂王独自营建并产卵，蜂巢没有外壳包被，具短的巢柄（图 1–18）。马蜂种类通常将巢筑在叶片背面、枝条下侧、草丛、石缝、墙缝等相对隐蔽处（图 1–19 ~ 图 1–24），1 个蜂巢的巢室数明显较胡蜂亚科种类的少，成虫个体数量可达 200 头。因误闯该类马蜂巢穴引起的人畜被蜇现象较少。马蜂种类成虫常取食花蜜、成熟水果、树脂、新鲜种子的油脂等，主要捕猎毛毛虫等并在加工后带回巢室供幼虫取食（图 1–25），是农林生态系统中重要的天敌昆虫。

图 1–18　陆马蜂 *Polistes* (*Gyrostoma*) *rothneyi* 的巢室（安徽金寨　陈尽虫　摄）

图 1–19　陆马蜂 *Polistes* (*Gyrostoma*) *rothneyi* 的巢群（云南西双版纳）

图 1-20　黄侧异腹胡蜂 *Parapolybia crocea* 在叶片背面的蜂巢（重庆四面山）

图 1-21　点铃腹胡蜂 *Ropalidia stigma* 的蜂巢（广东广州　刘庆明　摄）

图 1-22　隐蔽在竹管里的马蜂蜂巢（四川峨眉山）

图 1–23　柑马蜂 ***Polistes* (*Polistella*) *mandarinus*** 在石缝下筑巢（四川眉山）

图 1–24　褐马蜂 ***Polistes* (*Gyrostoma*) *tenebricosus*** 在树枝下筑巢（云南哀牢山）

图 1–25　斯马蜂 *Polistes* (*Polistella*) *snelleni* 捕猎鳞翅目 Lepidoptera 幼虫（云南腾冲）

（四）胡蜂亚科 Vespinae

胡蜂亚科种类是民间人们耳熟能详的“马蜂”，其蜂巢大且有外壳包被，蜂巢常见于树梢上、房檐下、树洞里或地下等各种环境（图 1–26 ~ 图 1–28）。胡蜂成虫捕猎鳞翅目 Lepidoptera 昆虫的幼虫及其他昆虫，并将食物加工后带回巢室供养幼虫。胡蜂种群数量大、飞翔迅速、性情凶猛且捕食量大，在农林生态系统中是重要的天敌昆虫（图 1–29，图 1–30）。胡蜂种类有取食树脂（图 1–31）和种子油脂的习性，是部分种子植物的传播媒介。在自然界中，胡蜂种类是鸟类和人类的食物（图 1–36），在民间一直沿袭吃胡蜂幼虫和蛹的习俗，记载的食用种类已有几十种；胡蜂幼虫和蛹是高蛋白含量的美食（图 1–33）。成虫、幼虫和蜂巢均可入药，可祛风除湿、消肿解毒、抗细菌病毒、治疗恶性肿瘤等，现代医药业已开始开发利用胡蜂毒素。胡蜂蜂巢的巢室很多，且一个蜂巢中有大量的成年蜂，其蜂巢在受到威胁时蜂群会释放报警信息素，使整个蜂群瞬间群起保卫巢穴。因此，人畜一旦误闯胡蜂巢穴，便有了“捅马蜂窝”的麻烦，常致受伤甚或丧命。此外，胡蜂在柞蚕及蜜蜂养殖区、果园附近存在一定的危害，常袭击并捕食柞蚕幼虫、蜜蜂及其他益虫等（图 1–32），或咬食成熟果实（图 1–34、图 1–35）而造成果实破损、腐烂脱落，使产量下降。

图 1-26 黄腰胡蜂 *Vespa affinis* 在树干上的蜂巢（云南西双版纳 车继勇 摄）

图 1-27 胡蜂亚科种类在树梢上的蜂巢（重庆巫山）

图 1-28　黄脚胡蜂 *Vespa velutina* 在房梁上的蜂巢（四川峨眉山）

图 1-29　黄腰胡蜂 *Vespa affinis* 捕猎甲虫（云南元阳　陈尽虫　摄）

图 1-30　黄腰胡蜂 *Vespa affinis* 捕食蛴螬（云南江城　刘长秋　摄）

图 1-31　黑尾胡蜂 *Vespa ducalis* 与其他胡蜂种类及甲虫在树上取食（浙江杭州　刘庆明　摄）

图 1-32　金箍胡蜂 *Vespa tropica* 袭击异腹胡蜂蜂巢（云南西双版纳　陈尽虫　摄）

图 1-33　平唇原胡蜂 *Provespa barthelemyi* 的幼虫、蛹及成虫（云南普洱集市出售）

图 1–34 黄脚胡蜂 ***Vespa velutina*** 取食水果（香港 Christophe Barthélémy 摄）

图 1–35 基胡蜂 ***Vespa basalis*** 为害水果（重庆巫山）

图 1-36　鸟类捕食胡蜂（浙江台州　许威　摄）

（五）狭腹胡蜂亚科 Stenogastrinae

狭腹胡蜂亚科 Stenogastrinae 种类主要分布于东南亚，我国已知种类主要分布于海南、广东、福建及云南南部等热带和亚热带区域（图 1-37）。该类群一生营巢而居，生物学习性介于独居性与社会性之间。早期狭腹胡蜂常被认为是胡蜂科 Vespidae 种类从独居性向过渡性再向社会性演化的中间类群，近些年通过分子系统学的证据证实社会性行为在胡蜂科中有两次独立的起源，并且狭腹胡蜂亚科 Stenogastrinae 类群在独居性类群前已分化出来，位于胡蜂科 Vespidae 的基部。该类群的蜂群常较小，且据报道其蜂巢在受到威胁时蜂群不会释放报警信息素，因而狭腹胡蜂亚科 Stenogastrinae 类群不会有群蜂攻击“闯入者”的现象。

图 1-37　黑真狭腹胡蜂 *Eustenogaster nigra* 生态图（广州番禺　刘庆明　摄）

（六）长腹胡蜂亚科 Zethinae

长腹胡蜂亚科 Zethinae 种类曾属于蜾蠃亚科中的一个族，近几年结合分子数据及蜂群筑巢习性等分析将其独立为亚科，其系统演化位于独居性的蜾蠃亚科 Eumeninae 与社会性的马蜂亚科 Polistinae 和胡蜂亚科 Vespinae 之间。该亚科中长腹胡蜂属 *Zethus* 和丽腹胡蜂属 *Calligaster* 的某些种类用植物材料建造巢穴而非用泥筑巢，以及少数种类如红棕长腹胡蜂 *Zethus miniatus* 的雌性共享同一个巢穴，每只雌性以渐进的方式供养自己的后代，它们在繁殖时表现出统治地位（类似女王的行为），并且在提供巢穴时偶尔执行有利于其他个体的任务（类似工蜂的行为）。因此，长腹胡蜂亚科 Zethinae 种类具有从独居生活方式向群居生活方式转变的特征。最新研究结合行为观察和雌性卵巢状态数据发现：寻求再次使用或篡夺幼虫巢室的攻击性繁殖者比幼虫的提供者拥有更长的卵母细胞，而那些缺乏繁育的雌性（如那些巢室被篡夺的受害者）却执行与巢穴防御、巢穴维护和 / 或收养孤儿巢等相关的任务（图 1–38）。因此，巢室的竞争可能塑造了蜂群社会性分工的生殖生理学。

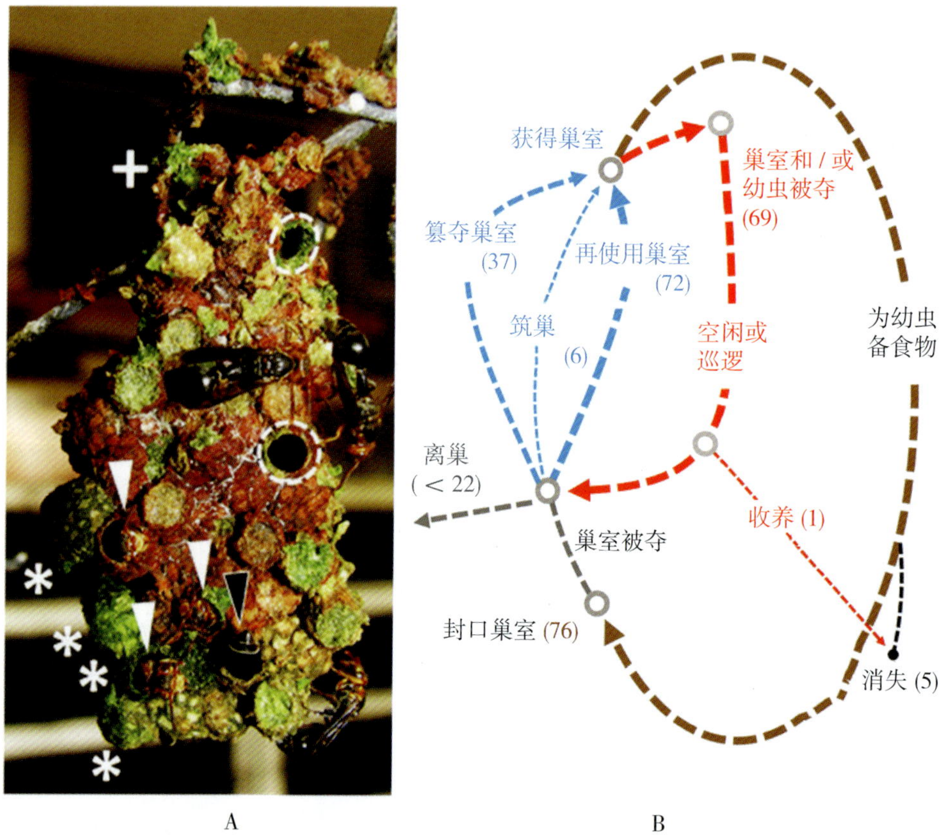

图 1–38　红棕长腹胡蜂 *Zethus miniatus* 雌性的巢穴生物学行为

A. 巢穴建立在屋檐的电线上，巢是由咀嚼过的植物材料制成的，绿色部分是巢中最新鲜的添加物

B. 在雌性中观察到的行为模式的总结和频率（引自 Kelstrup, *et al*, 2023）

注：图中数字代表固定观测时间范围内每种行为观测到的总次数

三、胡蜂科 Vespidae 昆虫形态特征

（一）体色、被毛与刻点

体型差异较大，长 4.0 ~ 50.0 mm；因部分种类的标本腹部常弯曲或内缩而影响测量准确性，该科昆虫体长测量值为头部前缘至腹部第 2 节后端缘。腹部第 1 节形状多样，前斜面平截状或逐渐变宽或明显呈柄状等。体黑色，常被黄色、红棕色、棕黄色、棕褐色或象牙白色等色斑；体色在不同属、种之间常具有明显模式差异，色斑模式常作为分种特征。

绝大部分种类均明显被毛，毛色多为黑色、浅褐色及淡棕色等。其中毛的长短、疏密和颜色常作为分种的特征。如在长腹胡蜂属 *Zethus* 中，吕宋长腹胡蜂 *Zethus luzonensis* 种团特征之一为头、胸部被金黄色毛。

大部分种类均被刻点，少数种类体表几乎无刻点。特定部位的刻点有无、疏密程度、刻点间是否光滑等亦可作为分种的重要特征，如唇基、中胸盾片、并胸腹节及腹部各节是否具刻点，以及刻点密集程度，刻点间呈网状、脊状、光滑等特征是各属、种的重要鉴别特征。刻点间距大于刻点直径，则为刻点稀疏；刻点间距小于刻点直径，则为刻点稠密；刻点间距约等于刻点直径，则为刻点中等密度。

（二）头部

1. 上颚（mandible） 上颚常细长或短，左右上颚是否在端部交叉是胡蜂科分亚科的特征之一；除部分属的上颚内缘无明显具齿外，绝大部分种类上颚内缘通常具明显的齿，齿的数量及形状在属内有时具差异，如长腹胡蜂亚科 Zethinae 中，上颚明显短截状且端部具齿；齿的位置、数量、形态可作为分种的特征之一，某些种类的齿间存在明显缺刻。

2. 唇基（clypeus） 胡蜂科 Vespidae 昆虫均唇基明显，雌、雄性唇基异形。唇基的长宽比值、形状、端部凹陷与否、被毛及刻点的疏密情况等均可作为分属、分种的特征。

3. 触角（antenna） 触角位于额唇基沟之上，主要呈丝状，少数种类如马萨胡蜂亚科种类的触角呈棒状。一般雌性触角 12 节，雄性 13 节，少数种类如图氏小片蜾蠃 *Onychopterocheilus* (*Ghilarocheilus*) *turovi* (Kostylev, 1937) 的雄性触角为 12 节。自基部向端部依次为柄节（scape）、梗节（pedicel）和鞭节（flagellum），柄节为第 1 节，梗节为第 2 节，其余为鞭节；雄性触角第 13 节多变，常向后折回成钩状或变小且不向后折回，或变宽呈竹片状等，是分属、分种的重要特征。

4. 额区（frons） 额区为前单眼之前、额唇基沟以上及复眼内缘之间的区域。额区被毛情况、刻点大小及疏密程度常作为分种的主要特征，额区是否凸起及凸起程度也是分类特征之一。在小柄蜾蠃属 *Labus* 中，雌性前单眼之前具窝穴，窝穴的形状、深浅、大小等常作为分种的重要特征。

5. 复眼（compound eye） 复眼指头部两侧、上颚基部以上、颊区之前、额区外侧、后单眼外侧之

间的隆起。胡蜂科种类复眼内缘近中部处皆凹陷；复眼下端缘与上颚的间距可作为分属、分种的重要特征。

6. **单眼（ocellus）** 单眼 3 个，一般排列成三角形，分为 1 个前单眼（anterior-ocellus）和 2 个后单眼（post-ocellus）。单眼的大小、后单眼间距、后单眼与复眼的间距及后单眼至后头脊的间距等作为分属、分种的特征。

7. **颊区（gena）** 颊区指复眼之后，上颚、后头脊和头顶之间的区域。背面观，颊区与复眼长宽比值可作为分属、分种的特征；颊区的刻点状态、是否具脊或隆起等可作为分种依据。

8. **头顶（vertex）** 头顶指后单眼之后、颊区以上及后头脊之前的区域。雌性后单眼之后的头顶是否具窝穴，窝穴的大小、数量及形状，头顶后部是否隆起可作为分属、分种的特征；少量种类的雄性头顶也有窝穴。

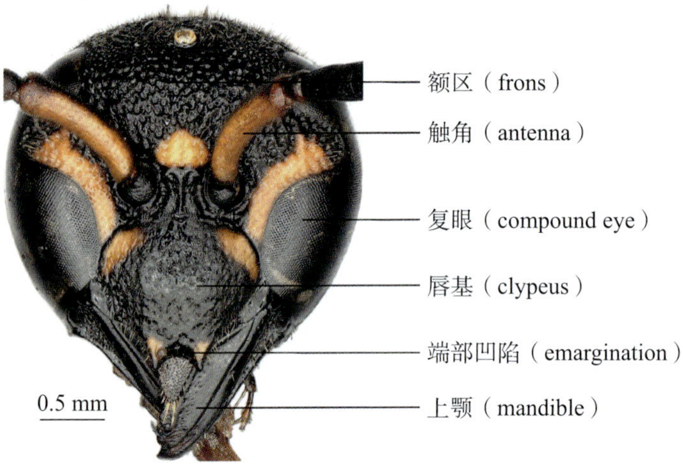

图 1-39 头部正面观

9. **后头脊（occipital carina）** 后头脊指颊区及头顶后缘的脊。该脊是否完整、是否伸达至上颚基部等可作为分属或分种的特征。

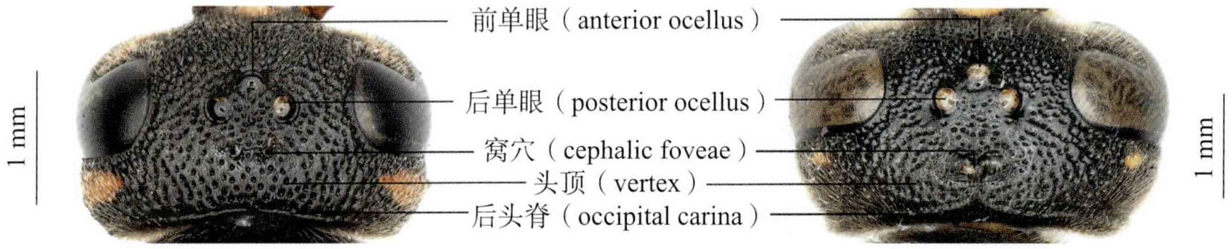

图 1-40 头部背面观

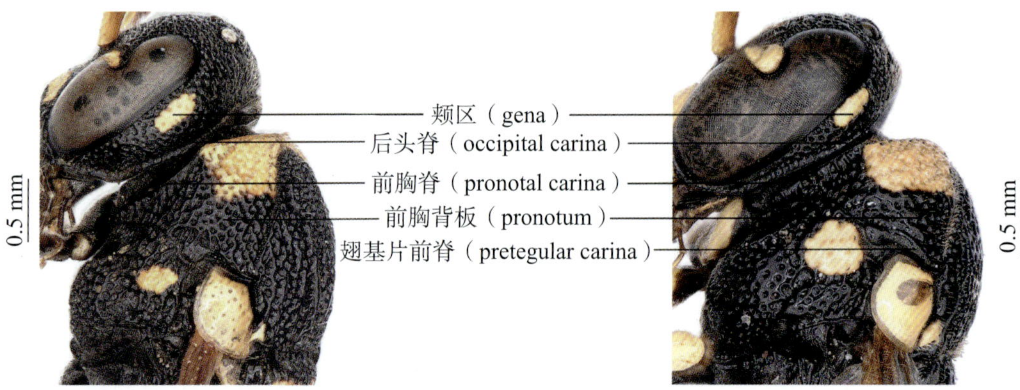

图 1-41 头部及前、中胸侧面观

（三）胸部

1. 前胸脊（pronotal carina） 前胸脊指前胸背板前缘上的脊，其是否存在、是否完整、发达程度等是分属或种的重要特征。

2. 前胸背板（pronotum） 前胸背板背面观为位于胸部前端的倒 V 形结构，两侧后端伸达至翅基片基部。前胸背板上刻点形态、色斑分布、翅基片前脊（pretegular carina）是否存在、侧区是否具褶皱等可作为分属或分种依据；以前胸脊位置为分界，其前面的区域为前斜面（有时近乎垂直），前胸脊后面的水平区为背区，两侧为侧区，前斜面有无刻点、刻点疏密程度、有无窝穴及窝穴的形状等是分属或分种的重要特征。

3. 中胸盾片（mesoscutum） 中胸盾片是指位于前胸背板之后、翅基片之间及小盾片之前的大片骨片结构。其上的刻点状态、被毛状态、盾纵沟及色斑情况可作为分属或分种的特征。

4. 盾纵沟（notaulix） 盾纵沟是指中胸盾片上的 1 对纵向沟，位于中胸盾片前基部的纵沟为前盾沟，位于后端部的为后盾沟。盾纵沟存在与否、是否完整、宽窄及形状是重要的分类特征，如刚蜾蠃属 *Pseudozumia* 具盾纵沟、柄蜾蠃属 *Coeleumenes* 无盾纵沟。

5. 翅基片（tegula） 翅基片是指翅基部紧邻中胸背板的骨片。翅基片的形状、色斑、刻点、内缘是否凹陷、后缘与超过旁翅基片（parategula）后缘的距离可作为分属或分种特征。

6. 旁翅基片（parategula） 旁翅基片位于翅基片端部内侧和中胸背板最外侧基部的小突起，呈指状或钝齿状等，其端部是否超过翅基片端缘是分属特征之一。

7. 中胸侧板（mesopleuron） 胸部侧面观，中胸侧板是指位于前胸背板之后、翅基片以下、中足基节以上及后胸侧板之前的区域。其刻点状态、色斑，是否存在纵向侧脊（epicenemial carina）、横向背侧沟可作为分属或分种的特征之一。

8. 中胸侧脊（epicenemial carina） 中胸侧脊是指存在于中胸侧板向前斜的纵脊。该脊是否存在及发达程度可作为分属或分种的特征。

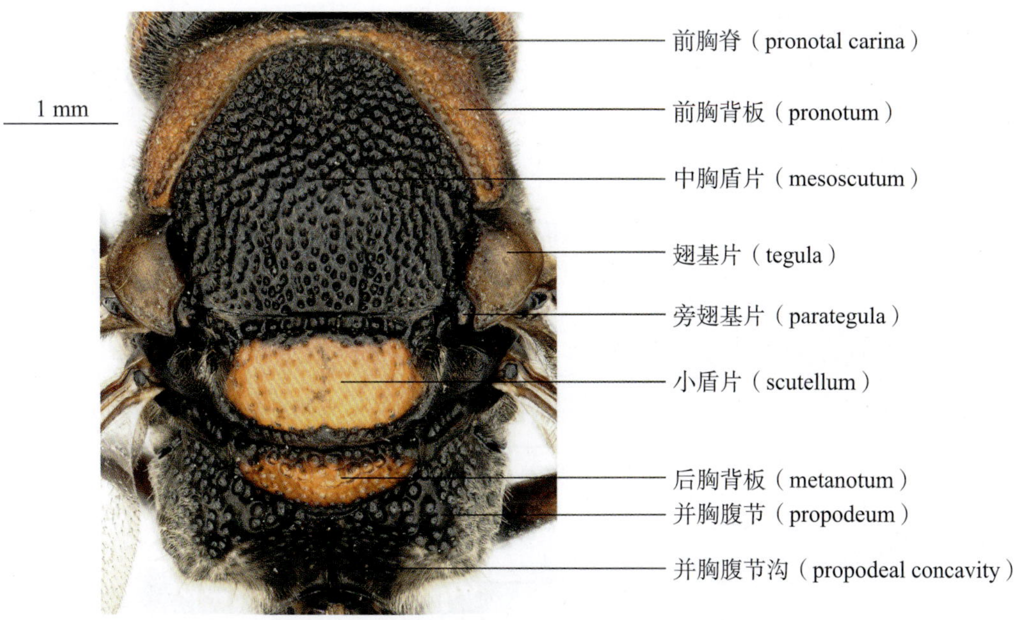

图 1-42　胸部背面观

9. 小盾片（scutellum） 小盾片是指中胸盾片后部横形的骨片。其上刻点状态、色斑、是否具纵沟等可作为分种特征。

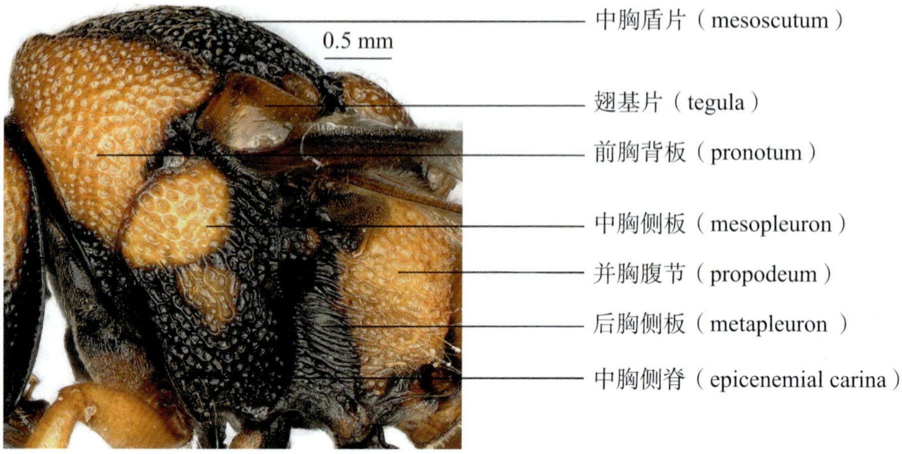

图 1–43　胸部侧面观

10. 后胸背板（metanotum） 后胸背板是指小盾片之后和并胸腹节之前的横向骨片。其上刻点疏密程度、是否具突起、突起的形状、是否具中纵沟及色斑等可作为分属或分种的特征，如小柄蜾蠃属 *Labus* 后胸背板突起呈单齿状，细蜾蠃属 *Cyrtolabulus* 后胸背板突起多呈二齿状、啄蜾蠃属 *Antepipona* 后胸背板具 1 对尖齿、佳盾蜾蠃属 *Euodynerus* 后胸背板的后缘具 1 排齿突等。

11. 后胸侧板（metapleuron） 胸部侧面观，后胸侧板位于中胸侧板之后、后胸背板之下、后足基节之上及并胸腹节之前的区域。其上刻点或脊的情况可作为分种特征之一。

12. 并胸腹节（propodeum） 并胸腹节位于后胸和腹部第 1 节之间，分为背区、后区及侧区；其刻点状态、并胸腹节沟（propodeal concavity）是否存在、色斑、侧区与背区之间是否具侧脊、背区与后区之间是否具围脊或脊突、围脊及脊突的发达程度及形状、后端亚缘脊薄片与腹瓣是否分离及亚缘脊薄片状态等可作为分属或分种的重要特征，如长腹胡蜂属 *Zethus* 亚缘脊薄片与腹瓣分离，元蜾蠃属 *Discoelius* 和丽腹胡蜂属 *Calligaster* 亚缘脊薄片与腹瓣不分离。

13. 翅（wing） 翅包括前翅（fore wing）和后翅（hind wing）。翅痣与前翅痣的长短比值、1M 脉和 2M 脉的状态等可作为分属特征，如秀蜾蠃属 *Pareumenes* 的翅痣短于前翅痣，饰蜾蠃属 *Pseumenes* 的翅痣长于前翅痣，这两属的 1M 脉和 2M 脉相遇近平角，小柄蜾蠃属 *Labus* 相遇则近直角；翅的颜色深浅、是否具色斑、是否具光泽、前翅亚缘室的数量及形状、前翅的翅长、后翅臀叶形状等可作为分种特征。

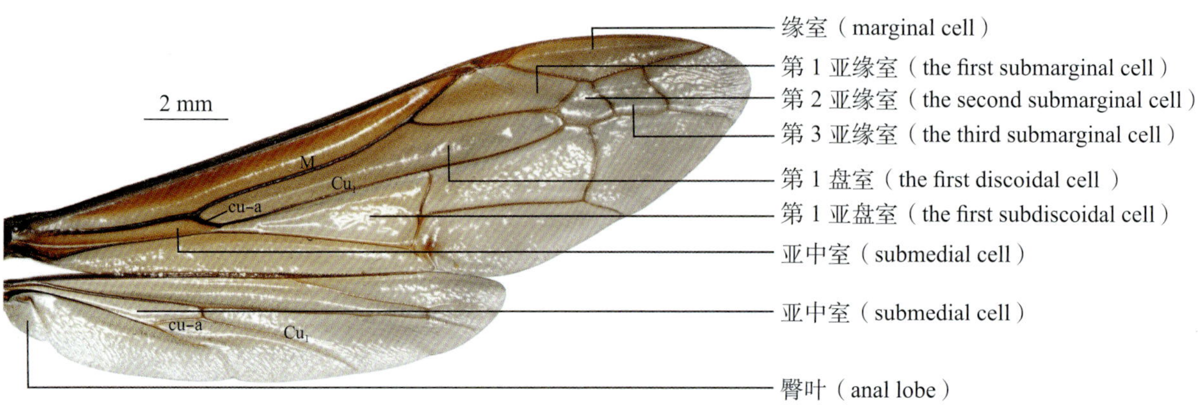

图 1–44　翅

14. 足（leg） 足包括前足（fore leg）、中足（mid leg）和后足（hind leg），由基节（coxa）、转节（trochanter）、腿节（femur）、胫节（tibia）、跗节（tarsus）和前跗节（pretarsus）构成。足的颜色、中足胫节端部距的数量、后足胫节是否具短刺及毛、雄性中足腿节是否凹陷或凸起、跗节是否变异等作为分属或分种的重要特征，如长腹胡蜂亚科 Zethinae 各属的中足胫节具 2 个端距，其余亚科种类的中足胫节仅具 1 个端距；秀蜾蠃属 *Pareumenes* 雌性后足胫节具短刺，饰蜾蠃属 *Pseumenes* 后足胫节不具短刺等。

（四）腹部

1. 腹部节数 雌性腹部可见 6 节，雄性可见 7 节，每节分别由背板和腹板构成，少数种类如铃腹胡蜂属 *Ropalidia* 背板和腹板有愈合现象。

2. 腹部第 1 节（metasomal segment 1） 腹部第 1 节由第 1 节背板（T1，metasomal tergum 1）和第 1 节腹板（S1，metasomal sternum 1）构成。腹部第 1 节形状可作为分亚科、分属、分种的重要特征。如丽腹胡蜂属 *Calligaster* 为长扁平状、元蜾蠃属 *Discoelius* 近卵圆形、刚蜾蠃属 *Pseudozumia* 和柄蜾蠃属 *Coeleumenes* 背面观似三角形等。背面观，背板前斜面与背区是否相互垂直或呈圆弧形、斜面与背区基部是否具横脊分界、横脊的位置及发达程度、背板长宽比、刻点状态、有无中纵沟及色斑等可作为分属或分种的特征；腹板刻点或脊的状态亦可作为分种特征。

图 1-45 腹部背面观

3. 腹部第 2 节（metasomal segment 2） 腹部第 2 节由第 2 节背板（T2，metasomal tergum 2）和第 2 节腹板（S2，metasomal sternum 2）构成，少数种类如杯式铃腹胡蜂 *Ropalidia cyathiformis*（Fabricius, 1804）的第 2 节背板和腹板愈合成整体。背板长宽比、刻点状态、被毛状态、色斑、端部薄片存在与否及薄片状态、端部隆起或凹陷等可作为分种特征之一；腹板基部凹陷、隆起或平坦、刻点情况、色斑及端部薄片可作为分种特征。

4. 腹部第 3 ~ 6 节（metasomal segments 3–6） 腹部第 3 ~ 6 节背板及腹板的可见部分刻点、被毛状态、端部薄片、色斑及有无脊突等情况可作为分种特征。

5. 腹部第 7 节（metasomal segment 7） 雄性腹部第 7 节腹板是否具纵沟可用于区分属，如华丽蜾蠃属 *Delta* 和费蜾蠃属 *Phimenes*；腹板端部形状可作为分种特征。

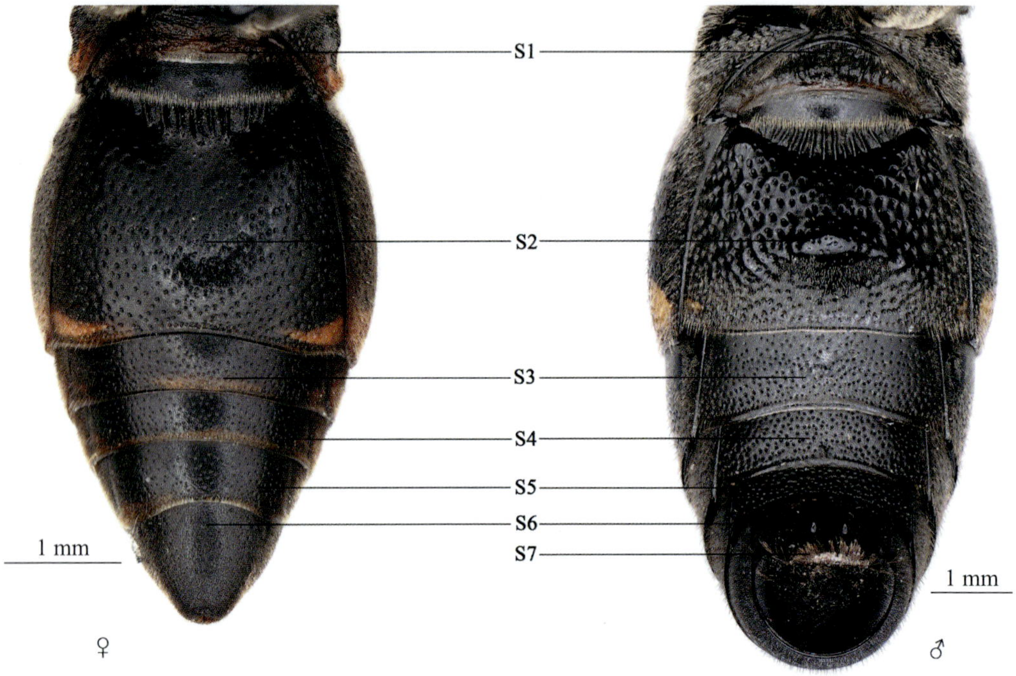

图 1-46 腹部腹面观

6. 雄性外生殖器（male genitalia） 阳茎（penis valve）、抱握器（volsella）和生殖刺突（parallel spines）形状的差异是分类的重要特征，尤其是抱握器，其宽窄及端缘的构造是胡蜂科各分类阶元的重要鉴别特征。

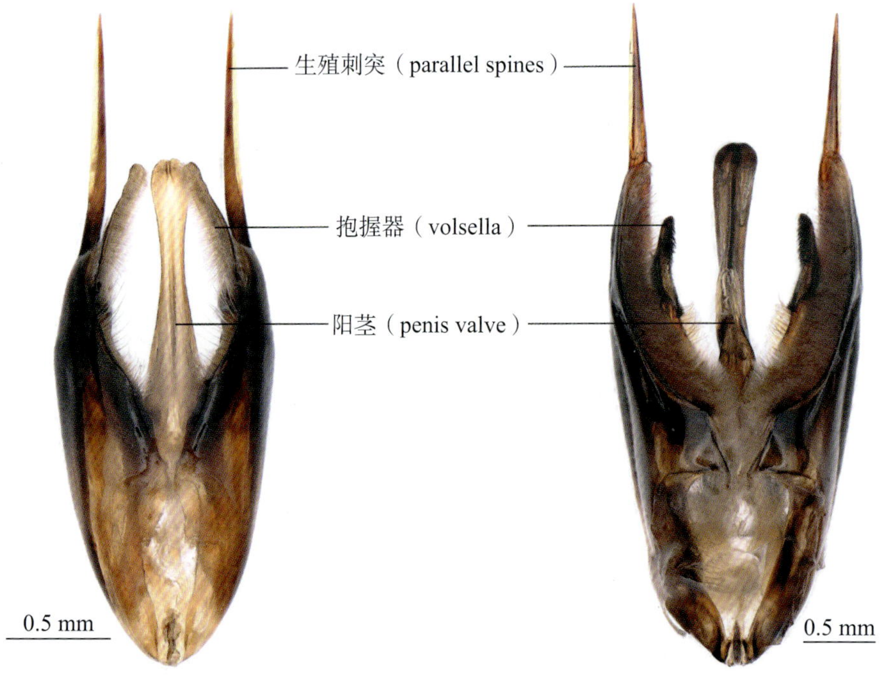

图 1-47 雄性外生殖器正面观

胡蜂科 Vespidae 分亚科检索表

1. 前翅 cu-a 脉弯曲，着生于 $M+Cu_1$ 脉分叉处；第 1 亚盘室端部尖；后翅臀叶大，约为亚中室长度的 1/2 …………………………………………………………………………………… **犹胡蜂亚科 Euparagiinae**

前翅 cu-a 脉直，着生于 $M+Cu_1$ 脉分叉处之后；第 1 亚盘室端部平截状；后翅臀叶小，明显小于亚中室长度的 1/2 …………………………………………………………………………………… **2**

2. 中足胫节端部具 2 个距；亚社会性 …………………………………………………………… **3**

中足胫节端部具 1 个距；独居性或社会性 …………………………………………………… **4**

3. 唇基端部尖凸状；触角窝远离；上颚延长成刀状 ……………………… **狭腹胡蜂亚科 Stenogastrinae**

唇基顶端宽，截形或弧形；触角窝较上述明显窄；上颚短，端部具齿 ………… **长腹胡蜂亚科 Zethinae**

4. 前翅第 1 盘室短，短于前翅亚基部的长；后翅 Cu_1 脉远离 cu-a 脉 ……………………………… **5**

前翅第 1 盘室长，长于前翅亚基部的长；后翅 Cu_1 脉与 cu-a 脉接触 ……………………………… **6**

5. 触角棒状，端部明显膨大；前翅具 2 个亚缘室 ……………………………… **马萨胡蜂亚科 Masarinae**

触角非棒状，端部无明显膨大；前翅具 3 个亚缘室 …………………………… **盖胡蜂亚科 Gayellinae**

6. 颊区逐渐变窄且至腹侧接近尖状；上颚较长、刀状，彼此交叉或向前伸，内缘具齿或缺刻，基部几乎与复眼内缘相连；前跗节爪二叉式；独居性 ………………………………………………… **蜾蠃亚科 Eumeninae**

颊区整体宽，腹侧不呈尖状；上颚较短宽，顶端斜截形、具齿，基部与复眼腹缘间距大于触角窝直径；前跗节爪不分叉；社会性 …………………………………………………………………………… **7**

7. 唇基端部尖；体毛短，不明显；腹部第 1 节纺锤形或柄状 ……………………… **马蜂亚科 Polistinae**

唇基端部宽，截状或中部凹陷；体毛长，明显；腹部第 1 节前面平截状，与背区垂直 …………………………………………………………………………………………………… **胡蜂亚科 Vespinae**

四、胡蜂科 Vespidae 昆虫地理分布

胡蜂科 Vespidae 中种类较多的亚科均为世界性分布，其余各亚科分布范围局限于部分动物地理区系，其中蜾蠃亚科 Eumeninae、长腹胡蜂亚科 Zethinae 和马蜂亚科 Polistinae 为世界性分布；马萨胡蜂亚科 Masarinae 除东洋区外，在其他动物地理区系均有分布；胡蜂亚科 Vespinae 分布于古北区、新北区及东洋区；犹胡蜂亚科 Euparagiinae 主要分布于美国，1 种跨墨西哥分布；狭腹胡蜂亚科 Stenogastrinae 主要分布于东洋区，少数种类分布于东洋区与澳洲区的过渡区域；盖胡蜂亚科 Gayellinae 仅分布于新热带区。

（一）蜾蠃亚科 Eumeninae

世界已知蜾蠃亚科 Eumeninae 207 属 3 800 余种。该亚科种类为世界性分布，其中古北区 70 属 960 余种；东洋区 67 属约 490 种；澳洲区 45 属 460 余种；非洲区 78 属 710 余种；新北区 29 属约 300 种；新热带区 58 属 940 余种。

中国已知蜾蠃亚科 53 属 339 种，国内各省份均有分布。

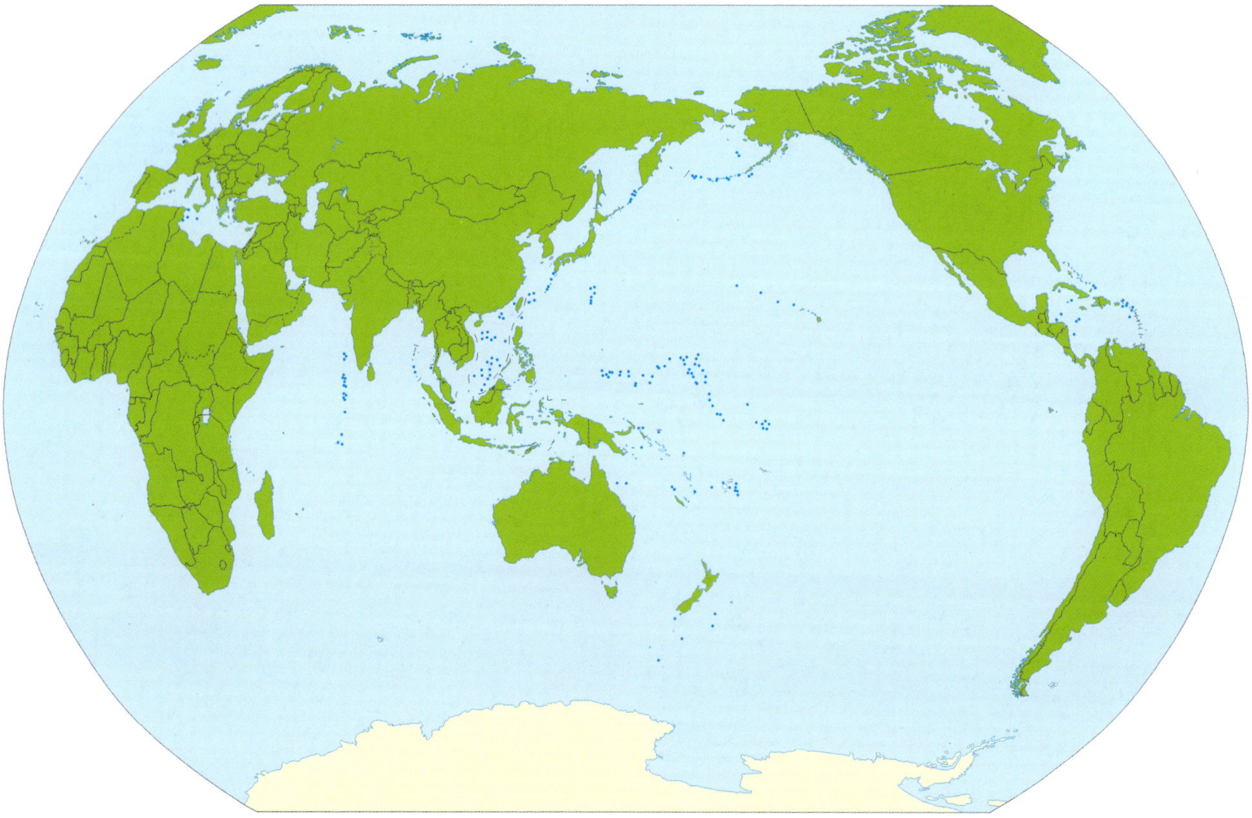

图 1-48　蜾蠃亚科 Eumeninae 地理分布

（二）犹胡蜂亚科 Euparagiinae

世界仅已知犹胡蜂亚科 Euparagiinae 1 属（犹胡蜂属 *Euparagia*）9 种，分布于美国、墨西哥。中国无分布。

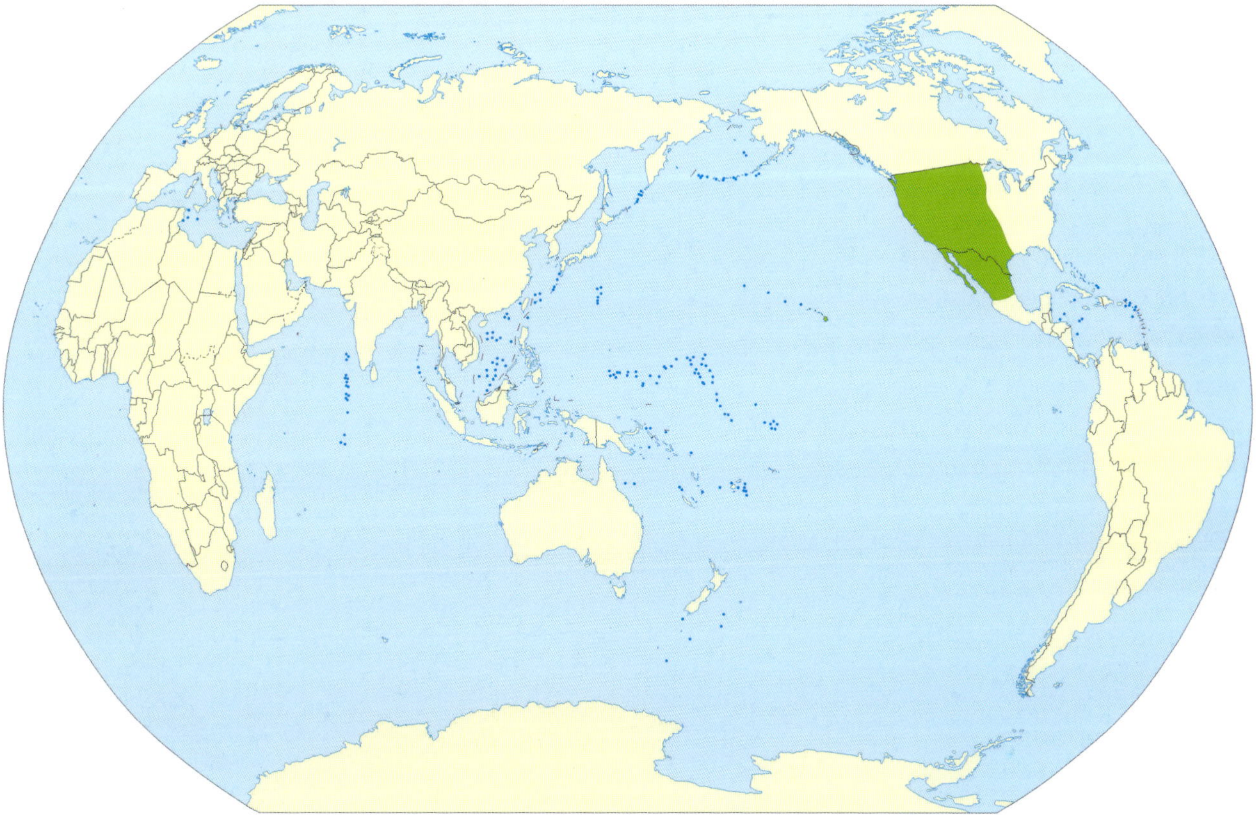

图 1-49　犹胡蜂亚科 Euparagiinae 地理分布

（三）盖胡蜂亚科 Gayellinae

世界已知盖胡蜂亚科 Gayellinae 2 属 10 种，主要分布于智利、阿根廷、玻利维亚、巴西、哥伦比亚、秘鲁、墨西哥。

中国无分布。

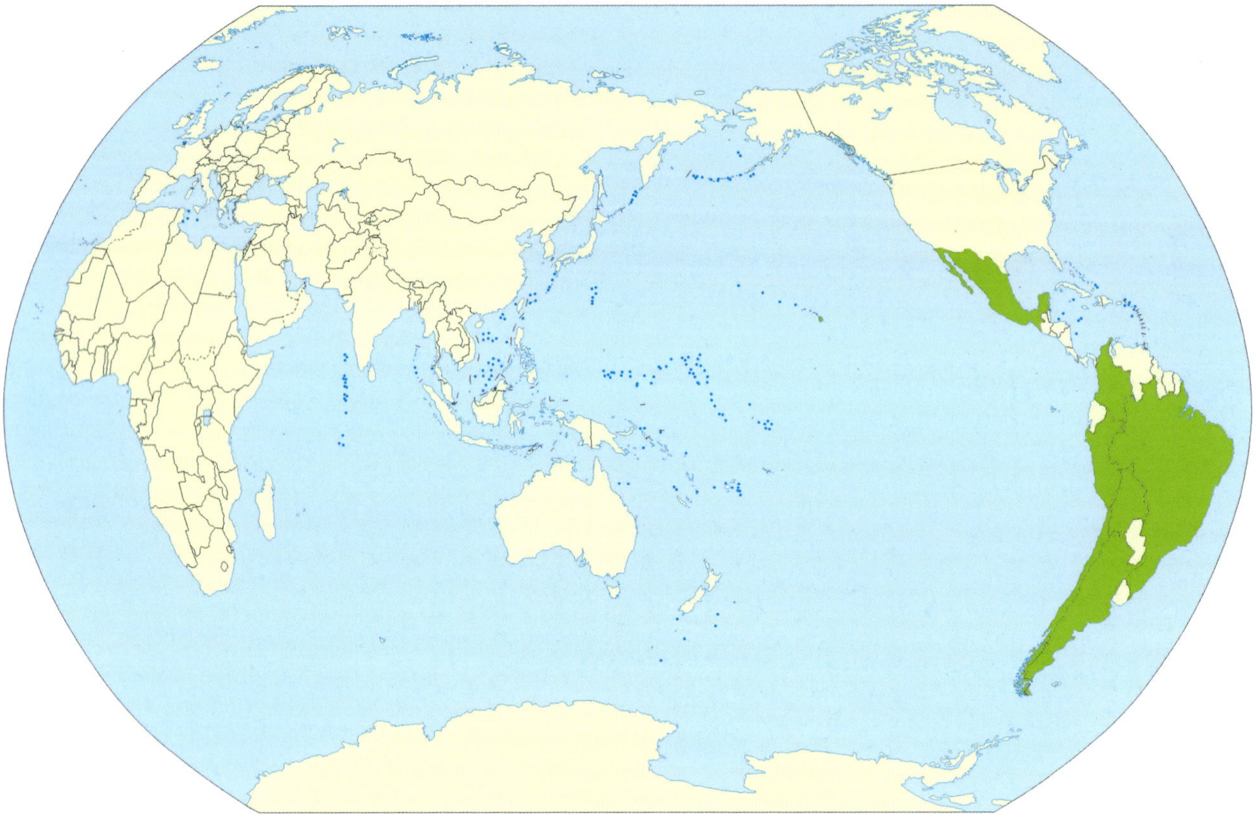

图 1–50 盖胡蜂亚科 Gayellinae 地理分布

（四）马萨胡蜂亚科 Masarinae

世界已知马萨胡蜂亚科 Masarinae 12 属 299 种，大部分属主要分布于非洲区、古北区，后帕胡蜂属 *Metaparagia* 和帕胡蜂属 *Paragia* 仅分布于澳洲区，拟马萨胡蜂属 *Pseudomasaris* 仅分布于新北区，角马萨胡蜂属 *Ceramiopsis* 和结马萨胡蜂属 *Trimeria* 仅分布于新热带区，整个亚科仅 2 种分布接近东洋区（即印度北部）。

中国已知马萨胡蜂亚科 Masarinae 2 属 2 种，仅分布于新疆和甘肃。

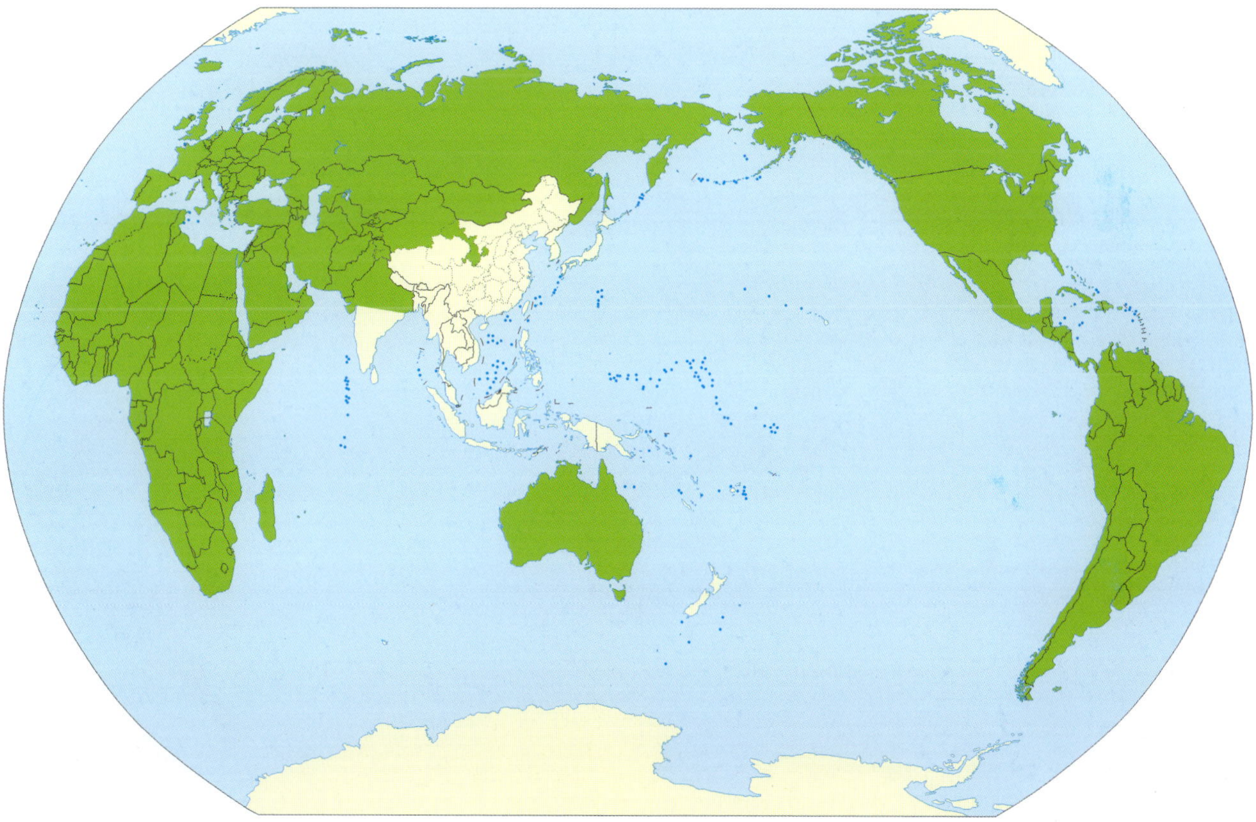

图 1-51　马萨胡蜂亚科 Masarinae 地理分布

（五）马蜂亚科 Polistinae

世界已知马蜂亚科 Polistinae 23 属约 890 种。其中柄马蜂属 *Mischocyttarus* 是种类最多的属，已知约 240 种，分布于新热带区和新北区；其次是马蜂属 *Polistes*，已知 220 余种，世界六大动物地理区系均有分布；铃腹胡蜂属 *Ropalidia* 已知 180 余种，除新北区外均有分布；异腹胡蜂属 *Parapolybia* 分布于古北区、东洋区及澳洲区；其余 19 属主要分布于新热带区。

中国已知 3 属 46 种，其中马蜂属 *Polistes* 在全国均有分布，铃腹胡蜂属 *Ropalidia* 和异腹胡蜂属 *Parapolybia* 主要分布于秦岭以南各省区。

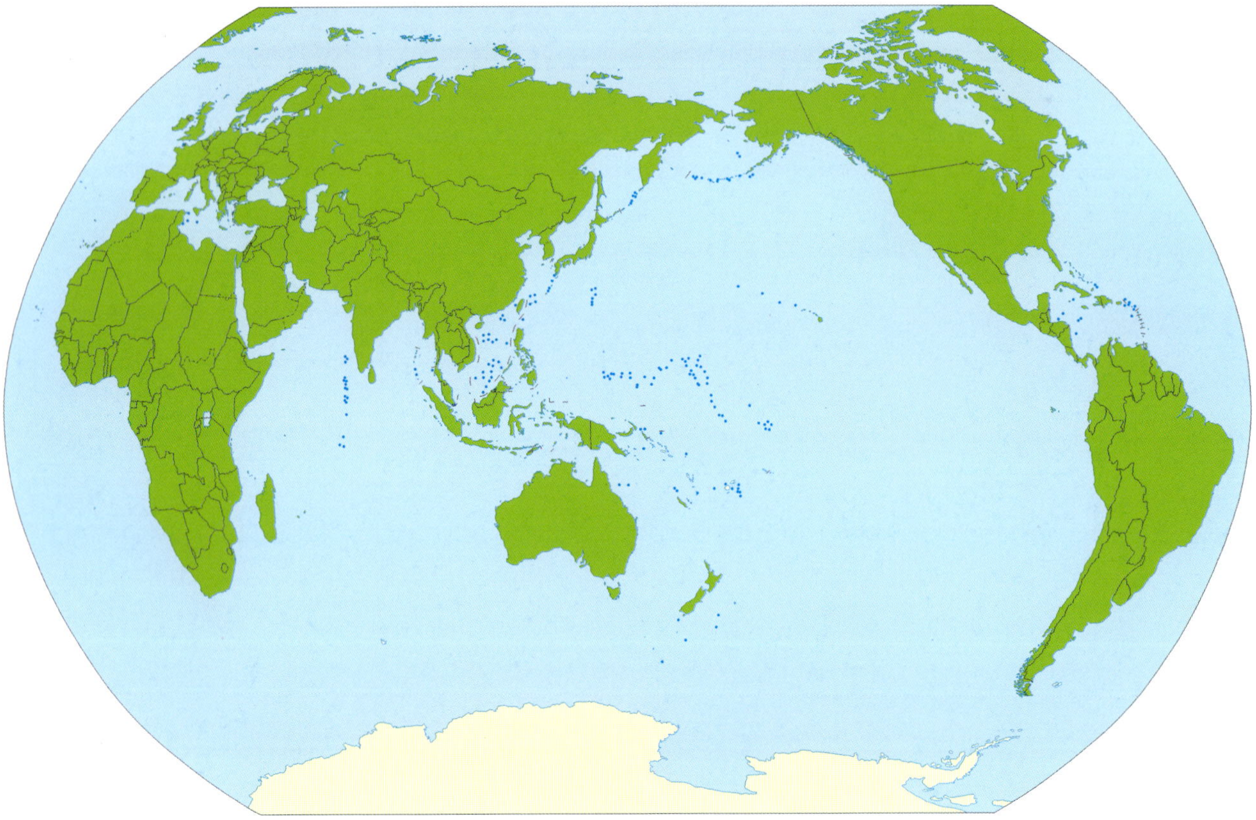

图 1-52　马蜂亚科 Polistinae 地理分布

（六）狭腹胡蜂亚科 Stenogastrinae

世界已知狭腹胡蜂亚科 Stenogastrinae 7 属 53 种，主要分布于东洋区及澳洲区，其中澳狭腹胡蜂属 *Anischnogaster* 仅分布于澳洲区，匙角狭腹胡蜂属 *Cochlischnogaster* 仅分布于东洋区，其余 5 属均跨东洋区及澳洲区分布。

中国已知 4 属 10 种，主要分布于云南（西双版纳、红河）、海南、广东、香港。

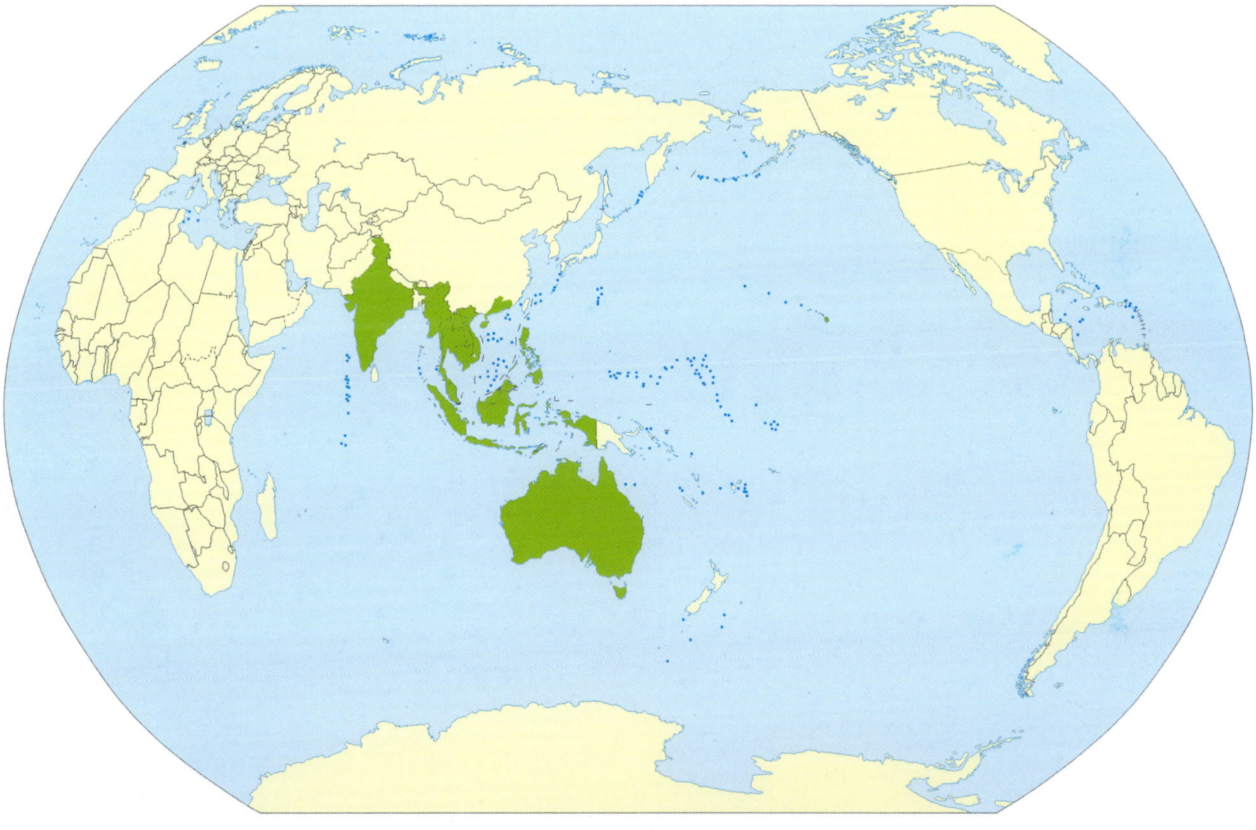

图 1-53 狭腹胡蜂亚科 Stenogastrinae 地理分布

（七）胡蜂亚科 Vespinae

世界已知胡蜂亚科 Vespinae 4 属 66 种，其中胡蜂属 *Vespa*、黄胡蜂属 *Vespula* 和长黄胡蜂属 *Dolichovespula* 分布于古北区、东洋区及新北区，原胡蜂属 *Provespa* 仅分布于东洋区，非洲及南美洲无该亚科的自然分布，目前已有人为传入。

中国已知胡蜂亚科 Vespinae 3 属 43 种，除原胡蜂属 *Provespa* 仅 1 种且分布于广西、云南、四川及西藏外，其余黄胡蜂属 *Vespula* 和胡蜂属 *Vespa* 均为全国性分布。

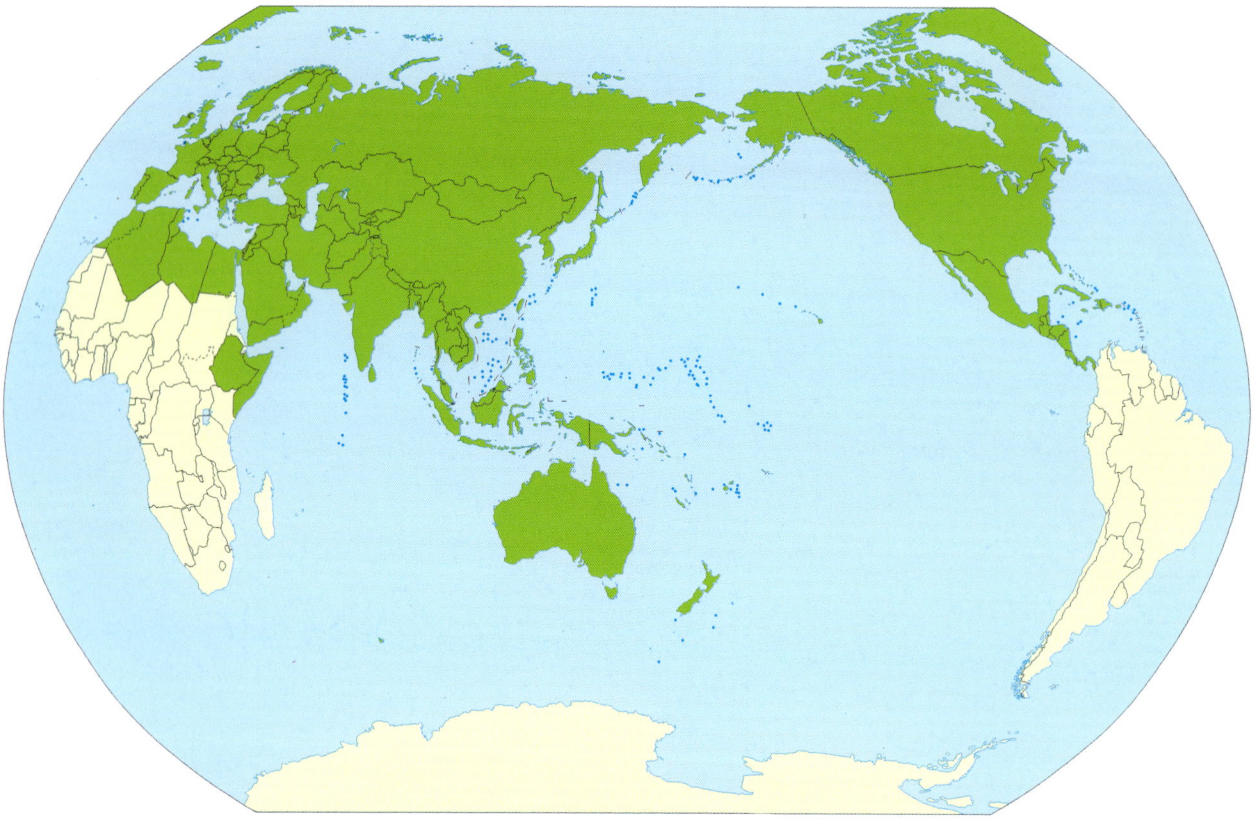

图 1–54　胡蜂亚科 Vespinae 地理分布

（八）长腹胡蜂亚科 Zethinae

世界已知长腹胡蜂亚科 Zethinae 18 属 324 种，世界性分布。其中长腹胡蜂属 *Zethus* 为最大的属，除古北区外，其余各区均有分布；该亚科中 14 属为单区分布，3 属为双区分布；六大动物地理区系中新热带区分布最多，为 5 属 228 种，其次是非洲区 6 属 34 种、澳洲区 7 属 33 种、东洋区 3 属 24 种、古北区 4 属 20 种及新北区 1 属 6 种。

中国已知长腹胡蜂亚科 3 属 23 种，其中元蜾蠃属 *Discoelius* 全国性分布，丽腹胡蜂属 *Calligaster* 主要分布于广东、广西、云南及香港，长腹胡蜂属 *Zethus* 主要分布于南方各省区。

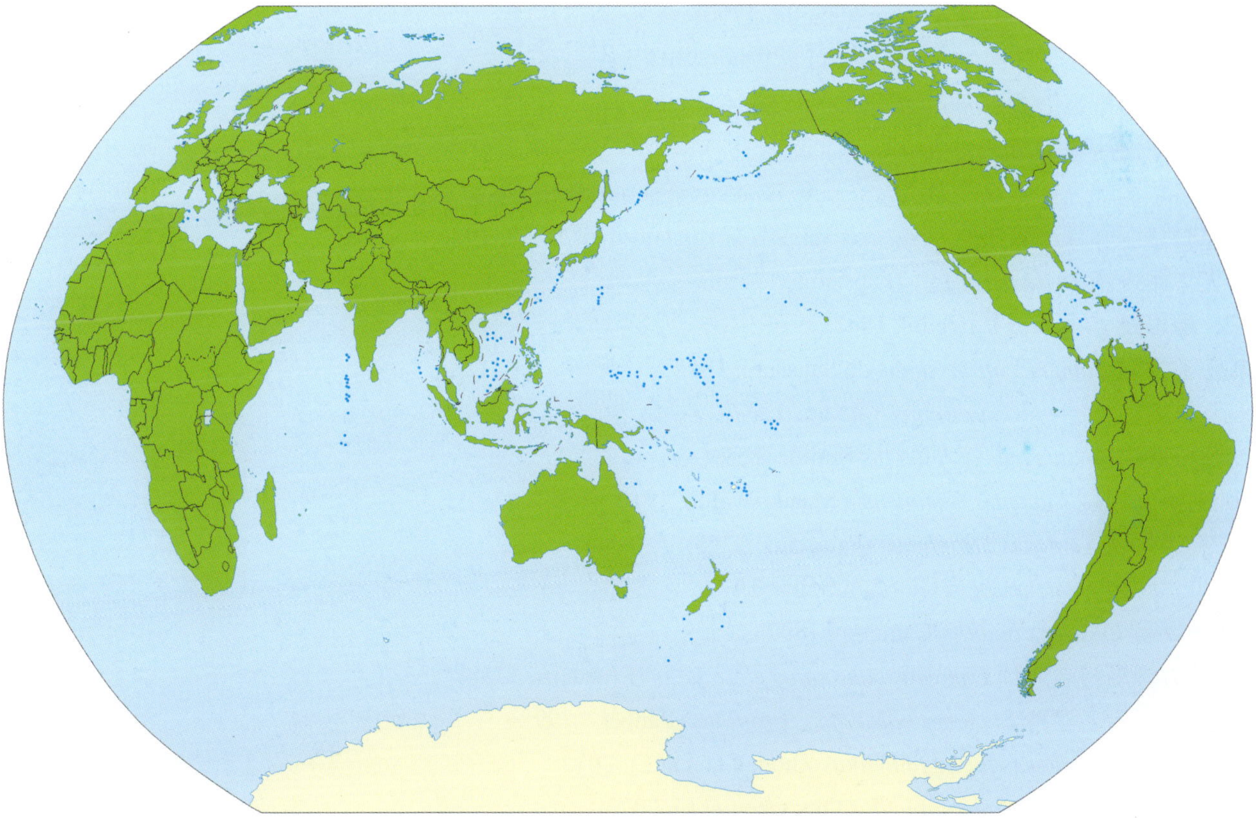

图 1–55　长腹胡蜂亚科 Zethinae 地理分布

五、中国胡蜂科 Vespidae 昆虫名录

蜾蠃亚科 Eumeninae

蜾蠃族 Eumenini

一、华丽蜾蠃属 *Delta* de Saussure, 1855

1. 铃华丽蜾蠃 *Delta campaniforme* (Fabricius, 1775)
2. 锈色华丽蜾蠃 *Delta conoideum* (Gmelin, 1790)
3. 德钦华丽蜾蠃 *Delta deqinensis* Dong *et* Wang, 2017
4. 半羽华丽蜾蠃 *Delta dimidiatipenne* (de Saussure, 1852)
5. 原野华丽蜾蠃 *Delta esuriens* (Fabricius, 1787)

①原野华丽蜾蠃指名亚种 *Delta esuriens esuriens* (Fabricius, 1787)

②原野华丽蜾蠃冲绳亚种 *Delta esuriens okinawae* Giordani Soika, 1986

6. 大华丽蜾蠃 *Delta pyriforme* (Fabricius, 1775)

二、蜾蠃属 *Eumenes* Latreille, 1802

7. 密毛蜾蠃 *Eumenes affinissimus* de Saussure, 1852
8. 北风蜾蠃 *Eumenes aquilonius* Yamane, 1977
9. 苏拉威蜾蠃 *Eumenes architectus* Smith, 1859
10. 阿萨姆蜾蠃 *Eumenes assamensis* Meade-Waldo, 1910
11. 热带蜾蠃 *Eumenes atrophicus* (Fabricius, 1798)
12. 贝尔蜾蠃 *Eumenes belli* Giordani Soika, 1973
13. 布蜾蠃 *Eumenes buddha* Cameron, 1897
14. 北方蜾蠃指名亚种 *Eumenes coarctatus coarctatus* (Linnaeus, 1758)
15. 冠蜾蠃指名亚种 *Eumenes coronatus coronatus* (Panzer, 1799)
16. 锈触蜾蠃 *Eumenes ferrugiantennus* Zhou, Chen *et* Li, 2012
17. 锈腹蜾蠃 *Eumenes ferruapiculus* Qin, Chen *et* Li, 2023
18. 台湾蜾蠃 *Eumenes formosensis* Giordani Soika, 1973
19. 孪蜾蠃 *Eumenes fraterculus* Dalla Torre, 1894
20. 新疆蜾蠃 *Eumenes fulvopilosellus* Giordani Soika, 1965
21. 凸圆蜾蠃 *Eumenes gibbosus* Nguyen, 2015
22. 康格拉蜾蠃 *Eumenes kangrae* Dover, 1925
23. 江苏蜾蠃 *Eumenes kiangsuensis* Giordani Soika, 1941
24. 唇蜾蠃 *Eumenes labiatus* Giordani Soika, 1941

①唇蜾蠃黄黑亚种 *Eumenes labiatus flavoniger* Giordani Soika, 1986

②唇蜾蠃指名亚种 *Eumenes labiatus labiatus* Giordani Soika, 1941

③唇蜾蠃中华亚种 *Eumenes labiatus sinicus* Giordani Soika, 1941

25. 陆蜾蠃 *Eumenes mediterraneus* Kriechbaumer, 1879

①陆蜾蠃东北亚种 *Eumenes mediterraneus manchurianus* Giordani Soika, 1971
②陆蜾蠃指名亚种 *Eumenes mediterraneus mediterraneus* Kriechbaumer, 1879
26. 多斑蜾蠃 *Eumenes multipictus* de Saussure, 1855
27. 黑盾蜾蠃 *Eumenes nigriscutatus* Zhou, Chen *et* Li, 2012
28. 基蜾蠃指名亚种 *Eumenes pedunculatus pedunculatus* (Panzer, 1799)
29. 点蜾蠃 *Eumenes pomiformis* (Fabricius, 1781)
30. 孔蜾蠃 *Eumenes punctatus* de Saussure, 1852
31. 方蜾蠃 *Eumenes quadratus* Smith, 1852
①方蜾蠃指名亚种 *Eumenes quadratus quadratus* Smith, 1852
②方蜾蠃台湾亚种 *Eumenes quadratus urainus* Sonan, 1939
32. 红胫蜾蠃 *Eumenes rubrofemoratus* Giordani Soika, 1941
33. 显蜾蠃 *Eumenes rubronotatus* Pérez, 1905
34. 北部蜾蠃 *Eumenes septentrionalis* Giordani Soika, 1940
①北部蜾蠃西藏亚种 *Eumenes septentrionalis khangmarensis* Giordani Soika, 1966
②北部蜾蠃指名亚种 *Eumenes septentrionalis septentrionalis* Giordani Soika, 1940
35. 陶氏蜾蠃 *Eumenes tosawae* Giordani Soika, 1934
①陶氏蜾蠃罗浮亚种 *Eumenes tosawae lofouensis* Giordani Soika, 1973
②陶氏蜾蠃指名亚种 *Eumenes tosawae tosawae* Giordani Soika, 1934
36. 外贝加尔蜾蠃 *Eumenes transbaicalicus* Kurzenko, 1984
37. 三斑蜾蠃 *Eumenes tripunctatus* (Christ, 1791)
38. 变刻蜾蠃 *Eumenes variepunctatus* Giordani Soika, 1941

三、黄斑蜾蠃属 *Katamenes* Meade-Waldo, 1910

39. 树黄斑蜾蠃指名亚种 *Katamenes arbustorum arbustorum* (Panzer, 1799)
40. 藏黄斑蜾蠃 *Katamenes indetonsus* (Morawitz, 1895)
41. 斯氏黄斑蜾蠃金黄亚种 *Katamenes sichelii fulvus* (Eversmann, 1854)
42. 断带黄斑蜾蠃 *Katamenes tauricus* (de Saussure, 1855)

四、奥蜾蠃属 *Oreumenes* Bequaert, 1926

43. 镶黄蜾蠃 *Oreumenes decoratus* (Smith, 1852)

五、费蜾蠃属 *Phimenes* Giordani Soika, 1992

44. 弓费蜾蠃 *Phimenes flavopictus* (Blanchard, 1804)
①弓费蜾蠃指名亚种 *Phimenes flavopictus flavopictus* (Blanchard, 1804)
②弓费蜾蠃台湾亚种 *Phimenes flavopictus formosanus* (Zimmermann, 1931)
45. 疏刻费蜾蠃 *Phimenes sparsipunctutus* Gusenleitner, 2002

盾蜾蠃族 Odynerini

六、全盾蜾蠃属 *Allodynerus* Blüthgen, 1938

46. 糙全盾蜾蠃 *Allodynerus asperipunctarus* Zhang, Chen *et* Li, 2020
47. 双斑全盾蜾蠃 *Allodynerus bimaculus* Zhang, Chen *et* Li, 2020
48. 宽唇全盾蜾蠃 *Allodynerus delphinalis* (Giraud, 1866)
49. 凹齿全盾蜾蠃 *Allodynerus dignotus* (Morawitz, 1895)
50. 迪庆全盾蜾蠃 *Allodynerus diqingensis* Zhang, Chen *et* Li, 2020
51. 东北全盾蜾蠃 *Allodynerus mandschuricus* Blüthgen, 1953

52. 翘全盾蜾蠃 *Allodynerus reduncus* Zhang, Chen *et* Li, 2020

七、异喙蜾蠃属 *Allorhynchium* van der Vecht, 1963

53. 黑异喙蜾蠃 *Allorhynchium argentatum* (Fabricius, 1804)
54. 中华异喙蜾蠃 *Allorhynchium chinense* (de Saussure, 1862)
55. 远异喙蜾蠃 *Allorhynchium diffinis* (Giordani Soika, 1986)
56. 叶突异喙蜾蠃 *Allorhynchium lugubrinum* (Cameron, 1900)
57. 孟连异喙蜾蠃 *Allorhynchium menglianensis* (Dong *et* Wang, 2017)
58. 小刻异喙蜾蠃 *Allorhynchium metallicum* (de Saussure, 1852)
59. 斑异喙蜾蠃 *Allorhynchium quadrimaculatum* Gusenleitner, 1997
60. 似远异喙蜾蠃 *Allorhynchium radiatum* Li, Barthélémy *et* Carpenter, 2019

八、沟蜾蠃属 *Ancistrocerus* Wesmael, 1836

61. 远沟蜾蠃 *Ancistrocerus abditus* Gusenleitner, 1977
62. 拟树沟蜾蠃 *Ancistrocerus antilope* (Panzer, 1798)
63. 安东尼沟蜾蠃 *Ancistrocerus antoni* (Cameron, 1900)
64. 隐沟蜾蠃 *Ancistrocerus arcanus* Giordani Soika, 1993
65. 金沟蜾蠃 *Ancistrocerus aureovillosus* Giordani Soika, 1977
66. 婆罗洲沟蜾蠃 *Ancistrocerus borneanus* Giordani Soika, 1996
67. 和田沟蜾蠃 *Ancistrocerus chotanensis* Blüthgen, 1942
68. 短鞍沟蜾蠃 *Ancistrocerus densepilosellus* (Cameron, 1911)
69. 德钦沟蜾蠃 *Ancistrocerus deqinensis* You *et* Li, 2013
70. 拙沟蜾蠃 *Ancistrocerus dusmetiolus* (Strand, 1914)
71. 寒沟蜾蠃 *Ancistrocerus frigidus* Giordani Soika, 1977
72. 羚羊沟蜾蠃 *Ancistrocerus gazella* (Panzer, 1798)
73. 糙沟蜾蠃 *Ancistrocerus hirsutus* (Meade-Waldo, 1910)

①糙沟蜾蠃指名亚种 *Ancistrocerus hirsutus hirsutus* (Meade-Waldo, 1910)
②糙沟蜾蠃高糙亚种 *Ancistrocerus hirsutus supiensis* Giordani Soika, 1977 (1976)
③糙沟蜾蠃肯尼斯亚种 *Ancistrocerus hirsutus tinkiensis* Giordani Soika, 1977 (1976)

74. 日本沟蜾蠃 *Ancistrocerus japonicus* (von Schulthess, 1908)
75. 康巴沟蜾蠃 *Ancistrocerus khangmarensis* Giordani Soika, 1966
76. 克劳斯沟蜾蠃 *Ancistrocerus krausei* Giordani Soika, 1966
77. 长棘沟蜾蠃羚羊亚种 *Ancistrocerus longispinosus gazelloides* (Guiglia, 1943)
78. 黑缘沟蜾蠃 *Ancistrocerus melanocerus* (Dalla Torre, 1894)
79. 马来沟蜾蠃 *Ancistrocerus melanurus* Morawitz, 1889
80. 蒙古沟蜾蠃 *Ancistrocerus mongolicus* Kostylev, 1940
81. 山沟蜾蠃 *Ancistrocerus montuosus* Gusenleitner, 1993
82. 黑触沟蜾蠃 *Ancistrocerus nigricornis* (Curtis, 1826)
83. 圆腹沟蜾蠃指名亚种 *Ancistrocerus oviventris oviventris* (Wesmael, 1836)
84. 旁灰沟蜾蠃 *Ancistrocerus parapoloi* Giordani Soika, 1966
85. 墙沟蜾蠃 *Ancistrocerus parietinus* (Linnaeus, 1761)
86. 川沟蜾蠃 *Ancistrocerus parietum* (Linnaeus, 1758)
87. 拉杰沟蜾蠃 *Ancistrocerus raddei* (Kostylev, 1940)

88. 笑斑沟蜾蠃 *Ancistrocerus renimaculus* (Lepeletier, 1841)
89. 黑沟蜾蠃指名亚种 *Ancistrocerus scoticus scoticus* (Curtis, 1826)
90. 锡金沟蜾蠃 *Ancistrocerus sikhimensis* (Bingham, 1897)
91. 寺山沟蜾蠃 *Ancistrocerus terayamai* Yamane, 1993
92. 捷列克沟蜾蠃 *Ancistrocerus terekensis* (Kostylev, 1940)
93. 横沟蜾蠃 *Ancistrocerus transpunctatus* You *et* Li, 2013
94. 三带沟蜾蠃史氏亚种 *Ancistrocerus trifasciatus shibuyai* (Yasumatsu, 1938)
95. 肯尼斯沟蜾蠃 *Ancistrocerus tussaci* Gusenleitner, 1987
96. 高原沟蜾蠃 *Ancistrocerus waltoni* (Meade-Waldo, 1910)

九、啄蜾蠃属 *Antepipona* de Saussure, 1855

97. 棕足啄蜾蠃 *Antepipona asiamontana* Gusenleitner, 2004
98. 椭圆啄蜾蠃 *Antepipona biguttata* (Fabricius, 1787)
99. 双斑啄蜾蠃 *Antepipona bipustulata* (de Saussure, 1855)
100. 棕啄蜾蠃 *Antepipona brunneola* Giordani Soika, 1986
101. 锡兰啄蜾蠃 *Antepipona ceylonica* (de Saussure, 1867)
102. 巧啄蜾蠃 *Antepipona deflenda* (Saunders, 1853)
103. 高啄蜾蠃指名亚种 *Antepipona excelsa excelsa* Giordani Soika, 1982
104. 滴斑啄蜾蠃远斑亚种 *Antepipona guttata diffinis* (de Saussure, 1855)
105. 香港啄蜾蠃 *Antepipona menkei* Giordani Soika, 1986
106. 黄唇啄蜾蠃 *Antepipona ovalis* (de Saussure, 1853)
107. 多斑啄蜾蠃 *Antepipona plurimacula* Giordani Soika, 1971
108. 红啄蜾蠃 *Antepipona rufescens* (Smith, 1857)
109. 六带啄蜾蠃 *Antepipona sexfasciata* Giordani Soika, 1986
110. 山东啄蜾蠃 *Antepipona shantungensis* Giordani Soika, 1993
111. 哨啄蜾蠃 *Antepipona sibilans* (Cameron, 1903)
112. 提提俄斯啄蜾蠃 *Antepipona tytides* (Cameron, 1904)

一〇、缘蜾蠃属 *Anterhynchium* de Saussure, 1863

113. 棕腹缘蜾蠃 *Anterhynchium* (*Anterhynchium*) *abdominale* (Illiger, 1802)
114. 迈氏缘蜾蠃 *Anterhynchium* (*Anterhynchium*) *mellyi* (de Saussure, 1852)

一一、代盾蜾蠃属 *Antodynerus* de Saussure, 1855

115. 缘代盾蜾蠃 *Antodynerus limbatus* (de Saussure, 1852)

一二、短触蜾蠃属 *Apodynerus* Giordani Soika, 1993

116. 棕毛短触蜾蠃 *Apodynerus flavidus* Li *et* Chen, 2016
117. 黄刺短触蜾蠃 *Apodynerus flavospinosus* (Giordani Soika, 1994)
118. 台湾短触蜾蠃 *Apodynerus formosensis* Giordani Soika, 1994
①台湾短触蜾蠃指名亚种 *Apodynerus formosensis formosensis* (von Schulthess, 1934)
②台湾短触蜾蠃大陆亚种 *Apodynerus formosensis continentalis* Giordani Soika, 1994
119. 脊短触蜾蠃 *Apodynerus icarioides* (Bingham, 1897)
120. 印度短触蜾蠃 *Apodynerus indicus* (Giordani Soika, 1994)
121. 凸短触蜾蠃 *Apodynerus protuberantus* Li *et* Chen, 2016
122. 穴居短触蜾蠃 *Apodynerus troglodytes* (de Saussure, 1855)

123. 雅短触蜾蠃 *Apodynerus yayeyamensis* (Matsumura, 1926)

一三、亚盾蜾蠃属 *Asiodynerus* Kurzenko, 1977

124. 光亚盾蜾蠃 *Asiodynerus lucifer* (Kostylev, 1937(1936))

一四、短盾蜾蠃属 *Brachyodynerus* Blüthgen, 1938

125. 短盾蜾蠃 *Brachyodynerus perarrus* Kurzenko, 1977

一五、柄蜾蠃属 *Coeleumenes* van der Vecht, 1963

126. 斑柄蜾蠃 *Coeleumenes burmanicus* (Bingham, 1897)

127. 胸柄蜾蠃 *Coeleumenes thoracicus* (Sonan, 1939)

一六、细蜾蠃属 *Cyrtolabulus* van der Vecht, 1969

128. 简细蜾蠃 *Cyrtolabulus exiguus* (de Saussure, 1853)

129. 刻点细蜾蠃 *Cyrtolabulus punctatus* (Meade-Waldo, 1910)

130. 云南细蜾蠃 *Cyrtolabulus yunnanensis* Lee, 1982

一七、代喙蜾蠃属 *Dirhynchium* van der Vecht, 1963

131. 长唇代喙蜾蠃 *Dirhynchium coracinum* van der Vecht, 1963

132. 斑代喙蜾蠃 *Dirhynchium flavolineatum* (Smith, 1857)

133. 黄缘代喙蜾蠃 *Dirhynchium flavomarginatum* (Smith, 1852)

134. 黄刻代喙蜾蠃 *Dirhynchium flavopunctatum* (Smith, 1852)

①黄刻代喙蜾蠃指名亚种 *Dirhynchium flavopunctatum flavopunctatum* (Smith, 1852)

②黄刻代喙蜾蠃华丽亚种 *Dirhynchium flavopunctatum opulentum* (Giordani Soika, 1973)

135. 伊氏代喙蜾蠃 *Dirhynchium inamurai* (Sonan, 1937)

136. 小窝代喙蜾蠃 *Dirhynchium melanopterum* Yamane, 1981

137. 云南代喙蜾蠃 *Dirhynchium yunnanensis* Giordani Soika, 1973

一八、外舌蜾蠃属 *Ectopioglossa* Perkins, 1912

138. 凸外舌蜾蠃 *Ectopioglossa convexa* Wang, Chen *et* Li, 2020

139. 圆外舌蜾蠃 *Ectopioglossa ovalis* Giordani Soika, 1993

140. 彩外舌蜾蠃 *Ectopioglossa sublaevis* (Smith, 1857)

141. 台湾外舌蜾蠃 *Ectopioglossa taiwana* (Sonan, 1938)

142. 三斑外舌蜾蠃 *Ectopioglossa trimacula* Wang, Chen *et* Li, 2020

一九、埃蜾蠃属 *Epsilon* de Saussure, 1855

143. 福建埃蜾蠃 *Epsilon fujianensis* Lee, 1981

144. 小眼埃蜾蠃 *Epsilon dyscherum* (de Saussure, 1853)

145. 似小式埃蜾蠃 *Epsilon similimanasicum* Zhang, Chen *et* Li, 2020

二〇、佳盾蜾蠃属 *Euodynerus* Dalla Torre, 1904

146. 脊佳盾蜾蠃 *Euodynerus* (*Euodynerus*) *carinatus* Ma, Chen *et* Li, 2017

147. 卡佳盾蜾蠃 *Euodynerus* (*Euodynerus*) *caspicus* Morawitz, 1873

148. 单佳盾蜾蠃 *Euodynerus* (*Euodynerus*) *dantici* (Rossi, 1790)

①单佳盾蜾蠃指名亚种 *Euodynerus* (*Euodynerus*) *dantici dantici* (Rossi, 1790)

②单佳盾蜾蠃紫阳茎亚种 *Euodynerus* (*Euodynerus*) *dantici violaceipennis* Giordani Soika, 1973

149. 凹胸佳盾蜾蠃指名亚种 *Euodynerus* (*Euodynerus*) *disconotatus disconotatus* de Saussure, 1853

150. 乏佳盾蜾蠃 *Euodynerus* (*Euodynerus*) *fastidiosus* de Saussure, 1853

151. 红佳盾蜾蠃 *Euodynerus* (*Euodynerus*) *rufinus* Blüthgen, 1942

152. 小点佳盾蜾蠃指名亚种 *Euodynerus* (*Euodynerus*) *semisaecularis semisaecularis* (Dalla Torre, 1889)
153. 英佳盾蜾蠃库氏亚种 *Euodynerus* (*Euodynerus*) *variegatus kruegeri* (von Schulthess, 1928)
154. 邻佳盾蜾蠃 *Euodynerus* (*Pareuodynerus*) *adiacens* Giordani Soika, 1973
155. 直毛佳盾蜾蠃 *Euodynerus* (*Euodynerus*) *velutinus* Blüthgen, 1951
156. 德钦佳盾蜾蠃 *Euodynerus* (*Pareuodynerus*) *deqinensis* Ma, Chen *et* Li, 2017
157. 锈佳盾蜾蠃 *Euodynerus* (*Pareuodynerus*) *ferrugineus* Ma, Chen *et* Li, 2017
158. 日本佳盾蜾蠃 *Euodynerus* (*Pareuodynerus*) *nipanicus* (von Schulthess, 1908)
①日本佳盾蜾蠃指名亚种 *Euodynerus* (*Pareuodynerus*) *nipanicus nipanicus* (von Schulthess, 1908)
②日本佳盾蜾蠃东京亚种 *Euodynerus* (*Pareuodynerus*) *nipanicus tonkinensis* Giordani Soika, 1973
159. 显佳盾蜾蠃指名亚种 *Euodynerus* (*Pareuodynerus*) *notatus notatus* (Jurine, 1807)
160. 四带佳盾蜾蠃指名亚种 *Euodynerus* (*Pareuodynerus*) *quadrifasciatus quadrifasciatus* (Fabricius, 1793)
161. 类日本佳盾蜾蠃 *Euodynerus* (*Pareuodynerus*) *similinipanicus* Ma, Chen *et* Li, 2017
162. 纹佳盾蜾蠃 *Euodynerus* (*Pareuodynerus*) *strigatus* (Radoszkowski, 1893)
163. 三叶佳盾蜾蠃 *Euodynerus* (*Pareuodynerus*) *trilobus* (Fabricius, 1787)

二一、宽沟蜾蠃属 *Eustenancistrocerus* Blüthgen, 1938

164. 阿斯宽沟蜾蠃 *Eustenancistrocerus* (*Eustenancistrocerus*) *askhabadensis* (Radoszkowski, 1886)
165. 四斑宽沟蜾蠃 *Eustenancistrocerus* (*Parastenancistrocerus*) *amadanensis* (de Saussure, 1855)

二二、凹顶蜾蠃属 *Gribodia* Zavattari, 1912

166. 铜凹顶蜾蠃 *Gribodia cupreipennis* (Bingham, 1894)
167. 黑凹顶蜾蠃 *Gribodia nigra* Nguyen *et* Xu, 2015

二三、胡蜾蠃属 *Jucancistrocerus* Blüthgen, 1938

168. 黑带荒漠胡蜾蠃 *Jucancistrocerus* (*Eremodynerus*) *atrofasciatus* (Morawitz, 1885)
169. 和田荒漠胡蜾蠃 *Jucancistrocerus* (*Eremodynerus*) *chotanensis* (Blüthgen, 1942)
170. 阿拉善胡蜾蠃 *Jucancistrocerus* (*Jucancistrocerus*) *alashanicus* Kurzenko, 1977
171. 窄额胡蜾蠃 *Jucancistrocerus* (*Jucancistrocerus*) *angustifrons* (Kostylev, 1940)
172. 塔胡蜾蠃 *Jucancistrocerus* (*Jucancistrocerus*) *tachkensis* (Dalla Torre, 1889)

二四、小柄蜾蠃属 *Labus* de Saussure, 1867

173. 可爱小柄蜾蠃 *Labus amoenus* van der Vecht, 1935
174. 角小柄蜾蠃 *Labus angularis* van der Vecht, 1935
175. 唇小柄蜾蠃 *Labus clypeatus* van der Vecht, 1935
176. 无齿小柄蜾蠃 *Labus edentatus* Li *et* Carpenter, 2018
177. 简小柄蜾蠃 *Labus exiguus* (de Saussure, 1855)
178. 锡兰小柄蜾蠃 *Labus humbertianus* de Saussure, 1867
179. 罗浮小柄蜾蠃 *Labus lofuensis* Giordani Soika, 1973
180. 小小柄蜾蠃 *Labus pusillus* van der Vecht, 1963
181. 刺小柄蜾蠃 *Labus spiniger* de Saussure, 1867

二五、短小蜾蠃属 *Leptochilus* de Saussure, 1853

182. 白额短小蜾蠃 *Leptochilus* (*Lionotulus*) *argentifrons* (Kostylev, 1935)
183. 宽触短小蜾蠃 *Leptochilus* (*Lionotulus*) *callidus* (Kostylev, 1940)
184. 中华短小蜾蠃 *Leptochilus* (*Lionotulus*) *chinensis* Gusenleitner, 2001
185. 戈壁短小蜾蠃 *Leptochilus* (*Lionotulus*) *gobicus* (Kostylev, 1940)

186. 短沟短小蜾蠃 *Leptochilus* (*Lionotulus*) *habyrganus* Kurzenko, 1977
187. 可疑短小蜾蠃 *Leptochilus* (*Lionotulus*) *incertus* (Kostylev, 1940)
188. 科氏短小蜾蠃 *Leptochilus* (*Lionotulus*) *kozlovi* Kurzenko, 1977
189. 粗刻短小蜾蠃 *Leptochilus (Lionotulus) locuples* Giordani Soika, 1970
190. 西藏短小蜾蠃 *Leptochilus* (*Neoleptochilus*) *tibetanus* Giordani Soika, 1966

二六、细盾蜾蠃属 *Leptomicrodynerus* Giordani Soika, 1985

191. 铁生细盾蜾蠃 *Leptomicrodynerus tieshengi* Giordani Soika, 1985

二七、多片蜾蠃属 *Lissodynerus* Giordani Soika, 1993

192. 黄带多片蜾蠃双斑亚种 *Lissodynerus septemfasciatus feanus* (Giordani Soika, 1941)

二八、长片蜾蠃属 *Malayepipona* Giordani Soika, 1993

193. 棕长片蜾蠃 *Malayepipona brunnea* Bai, Chen *et* Li, 2021
194. 宽唇长片蜾蠃 *Malayepipona clypeata* Nguyen *et* Carpenter, 2013
195. 黄唇长片蜾蠃 *Malayepipona flaviclypeata* Bai, Chen *et* Li, 2021
196. 薄片长片蜾蠃 *Malayepipona lamellata* Bai, Chen *et* Li, 2021
197. 四斑长片蜾蠃 *Malayepipona maculosa* Bai, Chen *et* Li, 2021
198. 黑斑长片蜾蠃 *Malayepipona nigricans* Bai, Chen *et* Li, 2021
199. 疏刻长片蜾蠃 *Malayepipona sparsipuncta* Bai, Chen *et* Li, 2021
200. 三角长片蜾蠃 *Malayepipona triangula* Bai, Chen *et* Li, 2021

二九、长背蜾蠃属 *Megaodynerus* Gusenleitner, 2012

201. 双斑长背蜾蠃 *Megaodynerus bimaculus* Bai, Chen *et* Li, 2021

三〇、微盾蜾蠃属 *Microdynerus* Thomson, 1874

202. 小拟微盾蜾蠃 *Microdynerus* (*Pseudomicrodynerus*) *parvulus* (Herrich-Schäeffer, 1838)

三一、盾蜾蠃属 *Odynerus* Latreille, 1802

203. 条腹盾蜾蠃 *Odynerus melanocephalus* (Gmeling, 1790)
204. 暗盾蜾蠃天山亚种 *Odynerus tristis tianshanicus* Kurzenko, 1977

三二、少须蜾蠃属 *Okinawepipona* Yamane, 1987

205. 浅刻少须蜾蠃 *Okinawepipona curcipunctura* Nguyen *et* Xu, 2014
206. 科氏少须蜾蠃台湾亚种 *Okinawepipona kogimai taiwana* Yamane, 1987
207. 黑少须蜾蠃 *Okinawepipona nigra* Nguyen *et* Xu, 2014

三三、小片蜾蠃属 *Onychopterocheilus* Blüthgen, 1955

208. 班氏小片蜾蠃 *Onychopterocheilus* (*Asiapterocheilus*) *bensoni* (Giordani Soika, 1941)
209. 中华小片蜾蠃 *Onychopterocheilus* (*Asiapterocheilus*) *chinensis* Gusenleitner, 2005
210. 毛小片蜾蠃 *Onychopterocheilus* (*Asiapterocheilus*) *hirtus* (Kostylev, 1935)
211. 凯氏小片蜾蠃 *Onychopterocheilus* (*Asiapterocheilus*) *kiritshenkoi* (Kostylev, 1935)
212. 黑毛小片蜾蠃 *Onychopterocheilus* (*Asiapterocheilus*) *nigropilosus* (Kostylev, 1940)
213. 绒辖小片蜾蠃 *Onychopterocheilus* (*Asiapterocheilus*) *rongsharensis* (Giordani Soika, 1977)
214. 西藏小片蜾蠃 *Onychopterocheilus* (*Asiapterocheilus*) *tibetanus* (Meade-Waldo, 1913)
215. 沃氏小片蜾蠃 *Onychopterocheilus* (*Asiapterocheilus*) *waltoni* (Meade-Waldo, 1913)
216. 图氏小片蜾蠃 *Onychopterocheilus* (*Ghilarocheilus*) *turovi* (Kostylev, 1937)
217. 德氏小片蜾蠃 *Onychopterocheilus* (*Onychopterocheilus*) *dementievi* (Kostylev, 1940)
218. 双斑小片蜾蠃 *Onychopterocheilus* (*Onychopterocheilus*) *eckloni* (Morawitz, 1885)

219. 乌海小片蜾蠃 *Onychopterocheilus* (*Onychopterocheilus*) *wuhaiensis* Gusenleitner, 2005

三四、胸蜾蠃属 *Orancistrocerus* van der Vecht, 1963

220. 墨体胸蜾蠃 *Orancistrocerus aterrimus* (de Saussure, 1852)

①墨体胸蜾蠃指名亚种 *Orancistrocerus aterrimus aterrimus* (de Saussure, 1852)

②墨体胸蜾蠃黄额亚种 *Orancistrocerus aterrimus erythropus* (Bingham, 1897)

③墨体胸蜾蠃端棕亚种 *Orancistrocerus aterrimus khasianus* (Cameron, 1990)

221. 黑胸蜾蠃 *Orancistrocerus drewseni* (de Saussure, 1857)

①黑胸蜾蠃指名亚种 *Orancistrocerus drewseni drewseni* (de Saussure, 1857)

②黑胸蜾蠃丽胸亚种 *Orancistrocerus drewseni opulentissimus* Giordani Soika, 1941

222. 莫氏胸蜾蠃犁沟亚种 *Orancistrocerus moelleri aulicus* Giordani Soika, 1973

三五、光带蜾蠃属 *Orientalicesa* Koçak *et* Kemal, 2010

223. 黑光带蜾蠃 *Orientalicesa nigra* Li, Barthélémy *et* Carpenter, 2019

224. 黄光带蜾蠃 *Orientalicesa rangpocus* (Girish Kumar, Carpenter *et* Lambert, 2017)

三六、旁细蜾蠃属 *Paraleptomenes* Giordani Soika, 1970

225. 宽触旁细蜾蠃 *Paraleptomenes darugiriensis* Girish Kumar, Carpenter *et* Sharma, 2014

226. 台湾旁细蜾蠃 *Paraleptomenes kosempoensis* (von Schulthess, 1934)

227. 平胸旁细蜾蠃山地亚种 *Paraleptomenes nurseanus montanus* Giordani Soika, 1994

228. 小旁细蜾蠃指名亚种 *Paraleptomenes miniatus miniatus* (de Saussure, 1855)

229. 毛旁细蜾蠃 *Paraleptomenes setaceus* Bai, Chen *et* Li, 2022

230. 横窝旁细蜾蠃 *Paraleptomenes transifoveolus* Bai, Chen *et* Li, 2022

三七、旁沟蜾蠃属 *Parancistrocerus* Bequaert, 1925

231. 隆背旁沟蜾蠃 *Parancistrocerus elatitergus* Qin, Chen *et* Li, 2023

232. 延背旁沟蜾蠃 *Parancistrocerus extentitergus* Qin, Chen *et* Li, 2023

233. 弱脊旁沟蜾蠃 *Parancistrocerus fragilitergus* Qin, Chen *et* Li, 2023

234. 广西旁沟蜾蠃 *Parancistrocerus guangxiensis* Li *et* Carpenter, 2019

235. 香港旁沟蜾蠃 *Parancistrocerus hongkongensis* Gusenleitner, 2002

236. 媒介旁沟蜾蠃 *Parancistrocerus intermediatus* (Sonan, 1939)

237. 长触旁沟蜾蠃 *Parancistrocerus irritatus* Giordani Soika, 1972

238. 贾法尔旁沟蜾蠃 *Parancistrocerus jaferpaloti* Girish Kumar *et* Carpenter, 2016

239. 高雄旁沟蜾蠃 *Parancistrocerus kuraruensis* (Sonan, 1939)

240. 特片旁沟蜾蠃 *Parancistrocerus lamnulus* Li *et* Carpenter, 2019

241. 宽腹旁沟蜾蠃 *Parancistrocerus latitergus* Li *et* Carpenter, 2019

242. 刻背旁沟蜾蠃 *Parancistrocerus nitobei* (Sonan, 1939)

243. 长刻旁沟蜾蠃 *Parancistrocerus samarensis* (von Schulthess, 1934)

244. 拟雄旁沟蜾蠃 *Parancistrocerus similiandrocles* Li *et* Carpenter, 2019

245. 方形旁沟蜾蠃 *Parancistrocerus sulcatus* Giordani Soika, 1994

246. 大林旁沟蜾蠃 *Parancistrocerus taihorinensis* (von Schulthess, 1934)

247. 太和旁沟蜾蠃 *Parancistrocerus taihorinshoensis* (von Schulthess, 1934)

248. 带状旁沟蜾蠃 *Parancistrocerus taikonus* (Sonan, 1939)

249. 台湾旁沟蜾蠃 *Parancistrocerus yachowensis* Giordani Soika, 1986

①台湾旁沟蜾蠃湖春亚种 *Parancistrocerus yachowensis konkunensis* Giordani Soika, 1994

②台湾旁沟蜾蠃指名亚种 *Parancistrocerus yachowensis yachowensis* Giordani Soika, 1986
250. 亚马内旁沟蜾蠃 *Parancistrocerus yamanei* Gusenleitner, 2000

三八、旁喙蜾蠃属 *Pararrhynchium* de Saussure, 1855

251. 凹旁喙蜾蠃 *Pararrhynchium foveolatum* Li *et* Chen, 2018
252. 光滑旁喙蜾蠃 *Pararrhynchium impunctatum* Li *et* Chen, 2018
253. 无胫旁喙蜾蠃 *Pararrhynchium obsoletum* Li *et* Chen, 2018
254. 丽旁喙蜾蠃 *Pararrhynchium ornatum* (Smith, 1852)
①丽旁喙蜾蠃双斑亚种 *Pararrhynchium ornatum bifasciatulum* Giordani Soika, 1986
②丽旁喙蜾蠃前旁亚种 *Pararrhynchium ornatum infrenis* Giordani Soika, 1973
③丽旁喙蜾蠃多斑亚种 *Pararrhynchium ornatum multifasciatum* Giordani Soika, 1986
④丽旁喙蜾蠃指名亚种 *Pararrhynchium ornatum ornatum* (Smith, 1852)
⑤丽旁喙蜾蠃萨氏亚种 *Pararrhynchium ornatum sauteri* (von Schulthess, 1934)
255. 细齿旁喙蜾蠃 *Pararrhynchium paradoxum* (Gussakovskij, 1932)
256. 平脊旁喙蜾蠃 *Pararrhynchium parallelum* Li *et* Chen, 2018
257. 中华旁喙蜾蠃 *Pararrhynchium sinense* (von Schulthess, 1913)
258. 史氏旁喙蜾蠃 *Pararrhynchium smithii* (de Saussure, 1855)
259. 斜纹旁喙蜾蠃 *Pararrhynchium striatum* Nguyen, 2015
260. 台湾旁喙蜾蠃 *Pararrhynchium taiwanum* Kim *et* Yamane, 2007
261. 文氏旁喙蜾蠃 *Pararrhynchium venkataramani* Girish Kumar *et* Carpenter, 2017

三九、秀蜾蠃属 *Pareumenes* de Saussure, 1855

262. 台湾秀蜾蠃 *Pareumenes* (*Nortonia*) *taiwanus* (Sonan, 1937)
263. 中华秀蜾蠃 *Pareumenes* (*Pareumenes*) *chinensis* Liu, 1941
264. 钝刺秀蜾蠃 *Pareumenes* (*Pareumenes*) *obtusus* Liu, 1941
265. 四秀蜾蠃 *Pareumenes* (*Pareumenes*) *quadrispinosus* (de Saussure, 1855)
①四秀蜾蠃棘秀亚种 *Pareumenes* (*Pareumenes*) *quadrispinosus acutus* Liu, 1941
②四秀蜾蠃连秀亚种 *Pareumenes* (*Pareumenes*) *quadrispinosus conjunctus* Liu, 1941
③四秀蜾蠃间秀亚种 *Pareumenes* (*Pareumenes*) *quadrispinosus interruptus* Liu, 1941
④四秀蜾蠃倾秀亚种 *Pareumenes* (*Pareumenes*) *quadrispinosus transitorus* Liu, 1941

四〇、等齿蜾蠃属 *Parodontodynerus* Blüthgen, 1938

266. 毛等齿蜾蠃达斑亚种 *Parodontodynerus ephippium dalanicus* Kurzenko, 1976
267. 赞等齿蜾蠃 *Parodontodynerus laudatus* (Kostylev, 1940)

四一、拟蜾蠃属 *Pseudepipona* de Saussure, 1856

268. 名拟蜾蠃 *Pseudepipona* (*Pseudepipona*) *augusta* (Morawitz, 1867)
269. 赤足拟蜾蠃 *Pseudepipona* (*Pseudepipona*) *herrichii* (de Saussure, 1856)
270. 科氏拟蜾蠃 *Pseudepipona* (*Pseudepipona*) *kozhevnikovi* (Kostylev, 1927)
271. 侧腹拟蜾蠃 *Pseudepipona* (*Pseudepipona*) *lativentris* (de Saussure, 1855)
272. 普氏拟蜾蠃 *Pseudepipona* (*Pseudepipona*) *przewalskyi* (Morawitz, 1885)
273. 双糙拟蜾蠃 *Pseudepipona* (*Pseudepipona*) *punctulata* Bai, Chen *et* Li, 2021
274. 稿秆拟蜾蠃 *Pseudepipona* (*Pseudepipona*) *straminea* (André, 1884)
275. 李氏拟蜾蠃 *Pseudepipona* (*Pseudepipona*) *tingjingliae* Fateryga, 2022

四二、窄蜾蠃属 *Pseudonortonia* Giordani Soika, 1936

276. 缩角窄蜾蠃 *Pseudonortonia abbreviaticornis* Giordani Soika, 1941

四三、刚蜾蠃属 *Pseudozumia* de Saussure, 1875

277. 印度刚蜾蠃 *Pseudozumia indica* (de Saussure, 1855)

①印度刚蜾蠃指名亚种 *Pseudozumia indica indica* (de Saussure, 1855)

②印度刚蜾蠃海南亚种 *Pseudozumia indica paulonotata* Giordani Soika, 1941

278. 黑金刚蜾蠃 *Pseudozumia indosinensis* Giordani Soika, 1958

四四、饰蜾蠃属 *Pseumenes* Giordani Soika, 1935

279. 四刺饰蜾蠃指名亚种 *Pseumenes depressus depressus* (de Saussure, 1855)

280. 酋饰蜾蠃 *Pseumenes imperatrix* (Smith, 1857)

四五、长须蜾蠃属 *Pterocheilus* Klug, 1805

281. 白条长须蜾蠃 *Pterocheilus* (*Pterocheilus*) *albofasciatus* Smith, 1878

282. 颚长须蜾蠃 *Pterocheilus* (*Pterocheilus*) *mandibularis* Morawitz, 1889

283. 纳氏长须蜾蠃 *Pterocheilus* (*Pterocheilus*) *napalkovi* Kurzenko, 1977

四六、喙蜾蠃属 *Rhynchium* Spinola, 1806

284. 黄唇喙蜾蠃指名亚种 *Rhynchium brunneum brunneum* (Fabricius, 1793)

285. 黄喙蜾蠃指名亚种 *Rhynchium quinquecinctum quinquecinctum* (Fabricius, 1787)

四七、直沟蜾蠃属 *Stenancistrocerus* de Saussure, 1863

286. 横带直沟蜾蠃 *Stenancistrocerus* (*Paratropancistrocerus*) *transcaspicus* (Kostylev, 1934)

四八、平盾蜾蠃属 *Stenodyneriellus* Giordani Soika, 1961

287. 凹平盾蜾蠃 *Stenodyneriellus depressus* Li *et* Chen, 2016

288. 斑平盾蜾蠃 *Stenodyneriellus guttulatus* (de Saussure, 1862)

289. 茂兰平盾蜾蠃 *Stenodyneriellus maolanensis* Li *et* Chen, 2016

290. 似斑平盾蜾蠃 *Stenodyneriellus similiguttulatus* Li *et* Chen, 2016

四九、直盾蜾蠃属 *Stenodynerus* de Saussure, 1863

291. 巴氏直盾蜾蠃 *Stenodynerus baronii* Giordani Soika, 1975

292. 青直盾蜾蠃 *Stenodynerus bluethgeni* van der Vecht, 1971

293. 羊直盾蜾蠃 *Stenodynerus chevrieranus* (de Saussure, 1855)

294. 中华直盾蜾蠃 *Stenodynerus chinensis* (de Saussure, 1863)

295. 凹触直盾蜾蠃 *Stenodynerus clypeopictus* (Kostylev, 1940)

296. 丰直盾蜾蠃 *Stenodynerus copiosus* Gusenleitner, 2012

297. 福直盾蜾蠃 *Stenodynerus frauenfeldi* (de Saussure, 1867)

298. 丧直盾蜾蠃 *Stenodynerus funebris* (André, 1884)

299. 内曲直盾蜾蠃 *Stenodynerus incurvitus* Gusenleitner, 2003

300. 莫氏直盾蜾蠃 *Stenodynerus morawitzi* Kurzenko, 1977

301. 大直盾蜾蠃 *Stenodynerus morbillosus* Giordani Soika, 1979

302. 尼泊尔直盾蜾蠃 *Stenodynerus nepalensis* Giordani Soika, 1985

303. 宁蒗直盾蜾蠃 *Stenodynerus ningliangensis* Ma, Chen *et* Li, 2016

304. 裸直盾蜾蠃 *Stenodynerus nudus* (Morawitz, 1889)

305. 帕氏直盾蜾蠃 *Stenodynerus pappi* Giordani Soika, 1976

①帕氏直盾蜾蠃黄带亚种 *Stenodynerus pappi luteifasciatus* Kim *et* Yamane, 2004

②帕氏直盾蜾蠃指名亚种 *Stenodynerus pappi pappi* Giordani Soika, 1976

306. 内蒙古直盾蜾蠃 *Stenodynerus pullus* Gusenleitner, 1981
307. 曲直盾蜾蠃 *Stenodynerus reflexus* Ma, Chen *et* Li, 2016
308. 类巴氏直盾蜾蠃 *Stenodynerus similibaronii* Ma, Chen *et* Li, 2016
309. 纹直盾蜾蠃 *Stenodynerus strigatus* Ma, Chen *et* Li, 2016
310. 台湾直盾蜾蠃 *Stenodynerus taiwanus* Kim and Yamane, 2004
311. 窄片直盾蜾蠃 *Stenodynerus tenuilamellatus* Ma, Chen *et* Li, 2016
312. 背直盾蜾蠃 *Stenodynerus tergitus* Kim, 1999

五〇、亚沟蜾蠃属 *Subancistrocerus* de Saussure, 1855

313. 骆驼亚沟蜾蠃 *Subancistrocerus camicrus* (Cameron, 1904)
314. 凹亚沟蜾蠃 *Subancistrocerus compressus* Li *et* Chen, 2014
315. 唇亚沟蜾蠃 *Subancistrocerus clypeatus* Tan, Wang, Xu *et* Tang, 2023
316. 景洪亚沟蜾蠃 *Subancistrocerus jinghongensis* Li *et* Chen, 2014
317. 港口亚沟蜾蠃 *Subancistrocerus kankauensis* (von Schulthess, 1934)
318. 斯氏亚沟蜾蠃 *Subancistrocerus sichelii* (de Saussure, 1855)

五一、同蜾蠃属 *Symmorphus* Wesmael, 1836

319. 细旁同蜾蠃 *Symmorphus* (*Parasymmorphus*) *parvilineatus* (Cameron, 1904)
320. 双孔同蜾蠃 *Symmorphus* (*Symmorphus*) *ambotretus* Cumming, 1989
321. 窄同蜾蠃 *Symmorphus* (*Symmorphus*) *angustatus* (Zetterstedt, 1838)
322. 尖饰同蜾蠃 *Symmorphus* (*Symmorphus*) *apiciornatus* (Cameron, 1911)
323. 橘同蜾蠃 *Symmorphus* (*Symmorphus*) *aurantiopictus* Giordani Soikai, 1986
324. 二带同蜾蠃 *Symmorphus* (*Symmorphus*) *bifasciatus* (Linnaeus, 1761)
325. 善捕同蜾蠃 *Symmorphus* (*Symmorphus*) *captivus* (Smith, 1873)
326. 洞同蜾蠃 *Symmorphus* (*Symmorphus*) *cavatus* Li *et* Chen, 2014
327. 坑同蜾蠃 *Symmorphus* (*Symmorphus*) *foveolatus* Gussakovskii, 1932
328. 棕足同蜾蠃 *Symmorphus* (*Symmorphus*) *fuscipes* (Herrich-Schäeffer, 1838)
329. 黄星同蜾蠃 *Symmorphus* (*Symmorphus*) *hoozanensis* (von Schulthess, 1934)
330. 库氏同蜾蠃 *Symmorphus* (*Symmorphus*) *kurzenkoi* Kim, 2017
331. 光同蜾蠃 *Symmorphus* (*Symmorphus*) *lucens* (Kostylev, 1938)
332. 瑞穗同蜾蠃 *Symmorphus* (*Symmorphus*) *mizuhonis* Tsuneki, 1977
333. 黑唇同蜾蠃 *Symmorphus* (*Symmorphus*) *nigriclypeus* Li *et* Chen, 2014
334. 饰同蜾蠃 *Symmorphus* (*Symmorphus*) *ornatus* Gusenleitner, 2000
335. 四川同蜾蠃 *Symmorphus* (*Symmorphus*) *sichuanensis* Lee, 1981
336. 小同蜾蠃 *Symmorphus* (*Symmorphus*) *sublaevis* (Kostylev, 1940)
337. 天池同蜾蠃 *Symmorphus* (*Symmorphus*) *tianchiensis* Li *et* Chen, 2014
338. 岛同蜾蠃 *Symmorphus* (*Symmorphus*) *tsushimanus* Yamane, 1990
339. 紫茎同蜾蠃 *Symmorphus* (*Symmorphus*) *violaceipennis* Giordani Soika, 1966
340. 延安同蜾蠃 *Symmorphus* (*Symmorphus*) *yananensis* Gusenleitner, 2002
341. 云南同蜾蠃 *Symmorphus* (*Symmorphus*) *yunnanensis* Gusenleitner, 2002

五二、塔蜾蠃属 *Tachyancistrocerus* Giordani Soika, 1952

342. 施氏塔蜾蠃 *Tachyancistrocerus schmidti* (Kokujev, 1912)

五三、弯触蜾蠃属 *Tropidodynerus* Blüthgen, 1939

343. 凹足弯触蜾蠃 *Tropidodynerus* (*Tropidodynerus*) *concavus* Li *et* Chen, 2015
344. 六盘山弯触蜾蠃 *Tropidodynerus* (*Tropidodynerus*) *liupanshanensis* Li *et* Chen, 2015

马萨胡蜂亚科 Masarinae

五四、似蜜胡蜂属 *Celonites* Latreille, 1802

345. 高山似蜜胡蜂 *Celonites montanus* Mocsáry, 1906

五五、花粉胡蜂属 *Quartinia* André, 1884

346. 蒙古花粉胡蜂 *Quartinia mongolica* (Morawitz, 1889)

马蜂亚科 Polistinae

五六、异腹胡蜂属 *Parapolybia* de Saussure, 1854

347. 库侧异腹胡蜂 *Parapolybia bioculata* van der Vecht, 1966
348. 黄侧异腹胡蜂 *Parapolybia crocea* Saito-Morooka, Nguyen *et* Kojima, 2015
349. 金黄异腹胡蜂 *Parapolybia flava* Saito-Morooka, Nguyen *et* Kojima, 2015
350. 印度异腹胡蜂 *Parapolybia indica* (de Saussure, 1854)
351. 叉胸异腹胡蜂 *Parapolybia nodosa* van der Vecht, 1966
352. 高砂异腹胡蜂 *Parapolybia takasagona* Sonan, 1944
353. 染翅异腹胡蜂 *Parapolybia tinctipennis* (Cameron, 1900)
354. 变侧异腹胡蜂 *Parapolybia varia* (Fabricius, 1787)

五七、马蜂属 *Polistes* Latreille, 1802

355. 棕马蜂 *Polistes* (*Gyrostoma*) *gigas* (Kirby, 1826)
356. 约马蜂 *Polistes* (*Gyrostoma*) *jokahamae* Radoszkowski, 1887
357. 果马蜂 *Polistes* (*Gyrostoma*) *olivaceus* (De Geer, 1773)
358. 陆马蜂 *Polistes* (*Gyrostoma*) *rothneyi* Cameron, 1900
359. 褐马蜂 *Polistes* (*Gyrostoma*) *tenebricosus* Lepeletier, 1836
360. 疏刻马蜂 *Polistes* (*Gyrostoma*) *tenuispunctia* Kim, 2001
361. 瓦氏马蜂 *Polistes* (*Gyrostoma*) *wattii* Cameron, 1900
362. 焰马蜂 *Polistes* (*Polistella*) *adustus* Bingham, 1897
363. 黑棕马蜂 *Polistes* (*Polistella*) *brunus* Nguyen *et* Carpenter, 2017
364. 姬马蜂 *Polistes* (*Polistella*) *eboshinus* Sonan, 1943
365. 台湾马蜂 *Polistes* (*Polistella*) *formosanus* Sonan, 1927
366. 蕙荪马蜂 *Polistes* (*Polistella*) *huisunensis* Kuo, 1987
367. 日本马蜂 *Polistes* (*Polistella*) *japonicus* de Saussure, 1858
368. 柑马蜂 *Polistes* (*Polistella*) *mandarinus* de Saussure, 1853
369. 黑跗马蜂 *Polistes* (*Polistella*) *nigritarsis* Cameron, 1900
370. 环带马蜂 *Polistes* (*Polistella*) *nipponensis* Pérez, 1905
371. 黄裙马蜂 *Polistes* (*Polistella*) *sagittarius* de Saussure, 1853
372. 浅色马蜂 *Polistes* (*Polistella*) *shirakii* Sonan, 1943
373. 斯马蜂 *Polistes* (*Polistella*) *snelleni* de Saussure, 1862
374. 点马蜂 *Polistes* (*Polistella*) *stigma* (Fabricius, 1793)
375. 皱马蜂 *Polistes* (*Polistella*) *strigosus* Bequaert, 1940
376. 双斑马蜂 *Polistes* (*Polistella*) *takasagonus* Sonan, 1943

377. 跳马蜂 *Polistes* (*Polistes*) *associus* Kohl, 1898
378. 中华马蜂 *Polistes* (*Polistes*) *chinensis* (Fabricius, 1793)
379. 强马蜂 *Polistes* (*Polistes*) *dominula* (Christ, 1791)
380. 柞蚕马蜂 *Polistes* (*Polistes*) *gallicus* (Linnaeus, 1767)
381. 窄马蜂 *Polistes* (*Polistes*) *nimpha* (Christ, 1791)

五八、铃腹胡蜂属 *Ropalidia* Guérin-Méneville, 1831

382. 毛织铃腹胡蜂 *Ropalidia aristocratica* (de Saussure, 1853)
383. 新铃腹胡蜂 *Ropalidia artifex* (de Saussure, 1854)
384. 双色铃腹胡蜂 *Ropalidia bicolorata* van der Vecht, 1962
385. 双铃腹胡蜂 *Ropalidia binghami* van der Vecht, 1941
386. 袖铃腹胡蜂 *Ropalidia birmanica* van der Vecht, 1962
387. 杯式铃腹胡蜂 *Ropalidia cyathiformis* (Fabricius, 1804)
388. 带铃腹胡蜂 *Ropalidia fasciata* (Fabricius, 1804)
389. 黄铃腹胡蜂 *Ropalidia flavopicta* (Smith, 1857)
390. 香港铃腹胡蜂 *Ropalidia hongkongensis* (de Saussure, 1854)
391. 大铃腹胡蜂 *Ropalidia magnanima* van der Vecht, 1941
392. 马来铃腹胡蜂 *Ropalidia malaisei* van der Vecht, 1962
393. 缘铃腹胡蜂 *Ropalidia marginata* (Lepeletier, 1836)
394. 数铃腹胡蜂 *Ropalidia mathematica* (Smith, 1860)
395. 暗铃腹胡蜂 *Ropalidia obscura* Gusenleitner, 1996
396. 助铃腹胡蜂 *Ropalidia opifex* van der Vecht, 1962
397. 饰铃腹胡蜂 *Ropalidia ornaticeps* (Cameron, 1900)
398. 近新铃腹胡蜂 *Ropalidia parartifex* Tan *et* van Achterberg, 2014
399. 淡红铃腹胡蜂 *Ropalidia rufocollaris* (Cameron, 1900)
400. 桑铃腹胡蜂 *Ropalidia santoshae* Das *et* Gupta, 1989
401. 精铃腹胡蜂 *Ropalidia scitula* (Bingham, 1897)
402. 刻点铃腹胡蜂 *Ropalidia sculpturata* Gusenleitner, 2001
403. 点铃腹胡蜂 *Ropalidia stigma* (Smith, 1858)
404. 刺铃腹胡蜂 *Ropalidia sumatrae* (Weber, 1801)
405. 台湾铃腹胡蜂 *Ropalidia taiwana* Sonan, 1935
406. 多色铃腹胡蜂 *Ropalidia variegata* (Smith, 1852)

狭腹胡蜂亚科 Stenogastrinae

五九、匙角狭腹胡蜂属 *Cochlischnogaster* Dong *et* Otsuka, 1997

407. 大渡岗匙角狭腹胡蜂 *Cochlischnogaster daduogangensis* Dong *et* Otsuka, 1997
408. 勐仑匙角狭腹胡蜂 *Cochlischnogaster menglunensis* Dong *et* Otsuka, 1997

六〇、真狭腹胡蜂属 *Eustenogaster* van der Vecht, 1969

409. 异真狭腹胡蜂 *Eustenogaster eximia* (Bingham, 1890)
410. 光真狭腹胡蜂 *Eustenogaster micans* (de Saussure, 1852)
411. 黑真狭腹胡蜂 *Eustenogaster nigra* Saito *et* Nguyen, 2006
412. 丽真狭腹胡蜂 *Eustenogaster scitula* (Bingham, 1897)

六一、平狭腹胡蜂属 *Liostenogaster* van der Vecht, 1969

413. 洁平狭腹胡蜂 *Liostenogaster nitidipennis* (de Saussure, 1853)

六二、侧狭腹胡蜂属 *Parischnogaster* von Schulthess, 1914

414. 杰柯侧狭腹胡蜂 *Parischnogaster jacobsoni* (du Buysson, 1913)

415. 密侧狭腹胡蜂 *Parischnogaster mellyi* (de Saussure, 1852)

416. 黑侧狭腹胡蜂 *Parischnogaster nigricans* (Cameron, 1902)

胡蜂亚科 Vespinae

六三、长黄胡蜂属 *Dolichovespula* Rohwer, 1916

417. 尖齿长黄胡蜂 *Dolichovespula adulterina* (du Buysson, 1905)

418. 花长黄胡蜂 *Dolichovespula flora* Archer, 1987

419. 间长黄胡蜂 *Dolichovespula intermedia* (Birula, 1930)

420. 喇嘛长黄胡蜂 *Dolichovespula lama* (du Buysson, 1903)

421. 中长黄胡蜂 *Dolichovespula media* (Retzius, 1783)

422. 挪威长黄胡蜂 *Dolichovespula norwegica* (Fabricius, 1781)

423. 太平洋长黄胡蜂 *Dolichovespula pacifica* (Birula, 1930)

424. 熊猫长黄胡蜂 *Dolichovespula panda* Archer, 1981

425. 石长黄胡蜂 *Dolichovespula saxonica* (Fabricius, 1793)

426. 点长黄胡蜂 *Dolichovespula stigma* Lee, 1986

427. 树长黄胡蜂 *Dolichovespula sylvestris* (Scopoli, 1763)

428. 显长黄胡蜂 *Dolichovespula xanthicincta* Archer, 1981

六四、原胡蜂属 *Provespa* Ashmead, 1903

429. 平唇原胡蜂 *Provespa barthelemyi* (du Buysson, 1904)

六五、胡蜂属 *Vespa* Linnaeus, 1758

430. 黄腰胡蜂 *Vespa affinis* (Linnaeus, 1764)

431. 三齿胡蜂 *Vespa analis* Fabricius, 1775

432. 基胡蜂 *Vespa basalis* Smith, 1852

433. 黑盾胡蜂 *Vespa bicolor* Fabricius, 1787

434. 褐胡蜂 *Vespa binghami* du Buysson, 1904

435. 黄边胡蜂 *Vespa crabro* Linnaeus, 1758

436. 黑尾胡蜂 *Vespa ducalis* Smith, 1852

437. 笛胡蜂 *Vespa dybowskii* André, 1884

438. 变胡蜂 *Vespa fumida* van der Vecht, 1959

439. 金环胡蜂 *Vespa mandarinia* Smith, 1852

440. 茅胡蜂 *Vespa mocsaryana* du Buysson, 1905

441. 东方胡蜂 *Vespa orientalis* Linnaeus, 1771

442. 近胡蜂 *Vespa simillima* Smith, 1868

443. 黄纹胡蜂 *Vespa soror* du Buysson, 1905

444. 金箍胡蜂 *Vespa tropica* (Linnaeus, 1758)

445. 黄脚胡蜂 *Vespa velutina* Lepeletier, 1836

446. 寿胡蜂 *Vespa vivax* Smith, 1871

六六、黄胡蜂属 *Vespula* Thonmson, 1869

447. 阿里山黄胡蜂 *Vespula arisana* (Sonan, 1929)

448. 奥地利黄胡蜂 *Vespula austriaca* (Panzer, 1799)
449. 细黄胡蜂 *Vespula flaviceps* (Smith, 1870)
450. 德国黄胡蜂 *Vespula germanica* (Fabricius, 1793)
451. 金氏黄胡蜂 *Vespula kingdonwardi* Archer, 1981
452. 朝鲜黄胡蜂 *Vespula koreensis* (Radoszkowski, 1887)
453. 那氏黄胡蜂 *Vespula nursei* Archer, 1981
454. 环黄胡蜂 *Vespula orbata* (du Buysson, 1902)
455. 红环黄胡蜂 *Vespula rufa* (Linnaeus, 1758)
456. 施氏黄胡蜂 *Vespula shidai* Ishikawa, Yamane *et* Wagner, 1980
457. 锈黄胡蜂 *Vespula structor* (Smith, 1870)
458. 普通黄胡蜂 *Vespula vulgaris* (Linnaeus, 1758)

长腹胡蜂亚科 Zethinae

六七、丽腹胡蜂属 *Calligaster* de Saussure, 1852

459. 蓝翅丽腹胡蜂 *Calligaster cyanoptera* de Saussure, 1852
460. 喜马拉雅丽腹胡蜂 *Calligaster himalayensis* (Cameron, 1904)

六八、元蜾蠃属 *Discoelius* Latreille, 1809

461. 短片元蜾蠃 *Discoelius brevilamellatus* Wang, Chen *et* Li, 2019
462. 法国元蜾蠃 *Discoelius dufourii* Lepeletier, 1841
①法国元蜾蠃指名亚种 *Discoelius dufourii dufourii* Lepeletier, 1841
②法国元蜾蠃东北亚种 *Discoelius dufourii manchurianus* Yasumatsu, 1934
463. 峨眉山元蜾蠃 *Discoelius emeishanensis* Zhou, Chen *et* Li, 2013
464. 依氏元蜾蠃 *Discoelius esakii* Yasumatsu, 1934
465. 长节元蜾蠃 *Discoelius longinodus* Yamane, 1996
466. 黑唇元蜾蠃 *Discoelius nigriclypeus* Zhou, Chen *et* Li, 2013
467. 彩色元蜾蠃 *Discoelius pictus* Kostylev, 1940
468. 特氏元蜾蠃 *Discoelius turneri* (Meade-Waldo, 1910)
469. 王氏元蜾蠃 *Discoelius wangi* Yamane, 1996
470. 长腹元蜾蠃 *Discoelius zonalis* (Panzer, 1801)

六九、长腹胡蜂属 *Zethus* Fabricius, 1804

471. 钝腹长腹胡蜂 *Zethus angulatus* Nguyen *et* Carpenter, 2016
472. 糙点长腹胡蜂 *Zethus asperipunctatus* Wang, Chen *et* Li, 2019
473. 贝氏长腹胡蜂 *Zethus bakeri* Giordani Soika, 1995
474. 虚长腹胡蜂 *Zethus dolosus* Bingham, 1897
475. 南岭长腹胡蜂 *Zethus nanlingensis* Nguyen *et* Xu, 2017
476. 黑长腹胡蜂 *Zethus nigerrimus* Gusenleitner, 2001
477. 无边长腹胡蜂 *Zethus nullimarginatus* Wang, Chen *et* Li, 2019
478. 脊长腹胡蜂 *Zethus striatus* Wang, Chen *et* Li, 2019
479. 台湾长腹胡蜂 *Zethus taiwanus* Yeh *et* Lu, 2017
480. 宽柄长腹胡蜂 *Zethus tumidus* Nguyen *et* Carpenter, 2016
481. 无片长腹胡蜂 *Zethus velamellatus* Tan, Carpenter *et* van Achterberg, 2018

第二部分

蜾蠃亚科 Eumeninae

图 2–a　弓费蜾蠃 *Phimenes flavopictus* 生态图（广州番禺　刘庆明　摄）

【形态特征】 该亚科体小至中型。上颚较长、刀状。中足胫节具 1 个端距。部分种类具细长腹柄，无腹柄的种类腹部第 1 节呈缢缩状、较第 2 节窄。

【生物学特性】 独居，平时营自由生活，成虫无固定居住的巢穴，仅在交配后才开始营巢产卵。其巢穴有 2 种类型：一种是呈中空壶状，上部有细颈，开口于颈端部的巢穴，这类巢穴一般由腹部第 1 节延长成柄状的蜾蠃衔泥制成；另一种多是开口竹管、芦苇管、泥缝等，这类蜾蠃腹部正常并不延长成柄状，产卵时直接将卵产于竹管或芦苇管等内壁上。

【地理分布】 该亚科种类广布于世界六大动物地理区系。

【分类】 目前世界已知 2 族 207 属 3 800 余种，我国已知 2 族 53 属 344 种，本图鉴收录 2 族 50 属 272 种。

中国蜾蠃亚科 Eumeninae 分族检索表

1. 腹部具腹柄，第 1 节背板长至少或通常大于宽的 2 倍，且宽等于或小于第 2 节背板宽的 1/2 ………………………………………………………………………………………………… **蜾蠃族 Eumenini**

腹部无腹柄，第 1 节背板长远小于其宽的 2 倍，且宽大于第 2 节背板宽的 1/2；若腹部明显具腹柄或第 1 节背板宽小于第 2 节宽的 1/2，则后胸背板具齿突或横脊突 …………………………… **盾蜾蠃族 Odynerini**

蜾蠃族 Eumenini

【形态特征】 体通常细长、常中型大小。腹部第 1 节明显长柄状，其背板长至少或通常大于宽的 2 倍，且宽等于或小于第 2 节背板宽的 1/2。

【地理分布】 世界性分布。

【分类】 世界已知 20 属 374 种，我国已知 5 属 45 种，本图鉴收录 5 属 35 种。

中国蜾蠃族 Eumenini 分属检索表

1. 腹部第 1 节背板无刻点或疏生微小刻点，第 2 节背板端缘无薄片 ……………………………………… 2

腹部第 1 节背板密生粗糙刻点，第 2 节背板端缘具薄片 ……………………………………………… 4

2. 唇基端缘弧形；颊区上端部宽，几乎与复眼上端部等宽 ………… **黄斑蜾蠃属 *Katamenes* Meade-Waldo**

唇基端缘平截状或具凹陷；颊区上端部窄，明显窄于复眼上端部 ……………………………………… 3

3. 腹部第 1 节短于胸部长度的 1.5 倍；并胸腹节侧区或多或少具刻点，无光泽；雄性第 7 节腹板具中纵沟 ………………………………………………………………………………… **华丽蜾蠃属 *Delta* de Saussure**

腹部第 1 节等于或大于胸部长度的 1.5 倍；并胸腹节侧区几乎无刻点，具光泽；雄性第 7 节腹板无中纵沟 ……………………………………………………………………… **费蜾蠃属 *Phimenes* Giordani Soika**

4. 雌性唇基端缘几乎平截状；并胸腹节侧区与后区分界明显；雄性触角第 13 节小而直，不向后折回 ……… ……………………………………………………………………………… **奥蜾蠃属 *Oreumenes* Bequaert**

雌性唇基端缘凹陷；并胸腹节侧缘圆，侧区与后区无分界；雄性触角第 13 节中等大小，向后折回成钩状 …………………………………………………………………………………… **蜾蠃属 *Eumenes* Latreille**

一、华丽蜾蠃属 *Delta* de Saussure, 1855

【形态特征】 颊区侧面观显著窄于复眼宽；雄性触角第 13 节呈细长扁平状，向后折回且明显长于相邻各节。并胸腹节侧区或多或少具刻点、无光泽。腹部第 1 节短于胸部长度的 1.5 倍、背板光滑，第 2 节背板端部无薄片；雄性腹部第 7 节腹板具中纵沟。

【地理分布】 世界性分布。

【分类】 目前世界已知 50 种，我国已知 6 种，本图鉴收录 6 种。

图 2-1 大华丽蜾蠃 *Delta pyriforme* 生态图（香港 Christophe Barthélémy 摄）

中国华丽蜾蠃属 *Delta* 分种检索表

1. 胸部及腹部大部分红棕色，无黄色斑 …… 2

   胸部及腹部红棕色区域不及上述大，具黄色斑 …… 3

2. 腹部背板除第 2 节中部黑条带外皆为红棕色；前翅颜色均一，端部颜色未明显变暗 …… 锈色华丽蜾蠃 *Delta conoideum*

   腹部背板除第 1 节及第 2 节前半部外皆为黑色；前翅端半部明显为暗褐色 …… 半羽华丽蜾蠃 *Delta dimidiatipenne*

3. 中胸盾片前基部几乎黄色，具 1 对大的逗号状黄色斑 …… 大华丽蜾蠃 *Delta pyriforme*

   中胸盾片前基部黑色，无黄色斑 …… 4

4. 腹部第 1 节背板几乎全为黑色 …………………………………………… 德钦华丽蜾蠃 *Delta deqinensis*

腹部第 1 节背板具棕色及黄色斑 ……………………………………………………………… 5

5. 雄性触角第 13 节内缘无短毛；腹部第 2 节背板中部两侧具 1 对黄色斑 … 铃华丽蜾蠃 *Delta campaniforme*

雄性触角第 13 节内缘具短毛；腹部第 2 节背板中部两侧无黄色斑 …………………………… 6

6. 并胸腹节背区上部外侧无黄色斑；腹部腹板除第 1、2 节外基半部黑色 ……………………

…………………………………………… 原野华丽蜾蠃指名亚种 *Delta esuriens esuriens*

并胸腹节背区上部外侧具黄色斑；腹部腹板除第 1、2 节外基半部红棕色 …………………

……………………………………………原野华丽蜾蠃冲绳亚种 *Delta esuriens okinawae*

1. 铃华丽蜾蠃 *Delta campaniforme* (Fabricius, 1775)

【测量】 雌性体长 16.0 ~ 18.0 mm，前翅长 11.5 ~ 14.0 mm；雄性体长 13.4 ~ 15.7 mm，前翅长 9.8 ~ 12.3 mm。

【形态特征】 体具大量黄色斑，中胸盾片全为黑色，腹部第 1 节背板前半部分为红色、端部具 1 对黄色斑，第 2 节背板基部两侧具大的红色斑，在红斑后缘具 1 对小的黄色圆斑。上颚 4 枚齿不明显；唇基长大于宽，端缘中央具浅凹陷，端部宽约为唇基宽的 1/2，刻点零星且浅、不明显，被微绒毛；雄性触角第 1 节长约为宽的 3.6 倍，第 13 节长扁状并折回至第 10 节基部、内缘无毛。

图 2-1-3 铃华丽蜾蠃 *Delta campaniforme* 雄性触角

图 2-1-1 铃华丽蜾蠃 *Delta campaniforme* 雄性背面观

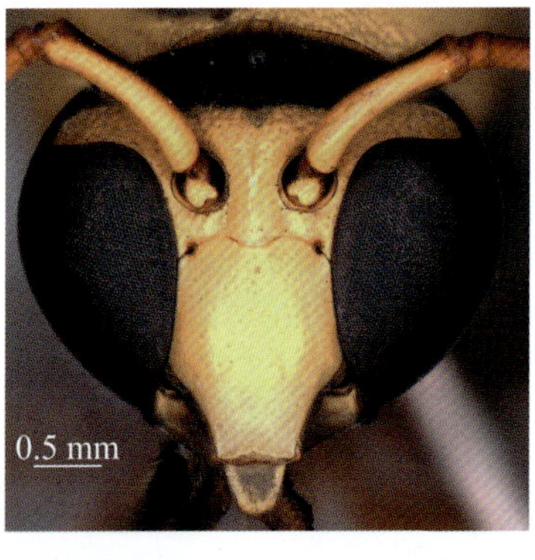

图 2-1-2 铃华丽蜾蠃 *Delta campaniforme* 雌性头部正面观

【地理分布】 台湾、香港、云南（瑞丽、西双版纳）；越南，老挝，柬埔寨，泰国，印度，缅甸，尼泊尔，菲律宾，马来西亚，新加坡，印度尼西亚，埃及，巴布亚新几内亚，澳大利亚，美国（夏威夷）。

图 2-1-4 铃华丽蜾蠃 *Delta campaniforme* 地理分布图

2. 锈色华丽蜾蠃 *Delta conoideum* (Gmelin, 1790)

【测量】 雌性体长 20.7 ~ 21.3 mm，前翅长 15.8 ~ 16.1 mm；雄性体长 20.9 mm，前翅长 15.9 mm。

【形态特征】 体绝大部分为红棕色，唇基、额部、触角及颊区沿复眼后缘为黄色，腹部第 2 节背板中部具 1 条黑色横条带；前翅颜色均一，端部颜色未明显变暗。上颚内缘齿不明显；雌性唇基宽约等于长，端缘接近平截状，端部宽约为唇基宽的 1/2，基部中间凹陷，几乎无刻点；雄性唇基长大于宽，端缘轻微凹陷；雄性触角第 13 节扁长状，向后折回至第 10 节基部、内缘无毛。

【地理分布】 云南（西双版纳）；越南，老挝，泰国，印度，缅甸，尼泊尔，不丹，斯里兰卡，马来西亚，巴基斯坦。

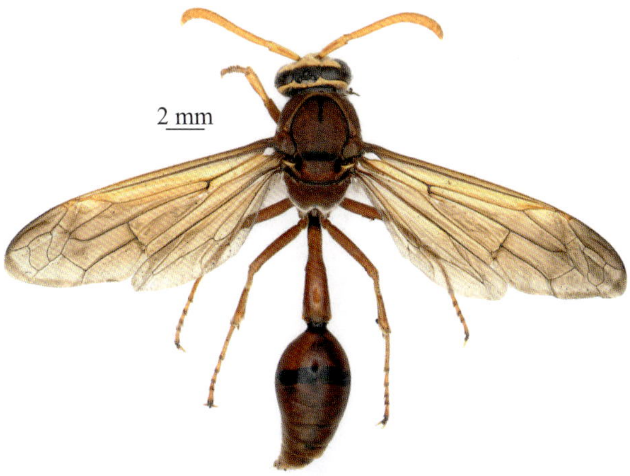

图 2-2-1　锈色华丽蜾蠃 *Delta conoideum* 雌性背面观

图 2-2-3　锈色华丽蜾蠃 *Delta conoideum* 雌性头部正面观

图 2-2-2　锈色华丽蜾蠃 *Delta conoideum* 雄性背面观

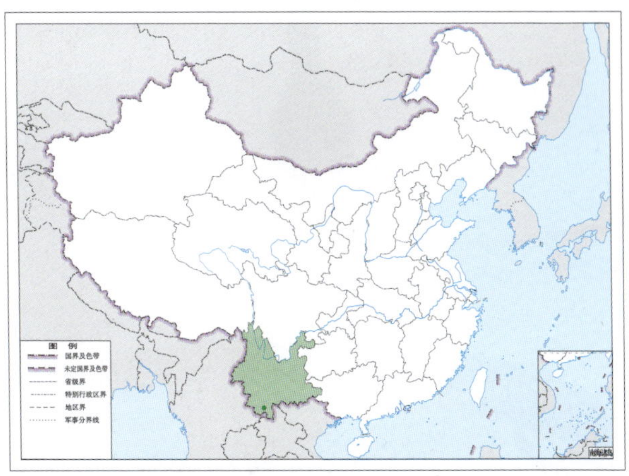

图 2-2-4　锈色华丽蜾蠃 *Delta conoideum* 地理分布图

3. 德钦华丽蜾蠃 *Delta deqinensis* Dong *et* Wang, 2017

【测量】 雌性体长 16.2 ~ 17.2 mm，前翅长 13.3 ~ 14.1 mm；雄性体长 15.8 ~ 17.1 mm，前翅长 12.8 ~ 13.7 mm。

【形态特征】 体绝大部分为黑色，雌性黄色区域略较雄性多，中胸盾片及腹部第 1 节背板绝大部分为黑色；上颚内缘齿弱，边缘具短毛，疏生刻点；唇基宽约等于长，端缘近平截状，端部宽约为唇基宽的 2/5，刻点极少且浅、几乎光滑，基部中间凹陷；雄性触角第 13 节向后折回至第 10 节基部、内缘具短毛。该种与原野华丽蜾蠃 *Delta esuriens* 形态结构相近，该种胸部及腹部第 1、2 节主要为黑色、雄性外生殖器的抱握器侧突基部直而端部弯曲；近似种胸部及腹部第 1、2 节主要为锈红色、抱握器侧突基部弯曲而端部直。

【地理分布】 云南（丽江、迪庆）。

图 2-3-3　德钦华丽蜾蠃 *Delta deqinensis* 雄性抱握器侧面观

图 2-3-1　德钦华丽蜾蠃 *Delta deqinensis* 雌性背面观

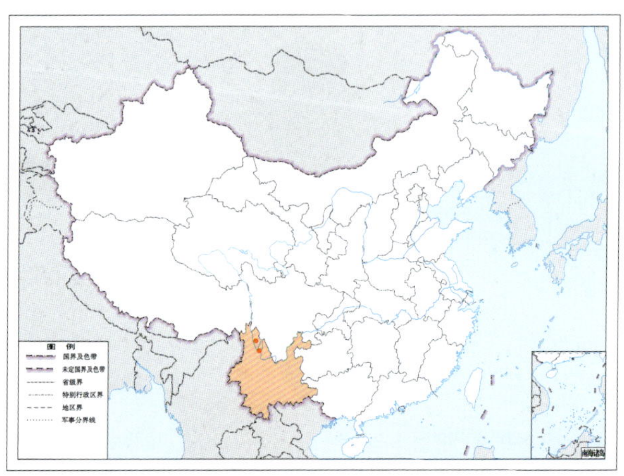

图 2-3-4　德钦华丽蜾蠃 *Delta deqinensis* 地理分布图

图 2-3-2　德钦华丽蜾蠃 *Delta deqinensis* 雄性触角

4. 半羽华丽蜾蠃 *Delta dimidiatipenne* (de Saussure, 1852)

【测量】 雌性体长 33.0 mm；雄性体长 25.0 ~ 30.0 mm，前翅长 12.8 ~ 13.7 mm。

【形态特征】 该种以体除腹部后端半部外绝大部分为红色至红褐色明显区别于该属其他种类；腹部除第 1 节及第 2 节前半部外皆为黑色；前翅端半部明显为暗褐色；唇基宽约等于长，端缘近平截状。腹部第 1 节膨大的部分长于该节全长的 1/2，端部宽约为基部宽的 2 倍。

【地理分布】 云南（西双版纳）；印度，尼泊尔，巴基斯坦，阿富汗，伊朗，塔吉克斯坦，土库曼斯坦，土耳其，阿联酋，阿曼，巴勒斯坦，卡塔尔，沙特阿拉伯，叙利亚，也门，伊拉克，约旦，西班牙，埃及，摩洛哥，阿尔及利亚，埃塞俄比亚，厄立特里亚，中非，尼日尔，索马里，马达加斯加，南非，乍得，吉布提，毛里塔尼亚，苏丹，乌干达。

图 2-4-2 半羽华丽蜾蠃 *Delta dimidiatipenne* 雌性头部正面观

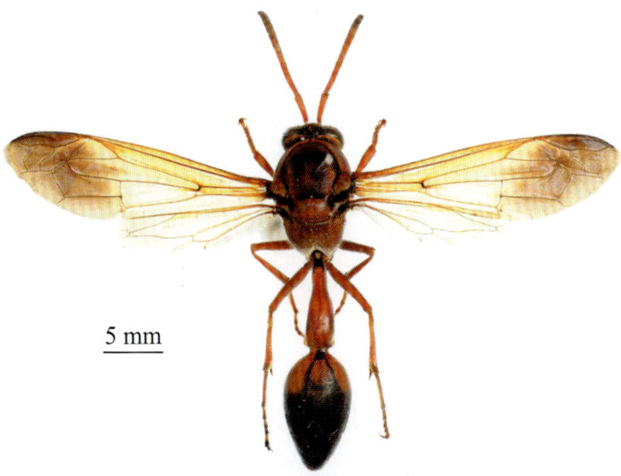

图 2-4-1 半羽华丽蜾蠃 *Delta dimidiatipenne* 雌性背面观

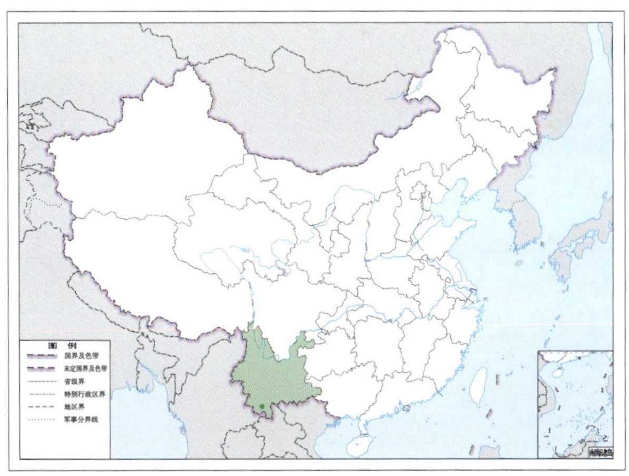

图 2-4-3 半羽华丽蜾蠃 *Delta dimidiatipenne* 地理分布图

5. 原野华丽蜾蠃指名亚种 *Delta esuriens esuriens* (Fabricius, 1787)

【测量】 雌性体长 16.8 ~ 18.9 mm，前翅长 12.5 ~ 14.6 mm；雄性体长 15.3 ~ 17.4 mm，前翅长 11.4 ~ 14.3 mm。

【形态特征】 体具大量黄色及红棕色斑，其中中胸盾片后端、小盾片、足，腹部第 1、2 节前半部绝大部分为红棕色；唇基、颊区、前胸背板、中胸侧板上侧斑、后胸背板、腹部第 1 节背板端缘、第 2 节背板端部及第 3 节至末节可见部分为黄色。上颚内缘依稀可见 4 枚齿；雌性唇基宽约等于长，端缘几乎平截且宽接近唇基宽的 1/2，光滑、几乎无刻点，被微绒毛；雄性触角第 13 节内缘具短毛。腹部第 2 节背板中部两侧无黄色斑；雄性抱握器侧突基部弯曲、端部直。

【地理分布】 浙江、福建、台湾、广东（惠州、云浮）、广西（兴安、防城港、崇左、百色、河池）、海南（乐东、屯昌、儋州、昌江、五指山、白沙、定安）、重庆（江津）、四川（攀枝花、凉山）、云南（楚雄、玉溪、临沧、怒江、丽江、普洱、红河、西双版纳、保山、文山、德宏、大理）；日本，越南，老挝，泰国，印度，缅甸，不丹，斯里兰卡，菲律宾，印度尼西亚，巴基斯坦，伊朗，阿联酋，阿曼，卡塔尔，沙特阿拉伯，以色列，伊拉克，新喀里多尼亚，毛里求斯。

图 2-5-1　原野华丽蜾蠃指名亚种 *Delta esuriens esuriens* 雌性背面观

图 2-5-2　原野华丽蜾蠃指名亚种 *Delta esuriens esuriens* 生态图
（云南普洱　李智宏　摄）

图 2-5-3　原野华丽蜾蠃指名亚种 *Delta esuriens esuriens* 雄性触角

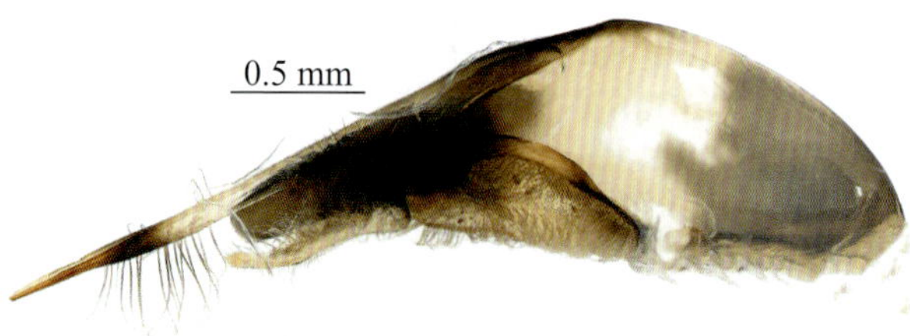

图 2-5-4　原野华丽蜾蠃指名亚种 *Delta esuriens esuriens* 雄性抱握器侧面观

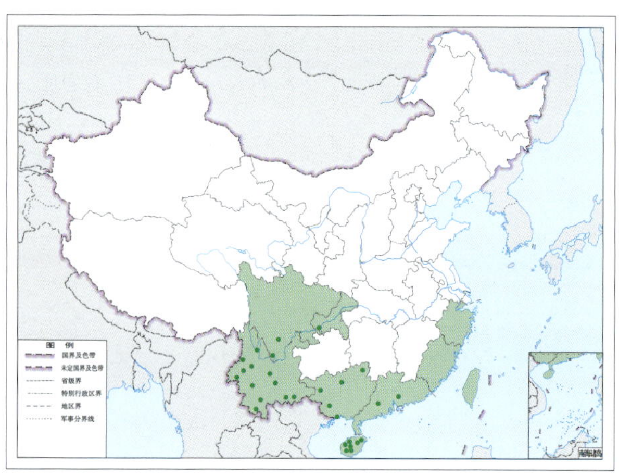

图 2-5-5　原野华丽蜾蠃指名亚种 *Delta esuriens esuriens* 地理分布图

6. 大华丽蜾蠃 *Delta pyriforme* (Fabricius, 1775)

【测量】 雌性体长 23.7 ~ 24.8 mm，前翅长 19.8 ~ 22.1 mm；雄性体长 22.3 ~ 24.5 mm，前翅长 18.3 ~ 21.6 mm。

【形态特征】 体具大面积红色和黄色斑，额区、唇基、颊区、前胸背板、中胸盾片前基部具 1 对逗号状的大斑、腹部第 2 节背板端部至末节可见部分为黄色。上颚内缘具不明显的钝齿；唇基长大于宽，端缘轻微凹陷，端部宽约为唇基宽的 2/5，基部中间轻微凹陷，侧面观凸起，刻点不明显；雄性唇基端缘凹陷较雌性深。腹部第 2 节中部两侧圆弧形且较该属其他种类宽，长约为宽的 1.3 倍。

【地理分布】 福建、广东（惠州、肇庆）、海南（东方、五指山、乐东、定安、昌江、尖峰岭）、香港、广西（合浦、兴安、河池）、云南（普洱、临沧、保山、红河、文山、西双版纳）；越南，老挝，柬埔寨，泰国，印度，缅甸，尼泊尔，不丹，斯里兰卡，马来西亚，印度尼西亚，巴基斯坦，新几内亚岛，美国（夏威夷）。

图 2-6-1 大华丽蜾蠃 *Delta pyriforme* 雌性背面观

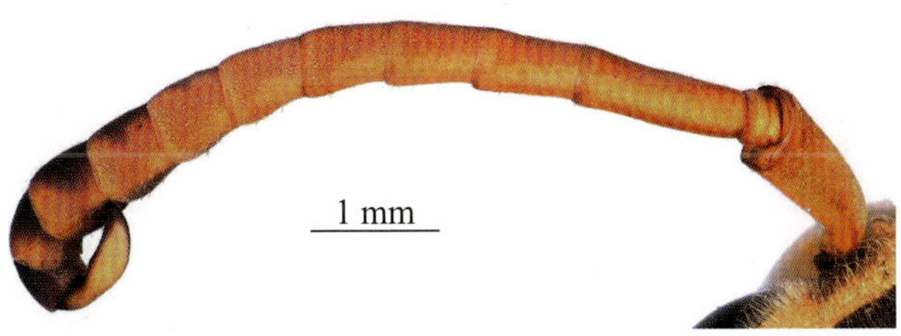

图 2-6-3 大华丽蜾蠃 *Delta pyriforme* 雄性触角

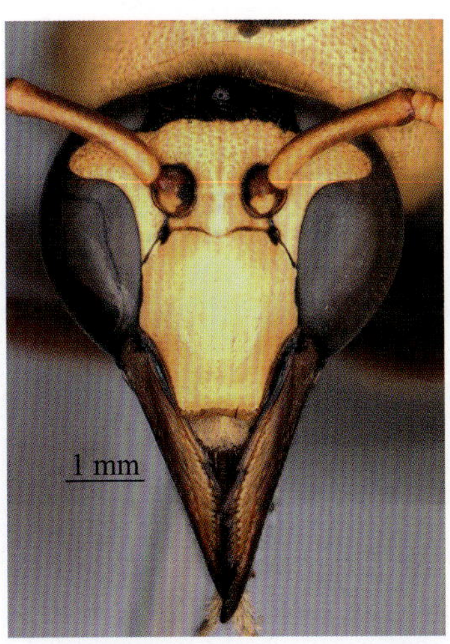

图 2-6-2 大华丽蜾蠃 *Delta pyriforme* 雌性唇基正面观

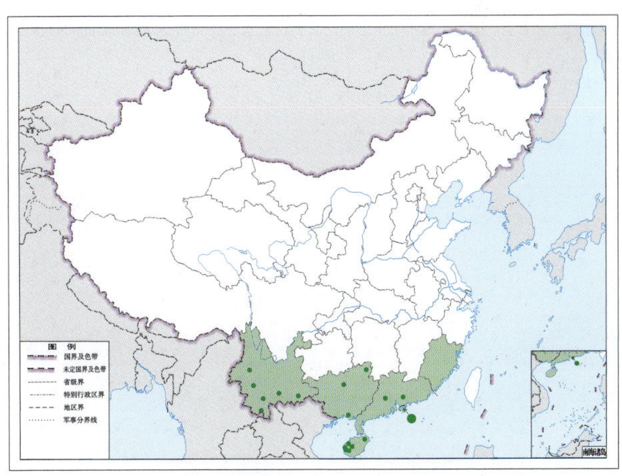

图 2-6-4 大华丽蜾蠃 *Delta pyriforme* 地理分布图

图 2-6-5　大华丽蜾蠃 ***Delta pyriforme*** 生态图（云南普洱　李智宏　摄）

二、蜾蠃属 *Eumenes* Latreille, 1802

【形态特征】 雌性唇基端缘凹陷；雄性触角第 13 节端部尖、向后折回成尖钩状。前胸脊缺失；翅基片短，其后缘通常不超过旁翅基片的后缘；中胸背板无翅基片前脊，中胸侧板无侧纵脊；前足基节外侧具 1 条明显的脊；移去腹部第 1 节后明显可观察到并胸腹节后端部具 1 对突起；腹部第 1 节长柄状，其端部略凹，第 2 节背板端部具发达的薄片；雄性生殖器阳茎基侧突中部具 1 束细毛。

【地理分布】 世界性分布。长腹蜾蠃亚属 *Zeteumenoides* 仅分布于新热带区；蜾蠃亚属 *Eumenes* 六大动物地理区系均有广泛分布。

【分类】 该属世界已知 2 亚属 104 种，我国已知 1 亚属 32 种，本图鉴收录 1 亚属 25 种。

图 2-2 凸圆蜾蠃 *Eumenes gibbosus* 生态图（云南腾冲）

中国蜾蠃属 *Eumenes* 分种检索表

1. 腹部第 1 节长大于或至少等于后端部宽的 4 倍 ·· 2
   腹部第 1 节长小于后端部宽的 4 倍 ·· 6
2. 腹部第 1 节背板在距基部 1/2 或 1/3 处突然变宽 ·· 3
   腹部第 1 节背板由基部向端部逐渐变宽 ·· 4
3. 腹部第 1 节背板不呈梨形，从突然变宽处到端部的两侧缘近乎平行和笔直 ·· 贝尔蜾蠃 *Eumenes belli*
   腹部第 1 节背板呈梨形，从突然变宽处到端部的侧缘不平行 ················ 热带蜾蠃 *Eumenes atrophicus*
4. 腹部第 2 节背板后端部薄片平直不返折，两侧及端部刻点小、稀疏 ········ 多斑蜾蠃 *Eumenes multipictus*
   腹部第 2 节背板后端部薄片返折，两侧及端部刻点较上述种类大且密集 ··· 方蜾蠃 *Eumenes quadratus*, 5
5. 前胸背板前缘具长而宽的黄色条带 ························ 方蜾蠃指名亚种 *Eumenes quadratus quadratus*
   前胸背板前缘具短而窄的黄色条带 ························ 方蜾蠃台湾亚种 *Eumenes quadratus urainus*
6. 前胸侧板及后颊区的毛短于头部毛 ························ 外贝加尔蜾蠃 *Eumenes transbaicalicus*
   前胸侧板及后颊区的毛长于头部毛 ·· 7
7. 腹部第 1 节背板中部疏生刻点，刻点间距大于刻点直径 ·· 8
   腹部第 1 节背板中部密生刻点，刻点间距小于刻点直径 ·· 13
8. 腹部第 2 节背板和腹板组成的基角为锐角 ························ 江苏蜾蠃 *Eumenes kiangsuensis*
   腹部第 2 节背板和腹板组成的基角为钝角 ·· 9
9. 腹部第 1 节背板后端部具横沟，端部形成翘起结构 ························ 陶氏蜾蠃 *Eumenes tosawae*, 10
   腹部第 1 节背板后端部无横沟，不形成翘起结构，呈平坦状 ·· 唇蜾蠃 *Eumenes labiatus*, 11
10. 腹部第 1 节背板端部具 1 条较宽的黄色斑带，斑带中间无凹陷 ·· 陶氏蜾蠃指名亚种 *Eumenes tosawae tosawae*
    腹部第 1 节背板端部具 1 条较窄的黄色斑带，斑带中间具 2 处凹陷，形成“山”字形 ·· 陶氏蜾蠃罗浮亚种 *Eumenes tosawae lofouensis*
11. 体具锈红色斑 ·· 唇蜾蠃指名亚种 *Eumenes labiatus labiatus*
    体具黄色斑 ·· 唇蜾蠃 *Eumenes labiatus*, 12
12. 腹部第 1~2 节背板两侧具黄色圆斑 ························ 唇蜾蠃中华亚种 *Eumenes labiatus sinicus*
    腹部第 1~2 节背板两侧均无黄色斑 ························ 唇蜾蠃黄黑亚种 *Eumenes labiatus flavoniger*
13. 腹部第 2 节背板黄色或橘黄色，中部具 3 个圆形相连或分开的黑色斑 ······ 三斑蜾蠃 *Eumenes tripunctatus*
    腹部第 2 节背板黑色，中部无 3 个圆形黑色斑 ·· 14
14. 腹部第 2 节背板刻点稀疏，刻点间距明显大于刻点直径 ·· 15
    腹部第 2 节背板刻点密集，刻点间距小于或几乎等于刻点直径 ·· 18
15. 腹部第 2 节背板刻点大于或等于第 1 节背板刻点 ·· 16
    腹部第 2 节背板刻点小于第 1 节背板刻点 ·· 17
16. 腹部除第 1、2 节外，其余各节几乎无毛 ························ 变刻蜾蠃 *Eumenes variepunctatus*
    腹部除第 1、2 节外，其余各节具白色短毛 ························ 苏拉威蜾蠃 *Eumenes architectus*
17. 腹部第 1 节背板短粗，端部宽大于基部宽的 3 倍，第 2 节背板几乎无毛 ······ 李蜾蠃 *Eumenes fraterculus*
    腹部第 1 节背板较上述长，端部宽小于基部宽的 3 倍，第 2 节背板具稀疏长毛 ·· 密毛蜾蠃 *Eumenes affinissimus*

18. 腹部第 2 节背板和腹板组成的基角为锐角 ······ 19
腹部第 2 节背板和腹板组成的基角为钝角 ······ 24
19. 腹部第 2 节背板刻点小于胸部刻点 ······ 20
腹部第 2 节背板刻点大于或等于胸部刻点 ······ 23
20. 腹部第 1 节背板端部两侧向内收缩 ······ **基蜾蠃指名亚种 *Eumenes pedunculatus pedunculatus***
腹部第 1 节背板端部两侧向外扩张或平行 ······ 21
21. 唇基具长毛，毛长于触角柄节宽度 ······ **新疆蜾蠃 *Eumenes fulvopilosellus***
唇基具短毛，毛短于触角柄节宽度 ······ 22
22. 侧面观腹部第 1 节背板端部向上隆起 ······ **红胫蜾蠃 *Eumenes rubrofemoratus***
侧面观腹部第 1 节背板端部无隆起，平坦 ······ **陆蜾蠃东北亚种 *Eumenes mediterraneus manchurianus***
23. 腹部第 1 节背板膨大部位两侧向内收缩；第 3 ~ 6 节黑色，末端具黄色条带 ······ **康格拉蜾蠃 *Eumenes kangrae***
腹部第 1 节背板膨大部位两侧平行；第 3 ~ 6 节末端锈红色 ······ **锈腹蜾蠃 *Eumenes ferruapiculus***
24. 腹部第 2 节背板刻点小于胸部刻点 ······ 25
腹部第 2 节背板刻点大于或等于胸部刻点 ······ 28
25. 腹部第 2 节背板亚端部具横褶皱 ······ **北风蜾蠃 *Eumenes aquilonius***
腹部第 2 节背板亚端部无横褶皱 ······ 26
26. 腹部第 1 节背板端部宽大于基部宽的 3 倍 ······ **北部蜾蠃 *Eumenes septentrionalis*, 27**
腹部第 1 节背板端部宽小于基部宽的 3 倍 ······ **台湾蜾蠃 *Eumenes formosensis***
27. 各足胫节前侧锈红色 ······ **北部蜾蠃西藏亚种 *Eumenes septentrionalis khangmarensis***
各足胫节棕色至黑棕色，外侧具黄色条带 ······ **北部蜾蠃指名亚种 *Eumenes septentrionalis septentrionalis***
28. 腹部第 1 节背板端部两侧向内收缩 ······ 29
腹部第 1 节背板端部两侧向外扩张或平行 ······ 33
29. 腹部第 1 节背板端部宽大于基部宽的 3 倍 ······ 30
腹部第 1 节背板端部宽小于基部宽的 3 倍 ······ 32
30. 腹部第 2 节背板中部隆起，后端部凹陷 ······ 31
腹部第 2 节背板中部无隆起，后端部不凹陷、呈圆弧形 ······ **北方蜾蠃指名亚种 *Eumenes coarctatus coarctatus***
31. 腹部第 2 节背板后端部薄片中央平直 ······ **阿萨姆蜾蠃 *Eumenes assamensis***
腹部第 2 节背板后端部薄片中央具凹陷 ······ **显蜾蠃 *Eumenes rubronotatus***
32. 腹部第 2 节背板中部隆起，后端部凹陷 ······ **凸圆蜾蠃 *Eumenes gibbosus***
腹部第 2 节背板中部无隆起，后端部不凹陷、呈圆弧形 ······ **锈触蜾蠃 *Eumenes ferrugiantennus***
33. 腹部第 2 节腹板具长毛，毛长约等于头部毛长 ······ **冠蜾蠃指名亚种 *Eumenes coronatus coronatus***
腹部第 2 节腹板具短毛，毛长短于头部毛长 ······ 34
34. 腹部第 2 节背板后端部翘起，具横凹沟 ······ **黑盾蜾蠃 *Eumenes nigriscutatus***
腹部第 2 节背板后端部无翘起，无横凹沟、呈平坦状 ······ 35
35. 腹部第 1 节背板在距基部 1/2 处突然变宽 ······ 36
腹部第 1 节背板在距基部 1/3 处突然变宽 ······ **孔蜾蠃 *Eumenes punctatus***
36. 腹部第 2 节背板端部薄片中央无凹陷、平直 ······ **点蜾蠃 *Eumenes pomiformis***
腹部第 2 节背板端部薄片中央具凹陷 ······ **布蜾蠃 *Eumenes buddha***

7. 密毛蜾蠃 *Eumenes affinissimus* de Saussure, 1852

【测量】 雌性体长 12.3 ~ 14.8 mm，前翅长 11.5 ~ 13.5 mm；雄性体长 12.5 ~ 13.5 mm，前翅长 11.5 ~ 12.2 mm。

【形态特征】 体黑色，具黄色斑，其中后胸背板黄色；前胸背板前基部，腹部第 1、2 节背板及第 2 节腹板后端部分别具黄色条带。头、胸、腹均密生长毛，前胸侧板及后颊区的毛长于头部的毛；触角柄节毛长于柄节宽。腹部第 1 节背板端部宽小于基部宽的 3 倍，长约为端部宽的 3 倍，距基部约 1/3 处突然变宽；第 2 节背板刻点极小且稀疏，小于腹部第 1 节背板刻点，基角呈锐角；第 2 节腹板具长毛，毛长与背板相同，刻点极小且稀疏。

【地理分布】 西藏（林芝）、甘肃（张掖、武威）、宁夏（固原）；吉尔吉斯斯坦，蒙古，印度，缅甸，马来西亚，印度尼西亚（爪哇岛）。

图 2-7-1 密毛蜾蠃 *Eumenes affinissimus* 雌性背面观

图 2-7-3 密毛蜾蠃 *Eumenes affinissimus* 雌性腹部第 2 ~ 6 节侧面观

图 2-7-2 密毛蜾蠃 *Eumenes affinissimus* 雌性头部正面观

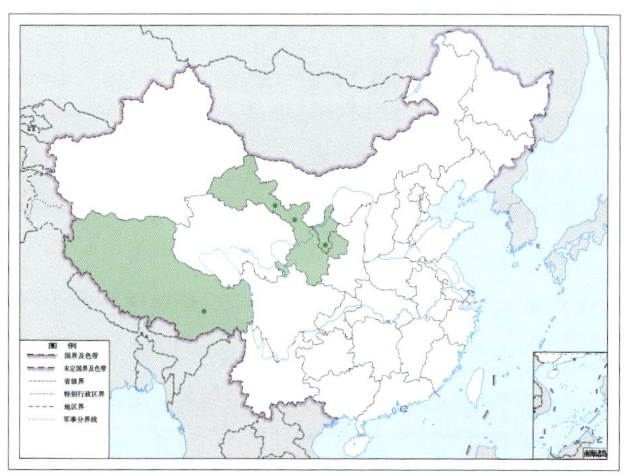

图 2-7-4 密毛蜾蠃 *Eumenes affinissimus* 地理分布图

8. 北风蜾蠃 *Eumenes aquilonius* Yamane, 1977

【测量】 雌性体长 12.0 ~ 14.0 mm，前翅长 11.0 ~ 12.5 mm；雄性体长 9.0 ~ 12.5 mm，前翅长 9.0 ~ 12.0 mm。

【形态特征】 体黑色，具黄色斑，其中后胸背板、翅基片黄色；前胸背板前基部，腹部第 1、2 节背板及第 2 节腹板端部分别具黄色条带，腹部第 2 节背板两侧具黄色圆斑，密生短毛，前胸侧板及后颊区的毛长于头部毛。腹部第 1 节背板中部密生刻点，刻点间距小于刻点直径；腹部第 1 节背板端部宽约为基部宽的 2 倍，长约为端部宽的 3 倍，距基部 1/3 处变宽；第 2 节背板刻点小且密集、小于胸部刻点，基角呈钝角，亚端部明显具横皱。

【地理分布】 内蒙古（阿拉善）、吉林（白山）、湖北（十堰）、四川（广元、阆中、成都）、陕西（汉中）；俄罗斯，韩国，日本。

图 2-8-1　北风蜾蠃 *Eumenes aquilonius* 雌性背面观

图 2-8-2　北风蜾蠃 *Eumenes aquilonius* 雌性腹部第 2 ~ 6 节侧面观

图 2-8-3　北风蜾蠃 *Eumenes aquilonius* 雌性腹部第 2 ~ 6 节背面观

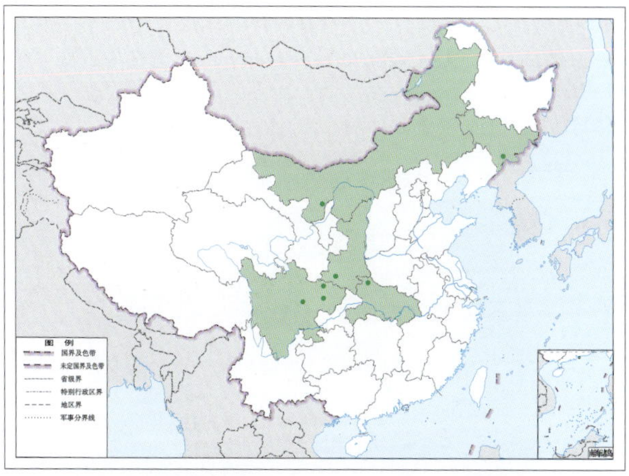

图 2-8-4　北风蜾蠃 *Eumenes aquilonius* 地理分布图

9. 热带蜾蠃 *Eumenes atrophicus* (Fabricius, 1798)

【测量】 雌性体长 11.0 ~ 13.3 mm，前翅长 10.5 ~ 11.5 mm；雄性体长 11.5 ~ 12.1 mm，前翅长 11.2 ~ 11.6 mm。

【形态特征】 体黑色，具黄色斑；雌性唇基黑色、基部两侧具黄色斑，雄性唇基黄色；后胸背板黄色，前胸背板前基部具分离的黄色条带，腹部第 1 节背板及第 2 节腹板端部分别具黄色条带。腹部第 1、2 节细长，背板端部宽约为基部宽的 2 倍，长约为端部宽的 4 倍，距基部 1/3 处变宽，从突然变宽处到端部的两侧缘不平行；第 2 节背板刻点大且密集，基角成钝角。

【地理分布】 广东（惠州、广州、河源、清远、深圳）、广西（百色、来宾、玉林、岑溪、崇左）、海南（五指山、保亭、定安、琼中）、云南（红河、保山、西双版纳、临沧、德宏、文山、普洱）、西藏（林芝）、香港；印度，尼泊尔，缅甸，泰国，老挝。

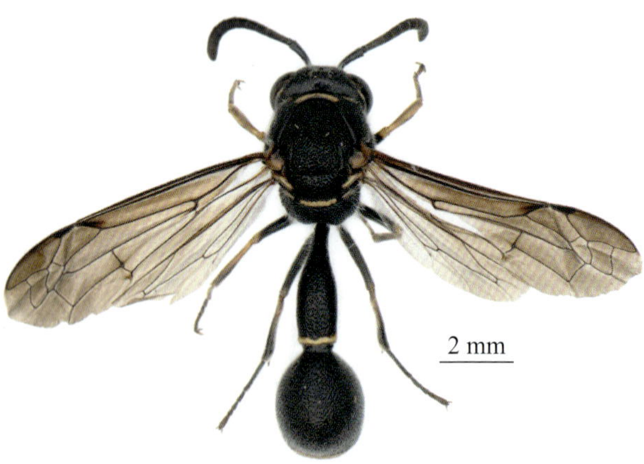

图 2-9-1　热带蜾蠃 *Eumenes atrophicus* 雌性背面观

图 2-9-2　热带蜾蠃 *Eumenes atrophicus* 雌性头部正面观

图 2-9-3　热带蜾蠃 *Eumenes atrophicus* 雌性腹部第 2 节背面观

图 2-9-4　热带蜾蠃 *Eumenes atrophicus* 地理分布图

图 2-9-5　热带蜾蠃 *Eumenes atrophicus* 生态图（广东深圳　陈华燕　摄）

10. 贝尔蜾蠃 *Eumenes belli* Giordani Soika, 1973

【测量】 雌性体长 12.1 ~ 13.5 mm，前翅长 11.5 ~ 13.1 mm；雄性体长 10.5 ~ 11.5 mm，前翅长 10.3 ~ 11.4 mm。

【形态特征】 体黑色，具少量黄色斑，其中后胸背板具 1 对黄色斑，前胸背板前基部、中胸背板两侧、腹部第 1 节背板分别具窄而短的黄色条带。头、胸、腹均密生白色短毛；雌性唇基黑色，刻点密集且由基部到端部逐渐变小。腹部第 1 节背板端部宽约为基部宽的 1.5 倍，长约为端部宽的 5 倍，距基部 1/3 处变宽，从突然变宽处到端部的两侧缘近乎平行；第 2 节背板刻点较第 1 节背板刻点大，基角成锐角，端部具凹陷，端部的薄片反折且中央具凹陷。

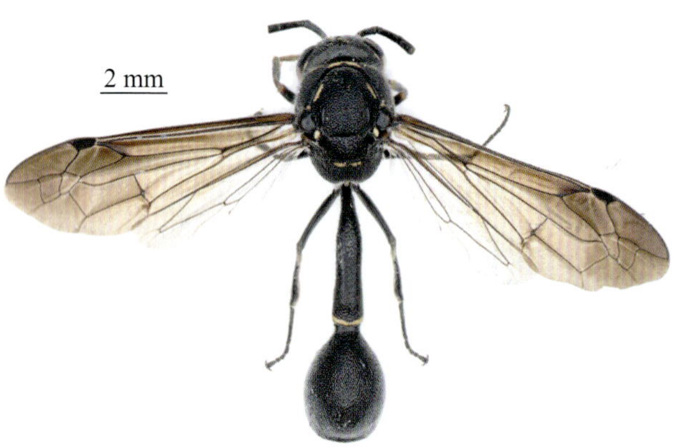

图 2-10-1　贝尔蜾蠃 *Eumenes belli* 雌性背面观

图 2-10-2　贝尔蜾蠃 *Eumenes belli* 雌性腹部第 2 ~ 6 节侧面观

【地理分布】 云南（临沧）；印度。

图 2-10-3　贝尔蜾蠃 *Eumenes belli* 雌性腹部第 2 ~ 6 节背面观

图 2-10-4　贝尔蜾蠃 *Eumenes belli* 雌性头部正面观

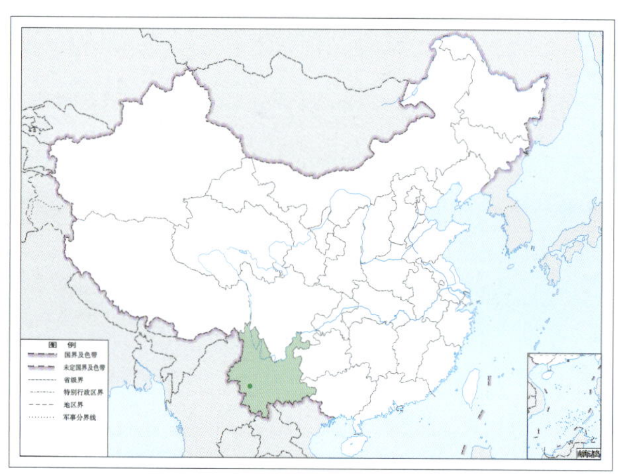

图 2-10-5　贝尔蜾蠃 *Eumenes belli* 地理分布图

11. 北方蜾蠃指名亚种 *Eumenes coarctatus coarctatus* (Linnaeus, 1758)

【测量】 雌性体长 13.0 ~ 14.5 mm，前翅长 12.8 ~ 14.2 mm；雄性体长 12.5 ~ 13.5 mm，前翅长 11.5 ~ 12.2 mm。

【形态特征】 体黑色，具橘黄色斑；雌性唇基黑色、部分雌性基部具黄色斑，雄性唇基纯黄色；小盾片两块大斑，后胸背板，前胸背板前基部条带，并胸腹节，中胸侧板两侧斑、腹部第 1 ~ 5 节背板及第 2 节腹板端部条带，第 1、2 节背板两侧斑及足绝大部分为橘黄色。腹部第 1 节背板端部宽大于基部宽的 3 倍，长约为端部宽的 3 倍，距基部 1/3 处变宽，中部密生刻点，端部两侧外缘向内收缩；第 2 节背板刻点密集且大于或等于胸部刻点，基角成钝角，背板中部无隆起，后端部不凹陷，呈圆弧形。

【地理分布】 河北（唐山、承德）、山西（大同、吕梁）、内蒙古（包头、阿拉善、呼和浩特）、辽宁（辽阳）、吉林（延吉）、江苏（徐州）、四川（峨眉山）、陕西（安康、延安、宝鸡）、甘肃（陇南）、宁夏（银川）；瑞典，芬兰，英国，荷兰，法国，西班牙，葡萄牙，意大利，瑞士，德国，奥地利，波兰，白俄罗斯，俄罗斯，塞尔维亚，罗马尼亚，保加利亚，希腊，塞浦路斯，以色列，土耳其，塔吉克斯坦，哈萨克斯坦，蒙古。

图 2-11-1　北方蜾蠃指名亚种 *Eumenes coarctatus coarctatus* 雌性背面观

图 2-11-2　北方蜾蠃指名亚种 *Eumenes coarctatus coarctatus* 雄性腹部第 2 ~ 6 节侧面观

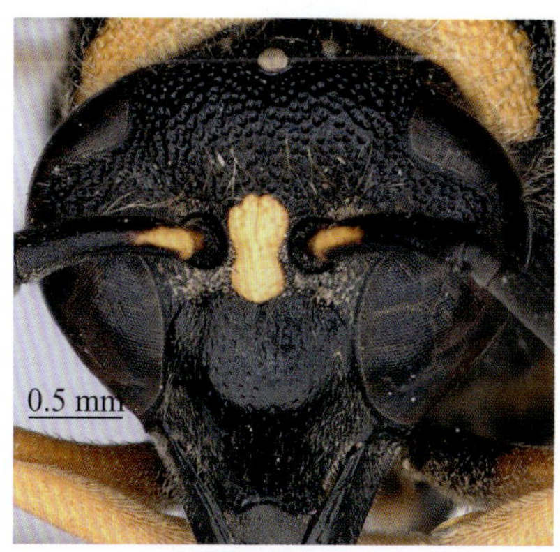

图 2-11-3　北方蜾蠃指名亚种 *Eumenes coarctatus coarctatus* 雌性头部正面观

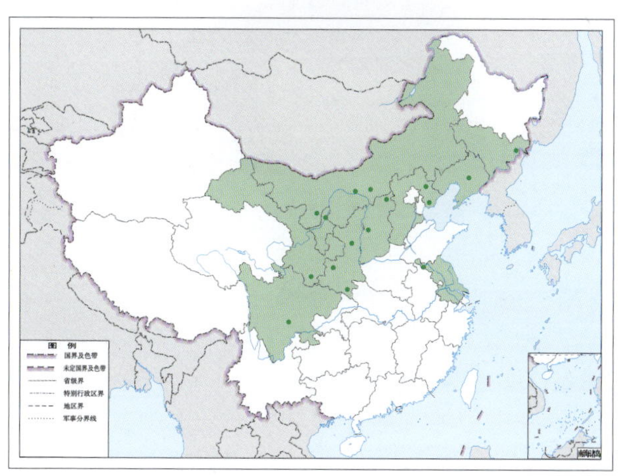

图 2-11-4　北方蜾蠃指名亚种 *Eumenes coarctatus coarctatus* 地理分布图

12. 冠蜾蠃指名亚种 *Eumenes coronatus coronatus* (Panzer, 1799)

【测量】 雌性体长 13.3 ~ 15.3 mm，前翅长 12.5 ~ 14.7 mm；雄性体长 13.5 ~ 14.5 mm，前翅长 11.5 ~ 13.2 mm。

【形态特征】 体黑色，具黄色斑，其中后胸背板，前胸背板前基部，腹部第 1、2 节背板两侧斑，腹部第 1 ~ 6 节背板及第 2 节腹板端部条带，以及足从腿节端部至第 1 跗节均为黄色。腹部第 1 节背板端部宽约为基部宽的 3 倍，长约为端部宽的 3 倍，距基部 1/2 处变宽，中部密生刻点，端部两侧向外扩张；第 2 节背板刻点大且密集，基角呈钝角；第 2 节腹板具长毛，毛长约等于头部毛长。

【地理分布】 江苏（徐州）、山东（临沂）、甘肃（陇南）；荷兰，比利时，法国，西班牙，意大利，瑞士，奥地利，德国，波兰，白俄罗斯，乌克兰，俄罗斯，保加利亚，希腊，土耳其，蒙古。

图 2-12-1 冠蜾蠃指名亚种 *Eumenes coronatus coronatus* 雌性背面观

图 2-12-3 冠蜾蠃指名亚种 *Eumenes coronatus coronatus* 雌性腹部第 2 ~ 6 节背面观

图 2-12-2 冠蜾蠃指名亚种 *Eumenes coronatus coronatus* 雌性腹部第 2 节侧面观

图 2-12-4 冠蜾蠃指名亚种 *Eumenes coronatus coronatus* 地理分布图

13. 锈触蜾蠃 *Eumenes ferrugiantennus* Zhou, Chen *et* Li, 2012

【测量】 雌性体长 15.0 ~ 18.0 mm，前翅长 13.5 ~ 15.5 mm；雄性体长 14.5 ~ 15.6 mm，前翅长 13.1 ~ 14.2 mm。

【形态特征】 体黑色，具锈红色斑；雌、雄性唇基均锈色且具长毛，触角、前胸背板、小盾片、后胸背板、并胸腹节两侧斑、腹部第 1 节背板端部两侧斑、第 2 至末节背板及第 2 节腹板端部，以及足等均为锈红色，其中腹部第 2 节背板前缘和中部横条带为黑色。腹部第 1 节背板端部宽约为基部宽的 2 倍，长约为端部宽的 3 倍，距基部 1/3 处变宽，端部两侧缘向内收缩；第 2 节背板刻点大且密集、大于或等于胸部刻点，基角呈锐角，中部无隆起，后端部不凹陷、呈圆弧形。

【地理分布】 四川（攀枝花）、云南（丽江、大理）。

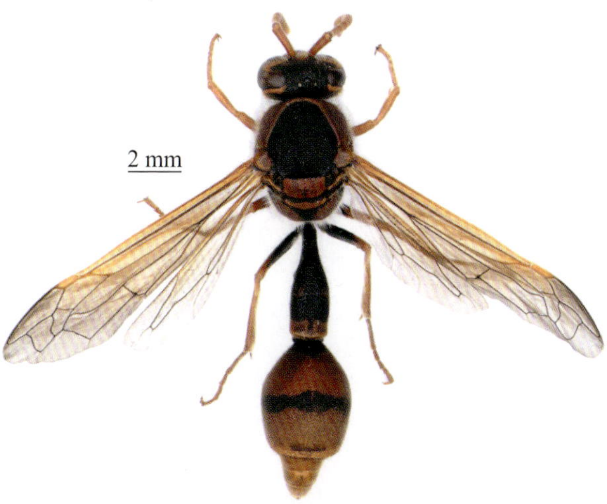

图 2–13–1　锈触蜾蠃 *Eumenes ferrugiantennus* 雌性背面观

图 2–13–2　锈触蜾蠃 *Eumenes ferrugiantennus* 雌性腹部第 2 ~ 6 节侧面观

图 2–13–3　锈触蜾蠃 *Eumenes ferrugiantennus* 雌性腹部第 2 ~ 6 节背面观

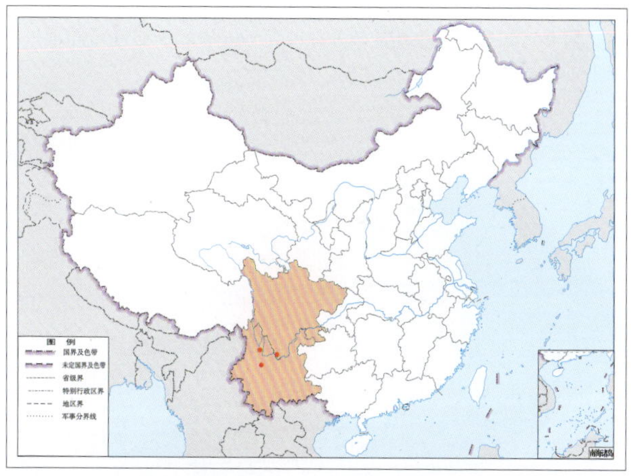

图 2–13–4　锈触蜾蠃 *Eumenes ferrugiantennus* 地理分布图

14. 锈腹蜾蠃 *Eumenes ferruapiculus* Qin, Chen *et* Li, 2023

【测量】 雌性体长 14.0 ~ 15.0 mm，前翅长 13.1 ~ 13.8 mm；雄性体长 13.5 ~ 14.2 mm，前翅长 12.3 ~ 13.4 mm。

【形态特征】 体黑色，具锈红色斑；雌性唇基锈红色，雄性唇基黄色；前胸背板锈色，腹部第 1、2 节背板全黑色，剩余各节可见部分及足为锈红色。头、胸、腹均密生黄色毛；腹部第 1 节背板端部宽约为基部宽的 2 倍，长约为端部宽的 3 倍，距基部 1/3 处变宽，中部密生刻点，侧缘几乎平行；第 2 节背板刻点大且密集，基角呈锐角，端部无凹陷，端部薄片无反折、中央无凹陷；雄性阳茎端部圆形且中央无凹陷。

【地理分布】 云南（德钦）。

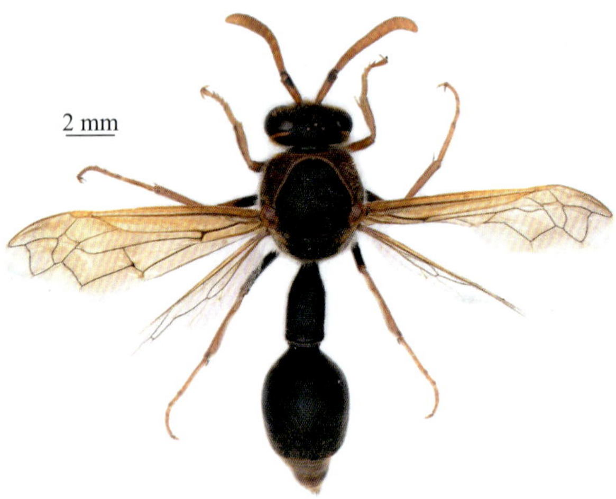

图 2-14-1　锈腹蜾蠃 *Eumenes ferruapiculus* 雌性背面观

图 2-14-3　锈腹蜾蠃 *Eumenes ferruapiculus* 雄性外生殖器

图 2-14-2　锈腹蜾蠃 *Eumenes ferruapiculus* 雌性腹部第 2 ~ 6 节侧面观

图 2-14-4　锈腹蜾蠃 *Eumenes ferruapiculus* 地理分布图

15. 孪蜾蠃 *Eumenes fraterculus* Dalla Torre, 1894

【测量】 雌性体长 14.1 ~ 15.3 mm，前翅长 12.5 ~ 13.8 mm；雄性体长 12.5 ~ 13.3 mm，前翅长 11.1 ~ 12.4 mm。

【形态特征】 体黑色，具黄色斑；雌性唇基黑色，端部具黄色斑，雄性唇基纯黄色；后胸背板，前胸背板前基部斑，腹部第 1、2 节背板两侧斑，第 1 ~ 4 节背板及第 2 节腹板端部条带，以及足腿节端部至跗节末端为黄色。头、胸、腹均密生棕黄色毛。腹部第 1 节短粗，背板端部宽大于基部宽的 3 倍，长约为端部宽的 3 倍，距基部 1/3 处变宽，中部密生刻点；第 2 节背板刻点小且稀疏，小于第 1 节背板刻点，几乎没毛，基角呈锐角。

【地理分布】 河北（承德）、内蒙古（乌兰察布）、黑龙江（漠河）、浙江、宁夏；俄罗斯，日本。

图 2-15-1　孪蜾蠃 *Eumenes fraterculus* 雌性背面观

图 2-15-3　孪蜾蠃 *Eumenes fraterculus* 雌性腹部第 2 ~ 6 节背面观

图 2-15-2　孪蜾蠃 *Eumenes fraterculus* 雌性腹部第 2 ~ 6 节侧面观

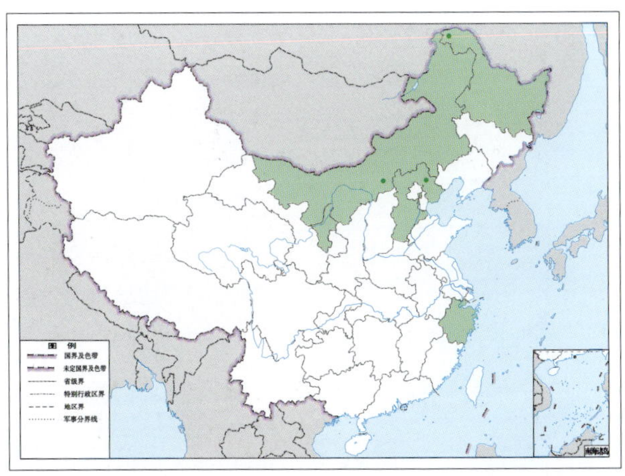

图 2-15-4　孪蜾蠃 *Eumenes fraterculus* 地理分布图

16. 新疆蜾蠃 *Eumenes fulvopilosellus* Giordani Soika, 1965

【测量】 雄性体长 11.5 ~ 12.0 mm，前翅长 9.0 ~ 10.0 mm；雌性未知。

【形态特征】 体黑色，具黄色斑；雄性唇基、后胸背板、前胸背板前基部、腹部第 2 节背板两侧斑、腹部第 1 ~ 5 节背板及第 2 ~ 6 节腹板端部条带、足腿节端部至爪为黄色。头、胸、腹均密生棕黄色毛，毛长于触角柄节宽度。腹部第 1 节短，背板端部宽约为基部宽的 2 倍，长约为端部宽的 3 倍，距基部 1/3 处变宽，端部两侧缘几乎平行，第 2 节背板刻点小且稀疏，刻点小于胸部刻点，明显比第 1 节稀疏，基角呈锐角。

【地理分布】 新疆（阿勒泰）。

图 2–16–1　新疆蜾蠃 *Eumenes fulvopilosellus* 雄性背面观

图 2–16–3　新疆蜾蠃 *Eumenes fulvopilosellus* 雄性腹部第 2 ~ 6 节侧面观

图 2–16–2　新疆蜾蠃 *Eumenes fulvopilosellus* 雄性头部正面观

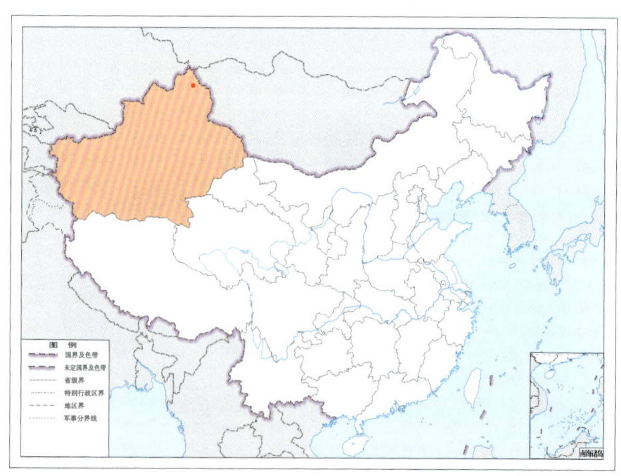

图 2–16–4　新疆蜾蠃 *Eumenes fulvopilosellus* 地理分布图

17. 凸圆蜾蠃 *Eumenes gibbosus* Nguyen, 2015

【测量】 雌性体长 11.3 ~ 11.8 mm，前翅长 10.3 ~ 11.5 mm；雄性体长 10.5 ~ 11.1 mm，前翅长 9.2 ~ 10.2 mm。

【形态特征】 体黑色，具红色斑；雌、雄性唇基均为黑色；前胸背板前基部，后胸背板，腹部第 2 节背板两侧斑，腹部第 1、2 节背板及第 2 节腹板端部条带为红色；足为纯黑色，前翅明显黑褐色。头、胸、腹均密生白色短毛。腹部第 1 节短粗，背板端部宽约为基部宽的 2 倍，长约为端部宽的 3 倍，距基部 1/3 处变宽，端部侧缘向内收缩；第 2 节背板刻点大且密集、刻点大于或等于胸部刻点，基角呈钝角，中部隆起，后端部凹陷，端部薄片无反折、中央浅凹陷。

【地理分布】 四川（西昌、攀枝花）、云南（普洱、文山、红河、西双版纳、保山、丽江、大理、昆明、楚雄、德宏、曲靖、玉溪）、西藏（林芝）；越南。

图 2-17-1　凸圆蜾蠃 *Eumenes gibbosus* 雌性背面观

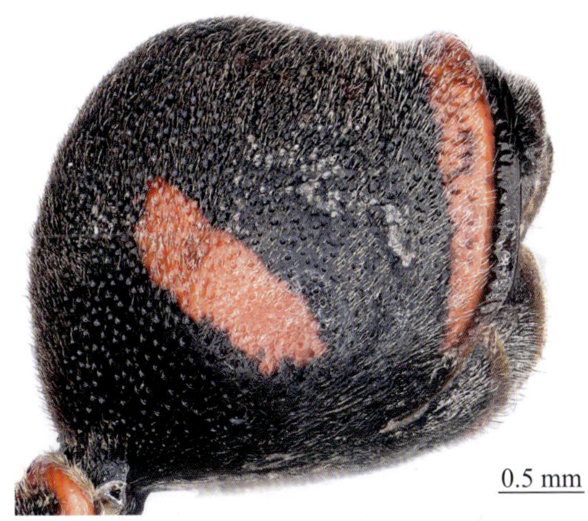

图 2-17-3　凸圆蜾蠃 *Eumenes gibbosus* 雌性腹部第 2 节侧面观

图 2-17-2　凸圆蜾蠃 *Eumenes gibbosus* 雌性头部正面观

图 2-17-4　凸圆蜾蠃 *Eumenes gibbosus* 地理分布图

18. 康格拉蜾蠃 *Eumenes kangrae* Dover, 1925

【测量】 雌性体长 13.5 ~ 14.5 mm，前翅长 12.0 ~ 13.5 mm；雄性体长 12.0 ~ 13.2 mm，前翅长 11.2 ~ 12.4 mm。

【形态特征】 体黑色，具黄色斑；雌性唇基黄色且具黑色斑，雄性唇基黄色；前胸背板前基部，并胸腹节，腹部第 1、2 节背板两侧斑，后胸背板，腹部第1、2节背板及第2节腹板端部条带，以及足腿节端部至跗节为黄色；并胸腹节和腹部第 1 节背板的斑偶为锈红色。头、胸、腹均疏生黄色短毛。腹部第 1 节背板端部宽约为基部宽的 2 倍，长约为端部宽的 3 倍，距基部 1/2 处变宽，端部侧缘几乎平行；第 2 节背板刻点大且密集，基角呈锐角，端部浅凹陷。

【地理分布】 云南（大理、红河、西双版纳、临沧、保山、德宏、普洱、文山、怒江）、广西（崇左、来宾、北海）、海南（屯昌）、四川（攀枝花、凉山）；印度。

图 2–18–1 康格拉蜾蠃 *Eumenes kangrae* 雌性背面观

图 2–18–3 康格拉蜾蠃 *Eumenes kangrae* 雌性腹部第 2 ~ 6 节背面观

图 2–18–2 康格拉蜾蠃 *Eumenes kangrae* 雌性腹部第 2 ~ 6 节侧面观

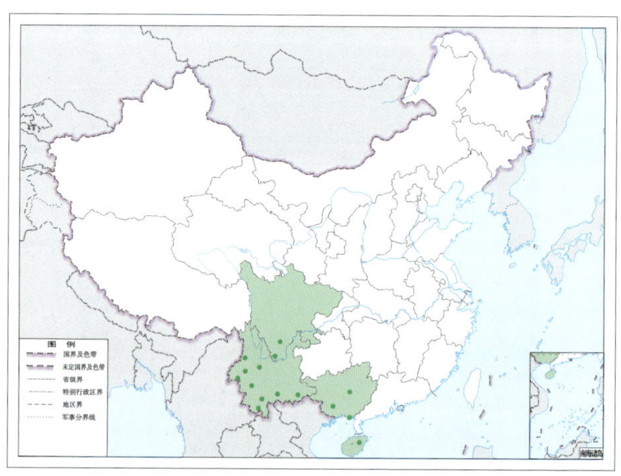

图 2–18–4 康格拉蜾蠃 *Eumenes kangrae* 地理分布图

图 2-18-5　康格拉蜾蠃 *Eumenes kangrae* 生态图（广西北海　陈华燕　摄）

19. 江苏蜾蠃 *Eumenes kiangsuensis* Giordani Soika, 1941

【测量】 雌性体长 15.0 ~ 16.6 mm，前翅长 13.2 ~ 15.8 mm；雄性体长 14.0 ~ 15.2 mm，前翅长 12.4 ~ 14.3 mm。

【形态特征】 体黑色，具黄色斑；雌性唇基黑色且具黄色斑，雄性唇基黄色；前胸背板前基部，后胸背板，腹部第 1、2 节背板及第 2 节腹板端部条带为黄色；足为纯黑色，腹部第 1、2 节背板两侧无黄色斑。头、胸、腹均疏生黄色短毛，前胸侧板及后颊区的毛长于头部毛。腹部第 1 节疏生刻点，背板端部宽约为基部宽的 2 倍，长约为端部宽的 3 倍，距基部 1/2 处变宽，中部疏生刻点，端部侧缘平行；第 2 节背板刻点大且稀疏，基角呈锐

图 2-19-1　江苏蜾蠃 *Eumenes kiangsuensis* 雌性背面观

角。

【地理分布】 辽宁（辽阳、海城）、江苏、福建（武夷山）、江西、河南（新乡）、重庆（綦江）、贵州（施秉、铜仁）、陕西（延安）、甘肃（陇南）；韩国，俄罗斯。

图 2-19-2 江苏蜾蠃 ***Eumenes kiangsuensis*** 雌性腹部第 2 ~ 6 节侧面观

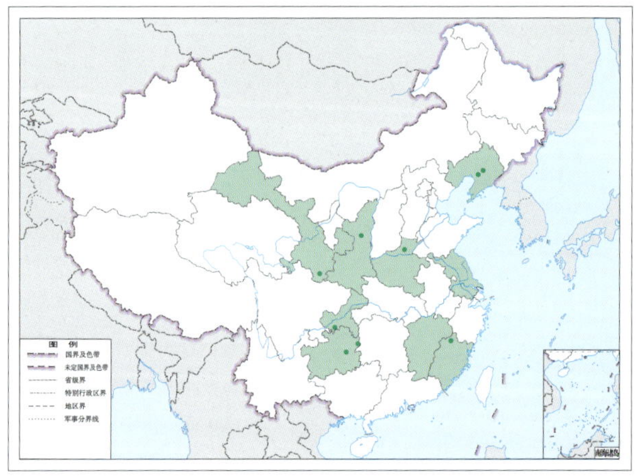

图 2-19-3 江苏蜾蠃 ***Eumenes kiangsuensis*** 地理分布图

图 2-19-4 江苏蜾蠃 ***Eumenes kiangsuensis*** 生态图（北京雾灵山 陈尽虫 摄）

20. 唇蜾蠃 *Eumenes labiatus* Giordani Soika, 1941

①唇蜾蠃黄黑亚种 ***Eumenes labiatus flavoniger* Giordani Soika, 1986**

【测量】 雌性体长 15.3 ~ 18.6 mm，前翅长 14.5 ~ 15.2 mm；雄性体长 14.5 ~ 16.7 mm，前翅长 13.5 ~ 14.0 mm。

【形态特征】 体黑色，具黄色斑；雌性唇基黑色且基部具黄色斑，雄性唇基黄色；前胸背板前基部，后胸背板，腹部第 1、2 节背板及第 2 节腹板端部不规则条带，腿节端部小部分及胫节绝大部分为黄色；第 2 节背板端部条带宽且中部具黑色斑；腹部第 1、2 节背板无侧斑。头、胸、腹均密生黄色短毛。腹部第 1 节背板端部宽约为基部宽的 2 倍，长约为端部宽的 3 倍，距基部 1/3 处变宽，端部侧缘平行；第 2 节背板基部明显隆起、刻点大且密集，基角呈钝角，端部薄片中部弧形凹陷。

【地理分布】 河北（秦皇岛）、江苏、安徽（黄山）、江西（抚州）、山东（青岛）、河南（南阳、新乡）、湖南（张家界）、广东（清远）、重庆（城口、巫溪）、四川（广元、峨眉山、雅安）、贵州（铜仁）、云南（文山）、陕西（宝鸡、安康）；韩国。

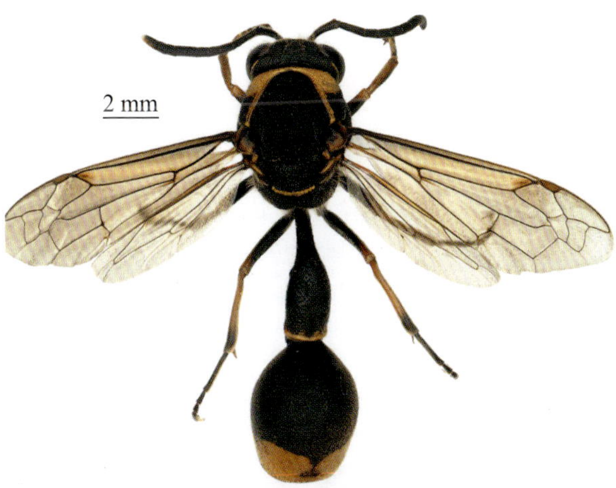

图 2-20-1-a　唇蜾蠃黄黑亚种 *Eumenes labiatus flavoniger* 雌性背面观

图 2-20-1-b　唇蜾蠃黄黑亚种 *Eumenes labiatus flavoniger* 雌性腹部第 2 ~ 6 节侧面观

图 2-20-1-c　唇蜾蠃黄黑亚种 *Eumenes labiatus flavoniger* 雌性腹部第 2 ~ 6 节背面观

图 2-20-1-d　唇蜾蠃黄黑亚种 *Eumenes labiatus flavoniger* 地理分布图

②唇蜾蠃指名亚种 *Eumenes labiatus labiatus* Giordani Soika, 1941

【测量】 雌性体长 17.3 ~ 18.2 mm，前翅长 13.5 ~ 14.5 mm；雄性体长 15.5 ~ 16.3 mm，前翅长 13.1 ~ 14.6 mm。

【形态特征】 该亚种和唇蜾蠃黄黑亚种 *Eumenes labiatus flavoniger* 的主要区别特征为：身体大部分为锈红色。

【地理分布】 云南（迪庆、怒江、文山）、台湾。

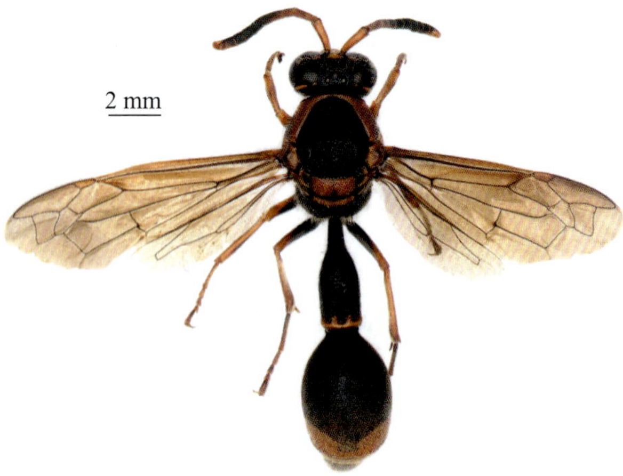

图 2-20-2-a　唇蜾蠃指名亚种 *Eumenes labiatus labiatus* 雄性背面观

图 2-20-2-b　唇蜾蠃指名亚种 *Eumenes labiatus labiatus* 雌性腹部第 2 ~ 6 节侧面观

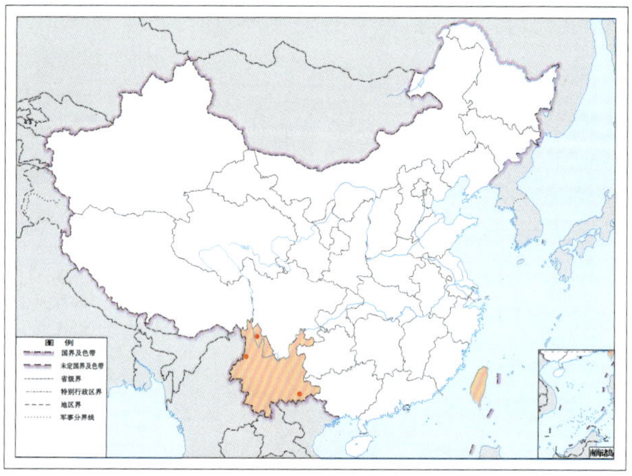

图 2-20-2-c　唇蜾蠃指名亚种 *Eumenes labiatus labiatus* 地理分布图

③唇蜾蠃中华亚种 *Eumenes labiatus sinicus* Giordani Soika, 1941

【测量】 雌性体长 16.1 ~ 18.0 mm，前翅长 14.5 ~ 16.6 mm；雄性体长 14.5 ~ 15.8 mm，前翅长 13.5 ~ 14.2 mm。

【形态特征】 该亚种和唇蜾蠃黄黑亚种 *Eumenes labiatus flavoniger* 的主要区别特征为：腹部第 1 ~ 2 节背板中部两侧具 1 对黄色斑；前胸背板偶为全黄色。

【地理分布】 浙江（丽水、台州）、安徽（六安）、福建（武夷山）、江西（抚州）、河南（南阳）、湖北（武当山）、湖南（张家界）、广东（河源）、广西（桂林、来宾、百色）、重庆（江津、城口、巫溪、秀山）、四川（广元）、贵州（铜仁）、云南（红河、保山）、陕西（西安、安康）。

图 2-20-3-a　唇蜾蠃中华亚种 *Eumenes labiatus sinicus* 雌性背面观

图 2-20-3-b　唇蜾蠃中华亚种 *Eumenes labiatus sinicus* 雌性腹部第 2 ~ 6 节侧面观

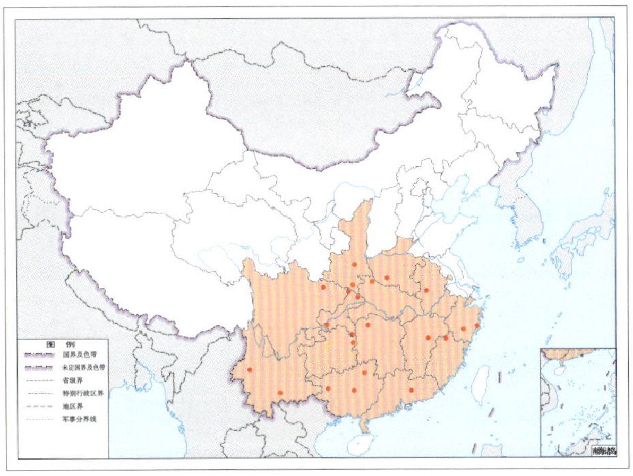

图 2-20-3-c　唇蜾蠃中华亚种 *Eumenes labiatus sinicus* 地理分布图

图 2-20-3-d　唇蜾蠃中华亚种 *Eumenes labiatus sinicus* 生态图（浙江台州　许威　摄）

21. 陆蜾蠃东北亚种 *Eumenes mediterraneus manchurianus* Giordani Soika, 1971

【测量】 雌性体长 13.3 ~ 14.2 mm，前翅长 11.5 ~ 12.5 mm；雄性体长 10.5 ~ 12.1 mm，前翅长 9.5 ~ 11.2 mm。

【形态特征】 体黑色，具大量黄色斑；雌性唇基黑色、基部具黄色斑，雄性唇基黄色；前胸背板前基部，后胸背板，小盾片，并胸腹节，腹部第 1、2 节背板两侧斑，腹部第 1 ~ 5 节背板及第 2 节腹板端部不规则条带、足胫节及前足跗节为黄色。头、胸、腹均密生黄色短毛。腹部第 1 节背板端部宽约为基部宽的 2 倍，长约为端部宽的 3 倍，距基部 1/3 处变宽，端部侧缘平行；第 2 节背板刻点小且密集，基角呈钝角，端部浅凹陷，端部薄片短、中部不凹陷。

【地理分布】 河北、内蒙古（通辽、巴彦淖尔）、辽宁（辽阳）、吉林（延吉、长春、和龙、白山）、黑龙江、江苏、陕西（延安）、甘肃（武威、陇南）、宁夏（吴忠、石嘴山）；韩国。

图 2-21-1　陆蜾蠃东北亚种 *Eumenes mediterraneus manchurianus* 雄性背面观

图 2-21-2　陆蜾蠃东北亚种 *Eumenes mediterraneus manchurianus* 雌性腹部第 2 ~ 6 节侧面观

图 2-21-3　陆蜾蠃东北亚种 *Eumenes mediterraneus manchurianus* 雌性腹部第 2 ~ 6 节背面观

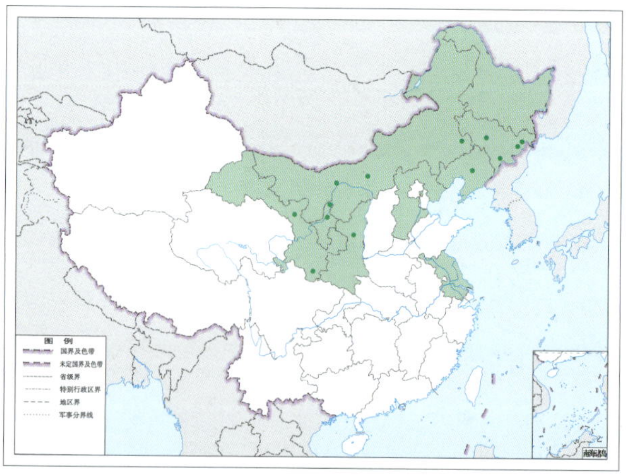

图 2-21-4　陆蜾蠃东北亚种 *Eumenes mediterraneus manchurianus* 地理分布图

22. 黑盾蜾蠃 *Eumenes nigriscutatus* Zhou, Chen *et* Li, 2012

【测量】 雌性体长 14.6 ~ 17.0 mm，前翅长 12.8 ~ 15.7 mm；雄性体长 12.1 ~ 14.2 mm，前翅长 11.5 ~ 13.3 mm。

【形态特征】 体黑色，具少量黄色斑；雌、雄性唇基黑色，雄性唇基中央具黄色斑；前胸背板前基部短而窄的条带，腹部第 1、2 节背板及第 2 节腹板端缘窄的不规则条带为黄色；足除胫节和跗节略具黄色斑外几乎全为黑色，翅黑褐色。头、胸、腹均密生黄色短毛。腹部第 1 节背板端部宽约为基部宽的 3 倍，长约为端部宽的 3 倍，距基部 1/3 处变宽，端部侧缘向内收缩；第 2 节背板刻点大且密集，基角呈钝角，除端部外明显隆起，端部近端缘处明显凹陷以致端部呈翘起状，端部薄片反折、中央具凹陷。

【地理分布】 浙江（宁波）、江西（赣州、萍乡）、湖北（神农架）、湖南（永州）、广西（来宾）、重庆（江津、酉阳、城口、巫溪）、四川（峨眉山、广元、绵阳）、贵州（铜仁）、陕西（汉中、安康）。

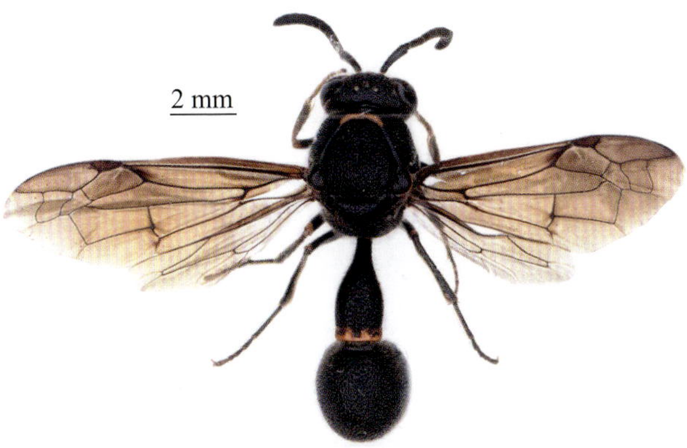

图 2-22-1　黑盾蜾蠃 *Eumenes nigriscutatus* 雌性背面观

图 2-22-2　黑盾蜾蠃 *Eumenes nigriscutatus* 雌性腹部第 2 ~ 6 节侧面观

图 2-22-3　黑盾蜾蠃 *Eumenes nigriscutatus* 雌性腹部第 2 ~ 6 节背面观

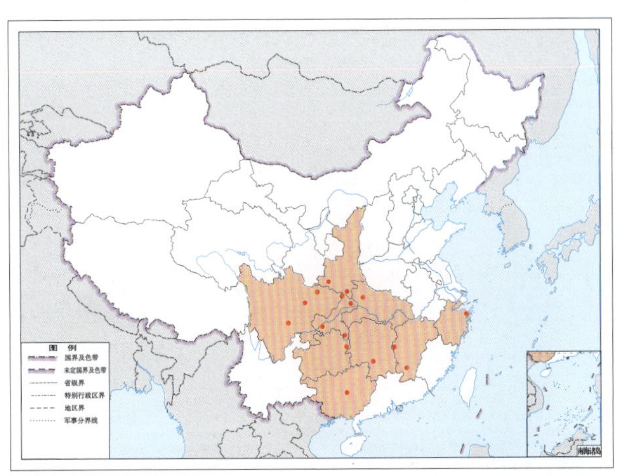

图 2-22-4　黑盾蜾蠃 *Eumenes nigriscutatus* 地理分布图

23. 基蝶赢指名亚种 *Eumenes pedunculatus pedunculatus* (Panzer, 1799)

【测量】 雌性体长 12.3 ~ 14.5 mm，前翅长 11.5 ~ 13.6 mm；雄性体长 11.5 ~ 12.4 mm，前翅长 10.4 ~ 11.2 mm。

【形态特征】 体黑色，具大量黄棕色至红棕色斑；雌性唇基黑色、基部具黄色斑，雄性唇基黄色；前胸背板前基部，小盾片，后胸背板，腹部第 1、2 节背板两侧斑，腹部第 1 ~ 5 节背板及第 2 节腹板端部条带，足腿节中部至跗节末端为黄棕色至红棕色。头、胸、腹均密生浅棕色长毛。腹部第 1 节背板端部宽约为基部宽的 3 倍，长约为端部宽的 3 倍，距基部 1/3 处变宽，端部侧缘向内收缩；第 2 节背板刻点大且密集，基角呈锐角，端部无明显凹陷，薄片不折返、中部无凹陷。

【地理分布】 河北（承德）、内蒙古（通辽）、江苏（徐州）、云南（迪庆）、西藏（芒康）、甘肃（陇南）；瑞典，芬兰，西班牙，德国，荷兰，法国，意大利，瑞士，奥地利，捷克，波兰，塞尔维亚，土耳其，蒙古，俄罗斯（西伯利亚）。

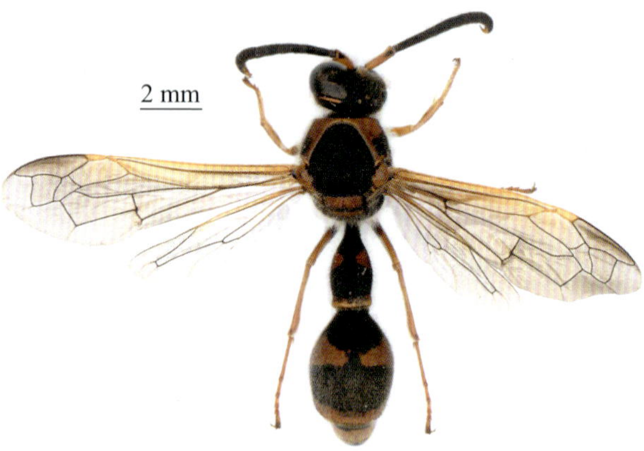

图 2-23-1　基蝶赢指名亚种 *Eumenes pedunculatus pedunculatus* 雄性背面观

图 2-23-2　基蝶赢指名亚种 *Eumenes pedunculatus pedunculatus* 雄性腹部第 2 ~ 7 节侧面观

图 2-23-3　基蝶赢指名亚种 *Eumenes pedunculatus pedunculatus* 雄性腹部第 2 ~ 7 节背面观

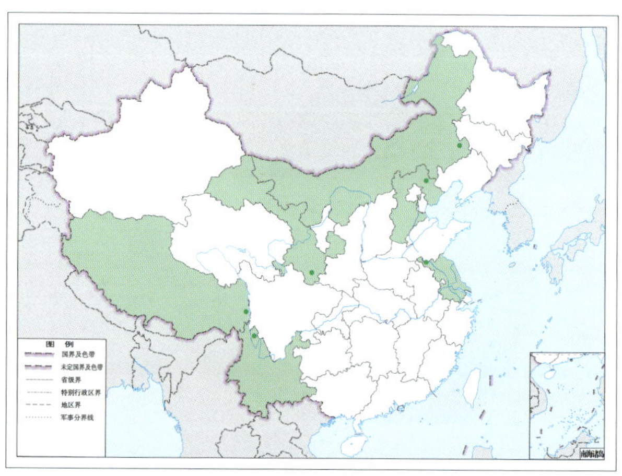

图 2-23-4　基蝶赢指名亚种 *Eumenes pedunculatus pedunculatus* 地理分布图

24. 点蜾蠃 *Eumenes pomiformis* (Fabricius, 1781)

【测量】 雌性体长 11.3 ~ 12.6 mm，前翅长 9.5 ~ 10.3 mm；雄性体长 9.0 ~ 11.4 mm，前翅长 7.5 ~ 9.2 mm。

【形态特征】 体黑色，具大量黄色斑；雌性唇基黑色、中央具黄色斑，雄性唇基黄色；前胸背板前基部，小盾片，后胸背板，腹部第 1、2 节背板两侧斑，腹部第 1 ~ 5 节背板及第 2 节腹板端部条带，足胫节，跗节及部分腿节为黄色，其中腹部第 1、2 节背板条带及侧斑宽且长。头、胸、腹均密生黄色短毛。腹部第 1 节背板端部宽约为基部宽的 2 倍，长约为端部宽的 3 倍，距基部 1/3 处变宽，端部侧缘平行；腹部第 2 节背板刻点小且密集，基角呈钝角，端部浅凹陷。

【地理分布】 北京、河北、山西（大同）、内蒙古（阿拉善、呼和浩特、通辽、包头）、辽宁（抚顺、辽阳）、吉林（白山）、江苏、安徽（六安）、山东、河南（南阳、三门峡）、湖北（武当山）、重庆（城口）、四川（凉山、都江堰、峨眉山、达州）、贵州（遵义）、云南（文山）、陕西（延安、安康、华阴、汉中、宝鸡）、甘肃（武威）、宁夏（银川）、新疆（伊犁、乌鲁木齐、阿勒泰、昌吉）；法国，西班牙，意大利，瑞士，德国，奥地利，捷克，克罗地亚，塞尔维亚，阿尔巴尼亚，保加利亚，希腊，马耳他，白俄罗斯，乌克兰，克里米亚半岛，吉尔吉斯斯坦，土耳其，黎巴嫩，阿拉伯联合酋长国，突尼斯，摩洛哥。

图 2-24-1　点蜾蠃 *Eumenes pomiformis* 雄性背面观

图 2-24-2　点蜾蠃 *Eumenes pomiformis* 雌性腹部第 2 ~ 6 节侧面观

图 2-24-3　点蜾蠃 *Eumenes pomiformis* 雌性腹部第 2 ~ 6 节背面观

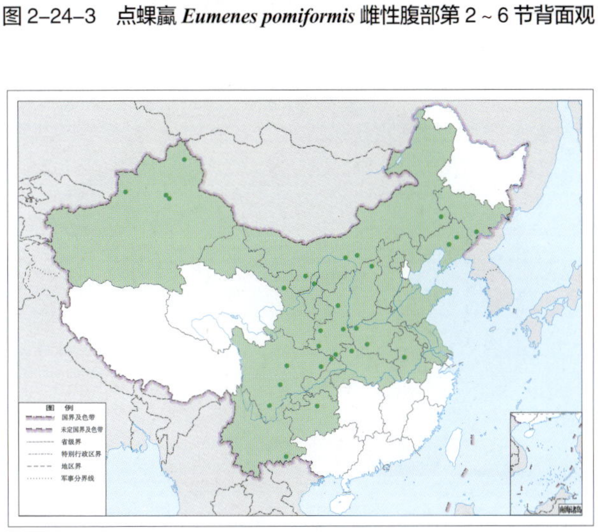

图 2-24-4　点蜾蠃 *Eumenes pomiformis* 地理分布图

25. 孔蜾蠃 *Eumenes punctatus* de Saussure, 1852

【测量】 雌性体长 12.3 ~ 16.8 mm，前翅长 11.5 ~ 14.5 mm；雄性体长 12.5 ~ 13.6 mm，前翅长 11.5 ~ 12.2 mm。

【形态特征】 体黑色，具黄色斑；雌性唇基黑色、部分标本中央具黄色斑，雄性唇基黄色；前胸背板前基部不连接的斑、后胸背板、腹部第 2 节背板两侧斑，腹部第 1、2 节背板及第 2 节腹板端部条带，以及足胫节及跗节的大部分为黄色（足的斑偶为锈红色）。头、胸、腹均密生黄色短毛。腹部第 1 节背板端部宽约为基部宽的 3 倍，长约为端部宽的 3 倍，距基部 1/3 处变宽，端部侧缘向外扩张、非平行；腹部第 2 节背板刻点大且密集，基角呈钝角，端部浅凹陷，薄片中部凹陷。

【地理分布】 河北（张家口）、山西（大同）、内蒙古（阿拉善）、辽宁（辽阳）、吉林（白山）、黑龙江、浙江（丽水）、福建（武夷山）、江西（赣州）、山东（临沂）、上海、江苏、河南（南阳、三门峡、信阳）、湖北（十堰、神农架）、湖南（张家界）、重庆（江津、酉阳、开州、城口、巫溪）、四川（广元、彭州、攀枝花、都江堰、凉山、峨眉山、达州）、贵州（凯里、铜仁、遵义）、云南（红河、文山）、陕西（安康、汉中、渭南）、宁夏（固原）；俄罗斯，韩国，日本，印度。

图 2-25-1　孔蜾蠃 *Eumenes punctatus* 雄性背面观

图 2-25-3　孔蜾蠃 *Eumenes punctatus* 雌性腹部第 2 ~ 6 节背面观

图 2-25-2　孔蜾蠃 *Eumenes punctatus* 雌性腹部第 2 ~ 6 节侧面观

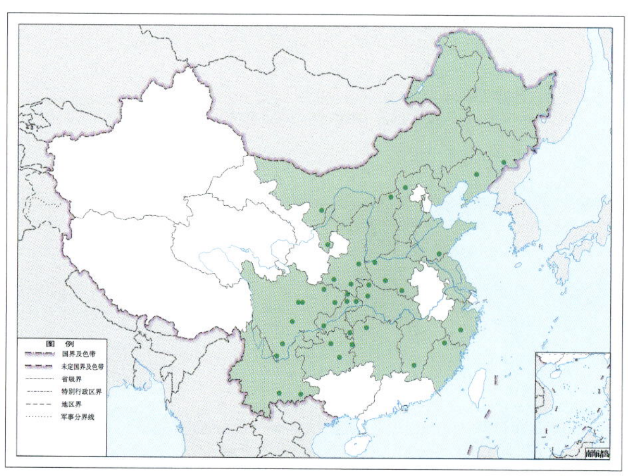

图 2-25-4　孔蜾蠃 *Eumenes punctatus* 地理分布图

图 2-25-5 孔蜾蠃 *Eumenes punctatus* 生态图（陕西安康）

26. 方蜾蠃指名亚种 *Eumenes quadratus quadratus* Smith, 1852

【测量】 雌性体长 15.3 ~ 17.2 mm，前翅长 12.5 ~ 15.1 mm；雄性体长 12.5 ~ 14.7 mm，前翅长 11.1 ~ 12.6 mm。

【形态特征】 体黑色，具少量黄色斑；雌性唇基黑色、刻点大、由基部到端部逐渐稀疏，雄性唇基黄色；前胸背板前基部短窄的斑，腹部第 1、2 节背板及第 2 节腹板端缘条带为黄色（或腹部纯黑色）；足除少量黄褐色斑外绝大部分为黑色。头、胸、腹均密生黄色短毛。腹部第 1 节背板端部宽约为基部宽的 2 倍，长约为端部宽的 4 倍，由基部到端部逐渐变宽，端部侧缘向外扩张；腹部第 2 节背板刻点大且密集，基角呈钝角，端部浅凹陷，端部薄片反折，中央具浅凹陷。

【地理分布】 北京、天津、河北、山西（吕梁）、上海、江苏（苏州）、浙江（丽水、台州）、江西（抚州、萍乡、宜春）、山东、湖南、广东（清远、肇庆）、广西（来宾、桂林、百色）、重庆（城口、开州、酉阳）、四川（绵阳、凉山、雅安、彭州、峨眉山）、贵州（遵义、凯里、黔南）、海南（昌江）、云南（文山、普洱、临沧、红河）、陕西（延安）、香港；日本，老挝，越南，韩国。

图 2-26-1 方蜾蠃指名亚种 *Eumenes quadratus quadratus* 雌性背面观

图 2-26-3 方蜾蠃指名亚种 *Eumenes quadratus quadratus* 雌性腹部第 2 ~ 6 节背面观

图 2-26-2 方蜾蠃指名亚种 *Eumenes quadratus quadratus* 雌性腹部第 2 ~ 6 节侧面观

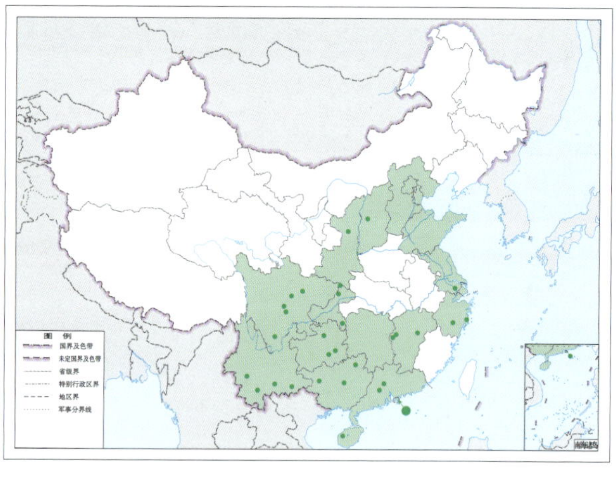

图 2-26-4 方蜾蠃指名亚种 *Eumenes quadratus quadratus* 地理分布图

图 2-26-5　方蜾蠃指名亚种 *Eumenes quadratus quadratus* 生态图 1（浙江台州　许威　摄）

图 2-26-6　方蜾蠃指名亚种 *Eumenes quadratus quadratus* 生态图 2（香港　Christophe Barthélémy　摄）

27. 红胫蜾蠃 *Eumenes rubrofemoratus* Giordani Soika, 1941

【测量】 雌性体长 11.3 ~ 12.3 mm，前翅长 9.5 ~ 10.5 mm；雄性体长 10.5 ~ 11.5 mm，前翅长 8.8 ~ 10.1 mm。

【形态特征】 体黑色，具黄色斑；雌性唇基黑色、部分标本中央具黄色斑，雄性唇基黄色；前胸背板前基部短窄的条带，后胸背板、翅基片、腹部第 2 节背板两侧的斑，第 1、2 节背板及第 2 节腹板端部条带为黄色；足胫节及中后足跗节具黄棕色斑。头、胸、腹均密生白色短毛。腹部第 1 节背板端部宽约为基部宽的 3 倍，长约为端部宽的 3 倍，距基部 1/3 处变宽，中部密生刻点，端部侧缘向外扩张，侧面观背板端部向上隆起；腹部第 2 节背板刻点小且稀疏、小于胸部刻点，基角呈锐角，端部浅凹陷，薄片端部无凹陷。

【地理分布】 内蒙古（阿拉善）、辽宁（辽阳）、陕西（延安）、甘肃（陇南）；日本。

图 2-27-1　红胫蜾蠃 *Eumenes rubrofemoratus* 雌性背面观

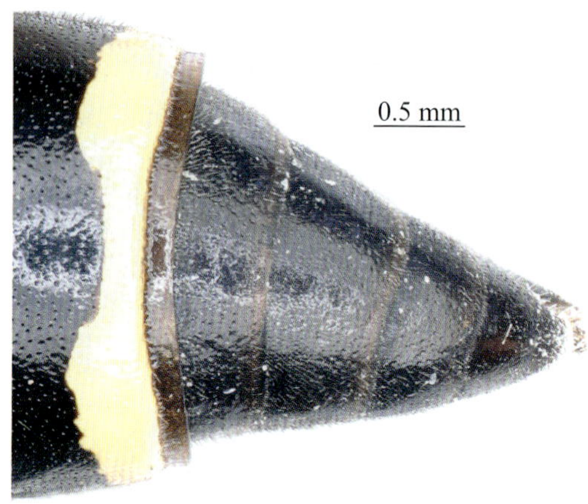

图 2-27-3　红胫蜾蠃 *Eumenes rubrofemoratus* 雌性腹部第 2 ~ 6 节背面观

图 2-27-2　红胫蜾蠃 *Eumenes rubrofemoratus* 雌性腹部第 2 ~ 6 节侧面观

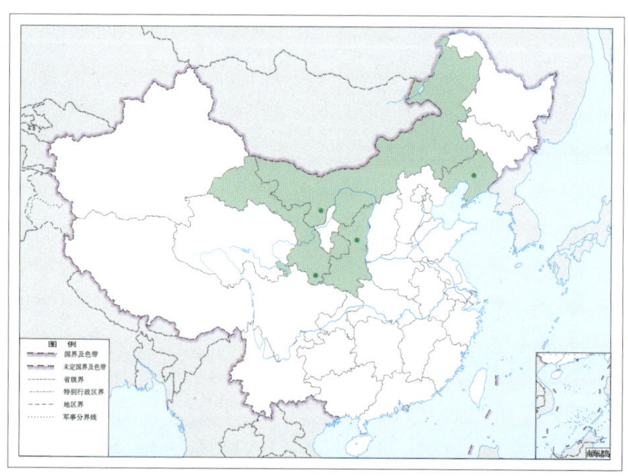

图 2-27-4　红胫蜾蠃 *Eumenes rubrofemoratus* 地理分布图

28. 显蜾蠃 *Eumenes rubronotatus* Pérez, 1905

【测量】 雌性体长 13.3 ~ 14.6 mm，前翅长 11.2 ~ 13.3 mm；雄性体长 11.5 ~ 13.8 mm，前翅长 10.5 ~ 11.9 mm。

【形态特征】 体黑色，具少量黄色斑；雌性唇基黑色，雄性唇基黄色，刻点大且密集；前胸背板前基部短窄的横条带，腹部第 1、2 节背板及第 2 节腹板端部波浪状条带为黄色；前、中足胫节为黑棕色。头、胸、腹均密生白色短毛；翅明显具紫色光泽。腹部第 1 节背板端部宽约为基部宽的 3 倍，长约为端部宽的 3 倍，距基部 1/3 处变宽，端部侧缘向内收缩；腹部第 2 节背板刻点粗糙，大且密集，基角呈钝角，端部凹陷深，端部薄片反折、中央具深凹陷。

【地理分布】 辽宁（辽阳）、河南（南阳、三门峡）、湖北（神农架）、湖南（张家界）、广东（清远）、广西（北海）、重庆（巫溪）、四川（广元、崇州、绵阳）、贵州（铜仁）、陕西（延安、宝鸡）；日本，朝鲜半岛，俄罗斯。

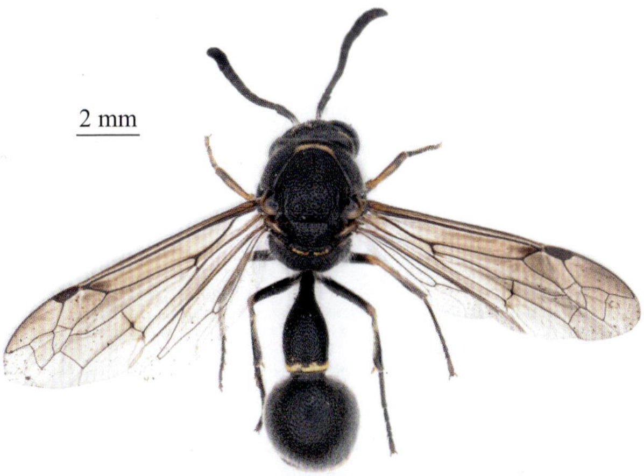

图 2-28-1　显蜾蠃 *Eumenes rubronotatus* 雌性背面观

图 2-28-2　显蜾蠃 *Eumenes rubronotatus* 雌性腹部第 2 ~ 6 节侧面观

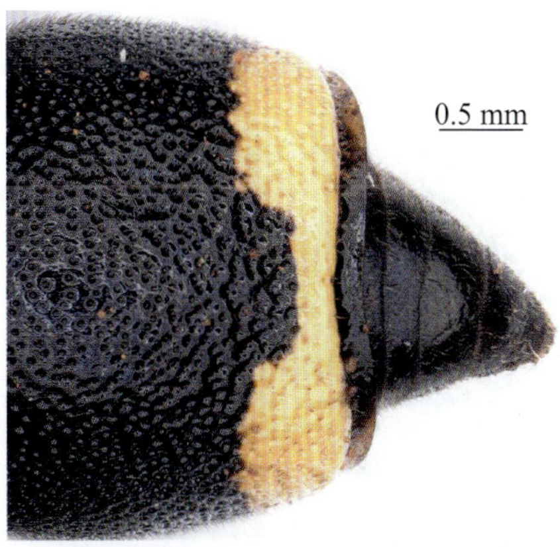

图 2-28-3　显蜾蠃 *Eumenes rubronotatus* 雌性腹部第 2 ~ 6 节背面观

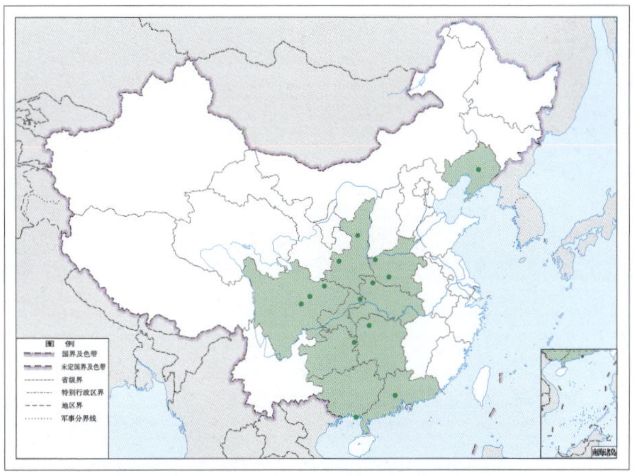

图 2-28-4　显蜾蠃 *Eumenes rubronotatus* 地理分布图

图 2-28-5 显蜾蠃 *Eumenes rubronotatus* 生态图（浙江台州 许威 摄）

29. 北部蜾蠃指名亚种 *Eumenes septentrionalis septentrionalis* Giordani Soika, 1940

【测量】 雌性体长 14.3 ~ 15.2 mm，前翅长 11.2 ~ 13.2 mm；雄性体长 12.5 ~ 13.0 mm，前翅长 11.2 ~ 12.3 mm。

【形态特征】 体黑色，具少量黄色斑；前胸背板前基部，腹部第 1、2 节背板端缘条带，第 2 节背板两侧极小的圆斑为黄色；足胫节棕色至黑棕色。头、胸、腹均密生短绒毛。腹部第 1 节背板端部宽约为基部宽的 3 倍，长约为端部宽的 3 倍，距基部 1/3 处变宽，端部侧缘向外扩张；腹部第 2 节背板前端部无凹陷，背板刻点小且密集、小于胸部刻点，近端部无横皱，基角呈钝角，第 2 节腹板密生短绒毛，毛长等于触角柄节宽。

【地理分布】 河北（张家口）、内蒙古（阿拉善）、辽宁（辽阳、本溪）、吉林（白山）、山东（泰安）；蒙古，俄罗斯（西伯利亚）。

图 2-29-1 北部蜾蠃指名亚种 *Eumenes septentrionalis septentrionalis* 雌性背面观

图 2-29-2 北部蜾蠃指名亚种 *Eumenes septentrionalis septentrionalis* 雌性头部正面观

图 2-29-3 北部蜾蠃指名亚种 *Eumenes septentrionalis septentrionalis* 雌性腹部第 2 ~ 6 节侧面观

图 2-29-4 北部蜾蠃指名亚种 *Eumenes septentrionalis septentrionalis* 雌性腹部第 2 ~ 6 节背面观

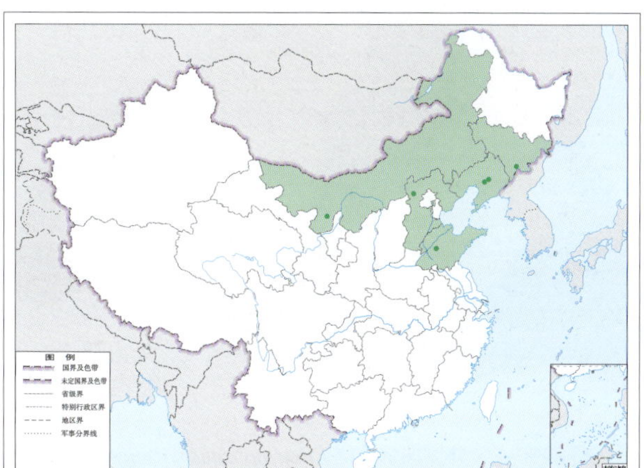

图 2-29-5 北部蜾蠃指名亚种 *Eumenes septentrionalis septentrionalis* 地理分布图

30. 外贝加尔蜾蠃 *Eumenes transbaicalicus* Kurzenko, 1984

【测量】 雌性体长 12.0 ~ 13.5 mm，前翅长 10.5 ~ 11.4 mm；雄性体长 11.0 ~ 11.8 mm，前翅长 9.5 ~ 11.0 mm。

【形态特征】 体黑色，具大量橘黄色斑；雌性唇基基部黄色、端部黑色，雄性唇基纯黄色；前胸背板前基部除后端外、小盾片 1 对相邻的大圆斑、后胸背板、翅基片、并胸腹节大部分，腹部第 1 ~ 4 节背板端部条带，第 2 节背板两侧具几乎相连的宽大斑带，以及足从腿节除基部外至跗节末端均为橘黄色；头部后颊无毛，前胸侧区前基部无毛。腹部第 1 节背板端部宽约为基部宽的 3 倍，长约为端部宽的 3 倍，距基部 1/3 处变宽，端部侧缘平行；腹部第 2 节背板端部无凹陷，刻点小且稀疏，基角呈锐角，薄片无凹陷。

【地理分布】 河北（保定）、山西（大同、临汾）、内蒙古（通辽、锡林郭勒、鄂尔多斯、呼和浩特）、吉林（白山、长春）、宁夏（银川、石嘴山）、新疆（阿克苏）；俄罗斯。

图 2-30-1 外贝加尔蜾蠃 *Eumenes transbaicalicus* 雌性背面观

图 2-30-3 外贝加尔蜾蠃 *Eumenes transbaicalicus* 雌性腹部第 2 ~ 6 节背面观

图 2-30-2 外贝加尔蜾蠃 *Eumenes transbaicalicus* 雌性腹部第 2 ~ 6 节侧面观

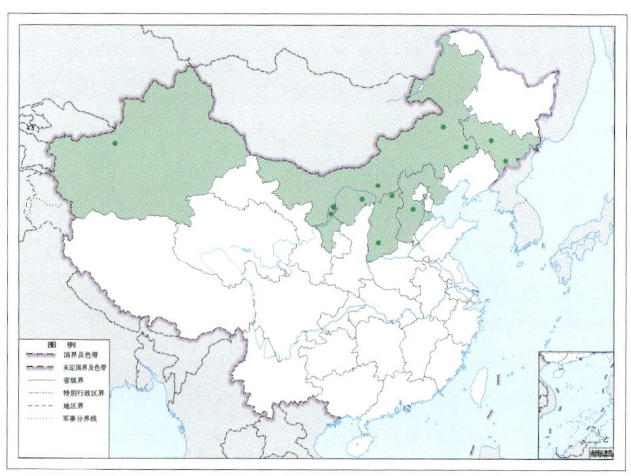

图 2-30-4 外贝加尔蜾蠃 *Eumenes transbaicalicus* 地理分布图

31. 三斑蜾蠃 *Eumenes tripunctatus* (Christ, 1791)

【测量】 雌性体长 14.7 ~ 15.2 mm，前翅长 12.5 ~ 14.6 mm；雄性体长 12.5 ~ 13.3 mm，前翅长 10.2 ~ 12.7 mm。

【形态特征】 体大面积黄色至橘黄色，其中雌性体色更偏红；上颚基部黑色，端部褐色，雄性触角除柄节外黑色；唇基长宽相当，全黄色，中部明显凸起，具短毛，具极浅刻点；前胸背板、小盾片除前缘外、后胸背板、并胸腹节、腹部除第 2 节具黑色斑外，以及足为黄色或橘黄色；中胸盾片前基部常具 1 对单引号状的黄色斑；第 2 节基部少量黑色、中部具 3 个不连接的黑色斑（偶有 3 个黑色斑相连接）；前胸侧板及颊区的毛长于头部毛。腹部第 1 节背板端部宽约为基部宽的 3 倍，长约为端部宽的 3 倍，距基部 1/3 处变宽，端部侧缘平行；第 2 节背板端部无明显凹痕，刻点大且稀疏，基角呈锐角。

【地理分布】 内蒙古（巴彦淖尔）、宁夏（银川）、甘肃（酒泉）、新疆（阿克苏）；哈萨克斯坦，俄罗斯，蒙古。

图 2-31-1　三斑蜾蠃 *Eumenes tripunctatus* 雄性背面观

图 2-31-3　三斑蜾蠃 *Eumenes tripunctatus* 雌性腹部第 2 ~ 6 节侧面观

图 2-31-2　三斑蜾蠃 *Eumenes tripunctatus* 雌性头部正面观

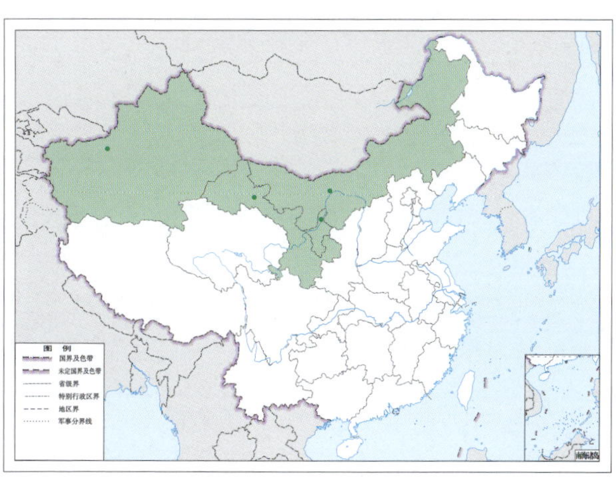

图 2-31-4　三斑蜾蠃 *Eumenes tripunctatus* 地理分布图

图 2-31-5　三斑蜾蠃 *Eumenes tripunctatus* 雄性生态图（俄罗斯阿拉巴特　Alexander V. Fateryga　摄）

图 2-31-6　三斑蜾蠃 *Eumenes tripunctatus* 雌性生态图（俄罗斯阿拉巴特　Alexander V. Fateryga　摄）

三、黄斑蜾蠃属 *Katamenes* Meade-Waldo, 1910

【形态特征】 该属体型与蜾蠃属 *Eumenes* 近似，主要区别为唇基端缘弧形、无凹陷，颊区上端部宽、几乎与复眼上端部等宽，腹部第 1 节背板具稀疏的微小刻点及第 2 节背板后端部无薄片。

【地理分布】 分布于东洋区、古北区和非洲区。

【分类】 全世界已知 15 种 21 亚种，我国已知 4 种，本图鉴收录 2 种。

图 2–3　斯氏黄斑蜾蠃 *Katamenes sichelii* 生态图（俄罗斯 Alexander V. Fateryga　摄）

中国黄斑蜾蠃属 *Katamenes* 分种检索表

1. 雌性触角柄节被长毛；雄性头部被毛约等长于柄节 …………………… **藏黄斑蜾蠃 *Katamenes indetonsus***

   雌性触角柄节无长毛；雄性头部被毛明显短于柄节 …………………………………………………… **2**

2. 腹部第 1 节绝大部分为棕红色，无黄色斑；雄性中足基跗节长大于最宽处的 5 倍 ……………………………………………………………………… **斯氏黄斑蜾蠃金黄亚种 *Katamenes sichelii fulvus***

   腹部第 1 节为黑色，具黄色斑；雄性中足基跗节长稍大于最宽处的 2 倍 ……………………………………………………………………………… **断带黄斑蜾蠃 *Katamenes tauricus***

32. 斯氏黄斑蜾蠃金黄亚种 *Katamenes sichelii fulvus* (Eversmann, 1854)

【测量】 雌性体长 18.3 ~ 18.8 mm，前翅长 13.5 ~ 13.9 mm；雄性体长 16.8 ~ 17.6 mm，前翅长 12.1 ~ 12.7 mm。

【形态特征】 体黑色，具大量棕红色及黄色斑；触角基部各节、前胸背板、中胸盾片两侧 1 对长单引号状斑及近端部 1 个方斑、小盾片、后胸背板、并胸腹节、腹部第 1 节除基部外及第 2 节前半部及足为棕红色，腹部第 1、2 节均无对称黄色斑；唇基、额区中下部两侧、触角间的斑、颊区长条带、腹部第 2 节端部至末节的可见部分为黄色。唇基宽约等于长，端部稍微弧形，端部宽约为唇基宽的 1/3，唇基基部不凹陷，基部疏生长毛，无明显刻点；雌性柄节无长毛；雄性头部毛远短于柄节；雄性中足基跗节长于最宽处的 5 倍。

【地理分布】 内蒙古、甘肃（酒泉）、新疆（阿克苏）；俄罗斯，伊朗。

图 2-32-1 斯氏黄斑蜾蠃金黄亚种 *Katamenes sichelii fulvus* 雌性背面观

图 2-32-3 斯氏黄斑蜾蠃金黄亚种 *Katamenes sichelii fulvus* 雌性头部背面观

图 2-32-2 斯氏黄斑蜾蠃金黄亚种 *Katamenes sichelii fulvus* 雌性头部正面观

图 2-32-4 斯氏黄斑蜾蠃金黄亚种 *Katamenes sichelii fulvus* 地理分布图

33. 断带黄斑蜾蠃 *Katamenes tauricus* (de Saussure, 1855)

【测量】 雌性体长 18.2 ~ 19.3 mm，前翅长 13.6 ~ 14.3 mm；雄性体长 16.3 ~ 17.8 mm，前翅长 13.1 ~ 14.2 mm。

【形态特征】 体黑色，具大量黄色斑；唇基部分黄色，雌性唇基中部具大块黑色斑，雄性唇基缘及附近黑色，雌性黄色区域较雄性略大；前胸背板整个或绝大部分区域为黄色，中胸盾片纯黑而无黄色斑；腹部第 1、2 节端部分别具宽的黄色条带，且两侧均具 1 对黄色斑，其中第 2 节背板侧斑宽而长、中部断开而未连接。雌性唇基宽大于长，端部凸起，端部宽约为唇基宽的 1/3，具浅的小刻点；雌性柄节无长毛；雄性头部被毛且远短于柄节；雄性中足基跗节长略大于最宽处 2 倍。

【地理分布】 黑龙江、吉林、内蒙古（鄂尔多斯、包头、武川、通辽、阿拉善）、天津、河北（秦皇岛、张家口）、山西（大同）、山东、宁夏（吴忠）、新疆（昌吉、伊犁、阿克苏）；蒙古，俄罗斯（远东），印度，阿富汗，吉尔吉斯斯坦，哈萨克斯坦，伊朗，乌克兰。

图 2-33-1　断带黄斑蜾蠃 *Katamenes tauricus* 雌性背面观

图 2-33-2　断带黄斑蜾蠃 *Katamenes tauricus* 雌性头部正面观

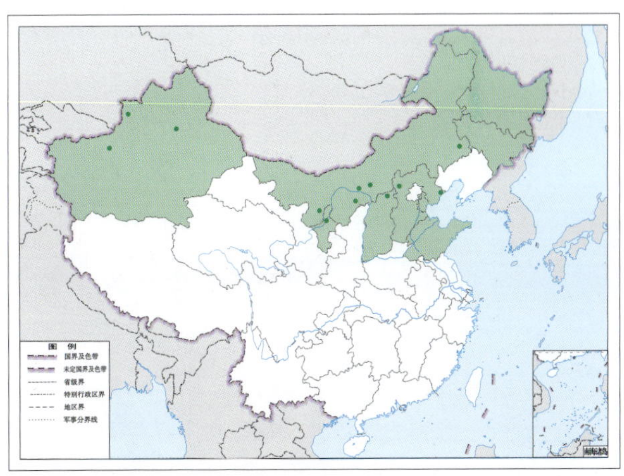

图 2-33-3　断带黄斑蜾蠃 *Katamenes tauricus* 地理分布图

图 2-33-4　断带黄斑蜾蠃 ***Katamenes tauricus*** 生态图 1（俄罗斯　Alexander V. Fateryga　摄）

图 2-33-5　断带黄斑蜾蠃 ***Katamenes tauricus*** 生态图 2（河北秦皇岛　张波　摄）

四、奥蜾蠃属 *Oreumenes* Bequaert, 1926

【形态特征】 该属的体型，腹部第 1 节背板具粗糙的刻点，以及第 2 节背板后端具薄片等特征与蜾蠃属 *Eumenes* 近似。两者主要区别为奥蜾蠃属雌性唇基前端缘几乎平截状，并胸腹节侧区与后区分界明显；雄性触角第 13 节小而直、不折回成钩状。

【地理分布】 分布于古北区及东洋区，但仅局限于亚洲东部。

【分类】 世界已知 2 种，我国已知 1 种，本图鉴收录 1 种。

图 2-4　镶黄蜾蠃 *Oreumenes decoratus* 生态图（浙江台州　许威　摄）

34. 镶黄蜾蠃 *Oreumenes decoratus* (Smith, 1852)

【测量】雌性体长 21.2 ~ 24.7 mm，前翅长 17.3 ~ 19.5 mm；雄性体长 21.8 ~ 24.5 mm，前翅长 15.7 ~ 17.2 mm。

【形态特征】体黑色，具黄棕色斑；其中唇基、额区中下部两侧、触角间的斑、前胸背板除后端缘外、腹部第 1 节背板后端，以及第 2 节背板近中部处向后大部分明显为黄棕色。雌性唇基长明显大于宽，基部凹陷，端部几乎截状、无凹口，端部宽约为唇基宽的 2/5，刻点浅，刻点间距约大于刻点直径；雄性唇基前端缘略凹陷。雄性触角第 13 节很短小、非钩状；腹部第 1 节背板近基部开始明显膨胀变宽，端部呈收缩状；第 2 节背板两侧明显膨胀，前、后端分别略收缩。

【地理分布】吉林、辽宁（辽阳、本溪）、北京、天津、河北（青龙、河间）、山西（临汾）、山东（泰安、济南）、河南、陕西（黄龙、宝鸡）、甘肃（陇南）、江苏（徐州、苏州）、安徽（黄山）、浙江（磐安、宁波、台州）、湖南（株洲、衡阳）、福建、台湾、广东、香港、广西（兴安）、重庆（江津、城口、云阳、涪陵、巫溪）、四川（广元、巴中、彭州）、贵州（施秉、铜仁）、云南（迪庆、怒江）；俄罗斯（远东），朝鲜半岛，日本。

图 2-34-1 镶黄蜾蠃 *Oreumenes decoratus* 雄性背面观

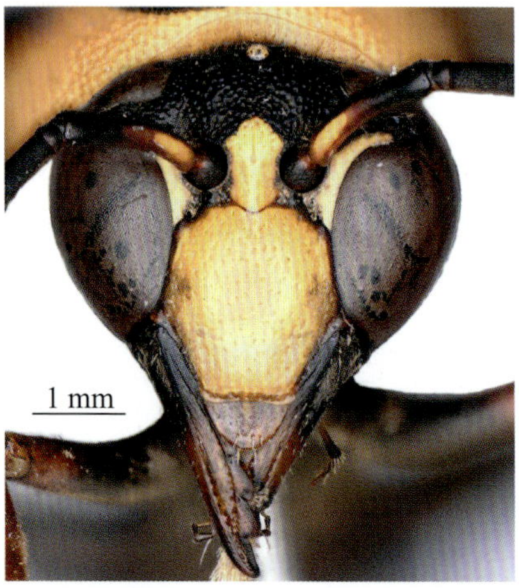

图 2-34-2 镶黄蜾蠃 *Oreumenes decoratus* 雌性头部正面观

图 2-34-3 镶黄蜾蠃 *Oreumenes decoratus* 雄性触角

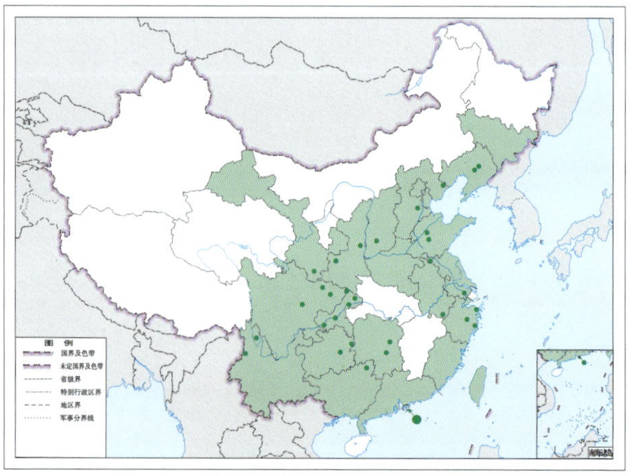

图 2-34-4 镶黄蜾蠃 *Oreumenes decoratus* 地理分布图

五、费蜾蠃属 *Phimenes* Giordani Soika, 1992

【形态特征】 唇基端缘中部凹陷；颊区上端部窄，明显窄于复眼上端部；雌性头顶窄，无窝穴；雄性触角第 13 节向后折回成钩状。前胸背板无前胸脊，前斜面光滑，具翅基片前脊；翅基片后缘未超过旁翅基片；并胸腹节侧区几乎无刻点、具光泽。腹部第 1 节长柄状、等于或大于胸部长度的 1.5 倍，背板光滑，第 2 节背板端缘无薄片；雄性第 7 节腹板无中纵沟。

【地理分布】 主要分布于澳洲区及东洋区。

【分类】 世界已知 14 种，我国已知 3 种，本图鉴收录 1 种。

图 2–5　弓费蜾蠃 *Phimenes flavopictus* 生态图（云南普洱　李智宏　摄）

中国费蜾蠃属 *Phimenes* 分种检索表

1. 体黑色，具大量黄色斑；中胸盾片密生刻点 …………………………………… 弓费蜾蠃 ***Phimenes flavopictus***

   体几乎全黑色；中胸盾片疏生刻点 ………………………………………………………………………… 2

2. 并胸腹节背区疏生刻点、粗糙 ………………………………………… 疏刻费蜾蠃 ***Phimenes sparsipunctatus***

   并胸腹节背区几乎光滑 ………………………………………………………… 黑费蜾蠃 ***Phimenes curvatus***

35. 弓费蜾蠃指名亚种 *Phimenes flavopictus flavopictus* (Blanchard, 1804)

【测量】 雌性体长 21.8 ~ 22.7 mm，前翅长 16.8 ~ 17.9 mm；雄性体长 18.8 ~ 19.7 mm，前翅长 14.7 ~ 15.6 mm。

【形态特征】 体黑色，具大量黄色斑。雌、雄性唇基皆为黄色，中胸盾片前基部具 1 对单引号状黄色斑，后端部具 1 对短的纵条带，腹部各节背板黄色条带中间断开且不连接，其中第 1 节基部及中部两侧分别具 1 对黄色斑，第 2 节基部具 1 对黄色侧斑。唇基长明显大于宽，基部近平、仅略凹，端部轻微凹陷（雄性唇基端部凹陷更显著），端部宽接近唇基宽的 1/2，侧面观隆起，具稀疏刻点和短毛；雄性触角第 13 节钩状，向后折回至第 10 节基部；后头脊不发达；后单眼至后头脊的距离约为后单眼至复眼间距的 1.6 倍；中胸盾片密生刻点；腹柄细长、端部无明显膨大。

【地理分布】 浙江、湖南（衡阳）、福建、台湾、广东、香港、广西（桂林、河池、百色、崇左、兴安）、四川、云南（临沧、红河）、西藏（背崩）；越南，老挝，泰国，印度，缅甸，尼泊尔，不丹，斯里兰卡，马来西亚，新加坡，印度尼西亚。

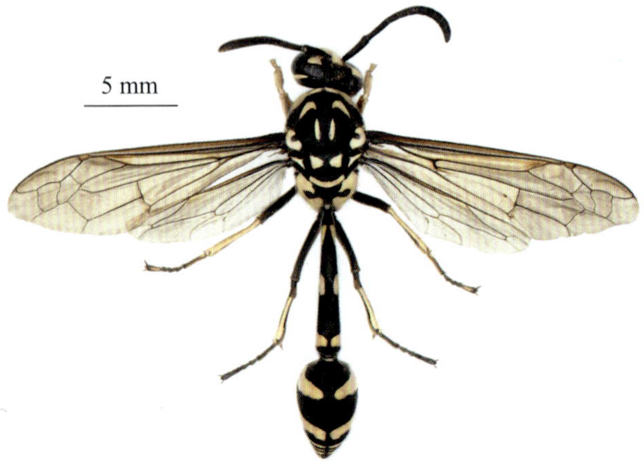

图 2-35-1 弓费蜾蠃指名亚种 *Phimenes flavopictus flavopictus* 雌性背面观

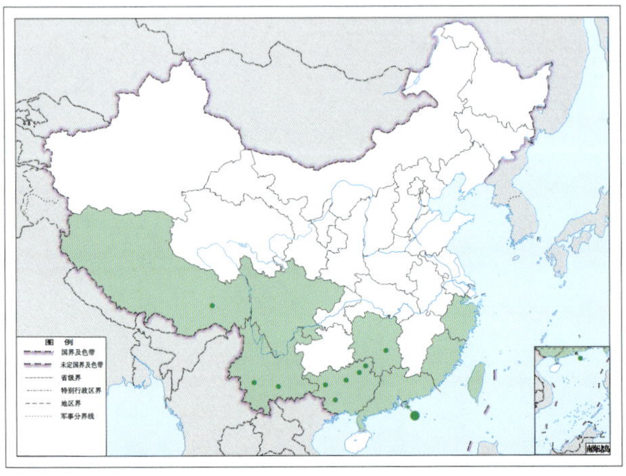

图 2-35-2 弓费蜾蠃指名亚种 *Phimenes flavopictus flavopictus* 地理分布图

图 2-35-3　弓费蜾蠃指名亚种 *Phimenes flavopictus flavopictus* 生态图 1（云南普洱　李智宏　摄）

图 2-35-4　弓费蜾蠃指名亚种 *Phimenes flavopictus flavopictus* 生态图 2（云南西双版纳　陈尽虫　摄）

盾蜾蠃族 Odynerini

【形态特征】 体型大小差异较大，3.5 ~ 17.0 mm；后胸背板多样，常具齿突、瘤突或脊突等；腹部第 1 节多样，无柄、亚柄状或短柄状，部分属种腹部第 1 节背板前斜面与背区之间具横脊或圆弧形。

【地理分布】 世界性分布。

【分类】 盾蜾蠃族是蜾蠃亚科最大的 1 个族，世界已知 170 余属约 3 000 种，我国已知 48 属 296 种，本图鉴收录 45 属 236 种。

中国盾蜾蠃族 Odynerini 分属检索表

1. 腹部第 1 节纤细，明显柄状 …… 2
   腹部第 1 节短、粗壮，非柄状 …… 9
2. 中胸侧板具侧纵脊 …… 3
   中胸侧板无侧纵脊或退化状 …… 5
3. 腹部第 1 节背板基部具横脊 …… 外舌蜾蠃属 *Ectopioglossa* Perkins
   腹部第 1 节背板基部无横脊 …… 4
4. 腹部第 1 节腹板具不规则纵皱；中胸盾片具前盾沟 …… 刚蜾蠃属 *Pseudozumia* de Saussure
   腹部第 1 节腹板基部光滑，端部 2/3 处具规则横皱；中胸盾片无前盾沟 …… 柄蜾蠃属 *Coeleumenes* van der Vecht
5. 前翅第 2 亚缘室基部平截状 …… 6
   前翅第 2 亚缘室基部呈角状 …… 8
6. 雌性前单眼之前具窝穴；前胸背板前斜面光滑；翅基片后缘未超过旁翅基片后缘 …… 小柄蜾蠃属 *Labus* de Saussure
   雌性前单眼之前无窝穴；前胸背板前斜面具刻点；翅基片后缘超过旁翅基片后缘 …… 7
7. 后胸背板凸起呈山脊状；腹部第 1 节背板端部宽未超过第 2 节宽的 1/2 …… 细蜾蠃属 *Cyrtolabulus* van der Vecht
   后胸背板轻微凸起、非山脊状；腹部第 1 节背板端部宽明显超过第 2 节宽的 1/2 …… 细盾蜾蠃属 *Leptomicrodynerus* Giordani Soika
8. 前翅的前翅痣短于翅痣；雌性头顶无窝穴；中胸盾片无前盾沟 …… 饰蜾蠃属 *Pseumenes* Giordani Soika
   前翅的前翅痣长于翅痣；雌性头顶具窝穴；中胸盾片具深的前盾沟 …… 秀蜾蠃属 *Pareumenes* de Saussure
9. 并胸腹节的背区与后区之间具完整且发达的围脊 …… 10
   并胸腹节的背区与后区之间无围脊或围脊不完整，至多具侧脊或背区在后胸背板后具齿突或横脊 …… 12

10. 腹部第 1 节背板基部无横脊、圆弧形，第 2 ~ 4 节或第 2 ~ 5 节背板亚端部分别具 1 排大而密的刻点而形成 1 条宽且光滑的横带，近边缘处也具 1 排略稀疏的刻点 …… **光带蜾蠃属 *Orientalicesa* Koçak *et* Kemal**

腹部第 1 节背板基部具横脊，第 2 ~ 5 节背板端部正常或分别具薄片，不具上述光滑区域 …………… 11

11. 腹部第 2 ~ 4 节背板端部无薄片或薄片明显窄且透明；雌性头顶窝穴具平坦区域，呈明显宽凹陷 ………………………………………………………………………… **旁喙蜾蠃属 *Pararrhynchium* de Saussure**

腹部第 2 ~ 4 节背板端部分别具发达的宽且不透明的薄片；雌性头顶窝穴无平坦区域，凹陷窄 ………………………………………………………………………… **多片蜾蠃属 *Lissodynerus* Giordani Soika**

12. 腹部第 1 节背板具中纵沟或纵向凹陷，且中胸盾片具后盾沟 …………………………………………… 13

腹部第 1 节背板无中纵沟及纵向凹陷，若具纵向凹陷则中胸盾片无后盾沟 ………………………… 14

13. 腹部第 1 节背板基部具横脊；中胸小盾片具中纵沟；雌性头顶的 1 对小窝穴明显相隔一段距离 ………………………………………………………………………………… **同蜾蠃属 *Symmorphus* Wesmael**

腹部第 1 节背板基部无横脊；中胸小盾片无中纵沟；雌性头顶的 1 对窝穴相连接 …………………………………………………………………………………… **长背蜾蠃属 *Megaodynerus* Gusenleitner**

14. 腹部第 1 节背板基部具横脊 ……………………………………………………………………………… 15

腹部第 1 节背板基部无横脊 ……………………………………………………………………………… 24

15. 腹部第 1 节背板基部具 2 条横脊 ……………………………… **亚沟蜾蠃属 *Subancistrocerus* de Saussure**

腹部第 1 节背板基部具 1 条横脊 ………………………………………………………………………… 16

16. 前胸背板无前胸脊或不完整 ……………………………………………………………………………… 17

前胸背板具完整前胸脊 …………………………………………………………………………………… 19

17. 前胸背板前斜面中部具 1 对连接或不连接的窝穴；雌性头顶无窝穴；体无长毛 ………………………… 18

前胸背板前斜面中部无窝穴；雌性头顶具 1 对连接或不连接的窝穴；体具长毛 ……………………………………………………………………………………… **沟蜾蠃属 *Ancistrocerus* Wesmael**

18. 翅基片光滑，其后缘与旁翅基片后缘齐平 ………………………… **旁沟蜾蠃属 *Parancistrocerus* Bequaert**

翅基片具大的、半透明的刻点或 2 个半透明的大斑，其后缘超过旁翅基片后缘 ……………………………………………………………………………… **宽沟蜾蠃属 *Eustenancistrocerus* Blüthgen**

19. 翅基片具大的、半透明的刻点，呈筛子状 ………………………… **胡蜾蠃属 *Jucancistrocerus* Blüthgen**

翅基片刻点不明显，整体较光滑 …………………………………………………………………………… 20

20. 腹部第 1 节背板基部的横脊明显低于背区水平面并接近于背板基部 ……………………………………………………………………………… **塔蜾蠃属 *Tachyancistrocerus* Giordani Soika**

腹部第 1 节背板基部横脊与背区在同一水平面 …………………………………………………………… 21

21. 腹部第 1 节背板长大于宽，且明显窄于第 2 节基部 ………… **窄蜾蠃属 *Pseudonortonia* Giordani Soika**

腹部第 1 节背板宽大于长，仅略窄于第 2 节基部 ……………………………………………………… 22

22. 体粗壮；腹部第 1 节背板端缘与基部横脊几乎等宽，背区近似矩形 ……………………………………… 23

体不及上述粗壮；腹部第 1 节背板端缘明显大于基部横脊，背区非矩形 ……………………………………………………………………………… **直沟蜾蠃属 *Stenancistrocerus* de Saussure**

23. 唇基端部宽，占整个唇基宽的约 1/2，端缘凹陷平坦，中央无明显深 ………………

…………………………………………………………………………胸蜾蠃属 *Orancistrocerus* van der Vecht

唇基端部不及上述宽，占整个唇基宽的约 1/3，端缘凹陷、中央明显深 ……………………………………………………………………………………（部分）异喙蜾蠃属 *Allorhynchium* van der Vecht

24. 腹部第 1 节背板端部具透明薄片 …………………………………………………………………… 25

腹部第 1 节背板端部无透明薄片 …………………………………………………………………… 26

25. 后胸背部的水平面与垂直面间无脊突，后缘截状，具 1 排齿突 ………佳盾蜾蠃属 *Euodynerus* Dalla Torre

后胸背部的水平面与垂直面间具半圆形脊突，后缘明显呈残月形 …… 代盾蜾蠃属 *Antodynerus* de Saussure

26. 下唇须 3 节 …………………………………………………………………………………… 27

下唇须 4 节 …………………………………………………………………………………… 30

27. 下唇须不发达；雄性触角最后几节未卷曲，仅第 13 节向后折回成钩状 ……………………… 28

下唇须发达，每节两侧具均匀长毛；雄性触角最后的 4～5 节卷曲状 ……………………………… 29

28. 唇基端缘具凹陷；雄性头顶无凹陷 ………………………………… 少须蜾蠃属 *Okinawepipona* Yamane

唇基端缘平截状；雄性头顶几乎整个呈深凹陷 ……………………………… 凹顶蜾蠃属 *Gribodia* Zavattari

29. 下唇须第 2 节基部变粗，第 2、3 节不弯曲 ………………………………… 长须蜾蠃属 *Pterocheilus* Klug

下唇须第 2 节基部正常，第 2、3 节弧形弯曲 ………………… 小片蜾蠃属 *Onychopterocheilus* Blüthgen

30. 翅基片密生粗糙的刻点 ………………………………………………… 短盾蜾蠃属 *Brachyodynerus* Blüthgen

翅基片光滑或仅具稀疏小刻点 …………………………………………………………………… 31

31. 腹部第 1 节背板明显窄于第 2 节，端部宽明显大于基部宽 ………………………………………… 32

腹部第 1 节背板略窄于第 2 节，端部宽仅稍微大于或等于基部宽 …………………………………… 35

32. 后胸背板具凸起的横脊 ………………………………………………………………………… 33

后胸背板具齿突或无突起 ……………………………………………………………………… 34

33. 上颚大且弯曲呈角度；头部正面观两侧缘平行、略呈方形；胸部延长，中胸盾片长大于宽；并胸腹节后端具亚缘脊，腹瓣不凸起；腹部第 2 节背板及腹板的端部均具透明薄片；后胸背板具横脊突 ……………………………………………………………………………………微盾蜾蠃属 *Microdynerus* Thomson

上颚正常；头部正面观两侧缘弧形或圆形；胸部不延长，中胸盾片长与宽近似相等；并胸腹节后端亚缘脊和腹瓣凸起 ……………………………………………………………短小蜾蠃属 *Leptochilus* de Saussure

34. 后胸背板具 2 个瘤状突；雄性触角第 13 节短且细小，明显小于第 12 节 ………………………………………………………………………………… 短触蜾蠃属 *Apodynerus* Giordani Soika

后胸背板无突起；雄性触角第 13 节明显较上述大，常大于第 12 节 ………………………………………………………………………………… 旁细蜾蠃属 *Paraleptomenes* Giordani Soika

35. 腹部第 2 节背板端部具透明薄片，若无薄片则并胸腹节背区与后胸背板几乎在同一水平面 …………… 36

腹部第 2 节背板端部无透明薄片 ………………………………………………………………… 37

36. 并胸腹节背区与后胸背板几乎在同一水平面 ………………… 平盾蜾蠃属 *Stenodyneriellus* Giordani Soika

并胸腹节背区与后胸背板不在同一水平面 ……………………………… 埃蜾蠃属 *Epsilon* de Saussure

37. 翅基片后缘明显未伸达旁翅基片后缘 ………………………………………………………………… 38

翅基片与旁翅基片后缘齐平或超过旁翅基片后缘 …………………………………………………… 43

38. 翅基片后端圆弧形，内缘无凹陷；雄性触角最后的 4~5 节卷曲状 …………………………………… 39

翅基片后端内缘凹陷而呈齿状；雄性触角仅第 13 节向后折回成钩状 …………………………………… 40

39. 雌性头顶具窝穴；雄性中足腿节正常 ………………………………… 弯触蜾蠃属 *Tropidodynerus* Blüthgen

雌性头顶无窝穴；雄性中足腿节基部凹陷、端部明显凸起 ……………………… 盾蜾蠃属 *Odynerus* Latreille

40. 并胸腹节背区与后胸背板几乎在同一水平面 ……………（部分）异喙蜾蠃属 *Allorhynchium* van der Vecht

并胸腹节背区比后胸背板低，不在同一水平面 …………………………………………………………… 41

41. 中胸小盾片及后胸背板刻点相对较稀疏，刻点间光滑；后胸背板中间凹陷；雄性中足腿节基部明显凹陷 ……………………………………………………………………………………… 喙蜾蠃属 *Rhynchium* Spinola

中胸小盾片及后胸背板较上述粗糙，刻点较密；刻点皮革状、不光滑；后胸背板中间无凹陷；雄性中足腿节基部正常，无凹陷 ………………………………………………………………………………… 42

42. 腹部第 1 节腹板基部与并胸腹节连接处光滑、无横皱 ……………… 缘蜾蠃属 *Anterhynchium* de Saussure

腹部第 1 节腹板基部与并胸腹节连接处具横皱 ……………………… 代喙蜾蠃属 *Dirhynchium* van der Vecht

43. 前胸背板前斜面具 1 对窝穴、粗糙 ……………………………………………………………………… 44

前胸背板前斜面无窝穴、光滑 ……………………………………………………………………………… 45

44. 后胸背板无齿或略呈瘤状；腹部第 1 节长，其背板宽略大于或等于长 ……………………………………………………………………………………………… 直盾蜾蠃属 *Stenodynerus* de Saussure

后胸背板常明显具 2 枚尖齿；腹部第 1 节较上述短，其背板明显宽大于长 ……………………………………………………………………………………………… 啄蜾蠃属 *Antepipona* de Saussure

45. 翅基片狭长，其后端部尖、超过旁翅基片后缘 ………………………………………………………… 46

翅基片半圆形，其后端部钝、与旁翅基片后缘齐平 ……………………………………………………… 47

46. 腹部第 1 节背板基部弧形，背区与前斜面无分界；体型偏小 ……………………………………………………………………………………………… 全盾蜾蠃属 *Allodynerus* Blüthgen

腹部第 1 节背板基部前斜面截状，背区与其具明显分界；体型明显较上述粗壮且大 ……………………………………………………………………………………………… 长片蜾蠃属 *Malayepipona* Giordani Soika

47. 后胸背板两侧分别具 1 枚齿且与该背板等高 …………………… 等齿蜾蠃属 *Parodontodynerus* Blüthgen

后胸背板两侧无齿 …………………………………………………………………………………………… 48

48. 并胸腹节背区和后区之间凸起的横脊 ……………………………… 拟蜾蠃属 *Pseudepipona* de Saussure

并胸腹节背区和后区之间无横脊 ………………………………………… 亚盾蜾蠃属 *Asiodynerus* Kurzenko

六、全盾蜾蠃属 *Allodynerus* Blüthgen, 1938

【形态特征】 体小型。雌性头顶具窝穴，窝穴周围具平坦区。前胸背板前斜面垂直、光滑、无窝穴，前胸脊完整；翅基片窄且长，后端尖，其后缘超过旁翅基片后缘。腹部第 1 节背板基部无横脊。

【地理分布】 主要分布于古北区及东洋区，少数分布于非洲区。

【分类】 世界已知 15 种，我国已知 7 种，本图鉴收录 7 种。

中国全盾蜾蠃属 *Allodynerus* 分种检索表

1. 雌性 …… 2
   雄性 …… 7
2. 上颚第 3 齿具深切口 …… 凹齿全盾蜾蠃 *Allodynerus dignotus*
   上颚第 3 齿无切口或切口浅 …… 3
3. 头顶窝穴平坦区域侧边缘超过后单眼的外缘 …… 4
   头顶窝穴平坦区域侧边缘未超过后单眼的外缘 …… 6
4. 唇基端部具 2 条纵脊 …… 东北全盾蜾蠃 *Allodynerus mandschuricus*
   唇基端部无纵脊 …… 5
5. 腹部第 1 节背板疏生刻点；端部具规则的黄色条带；腹部第 2 节背板两侧分别具 1 个大斑 …… 双斑全盾蜾蠃 *Allodynerus bimaculus*
   腹部第 1 节背板密生刻点；端部具不规则的黄色横带；腹部第 2 节背板两侧无斑 …… 翘全盾蜾蠃 *Allodynerus reduncus*
6. 触角鞭节全黑色；体黑色，具棕红色斑 …… 迪庆全盾蜾蠃 *Allodynerus diqingensis*
   触角鞭节腹侧黄色；体黑色，具黄色斑 …… 宽唇全盾蜾蠃 *Allodynerus delphinalis*
7. 上颚内缘第 3 齿具深切口 …… 凹齿全盾蜾蠃 *Allodynerus dignotus*
   上颚内缘第 3 齿无切口或切口浅 …… 8
8. 触角鞭节腹侧黄色；唇基宽明显大于长 …… 宽唇全盾蜾蠃 *Allodynerus delphinalis*
   触角鞭节黑色；唇基宽略大于长 …… 9
9. 抱握器长且窄，较尖 …… 糙全盾蜾蠃 *Allodynerus asperipunctarus*
   抱握器较上述短且宽，较钝 …… 10
10. 腹部第 1、2 节背板具较粗糙刻点；体具棕黄色斑 …… 翘全盾蜾蠃 *Allodynerus reduncus*
    腹部第 1、2 节背板刻点较上述种类稀疏；体具黄色斑 …… 东北全盾蜾蠃 *Allodynerus mandschuricus*

36. 糙全盾蜾蠃 *Allodynerus asperipunctarus* Zhang, Chen *et* Li, 2020

【测量】 雄性体长 6.6 ~ 6.8 mm，前翅长 7.0 ~ 7.5 mm；雌性未知。

【形态特征】 该种与东北全盾蜾蠃 *Allodynerus mandschuricus* 相似。体黑色，唇基纯黄色，触角柄节腹面、颊区上侧条带、前胸背板前缘断开的条带，以及腹部第 1、2 节端部条带为黄色；唇基宽略大于长，密生刻点，前端缘凹陷深。主要区别为：雄性触角第 13 节向后折回到第 11 节基部；中胸侧板及腹部第 1、2 节背板刻点较东北全盾蜾蠃 *Allodynerus mandschuricus* 粗糙；抱握器从中部到端部逐渐变窄，后者抱握器端部较圆弧形；腹部第 2 节背板近端缘处具 1 排深刻点、略呈凹沟状，端缘无明显薄片。

【地理分布】 云南（文山）。

图 2-36-1 糙全盾蜾蠃 *Allodynerus asperipunctarus* 雄性背面观

图 2-36-2 糙全盾蜾蠃 *Allodynerus asperipunctarus* 雄性头部正面观

图 2-36-3 糙全盾蜾蠃 *Allodynerus asperipunctarus* 雄性外生殖器正面观

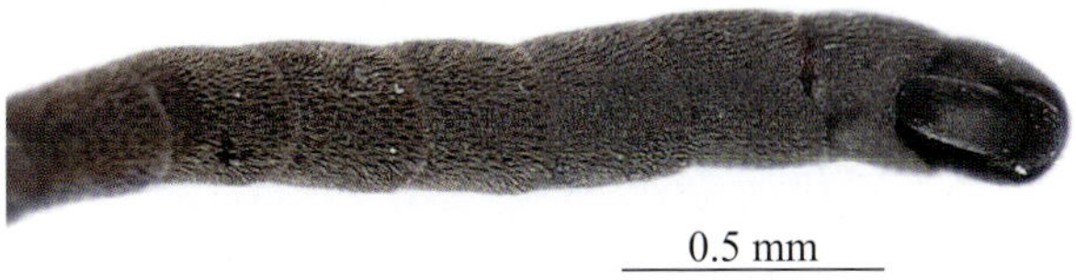

图 2-36-4 糙全盾蜾蠃 *Allodynerus asperipunctarus* 雄性触角局部

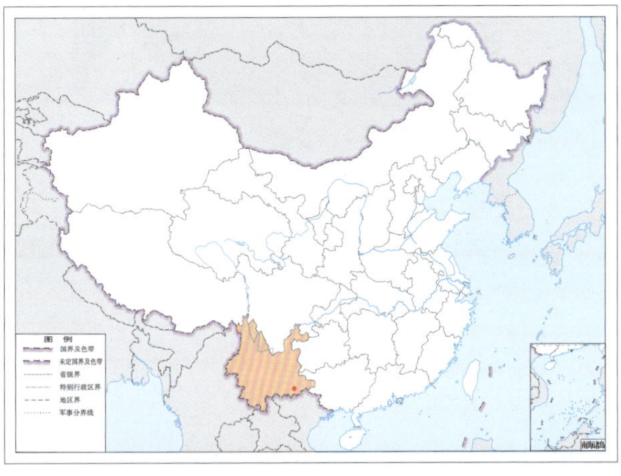

图 2-36-5 糙全盾蜾蠃 *Allodynerus asperipunctarus* 地理分布图

37. 双斑全盾蜾蠃 *Allodynerus bimaculus* Zhang, Chen *et* Li, 2020

【测量】 雌性体长 7.8 mm，前翅长 8.0 mm；雄性未知。

【形态特征】 体着生黄色短毛。体黑色，具大量黄棕色斑，其中唇基几乎全为黄棕色；腹部第 1 节背板后端部具规则且宽的弧形黄色条带，第 2 节背板中部两侧分别具 1 个大斑与端带相连接；唇基宽略大于长，刻点中等密集，端部微凹；头顶窝穴区域发达，其边缘超过后单眼的外缘；腹部第 1 节背板端部刻点较基部稀疏，第 2 节背板近端部刻点密且深、该区域明显凹陷、端缘向上折而呈反翘状。

【地理分布】 西藏（八宿）。

图 2-37-1　双斑全盾蜾蠃 *Allodynerus bimaculus* 雌性背面观

图 2-37-2　双斑全盾蜾蠃 *Allodynerus bimaculus* 雌性头部正面观

图 2-37-3　双斑全盾蜾蠃 *Allodynerus bimaculus* 雌性头部及前胸背面观

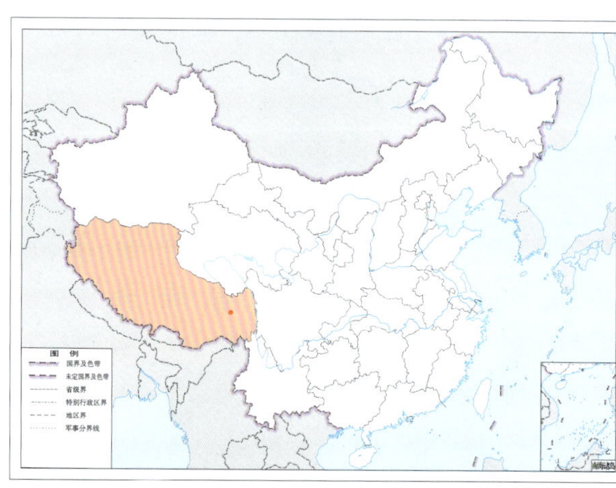

图 2-37-4　双斑全盾蜾蠃 *Allodynerus bimaculus* 地理分布图

38. 宽唇全盾蜾蠃 *Allodynerus delphinalis* (Giraud, 1866)

【测量】 雌性体长 8.9 ~ 9.5 mm，前翅长 7.5 ~ 8.6 mm；雄性体长 8.1 ~ 8.7 mm，前翅长 5.4 ~ 7.8 mm。

【形态特征】 体黑色，具黄色斑；雌性唇基除中部常具黑色斑外其余均为黄色，雄性唇基全为黄色。在全盾蜾蠃属 *Allodynerus* 中，该种雌、雄性唇基的宽均明显大于长而区别于其他种类，雄性唇基端缘凹陷明显较雌性的深、两侧尖齿状；头顶窝穴深，其平坦区边缘不超过后单眼的外缘，几乎与后单眼外缘齐平；腹部第 1 节背板宽明显大于长，第 2 节背板端部刻点较其他区域密且接近边缘，端缘无明显薄片；雄性阳茎端部圆形，抱握器较宽并向端部变窄，具长毛，生殖刺突细长；阳茎瓣腹侧叶从基部向端部略弯曲。

图 2-38-1 宽唇全盾蜾蠃 *Allodynerus delphinalis* 雌性背面观

图 2-38-2 宽唇全盾蜾蠃 *Allodynerus delphinalis* 雌性头部正面观

图 2-38-3 宽唇全盾蜾蠃 *Allodynerus delphinalis* 雄性头部正面观

图 2-38-4 宽唇全盾蜾蠃 *Allodynerus delphinalis* 雌性头部背面观

【地理分布】 新疆、辽宁（辽阳）、河南（卢氏）、陕西（黄龙）、江苏（徐州）；比利时，法国，西班牙，德国，阿尔巴尼亚，土耳其，黎巴嫩，亚美尼亚，阿塞拜疆，俄罗斯，韩国，日本。

图 2-38-5 宽唇全盾蜾蠃 *Allodynerus delphinalis* 地理分布图

39. 凹齿全盾蜾蠃 *Allodynerus dignotus* (Morawitz, 1895)

【测量】 雌性体长 9.1 mm，前翅长 8.6 mm；雄性体长 8.6 mm。

【形态特征】 体黑色，头、胸、腹均具大量黄色斑；雌性唇基除中部具大黑色斑外其余均全为黄色；中胸盾片后端中部具 1 个方斑，腹部第 1、2 节背板除端部条带外近前基部两侧分别具 1 对大条斑，条斑在背区中部接近但不连接，后侧与端带相连接，剩余腹节可见部分为黄色。上颚内缘第 3 齿具深切口；唇基密生粗糙刻点，端缘明显深凹陷、两侧呈齿突；雌性头顶凹陷小，周围平坦区域窄，其外侧缘几乎与后单眼内缘齐平；腹部第 2 节腹板基部不凹陷，背板近端缘区域未形成凹沟、端缘无薄片，端部刻点较其他区域略密。

【地理分布】 新疆（霍城）；希腊，土耳其，叙利亚，以色列，约旦，伊拉克，沙特阿拉伯，阿曼，伊朗，巴基斯坦，土库曼斯坦，哈萨克斯坦，俄罗斯。

图 2-39-1　凹齿全盾蜾蠃 *Allodynerus dignotus* 雌性背面观

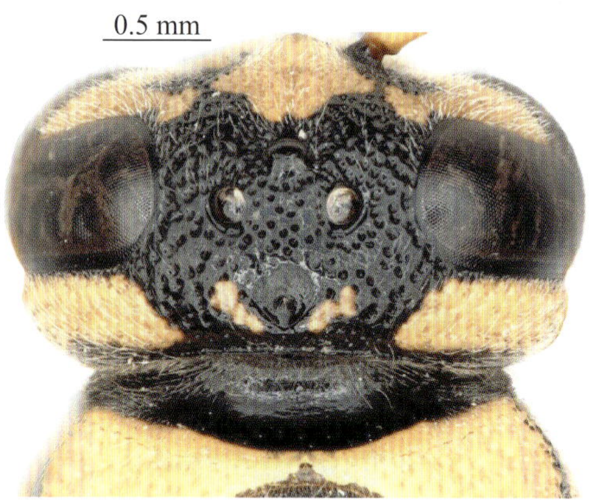

图 2-39-3　凹齿全盾蜾蠃 *Allodynerus dignotus* 雌性头部正面观

图 2-39-2　凹齿全盾蜾蠃 *Allodynerus dignotus* 雌性唇基正面观

图 2-39-4　凹齿全盾蜾蠃 *Allodynerus dignotus* 地理分布图

40. 迪庆全盾蜾蠃 *Allodynerus diqingensis* Zhang, Chen *et* Li, 2020

【测量】 雌性体长 9.1 mm，前翅长 7.8 mm；雄性未知。

【形态特征】 该种与宽唇全盾蜾蠃 *Allodynerus delphinalis* 近似，头顶窝穴平坦区边缘不超过后单眼的外缘。主要区别特征：体黑色，具大量棕红色斑，着生黄色短毛；触角鞭节全黑色；唇基宽略大于长，刻点中等密集，端部微凹；腹部第 1 节背板宽略大于长，第 2 节背板及腹板近端缘处分别具 1 排较周围密而深的刻点从而略凹陷，端缘无薄片。

【地理分布】 云南（德钦）。

图 2-40-1　迪庆全盾蜾蠃 *Allodynerus diqingensis* 雌性背面观

图 2-40-3　迪庆全盾蜾蠃 *Allodynerus diqingensis* 雌性头部及前胸背面观

图 2-40-2　迪庆全盾蜾蠃 *Allodynerus diqingensis* 雌性头部正面观

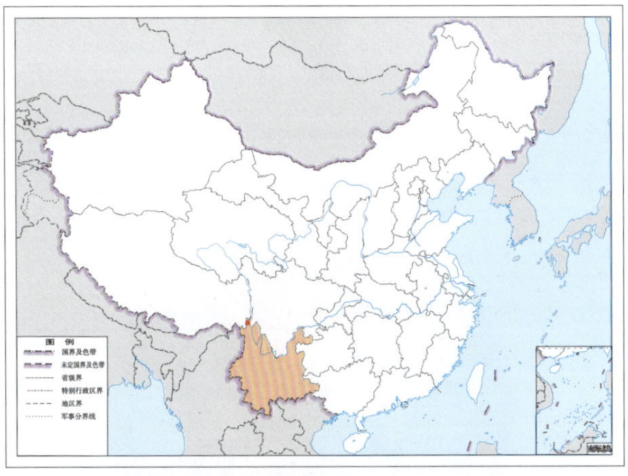

图 2-40-4　迪庆全盾蜾蠃 *Allodynerus diqingensis* 地理分布图

41. 东北全盾蜾蠃 *Allodynerus mandschuricus* Blüthgen, 1953

【测量】 雌性体长 7.3 mm，前翅长 6.2 ~ 8.5 mm；雄性体长 6.5 ~ 7.0 mm，前翅长 6.0 ~ 8.0 mm。

【形态特征】 体黑色，具黄色斑。雌性唇基基部和端部分别具 1 对黄色斑，雄性唇基纯黄色；翅明显暗褐色；头顶窝穴发达，其侧边缘超过后单眼的外缘且接近复眼内缘。唇基宽略大于长，密生大刻点，其中端部刻点较基部密集；雌性唇基端部具 2 条侧纵脊而呈铲状，端缘略凹陷；雄性唇基端部无侧纵脊，端缘明显深凹陷，两侧呈尖齿状。腹部第 1、2 节背板密生刻点，其中第 1 节刻点较第 2 节密、大且粗糙；第 2 节背板的刻点分布至近端缘且最后一排刻点深而密，从而此区域略凹陷，端缘略反翘（部分标本反翘明显）。雄性外生殖器的抱握器叶片状，端部不明显变窄。

【地理分布】 吉林（白山、延吉）、辽宁（辽阳、本溪）、山西（新荣）、河南（卢氏）、陕西（黄龙、汉中、宝鸡、商洛、安康）、甘肃（陇南）、新疆（新源）、江苏（徐州）、安徽（霍山）、湖北（神农架）、江西（黎川、崇义）、重庆（城口）、四川（都江堰、攀枝花、西昌、达州）、贵州（铜仁、桐梓）；俄罗斯，韩国，日本。

图 2-41-1 东北全盾蜾蠃 *Allodynerus mandschuricus* 雌性背面观

图 2-41-3 东北全盾蜾蠃 *Allodynerus mandschuricus* 雄性外生殖器正面观

图 2-41-2 东北全盾蜾蠃 *Allodynerus mandschuricus* 雌性头部正面观

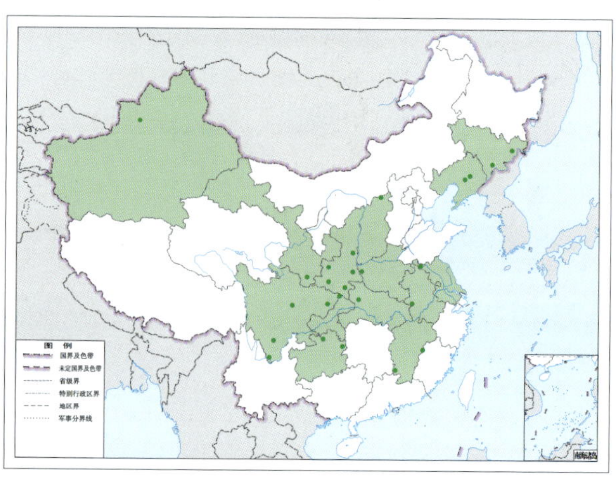

图 2-41-4 东北全盾蜾蠃 *Allodynerus mandschuricus* 地理分布图

42. 翘全盾蜾蠃 *Allodynerus reduncus* Zhang, Chen *et* Li, 2020

【测量】 雌性体长 8.5 ~ 9.0 mm，前翅长 8.4 mm；雄性体长 7.2 ~ 7.5 mm，前翅长 8.5 mm。

【形态特征】 体黑色，具大量棕黄色斑，着生黄色短毛；雌性唇基除中部小黑色斑外其余为棕红色，雄性唇基为纯黄色。头顶窝穴发达，平坦区侧边缘超过后单眼的外缘。该种与东北全盾蜾蠃 *Allodynerus mandschuricus* 相似，主要区别为：体具大量棕黄色斑；雌性唇基基部无纵脊；腹部第 2 节背板后端部具更宽的薄片，且明显向上反翘；雄性生殖器阳茎端部圆形，抱握器较宽并向端部变窄，具长毛，生殖刺突细长，阳茎瓣腹侧叶从基部向端部略弯曲，中部具 1 个小齿突。

【地理分布】 云南（德钦）。

图 2-42-1　翘全盾蜾蠃 *Allodynerus reduncus* 雌性背面观

图 2-42-2　翘全盾蜾蠃 *Allodynerus reduncus* 雌性头部正面观

图 2-42-3　翘全盾蜾蠃 *Allodynerus reduncus* 雌性头部背面观

图 2-42-4　翘全盾蜾蠃 *Allodynerus reduncus* 雄性外生殖器腹面观

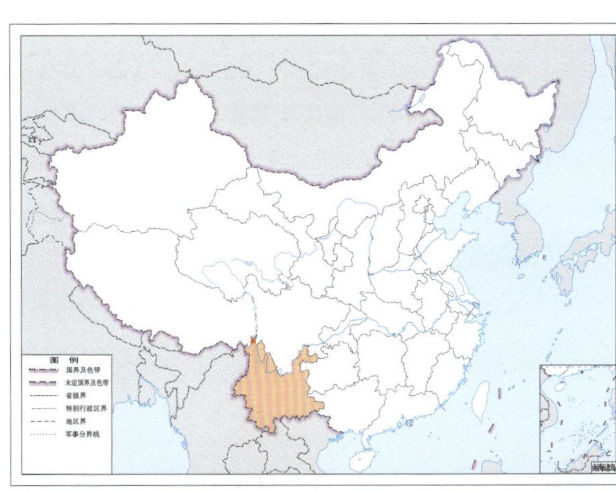

图 2-42-5　翘全盾蜾蠃 *Allodynerus reduncus* 地理分布图

七、异喙蜾蠃属 *Allorhynchium* van der Vecht, 1963

【形态特征】下颚须6节，下唇须4节。中胸盾片和小盾片具粗糙的刻点；翅基片外缘半圆形，后缘短于旁翅基片后缘；后胸背板平坦，无结节或凹陷；并胸腹节背区几乎与后胸背板在同一水平，后区与侧区间无齿突；雄性中足腿节基部无凹陷。腹部第1节短粗壮、略窄于第2节，第1节背板水平区与前斜面无分界、呈圆弧形，或水平区与前斜面间具退化状的横脊（从侧面观前斜面与水平背区间形成角度），部分种类的雄性第2节腹板具横向脊状突，第7节腹板常明显具齿突。

【地理分布】主要分布于东洋区。

【分类】世界已知19种，我国已知8种，本图鉴收录7种。

中国异喙蜾蠃属 *Allorhynchium* 分种检索表

1. 腹部第1节背板基部无横脊，水平背区与前斜面无分界且呈圆弧形 ………………………… 2
   腹部第1节背板基部具横脊，从侧面观，前斜面与水平区间形成角度 ………………………… 4
2. 后头脊侧面观宽；雄性唇基完全为黑色 ………………………… 中华异喙蜾蠃 *Allorhynchium chinense*
   后头脊侧面观宽不及上述种类；雄性唇基具黄色斑 ………………………… 3
3. 腹部第1、2节背板除侧区及端部外，刻点稀疏且非常细小 ………小刻异喙蜾蠃 *Allorhynchium metallicum*
   腹部第1、2节背板刻点较上述密且大 ………………………… 黑异喙蜾蠃 *Allorhynchium argentatum*
4. 唇基端部凹陷相对宽且浅；雄性腹部第7节腹板基部具2个小齿突 ………………………… 5
   唇基端部凹陷较上述窄而深，几乎呈半圆形；雄性腹部第7节腹板基部具3个小齿突 ………………… 7
5. 翅基片黄棕色；雄性腹部第7节腹板基部齿突扁宽、呈叶片状 ……………………………………………………………………………… 叶突异喙蜾蠃 *Allorhynchium lugubrinum*
   翅基片黑褐色；雄性腹部第7节腹板基部齿突呈三角形 ………………………… 6
6. 翅黑褐色，具紫色光泽；雄性腹部第2节腹板中部隆起呈短而高的瘤状；雄性触角第13节末端向后折至第10节端部 ………………………… 斑异喙蜾蠃 *Allorhynchium quadrimaculatum*
   翅浅棕色，无紫色光泽；雄性腹部第2节腹板中部强烈隆起呈高横脊；雄性触角第13节末端向后折且超过第11节中部，但未达基部 ………………………… 孟连异喙蜾蠃 *Allorhynchium menglianensis*
7. 体黑色，具少量黄色斑，胸部纯黑或仅前胸背板前缘具窄黄色斑，腹部第1、2节背板无黄色条带或条带窄且中间断开、不连接；雄性触角第13节延长，腹部第2节腹板中部隆起不明显或呈短横脊状，阳茎正面观端部圆形 ………………………… 似远异喙蜾蠃 *Allorhynchium radiatum*
   体黑色，具大量黄色斑，腹部第1、2节背板具完整的宽的黄色条带；雄性触角第13节较上述短，腹部第2节腹板中部隆起呈高而圆形瘤状，阳茎正面观端部非圆形 ……………… 远异喙蜾蠃 *Allorhynchium diffinis*

图 2-7　中华异喙蜾蠃 ***Allorhynchium chinense*** 生态图（香港　Christophe Barthélémy　摄）

43. 黑异喙蜾蠃 *Allorhynchium argentatum* (Fabricius, 1804)

【测量】 雌性体长 9.5 ~ 10.7 mm，前翅长 9.0 ~ 9.6 mm；雄性体长 8.6 ~ 9.5 mm，前翅长 7.9 ~ 8.5 mm。

【形态特征】 体几乎全为黑色，仅复眼内缘下侧具小黄色斑，雄性唇基基部及端部分别具淡黄色斑；体具白色绒毛；雌性唇基密生粗糙刻点，宽约等于长，前端部中间微凹、端部具侧脊，中部略凸起，整体呈铲状；雄性唇基白色绒毛较雌性密，端部凹陷较雌性的更深、无侧脊；颊区腹侧的后头脊窄；腹部第 1 节背板前基部与前斜面呈弧度，无横脊；雄性外生殖器阳茎端部窄，抱握器外缘具 1 排长密毛。

【地理分布】 四川（攀枝花）、云南（西双版纳、普洱、德宏、保山、怒江）、西藏（墨脱）；老挝，泰国，印度，巴基斯坦，马来西亚，新加坡，印度尼西亚。

图 2-43-1 黑异喙蜾蠃 *Allorhynchium argentatum* 雄性背面观

图 2-43-2 黑异喙蜾蠃 *Allorhynchium argentatum* 雌性头部正面观

图 2-43-3 黑异喙蜾蠃 *Allorhynchium argentatum* 雄性头部正面观

图 2-43-4 黑异喙蜾蠃 *Allorhynchium argentatum* 雄性外生殖器正面观

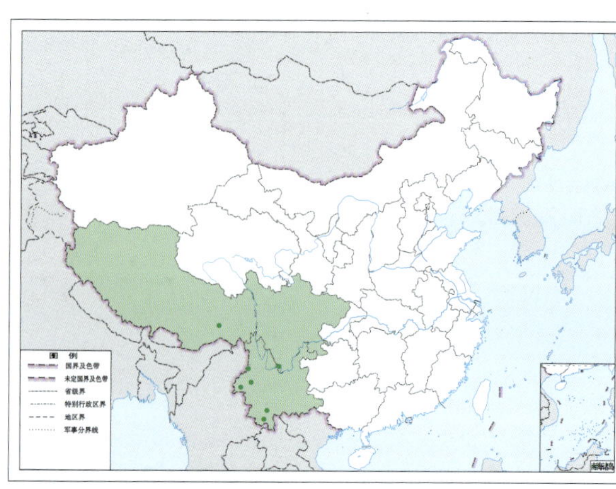

图 2-43-5 黑异喙蜾蠃 *Allorhynchium argentatum* 地理分布图

44. 中华异喙蜾蠃 *Allorhynchium chinense* (de Saussure, 1862)

【测量】 雌性体长 10.5 ~ 11.9 mm，前翅长 11.2 ~ 12.0 mm；雄性体长 9.1 ~ 9.9 mm，前翅长 8.9 ~ 9.4 mm。

【形态特征】 该种与黑异喙蜾蠃 *Allorhynchium argentatum* 近似，区别在于该种颊区腹侧的后头脊明显较近似种宽，雌性上颚内缘齿宽、齿状不明显；雄性唇基纯黑色，雄性外生殖器的阳茎端部较近似种宽且略圆，抱握器外缘的毛未规则排列。

【地理分布】 安徽（霍山、岳西）、浙江（磐安）、江西（崇义）、湖南（江永、张家界）、福建（武夷山）、台湾、广东（东源）、广西（兴安、龙胜、环江）、四川（峨眉山、彭州）、贵州（江口、桐梓、茂兰、雷山）、云南（河口）、香港；越南，菲律宾。

图 2-44-1　中华异喙蜾蠃 *Allorhynchium chinense* 雌性背面观

图 2-44-2　中华异喙蜾蠃 *Allorhynchium chinense* 雄性头部正面观

图 2-44-3　中华异喙蜾蠃 *Allorhynchium chinense* 雌性颊区侧面观

图 2-44-4　中华异喙蜾蠃 *Allorhynchium chinense* 雄性外生殖器正面观

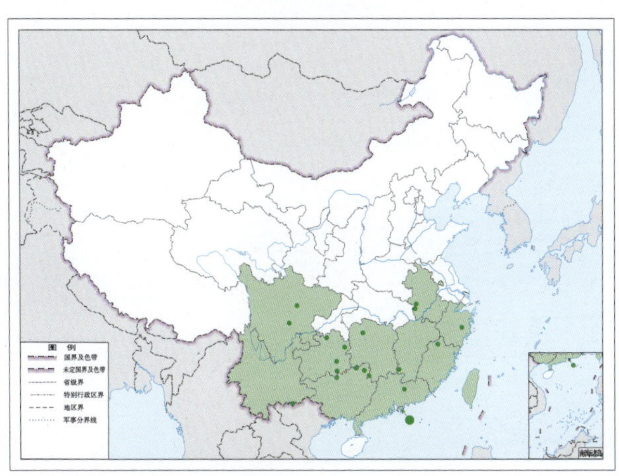

图 2-44-5　中华异喙蜾蠃 *Allorhynchium chinense* 地理分布图

图 2-44-6　**中华异喙蜾蠃** ***Allorhynchium chinense*** **生态图**（广东广州　陈华燕　摄）

45. 远异喙蜾蠃 *Allorhynchium diffinis* (Giordani Soika, 1986)

【测量】 雌性体长 13.8 mm，前翅长 12.7 mm；雄性体长 13.5 mm，前翅长 13.2 mm。

【形态特征】 体黑色，具大量黄色斑；雌、雄性唇基均为纯黄色，前胸背板及并胸腹节明显具大块黄斑；腹部第 1、2 节背板后端部具宽的完整黄色条带。唇基宽略大于长，端部中间凹陷深、两侧明显形成尖齿，雄性凹陷明显较雌性的凹陷深；腹部第 1 节背板基部具横脊，雄性腹部第 2 节腹板中间隆起、呈高而粗壮的瘤状，第 7 节腹板具 3 枚小齿；雄性外生殖器阳茎端部正面观非圆形。

【地理分布】 甘肃（陇南）、安徽（霍山）、重庆（城口、酉阳）、四川（峨眉山、芦山、绵阳）。

图 2-45-3 远异喙蜾蠃 *Allorhynchium diffinis* 雄性腹部第 2 ~ 5 节腹面观

图 2-45-1 远异喙蜾蠃 *Allorhynchium diffinis* 雌性背面观

图 2-45-4 远异喙蜾蠃 *Allorhynchium diffinis* 雄性外生殖器正面观

图 2-45-2 远异喙蜾蠃 *Allorhynchium diffinis* 雄性头部正面观

图 2-45-5 远异喙蜾蠃 *Allorhynchium diffinis* 地理分布图

46. 叶突异喙蜾蠃 *Allorhynchium lugubrinum* (Cameron, 1900)

【测量】 雌性体长 12.0 ~ 13.0 mm；雄性体长 10.5 ~ 11.0 mm，前翅长 12.0 mm。

【形态特征】 体黑色，具少量黄色斑；雌性唇基黑色，雄性唇基除边缘外几乎全为黄色；前胸背板前基部具短窄的黄色斑；腹部第 1、2 节背板端部分别具黄色条带（条带中部连接或断开）；唇基端部弧形凹陷，翅基片黄棕色，其中雄性凹陷较雌性深；雄性触角第 13 节向后折回至近第 11 节基部，呈尖钩状；翅基片淡棕色，无紫色光泽；腹部第 1 节背板基部具退化状横脊，且侧面观呈直角；雄性腹部第 2 节腹板中央仅略微凸起、不明显，第 7 节腹板基部具 2 个叶状突。

【地理分布】 云南（德宏、西双版纳）；印度。

图 2-46-1 叶突异喙蜾蠃 *Allorhynchium lugubrinum* 雄性背面观
（拍摄于中国科学院昆明动物研究所）

图 2-46-2 叶突异喙蜾蠃 *Allorhynchium lugubrinum* 雄性头部正面观

图 2-46-3 叶突异喙蜾蠃 *Allorhynchium lugubrinum* 雄性腹部第 5 ~ 7 节腹面观

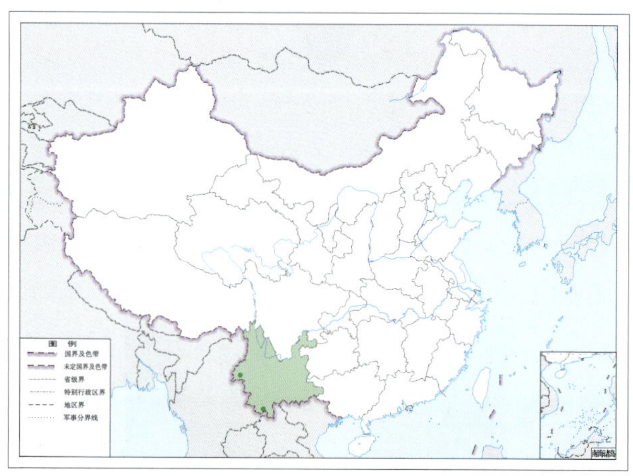

图 2-46-4 叶突异喙蜾蠃 *Allorhynchium lugubrinum* 地理分布图

47. 孟连异喙蜾蠃 *Allorhynchium menglianensis* (Dong *et* Wang, 2017)

【测量】 雄性体长 12.0 mm，前翅长 13.0 mm；雌性未知。

【形态特征】 体黑褐色，唇基除两侧及端缘外为黄色，黄色区域呈长方形，腹部第 1、2 节背板两侧具黄色横斑，翅基片黑褐色。该种体色及唇基斑与斑异喙蜾蠃 *Allorhynchium quadrimaculatum* 近似，主要区别为：该种翅面淡棕色，无紫色光泽；唇基端部弧形凹陷；雄性触角第 13 节尖钩状，向后折回超过第 11 节中部，未达基部；腹部第 1 节背板侧面观前斜面与背区呈直角，第 2 节腹板中央具 1 个大的横向瘤状突，第 7 节腹板基部具 2 个三角形齿突。

【地理分布】 云南（普洱）。

图 2-47-1　孟连异喙蜾蠃 *Allorhynchium menglianensis* 雄性背面观
（拍摄于中国科学院昆明动物研究所）

图 2-47-2　孟连异喙蜾蠃 *Allorhynchium menglianensis* 雄性头部正面观

图 2-47-3　孟连异喙蜾蠃 *Allorhynchium menglianensis* 雄性腹部第 6 ~ 7 节腹面观

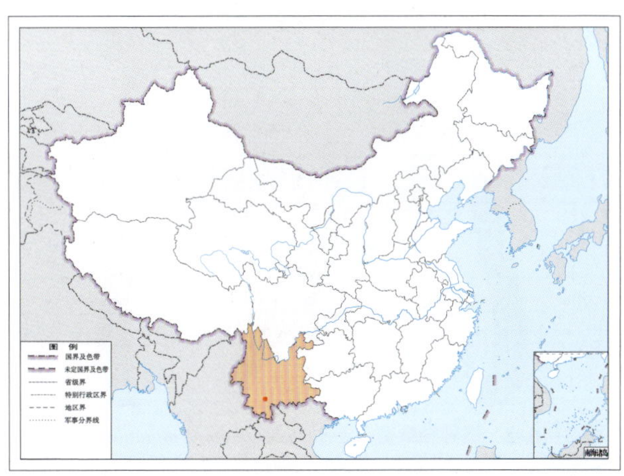

图 2-47-4　孟连异喙蜾蠃 *Allorhynchium menglianensis* 地理分布图

48. 斑异喙蜾蠃 *Allorhynchium quadrimaculatum* Gusenleitner, 1997

【测量】 雌性体长 11.5 ~ 12.5 mm，前翅长 12.3 mm；雄性体长 10.5 ~ 12.1 mm，前翅长 12.2 ~ 12.9 mm。

【形态特征】 体黑色，头部和腹部具少量黄色斑；雌性唇基黑色，仅额区侧下缘具短黄色斑，雄性唇基除边缘外全为黄色，腹部第 1、2 节背板端缘分别具中间间断的黄色条带，雄性触角第 13 节向后回折至第 10 节端部；翅黑褐色，具紫色光泽。腹部第 1 节背板基部具横脊，雄性腹部第 2 节腹板中部具 1 个较大的横向脊状突起，第 7 节腹板具 2 个小三角形齿突。

【地理分布】 广西（龙胜、兴安、凌云、环江）、四川（彭州）、贵州（茂兰）、云南（河口）；老挝。

图 2-48-1　斑异喙蜾蠃 *Allorhynchium quadrimaculatum* 雌性背面观

图 2-48-3　斑异喙蜾蠃 *Allorhynchium quadrimaculatum* 雄性腹部腹面观

图 2-48-2　斑异喙蜾蠃 *Allorhynchium quadrimaculatum* 雌性头部正面观

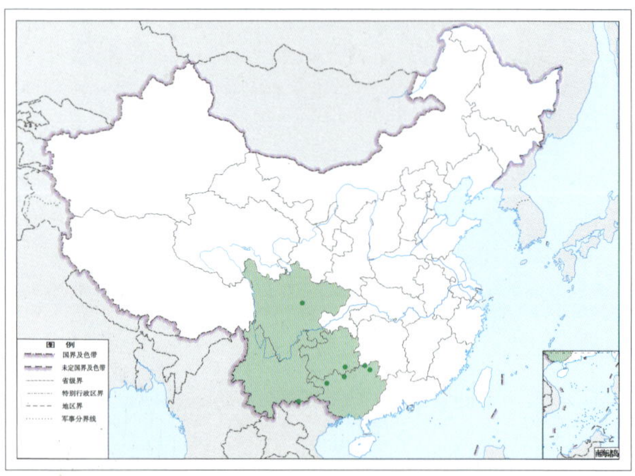

图 2-48-4　斑异喙蜾蠃 *Allorhynchium quadrimaculatum* 地理分布图

49. 似远异喙蜾蠃 *Allorhynchium radiatum* Li, Barthélémy *et* Carpenter, 2019

【测量】 雌性体长 13.8 ~ 14.6 mm，前翅长 12.2 ~ 13.2 mm；雄性体长 12.8 ~ 13.3 mm，前翅长 12.5 ~ 12.9 mm。

【形态特征】 该种与远异喙蜾蠃 *Allorhynchium diffinis* 很相似，雄性腹部第 7 节腹板皆具 3 个齿突。主要区别特征为：雌性唇基纯黑色或部分黄色，雄性唇基全为黄色或除边缘外均为黄色；腹部全黑色或第 1、2 节背板后端部具窄的或不完整的条带。整体而言，该种已记录标本中唇基及腹部的黄色斑的大小差异常较明显，雄性腹部第 2 节腹板具横向的不显著脊状突或无突起；雄性触角第 13 节长于近似种；雄性阳茎端部正面观呈圆形。

【地理分布】 广东（南岭）、香港、广西（龙胜）、贵州（茂兰）。

图 2-49-1　似远异喙蜾蠃 *Allorhynchium radiatum* 雄性背面观

图 2-49-2　似远异喙蜾蠃 *Allorhynchium radiatum* 雄性头部正面观

图 2-49-3　似远异喙蜾蠃 *Allorhynchium radiatum* 雄性腹部第 2 ~ 7 节腹面观

图 2-49-4　似远异喙蜾蠃 *Allorhynchium radiatum* 雄性外生殖器正面观

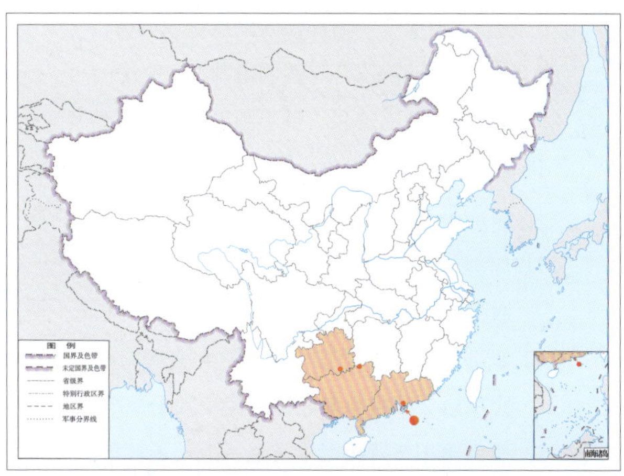

图 2-49-5　似远异喙蜾蠃 *Allorhynchium radiatum* 地理分布图

八、沟蜾蠃属 *Ancistrocerus* Wesmael, 1836

【形态特征】 体通常具长毛。雌性头顶明显具 2 个相连或分开的窝穴，雄性头顶无窝穴。前胸脊中部弱，呈退化状，两侧角发达；并胸腹节后区平。腹部第 1 节稍窄于第 2 节，第 1 节背板宽常大于长，其背区前基部横脊与前斜面分界，第 2 节背板基部纵褶呈沟状。

【地理分布】 除澳洲区外，其余世界动物地理区系均有分布。

【分类】 全世界已知 116 种，我国已知 38 种，本图鉴收录 32 种。

中国沟蜾蠃属 *Ancistrocerus* 分种检索表

1. 腹部第 2 节腹板基部具中纵沟 …… 2
   腹部第 2 节腹板无中纵沟 …… 4
2. 腹部第 2 节腹板平坦 …… 3
   腹部第 2 节腹板凸起、呈圆弧形 …… **红斑沟蜾蠃 *Ancistrocerus rufopictus***
3. 前胸背板肩角钝且呈直角 …… **肯尼斯沟蜾蠃 *Ancistrocerus tussaci***
   前胸背板肩角尖锐且呈锐角 …… **蒙古沟蜾蠃 *Ancistrocerus mongolicus***
4. 腹部第 2 节背板基部具棱角 …… 5
   腹部第 2 节背板基部无棱角 …… 11
5. 腹部第 2 节腹板基底沟处具棱角 …… 6
   腹部第 2 节腹板基底沟处无棱角 …… 8
6. 腹部第 2 节腹板中部平坦 …… 7
   腹部第 2 节腹板中部凹陷 …… **金沟蜾蠃 *Ancistrocerus aureovillosus***
7. 唇基端部凹陷浅平 …… **寺山沟蜾蠃 *Ancistrocerus terayamai***
   唇基端部凹陷深，呈半圆形 …… **安东尼沟蜾蠃 *Ancistrocerus antoni***
8. 腹部背板第 2 节端部由 1 排大刻点形成横沟 …… **横沟蜾蠃 *Ancistrocerus transpunctatus***
   腹部背板第 2 节端部无大刻点形成的横沟 …… 9
9. 唇基端部凹陷浅，具透明薄片 …… **长棘沟蜾蠃羚羊亚种 *Ancistrocerus longispinosus gazelloides***
   唇基端部凹陷较深、呈半圆形，无透明薄片 …… 10
10. 腹部第 1 节背板密生长毛，毛长于触角柄节宽 …… **锡金沟蜾蠃 *Ancistrocerus sikhimensis***
    腹部第 1 节背板密生短毛，毛短于触角柄节宽 …… **婆罗洲沟蜾蠃 *Ancistrocerus borneanus***
11. 腹部第 2 节腹板基底沟处具棱角 …… 12
    腹部第 2 节腹板基底沟处无棱角 …… 23
12. 腹部第 2 节腹板基底沟处棱角呈 90° 或略小于 90° …… 13
    腹部第 2 节腹板基底沟处棱角大于 90° …… 18
13. 腹部第 1 节背板密生长毛，毛长于触角柄节宽 …… 14
    腹部第 1 节背板密生短毛，毛短于触角柄节宽 …… 17

14\. 腹部整体短宽，第 2 节背板长小于第 1 节背板长的 2 倍 …… 15
腹部整体窄长，第 2 节背板长大于第 1 节背板长的 2 倍 …… 16

15\. 腹部第 2 节背板密生长毛，毛长于触角柄节宽 …… 捷列克沟蜾蠃 *Ancistrocerus terekensis*
腹部第 2 节背板密生短毛，毛短于触角柄节宽 …… 拉杰沟蜾蠃 *Ancistrocerus raddei*

16\. 腹部第 1 节背板密生刻点，刻点间距小于刻点直径 …… 山沟蜾蠃 *Ancistrocerus montuosus*
腹部第 1 节背板疏生刻点，刻点间距大于刻点直径 …… 黑触沟蜾蠃 *Ancistrocerus nigricornis*

17\. 腹部第 2 节腹板从基部向端部逐渐凸起 …… 马来沟蜾蠃 *Ancistrocerus melanurus*
腹部第 2 节腹板均匀凸起 …… 隐沟蜾蠃 *Ancistrocerus arcanus*

18\. 头部毛远长于后单眼间距 …… 糙沟蜾蠃 *Ancistrocerus hirsutus*, 19
头部毛等于或短于后单眼间距 …… 21

19\. 腹部第 3 节背板端部无象牙白色条带 …… 糙沟蜾蠃指名亚种 *Ancistrocerus hirsutus hirsutus*
腹部第 3 节背板端部具象牙白色条带 …… 20

20\. 小盾片具 2 个斑 …… 糙沟蜾蠃肯尼斯亚种 *Ancistrocerus hirsutus tinkiensis*
小盾片无斑 …… 糙沟蜾蠃高糙亚种 *Ancistrocerus hirsutus supiensis*

21\. 腹部第 2 节背板密生长毛，毛长于触角柄节宽 …… 圆腹沟蜾蠃指名亚种 *Ancistrocerus oviventris oviventris*
腹部第 2 节背板密生短毛，毛短于触角柄节宽 …… 22

22\. 腹部第 1 节背板密生刻点，刻点间距大于刻点直径 …… 黑沟蜾蠃指名亚种 *Ancistrocerus scoticus scoticus*
腹部第 1 节背板疏生刻点，刻点间距大于刻点直径 …… 旁灰沟蜾蠃 *Ancistrocerus parapoloi*

23\. 胸部整体平坦，侧面观几乎在同一水平面 …… 24
胸部中胸背板隆起，侧面观呈圆弧形或不规则的阶梯形、不在同一水平面 …… 27

24\. 腹部第 2 节腹板靠近基底沟处具小隆起且圆润 …… 25
腹部第 2 节腹板靠近基底沟处无隆起 …… 墙沟蜾蠃 *Ancistrocerus parietinus*

25\. 侧面观唇基隆起呈圆弧状 …… 日本沟蜾蠃 *Ancistrocerus japonicus*
侧面观唇基平坦无隆起 …… 26

26\. 腹部刻点较大，与胸部刻点一致 …… 黑缘沟蜾蠃 *Ancistrocerus melanocerus*
腹部刻点较小，小于胸部刻点 …… 三带沟蜾蠃史氏亚种 *Ancistrocerus trifasciatus shibuyai*

27\. 腹部第 1 节背板端部宽小于长的 2 倍 …… 28
腹部第 1 节背板端部宽大于长的 2 倍 …… 29

28\. 唇基端部凹陷较深，呈半圆形 …… 长胫沟蜾蠃 *Ancistrocerus tibetanus*
唇基端部凹陷浅，略呈弧形 …… 寒沟蜾蠃 *Ancistrocerus frigidus*

29\. 腹部第 2 节腹板呈直线形或凹状 …… 30
腹部第 2 节腹板呈圆弧形 …… 拟树沟蜾蠃 *Ancistrocerus antilope*

30\. 腹部第 2 节腹板凹陷 …… 31
腹部第 2 节腹板平坦，呈直线形 …… 32

31\. 腹部毛均长于后单眼间距 …… 德钦沟蜾蠃 *Ancistrocerus deqinensis*
腹部毛均短于后单眼间距 …… 川沟蜾蠃 *Ancistrocerus parietum*

32\. 腹部第 2 节背板密生刻点，刻点间距小于刻点直径 …… 33
腹部第 2 节背板疏生刻点，刻点间距大于刻点直径 …… 38

33\. 腹部第 2 节背板无毛 …… 远沟蜾蠃 *Ancistrocerus abditus*
腹部第 2 节背板密生短毛 …… 34

34. 腹部第 1 节背板密生刻点，呈网状 ………………………………… **和田沟蜾蠃** ***Ancistrocerus chotanensis***

腹部第 1 节背板疏生刻点，不呈网状 ……………………………………………………………………… **35**

35. 腹部第 2 节腹板刻点稀疏，刻点间距远大于刻点直径 ……………………………………………… **36**

腹部第 2 节腹板刻点不及上述稀疏，刻点间距小于或等于刻点直径 ……………………………… **37**

36. 唇基端部宽等于两触角窝内缘的间距 ………………………………… **拙沟蜾蠃** ***Ancistrocerus dusmetiolus***

唇基端部宽小于两触角窝内缘的间距 ……………………………… **康巴沟蜾蠃** ***Ancistrocerus khangmarensis***

37. 触角柄节毛长于柄节宽 ……………………………………………………… **高原沟蜾蠃** ***Ancistrocerus waltoni***

触角柄节毛短于柄节宽 …………………………………………………… **克劳斯沟蜾蠃** ***Ancistrocerus krausei***

38. 腹部第 2 背板疏生金色长毛 ……………………………………………………………………………… **39**

腹部第 2 背板密生白色短绒毛 ………………………………………… **笑斑沟蜾蠃** ***Ancistrocerus renimaculus***

39. 腹部第 1 节背板基部横脊中央缺口较宽且深，端部具 1 条两侧宽中间窄的黄色宽条带 …………………

…………………………………………………………………………… **羚羊沟蜾蠃** ***Ancistrocerus gazella***

腹部第 1 节背板基部横脊中央缺口极浅，端部具 1 条两侧窄中间宽的黄色窄条带 ……………………

……………………………………………………………… **短鞍沟蜾蠃** ***Ancistrocerus densepilosellus***

图 2-8 锡金沟蜾蠃 *Ancistrocerus sikhimensis* 生态图（云南丽江 Klaus Lunau 摄）

50. 远沟蜾蠃 *Ancistrocerus abditus* Gusenleitner, 1977

【测量】 雌性体长 10.3～10.8 mm，前翅长 9.5～9.8 mm；雄性体长 10.1～10.4 mm，前翅长 8.9～9.2 mm。

【形态特征】 体黑色，具黄色斑和金色长毛。雌性唇基两侧具完整的弧形黄色纵斑，雄性唇基全黄色；前胸背板前基部、腹部第 1～3 节背板及第 2 节腹板端部分别具黄色条带；足大部分为红棕色；雌、雄性唇基具刻点，雌性刻点较雄性的密；胸部整体刻点大且密，呈网状；胸部中胸背板隆起，侧面观呈弧形或不规则的阶梯形、不在同一水平面；前胸背板肩角明显且呈直角；腹部刻点整体较头、胸部刻点小且稀疏，各节基部刻点较端部略密且大；腹部第 2 节背板几乎无毛、密生刻点、无隆起且圆润，腹板圆滑、平坦呈直线形，靠近基底沟处无棱角。

【地理分布】 河北（张家口）、山西（吕梁）、内蒙古（阿拉善）、河南（新乡）、陕西（延安）、宁夏（固原）；突尼斯，摩洛哥，意大利，法国。

图 2-50-3　远沟蜾蠃 *Ancistrocerus abditus* 雌性腹部第 2 6 节侧面观

图 2-50-1　远沟蜾蠃 *Ancistrocerus abditus* 雌性背面观

图 2-50-4　远沟蜾蠃 *Ancistrocerus abditus* 雌性头部和前胸背面观

图 2-50-2　远沟蜾蠃 *Ancistrocerus abditus* 雌性头部正面观

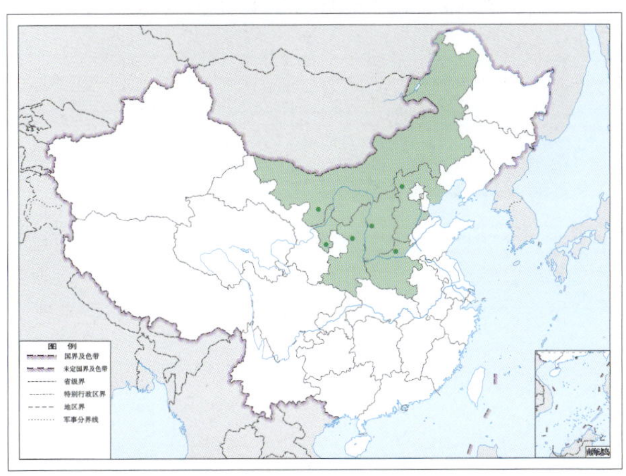

图 2-50-5　远沟蜾蠃 *Ancistrocerus abditus* 地理分布图

51. 拟树沟蜾蠃 *Ancistrocerus antilope* (Panzer, 1798)

【测量】 雌性体长 12.4 ~ 13.2 mm，前翅长 12.3 ~ 13.6 mm；雄性体长 10.0 mm，前翅长未知。

【形态特征】 体黑色，具黄色斑和金色长毛。雌性唇基黑色、基部两侧具黄色小斑，雄性唇基全黄色；触角内侧黄色；前胸背板前基部、腹部第 1 ~ 3 节背板及第 2 节腹板端部分别具黄色条带；足大部分黑色，腿节端部及胫节部分为黄色。雌性唇基刻点小而疏；胸部刻点大且密，呈网状，前胸背板肩角明显且呈锐角。腹部刻点整体较头、胸的刻点小且稀疏，各节基部及端部刻点较中间略大，侧面观第 2 节背板毛稀疏且无明显隆起，腹板毛较背板密且呈圆弧状，靠近基底沟处凸起较圆但无棱角。

【地理分布】 山西（临沂）、内蒙古（乌兰察布）、新疆（乌鲁木齐）；印度。

图 2-51-1　拟树沟蜾蠃 *Ancistrocerus antilope* 雌性背面观

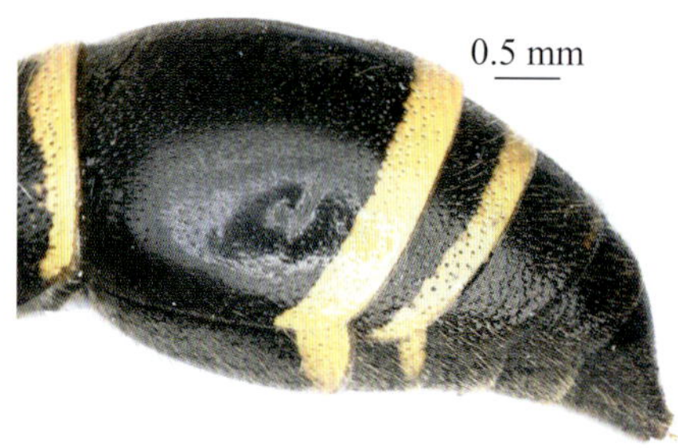

图 2-51-3　拟树沟蜾蠃 *Ancistrocerus antilope* 雌性腹部第 2 ~ 6 节侧面观

图 2-51-2　拟树沟蜾蠃 *Ancistrocerus antilope* 雌性头部正面观

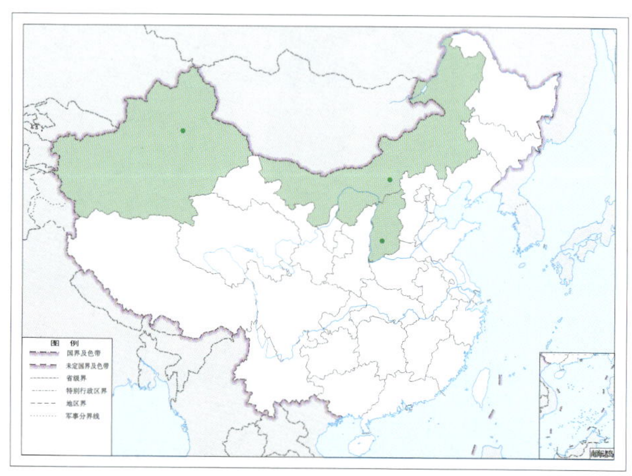

图 2-51-4　拟树沟蜾蠃 *Ancistrocerus antilope* 地理分布图

52. 安东尼沟蜾蠃 *Ancistrocerus antoni* (Cameron, 1900)

【测量】 雌性体长 9.3 ~ 9.8 mm，前翅长 7.5 ~ 8.4 mm；雄性体长 8.5 ~ 9.0 mm，前翅长 7.0 ~ 7.4 mm。

【形态特征】 体黑色，具黄色斑及金色长毛。雌性唇基黑色偶有黄色小斑，雄性唇基全黄色、外围具黑边；触角全黑色；前胸背板前基部，腹部第 1、2 节背板及第 2 节腹板端部分别具黄色条带，小盾片具 2 个黄色斑；足几乎全黑色，前足内侧黄色。头顶刻点密集呈网状，雌、雄性唇基刻点小且疏；胸部刻点整体大且密，前胸背板肩角明显且呈钝角；腹部刻点整体较头、胸部的刻点小且稀疏，各节端部刻点较其余部位略大；侧面观第 2 节背板无明显隆起，腹板平坦不圆滑，靠近基底沟处具明显棱角且呈直角。

【地理分布】 重庆（城口）、陕西（汉中）、甘肃（陇南、平凉）、宁夏（固原）；印度，尼泊尔，马来西亚。

图 2-52-1 安东尼沟蜾蠃 *Ancistrocerus antoni* 雌性背面观

图 2-52-3 安东尼沟蜾蠃 *Ancistrocerus antoni* 雌性腹部第 2 ~ 6 节侧面观

图 2-52-2 安东尼沟蜾蠃 *Ancistrocerus antoni* 雌性头部正面观

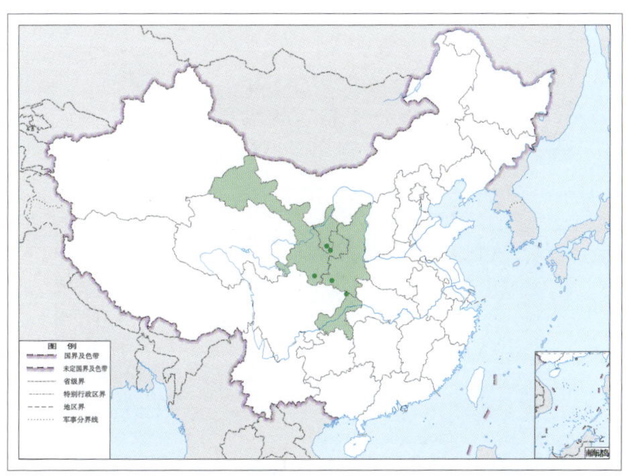

图 2-52-4 安东尼沟蜾蠃 *Ancistrocerus antoni* 地理分布图

53. 金沟蜾蠃 *Ancistrocerus aureovillosus* Giordani Soika, 1977

【测量】 雌性体长 11.3 ~ 11.9 mm，前翅长 10.0 ~ 10.5 mm；雄性未知。

【形态特征】 体黑色，具红色斑和白色毛。雌性唇基黑色，触角全黑色；前胸背板前缘，腹部第1、2节背板及第2节腹板端部分别具红色条带；足大部分黑色；前翅褐色。雌性唇基刻点大且密；胸部整体刻点大且密，呈网状，前胸背板肩角呈较小锐角；腹部刻点较头、胸部的刻点小且密集，各节刻点由基部到端部逐渐变大；侧面观腹部第 2 节背板基部略隆起呈角度，腹板呈凹陷状，靠近基底沟处具凸起的小棱角。

图 2-53-1　金沟蜾蠃 *Ancistrocerus aureovillosus* 雌性背面观

图 2-53-2　金沟蜾蠃 *Ancistrocerus aureovillosus* 雌性头部正面观

【地理分布】 四川（广安）、云南（普洱、德宏、迪庆、玉溪、保山）、西藏；尼泊尔。

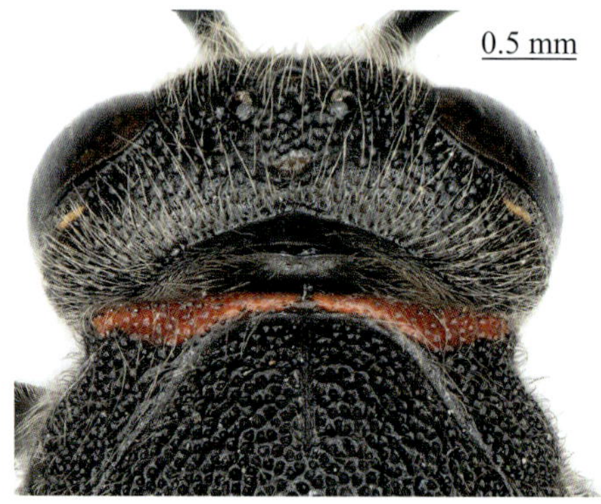

图 2-53-3　金沟蜾蠃 *Ancistrocerus aureovillosus* 雌性头部和前胸背面观

图 2-53-4　金沟蜾蠃 *Ancistrocerus aureovillosus* 雌性腹部第 2 ~ 6 节侧面观

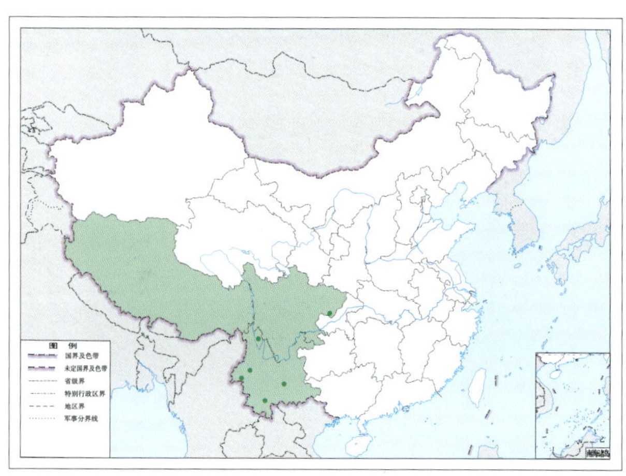

图 2-53-5　金沟蜾蠃 *Ancistrocerus aureovillosus* 地理分布图

54. 婆罗洲沟蜾蠃 *Ancistrocerus borneanus* Giordani Soika, 1996

【测量】 雌性体长 10.3 ~ 10.8 mm，前翅长 9.5 ~ 9.8 mm；雄性体长 10.0 ~ 10.2 mm，前翅长 9.0 ~ 9.5 mm。

【形态特征】 体黑色，具红棕色斑和白色长毛。雌性唇基黑色，两侧具橙色斑，触角内侧黄色，雄性唇基全黄色；翅基片、小盾片黄色，前胸背板前基部、腹部第 1 ~ 6 节背板及第 2 节腹板端部分别具红棕色条带；足大部分为红棕色，腿节部分黑色。雌性唇基刻点小且疏，但较雄性的密；胸部刻点整体大且密，前胸背板肩角明显且呈直角；腹部刻点整体较头和胸部的刻点小且密集，各节刻点由基部到端部逐渐变大；腹部第 2 节背板侧面观毛稀疏，基部略隆起，腹板平坦、不圆滑，靠近基底沟处无棱角。

【地理分布】 湖北（神农架）、广西（百色）、四川（雅安、西昌）、云南（腾冲、丽江）、陕西（西安）；马来西亚。

图 2-54-1 婆罗洲沟蜾蠃 *Ancistrocerus borneanus* 雌性背面观

图 2-54-2 婆罗洲沟蜾蠃 *Ancistrocerus borneanus* 雌性头部正面观

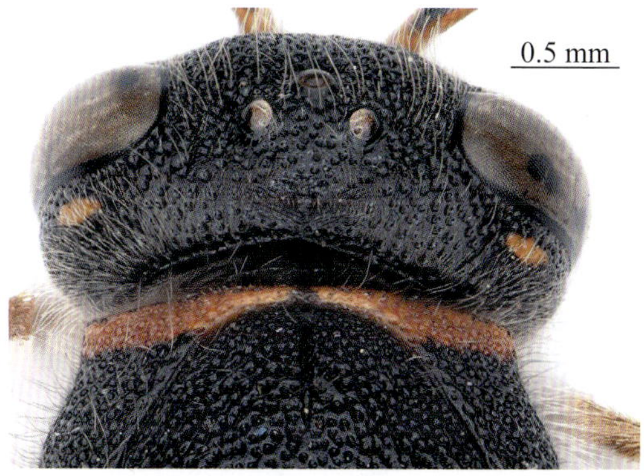

图 2-54-3 婆罗洲沟蜾蠃 *Ancistrocerus borneanus* 雌性头部和前胸背面观

图 2-54-4 婆罗洲沟蜾蠃 *Ancistrocerus borneanus* 雌性腹部第 2 ~ 6 节侧面观

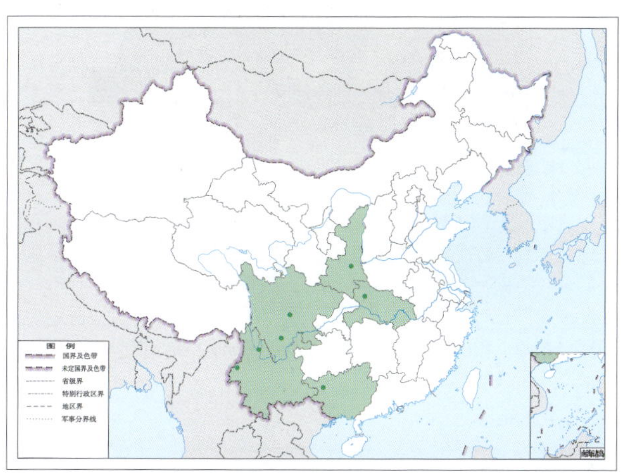

图 2-54-5 婆罗洲沟蜾蠃 *Ancistrocerus borneanus* 地理分布图

55. 和田沟蜾蠃 *Ancistrocerus chotanensis* Blüthgen, 1942

【测量】 雌性体长 9.0 ~ 9.5 mm；雄性体长 8.0 ~ 8.5 mm，前翅长 7.5 ~ 8.2 mm。

【形态特征】 体黑色，具黄色斑和白色长毛。雄性唇基全黄色，触角柄节及各节内侧黄色；翅基片黄色，前胸背板前基部、腹部第 1 ~ 6 节背板端部及第 2 ~ 6 节腹板端部分别具黄色条带；足大部分为黄色。雄性唇基刻点小且疏；胸部整体刻点大且密，前胸背板肩角明显且呈锐角；腹部整体刻点较头、胸部的刻点小，但刻点密集且极深，侧面观第 2 节背板毛稀疏，无明显隆起，腹板毛更短且平坦不圆滑，靠近基底沟处无棱角。

图 2-55-1 和田沟蜾蠃 *Ancistrocerus chotanensis* 雄性背面观

图 2-55-2 和田沟蜾蠃 *Ancistrocerus chotanensis* 雄性头部正面观

【地理分布】 宁夏（固原）、新疆（伊犁）；塔吉克斯坦。

图 2-55-3 和田沟蜾蠃 *Ancistrocerus chotanensis* 雄性头部和前胸背面观

图 2-55-4 和田沟蜾蠃 *Ancistrocerus chotanensis* 雄性腹部第 2 ~ 7 节侧面观

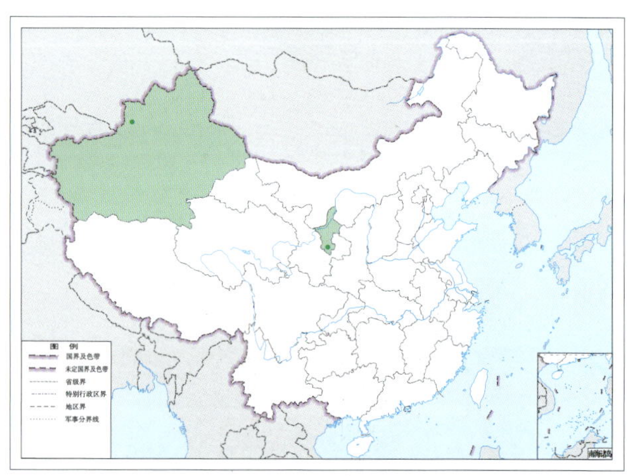

图 2-55-5 和田沟蜾蠃 *Ancistrocerus chotanensis* 地理分布图

56. 短鞍沟蜾蠃 *Ancistrocerus densepilosellus* (Cameron, 1911)

【测量】 雌性体长 9.5 ~ 10.5 mm，前翅长 8.8 ~ 9.5 mm；雄性体长 5.5 ~ 7.5 mm，前翅长 6.0 ~ 8.5 mm。

【形态特征】 体黑色，具黄色斑和金色长毛。雌性唇基和触角全黑色，雄性唇基全黄色；小盾片黄色，前胸背板前基部、腹部第 1 ~ 3 节背板及第 2 节腹板端部分别具黄色条带；足大部分黑色，关节处及足内侧黄色。雌性唇基刻点大且疏；胸部整体刻点大且密，前胸背板肩角很短而不明显、呈钝角；腹部较宽大扁平，刻点较头、胸部的刻点小且稀疏，各节由基部到端部刻点逐渐变大；侧面观第 2 节背板无隆起，腹板呈圆弧状，靠近基底沟处突起较圆滑但无棱角。

【地理分布】 北京（百花山）、河北（承德）；蒙古，俄罗斯，韩国，日本。

图 2-56-1　短鞍沟蜾蠃 *Ancistrocerus densepilosellus* 雌性背面观

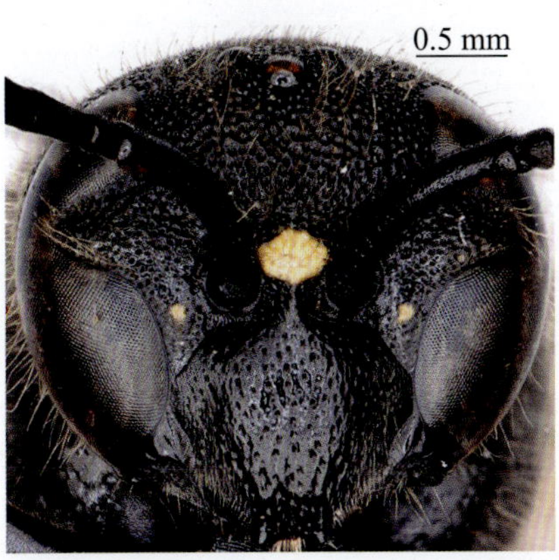

图 2-56-2　短鞍沟蜾蠃 *Ancistrocerus densepilosellus* 雌性头部正面观

图 2-56-3　短鞍沟蜾蠃 *Ancistrocerus densepilosellus* 雄性头部和前胸背面观

图 2-56-4　短鞍沟蜾蠃 *Ancistrocerus densepilosellus* 雌性腹部第 2 ~ 6 节侧面观

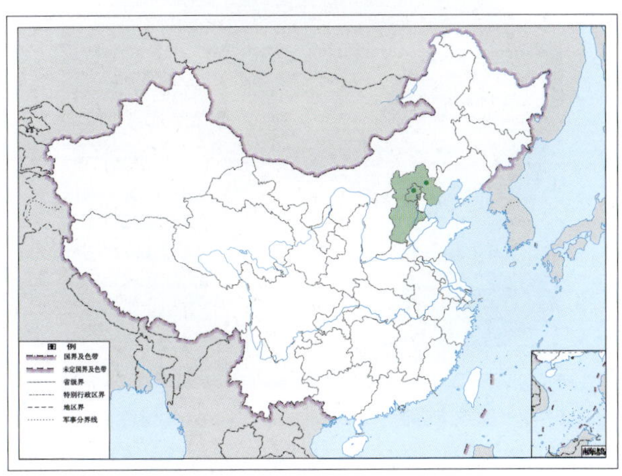

图 2-56-5　短鞍沟蜾蠃 *Ancistrocerus densepilosellus* 地理分布图

57. 德钦沟蜾蠃 *Ancistrocerus deqinensis* You *et* Li, 2013

【测量】 雄性体长 7.0 ~ 8.0 mm，前翅长 7.0 ~ 7.5 mm；雌性未知。

【形态特征】 体黑色，具黄色斑和金色长毛。雄性唇基全黄色，触角之间、触角柄节、触角内侧黄色；翅基片、小盾片黄色，前胸背板前基部、腹部第 1 ~ 6 节背板及腹板端部分别具黄色条带；足大部分为黄色。雄性唇基刻点小且疏，端部凹陷、呈半圆形；胸部刻点大且密、呈网状，前胸背板肩角长而明显、呈锐角；腹部刻点较头和胸部的刻点稍小，密集且深，各节刻点大小均匀，整个腹部密生金色长毛，侧面观第 2 节背板无隆起，第 2 节腹板呈凹陷状，靠近基底沟处凹陷且无棱角。

图 2-57-1 德钦沟蜾蠃 *Ancistrocerus deqinensis* 雄性背面观

图 2-57-2 德钦沟蜾蠃 *Ancistrocerus deqinensis* 雄性头部正面观

【地理分布】 云南（迪庆）。

图 2-57-3 德钦沟蜾蠃 *Ancistrocerus deqinensis* 雄性头部和前胸背面观

图 2-57-4 德钦沟蜾蠃 *Ancistrocerus deqinensis* 雄性腹部第 2 ~ 7 节侧面观

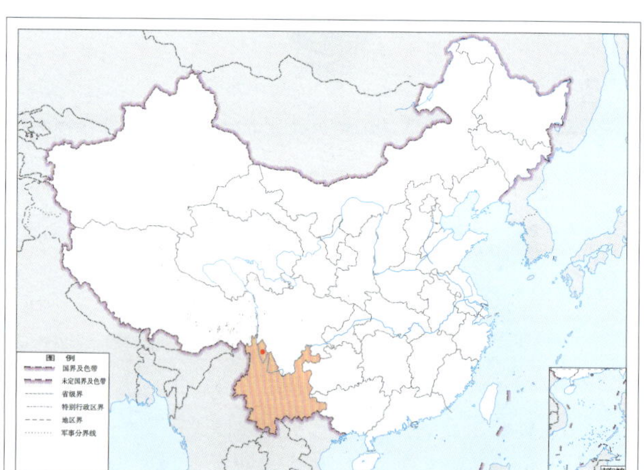

图 2-57-5 德钦沟蜾蠃 *Ancistrocerus deqinensis* 地理分布图

58. 拙沟蜾蠃 *Ancistrocerus dusmetiolus* (Strand, 1914)

【测量】 雌性体长 10.3 ~ 10.8 mm，前翅长 9.5 ~ 10.5 mm；雄性体长 9.0 ~ 9.5 mm，前翅长 8.5 ~ 9.4 mm。

【形态特征】 体黑色，具黄色斑和白色长毛。雄性唇基全黄色，翅基片、小盾片、触角内侧黄色；前胸背板前基部、腹部第 1 ~ 4 节背板及第 2 ~ 6 节腹板端部分别具黄色条带；足大部分为金黄色。雄性唇基刻点小且疏；胸部刻点整体大且密，前胸背板肩角长而明显、呈锐角；腹部刻点较头、胸部的刻点小且密集，各节刻点大小分布均匀；整个腹部密生白色长毛，侧面观第 2 节背板无明显隆起、腹板平坦，靠近基底沟处平坦且无棱角。

【地理分布】 河北（张家口）、山西（忻州）、内蒙古（呼和浩特）、宁夏（固原）；西班牙，葡萄牙，法国，比利时，德国，奥地利，土耳其，阿富汗，塔吉克斯坦。

图 2-58-3 拙沟蜾蠃 *Ancistrocerus dusmetiolus* 雄性头部和前胸背面观

图 2-58-1 拙沟蜾蠃 *Ancistrocerus dusmetiolus* 雄性背面观

图 2-58-4 拙沟蜾蠃 *Ancistrocerus dusmetiolus* 雄性腹部第 2 ~ 7 节侧面观

图 2-58-2 拙沟蜾蠃 *Ancistrocerus dusmetiolus* 雄性头部正面观

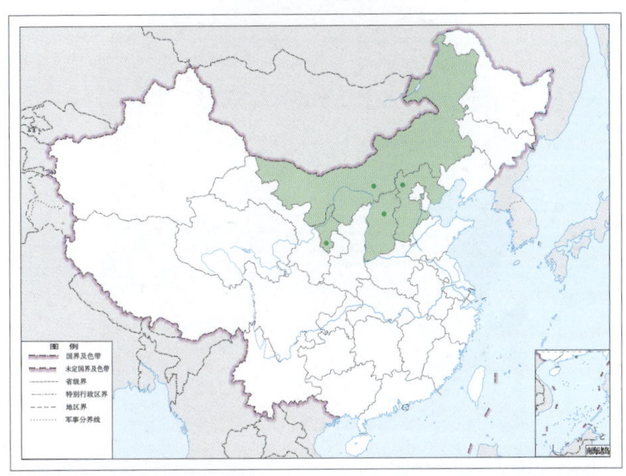

图 2-58-5 拙沟蜾蠃 *Ancistrocerus dusmetiolus* 地理分布图

59. 寒沟蜾蠃 *Ancistrocerus frigidus* Giordani Soika, 1977

【测量】 雌性体长 9.0 ~ 10.0 mm，前翅长 9.5 ~ 10.3 mm；雄性未知。

【形态特征】 体黑色，具黄色斑和金色长毛。雌性唇基黑色，触角黑色；前胸背板前基部，腹部第 1、2 节背板及第 2 节腹板端部分别具黄色条带；足大部分黑色。雌性唇基刻点小且疏；胸部整体刻点大且密，前胸背板肩角很短而不明显、呈钝角；腹部刻点较头、胸部的刻点小且稀疏，腹部第 2 节背板刻点较第 1 节背板刻点更稀疏，整个腹部密生金色短毛，第 1 节背板窄且基部宽与背板长几乎相等；侧面观第 2 节背板无明显隆起，腹板平坦，无凹陷及凸起，靠近基底沟处平坦且具极小棱角。

【地理分布】 西藏（林芝）、陕西（渭南）、宁夏（固原）。

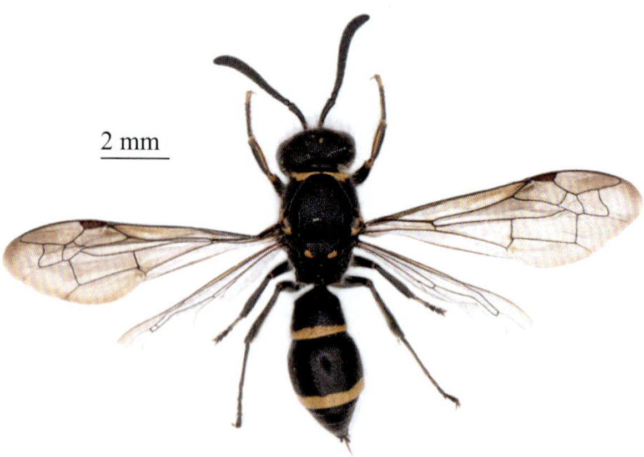

图 2-59-1 寒沟蜾蠃 *Ancistrocerus frigidus* 雌性背面观

图 2-59-2 寒沟蜾蠃 *Ancistrocerus frigidus* 雌性头部正面观

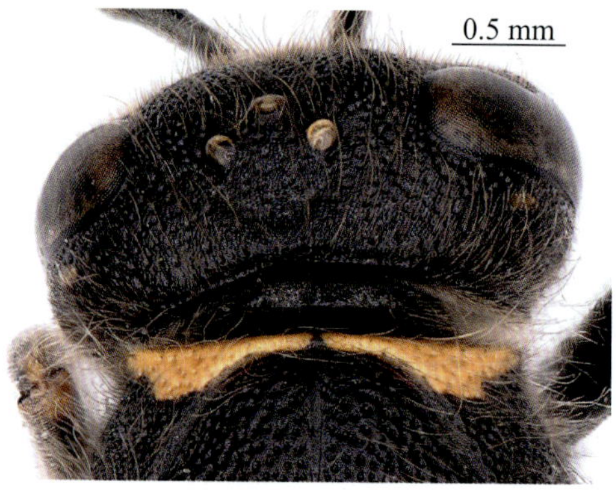

图 2-59-3 寒沟蜾蠃 *Ancistrocerus frigidus* 雌性头部和前胸背面观

图 2-59-4 寒沟蜾蠃 *Ancistrocerus frigidus* 雌性腹部第 2 ~ 6 节侧面观

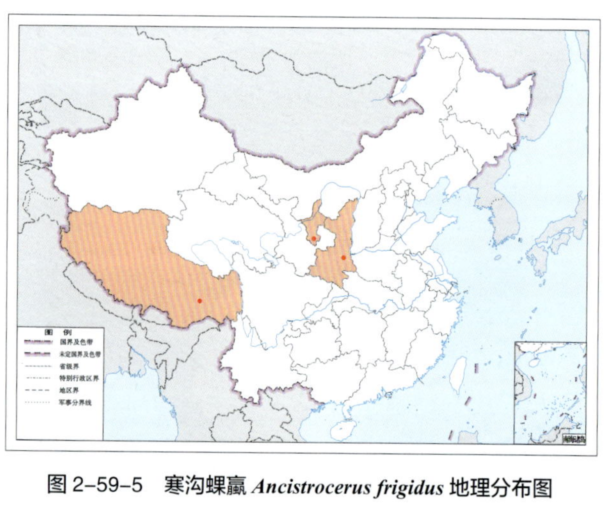

图 2-59-5 寒沟蜾蠃 *Ancistrocerus frigidus* 地理分布图

60. 羚羊沟蜾蠃 *Ancistrocerus gazella* (Panzer, 1798)

【测量】 雌性体长 7.0 ~ 9.0 mm，前翅长 6.0 ~ 7.0 mm；雄性体长 7.0 ~ 8.0 mm，前翅长 6.5 ~ 7.5 mm。

【形态特征】 体黑色，具黄色斑和金色长毛。雄性唇基全黄色，触角内侧黄色，前胸背板前基部、腹部第 1 ~ 6 节背板及第 2 ~ 4 节腹板端部分别具黄色条带；足大部分为黄色。雄性唇基刻点小且疏；胸部整体刻点大且密，前胸背板肩角长而明显、呈锐角；腹部较头、胸部的刻点小且稀疏，各节刻点大小分布均匀，侧面观第 2 节背板无明显隆起，腹板平坦，靠近基底沟处平坦无棱角，基底沟窄。

【地理分布】 吉林（白山、延吉）、新疆（昌吉）；瑞典，英国，比利时，法国，西班牙，葡萄牙，摩洛哥，德国，奥地利，白俄罗斯。

图 2-60-1　羚羊沟蜾蠃 *Ancistrocerus gazella* 雄性背面观

图 2-60-2　羚羊沟蜾蠃 *Ancistrocerus gazella* 雄性头部正面观

图 2-60-3　羚羊沟蜾蠃 *Ancistrocerus gazella* 雄性头部和前胸背面观

图 2-60-4　羚羊沟蜾蠃 *Ancistrocerus gazella* 雄性腹部第 2 ~ 7 节侧面观

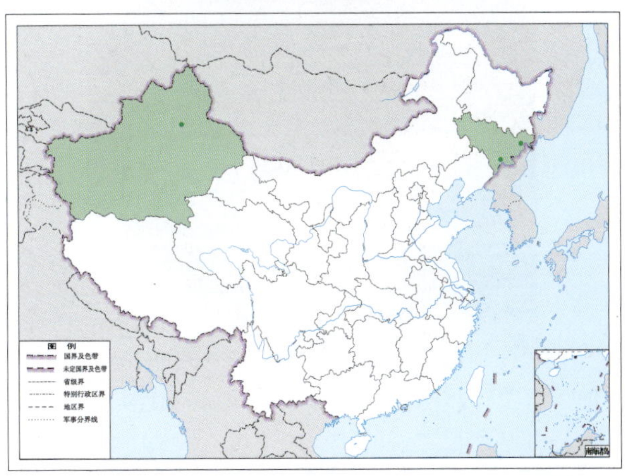

图 2-60-5　羚羊沟蜾蠃 *Ancistrocerus gazella* 地理分布图

61. 糙沟蜾蠃 *Ancistrocerus hirsutus* (Meade-Waldo, 1910)

【测量】 雌性体长 10.0 mm；雄性体长 7.0 ~ 8.0 mm，前翅长 6.5 ~ 7.4 mm。

【形态特征】 体黑色，具黄色斑及白色长毛。雄性唇基黄色，触角大部分黑色，端部几节黄色，前胸背板前基部、腹部第 1 ~ 3 节背板及第 2 节腹板端部分别具黄色条带；足大部分为黄色，腿节黑色。头、胸部及腹部第 1 节背板毛发极长，远长于后单眼之间的距离；雄性唇基刻点小且疏；触角柄节具大而疏的刻点；胸部刻点大且密，前胸背板肩角长而明显、呈锐角。腹部刻点较头、胸的刻点小且稀疏，各节刻点由基部到端部逐渐变浅变疏；侧面观第 2 节背板无明显隆起，腹板平坦，靠近基底沟处较圆滑。

【地理分布】 云南（迪庆）、西藏；印度。

图 2-61-1 糙沟蜾蠃 *Ancistrocerus hirsutus* 雄性背面观

图 2-61-2 糙沟蜾蠃 *Ancistrocerus hirsutus* 雄性头部正面观

图 2-61-3 糙沟蜾蠃 *Ancistrocerus hirsutus* 雄性头部和前胸背面观

图 2-61-4 糙沟蜾蠃 *Ancistrocerus hirsutus* 雄性腹部第 2 ~ 7 节侧面观

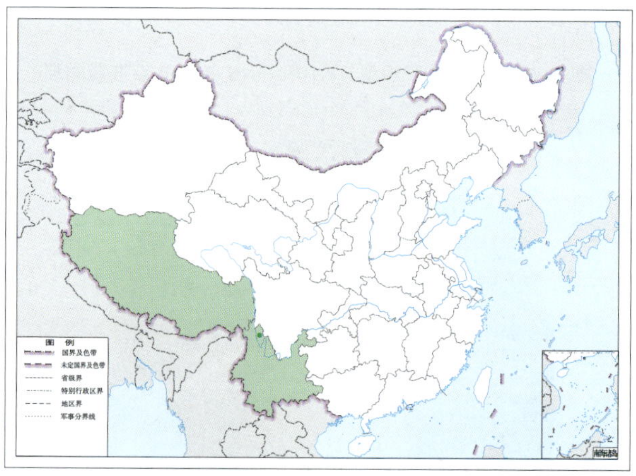

图 2-61-5 糙沟蜾蠃 *Ancistrocerus hirsutus* 地理分布图

62. 日本沟蜾蠃 *Ancistrocerus japonicus* (von Schulthess, 1908)

【测量】 雌性体长 9.0 ~ 11.5 mm，前翅长 8.5 ~ 10.5 mm；雄性体长 7.0 ~ 8.0 mm，前翅长 6.8 ~ 7.5 mm。

【形态特征】 体黑色，具黄色斑和长毛。雌性唇基黑色，雄性唇基全黄色；触角柄节内侧黄色；前胸背板前基部具 2 个分离的黄色斑；腹部第 1 ~ 3 节背板及第 2 节腹板端部分别具黄色条带；足大部分黑色，内侧橙黄色。雌、雄性唇基刻点小且疏，端部凹陷深；胸部刻点大且密，前胸背板肩角很短、无明显角度。腹部刻点较头、胸部的刻点小且稀疏，各节刻点大小分布均匀；侧面观第 2 节背板无隆起，腹板呈圆弧形，靠近基底沟处突起较圆润、无棱角。

【地理分布】 内蒙古（巴彦淖尔）、吉林（白山）；俄罗斯，韩国，日本。

图 2-62-1　日本沟蜾蠃 *Ancistrocerus japonicus* 雄性背面观

图 2-62-2　日本沟蜾蠃 *Ancistrocerus japonicus* 雌性头部正面观

图 2-62-3　日本沟蜾蠃 *Ancistrocerus japonicus* 雌性头部和前胸背面观

图 2-62-4　日本沟蜾蠃 *Ancistrocerus japonicus* 雌性腹部第 2 ~ 6 节侧面观

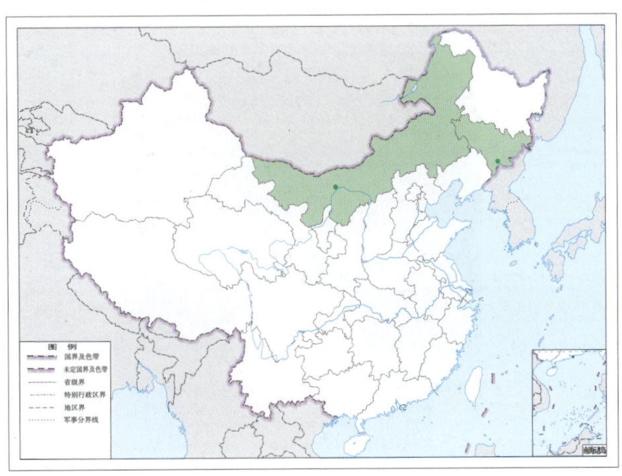

图 2-62-5　日本沟蜾蠃 *Ancistrocerus japonicus* 地理分布图

63. 克劳斯沟蜾蠃 *Ancistrocerus krausei* Giordani Soika, 1966

【测量】 雌性体长 7.5 ~ 9.5 mm；雄性体长 6.8 ~ 9.0 mm，前翅长 6.5 ~ 8.0 mm。

【形态特征】 体黑色，具黄棕色斑和金色长毛。雄性唇基全黄色，触角柄节内侧及翅基片黄色，前胸背板前基部、腹部第 1 ~ 3 节背板及第 2 ~ 4 节腹板端部分别具黄色条带；足大部分黄色，腿节基部黑色。雄性唇基刻点小且疏，端部凹陷呈半圆形；胸部刻点大且密，前胸背板肩角长而明显、呈锐角。腹部刻点较头、胸部的刻点小且密集，各节刻点大小分布均匀；侧面观第 2 节背板无隆起，腹板平坦，靠近基底沟处较平坦且无棱角。

图 2-63-1　克劳斯沟蜾蠃 *Ancistrocerus krausei* 雄性背面观

图 2-63-2　克劳斯沟蜾蠃 *Ancistrocerus krausei* 雄性头部正面观

【地理分布】 山西（忻州）、内蒙古（阿拉善、呼和浩特）、西藏、宁夏（固原）。

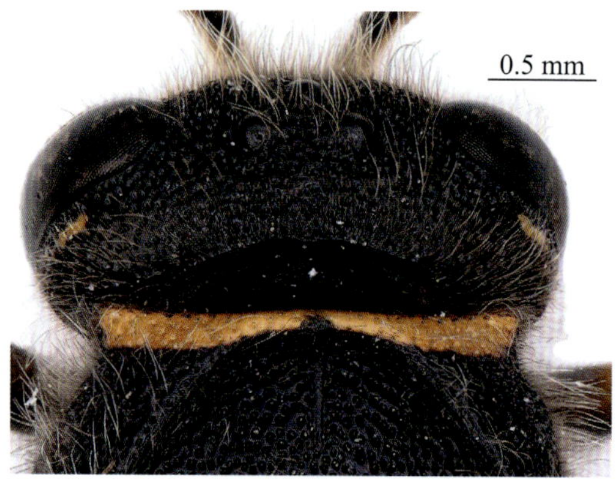

图 2-63-3　克劳斯沟蜾蠃 *Ancistrocerus krausei* 雄性头部和前胸背面观

图 2-63-4　克劳斯沟蜾蠃 *Ancistrocerus krausei* 雄性腹部第 2 ~ 7 节侧面观

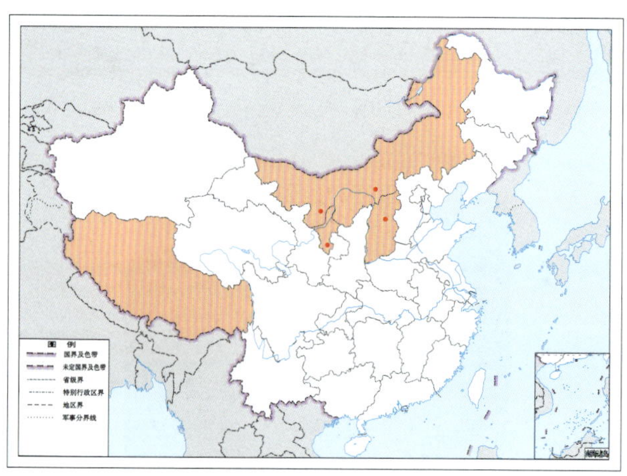

图 2-63-5　克劳斯沟蜾蠃 *Ancistrocerus krausei* 地理分布图

64. 长棘沟蜾蠃羚羊亚种 *Ancistrocerus longispinosus gazelloides* (Guiglia, 1943)

【测量】 雌性体长 10.0 ~ 11.4 mm，前翅长 9.5 ~ 9.8 mm；雄性体长 9.5 ~ 10.5 mm，前翅长 8.5 ~ 9.2 mm。

【形态特征】 体黑色，具黄色斑和白色短毛。雌性唇基黄色，中间具不规则黑色斑，端缘为棕褐色，雄性唇基和触角内侧全黄色；雄性触角之间黄色斑与唇基相连，复眼内缘具 1 条黄色条带；翅基片、小盾片、后胸背板及并胸腹节均具黄色斑，前胸背板前基部、腹部第 1 ~ 6 节端部分别具黄色条带；足大部分金黄色，腿节基部黑色。雌性唇基刻点较雄性的大而密；胸部整体刻点极大且密，前胸背板肩角明显、呈钝角。腹部刻点较头、胸部的刻点小而稀疏；第 2 节背板基部褶皱明显且两侧隆起，各节刻点由基部到端部逐渐变密，均疏生短毛；侧面观第 2 节背板无隆起，腹板平坦，靠近基底沟处凹陷且无棱角。

【地理分布】 新疆（阿勒泰、伊犁、昌吉）；法国，意大利。

图 2-64-1　长棘沟蜾蠃羚羊亚种 *Ancistrocerus longispinosus gazelloides* 雄性背面观

图 2-64-2　长棘沟蜾蠃羚羊亚种 *Ancistrocerus longispinosus gazelloides* 雌性头部正面观

图 2-64-3　长棘沟蜾蠃羚羊亚种 *Ancistrocerus longispinosus gazelloides* 雄性头部和前胸背面观

图 2-64-4　长棘沟蜾蠃羚羊亚种 *Ancistrocerus longispinosus gazelloides* 雄性腹部第 2 ~ 7 节腹面观

图 2-64-5　长棘沟蜾蠃羚羊亚种 *Ancistrocerus longispinosus gazelloides* 地理分布图

65. 蒙古沟蜾蠃 *Ancistrocerus mongolicus* Kostylev, 1940

【测量】 雌性体长 8.0 ~ 8.5 mm，前翅长 7.5 ~ 8.5 mm；雄性体长 7.0 ~ 7.5 mm，前翅长 6.5 ~ 7.2 mm。

【形态特征】 体黑色，具黄色斑和白色短毛。雌性唇基全黑色、部分标本具黄色斑，雄性唇基全黄色；前胸背板前基部，腹部第 1、2 节背板及第 2 节腹板端部分别具黄色条带，小盾片、翅基片、触角柄节内侧黄色；足大部分为锈红色，腿节基部黑色。雌性唇基刻点由基部到端部逐渐变密、变大，端部凹陷较浅；雄性唇基刻点与雌性一致，端部凹陷较雌性深，端部具薄片。胸部刻点大且密，前胸背板肩角明显且呈锐角。腹部刻点较头、胸部的刻点明显小且密，各节刻点分布均匀；侧面观第 2 节背板近基部略隆起呈弧形，腹板平坦，靠近基底沟处圆润无棱角，但基部明显具中纵沟。

【地理分布】 山西（大同）、内蒙古（包头、呼和浩特）、甘肃（平凉）、宁夏（固原）；蒙古，俄罗斯，韩国。

图 2-65-3 蒙古沟蜾蠃 *Ancistrocerus mongolicus* 雌性腹部第 2 ~ 6 节腹面观

图 2-65-4 蒙古沟蜾蠃 *Ancistrocerus mongolicus* 雌性腹部第 2 ~ 6 节侧面观

图 2-65-1 蒙古沟蜾蠃 *Ancistrocerus mongolicus* 雌性背面观

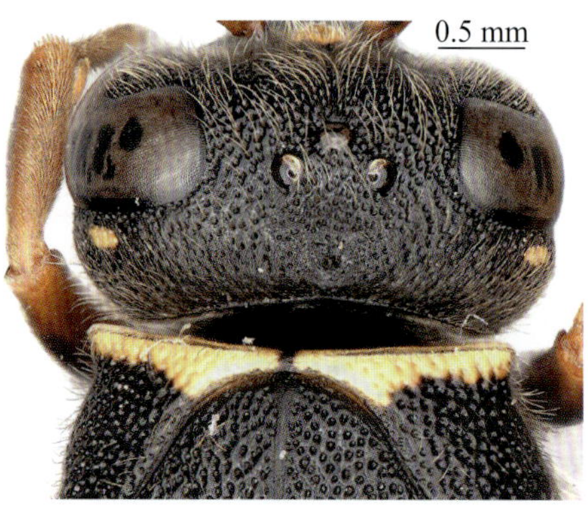

图 2-65-2 蒙古沟蜾蠃 *Ancistrocerus mongolicus* 雌性头部和前胸背面观

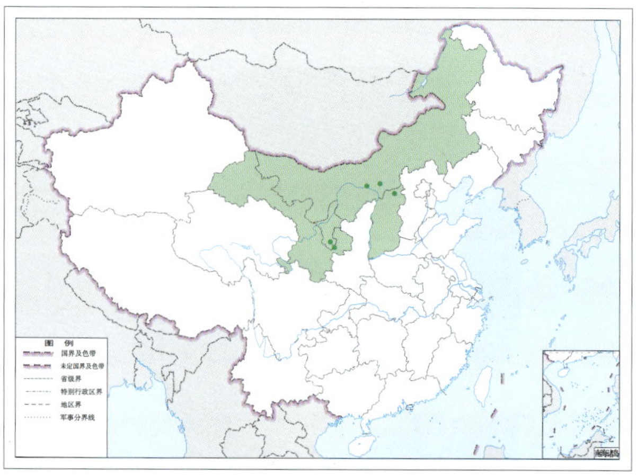

图 2-65-5 蒙古沟蜾蠃 *Ancistrocerus mongolicus* 地理分布图

66. 山沟蜾蠃 *Ancistrocerus montuosus* Gusenleitner, 1993

【测量】 雌性体长 10.3 ~ 11.4 mm，前翅长 10.5 ~ 10.8 mm；雄性体长 7.5 ~ 8.8 mm，前翅长 7.0 ~ 7.5 mm。

【形态特征】 体黑色，具橙黄色斑和金色长毛。雌性唇基黑色、基部两侧具黄色斑，雄性唇基全黄色；前胸背板前基部、腹部第 1 ~ 3 节背板及第 2 节腹板端部分别具橙黄色条带；翅基片及小盾片具橙黄色斑；雌性触角黑色，雄性触角柄节内侧橙黄色；足大部分橙黄色，腿节基部黑色。雌性唇基刻点大且疏，端部凹陷较浅，雄性较雌性刻点更密集，端部凹陷深、呈椭圆形；胸部刻点大且密，前胸背板肩角短小、呈锐角。腹部刻点较头、胸部的小且密，整个腹部疏生长毛；第 2 节背板刻点由基部到端部逐渐变稀疏；侧面观第 2 节背板无隆起，腹板平坦、无隆起且不圆润，靠近基底沟处具棱角且呈直角。

【地理分布】 云南（迪庆、昆明、怒江、普洱）、西藏、台湾。

图 2-66-1　山沟蜾蠃 *Ancistrocerus montuosus* 雌性背面观

图 2-66-2　山沟蜾蠃 *Ancistrocerus montuosus* 雌性头部正面观

图 2-66-3　山沟蜾蠃 *Ancistrocerus montuosus* 雌性头部和前胸背面观

图 2-66-4　山沟蜾蠃 *Ancistrocerus montuosus* 雌性腹部第 2 ~ 6 节侧面观

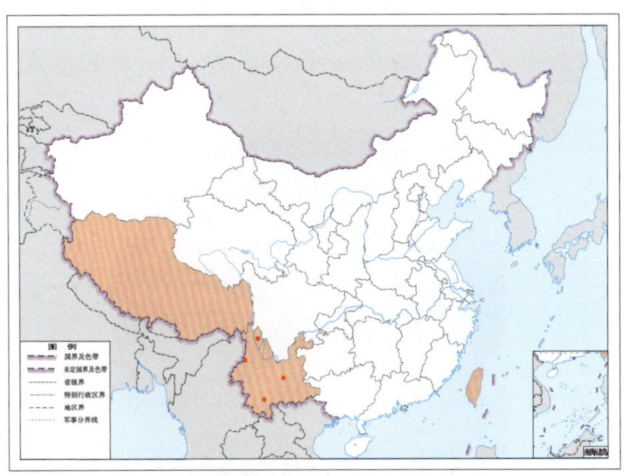

图 2-66-5　山沟蜾蠃 *Ancistrocerus montuosus* 地理分布图

67. 黑触沟蜾蠃 *Ancistrocerus nigricornis* (Curtis, 1826)

【测量】 雌性体长 11.0 ~ 11.4 mm，前翅长 10.5 ~ 10.9 mm；雄性体长 9.6 ~ 10.5 mm，前翅长 8.8 ~ 9.2 mm。

【形态特征】 体黑色，具黄色斑和金色长毛；雌性唇基黑色、基部和端部两侧各具 2 个黄色斑，雄性唇基黄色；触角柄节内侧、触角端部几节、翅基片及小盾片的 2 个大斑黄色；前胸背板前基部、腹部第 1 ~ 4 节背板及腹板端部分别具黄色条带；足大部分黄色，腿节基部黑色。雌性唇基刻点大且疏；胸部刻点大且密，前胸背板肩角明显且呈直角。腹部刻点较头、胸部的小且疏；各节刻点由基部到端部逐渐变小变疏；侧面观第 2 节背板无隆起，腹板圆滑，靠近基底沟处具明显棱角。

【地理分布】 河北（保定）、内蒙古（阿拉善）、河南（新乡）；瑞典，芬兰，英国，法国，西班牙，摩洛哥，意大利，德国，奥地利，波兰，白俄罗斯，保加利亚，希腊，土耳其，伊朗，印度，蒙古，俄罗斯，日本。

图 2-67-1 黑触沟蜾蠃 *Ancistrocerus nigricornis* 雌性背面观

图 2-67-2 黑触沟蜾蠃 *Ancistrocerus nigricornis* 雌性头部正面观

图 2-67-3 黑触沟蜾蠃 *Ancistrocerus nigricornis* 雌性头部和前胸背面观

图 2-67-4 黑触沟蜾蠃 *Ancistrocerus nigricornis* 雌性腹部第 2 ~ 6 节侧面观

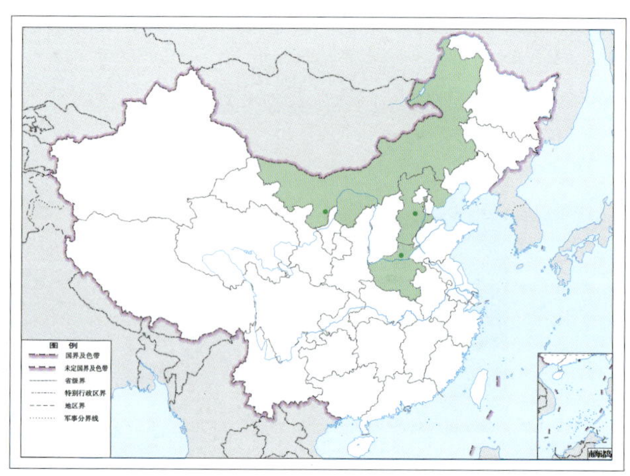

图 2-67-5 黑触沟蜾蠃 *Ancistrocerus nigricornis* 地理分布图

68. 圆腹沟蜾蠃指名亚种 *Ancistrocerus oviventris oviventris* (Wesmael, 1836)

【测量】 雌性体长 9.5 ~ 10.0 mm，前翅长 8.8 ~ 9.5 mm；雄性体长 9.0 ~ 9.5 mm。

【形态特征】 体黑色，具黄色斑和金色长毛。雌性唇基黑色，触角全黑色；前胸背板前基部，腹部第 1 ~ 6 节背板及第 2、3 节腹板端部分别具黄色条带；足大部分黄色，腿节及胫节内侧黑色。雌性唇基刻点由基部到端部逐渐变疏，额区下半部刻点密集呈脊状。胸部刻点大且密，前胸背板肩角较不明显且呈钝角。腹部刻点较头、胸部的明显更小且稀疏，第 2 节背板刻点较第 1 节背板的更小更稀疏；腹部各节具长毛；第 1 节背板端部宽大于长的 2 倍；侧面观第 2 节背板无明显隆起，腹板呈圆弧状，靠近基底沟处无明显棱角。

图 2-68-1 圆腹沟蜾蠃指名亚种 *Ancistrocerus oviventris oviventris* 雌性背面观

图 2-68-2 圆腹沟蜾蠃指名亚种 *Ancistrocerus oviventris oviventris* 雌性头部正面观

【地理分布】 吉林（和龙）；德国，比利时，法国，西班牙，葡萄牙，意大利，奥地利，保加利亚，阿尔巴尼亚，白俄罗斯，土耳其，俄罗斯，韩国，日本。

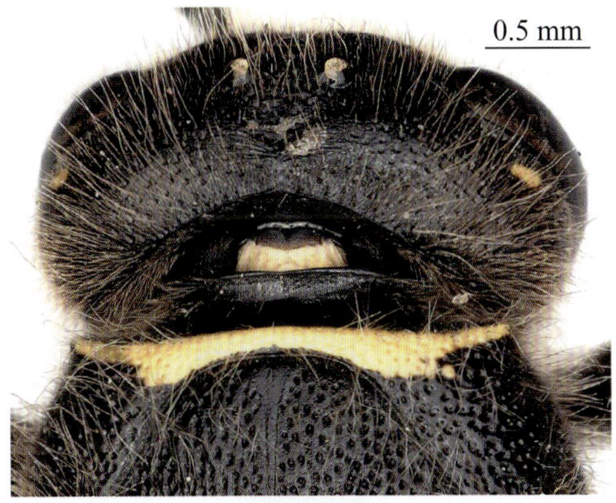

图 2-68-3 圆腹沟蜾蠃指名亚种 *Ancistrocerus oviventris oviventris* 雌性头部和前胸背面观

图 2-68-4 圆腹沟蜾蠃指名亚种 *Ancistrocerus oviventris oviventris* 雌性腹部第 2 ~ 6 节侧面观

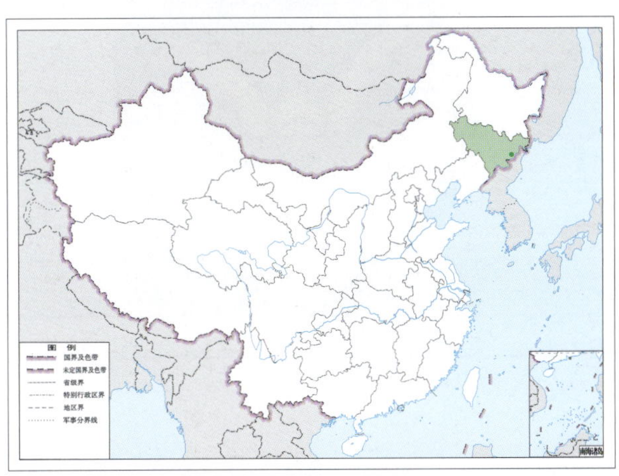

图 2-68-5 圆腹沟蜾蠃指名亚种 *Ancistrocerus oviventris oviventris* 地理分布图

69. 旁灰沟蜾蠃 *Ancistrocerus parapoloi* Giordani Soika, 1966

【测量】 雌性体长 11.0 ~ 11.5 mm，前翅长 10.5 ~ 11.0 mm；雄性体长 11.0 ~ 11.2 mm，前翅长 9.5 ~ 10.3 mm。

【形态特征】 体黑色，具黄色斑和金色短毛。雌性唇基黄色、中间具黑色倒 T 形斑，雄性唇基全黄色。触角各节内侧，翅基片，小盾片及后胸背板黄色；前胸背板大部分黄色，腹部第 1 节背板除基部外几乎全为黄色，腹部第 2 ~ 5 节背板及第 2、3 节腹板端部分别具黄色条带；足大部分金黄色。雌性唇基刻点小且疏，端部具薄片，雄性唇基刻点较雌性的小，端部凹陷呈半圆形。胸部刻点大且密集，前胸背板肩角呈钝角。腹部疏生短毛，刻点较头、胸部的明显更小且稀疏，第 1 节背板刻点较其他背板更密，其余各节背板刻点大小分布均匀；侧面观第 2 节背板无明显隆起，腹板呈圆弧状，靠近基底沟处无明显棱角。

【地理分布】 内蒙古（通辽）、西藏。

图 2-69-1 旁灰沟蜾蠃 *Ancistrocerus parapoloi* 雌性背面观

图 2-69-3 旁灰沟蜾蠃 *Ancistrocerus parapoloi* 雌性腹部第 2 ~ 6 节侧面观

图 2-69-2 旁灰沟蜾蠃 *Ancistrocerus parapoloi* 雌性头部正面观

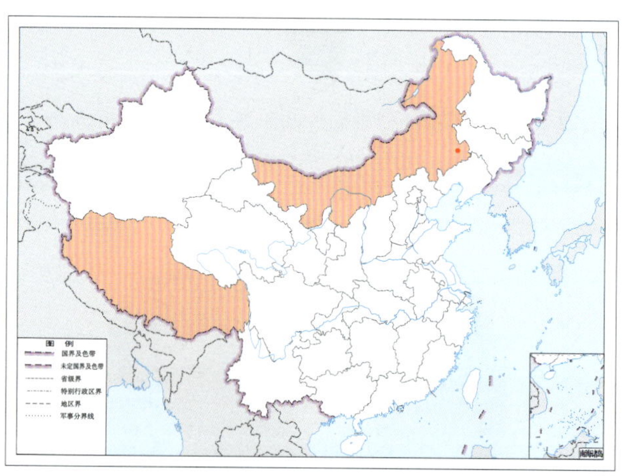

图 2-69-4 旁灰沟蜾蠃 *Ancistrocerus parapoloi* 地理分布图

70. 墙沟蜾蠃 *Ancistrocerus parietinus* (Linnaeus, 1761)

【测量】 雌性体长 9.0 ~ 11.5 mm，前翅长 9.5 ~ 10.5 mm；雄性未知。

【形态特征】 体黑色，具黄色斑和金色短毛。雌性唇基黑色，基部两侧具黄色斑；触角柄节及小盾片黄色；前胸背板前基部、腹部第 1 ~ 5 节背板及第 2 ~ 4 节腹板端部分别具黄色条带；足大部分为金黄色，腿节黑色。唇基刻点小且稀疏，端部凹陷较浅。胸部刻点较大，前胸背板肩角呈直角。腹部整体疏生短毛，刻点较头、胸部的略小且稀疏，各节刻点分布大小均匀；侧面观第 2 节背板无明显隆起，腹板平坦，靠近基底沟处无明显隆起。

【地理分布】 黑龙江（佳木斯）、新疆（博尔塔拉）；瑞典，德国，奥地利，法国，葡萄牙，保加利亚，罗马尼亚，马其顿，土耳其，亚美尼亚，伊朗，中亚，白俄罗斯，俄罗斯（西伯利亚），韩国，日本。

图 2-70-1　墙沟蜾蠃 *Ancistrocerus parietinus* 雌性背面观

图 2-70-2　墙沟蜾蠃 *Ancistrocerus parietinus* 雌性头部正面观

图 2-70-3　墙沟蜾蠃 *Ancistrocerus parietinus* 雌性头部和前胸背面观

图 2-70-4　墙沟蜾蠃 *Ancistrocerus parietinus* 雌性腹部第 2 ~ 6 节侧面观

图 2-70-5　墙沟蜾蠃 *Ancistrocerus parietinus* 地理分布图

71. 川沟蜾蠃 *Ancistrocerus parietum* (Linnaeus, 1758)

【测量】 雌性体长 9.0 ~ 11.0 mm；雄性体长 7.0 ~ 9.5 mm，前翅长 7.5 ~ 8.4 mm。

【形态特征】 体黑色，具黄色斑和金色长毛。雄性唇基黄色，触角内侧及小盾片黄色；腹部第 1 节背板大部分黄色，前胸背板前基部、腹部第 2 ~ 6 节背板及腹板端部分别具黄色条带；足大部分金黄色，腿节基部黑色。雄性唇基刻点小且疏，端部凹陷呈半圆形。胸部整体刻点较大，前胸背板肩角明显且呈锐角。腹部整体疏生短毛，刻点较头和胸部的稍小且密，各节刻点大小分布均匀；侧面观第 2 节背板无明显隆起，腹板轻微凹陷，靠近基底沟处光滑凹陷、无棱角。

【地理分布】 新疆（博尔塔拉、喀什）；法国，西班牙，葡萄牙，非洲西北部，意大利，奥地利，保加利亚，土耳其，俄罗斯，蒙古，韩国，美国，加拿大。

图 2–71–1　川沟蜾蠃 *Ancistrocerus parietum* 雄性背面观

图 2–71–2　川沟蜾蠃 *Ancistrocerus parietum* 雄性头部正面观

图 2–71–3　川沟蜾蠃 *Ancistrocerus parietum* 雄性头部和前胸背面观

图 2–71–4　川沟蜾蠃 *Ancistrocerus parietum* 雄性腹部第 2 ~ 7 节侧面观

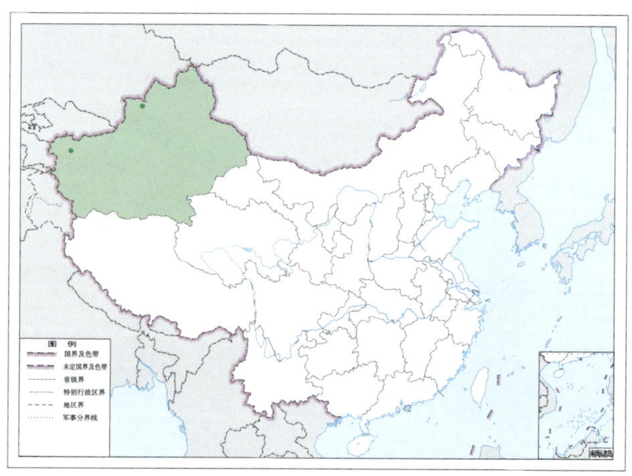

图 2–71–5　川沟蜾蠃 *Ancistrocerus parietum* 地理分布图

72. 拉杰沟蜾蠃 *Ancistrocerus raddei* (Kostylev, 1940)

【测量】 雌性体长 10.0 ~ 10.5 mm，前翅长 9.5 ~ 9.8 mm；雄性体长 9.5 ~ 10.5 mm，前翅长 8.5 ~ 9.5 mm。

【形态特征】 体黑色，具黄色斑和金色长毛。雌性唇基黑色，基部两侧具黄色小斑；触角黑色，柄节具黄色斑；小盾片具黄色斑；前胸背板前基部、腹部第 1 ~ 3 节背板及第 2 节腹板端部分别具黄色条带；足大部分为橙黄色，腿节基部黑色。雌性唇基刻点小且疏，端部弧形凹陷且两侧呈齿状；胸部整体刻点较大、呈网状，前胸背板肩角短、呈钝角。腹部整体疏生长毛，刻点较头、胸部的刻点小且疏，各节刻点由基部到端部逐渐变小变密；侧面观第 2 节背板无明显隆起，腹板平坦，靠近基底沟处具明显棱角且呈直角。

【地理分布】 内蒙古（阿拉善）、吉林（白山）；俄罗斯，蒙古。

图 2-72-1　拉杰沟蜾蠃 *Ancistrocerus raddei* 雌性背面观

图 2-72-2　拉杰沟蜾蠃 *Ancistrocerus raddei* 雌性头部正面观

图 2-72-3　拉杰沟蜾蠃 *Ancistrocerus raddei* 雌性头部和前胸背面观

图 2-72-4　拉杰沟蜾蠃 *Ancistrocerus raddei* 雌性腹部第 2 ~ 6 节侧面观

图 2-72-5　拉杰沟蜾蠃 *Ancistrocerus raddei* 地理分布图

73. 笑斑沟蜾蠃 *Ancistrocerus renimaculus* (Lepeletier, 1841)

【测量】 雌性体长 10.0 ~ 10.5 mm，前翅长 9.5 ~ 9.8 mm；雄性体长 10.0 ~ 10.5 mm，前翅长 9.2 ~ 9.5 mm。

【形态特征】 体黑色，具大量黄色斑和密生白色长毛。雌性唇基黄色、中间具黑色斑，雄性唇基全黄色；触角之间具黄色大斑，雄性黄色斑与唇基相连；触角各节内侧黄色；腹部第 1 节背板大部分黄色，腹部第 2 节腹板两侧具两个黄色圆斑，前胸背板前基部、腹部第 2 ~ 5 节背板及第 1 ~ 5 节腹板端部分别具黄色条带；足大部分为金黄色。雌性唇基刻点小且疏、端部凹陷浅，雄性唇基基部和端部均凹陷且端部凹陷深；胸部整体刻点较大，前胸背板肩角明显且呈直角。腹部疏生短绒毛，刻点较头、胸部刻点小且疏，各节刻点大小分布均匀；侧面观第 2 节背板无明显隆起，腹板平坦，靠近基底沟处无棱角且略凹陷。

【地理分布】 山西（大同）、内蒙古（呼和浩特、包头）、甘肃（武威、嘉峪关、张掖）、宁夏（固原、银川）；葡萄牙，意大利，奥地利，保加利亚，阿尔巴尼亚，以色列，摩洛哥，阿尔及利亚。

图 2-73-1 笑斑沟蜾蠃 *Ancistrocerus renimaculus* 雌性背面观

图 2-73-2 笑斑沟蜾蠃 *Ancistrocerus renimaculus* 雌性头部正面观

图 2-73-3 笑斑沟蜾蠃 *Ancistrocerus renimaculus* 雌性腹部第 2 ~ 6 节侧面观

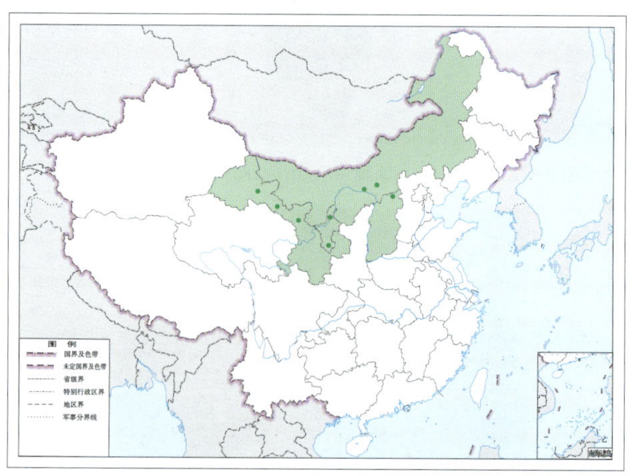

图 2-73-4 笑斑沟蜾蠃 *Ancistrocerus renimaculus* 地理分布图

74. 黑沟蜾蠃指名亚种 *Ancistrocerus scoticus scoticus* (Curtis, 1826)

【测量】 雌性体长 9.0～11.0 mm，前翅长未知；雄性体长 7.0～9.0 mm，前翅长 6.5～7.0 mm。

【形态特征】 体黑色，具黄色斑和白色长毛。雄性唇基黄色，触角柄节及端部黄色；前胸背板前基部、腹部第 1～3 节背板及第 2 节腹板端部分别具黄色条带；足大部分为金黄色，内侧黑色。雄性唇基刻点小且疏，且端部较深呈半圆形。胸部整体刻点较大，前胸背板肩角较明显且呈钝角。腹部整体疏生短毛，刻点较头、胸部的刻点明显小且稀疏，各节刻点由基部到端部逐渐变稀疏；侧面观第 2 节背板略隆起呈弧形，腹板平坦，靠近基底沟处无棱角且平滑。

【地理分布】 内蒙古（阿拉善、锡林郭勒）、辽宁（本溪）；挪威，芬兰，英国，法国，西班牙，意大利，奥地利，斯洛伐克，白俄罗斯，俄罗斯，土耳其，伊朗，哈萨克斯坦，蒙古，韩国。

图 2-74-1　黑沟蜾蠃指名亚种 *Ancistrocerus scoticus scoticus* 雄性背面观

图 2-74-2　黑沟蜾蠃指名亚种 *Ancistrocerus scoticus scoticus* 雄性头部正面观

图 2-74-3　黑沟蜾蠃指名亚种 *Ancistrocerus scoticus scoticus* 雄性头部和前胸背面观

图 2-74-4　黑沟蜾蠃指名亚种 *Ancistrocerus scoticus scoticus* 雄性腹部第 2～7 节侧面观

图 2-74-5　黑沟蜾蠃指名亚种 *Ancistrocerus scoticus scoticus* 地理分布图

75. 锡金沟蜾蠃 *Ancistrocerus sikhimensis* (Bingham, 1897)

【测量】 雌性体长 7.3～8.5 mm，前翅长 6.5～7.5 mm；雄性体长 7.5～8.5 mm，前翅长 7.5～7.8 mm。

【形态特征】 体黑色，具红色斑和金色长毛。雌、雄性唇基全黑色，雄性中间具白色斑；雌、雄性触角均黑色；前胸背板前基部，腹部第 1、2 节背板及第 2 节腹板端部分别具红色条带；足大部分为黑色。雌性唇基刻点小且密，两侧密生长毛，端部凹陷浅；雄性唇基端部凹陷较雌性深，两侧密生长毛。胸部整体刻点较大，前胸背板肩角较小且向内收紧呈锐角。腹部整体疏生短毛，刻点较头、胸部的刻点小且疏浅，各节刻点由基部到端部逐渐变密；侧面观第 2 节背板基部隆起呈角度，整个腹板向内凹陷，靠近基底沟处无棱角且凹陷明显。

【地理分布】 重庆（巫溪）、云南（迪庆、丽江、保山、昆明、曲靖、德宏）、西藏（昌都）；印度，不丹，尼泊尔。

图 2-75-1 锡金沟蜾蠃 *Ancistrocerus sikhimensis* 雌性背面观

图 2-75-3 锡金沟蜾蠃 *Ancistrocerus sikhimensis* 雌性头部正面观

图 2-75-2 锡金沟蜾蠃 *Ancistrocerus sikhimensis* 雌性腹部第 2～6 节侧面观

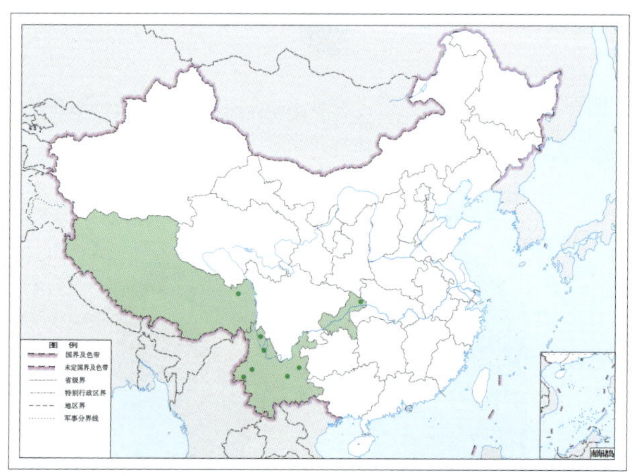
图 2-75-4 锡金沟蜾蠃 *Ancistrocerus sikhimensis* 地理分布图

76. 寺山沟蜾蠃 *Ancistrocerus terayamai* Yamane, 1993

【测量】 雌性体长 11.3 ~ 12.0 mm，前翅长 10.5 ~ 11.5 mm；雄性体长 9.0 ~ 10.5 mm，前翅长 8.8 ~ 10.4 mm。

【形态特征】 体黑色，具橘黄色斑和金色长毛。雌性唇基黑色、基部两侧具橘色斑，雄性唇基黄色；触角内侧橘黄色；前胸背板前基部及内缘，腹部第 1、2 节背板及第 2 节腹板端部分别具黄色条带；足胫节黄色，腿节黑色。雌性唇基刻点小且疏，雄性唇基刻点较雌性更小，雌、雄性唇基端部凹陷极浅；雄性触角细长，各节长均大于宽。胸部整体刻点较大，前胸背板肩角较短呈钝角。腹部整体疏生短毛，第 1 节背板刻点大小与头、胸部的刻点一致，其余各节刻点较头、胸部的刻点小且疏浅；侧面观第 2 节背板近基部隆起呈角度，腹板平坦，靠近基底沟处具明显棱角且呈直角。

【地理分布】 浙江（衢州）、台湾。

图 2-76-1　寺山沟蜾蠃 *Ancistrocerus terayamai* 雌性背面观

图 2-76-2　寺山沟蜾蠃 *Ancistrocerus terayamai* 雌性头部正面观

图 2-76-3　寺山沟蜾蠃 *Ancistrocerus terayamai* 雌性头部和前胸背面观

图 2-76-4　寺山沟蜾蠃 *Ancistrocerus terayamai* 雌性腹部第 2 ~ 6 节侧面观

图 2-76-5　寺山沟蜾蠃 *Ancistrocerus terayamai* 地理分布图

77. 捷列克沟蜾蠃 *Ancistrocerus terekensis* (Kostylev, 1940)

【测量】 雌性体长 8.5 ~ 9.0 mm，前翅长 8.0 ~ 8.5 mm；雄性体长 8.0 ~ 8.5 mm，前翅长 7.5 ~ 8.2 mm。

【形态特征】 体黑色，具黄色斑和金色长毛。雌性唇基黑色，基部两侧具黄色斑，雄性唇基全黄色；触角内侧、翅基片、小盾片、后胸背板黄色；前胸背板前基部、腹部第 1 ~ 3 节背板及第 2 节腹板端部分别具黄色条带；足大部分为黄色。雌性唇基刻点小且疏，雄性唇基刻点大小与雌性的一致，端部凹陷深，具薄片。胸部整体刻点较大，前胸背板肩角宽且较短、呈直角。腹部整体密生长毛，刻点较头、胸部的刻点小且疏浅，第 1 节背板窄，第 2 节背板宽，各节刻点大小分布均匀；侧面观第 2 节背板无明显隆起，腹板平坦，靠近基底沟处具明显棱角且呈钝角。

图 2-77-1 捷列克沟蜾蠃 *Ancistrocerus terekensis* 雌性背面观

图 2-77-2 捷列克沟蜾蠃 *Ancistrocerus terekensis* 雌性头部正面观

【地理分布】 内蒙古（阿拉善）、宁夏（固原）；俄罗斯。

图 2-77-3 捷列克沟蜾蠃 *Ancistrocerus terekensis* 雌性头部和前胸背面观

图 2-77-4 捷列克沟蜾蠃 *Ancistrocerus terekensis* 雌性腹部第 2 ~ 6 节侧面观

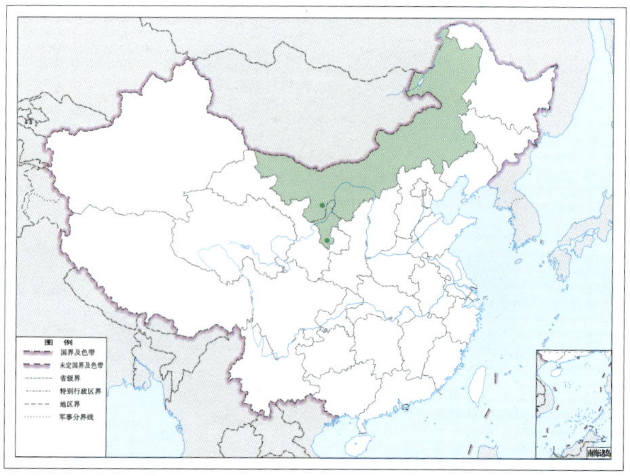

图 2-77-5 捷列克沟蜾蠃 *Ancistrocerus terekensis* 地理分布图

78. 横沟蜾蠃 *Ancistrocerus transpunctatus* You *et* Li, 2013

【测量】 雄性体长 7.5 ~ 8.5 mm，前翅长 7.0 ~ 8.0 mm；雌性未知。

【形态特征】 体黑色，具橙黄色斑和金色长毛。雄性唇基黄色；触角柄节及端部黄色；前胸背板前基部，腹部第 1、2 节背板及第 2 节腹板端部分别具橙红色条带；足大部分为黑色。雄性唇基刻点小且疏，端部凹陷深；胸部刻点较大，前胸背板肩角较短、呈锐角。腹部整体密生短毛，各节刻点由基部到端部逐渐变大，各节端部刻点大于头、胸部的刻点，端部具 1 排规则且大而粗糙的刻点；侧面观第 2 节背板近基部隆起，腹板平坦，靠近基底沟处具明显棱角且呈钝角。

【地理分布】 四川（雅安）、云南（迪庆、腾冲、德宏）。

图 2–78–1 横沟蜾蠃 *Ancistrocerus transpunctatus* 雄性背面观

图 2–78–2 横沟蜾蠃 *Ancistrocerus transpunctatus* 雄性头部正面观

图 2–78–3 横沟蜾蠃 *Ancistrocerus transpunctatus* 雄性头部和前胸背面观

图 2–78–4 横沟蜾蠃 *Ancistrocerus transpunctatus* 雄性腹部第 2 ~ 7 节侧面观

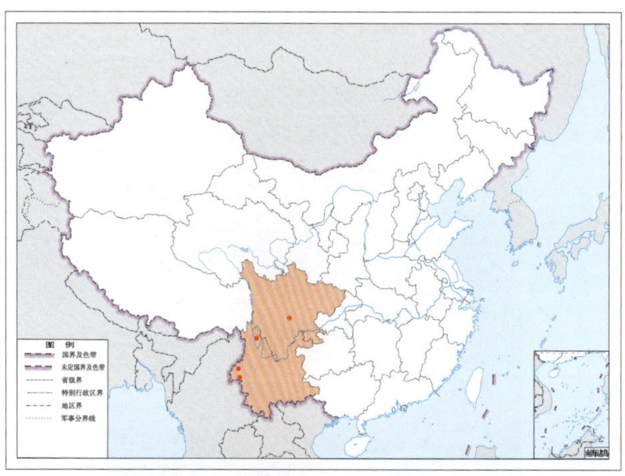

图 2–78–5 横沟蜾蠃 *Ancistrocerus transpunctatus* 地理分布图

79. 三带沟蜾蠃史氏亚种 *Ancistrocerus trifasciatus shibuyai* (Yasumatsu, 1938)

【测量】 雌性体长 8.3 ~ 9.5 mm，前翅长 7.5 ~ 8.4 mm；雄性体长 7.5 ~ 8.0 mm，前翅长 7.0 ~ 7.5 mm。

【形态特征】 体黑色，具黄色斑和金色长毛。雌性唇基黑色，基部两侧具黄色小斑，雄性唇基黄色；雌、雄性触角柄节黄色；前胸背板前基部、腹部第 1 ~ 3 节背板及第 2 节腹板端部分别具黄色条带；足内侧黑色，外侧黄色。雌、雄性唇基刻点小且疏；胸部整体刻点较大，前胸背板肩角较短且呈锐角。腹部整体密生短毛，刻点较头、胸部的刻点明显小且疏浅；第 2 节背板基部刻点密集，毛较其他背板更短更稀疏，侧面观背板无隆起，腹板呈圆弧状，靠近基底沟处凸起圆润但无棱角。

【地理分布】 内蒙古（阿拉善）、辽宁（辽阳）、吉林（白山）、山东（泰安）、甘肃（平凉）、新疆（阿勒泰）；蒙古，俄罗斯，日本。

图 2-79-3　三带沟蜾蠃史氏亚种 *Ancistrocerus trifasciatus shibuyai* 雌性头部和前胸背面观

图 2-79-1　三带沟蜾蠃史氏亚种 *Ancistrocerus trifasciatus shibuyai* 雌性背面观

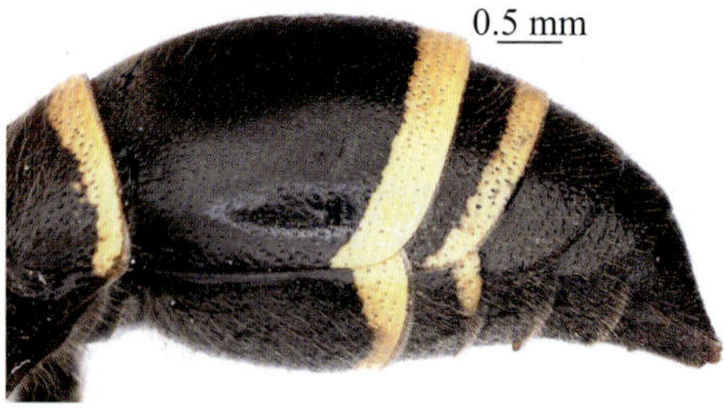

图 2-79-4　三带沟蜾蠃史氏亚种 *Ancistrocerus trifasciatus shibuyai* 雌性腹部第 2 ~ 6 节侧面观

图 2-79-2　三带沟蜾蠃史氏亚种 *Ancistrocerus trifasciatus shibuyai* 雌性头部正面观

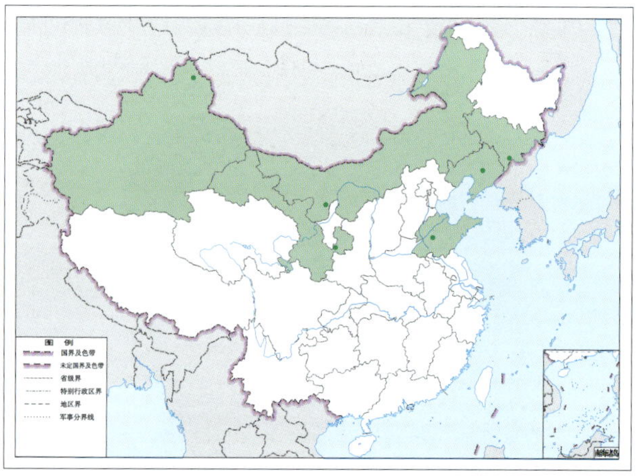

图 2-79-5　三带沟蜾蠃史氏亚种 *Ancistrocerus trifasciatus shibuyai* 地理分布图

80. 肯尼斯沟蜾蠃 *Ancistrocerus tussaci* Gusenleitner, 1987

【测量】 雌性体长 9.0 ~ 9.5 mm，前翅长 8.5 ~ 9.0 mm；雄性体长 8.5 ~ 9.6 mm，前翅长 8.0 ~ 9.3 mm。

【形态特征】 体黑色，具橙黄色斑和金色短毛。雌性唇基黑色、基部两侧具橙黄色斑，雄性唇基黄色；触角柄节、小盾片、翅基片黄色；腹部第 1 节背板几乎全黄色，中间小部分黑色；前胸背板前基部、腹部第 2 节背板及第 2 节腹板端部分别具黄色条带；足大部分为锈红色。雌性唇基刻点小且疏，雄性刻点较雌性更疏；胸部整体刻点较大，前胸背板肩角钝且呈直角。腹部整体密生极短绒毛，各节刻点整体较头、胸部的刻点明显小且疏；第 2 节背板几乎无毛，刻点由基部到端部逐渐变密；侧面观第 2 节背板无隆起，腹板呈圆弧状，靠近基底沟处基部中央具明显纵沟。

【地理分布】 山西（大同）、内蒙古（包头、呼和浩特）、甘肃（张掖、平凉）、宁夏（固原、吴忠）；法国，意大利。

图 2-80-1　肯尼斯沟蜾蠃 *Ancistrocerus tussaci* 雄性背面观

图 2-80-3　肯尼斯沟蜾蠃 *Ancistrocerus tussaci* 雌性腹部第 2 ~ 6 节侧面观

图 2-80-2　肯尼斯沟蜾蠃 *Ancistrocerus tussaci* 雄性头部正面观

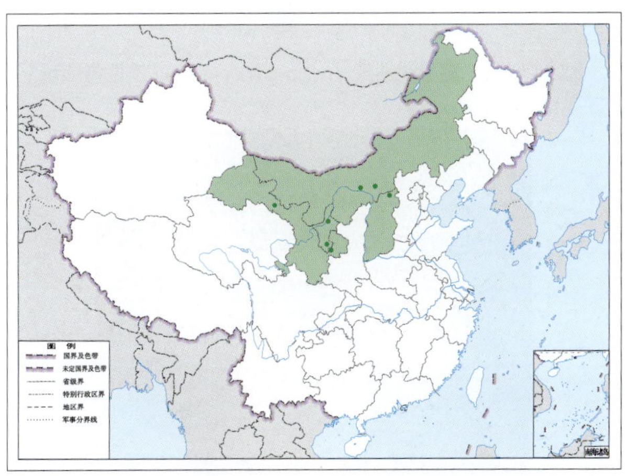

图 2-80-4　肯尼斯沟蜾蠃 *Ancistrocerus tussaci* 地理分布图

81. 高原沟蜾蠃 *Ancistrocerus waltoni* (Meade-Waldo, 1910)

【测量】 雌性体长 10.5 mm，前翅长未知；雄性体长 8.5 ~ 9.5 mm，前翅长 7.0 ~ 8.6 mm。

【形态特征】 体黑色，具黄色斑和白色长毛。雄性唇基黄色；触角柄节及端部腹面黄色；前胸背板前基部、腹部第 1 ~ 3 节背板及第 2 节腹板端部分别具黄色条带；足大部分为黄色，腿节基部黑色。雄性触角柄节毛长于柄节宽，唇基刻点小且疏，密生白色长毛，端部凹陷深，具明显薄片；胸部整体刻点较大，前胸背板肩角较长、呈锐角。腹部整体疏生短毛，刻点较头和胸部的小且密集，各节刻点大小分布均匀；侧面观第 2 节背板无隆起，腹板平坦，靠近基底沟处无棱角。

【地理分布】 西藏、宁夏（固原）；印度。

图 2-81-1 高原沟蜾蠃 *Ancistrocerus waltoni* 雄性背面观

图 2-81-2 高原沟蜾蠃 *Ancistrocerus waltoni* 雄性头部正面观

图 2-81-3 高原沟蜾蠃 *Ancistrocerus waltoni* 雄性头部和前胸背面观

图 2-81-4 高原沟蜾蠃 *Ancistrocerus waltoni* 雄性腹部第 2 ~ 7 节侧面观

图 2-81-5 高原沟蜾蠃 *Ancistrocerus waltoni* 地理分布图

九、啄蜾蠃属 *Antepipona* de Saussure, 1855

【形态特征】 雌性唇基常具平坦区和侧脊而呈铲状，雄性唇基无平坦区和侧脊；雌性唇基较雄性的长，雄性唇基宽大于长；触角第 3 节短，仅稍长于第 4 节；雄性触角第 13 节向后回折成钩状；雌性头顶窝穴小。翅基片长大于宽，前后呈尖状，其后缘略短于旁翅基片后缘；前胸脊常在两侧发达，背部退化或缺失；前胸背部前斜面中间具两个相连或分开的窝穴；中胸侧板侧纵脊发达；后胸背板具 1 对尖的齿突；并胸腹节腹瓣发达，呈三角形突起。腹部第 1 节短宽，背板宽明显大于长，略窄于第 2 节，背板刻点常粗糙；腹部第 2 节背板近基部两侧常各具 1 个色斑。

【地理分布】 分布于古北区、东洋区、非洲区。

【分类】 世界已知 167 种；我国分布 16 种，本图鉴收录 11 种。

中国啄蜾蠃属 *Antepipona* 分种检索表

1. 唇基疏生刻点，刻点间距大于刻点直径 ······ 2
   唇基密生刻点，刻点间距小于刻点直径 ······ 5
2. 后胸背板垂直面光滑无刻点；足大部分为黄棕色 ······ 棕足啄蜾蠃 *Antepipona asiamontana*
   后胸背板垂直面具粗糙刻点；足除基节为黑色外，其余部分为黄色 ······ 3
3. 腹部第 2 节腹板基部具清晰的中纵沟；雄性触角第 13 节短小，向后折回至第 11 节中部 ······ 山东啄蜾蠃 *Antepipona shantungensis*
   腹部第 2 节腹板基部无中纵沟；雄性触角第 13 节粗长，向后折回至第 10 节端部或中部 ······ 4
4. 腹部第 1 节背板刻点较胸部刻点稀疏且更小，基部具红棕色斑 ······ 红啄蜾蠃 *Antepipona rufescens*
   腹部第 1 节背板刻点与胸部刻点一样密集但更大，基部黑色 ······ 多斑啄蜾蠃 *Antepipona plurimacula*
5. 前胸脊整体发达，背侧中央向内部弯曲 ······ 锡兰啄蜾蠃 *Antepipona ceylonica*
   前胸脊只在两侧发达，背侧缺失或变弱 ······ 6
6. 头部颊区在 1/3 处变窄，边缘呈角度而非弧形；前胸背板两侧肩角不明显 ······ 六带啄蜾蠃 *Antepipona sexfasciata*
   头部颊区逐渐变窄，边缘呈弧形；前胸背板两侧肩角明显 ······ 7
7. 并胸腹节背区基部具 2 条弯曲的短横脊 ······ 8
   并胸腹节背区基部无横脊 ······ 13
8. 唇基端部两侧齿宽度小于触角窝的直径 ······ 9
   唇基端部两侧齿宽度大于触角窝的直径 ······ 10
9. 颊区较窄；腹部第 1、2 节背板刻点较胸部刻点更大 ······ 棕啄蜾蠃 *Antepipona brunneola*

颊区正常；腹部第 1、2 节背板刻点较胸部刻点小 ………………………………… 巧啄蜾蠃 *Antepipona deflenda*

10. 前胸背板前斜面中部具不规则刻点 ………………………… 高啄蜾蠃指名亚种 *Antepipona excelsa excelsa*

前胸背板前斜面中部具 1 排纵向的规则刻点，且刻点间具纵脊，占据前胸背板前斜面的 1/3 ………… 11

11. 触角柄节密生均一小刻点 ………………………………………………………… 香港啄蜾蠃 *Antepipona menkei*

触角柄节具大小不一的不规则刻点 ……………………………………………………………………………… 12

12. 唇基密生大刻点，刻点大小与头部几乎一致，基部具黄色宽条带 ………… 哨啄蜾蠃 *Antepipona sibilans*

唇基密生小刻点，刻点大小较头部刻点更小，基部黄色条带较上述窄 ………………………………………………………………………………… 椭圆啄蜾蠃 *Antepipona biguttata*

13. 雌性唇基端部几乎无凹陷、平截状；后胸背板侧齿小，且靠近后胸背板两侧 ……………………………………………………………………………………… 黄唇啄蜾蠃 *Antepipona ovalis*

雌性唇基端部明显凹陷；后胸背板侧齿大而长，且不靠近后胸背板两侧 …………………………………… 14

14. 雌性唇基端部两侧齿宽度小于触角窝的直径，端部凹陷深、呈半圆形 ……………………………………………………………………… 滴斑啄蜾蠃远斑亚种 *Antepipona guttata diffinis*

雌性唇基端部两侧齿宽度大于触角窝的直径，端部凹陷浅 ………………………………………………… 15

15. 雄性唇基端缘无透明区，端部深 U 形凹陷，两侧齿长而尖；腹部第 2 节腹板基部具中纵沟 ……………………………………………………………………………… 提提俄斯啄蜾蠃 *Antepipona tytides*

雄性唇基端缘具透明区，端部凹陷较上述浅、呈浅弧形，两侧齿较短；腹部第 2 节腹板基部无中纵沟 ……………………………………………………………………………… 双斑啄蜾蠃 *Antepipona bipustulata*

82. 棕足啄蜾蠃 *Antepipona asiamontana* Gusenleitner, 2004

【测量】 雌性体长 8.5 ~ 9.5 mm，前翅长 8.0 ~ 9.0 mm；雄性体长 7.0 ~ 8.0 mm，前翅长 8.0 ~ 8.5 mm。

【形态特征】 体黑色，具大量黄色斑，其中前胸背板前基部具宽的完整黄色条带，中间不间断；足大部分为黄棕色。头顶毛均长于单眼直径；雌性唇基宽等于长，中部平坦区明显且几乎从基部向端部延长，仅端部略凹平，两侧脊间具长的、细的纵皱，纵皱间略光滑；雄性唇基疏生小刻点，端缘弧形凹口深；雄性触角第 13 节向后折回至第 11 节中部。前胸背板的前斜面具无规则的刻点，前胸脊两侧发达，明显呈尖角状；后胸背板垂直面光滑无刻点；旁翅基片短粗；并胸腹节背区基部无短横脊。腹部刻点均小于胸部刻点，第 2 节腹板基底沟较深。

【地理分布】 北京（香山）、山西（大同、临汾）、湖北（武当山）、重庆（开州、巫溪）、四川（广元）、陕西（华阴、延安、安康、宝鸡）、甘肃（张掖、平凉）、宁夏（银川、石嘴山、中卫）。

图 2-82-1　棕足啄蜾蠃 *Antepipona asiamontana* 雄性背面观

图 2-82-3　棕足啄蜾蠃 *Antepipona asiamontana* 雄性头部正面观

图 2-82-4　棕足啄蜾蠃 *Antepipona asiamontana* 雄性触角

图 2-82-2　棕足啄蜾蠃 *Antepipona asiamontana* 雌性头部正面观

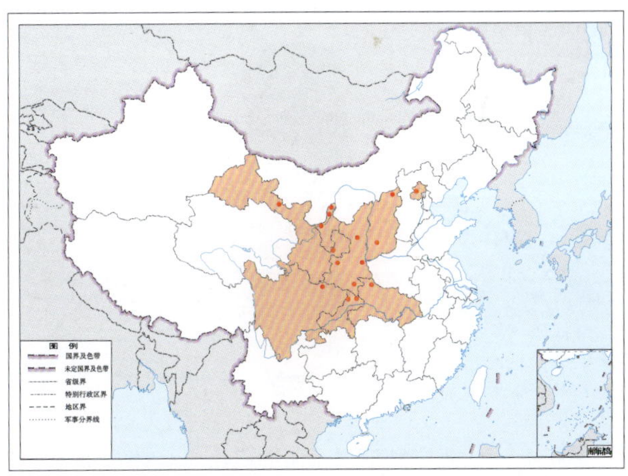

图 2-82-5　棕足啄蜾蠃 *Antepipona asiamontana* 地理分布图

83. 椭圆啄蜾蠃 *Antepipona biguttata* (Fabricius, 1787)

【测量】 雌性体长 6.0 ~ 8.0 mm，前翅长 6.5 ~ 8.5 mm；雄性体长 6.0 ~ 7.5 mm，前翅长 6.0 ~ 7.5 mm。

【形态特征】 体黑色，具大量黄色斑；前翅缘室除基部外均为褐色斑；腹部第 1 节前斜面和侧面黑色。雌性唇基宽大于长，密生小刻点，平坦区自中部开始向端部延长，端缘凹陷浅，两侧齿钝，两侧脊间暗、刻点及纵皱不明显；雄性唇基端缘凹陷较雌性深，呈三角形而非弧形；雄性触角第 13 节向后折回至第 10 节端部。前胸背板前斜面中间具 1 排纵向的规则刻点，且刻点间具纵脊，占据前胸背板前斜面的 1/3；并胸腹节背区基部具 2 条弯曲的短横脊。腹部刻点小于胸部刻点，且刻点浅平；腹部第 1 节背板钟形；第 3 节背板端部条带不完整，仅中间具条带；第 2 节腹板基部具中纵沟。

【地理分布】 浙江、安徽（六安）、福建（武夷山、邵武）、江西（抚州、崇义）、山东（泰安）、河南（南阳、信阳）、湖北（武当山）、广东、广西（河池、百色、桂林、岑溪、来宾、崇左）、海南、重庆（巫溪、秀山、开州、酉阳、梁平、石柱、云阳）、四川（广元、眉山、阆中、凉山、巴中、攀枝花、达州）、贵州（黔南）、云南（文山、大理、普洱、临沧、红河、保山、德宏、西双版纳）、甘肃（陇南）、台湾；韩国，泰国，老挝，越南，缅甸，马来西亚，印度。

图 2-83-3　椭圆啄蜾蠃 *Antepipona biguttata* 雄性头部正面观

图 2-83-4　椭圆啄蜾蠃 *Antepipona biguttata* 雄性触角

图 2-83-1　椭圆啄蜾蠃 *Antepipona biguttata* 雌性背面观

图 2-83-2　椭圆啄蜾蠃 *Antepipona biguttata* 雌性头部正面观

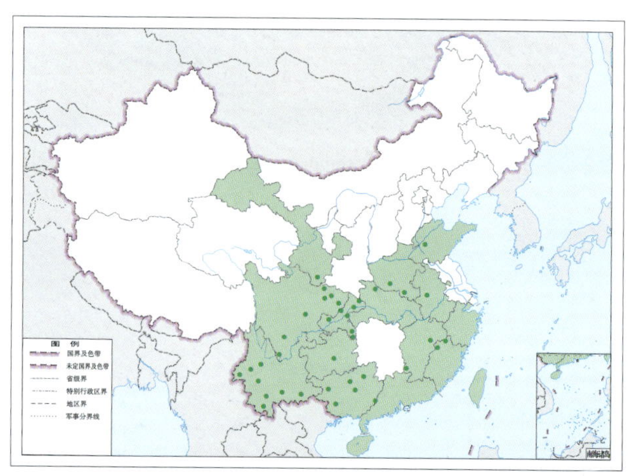

图 2-83-5　椭圆啄蜾蠃 *Antepipona biguttata* 地理分布图

84. 双斑啄蜾蠃 *Antepipona bipustulata* (de Saussure, 1855)

【测量】 雌性体长 6.5 ~ 7.5 mm，前翅长 6.0 ~ 6.7 mm；雄性体长 6.5 ~ 7.0 mm，前翅长 6.5 ~ 7.5 mm。

【形态特征】 体黑色，具黄色斑；前翅缘室具褐色斑；腹部第 3 节背板端部仅两侧具黄色斑。雌性唇基平坦区从靠近基部开始延长至端部，铲状非常明显，两侧脊间的平坦区粗糙且具纵皱和刻点，端缘仅略凹陷，两侧齿钝不明显，两侧齿间距等于两触角窝内缘间距；雄性唇基端缘凹陷明显较雌性深、呈弧形，唇基表面有均匀大刻点；雄性触角第 13 节向后折回至第 11 节基部。前胸背板前斜面中间无刻点，具 1 条横向压痕，似窝穴；旁翅基片细长呈拱形；并胸腹节背区基部无短横脊。腹部刻点较胸部刻点更浅、更稀疏；第 2 节腹板基底沟较深，基部无中纵沟。

【地理分布】 云南（西双版纳、玉溪、临沧、德宏、保山、普洱）；印度，斯里兰卡，缅甸，泰国，老挝，马来西亚，新加坡，印度尼西亚。

图 2-84-1 双斑啄蜾蠃 *Antepipona bipustulata* 雌性背面观

图 2-84-2 双斑啄蜾蠃 *Antepipona bipustulata* 雌性头部正面观

图 2-84-3 双斑啄蜾蠃 *Antepipona bipustulata* 雄性头部正面观

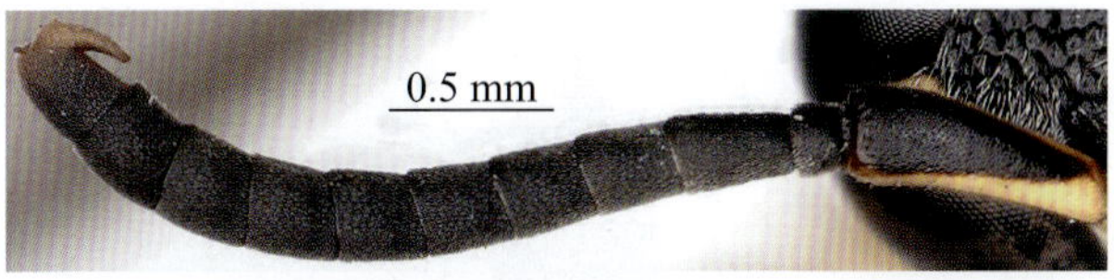

图 2-84-4 双斑啄蜾蠃 *Antepipona bipustulata* 雄性触角

图 2-84-5 双斑啄蜾蠃 *Antepipona bipustulata* 地理分布图

85. 锡兰啄蜾蠃 *Antepipona ceylonica* (de Saussure, 1867)

【测量】 雌性体长 6.2 ~ 7.2 mm，前翅长 5.5 ~ 6.7 mm；雄性体长 6.5 ~ 7.2 mm，前翅长 5.5 ~ 6.5 mm。

【形态特征】 体黑色，明显具黄色斑；前翅缘室仅端部具褐色斑。唇基密生刻点，雌性唇基端部和基部各具黄色斑，平坦区靠近端部，两侧脊间纵皱不明显，唇基端缘凹陷均较浅且呈角度，但非弧形，其中雄性凹陷较雌性略深；前胸脊整体发达，背侧中央向内部弯曲，前斜面无 1 排规则的刻点；并胸腹节背区基部具极微弱的短横脊；雄性触角第 13 节较粗呈钩状，向后折回至第 10 节中部。腹部第 2 节腹板密生刻点，中部略稀疏，且向端部刻点逐渐变深，大于腹部第 2 节背板刻点，基部具短中纵沟。

【地理分布】 广西（崇左、河池、防城港）、重庆（巫山、江津、开州、万州）、四川（攀枝花、凉山）、贵州（铜仁、遵义）、云南（怒江、丽江、保山、楚雄、普洱、玉溪、临沧）；印度，斯里兰卡，缅甸。

图 2-85-1 锡兰啄蜾蠃 *Antepipona ceylonica* 雌性背面观

图 2-85-2 锡兰啄蜾蠃 *Antepipona ceylonica* 雌性头部正面观

图 2-85-3 锡兰啄蜾蠃 *Antepipona ceylonica* 雄性头部正面观

图 2-85-4 锡兰啄蜾蠃 *Antepipona ceylonica* 雄性触角

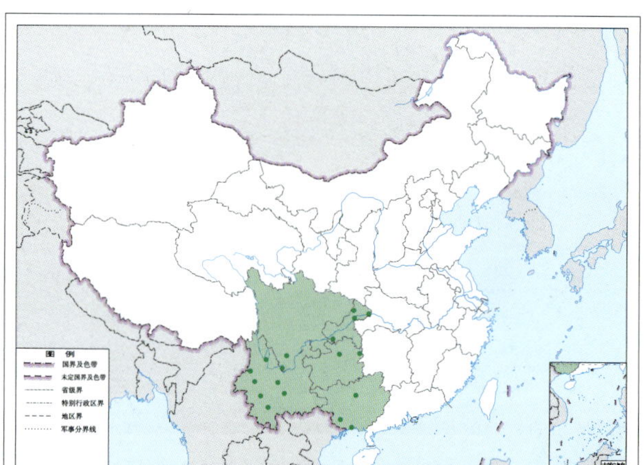

图 2-85-5 锡兰啄蜾蠃 *Antepipona ceylonica* 地理分布图

86. 巧啄蜾蠃 *Antepipona deflenda* (Saunders, 1853)

【测量】雌性体长 7.5 ~ 8.5 mm，前翅长 7.0 ~ 8.0 mm；雄性体长 7.0 ~ 8.0 mm，前翅长 7.0 ~ 7.5 mm。

【形态特征】体黑色，具黄色斑。雌性唇基宽大于长、密生小刻点，刻点间具较多纵脊，平坦区从中部开始延伸，近端部刻点较密，端缘略微呈弧形凹陷；雄性唇基端缘凹陷较雌性略深，呈角度；雄性触角第 13 节较粗，呈钩状，向后折回至第 10 节中部。前胸背板前基部的黄色条带窄且中间断开，前胸脊两侧发达，形成明显的尖角，前胸背板前斜面中间具 1 排纵向的规则刻点，且刻点间具纵脊，占据前胸背板前斜面的 1/3；并胸腹节背区基部具 2 条弯曲的短横脊。腹部刻点较胸部的小而浅，第 1 节背板刻点较腹部其余背板刻点更大、更密集；第 2 节腹板基部不凸起，且基部具中纵沟。

【地理分布】安徽（六安）、福建（邵武）、江西（赣州、抚州）、山东（泰安）、河南（信阳、南阳、三门峡）、湖北（武当山）、广东（惠州）、广西（河池、百色、玉林、防城港、来宾、岑溪）、海南（乐东、五指山）、重庆（城口、酉阳、万州）、四川（攀枝花、广元、凉山、都江堰、达州）、贵州（黔南）、云南（临沧、普洱、德宏、玉溪、红河、保山、大理、瑞丽、西双版纳）、陕西（汉中）、甘肃（陇南）；法国，葡萄牙，西班牙，阿尔及利亚，摩洛哥，意大利，德国，奥地利，克罗地亚，黑山，阿尔巴尼亚，乌克兰，俄罗斯，土耳其，黎巴嫩，伊朗，伊拉克，塔吉克斯坦，哈萨克斯坦，乌兹别克斯坦。

图 2-86-1　巧啄蜾蠃 *Antepipona deflenda* 雌性背面观

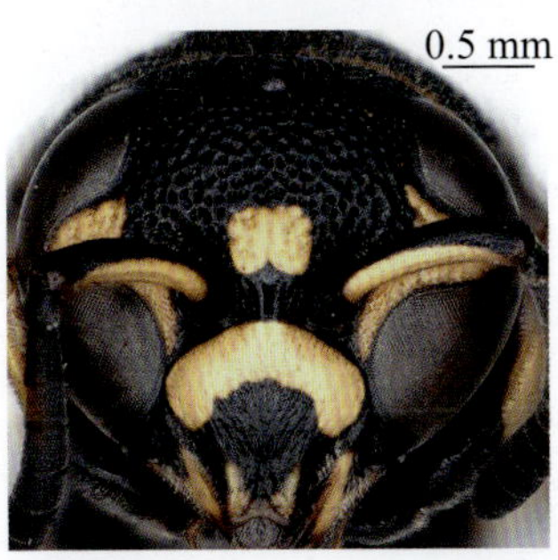

图 2-86-2　巧啄蜾蠃 *Antepipona deflenda* 雌性头部正面观

图 2-86-3　巧啄蜾蠃 *Antepipona deflenda* 雄性头部正面观

图 2-86-4　巧啄蜾蠃 *Antepipona deflenda* 雄性触角

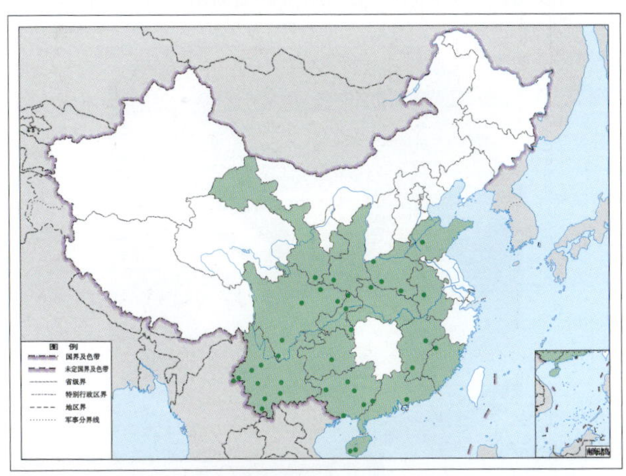

图 2-86-5　巧啄蜾蠃 *Antepipona deflenda* 地理分布图

87. 香港啄蜾蠃 *Antepipona menkei* Giordani Soika, 1986

【测量】 雌性体长 7.5 ~ 8.5 mm，前翅长 7.0 ~ 8.0 mm；雄性体长 7.0 ~ 7.5 mm，前翅长 7.0 ~ 7.5 mm。

【形态特征】 体黑色，具黄色斑；前翅缘室具黑褐色斑。雌性唇基中间具不规则黄色斑，宽等于长，刻点大且密，平坦区仅端部明显，有光泽；雄性唇基黄色且具光泽，密生大刻点。唇基端缘均凹陷呈角度；触角柄节具极密的细小刻点，雄性触角第 13 节端部尖，向后折回至第 10 节中部。前胸背板两侧横脊发达，形成尖角，前胸背板前斜面中间均具 1 排纵向的规则刻点，且刻点间具纵脊，占据前胸背板前斜面 1/3；并胸腹节背区两侧脊不发达，背区基部具 2 条弯曲的短横脊。腹部刻点较胸部的小且稀疏，第 2 节腹板基部凸起，具中纵沟；第 3 节背板刻点比第 2 节刻点更大、更密。

【地理分布】 安徽（六安、黄山）、江西（赣州、抚州）、河南（三门峡、南阳、信阳）、广西（岑溪、河池、百色）、海南（屯昌、乐东、定安、五指山）、重庆（城口）、四川（眉山、达州、阆中、凉山、攀枝花）、贵州（黔南）、云南（德宏、丽江、玉溪、红河）、陕西（汉中）、甘肃（陇南）、香港。

图 2-87-1　香港啄蜾蠃 *Antepipona menkei* 雌性背面观

图 2-87-2　香港啄蜾蠃 *Antepipona menkei* 雌性头部正面观

图 2-87-3　香港啄蜾蠃 *Antepipona menkei* 雄性头部正面观

图 2-87-4　香港啄蜾蠃 *Antepipona menkei* 雄性触角

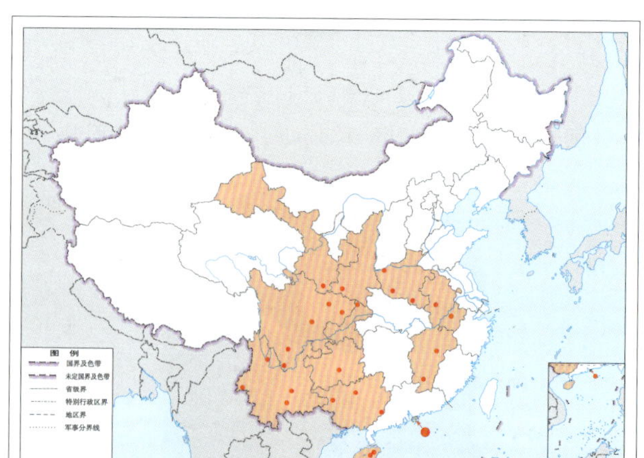

图 2-87-5　香港啄蜾蠃 *Antepipona menkei* 地理分布图

88. 红啄蜾蠃 *Antepipona rufescens* (Smith, 1857)

【测量】 雌性体长 8.0 ~ 9.0 mm，前翅长 7.5 ~ 8.5 mm；雄性体长 6.5 ~ 8.0 mm，前翅长 6.0 ~ 7.5 mm。

【形态特征】 体黑色，具大量黄色至黄棕色斑，其中腹部第 1 节背板前基部为红棕色，雄性红棕色区域相对少；前翅缘室除基部外为褐色。雌性唇基宽等于长，平坦区不明显，两侧脊不显著，仅端部存在；唇基表面密生浅刻点，刻点间光滑，端缘弧形凹且浅；雄性的凹陷较雌性深，唇基明显隆起、端部深凹陷；雄性触角第 13 节短宽、端部弧形、向后折回至第 11 节基部。前胸脊肩角略凸起，不形成齿，前胸背板前斜面无 1 排规则的刻点，中间无刻点，具 1 条横向凹痕；后胸背板中间凹陷较深，两侧齿较长；并胸腹节无侧脊。腹部刻点较胸部的小，第 2 节背板由基部到端部刻点逐渐变密变深，第 2 节腹板基部不凸起。

【地理分布】 广东（肇庆）、云南（普洱、红河、文山、西双版纳）、香港；印度，泰国，缅甸，老挝，马来西亚，印度尼西亚。

图 2-88-1 红啄蜾蠃 *Antepipona rufescens* 雌性背面观

图 2-88-2 红啄蜾蠃 *Antepipona rufescens* 雌性头部正面观

图 2-88-3 红啄蜾蠃 *Antepipona rufescens* 雄性头部正面观

图 2-88-4 红啄蜾蠃 *Antepipona rufescens* 雄性触角

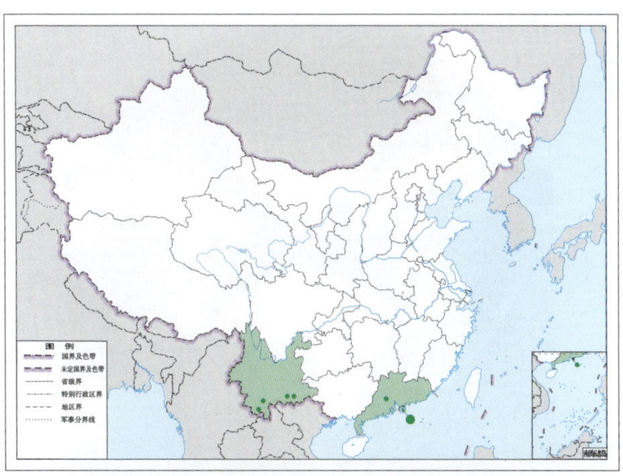

图 2-88-5 红啄蜾蠃 *Antepipona rufescens* 地理分布图

89. 六带啄蜾蠃 *Antepipona sexfasciata* Giordani Soika, 1986

【测量】 雌性体长 8.0 ~ 8.5 mm，前翅长 7.5 ~ 8.0 mm；雄性体长 7.5 ~ 8.0 mm，前翅长 7.0 ~ 7.5 mm。

【形态特征】 体黑色，具大量黄色斑；前翅缘室具黑褐色斑。唇基均宽大于长，雌性唇基平坦区明显，但两侧脊退化、不明显，密生大刻点，刻点间光滑，端缘略弧形凹陷；雄性唇基端缘凹陷明显较雌性的深。整个触角柄节黄色，刻点大小不一且分布不均，雄性触角第 13 节端部尖、向后折回超过第 10 节中部；头部颊区在 1/3 处变窄，边缘呈角度而非弧形。前胸背板前斜面中间均具 1 排纵向的规则刻点，且刻点间具纵脊，占据前胸背板前斜面的 1/3，前胸脊两侧不发达，未形成明显角度；中胸侧板刻点密且大，刻点间距小于刻点直径；旁翅基片弯曲弧度较小；并胸腹节背面两侧脊不发达，背区基部具 2 条弯曲的短横脊。腹部刻点较大，第 1 节背板刻点大于胸部刻点，其余背板刻点适中，第 2 节腹板疏生刻点。

【地理分布】 四川（攀枝花、凉山）。

图 2-89-1　六带啄蜾蠃 *Antepipona sexfasciata* 雌性背面观

图 2-89-2　六带啄蜾蠃 *Antepipona sexfasciata* 雌性头部正面观

图 2-89-3　六带啄蜾蠃 *Antepipona sexfasciata* 雄性头部正面观

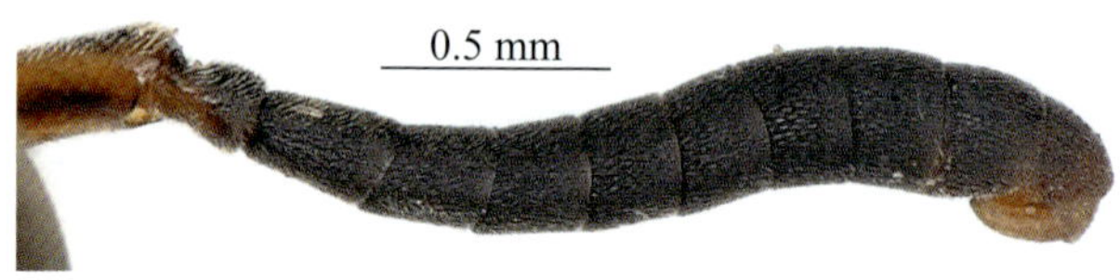

图 2-89-4　六带啄蜾蠃 *Antepipona sexfasciata* 雄性触角

图 2-89-5　六带啄蜾蠃 *Antepipona sexfasciata* 地理分布图

90. 山东啄蜾蠃 *Antepipona shantungensis* Giordani Soika, 1993

【测量】 雌性体长 8.0 ~ 9.0 mm，前翅长 7.5 ~ 8.5 mm；雄性体长 7.0 ~ 8.0 mm，前翅长 8.0 ~ 8.5 mm。

【形态特征】 体黑色，具淡黄色斑，前翅缘室淡褐色。唇基均具光泽，雌性唇基宽等于长，端缘浅凹陷，唇基两侧脊明显，无明显平坦区域，疏生小刻点，刻点间明显具纵皱，端部刻点较基部密；雄性唇基端缘凹陷深，疏生小刻点；雄性触角第 13 节短小且扁，向后折回至第 11 节中部。前胸背板肩角略隆起发达，形成齿状，前斜面无 1 排规则的刻点；中胸背板密生刻点；后胸背板垂直面光滑无刻点；并胸腹节背面两侧脊十分发达，背区基部无短横脊。腹部刻点较胸部稍小，第 1 节背板密生刻点，第 2 节背板刻点较第 1 节的稀疏，第 2 节腹板疏生刻点，基底沟深，基部具清晰的中纵沟。

【地理分布】 河北（承德）、内蒙古（通辽）、吉林（延吉）、山东（泰安）。

图 2-90-1　山东啄蜾蠃 *Antepipona shantungensis* 雄性背面观

图 2-90-2　山东啄蜾蠃 *Antepipona shantungensis* 雌性头部正面观

图 2-90-3　山东啄蜾蠃 *Antepipona shantungensis* 雄性头部正面观

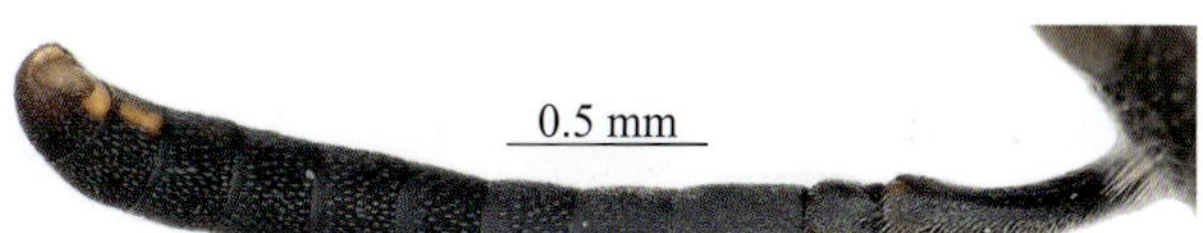

图 2-90-4　山东啄蜾蠃 *Antepipona shantungensis* 雄性触角

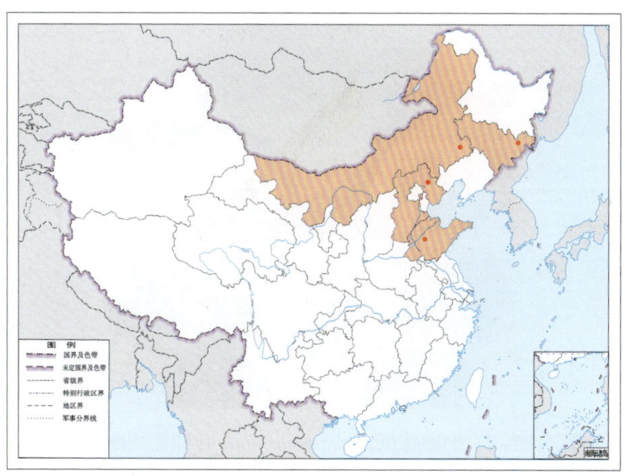

图 2-90-5　山东啄蜾蠃 *Antepipona shantungensis* 地理分布图

91. 哨啄蜾蠃 *Antepipona sibilans* (Cameron, 1903)

【测量】 雌性体长 6.0 ~ 7.5 mm，前翅长 6.0 ~ 7.0 mm；雄性体长 6.0 ~ 7.5 mm，前翅长 6.0 ~ 7.0 mm。

【形态特征】 体黑色，具黄色斑；前翅缘室端部具褐色斑。雌性唇基宽大于长且唇基平坦区靠近端部，两侧脊间纵皱不明显，端缘微凹，刻点直径等于刻点间距；雄性唇基密生大刻点，端缘凹陷略深且呈角度，凹陷基部透明；雄性触角端部较粗，向后折回至第 10 节中部。前胸背板前斜面中间均具 1 排纵向的规则刻点，且刻点间具纵脊，占据前胸背板前斜面的 1/3；后胸背板侧齿较短；并胸腹节背区基部具 2 条弯曲的短横脊。腹部刻点均小于胸部刻点，第 2 节腹板凸起，基底沟较深，基部具浅的中纵沟。

【地理分布】 山西（临汾、吕梁）、河南（三门峡、南阳、信阳）、甘肃（陇南）、安徽（六安）、湖北（武当山）；印度，尼泊尔，巴基斯坦。

图 2-91-1 哨啄蜾蠃 *Antepipona sibilans* 雌性背面观

图 2-91-2 哨啄蜾蠃 *Antepipona sibilans* 雌性头部正面观

图 2-91-3 哨啄蜾蠃 *Antepipona sibilans* 雄性头部正面观

图 2-91-4 哨啄蜾蠃 *Antepipona sibilans* 雄性触角

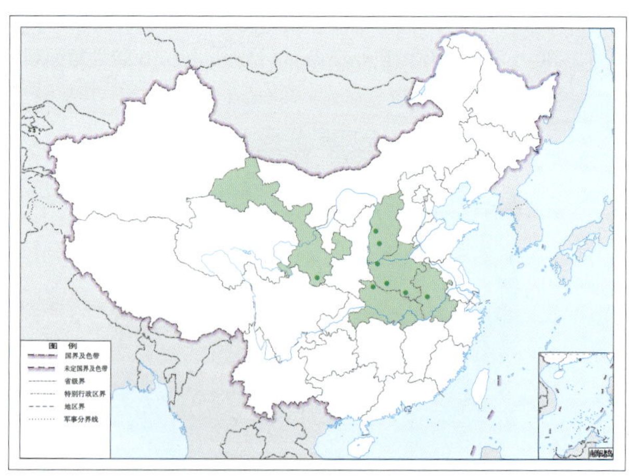

图 2-91-5 哨啄蜾蠃 *Antepipona sibilans* 地理分布图

92. 提提俄斯啄蜾蠃 *Antepipona tytides* (Cameron, 1904)

【测量】 雌性体长 8.5 ~ 9.5 mm，前翅长 7.0 ~ 7.5 mm；雄性体长 8.0 ~ 8.5 mm，前翅长 7.0 ~ 7.5 mm。

【形态特征】 体黑色，具黄棕色和红棕色斑；翅为黑褐色，具紫色光泽。雌性唇基宽大于长，唇基平坦区靠近端部，两侧脊间纵皱不明显，端缘微凹，密生大刻点，刻点之间具密集纵脊；雄性唇基黑色，基部和端部各具黄色斑，密生刻点，端缘凹陷较雌性明显更深，凹陷呈深 U 形且端部无透明区；雄性触角第 13 节较短小，向后折回至第 11 节基部。前胸背板前斜面中间无刻点，具 1 条横向压痕、似窝穴；并胸腹节背区基部无短横脊，且背区两侧具发达的脊。腹部刻点均小于胸部刻点，且各节背板刻点大小一致，第 2 节腹板基部凸起、呈明显的角度，基底沟较深，基部具深的中纵沟。

【地理分布】 云南（文山、保山、昆明、临沧、普洱）；印度，尼泊尔，缅甸。

图 2-92-1 提提俄斯啄蜾蠃 *Antepipona tytides* 雌性背面观

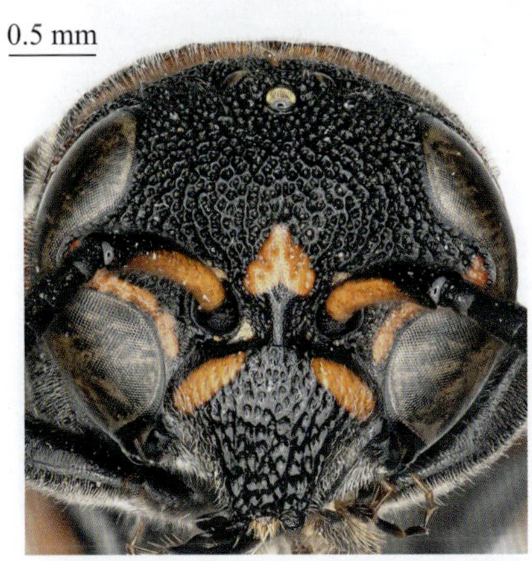

图 2-92-2 提提俄斯啄蜾蠃 *Antepipona tytides* 雌性头部正面观

图 2-92-3 提提俄斯啄蜾蠃 *Antepipona tytides* 雄性头部正面观

图 2-92-4 提提俄斯啄蜾蠃 *Antepipona tytides* 雄性触角

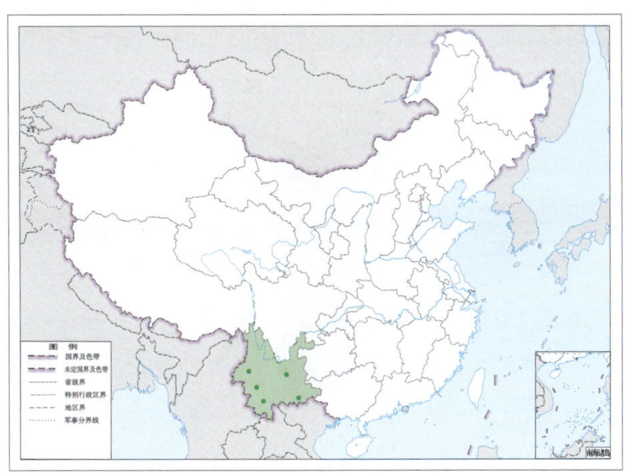

图 2-92-5 提提俄斯啄蜾蠃 *Antepipona tytides* 地理分布图

一〇、缘蜾蠃属 *Anterhynchium* de Saussure, 1863

【形态特征】 体粗壮，中型。下颚须 6 节、下唇须 4 节。雌性头顶具 1 对窝穴，窝穴周围常具平坦区。翅基片狭窄，长大于宽，后缘微凹，后缘短于旁翅基片后缘；后胸背板两侧无凸起；并胸腹节背区低于后胸背板，侧面观并胸腹节背区中部两侧常具 1 对齿突。腹部无柄，第 1 节背板宽大于第 2 节宽的 1/2，背板前斜面与背区无横脊分界、呈弧形；雄性中足腿节基部无凹陷。

【地理分布】 主要分布于非洲区、东洋区及澳洲区。

【分类】 世界已知 2 亚属 28 种，我国已知 1 亚属 2 种，本图鉴收录 1 亚属 2 种。

中国缘蜾蠃属 *Anterhynchium* 分种检索表

1. 腹部除第 1 节（有时第 2 节）前基部外全为红棕色；腹部刻点密 ……………………………………………………………… **棕腹缘蜾蠃 *Anterhynchium* (*Anterhynchium*) *abdominale***

 腹部全为黑色；腹部刻点较上述种类稀疏 …………… **迈氏缘蜾蠃 *Anterhynchium* (*Anterhynchium*) *mellyi***

93. 棕腹缘蜾蠃 *Anterhynchium* (*Anterhynchium*) *abdominale* (Illiger, 1802)

【测量】 雌性体长 12.1 ~ 13.5 mm，前翅长 15.3 mm；雄性体长 11.2 ~ 12.3 mm，前翅长 13.5 mm。

【形态特征】 体黑色，雄性唇基具 1 个黄色大斑，腹部除第 1 节（部分标本包括第 2 节基部）外均为红棕色；翅黑褐色且具紫色光泽。雌性头顶窝穴区外缘几乎与后单眼外缘齐平，唇基端缘浅切口状；雄性唇基宽略大于长，端缘 U 形深凹陷；雄性触角第 13 节向后折回超过第 11 节基部。腹部刻

图 2-93-1 棕腹缘蜾蠃 *Anterhynchium* (*Anterhynchium*) *abdominale* 雌性背面观

图 2-93-2 棕腹缘蜾蠃 *Anterhynchium* (*Anterhynchium*) *abdominale* 雌性头部正面观

图 2-93-3　棕腹缘蜾蠃 ***Anterhynchium* (*Anterhynchium*) *abdominale*** 雄性头部正面观

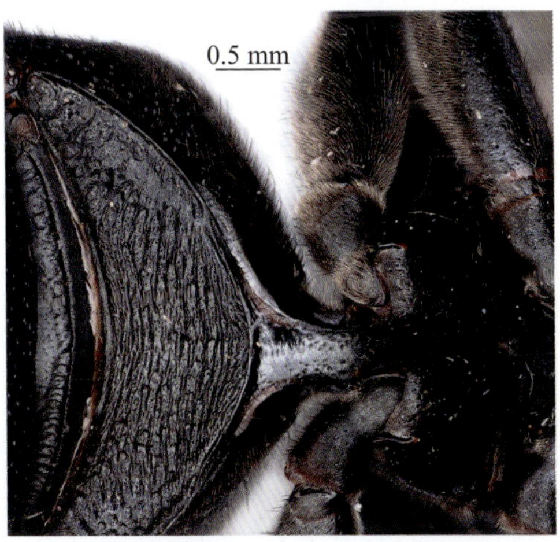

图 2-93-4　棕腹缘蜾蠃 ***Anterhynchium* (*Anterhynchium*) *abdominale*** 雌性腹部第 1 节腹面观

点密，第 1 节腹板基部与并胸腹节连接处光滑、无横皱；第 2 节背板端部刻点较密且深，该区域略凹陷状，端缘无刻点。

【地理分布】 江西（赣州）、广东（新兴）、海南（儋州）、广西（兴安、环江）、云南（红河、西双版纳、临沧）；巴基斯坦，印度，斯里兰卡。

图 2-93-5　棕腹缘蜾蠃 ***Anterhynchium* (*Anterhynchium*) *abdominale*** 地理分布图

94. 迈氏缘蜾蠃 *Anterhynchium* (*Anterhynchium*) *mellyi* (de Saussure, 1852)

【测量】 雌性体长 12.0 ~ 13.0 mm，前翅长 12.5 mm；雄性体长 10.3 ~ 12.5 mm，前翅长 12.2 mm。

【形态特征】 体全为黑色，仅雄性唇基基部具 1 个黄色圆斑及触角柄节腹面基部具黄色斑；翅黑褐色，明显具紫色光泽。雌性头顶窝穴小，窝穴区外缘不与后单眼外缘齐平。雌性唇基端缘呈 2 齿状；雄性唇基宽略短于长，深 U 形凹陷，较棕腹缘蜾蠃 *Anterhynchium* (*Anterhynchium*) *abdominale* 窄；雄性触角第 13 节向后折回至第 11 节基部。腹部刻点较棕腹缘蜾蠃稀疏，第 1 节腹板基部与并胸腹节连接处光滑、无横皱。

【地理分布】 广东（云浮、惠州）、广西（阳朔、河池、玉林、崇左、来宾）、海南（儋州）、云南（保山）；缅甸，泰国，越南。

图 2-94-1 迈氏缘蜾蠃 ***Anterhynchium* (*Anterhynchium*) *mellyi***
雄性背面观

图 2-94-2 迈氏缘蜾蠃 ***Anterhynchium* (*Anterhynchium*) *mellyi***
雌性头部正面观

图 2-94-3 迈氏缘蜾蠃 ***Anterhynchium* (*Anterhynchium*) *mellyi***
雄性头部正面观

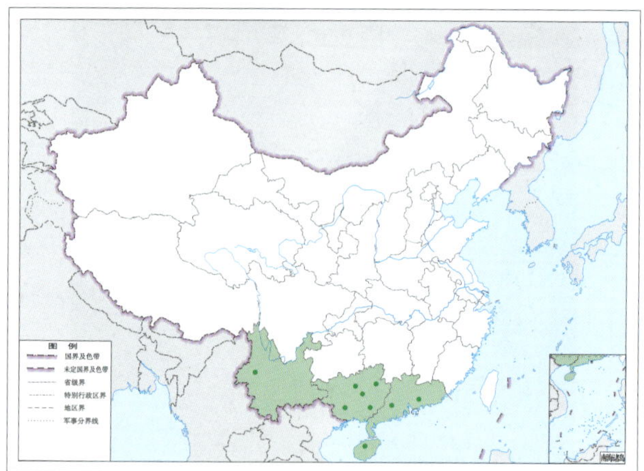

图 2-94-4 迈氏缘蜾蠃 ***Anterhynchium* (*Anterhynchium*) *mellyi***
地理分布图

一一、代盾蜾蠃属 *Antodynerus* de Saussure, 1855

【形态特征】 后胸背板平，端部弧状，整个后胸背板呈残月形，背区无齿突；翅基片后缘略尖，端部微凹、后缘略长于旁翅基片后缘；并胸腹节与后胸背板不在同一水平面。腹部无柄，第 1 节背板前斜面与背区基部无横脊分界、呈圆弧形，端缘具透明薄片，第 1 节略窄于第 2 节。

【地理分布】 主要分布于非洲区、东洋区及古北区南部。

【分类】 世界已知 54 种，我国已知 1 种，本图鉴收录 1 种。

95. 缘代盾蜾蠃 *Antodynerus limbatus* (de Saussure, 1852)

【测量】 雌性体长 9.0 ~ 10.5 mm，前翅长 8.7 ~ 9.4 mm；雄性体长 7.8 ~ 9.2 mm，前翅长 7.5 ~ 10.5 mm。

【形态特征】 体黑色，具大量棕红色斑，其中中胸盾片中间具 1 个大的 V 形棕红色斑（有时 V 形棕红色斑略窄，甚至为 1 个很小的点），足大部分为棕红色；腹部第 1 节背板中间具 1 个横向黑色斑，第 2 节背板基部大约 1/3 黑色，端部 2/3 处棕红色，且中间具 1 个倒三角形的黑色区（有时为凹陷的黑色斑点）；第 2 节背板端缘略呈棕黄色，腹板两侧各具 1 个椭圆形的橙色斑，刻点比较粗糙；第 3 ~ 5 节背板端部 1/2 处棕红色；第 6 节几乎均为棕红色。雌性头顶窝穴凹陷小；雌、雄性唇基长略大于宽，端缘均凹陷，其中雄性凹陷较深、呈 U 形，两侧齿明显。腹部第 2 节背板端缘具窄薄片。

图 2-95-1 缘代盾蜾蠃 *Antodynerus limbatus* 雌性背面观

图 2-95-2 缘代盾蜾蠃 *Antodynerus limbatus* 雌性头部正面观

【地理分布】 浙江（清凉峰）、广西（防城港、岑溪、来宾、崇左、玉林）、四川（攀枝花、凉山）、云南（红河、文山、临沧、普洱、玉溪、大理、怒江、德宏、西双版纳）、西藏（墨脱）；老挝，泰国，印度，缅甸，尼泊尔，巴基斯坦。

图 2-95-3 缘代盾蜾蠃 *Antodynerus limbatus* 雌性头部和前胸背面观

图 2-95-4 缘代盾蜾蠃 *Antodynerus limbatus* 雄性头部和前胸背面观

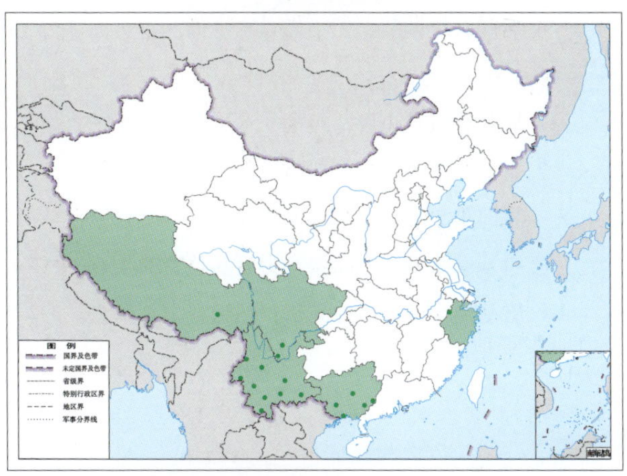

图 2-95-5 缘代盾蜾蠃 *Antodynerus limbatus* 地理分布图

一二、短触蜾蠃属 *Apodynerus* Giordani Soika, 1993

【形态特征】 该属种类体型小。唇基宽略大于长；雌性头顶无窝穴。前胸背板前斜面中部具刻点和横皱，中胸侧板侧纵脊发达；翅基片后缘延伸至旁翅基片后缘、几乎齐平；后胸背板倾斜，常具 2 个矮小瘤状突。腹部无腹柄，第 1 节背板基部无横脊，端部比基部宽，明显窄于第 2 节背板，整体较啄蜾蠃属 *Antepipona* 第 1 节窄。

【地理分布】 主要分布于东南亚各国。

【分类】 世界已知 12 种，我国已知 8 种，本图鉴收录 8 种。

中国短触蜾蠃属 *Apodynerus* 分种检索表

1. 并胸腹节后区端部的腹瓣细长，呈刺状，端部向上翘起 ………… **黄刺短触蜾蠃 *Apodynerus flavospinosus***

   并胸腹节后区端部的腹瓣薄片短宽，不呈刺状，端部无翘起 ………… **2**

2. 腹部第 2 节腹板基部均匀凹陷，具弱的中纵沟 ………… **3**

   腹部第 2 节腹板基部明显凸起，腹板与前面呈直角，无中纵沟 ………… **6**

3. 中胸前侧片具浅的密集刻点，刻点间呈脊状；体密生长毛 ………… **脊短触蜾蠃 *Apodynerus icarioides***

   中胸前侧片具深的刻点，刻点间无脊；体疏生中等长毛 ………… **4**

4. 体具红棕色斑和淡棕色毛；雄性腹部第 8 节腹板端部呈一定角度；雄性抱握器短宽 ………… **印度短触蜾蠃 *Apodynerus indicus***

   体被棕色毛并具大量黄色斑；雄性腹部第 8 节腹板端部呈截面状；雄性抱握器细长 ………… **台湾短触蜾蠃 *Apodynerus formosensis*, 5**

5. 前胸背板前缘黄色带窄；小盾片、后胸背板和并胸腹节黑色 ………… **台湾短触蜾蠃大陆亚种 *Apodynerus formosensis continentalis***

   前胸背板前缘黄色带较上述宽；小盾片、后胸背板和并胸腹节具黄色斑 ………… **台湾短触蜾蠃指名亚种 *Apodynerus formosensis formosensis***

6. 后胸背板倾斜，无小齿，水平面和垂直面区分不明显；体被红棕色斑和棕色毛 ………… **棕毛短触蜾蠃 *Apodynerus flavidus***

   后胸背板具小齿，具窄的水平面和较长垂直面；体被黄色斑和银白色毛 ………… **7**

7. 腹部第 2 节背板中部明显凸起 ………… **凸短触蜾蠃 *Apodynerus protuberantus***

   腹部第 2 节背板中部无凸起 ………… **8**

8. 唇基端缘较宽，端缘宽为唇基总宽的 1/4 ………… **穴居短触蜾蠃 *Apodynerus troglodytes***

   唇基端缘较上述种类窄，端缘宽为唇基总宽的 1/5 ………… **雅短触蜾蠃 *Apodynerus yayeyamensis***

图 2–12 短触蜾蠃属种类 ***Apodynerus* sp.** 生态图（广东遂溪 陈华燕 摄）

96. 棕毛短触蜾蠃 *Apodynerus flavidus* Li *et* Chen, 2016

【测量】 雌性体长 8.0 mm，前翅长 9.0 mm；雄性未知。

【形态特征】 体黑色，具黄棕色至红棕色斑，密生刻点和棕色毛；前翅缘室为褐色。唇基中部略凸起，密生刻点，宽为长的 1.1 倍，端部略凹陷，两侧呈齿状，两齿间距是唇基宽的 0.18 倍；后胸背板倾斜，无小齿，水平面和垂直面区分不明显。腹部第 2 节腹板基部明显凹陷。

【地理分布】 广东（连州）、广西（金秀）、云南（怒江、玉溪）。

图 2-96-1 棕毛短触蜾蠃 *Apodynerus flavidus* 雌性背面观

图 2-96-3 棕毛短触蜾蠃 *Apodynerus flavidus* 雌性腹部腹面观

图 2-96-2 棕毛短触蜾蠃 *Apodynerus flavidus* 雌性头部正面观

图 2-96-4 棕毛短触蜾蠃 *Apodynerus flavidus* 地理分布图

97. 黄刺短触蜾蠃 *Apodynerus flavospinosus* (Giordani Soika, 1994)

【测量】 雌性体长 8.6 mm，前翅长 8.3 mm；雄性未知。

【形态特征】 体黑色，具黄棕色斑；唇基基部具 1 对侧斑，腹部第 2 节基部两侧无黄色斑；密生刻点和棕色毛。唇基宽大于长（1.1 倍），端部略凹陷，两侧明显呈尖齿状，两齿间距是唇基宽的 0.2 倍；额区、头顶及复眼后缘刻点呈网状；前单眼的直径等于前单眼到后单眼的距离；后胸背板具中等密度刻点，具倾斜面，中部凹陷；并胸腹节后区端部的腹瓣细长，呈刺状，端部向上翘。腹部第 1 节背板粗糙刻点较胸部刻点小且稀疏，背板宽为长的 2.0 倍，为第 2 节宽的 0.7 倍；第 2 节背板中部无凸起，端部具窄的薄片；第 2 节腹板基部凹陷，明显具中纵沟。

【地理分布】 云南（普洱）；菲律宾。

图 2-97-1 黄刺短触蜾蠃 *Apodynerus flavospinosus* 雌性背面观

图 2-97-3 黄刺短触蜾蠃 *Apodynerus flavospinosus* 雌性腹部腹面观

图 2-97-2 黄刺短触蜾蠃 *Apodynerus flavospinosus* 雌性头部正面观

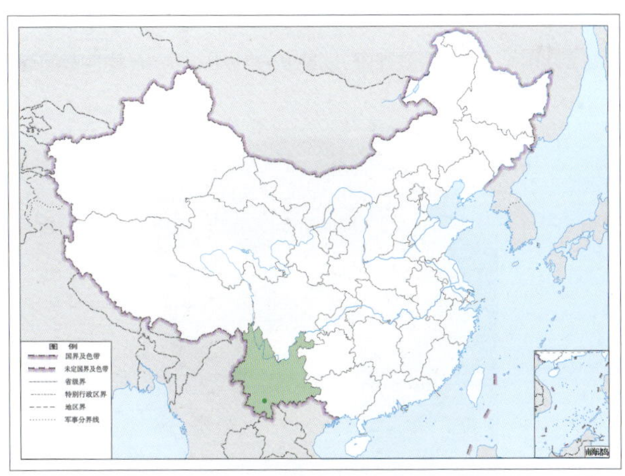

图 2-97-4 黄刺短触蜾蠃 *Apodynerus flavospinosus* 地理分布图

98. 台湾短触蜾蠃 *Apodynerus formosensis* Giordani Soika, 1994

【测量】 雌性体长 8.5 ~ 9.0 mm，前翅长 7.9 mm；雄性体长 6.9 mm，前翅长 6.6 mm。

【形态特征】 体被棕色毛，具大量黄色斑；翅黑褐色且具紫色光泽。雌、雄性唇基粗糙，密生刻点，端缘凹陷且两侧呈齿状；雄性触角第 12、13 节小，第 13 节向后折回至第 11 节端部；中胸背板前侧区具深的刻点，刻点间无脊。腹部第 2 节腹板基部均匀凹陷，中间具弱纵沟；雄性第 8 节腹片端部呈平截状；雄性抱握器细长。

【地理分布】 河南（商城、罗山）、陕西（安康）、安徽（六安）、浙江（丽水、临安、台州）、江西（赣州、庐山）、湖南（道县、浏阳、张家界）、福建（蒲城）、广东（深圳）、广西（梧州、金秀）、重庆（江津、酉阳）、贵州（茂兰、凯里、铜仁）、四川（峨眉山）、云南（西双版纳）、台湾；老挝，越南。

图 2-98-1 台湾短触蜾蠃 *Apodynerus formosensis* 雌性背面观

图 2-98-3 台湾短触蜾蠃 *Apodynerus formosensis* 雌性腹部第 2 ~ 6 节腹面观

图 2-98-2 台湾短触蜾蠃 *Apodynerus formosensis* 雄性头部正面观

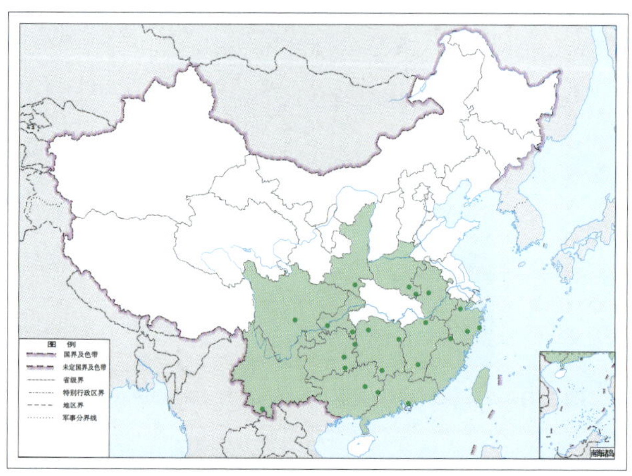

图 2-98-4 台湾短触蜾蠃 *Apodynerus formosensis* 地理分布图

图 2-98-5 台湾短触蜾蠃 *Apodynerus formosensis* 生态图 1（浙江台州 许威 摄）

图 2-98-6 台湾短触蜾蠃 *Apodynerus formosensis* 生态图 2（浙江台州 许威 摄）

99. 脊短触蜾蠃 *Apodynerus icarioides* (Bingham, 1897)

【测量】 雌性体长 9.0 mm；雄性体长 7.3 mm，前翅长 7.0 mm。

【形态特征】 体黑色，具黄棕色斑；唇基具中等密度刻点，端部较稀疏，长大于宽，端部深凹陷，两侧明显呈齿状，两齿间距为唇基宽的 0.2 倍；雄性触角第 12、13 节短小，其中第 13 节明显更小，仅向后折回至第 11 节端缘；并胸腹节后区端部的腹瓣薄片短宽，不呈刺状，端部未翘起；中胸前侧片具浅的、密集刻点，刻点间呈脊状；体密生长毛。腹部第 2 节腹板基部浅凹陷，具 1 条弱中纵沟，刻点明显粗糙、中等密度，刻点间距不规则。

【地理分布】 云南（红河）；马来西亚。

图 2-99-1　脊短触蜾蠃 *Apodynerus icarioides* 雄性背面观

图 2-99-2　脊短触蜾蠃 *Apodynerus icarioides* 雄性头部正面观

图 2-99-3　脊短触蜾蠃 *Apodynerus icarioides* 触角局部

图 2-99-4　脊短触蜾蠃 *Apodynerus icarioides* 雄性腹部腹面观

图 2-99-5　脊短触蜾蠃 *Apodynerus icarioides* 地理分布图

100. 印度短触蜾蠃 *Apodynerus indicus* (Giordani Soika, 1994)

【测量】 雌性体长 8.0 ~ 8.8 mm，前翅长 8.6 ~ 8.9 mm；雄性体长 7.5 ~ 7.9 mm，前翅长 6.8 ~ 7.0 mm。

【形态特征】 体黑色，具黄色及棕红色斑；体密生刻点和棕色毛。雌性唇基宽为长的 1.1 倍，端部凹陷，两侧呈齿状；雄性触角第 12、13 节小，第 13 节向后折回至第 11 节端缘。腹部第 1 节背板宽为长的 1.5 倍，为第 2 节背板宽的 0.6 倍，第 2 节背板中部无凸起，端部具窄的薄片；第 2 节腹板略凹陷，明显具 1 条中纵沟；雄性腹部第 8 节腹板端部非平截状，明显呈尖角。

【地理分布】 西藏（墨脱）、云南（普洱、临沧、芒市）、贵州（茂兰）；印度，尼泊尔。

图 2-100-1 印度短触蜾蠃 *Apodynerus indicus* 雄性背面观

图 2-100-2 印度短触蜾蠃 *Apodynerus indicus* 雌性头部正面观

图 2-100-3 印度短触蜾蠃 *Apodynerus indicus* 雄性触角

图 2-100-4 印度短触蜾蠃 *Apodynerus indicus* 雌性腹部腹面观

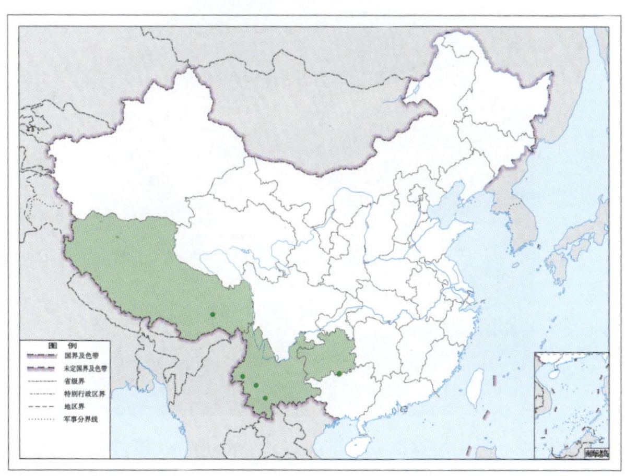

图 2-100-5 印度短触蜾蠃 *Apodynerus indicus* 地理分布图

101. 凸短触蜾蠃 *Apodynerus protuberantus* Li *et* Chen, 2016

【测量】 雌性体长 7.5 ~ 8.0 mm，前翅长 8.0 ~ 8.5 mm；雄性体长 6.5 ~ 7.0 mm，前翅长 7.0 mm。

【形态特征】 体黑色，具黄色斑和银白色毛；雌、雄性唇基斑纹类似，雌性唇基中部略凸起，具中等刻点，宽是长的 1.1 倍，端部略凹陷，两侧呈齿状，两齿之间的距离是唇基宽的 0.3 倍；雄性两侧齿间距为唇基宽的 0.3 倍；雄性触角第 13 节向后折回至第 11 节中部。后胸背板具小齿，具窄的水平面和较长垂直面。腹部第 2 节背板中部明显凸起，腹板基部明显凸起，中间无纵沟，具明显疏生刻点。

【地理分布】 广西（象州）、云南（西双版纳、临沧、怒江）。

图 2-101-1　凸短触蜾蠃 *Apodynerus protuberantus* 雄性背面观

图 2-101-2　凸短触蜾蠃 *Apodynerus protuberantus* 雄性头部正面观

图 2-101-3　凸短触蜾蠃 *Apodynerus protuberantus* 雄性触角

图 2-101-4　凸短触蜾蠃 *Apodynerus protuberantus* 雌性腹部腹面观

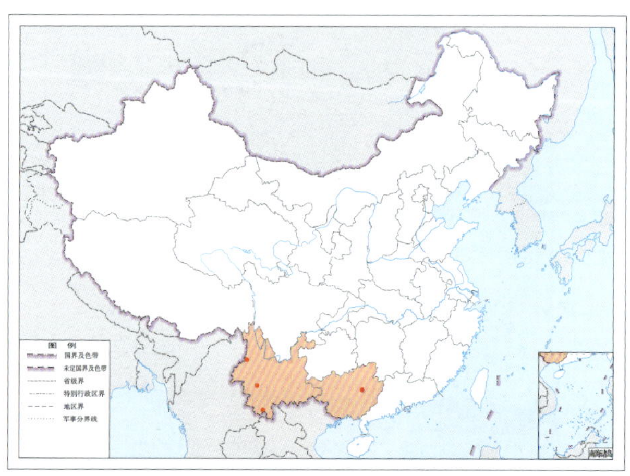

图 2-101-5　凸短触蜾蠃 *Apodynerus protuberantus* 地理分布图

102. 穴居短触蜾蠃 *Apodynerus troglodytes* (de Saussure, 1855)

【测量】 雌性体长 7.0 ~ 7.5 mm，前翅长 7.0 ~ 7.5 mm；雄性体长 6.8 ~ 7.0 mm，前翅长 7.0 mm。

【形态特征】 体黑色，具黄色斑；唇基端缘较宽，端缘宽为唇基总宽的 1/4；并胸腹节后区端部的腹瓣薄片短宽，不呈刺状，端部无翘起；后胸背板具小齿，具窄的水平面和较长垂直面；雄性触角第 12、13 节短小，第 13 节逐渐变细，即基部比端部明显粗。腹部第 2 节背板中部无凸起，腹板基部明显凸起，中间无纵沟，密生刻点。

【地理分布】 广东（云浮、惠州）、广西、云南、香港；印度，泰国，老挝，马来西亚，新加坡，印度尼西亚。

图 2-102-1　穴居短触蜾蠃 *Apodynerus troglodytes* 雌性背面观

图 2-102-2　穴居短触蜾蠃 *Apodynerus troglodytes* 雄性头部正面观

图 2-102-3　穴居短触蜾蠃 *Apodynerus troglodytes* 雌性腹部腹面观

图 2-102-4　穴居短触蜾蠃 *Apodynerus troglodytes* 雄性触角

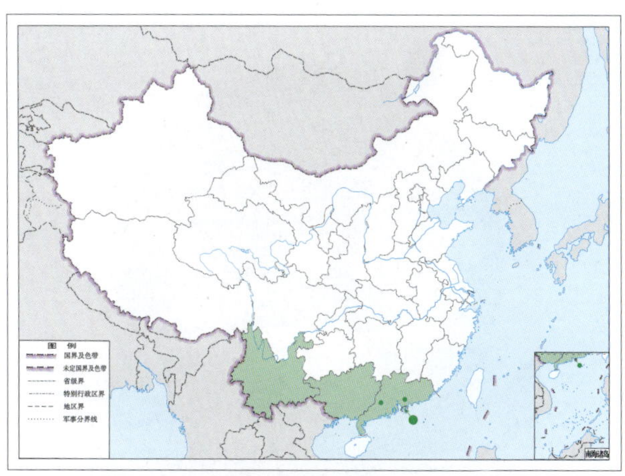

图 2-102-5　穴居短触蜾蠃 *Apodynerus troglodytes* 地理分布图

103. 雅短触蜾蠃 *Apodynerus yayeyamensis* (Matsumura, 1926)

【测量】 雌性体长 7.0 mm，前翅长 6.7 mm；雄性体长 7.2 mm，前翅长 6.5 ~ 7.0 mm。

【形态特征】 体黑色，明显具黄色斑；雌性唇基具稀疏刻点，宽是长的 1.1 倍，端缘较窄，端部略凹陷，两侧齿短，两齿之间的距离是唇基宽的 1/5；雄性触角第 12、13 节小，第 13 节向后折回至第 11 节端部；后胸背板具小齿，具窄的水平面和较长垂直面。腹部第 2 节腹板基部明显凸起，无中纵沟，背板中部无凸起；雄性腹部第 8 节腹板端部近似平截状。

【地理分布】 海南（乐东、定安、东方）、广西（来宾、崇左、玉林、岑溪、阳朔）、贵州（茂兰）、云南（临沧、红河、普洱、德宏、西双版纳）、台湾；日本。

图 2-103-1　雅短触蜾蠃 *Apodynerus yayeyamensis* 雄性背面观

图 2-103-2　雅短触蜾蠃 *Apodynerus yayeyamensis* 雌性头部正面观

图 2-103-3　雅短触蜾蠃 *Apodynerus yayeyamensis* 雄性触角局部

图 2-103-4　雅短触蜾蠃 *Apodynerus yayeyamensis* 雌性腹部腹面观

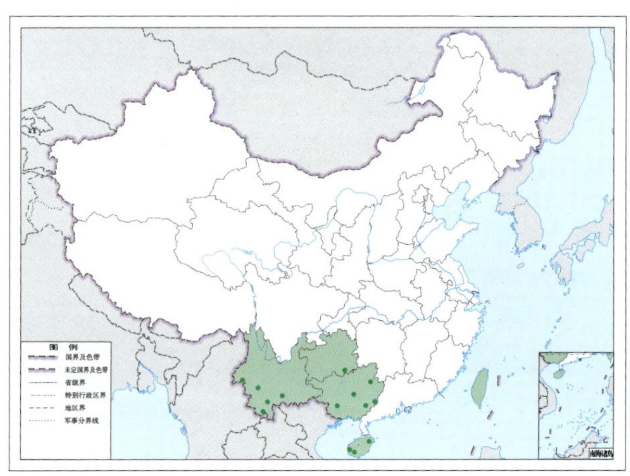

图 2-103-5　雅短触蜾蠃 *Apodynerus yayeyamensis* 地理分布图

一三、柄蜾蠃属 *Coeleumenes* van der Vecht, 1963

【形态特征】 雌性头顶具 2 个小窝穴。中胸盾片无前盾沟，中胸侧板具侧纵脊。腹部第 1 节具短柄，自基部向端部逐渐变宽，背面观基部无横脊，第 1 节腹板除基部光滑外，具规则横皱。

【地理分布】 分布于东洋区。

【分类】 世界已知 11 种，我国已知 2 种，本图鉴收录 1 种。

中国柄蜾蠃属 *Coeleumenes* 分种检索表

1. 后胸侧板革质，无明显刻点或横皱 ……………………………………… 斑柄蜾蠃 *Coeleumenes burmanicus*

后胸侧板除上部光滑外明显具横皱 ………………………………………胸柄蜾蠃 *Coeleumenes thoracicus*

104. 斑柄蜾蠃 *Coeleumenes burmanicus* (Bingham, 1897)

【测量】 雌性体长 14.3 ~ 17.2 mm，前翅长 12.5 ~ 13.4 mm；雄性体长 9.8 ~ 12.7 mm，前翅长 7.2 ~ 10.3 mm。

【形态特征】 体绝大部分为黑色，具少量黄白色斑，仅额区下侧窄且具短条带。雄性唇基大斑和端部小斑，前胸背板前缘中部窄斑，腹部第 1、2 节背板端缘窄条带为黄白色。头部刻点粗糙，具短绒毛；后头脊缺失。中胸盾片无盾纵沟，网状刻点间具微小刻点；中胸侧板具侧纵脊，刻点明显网状。腹部第 2 节腹板侧面观在近基部处急剧隆起，

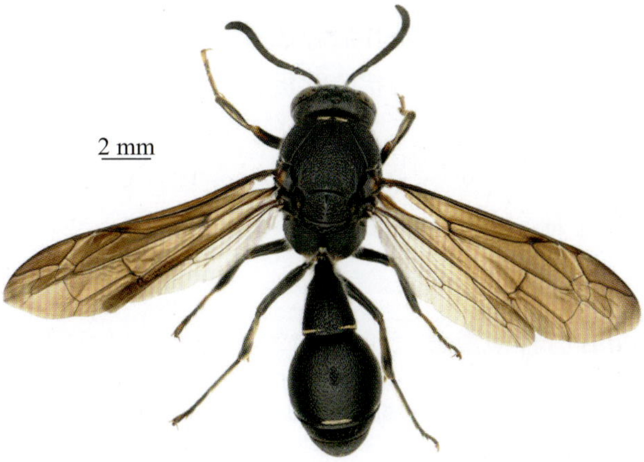

图 2–104–1　斑柄蜾蠃 *Coeleumenes burmanicus* 雌性背面观

图 2–104–2　斑柄蜾蠃 *Coeleumenes burmanicus* 雌性头部正面观

图 2-104-3　斑柄蜾蠃 *Coeleumenes burmanicus* 雄性头部正面观

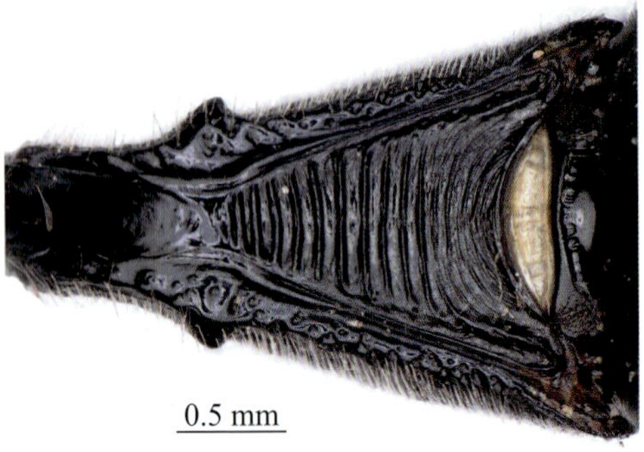

图 2-104-4　斑柄蜾蠃 *Coeleumenes burmanicus* 雄性腹部第 1 节腹面观

其后平坦，刻点似背板。

【地理分布】 浙江、广西（河池）、重庆（开州）、云南（西双版纳、文山、临沧）、香港；越南，老挝，泰国，印度，缅甸，不丹，马来西亚。

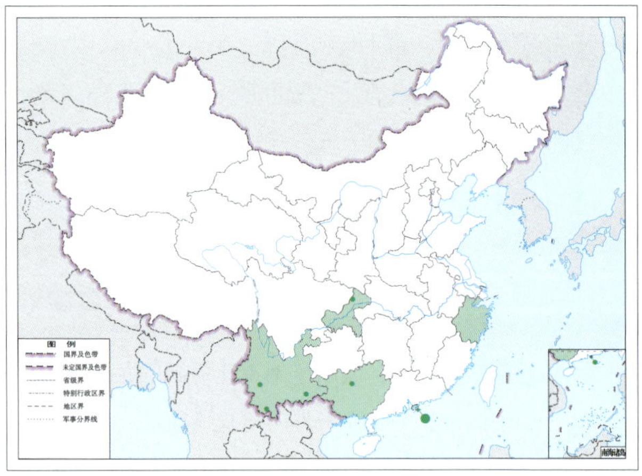

图 2-104-5　斑柄蜾蠃 *Coeleumenes burmanicus* 地理分布图

一四、细蜾蠃属 *Cyrtolabulus* van der Vecht, 1969

【形态特征】 雌性前单眼之前无窝穴。前胸背板前斜面具刻点，翅基片后缘超过旁翅基片后缘，中胸侧板无外侧脊或退化状；前翅第 2 亚缘室基部平截状。腹部第 1 节亚柄状，背板基部无横脊，侧面观端部无显著凸起，端部稍窄于第 2 节宽的 1/2。

【地理分布】 分布于非洲区、古北区及东洋区。

【分类】 世界已知 55 种，我国已知 3 种，本图鉴收录 1 种。

中国细蜾蠃属 *Cyrtolabulus* 分种检索表

1. 腹部第 2 节背板疏生细小刻点 ………………………… **云南细蜾蠃 *Cyrtolabulus yunnanensis***
   腹部第 2 节背板密生粗糙且较上述大的刻点 ………………………… **2**
2. 腹部第 1、2 节背板及第 2 节腹板部分为棕色；后胸侧板光滑；前胸背板前缘中部两侧各具 1 个瘤状突 ………………………… **简细蜾蠃 *Cyrtolabulus exiguus***
   腹部第 1、2 节背板及第 2 节腹板几乎全为黑色；后胸侧板具横皱和刻点；前胸背板前缘中部两侧无瘤状突 ………………………… **刻点细蜾蠃 *Cyrtolabulus punctatus***

105. 刻点细蜾蠃 *Cyrtolabulus punctatus* (Meade-Waldo, 1910)

【测量】 雌性体长 6.4 mm，前翅长 4.8 mm；雄性未知。

【形态特征】 体黑色，具少量棕黄色斑，其中腹部第 1、2 节背板及第 2 节腹板端部具窄的黄色条带。体密生刻点，略呈网状；雌性唇基密生白色长毛，端部两侧呈小的齿状（几乎被长毛遮挡）。前胸背板前缘中部无瘤状突，尖角明显；后胸背板具横向凸起、侧板具横皱和刻点。腹部第 1 节背板密生粗糙大刻点、呈网状，第 2 节背板除端部黄色条带外密生粗糙刻点，端缘具透明薄片，薄片基部具 1 排短的纵皱。

【地理分布】 云南（丽江）；印度。

图 2-105-1　刻点细蜾蠃 *Cyrtolabulus punctatus* 雌性背面观

图 2-105-2　刻点细蜾蠃 *Cyrtolabulus punctatus* 雌性头部正面观

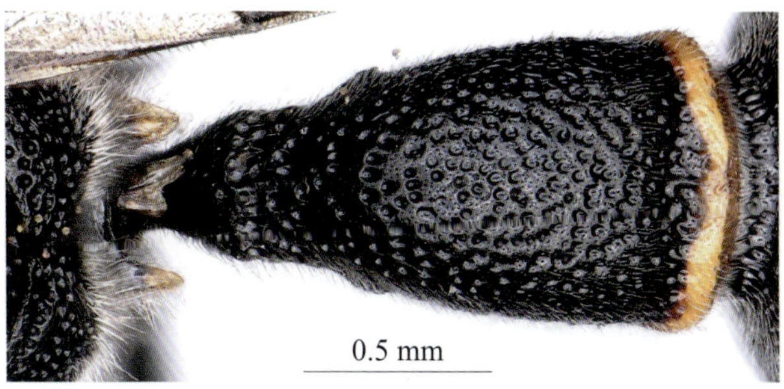

图 2-105-3　刻点细蜾蠃 *Cyrtolabulus punctatus* 雌性腹部第 1 节背面观

图 2-105-4　刻点细蜾蠃 *Cyrtolabulus punctatus* 地理分布图

一五、代喙蜾蠃属 *Dirhynchium* van der Vecht, 1963

【形态特征】 该属曾为缘蜾蠃属 *Anterhynchium* 的一个亚属，基于形态及分子证据，已将其独立为属。前胸背板端部存在不规则脊突；并胸腹节基部三角区长大于宽，后区与背区间有时具不规则的脊突，上端在后胸背板后呈齿突；雄性腿节基部无明显凹陷。腹部第 1 节腹板基部与并胸腹节连接处具横皱，第 3 节至末节腹板的基部具有非常粗糙的刻点。

【地理分布】 分布于东洋区和古北区。

【分类】 世界已知 12 种，我国已知 7 种，本图鉴收录 6 种。

中国代喙蜾蠃属 *Dirhynchium* 分种检索表

1. 胸部及腹部具红棕色斑 ……………………………………………… **云南代喙蜾蠃 *Dirhynchium yunnanensis***
   胸部及腹部具大量黄色斑或几乎为纯黑色，无红棕色斑 ………………………………………… 2
2. 腹部几乎全为黑色，仅第 1、2 节背板端缘两侧偶有黄色斑，中、后足腿节全部或部分为红棕色；雄性唇基端部平坦且两侧具侧脊，呈铲状 …………………………………… **长唇代喙蜾蠃 *Dirhynchium coracinum***
   腹部至少第 1、2 节背板后端部具完整的浅黄色或黄色条带，足通常为黑色；雄性唇基端部无平坦区和侧脊，非铲状 ……………………………………………………………………………………………… 3
3. 雌性头顶窝穴小、略大于周围头顶刻点，平坦区退化状、不明显凹陷，窝穴周围密生刻点；雄性唇基宽等于长甚或大于长 ………………………………………………………… **小窝代喙蜾蠃 *Dirhynchium melanopterum***
   雌性头顶窝穴较上述大，甚至整个区域明显平坦凹陷，周围光滑，仅散生零星细小刻点；雄性唇基长大于宽 …………………………………………………………………………………………………… 4
4. 腹部第 1 ~ 5 节背板后端部均具 1 条黄色条带；腹部刻点明显密而粗糙 …………………………………… ……………………………………………………………………… **斑代喙蜾蠃 *Dirhynchium flavolineatum***
   腹部仅第 1、2 节背板后端部具完全条带；腹部刻点不及上述粗糙 ………………………………………… 5
5. 雌、雄性唇基均长略大于宽，雌性唇基凹陷浅，两侧不明显呈齿状；腹部第 1、2 节背板后端黄色条带较窄 …………………………………………………………………… **黄缘代喙蜾蠃 *Dirhynchium flavomarginatum***
   雌性唇基长等于或略大于宽，雌性唇基凹陷深，两侧明显呈齿状；腹部第 1、2 节背板后端黄色条带明显较上述宽，两侧偶有向基部延伸至中部 ……………………… **黄刻代喙蜾蠃 *Dirhynchium flavopunctatum***

106. 长唇代喙蜾蠃 *Dirhynchium coracinum* van der Vecht, 1963

【测量】 雌性体长 9.5 ~ 13.5 mm，前翅长 10.0 ~ 14.5 mm；雄性体长 8.0 ~ 11.5 mm，前翅长 9.0 ~ 11.0 mm。

【形态特征】 体黑色，仅具少量黄色斑，其中雄性唇基除边缘外全为黄色，腹部几乎全为黑色，仅第 1、2 节背板端缘两侧偶有小黄色斑，中、后足腿节全部或部分为红棕色；翅黑褐色且具紫色光泽。雌、雄性唇基均明显长大于宽，雌性唇基端部窄，端缘略凹陷，两侧齿状不明显；雄性唇基端部平坦，具侧脊，呈铲状，端缘凹陷明显较雌性深。腹部各节背板刻点从基部至端部大小及稀疏相对较均匀。

【地理分布】 安徽（六安）、江西（赣州、宜春）、重庆、广东（广州、清远、惠州、深圳）、西藏（林芝）、四川（崇州、都江堰）、贵州（凯里、黔南）、广西（来宾、岑溪）、云南（临沧、保山、玉溪、普洱、红河、德宏、文山、西双版纳）、海南（五指山）；印度，泰国。

图 2-106-1 长唇代喙蜾蠃 *Dirhynchium coracinum* 雌性背面观

图 2-106-3 长唇代喙蜾蠃 *Dirhynchium coracinum* 雄性头部正面观

图 2-106-2 长唇代喙蜾蠃 *Dirhynchium coracinum* 雌性头部正面观

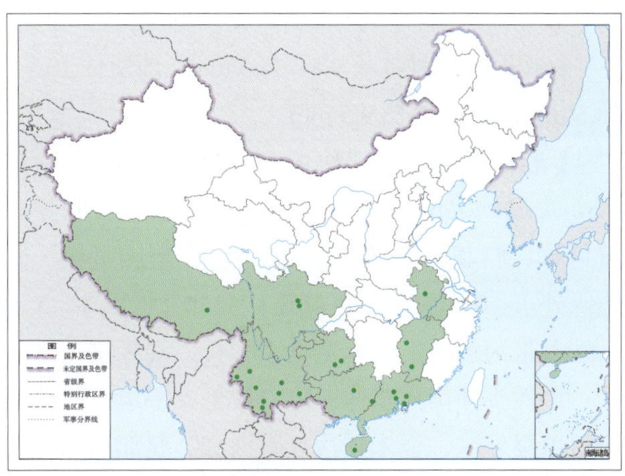

图 2-106-4 长唇代喙蜾蠃 *Dirhynchium coracinum* 地理分布图

图 2-106-5　长唇代喙蜾蠃 *Dirhynchium coracinum* 雄性生态图（广东广州　陈华燕　摄）

107. 斑代喙蜾蠃 *Dirhynchium flavolineatum* (Smith, 1857)

【测量】 雌性体长 9.5 ~ 11.5 mm，前翅长 10.5 ~ 13.5 mm；雄性体长 9.5 mm。

【形态特征】 该种体型相比黄缘代喙蜾蠃 *Dirhynchium flavomarginatum* 小；体黑色、明显具黄色斑，唇基（除端部及边缘外）、后胸背板（除边缘外）、并胸腹节背区侧斑、腹部背板第 1 ~ 5 节后端条带为黄色。唇基宽略小于长，端缘接近平截状；雌性头顶窝穴整体凹陷，被毛，平坦区外缘宽于后单眼外缘，但未到达复眼内缘。腹部刻点粗糙且密集，其中各节背板黄色条带区域的刻点相对明显稀疏。

图 2-107-1　斑代喙蜾蠃 *Dirhynchium flavolineatum* 雌性背面观

【地理分布】 云南（西双版纳）、广东（广宁）、海南（白沙）；缅甸。

图 2-107-2　斑代喙蜾蠃 ***Dirhynchium flavolineatum*** 雌性头部正面观

图 2-107-3　斑代喙蜾蠃 ***Dirhynchium flavolineatum*** 雌性头部背面观

图 2-107-4　斑代喙蜾蠃 ***Dirhynchium flavolineatum*** 地理分布图

图 2-107-5　斑代喙蜾蠃 ***Dirhynchium flavolineatum*** 雄性生态图（广东广宁　陈华燕　摄）

108. 黄缘代喙蜾蠃 *Dirhynchium flavomarginatum* (Smith, 1852)

【测量】 雌性体长 11.0 ~ 15.0 mm，前翅长 11.5 ~ 14.0 mm；雄性体长 10.0 ~ 14.5 mm，前翅长 9.5 ~ 13.5 mm。

【形态特征】 雌性唇基长略大于宽，靠近基部 1/2 处黄色或具黄色斑，唇基具粗糙刻点，刻点直径大于刻点间距；端部窄且端缘中部略凹陷，两侧齿状不明显。雄性唇基黄色，长明显大于宽，端缘浅弧形凹陷，具白毛；雌性头顶窝穴平坦区外缘明显宽于后单眼外缘，未接近复眼内缘，窝穴区域几乎无刻点。腹部背板第 1、2 节后端分别具完整的黄色条带，条带较黄刻代喙蜾蠃 *Dirhynchium flavopunctatum* 和小窝代喙蜾蠃 *Dirhynchium melanopterum* 的明显窄；腹部刻点不及胸部刻点粗糙。

【地理分布】 辽宁（辽阳）、河南、陕西（汉中）、浙江（丽水）、江西（宜春、赣州、吉安）、湖南（张家界）、广西（桂林、百色、兴安、岑溪）、重庆、四川（雅安、峨眉山、成都）、贵州（黔南、铜仁）、云南（西双版纳）；印度，尼泊尔，老挝，蒙古，韩国，日本。

图 2–108–1　黄缘代喙蜾蠃 *Dirhynchium flavomarginatum*
雌性背面观

图 2–108–2　黄缘代喙蜾蠃 *Dirhynchium flavomarginatum*
雌性头部背面观

图 2–108–3　黄缘代喙蜾蠃 *Dirhynchium flavomarginatum*
雌性头部正面观

图 2–108–4　黄缘代喙蜾蠃 *Dirhynchium flavomarginatum*
雄性头部正面观

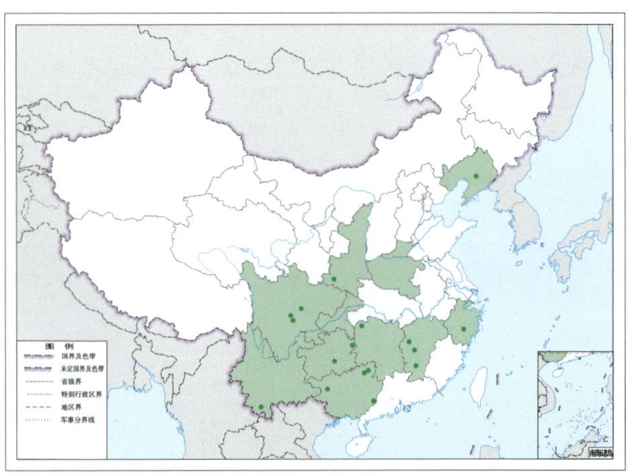

图 2–108–5　黄缘代喙蜾蠃 *Dirhynchium flavomarginatum*
地理分布图

109. 黄刻代喙蜾蠃 *Dirhynchium flavopunctatum* (Smith, 1852)

【测量】 雌性体长 14.5 ~ 19.0 mm，前翅长 14.0 ~ 18.5 mm；雄性体长 10.5 ~ 13.0 mm，前翅长 10.0 ~ 12.5 mm。

【形态特征】 该种与黄缘代喙蜾蠃 *Dirhynchium flavomarginatum* 很近似，主要区别为：雌性头顶窝穴区域宽大且光滑，明显超过后单眼外缘且接近复眼内缘；雌性唇基端部明显深 U 形凹陷、两侧明显呈齿状，雄性唇基宽弧形凹陷、长明显短于近似种，长约等于或略大于宽；腹部端部黄色条带明显较近似种宽。

【地理分布】 浙江（临安、衢州）、台湾、香港；老挝，日本，韩国。

图 2-109-1　黄刻代喙蜾蠃 *Dirhynchium flavopunctatum* 雌性背面观

图 2-109-2　黄刻代喙蜾蠃 *Dirhynchium flavopunctatum* 雌性头部背面观

图 2-109-3　黄刻代喙蜾蠃 *Dirhynchium flavopunctatum* 雌性头部正面观

图 2-109-4　黄刻代喙蜾蠃 *Dirhynchium flavopunctatum* 雄性头部正面观

图 2-109-5　黄刻代喙蜾蠃 *Dirhynchium flavopunctatum* 地理分布图

110. 小窝代喙蜾蠃 *Dirhynchium melanopterum* Yamane, 1981

【测量】 雌性体长 11.5 ~ 14.0 mm，前翅长 11.0 ~ 13.5 mm；雄性体长 10.5 ~ 11.0 mm，前翅长 9.5 ~ 10.5 mm。

【形态特征】 体黑色，其中雌、雄性唇基除边缘外全为纯黄色，胸部具少量黄色斑，腹部第 1、2 节背板端部大部分为黄色，第 3、4 节可见部分常为黄色，其中雄性黄色区域较雌性大，前翅明显褐色。雌性唇基宽大于长，端部窄且深凹陷，两侧明显呈齿状；雄性唇基宽等于长甚或大于长，端部弧形凹陷较黄刻代喙蜾蠃 *Dirhynchium flavopunctatum* 窄。雌性头顶窝穴区域不明显、退化状，仅略平坦且密生刻点，窝穴稍大于头顶刻点。

【地理分布】 四川（绵阳、峨眉山）、安徽（六安）、江西（婺源）、陕西（延安）、河南（信阳）、广西（百色）；韩国，日本。

图 2-110-1 小窝代喙蜾蠃 *Dirhynchium melanopterum* 雌性背面观

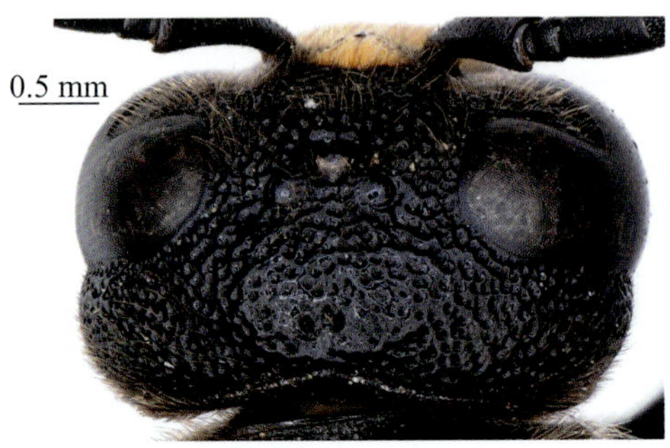

图 2-110-2 小窝代喙蜾蠃 *Dirhynchium melanopterum* 雌性头顶背面观

图 2-110-3 小窝代喙蜾蠃 *Dirhynchium melanopterum* 雌性头部正面观

图 2-110-4 小窝代喙蜾蠃 *Dirhynchium melanopterum* 雄性头部正面观

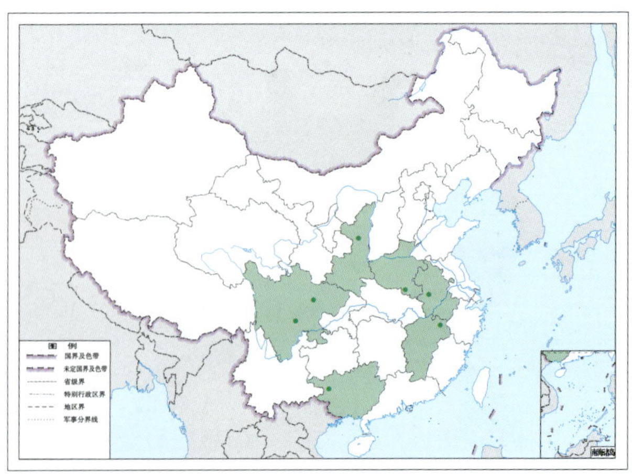

图 2-110-5 小窝代喙蜾蠃 *Dirhynchium melanopterum* 地理分布图

111. 云南代喙蜾蠃 *Dirhynchium yunnanensis* Giordani Soika, 1973

【测量】 雄性体长 9.7 mm，前翅长 10.1 mm；雌性体长 15.0 mm。

【形态特征】 体黑色，其中唇基纯黄色，胸部具大量棕红色斑，足除基部外全为棕红色，腹部第 1 节背板端部具完整棕红色条带，翅为棕色略具紫色光泽。雄性唇基端部窄，端缘弧形凹陷，两侧略呈齿状；雄性触角第 13 节向后折回接近第 10 节中部，且基部至端部未逐渐变窄，仅在端部变窄。腹部刻点密集粗糙，不及胸部粗糙且密，其中第 2 节端部刻点较其他区域略密。

【地理分布】 云南（维西）。

图 2-111-1　云南代喙蜾蠃 *Dirhynchium yunnanensis* 雄性背面观

图 2-111-2　云南代喙蜾蠃 *Dirhynchium yunnanensis* 雄性头部正面观

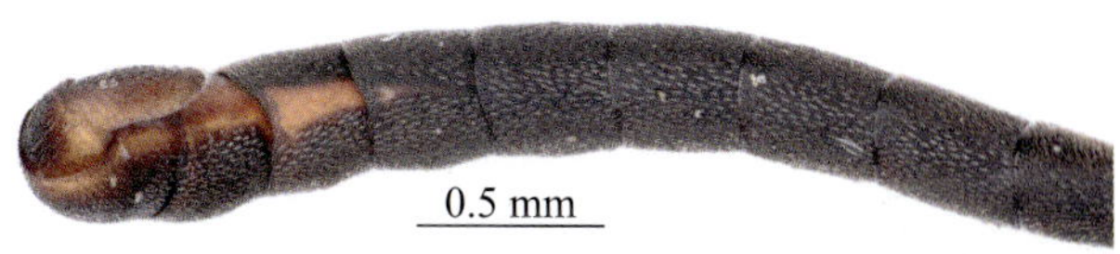

图 2-111-3　云南代喙蜾蠃 *Dirhynchium yunnanensis* 雄性触角局部

图 2-111-4　云南代喙蜾蠃 *Dirhynchium yunnanensis* 地理分布图

一六、外舌蜾蠃属 *Ectopioglossa* Perkins, 1912

【形态特征】 雌性头顶具窝穴。中胸盾片无盾纵沟；前翅 1M 脉和 2M 脉相遇几乎呈平角；中胸侧板具侧纵脊；并胸腹节具并胸腹节沟，后区外侧端部常凹陷，外侧具齿。腹部第 1 节柄状，背板基部具横脊，腹板在端部膨大。

【地理分布】 除新北区及新热带区外，世界其余动物地理区系均有分布，其中主要分布于东洋区。

【分类】 该属世界已知 20 种，我国已知 5 种，本图鉴收录 4 种。

中国外舌蜾蠃属 *Ectopioglossa* 分种检索表

1. 腹部第 3 节背板端部具向上翘的薄片 …………………………………… 三斑外舌蜾蠃 ***Ectopioglossa trimacula***

   腹部第 3 节背板端部无薄片 ………………………………………………………………………… **2**

2. 额区、头顶、前胸背板及中胸盾片具粗糙且深的刻点 …………………………………………… **3**

   额区、头顶、前胸背板及中胸盾片具较浅刻点 …………………………………………………… **4**

3. 并胸腹节背区中间具突起，后区外侧端缘凹陷深且较宽；腹部第 1 节背板粗壮，端部膨大部分约为总长的 4/5；第 1 节腹板端部扩展成钟形；第 2 节背板亚端部凹陷 …………… 凸外舌蜾蠃 ***Ectopioglossa convexa***

   并胸腹节背区中间无突起，后区外侧端缘凹陷浅且窄；腹部第 1 节背板细长，端部膨大部分约为总长的 3/5；第 1 节腹板端部扩展成三角形；第 2 节背板亚端部无凹陷 …… 台湾外舌蜾蠃 ***Ectopioglossa taiwana***

4. 体被白色毛及少量黄白色斑 …………………………………………… 圆外舌蜾蠃 ***Ectopioglossa ovalis***

   体被棕色毛及大量黄色斑 …………………………………………… 彩外舌蜾蠃 ***Ectopioglossa sublaevis***

112. 凸外舌蜾蠃 *Ectopioglossa convexa* Wang, Chen *et* Li, 2020

【测量】 雄性体长 13.7 mm，前翅长 10.6 mm；雌性未知。

【形态特征】 体黑色，具少量黄色斑。唇基纯黄色，唇基侧面观稍凸起，宽稍小于长，端部凹陷，两侧呈齿状，端部宽约为唇基宽的 1/4，刻点浅且轮廓不明显；后单眼与后头脊间距约为后单眼至复眼间距的 2 倍；后头脊在头顶后方缺失。腹部第 1 节背板粗壮，背面观长约为端部宽的 1.9

倍，端部宽约为基部宽的 3 倍，为第 2 节背板宽的 3/5，端部膨大部分约为总长的 4/5；腹部第 1 节腹板基部光滑，端部膨大成钟形，端缘具刻点；腹部第 2 节背板长约等于宽，侧面观亚端部凹陷，刻点在两侧较中间密，端部具窄薄片；腹部第 3 节亚端部凹陷，密生细小刻点，端部刻点较亚端部大，端部无薄片。该种与台湾外舌蜾蠃 *Ectopioglossa taiwana* 相似，主要存在以下不同：并胸腹节背区中间凸起，后区外侧端部凹陷更宽且深；腹部第 1 节背板更粗壮，膨大部分约为总长的 4/5，第 1 节腹板在端部膨大成钟形且密生刻点，第 2 节背板亚端部凹陷。

【地理分布】 广西（兴安）。

图 2-112-3　凸外舌蜾蠃 *Ectopioglossa convexa* 雄性腹部第 2 至末节侧面观

图 2-112-1　凸外舌蜾蠃 *Ectopioglossa convexa* 雄性背面观

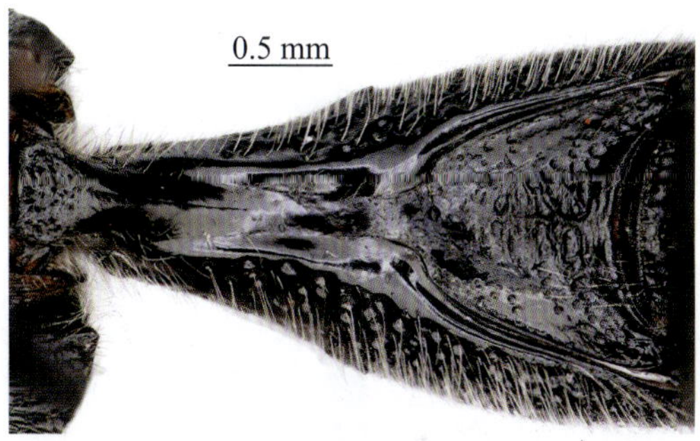

图 2-112-4　凸外舌蜾蠃 *Ectopioglossa convexa* 雄性腹部第 1 节腹面观

图 2-112-2　凸外舌蜾蠃 *Ectopioglossa convexa* 雄性头部正面观

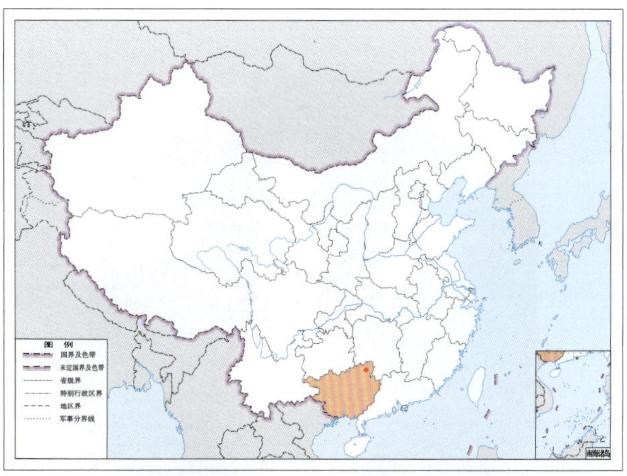

图 2-112-5　凸外舌蜾蠃 *Ectopioglossa convexa* 地理分布图

113. 彩外舌蜾蠃 *Ectopioglossa sublaevis* (Smith, 1857)

【测量】 雌性体长 14.8 ~ 15.3 mm，前翅长 12.2 ~ 13.8 mm；雄性体长 10.3 ~ 11.8 mm，前翅长 9.3 ~ 9.8 mm。

【形态特征】 体黑色，具大量黄色斑，被棕色毛。雌、雄性唇基均为黄色；上颚端部具 4 枚齿，基部具 1 枚小齿。雌、雄性唇基宽小于长，端部凹陷深、两侧明显齿状，疏生浅刻点；额区、头顶、前胸背板及中胸背板具较浅刻点。腹部第 1 节腹板端部仅端缘明显具刻点，第 3 节背板端部无翘起薄片。

图 2-113-1　彩外舌蜾蠃 *Ectopioglossa sublaevis* 雌性背面观

图 2-113-2　彩外舌蜾蠃 *Ectopioglossa sublaevis* 雌性头部正面观

【地理分布】 广西（田林、金秀、龙胜）、云南（勐腊、双江）；越南，印度，缅甸，菲律宾，马来西亚，印度尼西亚。

图 2-113-3　彩外舌蜾蠃 *Ectopioglossa sublaevis* 雄性头部正面观

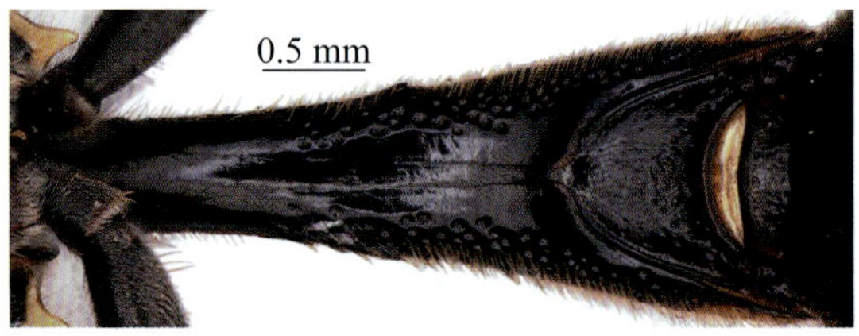

图 2-113-4　彩外舌蜾蠃 *Ectopioglossa sublaevis* 雌性腹部第 1 节腹面观

图 2-113-5　彩外舌蜾蠃 *Ectopioglossa sublaevis* 地理分布图

114. 台湾外舌蜾蠃 *Ectopioglossa taiwana* (Sonan, 1938)

【测量】 雌性体长 14.8 ~ 15.7 mm，前翅长 13.4 ~ 14.9 mm；雄性体长 10.8 mm，前翅长 9.6 mm。

【形态特征】 体黑色，具少量黄色斑。雄性除唇基外全黄色，腹部第 1 节背板端部无色斑，第 2 节背板端部色斑减少至部分斑点。雄性唇基端部凹陷较雌性深，触角第 13 节向后折回至第 11 节中部；额区、头顶、前胸背板及中胸盾片具粗糙且深的刻点；并胸腹节背区中间无凸起，后区外侧端缘凹陷浅且窄。腹部第 1 节背板细长，端部膨大部分约为总长的 3/5，第 1 节腹板端部扩展成三角形，第 2 节背板亚端部无凹陷，第 3 节背板端部无翘起薄片。

【地理分布】 湖南（衡山）、台湾、广西（兴安）、贵州（丹寨）；韩国。

图 2–114–1　台湾外舌蜾蠃 *Ectopioglossa taiwana* 雌性背面观

图 2–114–2　台湾外舌蜾蠃 *Ectopioglossa taiwana* 雌性头部正面观

图 2–114–3　台湾外舌蜾蠃 *Ectopioglossa taiwana* 雄性头部正面观

图 2–114–4　台湾外舌蜾蠃 *Ectopioglossa taiwana* 雄性腹部侧面观

图 2–114–5　台湾外舌蜾蠃 *Ectopioglossa taiwana* 地理分布图

115. 三斑外舌蜾蠃 *Ectopioglossa trimacula* Wang, Chen *et* Li, 2020

【测量】 雌性体长 11.8 ~ 12.9 mm，前翅长 9.8 ~ 10.5 mm；雄性体长 8.9 ~ 11.8 mm，前翅长 7.3 ~ 8.9 mm。

【形态特征】 体黑色，具少量黄色斑。雌性唇基黑色，仅端部具 1 对小斑；雄性唇基纯黄色，腹部第 2 节背板端缘具 3 个不连接的斑；翅黑褐色。该种整体刻点较小且浅，刻点间明显光滑、具光泽；雌性唇基宽小于长，端缘深凹陷、两侧尖齿明显，端部宽约为唇基宽的 1/5，基部刻点小于端部刻点；雄性唇基端部凹陷更宽且深、呈圆弧形；触角第 13 节细长且折回至第 11 节基部。腹部第 3 节背板端缘具向上翘的薄片。

【地理分布】 广西（阳朔、容县、环江、金秀）、云南（云县）。

图 2-115-1 三斑外舌蜾蠃 *Ectopioglossa trimacula* 雌性背面观

图 2-115-2 三斑外舌蜾蠃 *Ectopioglossa trimacula* 雌性头部正面观

图 2-115-3 三斑外舌蜾蠃 *Ectopioglossa trimacula* 雄性头部正面观

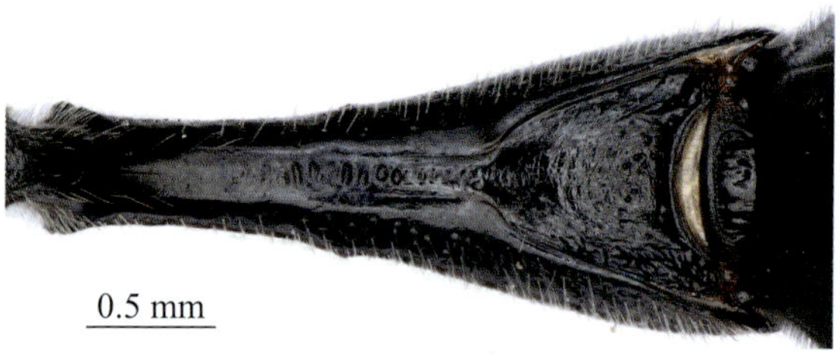

图 2-115-4 三斑外舌蜾蠃 *Ectopioglossa trimacula* 雄性腹部第 1 节腹面观

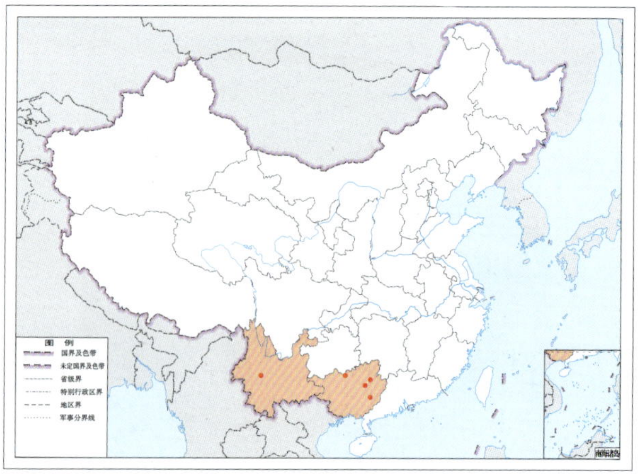

图 2-115-5 三斑外舌蜾蠃 *Ectopioglossa trimacula* 地理分布图

一七、埃蜾蠃属 *Epsilon* de Saussure, 1855

【形态特征】 雌性头顶具 2 个小窝穴，周围无平坦区。前胸背板前斜面几乎垂直；后胸背板窄、后端具斜面；前翅第 2 亚缘室的第 2 回脉接近第 3 回脉；并胸腹节背区与后区之间无围脊。腹部第 1 节明显短宽，宽明显大于长的 2 倍且仅略窄于第 2 节背板；背区与前斜面间无横脊分界，呈圆弧形，后端缘无半透明薄片；腹部第 2 节背板端部具薄片。

【地理分布】 主要分布于东洋区及澳洲区。

【分类】 世界已知 17 种，我国已知 3 种，本图鉴收录 2 种。

中国埃蜾蠃属 *Epsilon* 分种检索表

1. 单眼小，明显小于前后单眼间距 ······ **小眼埃蜾蠃 *Epsilon dyscherum***
   单眼正常大小，几乎与前后单眼间距等大 ······ **2**
2. 唇基具大刻点，大刻点间密生细小刻点，基部具 1 对黄色侧斑；前胸背板前垂直面窝穴不明显，窝穴两侧疏生少量刻点；后胸背板水平面中间凹陷 ······ **福建埃蜾蠃 *Epsilon fujianensis***
   唇基无大刻点、疏生细小刻点，纯黑色、无黄色斑；前胸背板前垂直面 2 个似窝穴的凹槽相连接，两侧密生刻点；后胸背板水平面无凹陷 ······ **似小式埃蜾蠃 *Epsilon similimanasicum***

116. 福建埃蜾蠃 *Epsilon fujianensis* Lee, 1981

【测量】 雌性体长 8.5 ~ 9.1 mm，前翅长 7.1 ~ 7.5 mm；雄性体长 7.2 mm，前翅长 6.3 ~ 6.8 mm。

【形态特征】 体黑色，仅具少量黄色斑；雌性唇基纯黑色，雄性唇基除端部边缘外全为黄色；复眼凹陷的下缘短斑、前胸背板基部不连接的斑及腹部第 1、2 节背板端部条带为黄色。唇基宽大于长（约 1.15 倍），具粗糙刻点，大刻点间密生小刻点，端缘略凹陷，两侧齿突不明显。雄性触角第 13 节弯曲、向后折回至第 11 节中部；单眼正常大小，几乎与前后单眼间距等大。前胸背板前垂直面两侧疏生少量刻点、窝穴不明显；后胸背板水平面中间凹陷；并胸腹节横皱不明显。

【地理分布】 安徽（霍山）、浙江（古田山）、江西（新岗山）、福建（武夷山）、广东（连州）、广西（岑溪）、海南（白沙）、重庆（酉阳）、贵州（江口、雷山）。

图 2-116-1　福建埃蜾蠃 *Epsilon fujianensis* 雌性背面观

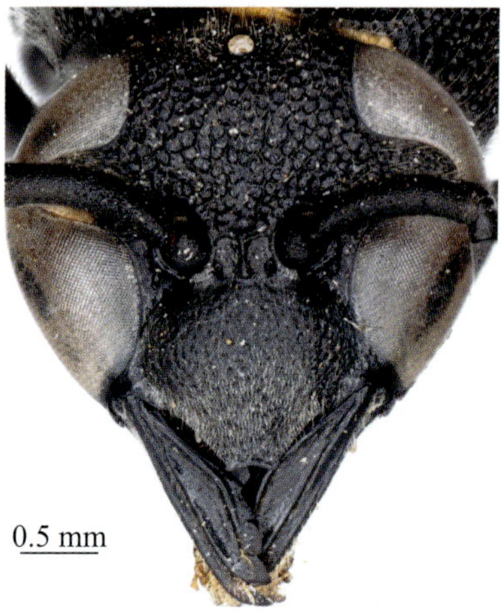

图 2-116-2　福建埃蜾蠃 *Epsilon fujianensis* 雌性头部正面观

图 2-116-4　福建埃蜾蠃 *Epsilon fujianensis* 雌性前胸背板前斜面

图 2-116-3　福建埃蜾蠃 *Epsilon fujianensis* 雄性头部正面观

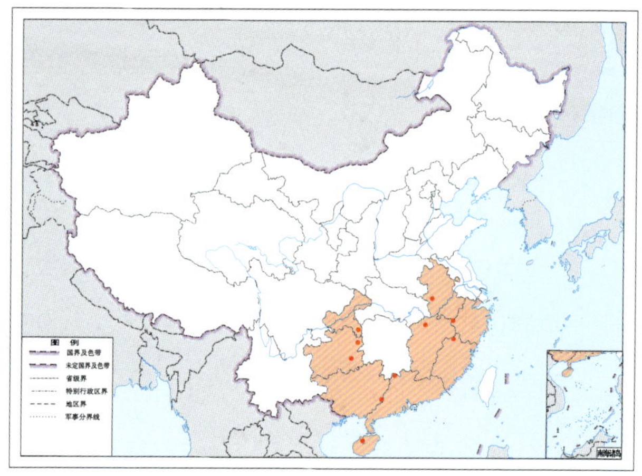

图 2-116-5　福建埃蜾蠃 *Epsilon fujianensis* 地理分布图

117. 似小式埃蜾蠃 *Epsilon similimanasicum* Zhang, Chen *et* Li, 2020

【测量】 雌性体长 7.5 mm，前翅长 6.8 mm；雄性未知。

【形态特征】 体黑色，具黄色斑，其中唇基基部具 1 对侧斑；翅基片后端内侧、旁翅基片、后胸背板，以及腹部第 1、2 节背板端缘的窄条带为黄色。该种与福建埃蜾蠃 *Epsilon fujianensis* 较相似，主要是唇基、前胸背板、后胸背板及并胸腹节等的特征有明显差异：唇基宽为长的 1.4 倍，无大刻点、疏生细小刻点，端部略凹陷，两侧非齿状；头顶 2 个窝穴总宽明显小于后单眼间距；前胸背板前垂直面中部具 2 个椭圆形相连的凹槽且具横皱、似窝穴，两侧密生刻点；后胸背板水平面无凹陷；并胸腹节后区具明显横皱。

【地理分布】 浙江（清凉峰）。

图 2-117-1 似小式埃蜾蠃 *Epsilon similimanasicum* 雌性背面观

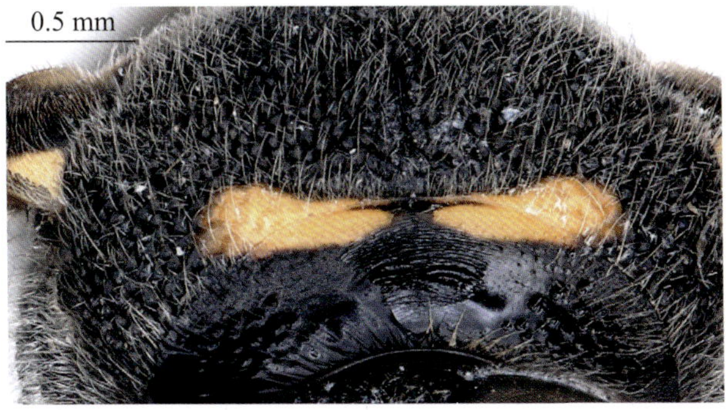

图 2-117-3 似小式埃蜾蠃 *Epsilon similimanasicum* 雄性前胸背板前斜面

图 2-117-2 似小式埃蜾蠃 *Epsilon similimanasicum* 雌性头部正面观

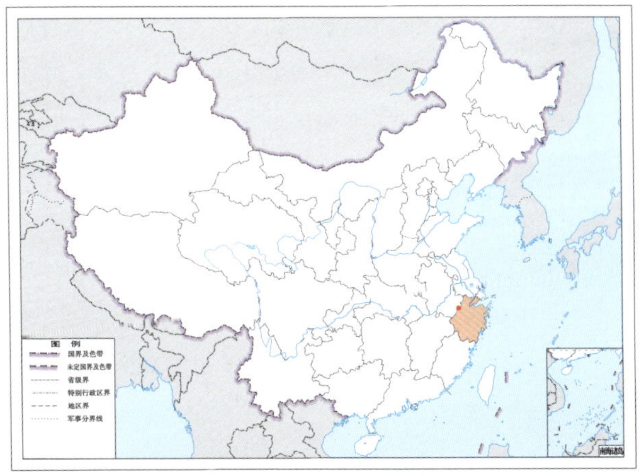

图 2-117-4 似小式埃蜾蠃 *Epsilon similimanasicum* 地理分布图

一八、佳盾蜾蠃属 *Euodynerus* Dalla Torre, 1904

图 2-18 单佳盾蜾蠃紫阳茎亚种 *Euodynerus* (*Euodynerus*) *dantici violaceipennis* 雄性生态图（广东遂溪 陈华燕 摄）

【形态特征】 雌性头顶具1个中等或更大的宽窝穴。前胸背板前斜面无横皱，两侧通常具小刻点；前胸脊完整发达，翅基片前脊发达；翅基片长明显大于宽，后缘超过旁翅基片后缘；中胸盾片和小盾片密生刻点，无小盾片前沟；后胸背板后缘具1排尖齿。腹部无腹柄，第1节背板宽大于长，略窄于第2节背板（约占4/5），背区与前斜面无横脊分界，背板端缘具半透明薄片。

【地理分布】 世界性分布。

【分类】 世界已知3亚属108种，我国已知2亚属18种，本图鉴收录2亚属16种。

中国佳盾蜾蠃属 *Euodynerus* 分种检索表

1. 后胸背板端缘具1排大齿；并胸腹节背区靠近后胸背板后缘处无突起；雄性抱握器较宽，并向端部变窄 …… **subgenus *Euodynerus*, 2**

   后胸背板端缘具1排小齿；并胸腹节背区靠近后胸背板后缘处具突起，并形成1枚大齿；雄性抱握器较窄且不向端部变窄 …… **subgenus *Pareuodynerus*, 12**

2. 腹部第2节背板后端密生深刻点 …… 3

   腹部第2节背板后端刻点较上述稀疏 …… 10

3. 中胸盾片的刻点较前胸背板的略小；腹部第2~4节腹板端部具黄色横带 …… **小点佳盾蜾蠃指名亚种 *Euodynerus* (*Euodynerus*) *semisaecularis semisaecularis***

   中胸盾片的刻点与前胸背板类似；除上述部位外，腹部其余区域也具黄色横带 …… 4

4. 雌性唇基宽大于长；雄性唇基明显深凹陷 …… **直毛佳盾蜾蠃 *Euodynerus* (*Euodynerus*) *velutinus***

   雌性唇基长与宽等长或长大于宽；雄性唇基凹陷明显较上述浅 …… 5

5. 雌性唇基长大于宽；头顶窝穴密生毛 …… **脊佳盾蜾蠃 *Euodynerus* (*Euodynerus*) *carinatus***

   雌性唇基长等于宽；头顶窝穴稀生毛 …… 6

6. 后胸背板中部凹陷；翅基片后端刻点浅、不明显 …… **凹胸佳盾蜾蠃指名亚种 *Euodynerus* (*Euodynerus*) *disconotatus disconotatus***

   后胸背板中部无凹陷；翅基片后端密生深而大的刻点、明显 …… **单佳盾蜾蠃 *Euodynerus* (*Euodynerus*) *dantici*, 7**

7. 体具大量黄色斑 …… 8

   体具少量黄色斑 …… 9

8. 腹部第1节背板除中央1个窄的黑色线斑外，其余均橘黄色，前胸背板大部分为黄色 …… **单佳盾蜾蠃短肩亚种 *Euodynerus* (*Euodynerus*) *dantici brachytomus***

   腹部第1节背板中央具1个大黑色斑，前胸背板仅基部为黄色斑 …… **单佳盾蜾蠃紫阳茎亚种 *Euodynerus* (*Euodynerus*) *dantici violaceipennis***

9. 复眼窝具1条窄斑纹；雌性触角柄节全为黑色 …… **单佳盾蜾蠃少斑亚种 *Euodynerus* (*Euodynerus*) *dantici pamiricus***

   复眼窝具1条宽斑纹；雌性触角柄节黑褐色 …… **单佳盾蜾蠃指名亚种 *Euodynerus* (*Euodynerus*) *dantici dantici***

10. 翅基片后缘明显向内弯曲且呈弧形 …… **英佳盾蜾蠃库氏亚种 *Euodynerus* (*Euodynerus*) *variegatus kruegeri***

    翅基片后缘略向内弯曲且端部尖 …… 11

11. 唇基无纵皱；中胸盾片具2个黄色斑 …… **乏佳盾蜾蠃 *Euodynerus* (*Euodynerus*) *fastidiosus***

    唇基具纵皱；中胸盾片无黄色斑 …… **卡佳盾蜾蠃 *Euodynerus* (*Euodynerus*) *caspicus***

12. 前单眼后、后单眼内侧各具 1 个断裂的结节 ………… **三叶佳盾蜾蠃 *Euodynerus* (*Pareuodynerus*) *trilobus***
单眼周缘无结节 …………………………………………………………………………………… **13**
13. 唇基端缘几乎平截 ………………………………………… **后佳盾蜾蠃 *Euodynerus* (*Pareuodynerus*) *posticus***
唇基端缘凹陷 ……………………………………………………………………………………… **14**
14. 腹部第 2 节背板端缘具明显薄片，端部密生深刻点 …………………………………………… **15**
腹部第 2 节背板端缘无薄片或具极窄薄片，端部稀生浅刻点 ……………………………………… **22**
15. 腹部第 1、2 节背板刻点与胸部类似，仅略稀疏 ……… **邻佳盾蜾蠃 *Euodynerus* (*Pareuodynerus*) *adiacens***
腹部第 1、2 节背板刻点明显较胸部的小且稀疏 ……………………………………………… **16**
16. 腹部第 2 节背板端部刻点较稀疏且浅 ………………… **纹佳盾蜾蠃 *Euodynerus* (*Pareuodynerus*) *strigatus***
腹部第 2 节背板端部刻点较上述密集且深 …………………………………………………………… **17**
17. 整个触角锈红色 …………………………………… **锈佳盾蜾蠃 *Euodynerus* (*Pareuodynerus*) *ferrugineus***
触角仅柄节和鞭节末端为黄色或锈色 ………………………………………………………………… **18**
18. 腹部第 2 节腹板中度凸起，基部具明显中纵沟，整个腹部具较粗糙刻点 ……………………………
……………………………………………………… **德钦佳盾蜾蠃 *Euodynerus* (*Pareuodynerus*) *deqinensis***
腹部第 2 节腹板明显凸起，基部中纵沟不明显，整个腹部刻点较上述弱 ………………………… **19**
19. 腹部第 1、2 节背板刻点明显粗糙；雄性触角第 13 节向后折回至第 9 节端部；雄性抱握器端部略平截 …
……………………………………………… **类日本佳盾蜾蠃 *Euodynerus* (*Pareuodynerus*) *similinipanicus***
腹部第 1、2 节背板刻点较上述弱；雄性触角第 13 节向后折回至第 10 节中部；雄性抱握器端部较圆 …
……………………………………………………… **日本佳盾蜾蠃 *Euodynerus* (*Pareuodynerus*) *nipanicus*, 20**
20. 并胸腹节黑色 ……………………………………………………………………………………… **21**
并胸腹节背区具 1 个大黄色斑 ………………………………………………………………………
……………………………… **日本佳盾蜾蠃琉球亚种 *Euodynerus* (*Pareuodynerus*) *nipanicus ryukyuensis***
21. 雌性唇基通常为黑色，或基部具 1 条窄的横斑，触角柄节黑色，腿节几乎黑色；腹部第 1 节背板端部横带未向两侧扩展 ………………… **日本佳盾蜾蠃指名亚种 *Euodynerus* (*Pareuodynerus*) *nipanicus nipanicus***
雌性唇基大部分为黄色，触角柄节腹面锈色，腿节端部至跗节末端均为黄色至黄棕色；腹部第 1 节背板端部的横带向两侧扩展 ……… **日本佳盾蜾蠃东京亚种 *Euodynerus* (*Pareuodynerus*) *nipanicus tonkinensis***
22. 头顶窝穴两侧具大刻点，中央具小刻点；腹部第 2 节腹板基部具 1 条短中纵沟；雄性抱握器端部较圆 …
……………………………………… **显佳盾蜾蠃指名亚种 *Euodynerus* (*Pareuodynerus*) *notatus notatus***
头顶窝穴两侧与中央均具小刻点、无大刻点；腹部第 2 节腹板基部中纵沟退化；雄性抱握器端部略平截
……………………… **四带佳盾蜾蠃指名亚种 *Euodynerus* (*Pareuodynerus*) *quadrifasciatus quadrifasciatus***

118. 脊佳盾蜾蠃 *Euodynerus* (*Euodynerus*) *carinatus* Ma, Chen *et* Li, 2017

【测量】 雌性体长 8.5 mm，前翅长 8.1 mm；雄性体长 9.0 ~ 9.2 mm，前翅长 7.8 ~ 8.0 mm。

【形态特征】 体黑色，具黄色斑，翅棕褐色。该种与单佳盾蜾蠃 *Euodynerus* (*Euodynerus*) *dantici* 很相似，中胸盾片的刻点与前胸背板的相当；腹部第 2 节背板后端部密生深刻点。主要区别特征为：雌、雄性唇基长均明显大于宽，雌性唇基纵皱明显；头顶窝穴密生长毛；雄性触角第 13 节向后折回至第 10 节基部；雄性抱握器端部较窄；该种雌性体型较雄性略小。

【地理分布】 四川（德昌）。

图 2-118-1 脊佳盾蜾蠃 *Euodynerus* (*Euodynerus*) *carinatus* 雌性背面观

图 2-118-2 脊佳盾蜾蠃 *Euodynerus* (*Euodynerus*) *carinatus* 雌性头部正面观

图 2-118-3 脊佳盾蜾蠃 *Euodynerus* (*Euodynerus*) *carinatus* 雄性生殖器正面观

图 2-118-4 脊佳盾蜾蠃 *Euodynerus* (*Euodynerus*) *carinatus* 地理分布图

119. 卡佳盾蜾蠃 *Euodynerus* (*Euodynerus*) *caspicus* Morawitz, 1873

【测量】 雌性体长 12.0 ~ 13.0 mm，前翅长 11.0 ~ 12.0 mm；雄性体长 9.8 ~ 11.0 mm，前翅长 10.0 ~ 11.0 mm。

【形态特征】 体绝大部分为黄棕色，额区、头顶、触角鞭节、中胸盾片、后胸背板、并胸腹节中部、腹部第 2 节背板中部斑及第 3 ~ 5 节为黑色。头顶窝穴较单佳盾蜾蠃 *Euodynerus* (*Euodynerus*) *dantici* 小且平坦，呈退化状；唇基长约等于宽，刻点略稀疏，纵皱弱、不明显，雌、雄性唇基端缘均浅 V 形凹陷。翅基片密生小刻点，后缘向内弯曲；小盾片除中部外密生刻点；腹部第 2 节背板端部无透明薄片，中部刻点较端部略稀疏且浅，仅端缘处刻点不粗糙、无明显凹陷。

图 2-119-1　卡佳盾蜾蠃 *Euodynerus* (*Euodynerus*) *caspicus* 雌性背面观

图 2-119-2　卡佳盾蜾蠃 *Euodynerus* (*Euodynerus*) *caspicus* 雌性头部正面观

【地理分布】 内蒙古（巴彦淖尔、呼和浩特）、甘肃（张掖）、新疆（和田）；亚美尼亚，土库曼斯坦，吉尔吉斯斯坦，塔吉克斯坦，蒙古。

图 2-119-3　卡佳盾蜾蠃 *Euodynerus* (*Euodynerus*) *caspicus* 雄性头部正面观

图 2-119-4　卡佳盾蜾蠃 *Euodynerus* (*Euodynerus*) *caspicus* 雌性头部及前胸背面观

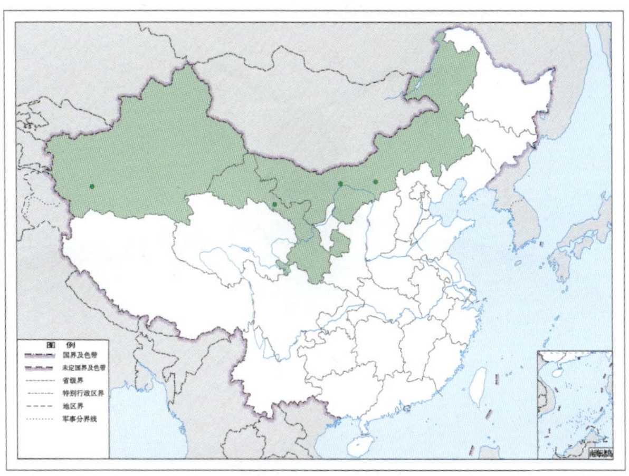

图 2-119-5　卡佳盾蜾蠃 *Euodynerus* (*Euodynerus*) *caspicus* 地理分布图

120. 单佳盾蜾蠃 *Euodynerus* (*Euodynerus*) *dantici* (Rossi, 1790)

【测量】 雌性体长 10.0 ~ 11.0 mm，前翅长 9.0 ~ 9.5 mm；雄性体长 9.0 ~ 10.5 mm，前翅长 8.0 ~ 9.0 mm。

【形态特征】 体黑色，具大量斑，翅明显黑褐色，具紫色光泽。单眼周缘无结节；头顶窝穴区域的宽与两后单眼间距相当，疏生短毛，两侧具大刻点，中央具小刻点；翅基片后端密生深而大的刻点。腹板第 2 节背板端部具明显薄片，薄片前的刻点较该节背板其余部分的刻点明显密集且深，第 2 节腹板基部明显凸起，基部具 1 条中纵沟；雄性触角第 13 节向后折回至第 10 节中部；雄性生殖器抱握器端部圆形。

该种色斑多变，世界已知 6 亚种，中国已知 4 亚种，本图鉴收录 2 亚种：单佳盾蜾蠃指名亚种 *Euodynerus* (*Euodynerus*) *dantici dantici*、单佳盾蜾蠃紫阳茎亚种 *Euodynerus* (*Euodynerus*) *dantici violaceipennis*。

①单佳盾蜾蠃指名亚种 *Euodynerus* (*Euodynerus*) *dantici dantici* (Rossi, 1790)

单佳盾蜾蠃紫阳茎亚种 *Euodynerus* (*Euodynerus*) *dantici violaceipennis* 与单佳盾蜾蠃指名亚种 *Euodynerus* (*Euodynerus*) *dantici dantici* 主要区别为：身体具较多的斑纹，整个唇基、前胸背板上 1 条较宽横带和并胸腹节背区 1 个斑为黄色；唇基凸起明显，刻点和纵脊较单佳盾蜾蠃指名亚种 *Euodynerus* (*Euodynerus*) *dantici dantici* 略弱。

【地理分布】 北京（海淀）、河北（保定）、山西（大同、临汾）、辽宁（辽阳）、内蒙古（乌兰察布、通辽）、河南、江苏、浙江、安徽（黄山）、

图 2-120-1-a 单佳盾蜾蠃指名亚种 *Euodynerus* (*Euodynerus*) *dantici dantici* 雌性背面观

图 2-120-1-b 单佳盾蜾蠃指名亚种 *Euodynerus* (*Euodynerus*) *dantici dantici* 雌性头部正面观

图 2-120-1-c 单佳盾蜾蠃指名亚种 *Euodynerus* (*Euodynerus*) *dantici dantici* 雄性外生殖器正面观

广西（桂林、崇左、来宾）、海南（保亭）、重庆（酉阳、城口、沙坪坝）、四川（西昌、峨眉山）、贵州（黔南、铜仁）、云南（文山、红河、普洱）、陕西（延安）、甘肃（陇南）、宁夏（固原、银川）；比利时，法国，西班牙，意大利，奥地利，乌克兰，阿尔巴尼亚，希腊，阿尔及利亚，土耳其，乌兹别克斯坦，哈萨克斯坦，约旦，叙利亚，黎巴嫩，阿拉伯半岛南部。

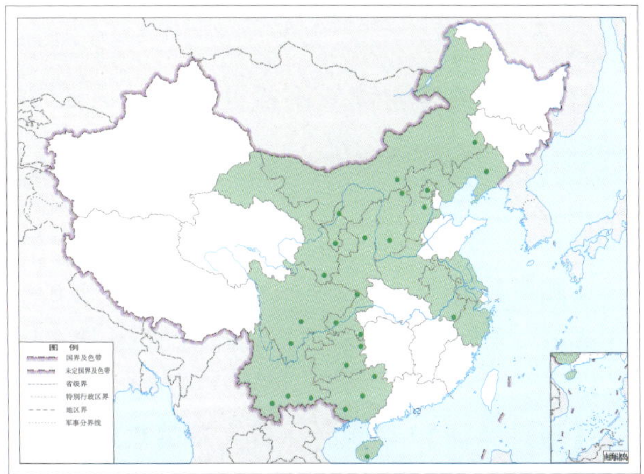

图 2-120-1-d　单佳盾蜾蠃指名亚种 ***Euodynerus* (*Euodynerus*) *dantici dantici*** 地理分布图

②单佳盾蜾蠃紫阳茎亚种 ***Euodynerus* (*Euodynerus*) *dantici violaceipennis*** **Giordani Soika, 1973**

【地理分布】江苏、广东（云浮、惠州）；俄罗斯远东地区，韩国，日本。

图 2-120-2-a　单佳盾蜾蠃紫阳茎亚种 ***Euodynerus* (*Euodynerus*) *dantici violaceipennis*** 雄性生态图（广东遂溪　陈华燕　摄）

图 2-120-2-b　单佳盾蜾蠃紫阳茎亚种 ***Euodynerus* (*Euodynerus*) *dantici violaceipennis*** 雌性头部正面观

图 2-120-2-c　单佳盾蜾蠃紫阳茎亚种 ***Euodynerus* (*Euodynerus*) *dantici violaceipennis*** 地理分布图

121. 凹胸佳盾蜾蠃指名亚种 *Euodynerus* (*Euodynerus*) *disconotatus disconotatus* de Saussure, 1853

【测量】 雌性体长 8.3 ~ 11.5 mm，前翅长 6.9 ~ 9.3 mm；雄性体长 7.8 ~ 11.0 mm，前翅长 7.1 ~ 10.0 mm。

【形态特征】 体黑色，具大量黄色斑。雄性触角第 13 节向后折回至第 10 节中部；雌性唇基长略大于宽，刻点间具明显纵皱，刻点较雄性略密；雄性唇基长约等于宽，端缘凹陷较雌性深，两侧呈尖齿状。翅基片后端刻点浅、不明显。腹部第 2 节背板端部刻点深且密集，第 2 节腹板基部具明显中纵沟，其端部稀生大刻点。

【地理分布】 内蒙古（巴彦淖尔）、甘肃（酒泉）；法国，西班牙，意大利，德国，奥地利，塞尔维亚，阿尔巴尼亚，希腊，土耳其，约旦，哈萨克斯坦，塔吉克斯坦，乌兹别克斯坦。

图 2-121-1 凹胸佳盾蜾蠃指名亚种 *Euodynerus* (*Euodynerus*) *disconotatus disconotatus* 雄性背面观

图 2-121-2 凹胸佳盾蜾蠃指名亚种 *Euodynerus* (*Euodynerus*) *disconotatus disconotatus* 雄性头部正面观

图 2-121-3 凹胸佳盾蜾蠃指名亚种 *Euodynerus* (*Euodynerus*) *disconotatus disconotatus* 雄性后胸背板背面观

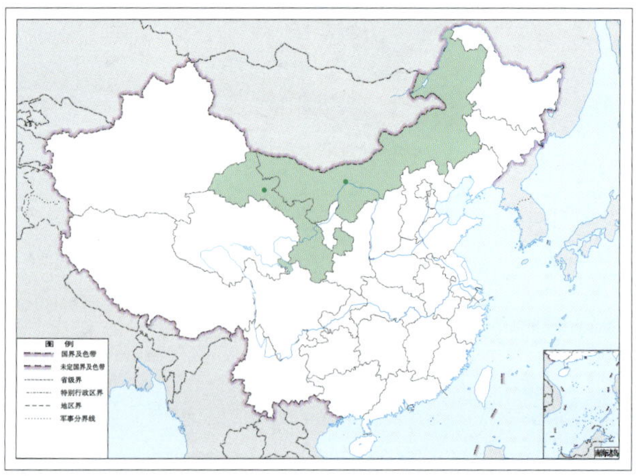

图 2-121-4 凹胸佳盾蜾蠃指名亚种 *Euodynerus* (*Euodynerus*) *disconotatus disconotatus* 地理分布图

122. 乏佳盾蜾蠃 *Euodynerus* (*Euodynerus*) *fastidiosus* de Saussure, 1853

【测量】 雌性体长 9.5 ~ 13.0 mm，前翅长 8.7 ~ 11.0 mm；雄性体长 9.3 ~ 10.0 mm，前翅长 7.5 ~ 9.0 mm。

【形态特征】 体黑色，具大量黄色斑，其中中胸盾片后端中部具 2 个相邻（几乎连接）的黄色斑，小盾片两侧具大的斑，腹部第 1 节至末节背板端部具均宽的黄色条带，第 1 节条带两侧向前基部延伸成 U 形，第 2 节背板基部两侧具大的黄色斑（有时与端部条带连接）。雌性唇基宽大于长，具中等密度刻点，无纵皱，端缘略凹陷；单眼周缘无结节，头顶窝穴区明显，其外缘与后单眼外缘齐平，密生毛和刻点。腹部第 2 节背板端部刻点不明显较其他区域密集，无明显凹陷，端缘无明显薄片。

【地理分布】 新疆（霍城、奇台、精河、巩留）；西班牙，法国，意大利，希腊，乌克兰，俄罗斯，土耳其，叙利亚，黎巴嫩，阿尔及利亚，摩洛哥，阿富汗，巴基斯坦，乌兹别克斯坦，哈萨克斯坦。

图 2-122-1　乏佳盾蜾蠃 *Euodynerus* (*Euodynerus*) *fastidiosus* 雌性背面观

图 2-122-2　乏佳盾蜾蠃 *Euodynerus* (*Euodynerus*) *fastidiosus* 雌性头部正面观

图 2-122-3　乏佳盾蜾蠃 *Euodynerus* (*Euodynerus*) *fastidiosus* 雌性头部及前胸背面观

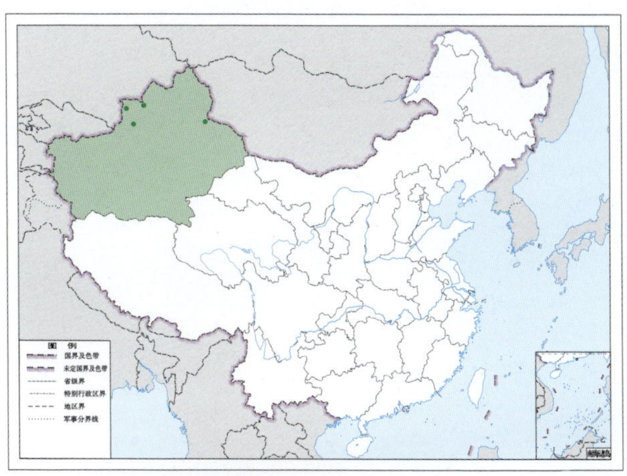

图 2-122-4　乏佳盾蜾蠃 *Euodynerus* (*Euodynerus*) *fastidiosus* 地理分布图

图 2-122-5　乏佳盾蜾蠃 *Euodynerus* (*Euodynerus*) *fastidiosus* 生态图（俄罗斯锡瓦什地区　Alexander V. Fageryga　摄）

123. 小点佳盾蜾蠃指名亚种 *Euodynerus* (*Euodynerus*) *semisaecularis semisaecularis* (Dalla Torre, 1889)

【测量】 雌性体长 10.0 ~ 11.0 mm；雄性体长 9.0 ~ 9.5 mm，前翅长 8.0 ~ 8.3 mm。

【形态特征】 体除头顶、触角鞭节、中胸盾片及腹部第 1、2 节背板前基部外几乎全为黄色，前翅黑褐色。唇基宽明显小于长，两侧密生刻点，端部具纵皱，端缘几乎平截状；雄性触角第 13 节向后折回至第 10 节中部。胸部刻点明显深而密、呈网状，中胸盾片除中部外刻点略小于前胸背板；翅基片光滑或刻点不明显，后缘略向内弯曲；腹部第 2 节背板仅端缘处的刻点更密且深，该区域略凹陷，端缘具窄的薄片；雄性抱握器从基部至端部逐渐变窄。

【地理分布】 新疆（哈密）；亚美尼亚，土库曼斯坦，吉尔吉斯斯坦，塔吉克斯坦，蒙古。

图 2-123-1　小点佳盾蜾蠃指名亚种 *Euodynerus* (*Euodynerus*) *semisaecularis semisaecularis* 雄性背面观

图 2-123-2　小点佳盾蜾蠃指名亚种 *Euodynerus* (*Euodynerus*) *semisaecularis semisaecularis* 雄性头部正面观

图 2-123-3　小点佳盾蜾蠃指名亚种 *Euodynerus* (*Euodynerus*) *semisaecularis semisaecularis* 雄性外生殖器正面观

图 2-123-4　小点佳盾蜾蠃指名亚种 *Euodynerus* (*Euodynerus*) *semisaecularis semisaecularis* 地理分布图

124. 英佳盾蜾蠃库氏亚种 *Euodynerus* (*Euodynerus*) *variegatus kruegeri* (von Schulthess, 1928)

【测量】 雌性体长 10.5 ~ 11.5 mm，前翅长 8.5 ~ 9.0 mm；雄性体长 9.5 ~ 10.5 mm，前翅长 9.5 ~ 10.0 mm。

【形态特征】 体黑色，具大量黄色斑，翅淡褐色。唇基长大于宽，雌性唇基具明显纵皱和稀疏刻点，端缘凹陷浅、几乎平截状；雄性唇基刻点较雌性明显，不具纵皱；雄性触角第 13 节向后折回超过第 10 节中部而接近基部。翅基片后缘略向内弯曲且端部尖。腹部第 2 节背板端部具极窄薄片，端部刻点不明显较其余区域密集但非凹陷；雄性生殖器阳茎端部圆形，抱握器较宽，并向端部变窄，具长毛，端部极窄。

【地理分布】 河北（沧州）、山西（临汾）、内蒙古（鄂托克前旗、贺兰山、通辽、巴彦淖尔）、黑龙江、陕西、甘肃（张掖、酒泉、武威）、宁夏（银川、吴忠、石嘴山）、新疆（伊犁、克拉玛依、阿克苏）；利比亚，埃及，意大利。

图 2-124-1 英佳盾蜾蠃库氏亚种 *Euodynerus* (*Euodynerus*) *variegatus kruegeri* 雌性背面观

图 2-124-2 英佳盾蜾蠃库氏亚种 *Euodynerus* (*Euodynerus*) *variegatus kruegeri* 雌性头部正面观

图 2-124-3 英佳盾蜾蠃库氏亚种 *Euodynerus* (*Euodynerus*) *variegatus kruegeri* 雄性外生殖器正面观

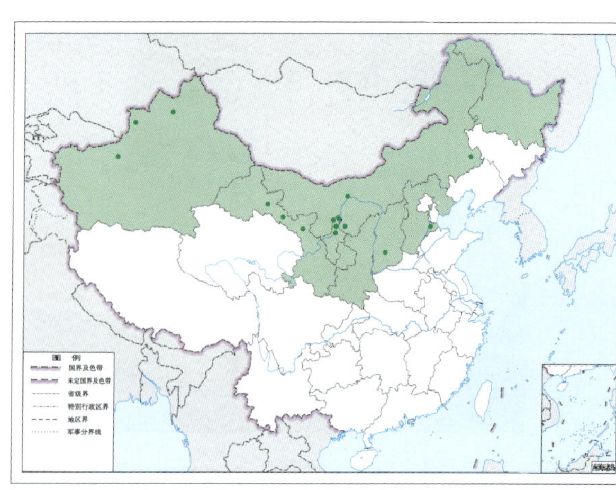

图 2-124-4 英佳盾蜾蠃库氏亚种 *Euodynerus* (*Euodynerus*) *variegatus kruegeri* 地理分布图

125. 直毛佳盾蜾蠃 *Euodynerus* (*Euodynerus*) *velutinus* Blüthgen, 1951

【测量】 雄性体长 8.5 mm，前翅长 8.0 mm；雌性体长 8.7 ~ 9.2 mm。

【形态特征】 体黑色，具大量黄色斑。头部后面观后单眼两侧的毛直、整齐；雄性触角第 13 节向后折回至第 10 节基部；雌性唇基宽明显大于长，雄性唇基宽约等于长，雌、雄性唇基端缘凹陷均明显较其他种类深；雄性唇基刻点浅、不明显，刻点间呈弯曲的小隆起；翅基片具明显的浅刻点。腹部第 2 节背板端部具极窄薄片，端部刻点明显较其余区域密，近端缘处略凹陷，腹部第 2 节腹板基部具明显的中纵沟。

【地理分布】 内蒙古（赤峰）；巴尔干半岛南部。

图 2-125-1　直毛佳盾蜾蠃 *Euodynerus* (*Euodynerus*) *velutinus* 雄性背面观

图 2-125-2　直毛佳盾蜾蠃 *Euodynerus* (*Euodynerus*) *velutinus* 雄性头部正面观

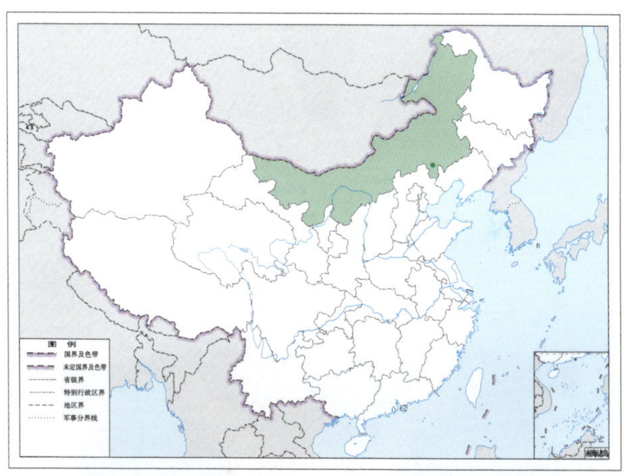

图 2-125-3　直毛佳盾蜾蠃 *Euodynerus* (*Euodynerus*) *velutinus* 地理分布图

126. 德钦佳盾蜾蠃 *Euodynerus* (*Pareuodynerus*) *deqinensis* Ma, Chen *et* Li, 2017

【测量】 雄性体长 7.0 ~ 10.5 mm，前翅长 7.0 ~ 9.0 mm；雌性未知。

【形态特征】 体黑色，具大量黄棕色斑，其中唇基纯黄色，腹部第 1 节至末节端部均具 1 条黄色条带。唇基宽略小于长，具中等密度刻点，刻点间距等于或略大于刻点直径，端部略凹陷、两侧略长齿状。腹部第 2 节端缘具明显薄片，端部刻点明显较其他区域密集；第 1、2 节背板刻点明显较胸部的刻点小且稀疏；第 2 节腹板中等凸起，基部具明显中纵沟；雄性生殖器阳茎端部圆形，抱握器端部略平截。

【地理分布】 云南（德钦）。

图 2-126-1 德钦佳盾蜾蠃 *Euodynerus* (*Pareuodynerus*) *deqinensis* 雄性背面观

图 2-126-2 德钦佳盾蜾蠃 *Euodynerus* (*Pareuodynerus*) *deqinensis* 雄性头部正面观

图 2-126-3 德钦佳盾蜾蠃 *Euodynerus* (*Pareuodynerus*) *deqinensis* 雄性腹部第 2 ~ 7 节腹面观

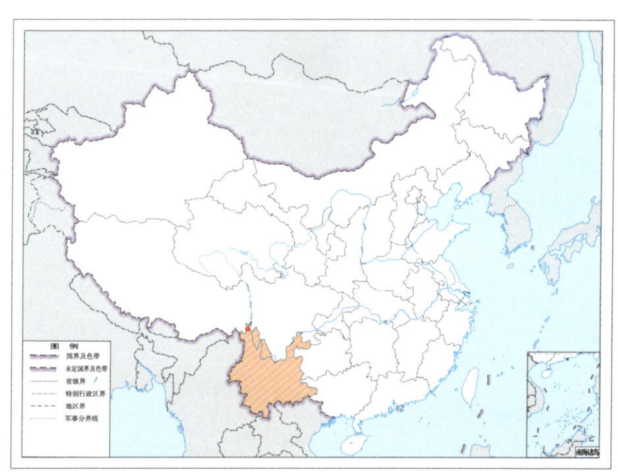

图 2-126-4 德钦佳盾蜾蠃 *Euodynerus* (*Pareuodynerus*) *deqinensis* 地理分布图

127. 锈佳盾蜾蠃 *Euodynerus* (*Pareuodynerus*) *ferrugineus* Ma, Chen *et* Li, 2017

【测量】 雌性体长 9.5 mm，前翅长 8.6 mm；雄性体长 9.0 mm，前翅长 8.4 mm。

【形态特征】 该物种与日本佳盾蜾蠃 *Euodynerus* (*Pareuodynerus*) *nipanicus* 很相似。主要区别特征为：体具大量红棕色斑，整个触角锈色；头顶窝穴密生毛；雄性触角第 13 节向后折回至第 10 节端部；腹部背板的刻点较深且密集；雄性抱握器近端部处突然变窄后变宽。

【地理分布】 云南（德钦）。

图 2–127–1　锈佳盾蜾蠃 *Euodynerus* (*Pareuodynerus*) *ferrugineus* 雌性背面观

图 2–127–2　锈佳盾蜾蠃 *Euodynerus* (*Pareuodynerus*) *ferrugineus* 雌性头部正面观

图 2–127–3　锈佳盾蜾蠃 *Euodynerus* (*Pareuodynerus*) *ferrugineus* 雄性外生殖器正面观

图 2–127–4　锈佳盾蜾蠃 *Euodynerus* (*Pareuodynerus*) *ferrugineus* 地理分布图

128. 日本佳盾蜾蠃 *Euodynerus* (*Pareuodynerus*) *nipanicus* (von Schulthess, 1908)

【测量】 雌性体长 9.0 ~ 10.0 mm，前翅长 7.5 ~ 8.0 mm；雄性体长 8.0 ~ 9.0 mm，前翅长 7.0 ~ 8.0 mm。

【形态特征】 雌性头顶窝穴区较大，明显宽于两后单眼间距，两侧具大刻点，中央具小刻点和密集长毛；腹部第 2 节背板端部具明显薄片，薄片前的刻点较该背板其余区域的刻点密集且深；第 2 节腹板明显凸起，基部具 1 条短中纵沟。雄性触角第 13 节向后折回至第 10 节中部；雄性生殖器的抱握器端部圆形。

该种类共 5 亚种，我国分布 3 亚种，本图鉴收录 2 亚种。

①日本佳盾蜾蠃指名亚种 *Euodynerus* (*Pareuodynerus*) *nipanicus nipanicus* (von Schulthess, 1908)

日本佳盾蜾蠃东京亚种 *Euodynerus* (*Pareuodynerus*) *nipanicus tonkinensis* 与日本佳盾蜾蠃指名亚种 *Euodynerus* (*Pareuodynerus*) *nipanicus nipanicus* 的区别在于：身体具更多的斑点，唇基大部分、小盾片具 1 对斑，腿节端部至胫节末端为黄色至黄棕色，腹部第 1 节背板端部的横带较日本佳盾蜾蠃指名亚种宽，且向两侧扩展。

【地理分布】 湖北（神农架、武当山）、内蒙古（通辽）、辽宁（辽阳、本溪、抚顺）、吉林（临江）、黑龙江（佳木斯）、山东（泰安）、江苏（徐州）、浙江（杭州、丽水）、安徽（六安、黄山）、福建（邵武）、江西（抚州、宜春、吉安、赣州）、广东（惠州）、广西（桂林）、重庆（城口、万盛、开州、梁平、江津、酉阳、沙坪坝、九龙坡、巴南）、四川（乐山、广元、达州、攀枝花、绵阳）、贵州（铜仁、遵义）、云南（临沧、景洪、普洱、玉溪、大理、德宏、红河、西双版纳、保山、文山、丽江）、陕西（汉中、宝鸡、安康、西安、渭南、延安）、甘肃（陇南、平凉）；韩国，日本，泰国。

图 2–128–1–a 日本佳盾蜾蠃指名亚种 *Euodynerus* (*Pareuodynerus*) *nipanicus nipanicus* 雌性头部正面观

图 2–128–1–b 日本佳盾蜾蠃指名亚种 *Euodynerus* (*Pareuodynerus*) *nipanicus nipanicus* 雄性外生殖器正面观

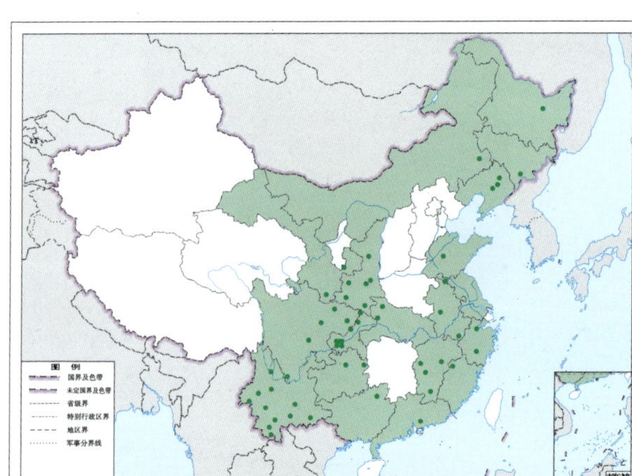

图 2–128–1–c 日本佳盾蜾蠃指名亚种 *Euodynerus* (*Pareuodynerus*) *nipanicus nipanicus* 地理分布图

图 2-128-1-d 日本佳盾蜾蠃指名亚种 *Euodynerus (Pareuodynerus) nipanicus nipanicus* 雌性生态图（浙江温州 何既白 摄）

②日本佳盾蜾蠃东京亚种 ***Euodynerus (Pareuodynerus) nipanicus tonkinensis*** **Giordani Soika, 1973**

【地理分布】 河北、上海、江苏、浙江、福建、广东（惠州、云浮）、广西（河池、百色、来宾、玉林、崇左）；越南。

图 2-128-2-a 日本佳盾蜾蠃东京亚种 *Euodynerus (Pareuodynerus) nipanicus tonkinensis* 雄性背面观

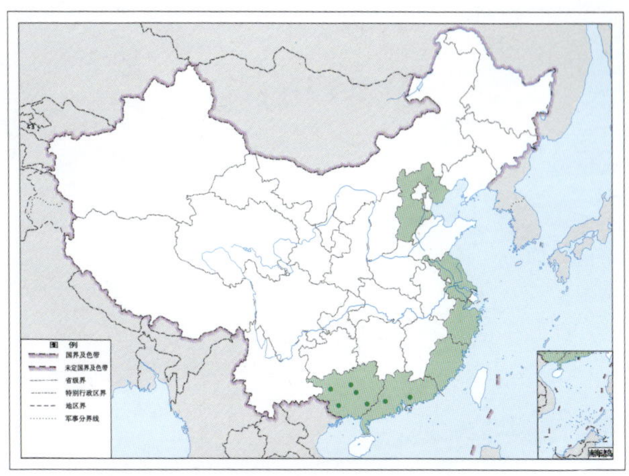

图 2-128-2-b 日本佳盾蜾蠃东京亚种 *Euodynerus (Pareuodynerus) nipanicus tonkinensis* 地理分布图

图 2-128-2-c　日本佳盾蜾蠃东京亚种 ***Euodynerus*** **(*Pareuodynerus*)** ***nipanicus tonkinensis*** 雄性生态图 1（浙江台州　许威　摄）

图 2-128-2-d　日本佳盾蜾蠃东京亚种 ***Euodynerus*** **(*Pareuodynerus*)** ***nipanicus tonkinensis*** 雄性生态图 2（浙江台州　许威　摄）

129. 显佳盾蜾蠃指名亚种 *Euodynerus* (*Pareuodynerus*) *notatus notatus* (Jurine, 1807)

【测量】 雌性体长 9.5 ~ 10.5 mm，前翅长 7.9 ~ 8.5 mm；雄性体长 8.5 ~ 9.5 mm，前翅长 7.5 ~ 8.0 mm。

【形态特征】 体黑色，具黄色斑。唇基刻点略稀疏，刻点间距等于或略大于刻点直径；头顶窝穴两侧具大刻点，中央具小刻点；腹部第 2 节背板端缘具窄的、不明显薄片，端部刻点与其他区域几乎一致，较日本佳盾蜾蠃 *Euodynerus* (*Pareuodynerus*) *nipanicus* 同区域稀疏且浅；腹部第 2 节腹板基部具 1 条短中纵沟；雄性生殖器阳茎端部圆形，抱握器端部圆形，生殖刺突细长，并向端部逐渐变细。

【地理分布】 浙江、江西（宜春、赣州、萍乡）、河南（新乡）、广西（来宾）、重庆（城口、开州、巫溪）、四川（峨眉山、雅安、广元、巴中、阆中）、贵州（凯里）、云南（红河、西双版纳、临沧、德宏、普洱）、陕西（安康、渭南）；瑞典，芬兰，法国，西班牙，意大利，德国，瑞士，奥地利，白俄罗斯，俄罗斯，土耳其，伊朗，蒙古，韩国。

图 2-129-1 显佳盾蜾蠃指名亚种 *Euodynerus* (*Pareuodynerus*) *notatus notatus* 雌性背面观

图 2-129-2 显佳盾蜾蠃指名亚种 *Euodynerus* (*Pareuodynerus*) *notatus notatus* 雌性头部正面观

图 2-129-3 显佳盾蜾蠃指名亚种 *Euodynerus* (*Pareuodynerus*) *notatus notatus* 雄性外生殖器正面观

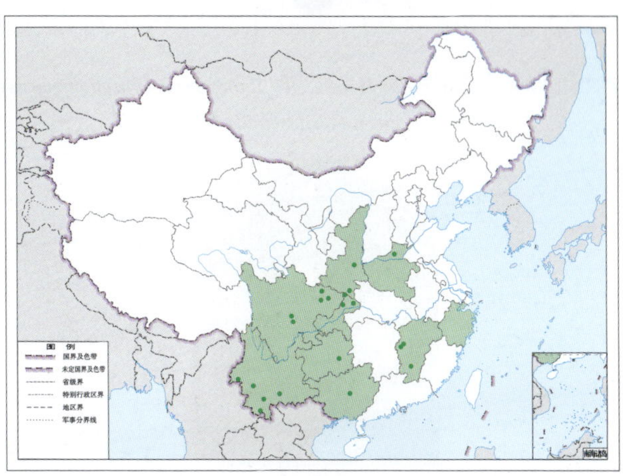

图 2-129-4 显佳盾蜾蠃指名亚种 *Euodynerus* (*Pareuodynerus*) *notatus notatus* 地理分布图

130. 四带佳盾蜾蠃指名亚种 *Euodynerus* (*Pareuodynerus*) *quadrifasciatus quadrifasciatus* (Fabricius, 1793)

【测量】 雌性体长 8.6 ~ 9.6 mm，前翅长 8.0 ~ 9.5 mm；雄性体长 8.0 ~ 9.2 mm，前翅长 7.5 ~ 8.5 mm。

【形态特征】 四带佳盾蜾蠃 *Euodynerus* (*Pareuodynerus*) *quadrifasciatus* 与日本佳盾蜾蠃 *Euodynerus* (*Pareuodynerus*) *nipanicus* 及显佳盾蜾蠃 *Euodynerus* (*Pareuodynerus*) *notatus* 相似，三者主要区别于：日本佳盾蜾蠃 *Euodynerus* (*Pareuodynerus*) *nipanicus* 的刻点较四带佳盾蜾蠃 *Euodynerus* (*Pareuodynerus*) *quadrifasciatus* 和显佳盾蜾蠃 *Euodynerus* (*Pareuodynerus*) *notatus* 密集且深，特别是腹部第 2 节背板端部；此外，日本佳盾蜾蠃 *Euodynerus* (*Pareuodynerus*) *nipanicus* 腹部第 2 节背板端部的薄片较宽，而四带佳盾蜾蠃 *Euodynerus* (*Pareuodynerus*) *quadrifasciatus* 和显佳盾蜾蠃 *Euodynerus* (*Pareuodynerus*) *notatus* 端部薄片很窄或无；四带佳盾蜾蠃 *Euodynerus* (*Pareuodynerus*) *quadrifasciatus* 腹部第 2 节腹板基部无中纵沟，其余两种均有。

【地理分布】 山西、内蒙古（阿拉善）、河北、辽宁（辽阳）、吉林（白山、延吉、长春、和龙）、四川（雅安）、黑龙江、江西、陕西（黄龙）、甘肃（平凉）、宁夏（固原）、西藏（昌都）、新疆（米东）；瑞典，丹麦，法国，奥地利，白俄罗斯，俄罗斯，蒙古，土耳其。

图 2-130-1 四带佳盾蜾蠃指名亚种 *Euodynerus* (*Pareuodynerus*) *quadrifasciatus quadrifasciatus* 雌性背面观

图 2-130-2 四带佳盾蜾蠃指名亚种 *Euodynerus* (*Pareuodynerus*) *quadrifasciatus quadrifasciatus* 雌性头部正面观

图 2-130-3 四带佳盾蜾蠃指名亚种 *Euodynerus* (*Pareuodynerus*) *quadrifasciatus quadrifasciatus* 雌性腹部第 2 ~ 6 节腹面观

图 2-130-4 四带佳盾蜾蠃指名亚种 *Euodynerus* (*Pareuodynerus*) *quadrifasciatus quadrifasciatus* 雄性外生殖器正面观

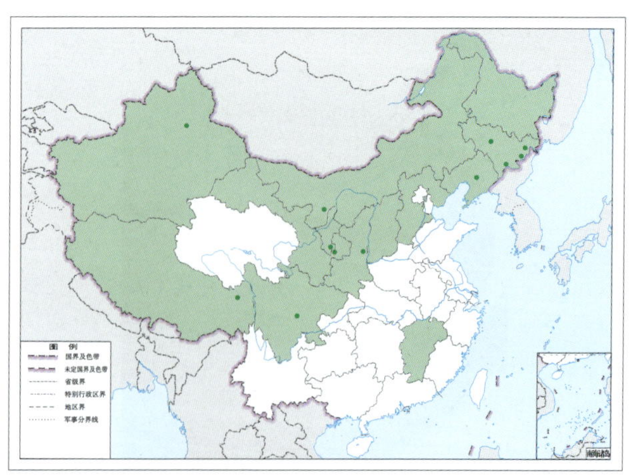

图 2-130-5 四带佳盾蜾蠃指名亚种 *Euodynerus* (*Pareuodynerus*) *quadrifasciatus quadrifasciatus* 地理分布图

131. 类日本佳盾蜾蠃 *Euodynerus* (*Pareuodynerus*) *similinipanicus* Ma, Chen *et* Li, 2017

【测量】 雌性体长 10.0 ~ 12.0 mm，前翅长 9.5 ~ 11.0 mm；雄性体长 8.0 ~ 8.6 mm，前翅长 7.7 ~ 8.0 mm。

【形态特征】 体黑色，具黄色至黄棕色斑。雌性唇基长约等于宽，密生刻点，端部凹陷，两侧呈齿突状。腹部第 2 节背板端部具窄薄片，端部刻点较其余区域刻点密集且深；第 2 节腹板中部凸起，基部具 1 条中纵沟。该物种与日本佳盾蜾蠃 *Euodynerus* (*Pareuodynerus*) *nipanicus* 很相似，主要区别在于腹部第 1、2 节背板刻点整体较后者密、粗糙；雄性触角第 13 节向后折回至第 9 节端部；雄性生殖器阳茎端部圆形，抱握器端部略平截，具稀疏毛。

【地理分布】 云南（丽江）。

图 2-131-1　类日本佳盾蜾蠃 *Euodynerus* (*Pareuodynerus*) *similinipanicus* 雄性背面观

图 2-131-2　类日本佳盾蜾蠃 *Euodynerus* (*Pareuodynerus*) *similinipanicus* 雌性头部正面观

图 2-131-3　类日本佳盾蜾蠃 *Euodynerus* (*Pareuodynerus*) *similinipanicus* 雄性外生殖器正面观

图 2-131-4　类日本佳盾蜾蠃 *Euodynerus* (*Pareuodynerus*) *similinipanicus* 地理分布图

132. 纹佳盾蜾蠃 *Euodynerus* (*Pareuodynerus*) *strigatus* (Radoszkowski, 1893)

【测量】 雌性体长 9.5 ~ 10.5 mm，前翅长 9.0 ~ 9.5 mm；雄性体长 9.0 ~ 9.5 mm，前翅长 7.0 ~ 8.5 mm。

【形态特征】 体黑色，具大量黄色斑。雌性唇基除端部外均为黄色，雄性唇基全为黄色，唇基无纵皱。腹部第 1、2 节背板刻点明显较胸部的小且稀疏；腹部第 2 节背板端部的刻点较其余区域略密集且深，近端缘处 1 排刻点明显密，略呈凹沟，端缘具窄的薄片。雄性触角末端向后折回伸达第 10 节端部；雄性抱握器端部略平截。

【地理分布】 内蒙古（通辽）、辽宁（辽阳）、吉林（长春、榆树）、陕西（宝鸡、安康）；塔吉克斯坦，哈萨克斯坦。

图 2-132-1 纹佳盾蜾蠃 *Euodynerus* (*Pareuodynerus*) *strigatus* 雄性背面观

图 2-132-3 纹佳盾蜾蠃 *Euodynerus* (*Pareuodynerus*) *strigatus* 雄性外生殖器正面观

图 2-132-2 纹佳盾蜾蠃 *Euodynerus* (*Pareuodynerus*) *strigatus* 雌性头部正面观

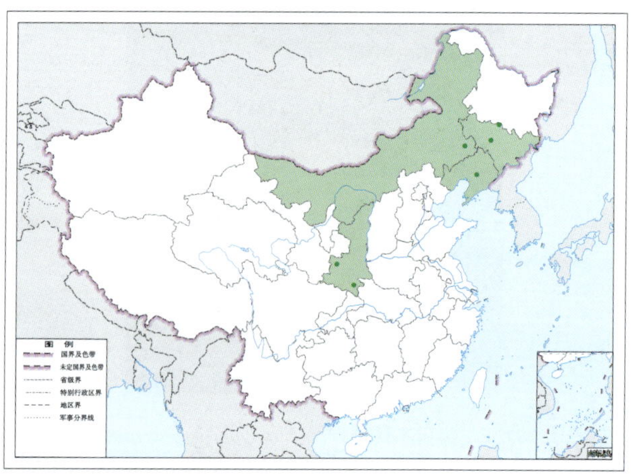

图 2-132-4 纹佳盾蜾蠃 *Euodynerus* (*Pareuodynerus*) *strigatus* 地理分布图

133. 三叶佳盾蜾蠃 *Euodynerus* (*Pareuodynerus*) *trilobus* (Fabricius, 1787)

【测量】 雌性体长 8.0 ~ 8.5 mm，前翅长 7.7 ~ 8.0 mm；雄性体长 7.5 ~ 8.0 mm，前翅长 7.0 ~ 8.0 mm。

【形态特征】 体黑色，具黄色斑，翅黑褐色，略具紫色光泽。雌性唇基宽与长相等，刻点由基部向端部变密集且深，端部具不明显侧脊，端缘凹陷不明显；前单眼后方、两后单眼内侧各具 1 个结节且中间断裂，此特征明显区别于该属其他种类。雄性腹部第 2 节背板端部薄片较雌性宽；雄性生殖器阳茎端部圆形，抱握器端部略平截，具稀疏毛，生殖刺突细长，并向端部逐渐变细。

【地理分布】 上海、江苏、浙江、安徽（六安）、江西（赣州）、河南（信阳）、广东（云浮、惠州）、广西（桂林、玉林、防城港、来宾、岑溪、河池）、海南（昌江、定安、三沙）、四川（达州）、贵州（黔南、遵义）、陕西（安康）、甘肃（陇南）；英属印度洋领地，毛里求斯，越南，马来西亚，印度尼西亚，日本。

图 2-133-1　三叶佳盾蜾蠃 *Euodynerus* (*Pareuodynerus*) *trilobus* 雄性背面观

图 2-133-2　三叶佳盾蜾蠃 *Euodynerus* (*Pareuodynerus*) *trilobus* 雌性头部正面观

图 2-133-3　三叶佳盾蜾蠃 *Euodynerus* (*Pareuodynerus*) *trilobus* 雄性外生殖器正面观

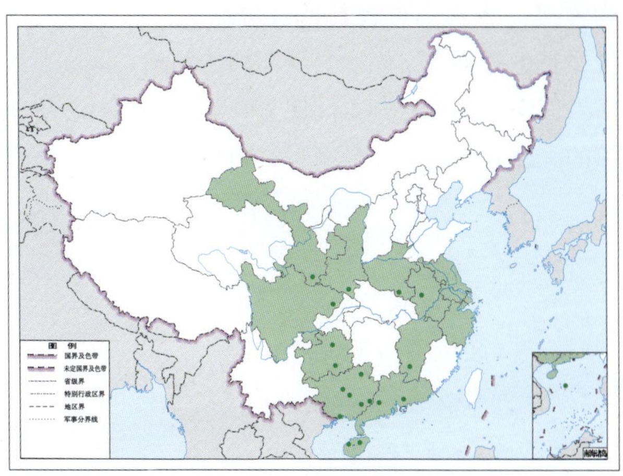

图 2-133-4　三叶佳盾蜾蠃 *Euodynerus* (*Pareuodynerus*) *trilobus* 地理分布图

一九、宽沟蜾蠃属 *Eustenancistrocerus* Blüthgen, 1938

【形态特征】 唇基宽大于长，端缘弧形凹陷；雄性触角第 13 节向后折回呈钩状。翅基片后缘超过旁翅基片后缘；前胸背板无翅基片前脊；宽沟蜾蠃指名亚属 *Eustenancistrocerus* 的翅基片具密集、发达呈筛状的半透明刻点，旁宽沟蜾蠃亚属 *Parastenancistrocerus* 翅基片具不明显、细且浅的刻点，通常只有两个稍大的半透明斑。腹部第 1 节背区与前斜面具横脊分界，横脊与背区在同一水平面。

【地理分布】 主要分布于欧洲、西亚及中亚各国。

【分类】 该属世界已知 3 亚属 20 种，我国已知 2 亚属 2 种，本图鉴收录 2 亚属 2 种。

中国宽沟蜾蠃属 *Eustenancistrocerus* 分种检索表

1. 翅基片具不明显、细且浅的刻点，通常只有两个稍大的半透明斑，无刻点 ……………………………………… **四斑宽沟蜾蠃 *Eustenancistrocerus* (*Parastenancistrocerus*) *amadanensis***

   翅基片明显具发达的、筛状的半透明刻点 ……………………………………… **阿斯宽沟蜾蠃 *Eustenancistrocerus* (*Eustenancistrocerus*) *askhabadensis***

134. 阿斯宽沟蜾蠃 *Eustenancistrocerus* (*Eustenancistrocerus*) *askhabadensis* (Radoszkowski, 1886)

【测量】 雌性体长 10.0 mm；雄性体长 6.0 mm，前翅长 5.0 mm。

【形态特征】 体具大量黄色斑和粗糙刻点，其中腹部第 1、2 节背板两侧具黄斑且与端缘条带相连接，头部刻点较其他区域稀疏；唇基宽大于长，具中等刻点，端缘具深而圆的凹陷。前胸背板前斜面密生刻点，刻点间明显脊状，中部具 2 个相邻的大窝穴；翅基片具密集、明显筛状的半透明刻点；并胸腹节背区和侧区边界略具不明显齿突，背区中部及后区具发达的横皱。腹部第 1 节背板刻点比第 2 节背板稍粗糙，第 2、3 节背板端部刻点较基部大且密，且端缘前具 1 排刻点；第 2 节背板端缘具窄的锯齿状薄片且略向上反翘。

【地理分布】 新疆（怪石峪）；伊朗，巴基斯坦，土库曼斯坦，蒙古。

图 2-134-1　阿斯宽沟蜾蠃 ***Eustenancistrocerus* (*Eustenancistrocerus*) *askhabadensis*** 雄性背面观

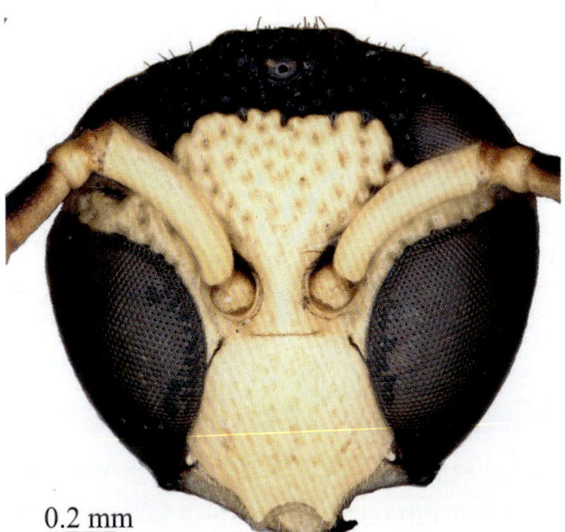

图 2-134-2　阿斯宽沟蜾蠃 ***Eustenancistrocerus* (*Eustenancistrocerus*) *askhabadensis*** 雄性头部正面观

图 2-134-3　阿斯宽沟蜾蠃 ***Eustenancistrocerus* (*Eustenancistrocerus*) *askhabadensis*** 雄性前胸背板前斜面

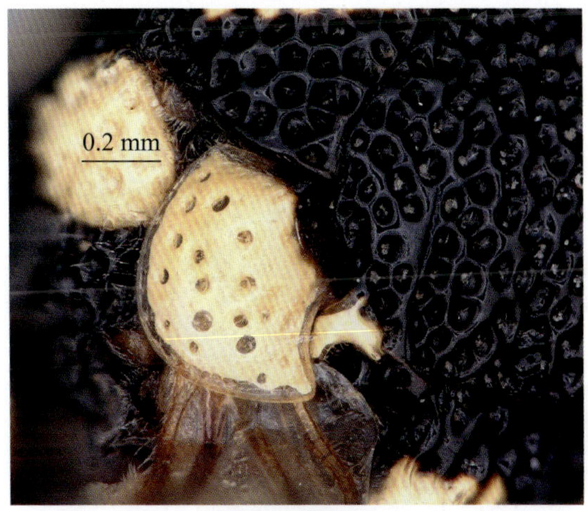

图 2-134-4　阿斯宽沟蜾蠃 ***Eustenancistrocerus* (*Eustenancistrocerus*) *askhabadensis*** 雄性翅基片

图 2-134-5　阿斯宽沟蜾蠃 ***Eustenancistrocerus* (*Eustenancistrocerus*) *askhabadensis*** 地理分布图

135. 四斑宽沟蜾蠃 *Eustenancistrocerus* (*Parastenancistrocerus*) *amadanensis* (de Saussure, 1855)

【测量】 雌性体长 6.0 ~ 7.0 mm，前翅长 4.5 ~ 5.5 mm；雄性体长 5.5 ~ 6.5 mm，前翅长 4.5 ~ 5.5 mm。

【形态特征】 体黑色，具浅黄色或黄色斑；其中雌性唇基基部具 1 对黄色侧斑，雄性整个唇基黄色，腹部各节端部具黄色条带，第 1、2 节背板分别具 1 对侧斑。体具粗糙刻点，头部和胸部刻点较腹部粗糙密集；唇基宽大于长（雌性宽明显大于长），密生浅刻点（雌性的刻点轮廓略模糊），端缘宽凹陷，两侧呈齿状；翅基片刻点不明显，细且浅，通常只有两个稍大的半透明斑点；并胸腹节背区和侧区边界具不明显齿状突。腹部第 1、2 节刻点较其他腹节粗糙。

【地理分布】 新疆（阿勒泰、昌吉）；葡萄牙，西班牙，意大利，匈牙利，瑞士，土耳其，俄罗斯，叙利亚，以色列，巴勒斯坦，沙特阿拉伯，伊拉克，伊朗，巴基斯坦，印度。

图 2-135-1 四斑宽沟蜾蠃 *Eustenancistrocerus* (*Parastenancistrocerus*) *amadanensis* 雄性背面观

图 2-135-3 四斑宽沟蜾蠃 *Eustenancistrocerus* (*Parastenancistrocerus*) *amadanensis* 雄性头部正面观

图 2-135-2 四斑宽沟蜾蠃 *Eustenancistrocerus* (*Parastenancistrocerus*) *amadanensis* 雌性头部正面观

图 2-135-4 四斑宽沟蜾蠃 *Eustenancistrocerus* (*Parastenancistrocerus*) *amadanensis* 地理分布图

二〇、凹顶蜾蠃属 *Gribodia* Zavattari, 1912

【形态特征】 头宽明显大于长，额区平；雄性头顶深凹陷，凹陷后端密生长毛；唇基长明显大于宽，前缘平截状；上颚具 4 枚齿；下颚须 5 节；下唇须 3 节、细长，第 3 节端部具长鬃毛；雄性触角第 13 节向后折回、呈钩状。后胸背板后端截状且边缘齿状，具 1 条深的中纵沟；并胸腹节侧缘脊状、具刺齿；腹部第 1 节无柄，背区与前斜面无横脊分界，前斜面上边缘略高于背区，背区与前斜面分界明显。

【地理分布】 分布于东洋区，主要局限于东南亚。

【分类】 世界已知 6 种，我国已知 2 种，本图鉴收录 1 种。

136. 黑凹顶蜾蠃 *Gribodia nigra* Nguyen *et* Xu, 2015

【测量】 雌性体长 13.6 mm，前翅长 13.0 mm；雄性体长 11.8 mm，前翅长 12.5 mm。

【形态特征】 体几乎全为黑色，雌性仅额区侧下缘及触角间的斑为黄色，唇基基部两侧具不明显的小斑；雄性唇基除边缘外全为纯黄色，额区侧下缘、触角间的斑分别与唇基黄色相接；翅黑褐色。唇基长大于宽，端缘几乎平截状，雌性唇基刻点明显较雄性密且深、粗糙。雄性触角第 6 ~ 11 节腹面具凸起的短纵脊，第 13 节细长指状，向后折回至第 10 节端部；雄性头顶窝穴深而宽大，几乎占据整个头顶；腹部第 2 ~ 5 节背板端部分别具明显宽薄片，第 1 节背板前斜面上边缘高于水平区，背区端部与基部几乎等宽，宽几乎为长的 2 倍。

【地理分布】 海南（五指山）。

图 2–136–1　黑凹顶蜾蠃 *Gribodia nigra* 雄性背面观

图 2–136–2　黑凹顶蜾蠃 *Gribodia nigra* 雌性头部正面观
（Lien T. P. Nguyen 提供）

图 2–136–3　黑凹顶蜾蠃 *Gribodia nigra* 雄性头部正面观

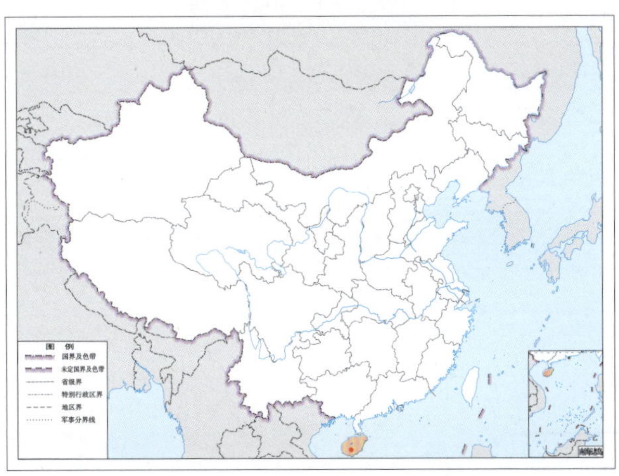

图 2–136–4　黑凹顶蜾蠃 *Gribodia nigra* 地理分布图

二一、胡蜾蠃属 *Jucancistrocerus* Blüthgen, 1938

【形态特征】 翅基片具密集的筛状半透明刻点；前胸背板无前胸脊；并胸腹节侧缘具薄片和齿突。荒漠胡蜾蠃亚属 *Eremodynerus* 的腹部第 1 节背板宽明显大于长，较腹部第 2 节背板稍窄（超过 0.8 倍），而胡蜾蠃指名亚属 *Jucancistrocerus* 的腹部第 1 节背板较长，宽略大于或几乎等于长，明显窄于腹部第 2 节背板（小于 0.8 倍）；第 1 节背板具横脊，但横脊明显低于背区水平面并接近于背板基部，即横脊位于前斜面而非背区与前斜面的分界。

【地理分布】 主要分布于欧洲、北非及中亚。

【分类】 世界已知 2 亚属 13 种，我国已知 2 亚属 5 种，本图鉴收录 2 亚属 5 种。

中国胡蜾蠃属 *Jucancistrocerus* 分种检索表

1. 唇基宽大于长（1.3 倍），端部凹陷浅、两侧齿状不明显；腹部第 1 节背板宽明显大于长，且略窄于腹部第 2 节背板（大于 0.8 倍）……………………………………………………**荒漠胡蜾蠃亚属 *Eremodynerus*, 2**

   唇基宽略大于或等于长（1.0 ~ 1.1 倍），端部凹陷深、两侧呈尖齿状；腹部第 1 节背板宽略大于或约等于长，且明显窄于腹部第 2 节背板 ……………………………………………**胡蜾蠃指名亚属 *Jucancistrocerus*, 3**

2. 体刻点更粗糙；唇基端缘凹陷呈切口状；中胸盾片近端部无黄色斑或具 1 个黄色小斑 …………………………………………………………………**黑带荒漠胡蜾蠃 *Jucancistrocerus* (*Eremodynerus*) *atrofasciatus***

   体刻点较上述稀疏；唇基端缘凹陷不明显；中胸盾片中部至端部具 1 个黄色大斑 …………………………………………………………………**和田荒漠胡蜾蠃 *Jucancistrocerus* (*Eremodynerus*) *chotanensis***

3. 唇基粗糙、端部窄，雌性唇基端部宽为凹陷深的 2.9 倍，雄性端部宽为凹陷深的 2.6 倍 …………………………………………………………………**塔胡蜾蠃 *Jucancistrocerus* (*Jucancistrocerus*) *tachkensis***

   唇基刻点较上述稀疏，端部较上述宽，雌性唇基端部宽为凹陷深的 3.3 ~ 4.0 倍，雄性端部宽为凹陷深的 2.0 ~ 2.3 倍 ………………………………………………………………………………………… **4**

4. 唇基凹陷较窄且浅；雄性触角第 13 节向后折回未达第 11 节基部 …………………………………………………………………**窄额胡蜾蠃 *Jucancistrocerus* (*Jucancistrocerus*) *angustifrons***

   唇基凹陷较上述宽且深；雄性触角第 13 节向后折回超过第 11 节基部 …………………………………………………………………**阿拉善胡蜾蠃 *Jucancistrocerus* (*Jucancistrocerus*) *alashanicus***

137. 黑带荒漠胡蜾蠃 *Jucancistrocerus (Eremodynerus) atrofasciatus* (Morawitz, 1885)

【测量】 雌性体长 6.7 ~ 7.0 mm，前翅长 5.5 ~ 6.0 mm；雄性体长 5.3 ~ 5.8 mm，前翅长 4.7 ~ 5.0 mm。

【形态特征】 体黑色，具大面积黄色斑，中胸盾片纯黑色或端部具小黄色斑，雄性黄色斑面积相对较小；体具粗糙刻点。雌性唇基具中等密度刻点且宽大于长（1.4 倍），雄性唇基几乎长等于宽且刻点更稀疏；唇基端缘凹陷，雄性唇基的凹陷（端缘宽度：凹陷深度 = 4.4）较雌性（端缘宽度：凹陷深度 =5.4）更深；雄性触角第 13 节向后折回未至第 11 节端部；前胸脊强烈凸起，尤其在中间突出；并胸腹节背区和侧区的边界具齿状突。腹部刻点粗糙且较胸部略稀疏，第 1 节背板宽为长的 2.1 倍，比第 2 节背板略窄（0.8 倍）。

【地理分布】 内蒙古、甘肃、青海、新疆（昌吉）；哈萨克斯坦，吉尔吉斯斯坦，伊朗，蒙古。

图 2-137-1　黑带荒漠胡蜾蠃 *Jucancistrocerus (Eremodynerus) atrofasciatus* 雄性背面观

图 2-137-3　黑带荒漠胡蜾蠃 *Jucancistrocerus (Eremodynerus) atrofasciatus* 雄性头部正面观

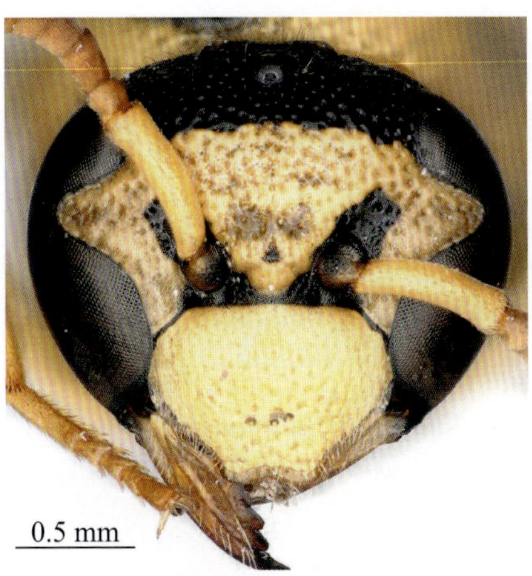

图 2-137-2　黑带荒漠胡蜾蠃 *Jucancistrocerus (Eremodynerus) atrofasciatus* 雌性头部正面观

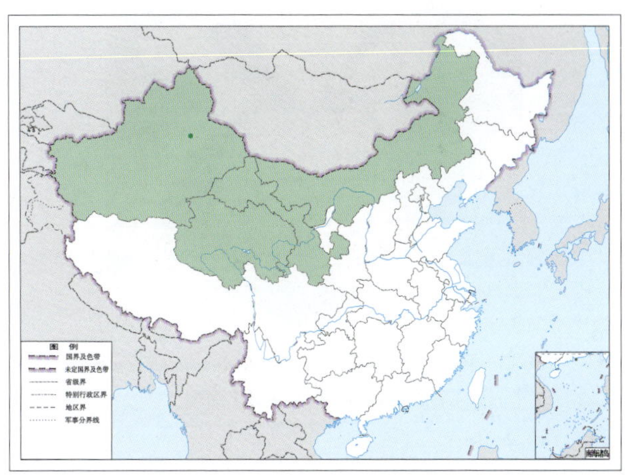

图 2-137-4　黑带荒漠胡蜾蠃 *Jucancistrocerus (Eremodynerus) atrofasciatus* 地理分布图

138. 和田荒漠胡蜾蠃 *Jucancistrocerus* (*Eremodynerus*) *chotanensis* (Blüthgen, 1942)

【测量】 雌性体长 7.2 mm，前翅长 5.6 mm；雄性体长 7.0 mm，前翅长 5.3 mm。

【形态特征】 该物种与上述黑带荒漠胡蜾蠃 *Jucancistrocerus* (*Eremodynerus*) *atrofasciatus* 非常相似，具相似的色斑模式，但该种的刻点明显稀疏且黄色区域明显大于近似种，并胸腹节背区和侧区之间的边界齿突不明显，唇基端缘较浅，中胸盾片中部至端部具 1 个大的纵向黄色斑。

【地理分布】 新疆（和田、若羌）。

图 2-138-1　和田荒漠胡蜾蠃 ***Jucancistrocerus* (*Eremodynerus*) *chotanensis*** 雌性背面观

图 2-138-3　和田荒漠胡蜾蠃 ***Jucancistrocerus* (*Eremodynerus*) *chotanensis*** 雌性并胸腹节背面观

图 2-138-2　和田荒漠胡蜾蠃 ***Jucancistrocerus* (*Eremodynerus*) *chotanensis*** 雌性头部正面观

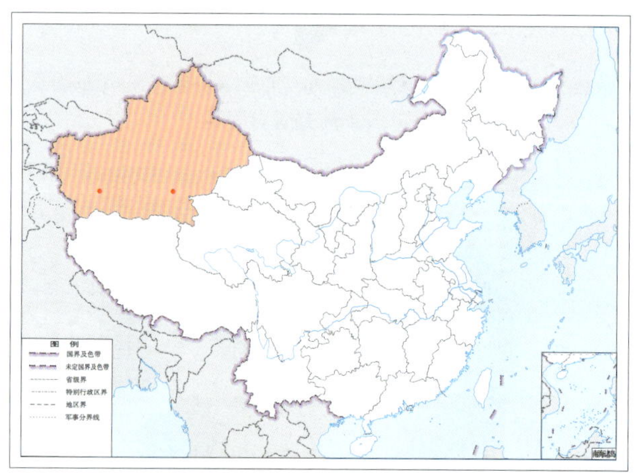

图 2-138-4　和田荒漠胡蜾蠃 ***Jucancistrocerus* (*Eremodynerus*) *chotanensis*** 地理分布图

139. 阿拉善胡蜾蠃 *Jucancistrocerus (Jucancistrocerus) alashanicus* Kurzenko, 1977

【测量】 雌性体长 7.2 ~ 8.0 mm，前翅长 6.6 ~ 6.8 mm；雄性体长 5.7 ~ 6.5 mm，前翅长 5.5 ~ 5.7 mm。

【形态特征】 该种与窄额胡蜾蠃 *Jucancistrocerus (Jucancistrocerus) angustifrons* 很相似，但主要可通过外生殖器及唇基端缘的凹陷来区分。该种雌性端缘宽度为凹陷深度的 3.3 倍，雄性端缘宽度为凹陷深度的 2.0 倍；雄性触角第 13 节向后折回超过第 11 节基部；雄性抱握器端部比后者的更宽更钝。

【地理分布】 内蒙古（武川、阿拉善）、北京（西三旗）、河北（承德）、山西（新荣）、甘肃（酒泉、张掖）；俄罗斯。

图 2-139-1　阿拉善胡蜾蠃 *Jucancistrocerus (Jucancistrocerus) alashanicus* 雄性背面观

图 2-139-2　阿拉善胡蜾蠃 *Jucancistrocerus (Jucancistrocerus) alashanicus* 雌性头部正面观

图 2-139-3　阿拉善胡蜾蠃 *Jucancistrocerus (Jucancistrocerus) alashanicus* 雄性外生殖器侧面观

图 2-139-4　阿拉善胡蜾蠃 *Jucancistrocerus (Jucancistrocerus) alashanicus* 地理分布图

140. 窄额胡蝶蠃 *Jucancistrocerus* (*Jucancistrocerus*) *angustifrons* (Kostylev, 1940)

【测量】 雌性体长 5.5 ~ 8.0 mm，前翅长 5.0 ~ 7.0 mm；雄性体长 5.5 ~ 6.7 mm，前翅长 5.5 ~ 6.2 mm。

【形态特征】 该种唇基及腹部黄色区域较阿拉善胡蝶蠃 *Jucancistrocerus* (*Jucancistrocerus*) *alashanicus* 多，有时腹部第 1 节全为棕黄色或黄色，雌性唇基端缘凹陷宽度为凹陷深度的 4.0 倍，雄性唇基端缘宽度为凹陷深度的 2.3 倍；雄性触角第 13 节向后折回未达第 11 节基部；雄性抱握器端部狭窄而尖锐，靠近阳茎基部明显具 1 个近方形突起。

【地理分布】 内蒙古、甘肃（酒泉、张掖、武威）、青海；俄罗斯。

图 2-140-1 窄额胡蝶蠃 *Jucancistrocerus* (*Jucancistrocerus*) *angustifrons* 雌性背面观

图 2-140-2 窄额胡蝶蠃 *Jucancistrocerus* (*Jucancistrocerus*) *angustifrons* 雌性头部正面观

图 2-140-3 窄额胡蝶蠃 *Jucancistrocerus* (*Jucancistrocerus*) *angustifrons* 雄性外生殖器侧面观

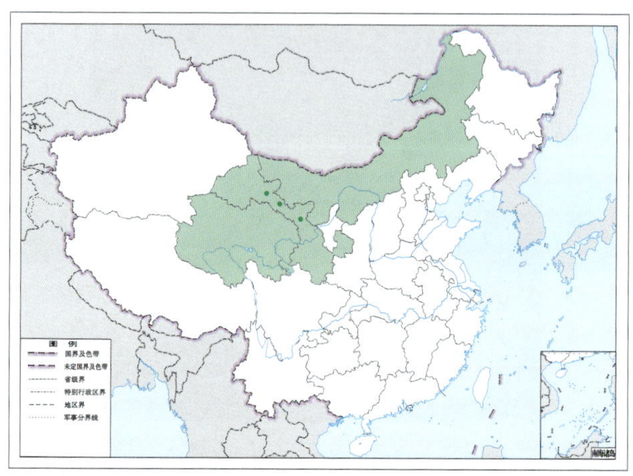

图 2-140-4 窄额胡蝶蠃 *Jucancistrocerus* (*Jucancistrocerus*) *angustifrons* 地理分布图

141. 塔胡蜾蠃 *Jucancistrocerus* (*Jucancistrocerus*) *tachkensis* (Dalla Torre, 1889)

【测量】 雌性体长 6.5 ~ 7.0 mm，前翅长 5.0 ~ 5.5 mm；雄性体长 5.8 ~ 6.5 mm，前翅长 5.0 ~ 5.6 mm。

【形态特征】 该物种与阿拉善胡蜾蠃 *Jucancistrocerus* (*Jucancistrocerus*) *alashanicus* 相似，具相似的色斑模式，但该种唇基刻点明显更粗糙和密集，翅基片具更大和更密集的刻点，端缘凹陷均深而圆，端部相对较窄，雌性端缘宽度为凹陷深度的 2.9 倍，雄性端缘宽度为凹陷深度的 2.6 倍；雄性触角第 13 节向后折回未达第 11 节基部；雄性抱握器端部更窄，靠近阳茎基部明显具 1 个角状突。

【地理分布】 新疆（霍城、禾木、哈巴河、克拉玛依）；乌兹别克斯坦，土库曼斯坦，阿富汗，巴基斯坦。

图 2–141–1　塔胡蜾蠃 *Jucancistrocerus* (*Jucancistrocerus*) *tachkensis* 雄性背面观

图 2–141–3　塔胡蜾蠃 *Jucancistrocerus* (*Jucancistrocerus*) *tachkensis* 雄性外生殖器侧面观

图 2–141–2　塔胡蜾蠃 *Jucancistrocerus* (*Jucancistrocerus*) *tachkensis* 雌性头部正面观

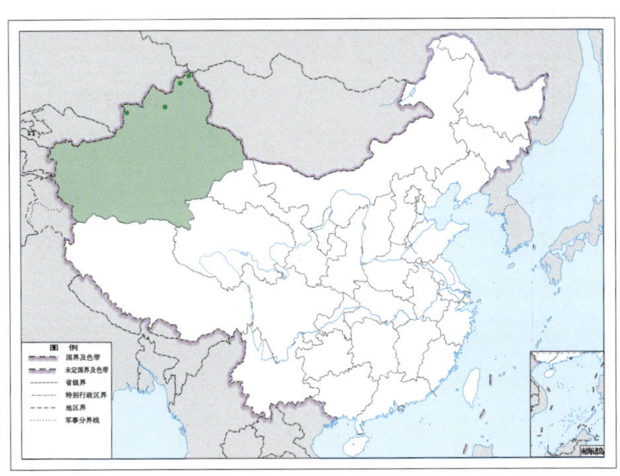

图 2–141–4　塔胡蜾蠃 *Jucancistrocerus* (*Jucancistrocerus*) *tachkensis* 地理分布图

二二、小柄蜾蠃属 *Labus* de Saussure, 1867

【形态特征】 体较纤细。雌性前单眼前具窝穴。前胸脊背面观常不完整；前翅第 2 亚缘室基部呈钝角；翅基片后缘未超过旁翅基片后缘；后胸背板中部横向凸起呈齿状；并胸腹节亚缘脊薄片和腹瓣常发达。腹部第 1 节呈长柄状，侧面观端部突然膨大；第 2 节背板及腹板端部常具半透明薄片。

【地理分布】 分布于东洋区。

【分类】 世界已知 16 种，我国已知 9 种，本图鉴收录 8 种。

中国小柄蜾蠃属 *Labus* 分种检索表

1. 并胸腹节亚缘脊薄片基部无齿突 …… 2
   并胸腹节亚缘脊薄片基部具齿突 …… 4
2. 腹部第 1 节背板膨大区域小于背板长的 1/2 …… 唇小柄蜾蠃 *Labus clypeatus*
   腹部第 1 节背板膨大区域大于背板长的 1/2 …… 3
3. 唇基端缘凹陷稍宽，两侧齿钝；前单眼之前的窝穴大而圆，明显大于前单眼；腹部第 1 节背板黑色 …… 无齿小柄蜾蠃 *Labus edentatus*
   唇基端缘凹陷较上述窄，两侧齿尖；前单眼之前的窝穴轮廓不明显，且不及上述大，仅稍大于前单眼；腹部第 1 节背板端半部常红棕色 …… 小小柄蜾蠃 *Labus pusillus*
4. 腹部第 1 节背板膨大区域约为背板长的 1/2 …… 5
   腹部第 1 节背板膨大区域小于背板长的 1/2 …… 6
5. 足大部分黑色，前、中足胫节及跗节外侧具黄色斑 …… 锡兰小柄蜾蠃 *Labus humbertianus*
   足大部分红棕色，仅腿节部分及中足胫节为黑色 …… 简小柄蜾蠃 *Labus exiguus*
6. 头部正面观长约等于宽且两侧圆弧形 …… 角小柄蜾蠃 *Labus angularis*
   头部正面观宽大于长，两侧近似直且平行 …… 7
7. 腹部第 1 节背板大部分红棕色；雌性前单眼之前的窝穴较大 …… 刺小柄蜾蠃 *Labus spiniger*
   腹部第 1 节背板黑色；雌性前单眼之前的窝穴较上述小 …… 8
8. 雌性前单眼前的窝穴长大于宽、浅、轮廓不明显；腹部第 1 节背板膨大区域刻点不规则、不均一 …… 可爱小柄蜾蠃 *Labus amoenus*
   雌性前单眼前的窝穴圆、更深、轮廓明显；腹部第 1 节背板膨大区域刻点几乎均一 …… 罗浮小柄蜾蠃 *Labus lofuensis*

图 2-22　小柄蜾蠃属种类 *Labus* sp. 生态图（广东遂溪　陈华燕　摄）

142. 可爱小柄蜾蠃 *Labus amoenus* van der Vecht, 1935

【测量】 雌性体长 7.9 ~ 8.4 mm；雄性体长 7.3 ~ 7.9 mm。

【形态特征】 体黑色，具大量浅黄色斑；翅浅棕色，前翅前缘浅黑褐色；唇基基部具大黄色斑，雄性黄色斑较雌性的更大。头部正面观长大于宽，头顶稍平；前单眼之前的窝穴长大于宽、浅、轮廓不明显；雄性触角第 13 节细长、稍扁，向后折回至第 11 节基部；并胸腹节亚缘脊薄片基部具齿突；腹部第 1 节背板膨大区域小于该背板长的 1/2，该区域刻点不均一。

【地理分布】 云南（西双版纳、普洱、临沧）；越南，老挝，印度，马来西亚，新加坡，印度尼西亚。

图 2-142-3　可爱小柄蜾蠃 *Labus amoenus* 雌性头部背面观

图 2-142-1　可爱小柄蜾蠃 *Labus amoenus* 雄性背面观

图 2-142-4　可爱小柄蜾蠃 *Labus amoenus* 雌性并胸腹节背面观

图 2-142-2　可爱小柄蜾蠃 *Labus amoenus* 雌性头部正面观

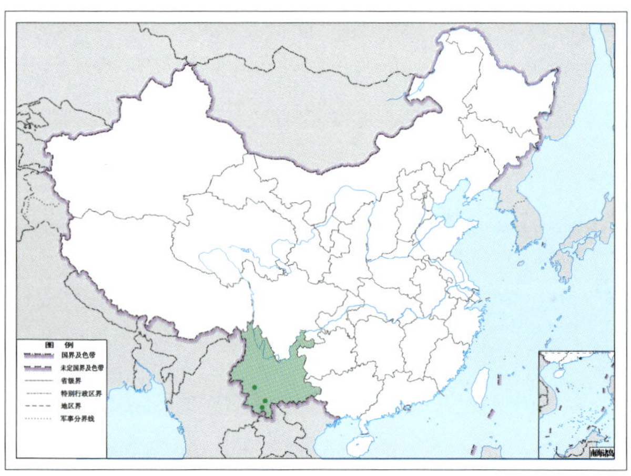

图 2-142-5　可爱小柄蜾蠃 *Labus amoenus* 地理分布图

143. 角小柄蜾蠃 *Labus angularis* van der Vecht, 1935

【测量】 雌性体长 7.2 ~ 7.8 mm，前翅长 5.3 ~ 5.9 mm；雄性体长 6.8 ~ 7.2 mm，前翅长 5.1 ~ 5.4 mm。

【形态特征】 体黑色，具大量黄色斑；雌性唇基除端缘外大部分为黄色，雄性唇基全为黄色；前翅缘室褐色。头部正面观长约等于宽且两侧圆弧形；前单眼之前的窝穴浅，椭圆形，稍大于前单眼，中部具 1 小撮短毛；并胸腹节亚缘脊薄片基部具齿突。腹部第 1 节背板膨大区域小于背板长的 1/2。

【地理分布】 云南（西双版纳、普洱、德宏）；泰国，印度，缅甸，印度尼西亚。

图 2-143-3　角小柄蜾蠃 *Labus angularis* 雌性头部背面观

图 2-143-1　角小柄蜾蠃 *Labus angularis* 雄性背面观

图 2-143-4　角小柄蜾蠃 *Labus angularis* 雌性并胸腹节背面观

图 2-143-2　角小柄蜾蠃 *Labus angularis* 雌性头部正面观

图 2-143-5　角小柄蜾蠃 *Labus angularis* 地理分布图

144. 唇小柄蜾蠃 *Labus clypeatus* van der Vecht, 1935

【测量】 雌性体长 8.3 ~ 8.9 mm，前翅长 5.3 ~ 5.9 mm；雄性体长 6.8 ~ 7.3 mm，前翅长 5.2 ~ 5.7 mm。

【形态特征】 体黑色，其中雌性唇基基部窄横带偏橘黄色；雄性唇基和上颚两者除外缘外全为黄色；翅浅棕色，前翅缘室浅褐色。雌性前单眼之前的窝穴明显，稍大于前单眼；前胸背板两侧肩角尖齿状且明显上翘；并胸腹节背区刻点稀疏，端部刻点较基部密，亚缘脊薄片基部无齿突。腹部第 1 节背板端部膨大区域小于该背板长的 1/2。

【地理分布】 云南（普洱、瑞丽、河口、西双版纳、保山、临沧）；越南，印度尼西亚。

图 2-144-1 唇小柄蜾蠃 *Labus clypeatus* 雌性背面观

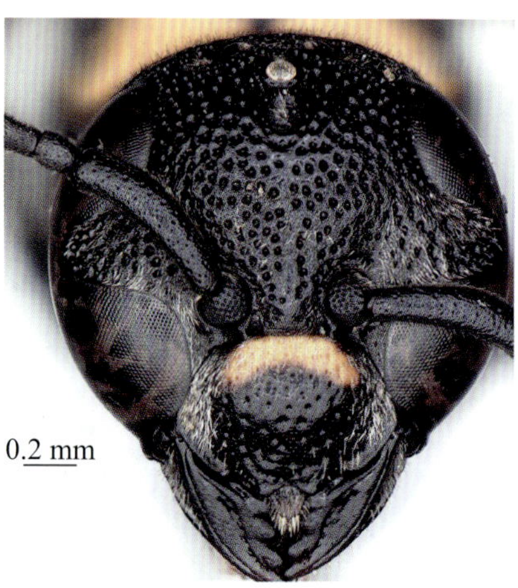

图 2-144-2 唇小柄蜾蠃 *Labus clypeatus* 雌性头部正面观

图 2-144-3 唇小柄蜾蠃 *Labus clypeatus* 雌性头部背面观

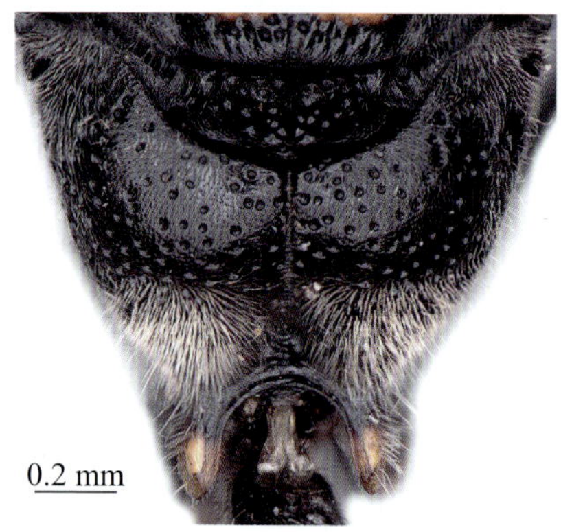

图 2-144-4 唇小柄蜾蠃 *Labus clypeatus* 雌性并胸腹节背面观

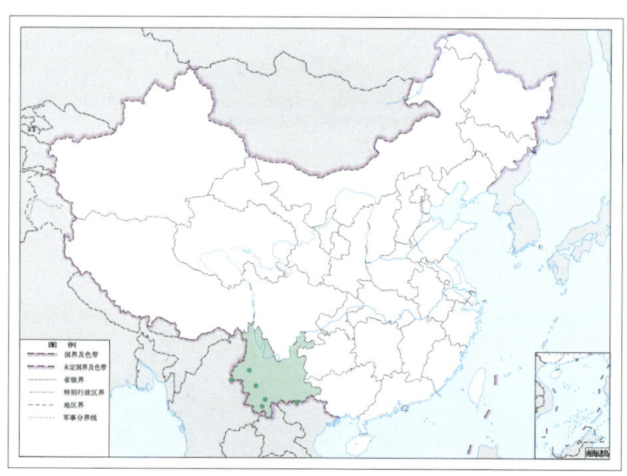

图 2-144-5 唇小柄蜾蠃 *Labus clypeatus* 地理分布图

145. 无齿小柄蜾蠃 *Labus edentatus* Li *et* Carpenter, 2018

【测量】 雌性体长 7.0 mm；雄性未知。

【形态特征】 体黑色，具少量黄色斑；前翅缘室端部淡褐色。唇基宽约为长的 1.4 倍，端缘凹陷稍宽，两侧齿短而钝，唇基宽约为端部宽的 4.6 倍，端部宽约为凹陷深的 2 倍；雌性前单眼之前的窝穴明显大于前单眼，几乎圆形且深。前胸背板肩角不发达，前胸脊不明显；并胸腹节端部亚缘脊薄片上无齿突。腹部第 1 节背板端部膨大区域大于该背板长的 1/2。

【地理分布】 香港。

图 2-145-1　无齿小柄蜾蠃 *Labus edentatus* 雌性背面观
（正模标本，拍摄于美国自然历史博物馆）

图 2-145-2　无齿小柄蜾蠃 *Labus edentatus* 雌性侧面观
（香港 Christophe Barthélemy 提供）

图 2-145-3　无齿小柄蜾蠃 *Labus edentatus* 雌性头部正面观

图 2-145-4　无齿小柄蜾蠃 *Labus edentatus* 地理分布图

146. 锡兰小柄蜾蠃 *Labus humbertianus* de Saussure, 1867

【测量】 雌性体长 7.4 ~ 7.9 mm，前翅长 5.4 ~ 5.8 mm；雄性体长 7.5 ~ 7.9 mm，前翅长 5.4 ~ 5.8 mm。

【形态特征】 体黑色，具大量淡黄色斑；腿大部分黑色，前、中足胫节及跗节外侧具黄色斑；雌性唇基基部及端部两侧具黄色斑，雄性唇基除中部两侧外几乎全为黄色，上颚基部黄色；前翅缘室褐色。雌性前单眼之前的窝穴浅、轮廓不明显，稍大于前单眼；前胸背板两侧肩角短而尖，不明显上翘；并胸腹节背区中部刻点较两侧稀疏，亚缘脊薄片基部具齿突。腹部第 1 节背板端部膨大区域约为该背板长的 1/2。

图 2-146-1 锡兰小柄蜾蠃 *Labus humbertianus* 雄性背面观

图 2-146-2 锡兰小柄蜾蠃 *Labus humbertianus* 雌性头部正面观

【地理分布】 云南（景洪、墨江、河口）；印度，缅甸，斯里兰卡。

图 2-146-3 锡兰小柄蜾蠃 *Labus humbertianus* 雌性头部背面观

图 2-146-4 锡兰小柄蜾蠃 *Labus humbertianus* 雌性并胸腹节背面观

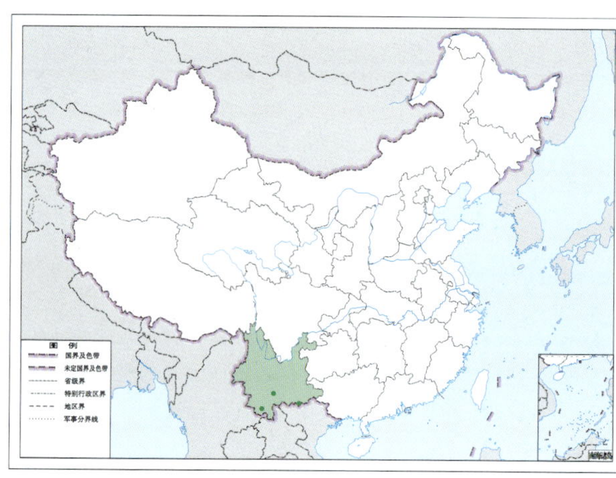

图 2-146-5 锡兰小柄蜾蠃 *Labus humbertianus* 地理分布图

147. 罗浮小柄蜾蠃 *Labus lofuensis* Giordani Soika, 1973

【测量】 雌性体长 7.5 ~ 7.8 mm，前翅长 5.4 ~ 5.7 mm；雄性体长 7.4 ~ 7.8 mm，前翅长 5.3 ~ 5.8 mm。

【形态特征】 体黑色，具黄色斑；前翅缘室为淡褐色。雌性前单眼之前的窝穴轮廓明显、深而圆且明显大于前单眼；雄性触角第 4 ~ 13 节腹部棕色，第 13 节细长稍扁，向后折回至第 11 节基部。前胸背板两侧肩角中等长而尖，明显上翘；并胸腹节亚缘脊薄片基部具齿突。腹部第 1 节背板端部膨大区域稍小于该背板长的 1/2。

图 2-147-1　罗浮小柄蜾蠃 *Labus lofuensis* 雌性背面观

图 2-147-2　罗浮小柄蜾蠃 *Labus lofuensis* 雌性头部正面观

【地理分布】 广东（惠州）、海南（乐东、白沙）、广西（岑溪、百色、玉林）、云南（西双版纳、红河、保山）；越南。

图 2-147-3　罗浮小柄蜾蠃 *Labus lofuensis* 雌性头部背面观

图 2-147-4　罗浮小柄蜾蠃 *Labus lofuensis* 雌性并胸腹节背面观

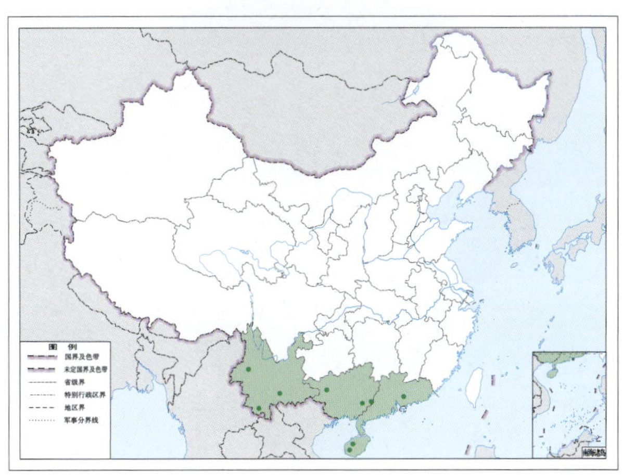

图 2-147-5　罗浮小柄蜾蠃 *Labus lofuensis* 地理分布图

148. 小小柄蜾蠃 *Labus pusillus* van der Vecht, 1963

【测量】 雌性体长 7.2 ~ 7.8 mm，前翅长 5.2 ~ 5.7 mm；雄性体长 7.2 ~ 7.7 mm，前翅长 5.1 ~ 5.6 mm。

【形态特征】 体黑色，具黄色斑；腹柄端部常为红棕色。唇基中部散生大刻点，端缘凹陷较无齿小柄蜾蠃 *Labus edentatus* 窄，两侧齿尖；前单眼之前的窝穴轮廓不明显，且不及无齿小柄蜾蠃 *Labus edentatus* 的大，似椭圆形，大于前单眼。前胸背板两侧肩角短而尖、上翘不明显；并胸腹节亚缘脊薄片基部无齿突。腹部第 1 节背板端部膨大区域稍长于该背板长的 1/2。

【地理分布】 广东（高明）、广西（上思）、四川（德昌、米易）、云南（瑞丽、西双版纳、红河、德宏、临沧、昆明、保山、玉溪）；越南，印度，尼泊尔，不丹，斯里兰卡。

图 2-148-1　小小柄蜾蠃 *Labus pusillus* 雌性背面观

图 2-148-2　小小柄蜾蠃 *Labus pusillus* 头部正面观

图 2-148-3　小小柄蜾蠃 *Labus pusillus* 雌性头部背面观

图 2-148-4　小小柄蜾蠃 *Labus pusillus* 雌性并胸腹节背面观

图 2-148-5　小小柄蜾蠃 *Labus pusillus* 地理分布图

149. 刺小柄蜾蠃 *Labus spiniger* de Saussure, 1867

【测量】 雌性体长 7.5 mm；雄性体长 7.1 mm。

【形态特征】 体黑色，具黄色斑；其中雌性唇基基部、前胸背板前缘、中胸背板前缘、中胸小盾片 1 对大斑、腹部第 1、2 节端部条带为黄色，雄性几乎整个唇基为黄色；触角、腹部及足为红棕色。头部正面观宽大于长，两侧近似直且平行；额区密生粗糙刻点；前单眼前的窝穴圆形，明显大于前单眼；并胸腹节亚缘脊薄片基部具齿突。腹部第 1 节背板基半部刻点略粗糙，第 1 节长约为基部宽的 7.7 倍、为端部宽的 2.6 倍，端部膨大部分小于该背板长的 1/2。

【地理分布】 海南；印度尼西亚。

图 2-149-2　刺小柄蜾蠃 *Labus spiniger* 雌性头部正面观

图 2-149-3　刺小柄蜾蠃 *Labus spiniger* 雄性并胸腹节亚缘脊薄片基部齿突及腹部第 1 节背面观

图 2-149-1　刺小柄蜾蠃 *Labus spiniger* 雄性背面观
（海南标本　拍摄于美国自然历史博物馆）

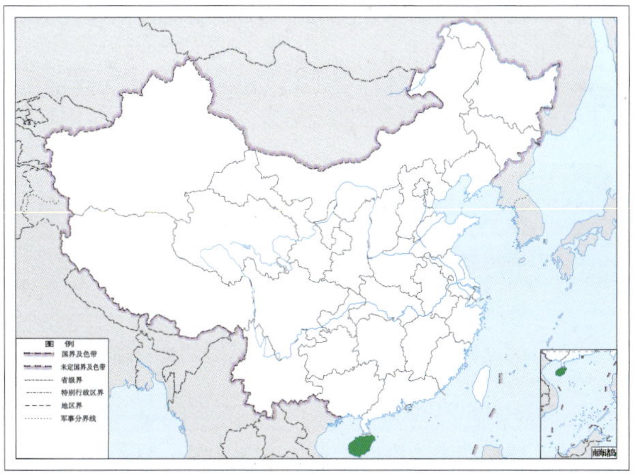

图 2-149-4　刺小柄蜾蠃 *Labus spiniger* 地理分布图

二三、短小蜾蠃属 *Leptochilus* de Saussure, 1853

【形态特征】 该属种类在蜾蠃亚科 Eumeninae 中体型相对较短小。唇基宽大于长；雄性唇基通常密被浓毛；后胸背板常具 1 条横向的隆脊；翅基片后缘短于旁翅基片后缘；并胸腹节具 1 条横向的完整亚缘脊且与腹瓣分开；前翅第 2 亚缘室两条 M 脉呈钝角（不具柄，基部平截）。腹部第 1 节背区与前斜面无横脊分界、呈圆弧形，亚端部略凹陷，端部凸起；腹部第 2 节背板及腹部端部均具薄片，部分种类第 2 节腹板基部具中纵沟。

【地理分布】 除东南亚及澳洲区外均有分布。

【分类】 世界已知 5 亚属 199 种，我国已知 2 亚属 9 种，本图鉴收录 2 亚属 9 种。

中国短小蜾蠃属 *Leptochilus* 分种检索表

1. 腹部第 1 节背板较长，端部宽等于或略小于背板长，钟形；腹部第 2 节背板及腹板端缘薄片基部具 1 排大的近似圆形刻点，刻点间无纵脊突 ……………………**西藏短小蜾蠃 *Leptochilus* (*Neoleptochilus*) *tibetanus***
   腹部第 1 节背板较短，端部宽大于背板长，半圆形；腹部第 2 节背板及腹板端缘薄片基部的刻点非圆形，明显具 1 排短的纵脊突 …………………………………………………………………………… 2
2. 腹部第 2 节背板及腹板具大且粗糙的刻点 ………………………………………………………… 3
   腹部第 2 节背板及腹板刻点较上述小且浅 ………………………………………………………… 4
3. 后头脊发达且在腹侧形成明显角度；并胸腹节背区与后区之间具弯的短脊；腹部第 2 节背板端部薄片基部刻点间具短脊 ……………………………………………**粗刻短小蜾蠃 *Leptochilus* (*Lionotulus*) *locuples***
   后头脊正常且在腹侧呈弧形；并胸腹节背区与后区之间具发达的长脊；腹部第 2 节背板端部薄片基部刻点间具长脊，几乎到达端缘 ……………………………………**科氏短小蜾蠃 *Leptochilus* (*Lionotulus*) *kozlovi***
4. 单眼大；体稀生细小刻点、光滑，具大面积黄色斑 ……………………………………………………………………………………………………**白额短小蜾蠃 *Leptochilus* (*Lionotulus*) *argentifrons***
   单眼正常；体密生粗糙刻点、革质，黄斑面积较上述小 ……………………………………………… 5
5. 后头脊在腹侧形成明显角度 ……………………………………**宽触短小蜾蠃 *Leptochilus* (*Lionotulus*) *callidus***
   后头脊正常，在腹侧呈弧度 ………………………………………………………………………………… 6
6. 唇基端缘中部凹陷浅且宽；额区中下部密生白毛；雄性未知 ……………………………………………………………………………………………**可疑短小蜾蠃 *Leptochilus* (*Lionotulus*) *incertus***
   唇基端缘中部凹陷较上述深且窄；额区中下部稀生白毛；雄性后足跗节第 1 节膨大 ……………………… 7
7. 雌性唇基基部具小且密集的刻点，端部具大且粗糙的刻点；腹部第 2 节腹板基部侧面观强烈隆起 …… 8
   雌性唇基疏生小且浅的刻点，中部疏生大刻点且刻点间光滑；腹部第 2 节腹板基部侧面观略微隆起 …………………………………………………………………………………**戈壁短小蜾蠃 *Leptochilus* (*Lionotulus*) *gobicus***
8. 并胸腹节中纵沟凹陷深，中纵脊短于中纵沟的 1/2；阳茎中部略窄且顶端具凹陷 ……………………………………………………………………………………**中华短小蜾蠃 *Leptochilus* (*Lionotulus*) *chinensis***
   并胸腹节中纵沟凹陷较上述浅，中纵脊长于中纵沟的 1/2；阳茎中部明显窄且顶端凹陷较上述浅 …………………………………………………………………………………**短沟短小蜾蠃 *Leptochilus* (*Lionotulus*) *habyrganus***

150. 白额短小蜾蠃 *Leptochilus* (*Lionotulus*) *argentifrons* (Kostylev, 1935)

【测量】 雌性体长 5.0 mm；雄性体长 4.5 mm，前翅长 3.7 mm。

【形态特征】 体黑色，大面积淡黄色，明显具白色毛；体刻点细小，刻点间具光泽。唇基宽大于长，端部较深凹陷，两侧呈尖齿状，雌性唇基疏生白色短毛及小刻点；雄性唇基密生浓毛，仅端部齿可见。雄性额区类似唇基密被浓毛，刻点不可见；单眼大；雄性触角第 13 节向后折回至第 11 节基部；中胸侧板和并胸腹节侧区具连续的横皱；并胸腹节背区与后区之间无脊但具明显边界。腹部第 2～4 节背板端部分别具宽薄片，其中第 2 节薄片基部具 1 排大刻点，刻点间具短脊，第 2 节腹板侧面观弱隆起，基部具浅短中纵沟。

【地理分布】 新疆（绿庄咸泉）；土库曼斯坦。

图 2-150-2　白额短小蜾蠃 *Leptochilus* (*Lionotulus*) *argentifrons* 雄性头部正面观

图 2-150-3　白额短小蜾蠃 *Leptochilus* (*Lionotulus*) *argentifrons* 雄性触角

图 2-150-1　白额短小蜾蠃 *Leptochilus* (*Lionotulus*) *argentifrons* 雄性背面观

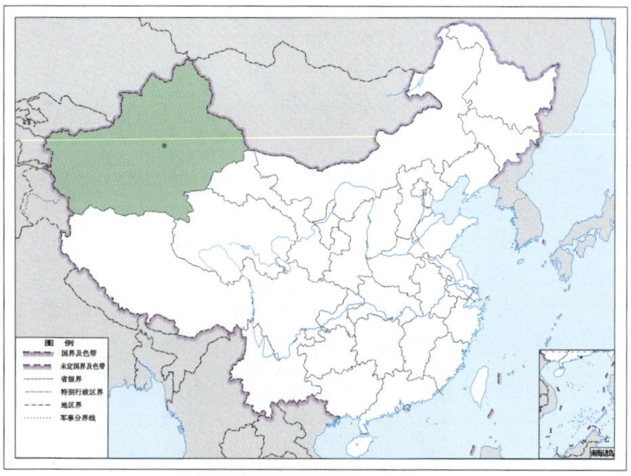

图 2-150-4　白额短小蜾蠃 *Leptochilus* (*Lionotulus*) *argentifrons* 地理分布图

151. 宽触短小蜾蠃 *Leptochilus* (*Lionotulus*) *callidus* (Kostylev, 1940)

【测量】 雌性体长 4.5 ~ 5.0 mm，前翅长 4.3 ~ 4.5 mm；雄性体长 4.3 ~ 5.0 mm，前翅长 4.0 ~ 4.3 mm。

【形态特征】 体黑色，具淡黄色斑。雌性唇基黑色，雄性唇基黄色、具浓密白色毛；唇基端部窄、端缘弧形凹陷、两侧呈齿状，雌性唇基疏生粗糙的刻点（两侧较中部密），刻点间具不明显横皱。雄性额区中下部密生毛，中上部密生刻点，刻点较雌性密；雄性触角第 13 节扁平且宽，向后折回至第 11 节基部；后头脊侧腹观明显形成角度。前胸脊不透明且不明显；并胸腹节背区和后区之间具微凸起的短脊；后区具斜横皱，中纵脊长，但在基部消失，约占中纵沟的 2/3。腹部第 2 节背板端部薄片基部具 1 排大刻点，刻点间具短脊，第 2 节腹板侧面观略隆起，基部具浅的中纵沟，中纵沟长为第 2 节腹板的 1/2。

【地理分布】 内蒙古（鄂温克族自治旗）、宁夏（吴忠、银川）；中亚（咸海到戈壁沙漠）。

图 2–151–1 宽触短小蜾蠃 *Leptochilus* (*Lionotulus*) *callidus* 雄性背面观

图 2–151–2 宽触短小蜾蠃 *Leptochilus* (*Lionotulus*) *callidus* 雌性头部正面观

图 2–151–3 宽触短小蜾蠃 *Leptochilus* (*Lionotulus*) *callidus* 雄性头部正面观

图 2–151–4 宽触短小蜾蠃 *Leptochilus* (*Lionotulus*) *callidus* 雄性触角局部

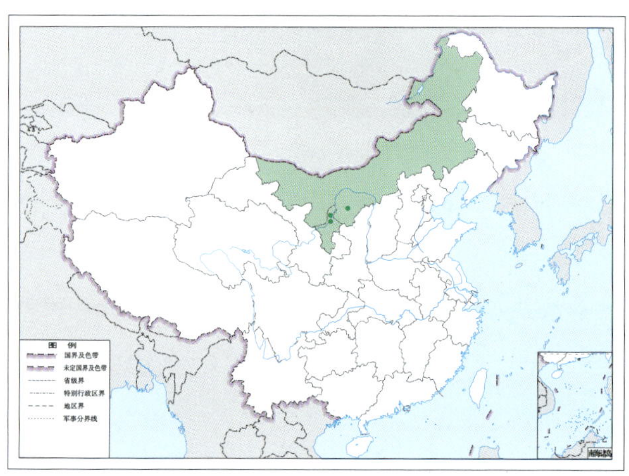

图 2–151–5 宽触短小蜾蠃 *Leptochilus* (*Lionotulus*) *callidus* 地理分布图

152. 中华短小蜾蠃 *Leptochilus* (*Lionotulus*) *chinensis* Gusenleitner, 2001

【测量】 雌性体长 5.0 mm，前翅长 4.5 mm；雄性体长 4.5 mm，前翅长 4.5 mm。

【形态特征】 体黑色，具浅黄色斑。头、胸部刻点较腹部密集。雌性唇基基部具黄色斑，密生粗大刻点，中部刻点稀疏，两侧及端部刻点较密，端缘凹陷较深、呈半圆形、凹陷基部光滑无刻点。前胸背板具三角形黄色斑；前胸脊不明显；并胸腹节背区和后区之间无脊，后区较光滑，外侧具稀疏刻点；中纵沟两侧具细皱，中纵脊短，仅在端部1/3处存在。腹部第2节背板端部薄片基部具1排大刻点，刻点间向端部延伸、呈脊状，第2节腹板侧面观强烈隆起，基部具短的中纵沟；雄性后足跗节第1节膨大。

【地理分布】 内蒙古（呼和浩特、通辽）、陕西、宁夏。

图 2-152-1　中华短小蜾蠃 *Leptochilus* (*Lionotulus*) *chinensis* 雌性背面观

图 2-152-3　中华短小蜾蠃 *Leptochilus* (*Lionotulus*) *chinensis* 雌性并胸腹节背面观

图 2-152-2　中华短小蜾蠃 *Leptochilus* (*Lionotulus*) *chinensis* 雌性头部正面观

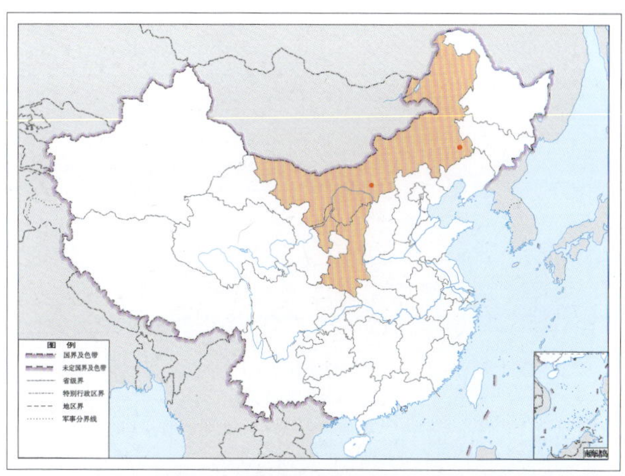

图 2-152-4　中华短小蜾蠃 *Leptochilus* (*Lionotulus*) *chinensis* 地理分布图

153. 戈壁短小蜾蠃 *Leptochilus* (*Lionotulus*) *gobicus* (Kostylev, 1940)

【测量】 雌性体长 5.5 mm；雄性体长 5.5 mm。

【形态特征】 体黑色，具淡黄色斑。体疏生白色绒毛，刻点稀疏细小。雌性唇基黑色，疏生细小且浅的刻点，刻点间光滑，端部凹陷，两侧钝齿状，凹陷基部光滑无刻点；雄性唇基全黑色，密生白色浓毛，额区毛稀疏；后足跗节第 1 节膨大。腹部第 2 节背板端部薄片基部具 1 排大刻点，刻点间向端部延伸、呈脊状；腹部第 2 节腹板侧面观略隆起，具中纵沟。

【地理分布】 内蒙古（阿拉善）。

图 2–153–1　戈壁短小蜾蠃 *Leptochilus* (*Lionotulus*) *gobicus*
雌性背面观
（正模标本　Alexander V. Fateryga 拍摄于俄罗斯科学院动物研究所）

图 2–153–2　戈壁短小蜾蠃 *Leptochilus* (*Lionotulus*) *gobicus*
雌性头部正面观

图 2–153–3　戈壁短小蜾蠃 *Leptochilus* (*Lionotulus*) *gobicus*
雄性头部正面观

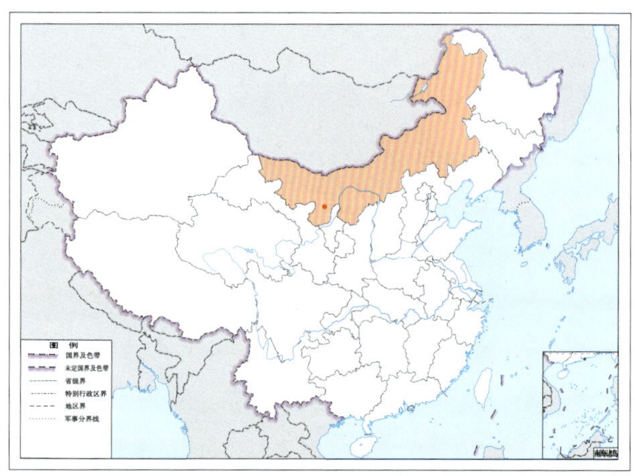

图 2–153–4　戈壁短小蜾蠃 *Leptochilus* (*Lionotulus*) *gobicus*
地理分布图

154. 短沟短小蜾蠃 *Leptochilus* (*Lionotulus*) *habyrganus* Kurzenko, 1977

【测量】 雌性体长 5.5 ~ 6.0 mm，前翅长 4.5 ~ 5.5 mm；雄性体长 3.5 ~ 4.5 mm，前翅长 3.5 ~ 4.5 mm。

【形态特征】 该种与中华短小蜾蠃 *Leptochilus* (*Lionotulus*) *chinensis* 相似。雌性唇基黑色，端部两侧具齿，中部沿齿基部延伸凸起，基半部密生细小刻点，端半部刻点更粗大且相连；雄性唇基黄色，密被白色短毛。雌、雄性额区疏生毛，密生网状刻点；前胸脊不明显；并胸腹节背区与后区之间无脊，后区端部中纵脊在基部消失，约为中纵沟的 2/3；雄性后足跗节第 1 节膨大。腹部第 2 节背板端部薄片基部具 1 排大刻点，刻点间向端部延伸、呈脊状，第 2 节腹板侧面观强烈隆起、呈角度，基部具中纵沟。

【地理分布】 内蒙古（呼和浩特、包头）、甘肃（武威）、青海。

图 2-154-1　短沟短小蜾蠃 *Leptochilus* (*Lionotulus*) *habyrganus* 雌性背面观

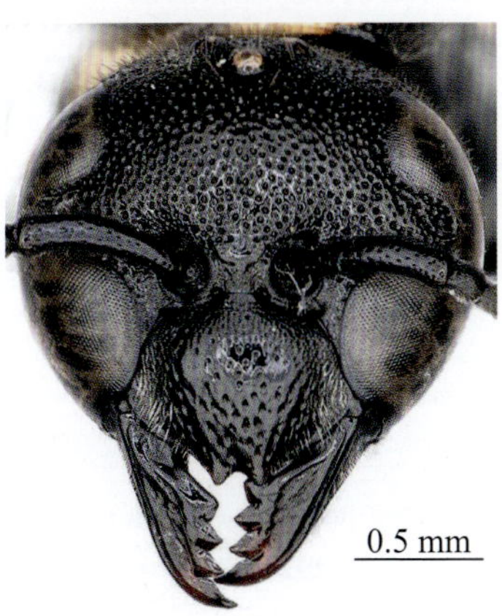

图 2-154-2　短沟短小蜾蠃 *Leptochilus* (*Lionotulus*) *habyrganus* 雌性头部正面观

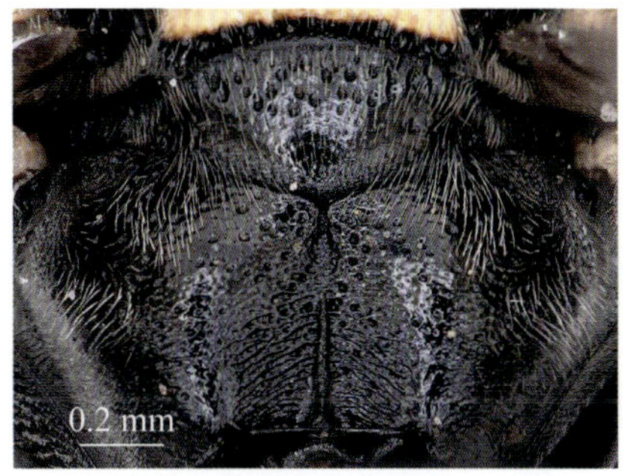

图 2-154-3　短沟短小蜾蠃 *Leptochilus* (*Lionotulus*) *habyrganus* 雌性并胸腹节背面观

图 2-154-4　短沟短小蜾蠃 *Leptochilus* (*Lionotulus*) *habyrganus* 雌性腹部侧面观

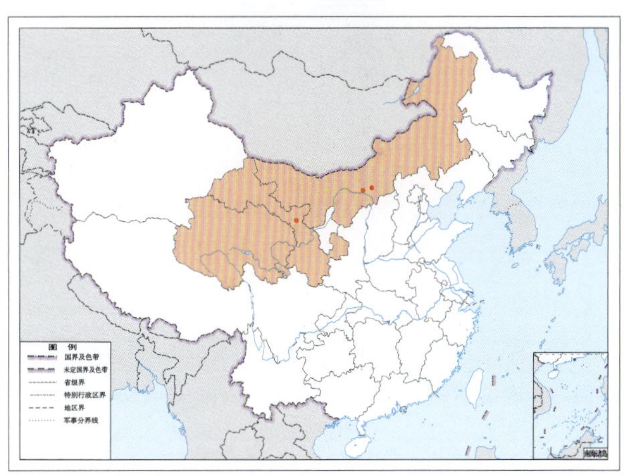

图 2-154-5　短沟短小蜾蠃 *Leptochilus* (*Lionotulus*) *habyrganus* 地理分布图

155. 可疑短小蜾蠃 *Leptochilus* (*Lionotulus*) *incertus* (Kostylev, 1940)

【测量】 雌性体长 5.5 mm；雄性未知。

【形态特征】 体黑色，具黄色斑。唇基除端部黑斑外均为黄色，腹部第 2 节背板两侧具黄色大斑。头、腹部疏生细小刻点，胸部刻点较密集；唇基基半部具不规则黄色斑，端部浅凹陷、两侧略呈齿状，密生粗大刻点、呈网状，基半部具白色短毛；额区中下部密生白毛，中上部疏生细小刻点；前胸脊明显；并胸腹节背区具较浓密白毛。腹部第 2 节背板端部薄片基部具 1 排大刻点，刻点间向端部延伸、呈脊状，第 2 节腹板侧面观略隆起，具中纵沟。

【地理分布】 内蒙古（阿拉善）。

图 2–155–1 可疑短小蜾蠃 *Leptochilus* (*Lionotulus*) *incertus* 雌性侧面观
（正模标本 Alexander V. Fateryga 拍摄于俄罗斯科学院动物研究所）

图 2–155–2 可疑短小蜾蠃 *Leptochilus* (*Lionotulus*) *incertus* 雌性背面观

图 2–155–3 可疑短小蜾蠃 *Leptochilus* (*Lionotulus*) *incertus* 雌性头部正面观

图 2–155–4 可疑短小蜾蠃 *Leptochilus* (*Lionotulus*) *incertus* 地理分布图

156. 科氏短小蜾蠃 *Leptochilus* (*Lionotulus*) *kozlovi* Kurzenko, 1977

【测量】 雌性体长 4.0 ~ 5.0 mm，前翅长 4.0 ~ 4.5 mm；雄性体长 4.5 mm，前翅长 4.0 mm。

【形态特征】 体黑色，具大量黄色斑；体具粗密大刻点，头、胸部刻点间略呈网状。雌性唇基黑色，端部具侧脊、端缘浅凹陷、略呈铲状，两侧略呈短齿状；雄性唇基黄色，密生短白毛，触角窝之间和两眼窝之间的额区具浓密短白毛；后头脊正常且在腹侧呈弧形。前胸脊明显；并胸腹节背区与后区之间具完整且发达的长脊，后区中纵脊不发达，仅存在于端半部，两侧具斜皱，混有大刻点。腹部第 2 节背板端部薄片基部具 1 排大刻点，刻点间向端部延伸、呈脊状，约长达端缘；第 2 节腹板侧面观略隆起，基部具短中纵沟。

【地理分布】 新疆（伊犁、克拉玛依、乌鲁木齐）。

图 2-156-1　科氏短小蜾蠃 *Leptochilus* (*Lionotulus*) *kozlovi*
雄性背面观

图 2-156-2　科氏短小蜾蠃 *Leptochilus* (*Lionotulus*) *kozlovi*
雌性头部正面观

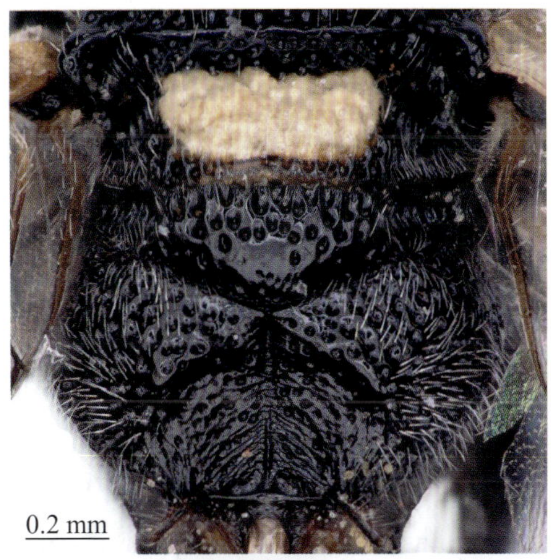

图 2-156-3　科氏短小蜾蠃 *Leptochilus* (*Lionotulus*) *kozlovi*
雌性并胸腹节背面观

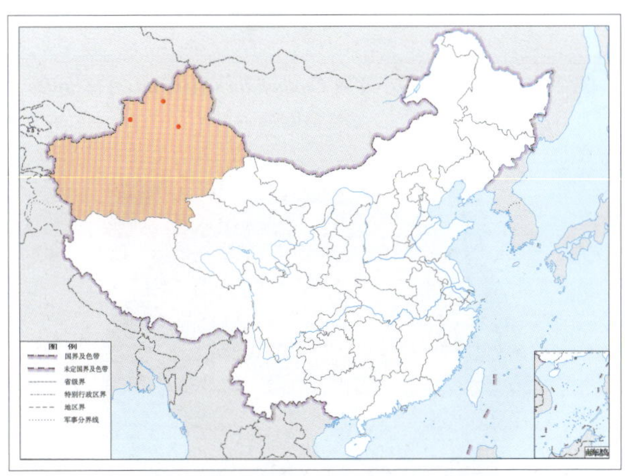

图 2-156-4　科氏短小蜾蠃 *Leptochilus* (*Lionotulus*) *kozlovi*
地理分布图

157. 粗刻短小蜾蠃 *Leptochilus* (*Lionotulus*) *locuples* Giordani Soika, 1970

【测量】 雌性体长约5.0 mm，前翅长约4.5 mm。

【形态特征】 体黑色，具淡黄色斑、大刻点；头、胸部刻点密集，腹部刻点较稀疏。唇基黑色，端缘浅凹陷，两侧具短齿，基半部具细密刻点，端半部刻点粗密，边缘具白毛；额区下侧具稀疏短白毛；后脊发达且在腹侧明显形成角度。前胸背板前端浅黄色，前胸脊较该属其他种类宽且透明；并胸腹节背区与后区之间具弧形短脊；后区上侧光滑、具稀疏刻点，无中纵沟和纵脊，由短横皱组成，后区下侧具长斜皱。腹部第 2 节腹板侧面观略隆起，基部具中纵沟。

【地理分布】 甘肃（张掖）；土库曼斯坦。

图 2–157–1 粗刻短小蜾蠃 *Leptochilus* (*Lionotulus*) *locuples* 雌性背面观

图 2–157–2 粗刻短小蜾蠃 *Leptochilus* (*Lionotulus*) *locuples* 雌性头部正面观

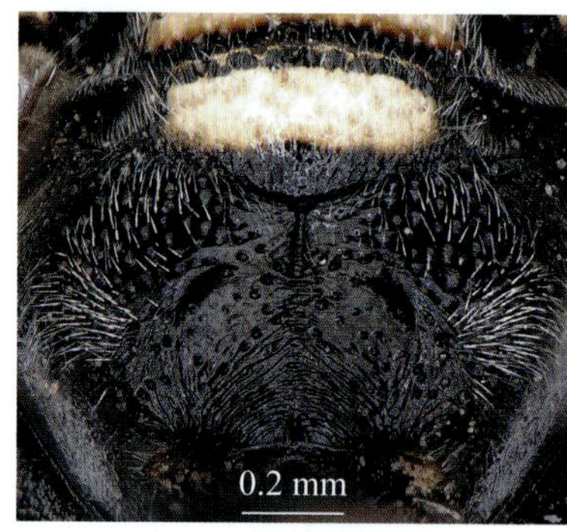

图 2–157–3 粗刻短小蜾蠃 *Leptochilus* (*Lionotulus*) *locuples* 雌性并胸腹节背面观

图 2–157–4 粗刻短小蜾蠃 *Leptochilus* (*Lionotulus*) *locuples* 雌性颊区及胸部的侧面观

图 2–157–5 粗刻短小蜾蠃 *Leptochilus* (*Lionotulus*) *locuples* 地理分布图

158. 西藏短小蜾蠃 *Leptochilus* (*Neoleptochilus*) *tibetanus* Giordani Soika, 1966

【测量】 雌性体长 6.0 ~ 7.0 mm，前翅长 5.5 ~ 6.0 mm；雄性体长 4.5 ~ 5.5 mm。

【形态特征】 体黑色，其中雌性唇基基部具弧形黄色条带，腹部第 2 节背板中部两侧具 1 对圆形侧斑。头部及胸部的毛较腹部长；头、胸部刻点较腹部刻点密；唇基密生细小的浅刻点，其中中部较两侧的稀疏，端缘呈半圆的深凹陷，两侧呈尖齿状，两侧密生白色短毛；并胸腹节背区密生长毛、与后区之间无脊，后区中纵沟较深且宽，中纵脊仅端部 1/3 处存在。腹部第 1 节背板背面观钟形，背板端部宽几乎与长相等；第 2 节背板端部黄色条带中间具 1 排透明大圆刻点，无纵脊，腹板侧面观强烈隆起，基部具浅中纵沟。

【地理分布】 西藏（米林）；印度。

图 2–158–1　西藏短小蜾蠃 *Leptochilus* (*Neoleptochilus*) *tibetanus* 雌性背面观

图 2–158–3　西藏短小蜾蠃 *Leptochilus* (*Neoleptochilus*) *tibetanus* 雌性并胸腹节背面观

图 2–158–2　西藏短小蜾蠃 *Leptochilus* (*Neoleptochilus*) *tibetanus* 雌性头部正面观

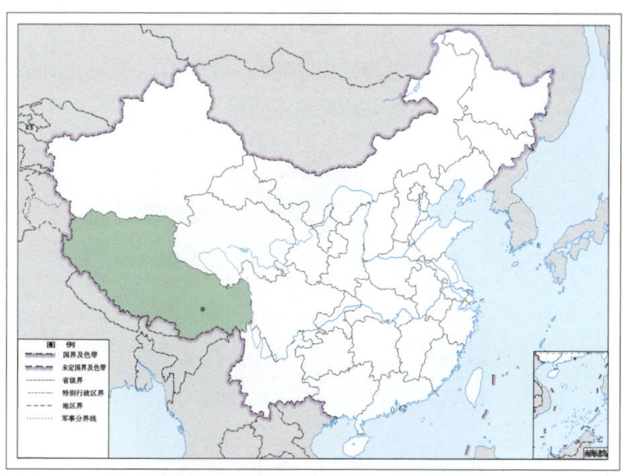

图 2–158–4　西藏短小蜾蠃 *Leptochilus* (*Neoleptochilus*) *tibetanus* 地理分布图

二四、多片蜾蠃属 *Lissodynerus* Giordani Soika, 1993

【形态特征】 前胸脊发达、宽弧形；并胸腹节背区与后区之间具发达的围脊将两者明显分界，后区整体凹陷。腹部第 1 节短，宽约为长的 2 倍，背区与前斜面间具 1 条发达、光滑的横脊分界，前斜面略隆起呈圆弧形；腹板第 2、3 节甚或 2 ~ 4 节分别具 1 条棕色或褐色的宽刀片状薄片。

【地理分布】 主要分布于东南亚及澳洲区。

【分类】 世界已知 18 种，我国已知 1 种，本图鉴收录 1 种。

159. 黄带多片蜾蠃双斑亚种 *Lissodynerus septemfasciatus feanus* (Giordani Soika, 1941)

【测量】 雌性体长 10.0 ~ 11.0 mm，前翅长 8.5 ~ 9.5 mm；雄性体长 8.5 ~ 10.5 mm。

【形态特征】 体黑色，头部及胸部黄色斑较少。雌性唇基基部具 1 对小黄色斑，前胸背板前缘中部及并胸腹节背区后缘具黄色斑；腹部具明显黄色条带，第 1 ~ 5 节背板亚端部分别具 1 条黄色条带，第 1 节背板前斜面黄色，第 2 节背板中部具 1 条横条带、类似于端部条带。唇基宽略大于长，端缘平截，密生大刻点、明显呈网状，基部刻点小于端部；触角间具发达纵脊；额区、头顶及颊区刻点类似唇基，呈网状，刻点相较唇基略大；胸部背板刻点类似头部，呈网状。腹部刻点明显较头部及胸部稀疏且小、非网状，第 2 ~ 4 节背板端部分别具 1 条黑色的刀片状薄片。

【地理分布】 广东（车八岭）、广西（大瑶山）、香港；缅甸，越南，马来西亚。

图 2-159-1 黄带多片蜾蠃双斑亚种 *Lissodynerus septemfasciatus feanus* 雌性背面观

图 2-159-2 黄带多片蜾蠃双斑亚种 *Lissodynerus septemfasciatus feanus* 雌性头部正面观

图 2-159-3 黄带多片蜾蠃双斑亚种 *Lissodynerus septemfasciatus feanus* 雌性头部及前胸背面观

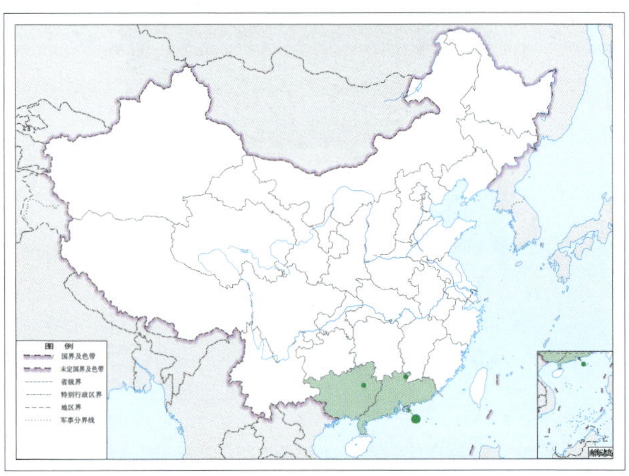

图 2-159-4 黄带多片蜾蠃双斑亚种 *Lissodynerus septemfasciatus feanus* 地理分布图

二五、长片蜾蠃属 *Malayepipona* Giordani Soika, 1993

【形态特征】本属与东洋区其他属相比，体型与异喙蜾蠃属 *Allorhynchium* 和少须蜾蠃属 *Okinawepipona* 相似，以及腹部第 1 节背区与前斜面分界明显，交界处稍凸但不明显呈脊状。与异喙蜾蠃属 *Allorhynchium* 区分的特征为长片蜾蠃属 *Malayepipona* 的翅基片长是宽的 2 倍以上，且翅基片后缘超过旁翅基片后缘。与少须蜾蠃属 *Okinawepipona* 区分的特征是下颚须为 6 节、下唇须为 4 节（少须蜾蠃属 *Okinawepipona* 下颚须为 5 节、下唇须为 3 节）。

【地理分布】主要分布于东亚和东南亚，尤其是中国（广西、贵州、云南及西藏等省区）、越南、老挝、马来西亚。

【分类】世界已知 16 种，我国已知 8 种，本图鉴收录 8 种。

中国长片蜾蠃属 *Malayepipona* 分种检索表

1. 腹部第 2 节背板端缘无薄片 …… 2
   腹部第 2 节背板端缘具薄片 …… 4
2. 并胸腹节背区上端正常，无凸出的钝齿；头顶窝穴周围区域明显凹陷、光滑、具光泽，使头顶窝穴明显；头部和胸部大部分为棕色，混有少量红棕色和黄色斑 …… **棕长片蜾蠃 *Malayepipona brunnea***
   并胸腹节背区上端在后胸背板后具 1 对凸出的钝齿；头顶窝穴及体色无上述特征 …… 3
3. 翅深褐色，几乎不透明，前翅缘室端部的黑色斑不明显；雌性唇基具 4 个分散斑点；头顶窝穴周围具刻点 …… **宽唇长片蜾蠃 *Malayepipona clypeata***
   翅褐色，透明，前翅缘室端部明显具 1 个黑色斑；雌性唇基完全棕红色，雄性唇基完全黄色；雌性头顶窝穴周围光滑，具光泽 …… **黑斑长片蜾蠃 *Malayepipona nigricans***
4. 腹部第 2 节腹板基部平坦，端缘微隆起 …… **四斑长片蜾蠃 *Malayepipona maculosa***
   腹部第 2 节腹板基部凹陷或稍微隆起，逐渐向端缘微凸起 …… 5
5. 腹部第 2 节背板端部具窄的薄片，第 3～5 节背板端部无薄片 …… 6
   腹部第 2 节背板端部具较上述宽的薄片，第 3 节背板端部具窄的薄片 …… 7
6. 翅深褐色，半透明；腹部第 2 节背板端部具不明显薄片，仅侧面观可见；唇基端缘 U 形凹陷 …… **黄唇长片蜾蠃 *Malayepipona flaviclypeata***
   翅褐色，透明；腹部第 2 节背板端部具明显薄片；唇基端缘 V 形凹陷 …… **三角长片蜾蠃 *Malayepipona triangula***
7. 腹部第 1 节背板前垂直面与背区之间边界稍隆起，边缘较弱，不明显 …… **薄片长片蜾蠃 *Malayepipona lamellata***
   腹部第 1 节背板前垂直面与背区之间边界呈角度，边缘较明显 …… **疏刻长片蜾蠃 *Malayepipona sparsipuncta***

160. 棕长片蜾蠃 *Malayepipona brunnea* Bai, Chen *et* Li, 2021

【测量】 雌性体长 10.5 ~ 12.5 mm，前翅长 11.0 ~ 12.0 mm；雄性未知。

【形态特征】 头部和胸部几乎全为棕色，混有少许红棕色和黄色斑，前翅缘室端部具明显黑色斑，腹部除第 1、2 节背板端缘具窄的黄色条带外全为黑色。头顶两窝穴距离较短，周围区域明显凹陷、光滑、具光泽；唇基宽大于长（1.2 倍），端缘浅弧形凹陷、两侧短齿状；头顶两窝穴间距明显小于后单眼间距（0.6 倍）；后单眼至后头脊的距离约为后单眼至复眼内缘距离的 2.2 倍；中胸小盾片具中纵沟；并胸腹节后区基部窝穴狭长。腹部第 2 节背板端部无薄片。

【地理分布】 西藏（墨脱）。

图 2-160-1 棕长片蜾蠃 *Malayepipona brunnea* 雌性背面观

图 2-160-2 棕长片蜾蠃 *Malayepipona brunnea* 雌性头部正面观

图 2-160-3 棕长片蜾蠃 *Malayepipona brunnea* 雌性头部背面观

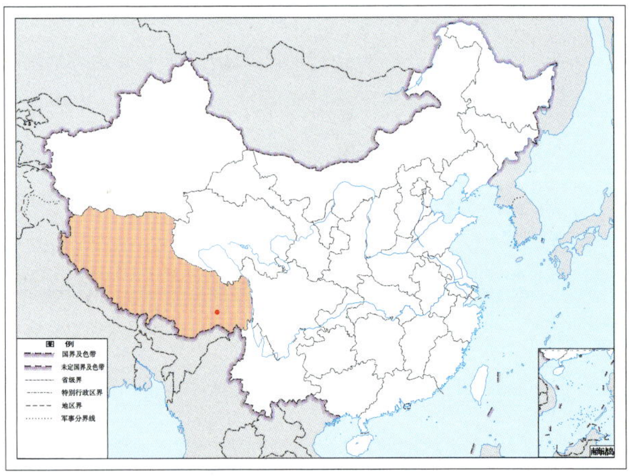

图 2-160-4 棕长片蜾蠃 *Malayepipona brunnea* 地理分布图

161. 宽唇长片蜾蠃 *Malayepipona clypeata* Nguyen *et* Carpenter, 2013

【测量】 雌性体长 12.1 ~ 13.2 mm，前翅长 11.5 ~ 12.5 mm；雄性未知。

【形态特征】 体黑色，具少量黄色斑，其中唇基基部具 1 对侧斑，腹部第 1 节背板端部具 1 条窄的黄色条带，足腿节部分为红褐色；翅深褐色以至前翅缘室端部黑色斑不显著，翅几乎不透明、具紫色光泽。唇基密生粗糙的大而平底刻点，中部刻点略大于两侧，宽大于长（1.2 倍）；头顶具 2 个刻点大小的窝穴，两窝穴间距略小于后单眼间距；中胸小盾片具中纵沟；并胸腹节背区和侧区密生深、粗、平底刻点，明显呈网状，后区上端在后胸背板后具 1 对钝齿。腹部第 2 节背板端部无薄片。

【地理分布】 广西（兴安、金秀）、贵州（茂兰）；越南。

图 2-161-1 宽唇长片蜾蠃 *Malayepipona clypeata* 雌性背面观

图 2-161-3 宽唇长片蜾蠃 *Malayepipona clypeata* 雌性并胸腹节背面观

图 2-161-2 宽唇长片蜾蠃 *Malayepipona clypeata* 雌性头部正面观

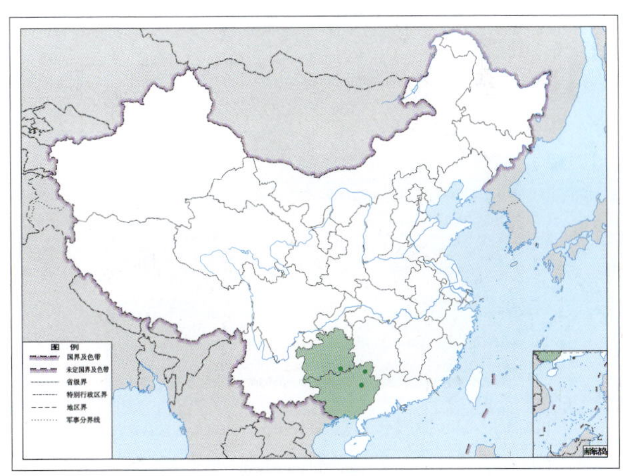

图 2-161-4 宽唇长片蜾蠃 *Malayepipona clypeata* 地理分布图

162. 黄唇长片蜾蠃 *Malayepipona flaviclypeata* Bai, Chen *et* Li, 2021

【测量】 雌性体长 13.5 mm，前翅长 14.5 mm；雄性体长 13.5 mm，前翅长 14.0 mm。

【形态特征】 体黑色，具少量黄棕色斑；雌、雄性唇基均为纯黄色，腹部第 1、2 节背板端部分别具窄的黄色条带；翅深褐色，半透明具紫色光泽，前翅缘室端部无黑色斑。雌、雄性唇基粗糙、密生浅刻点，端缘中部深 U 形凹陷，两侧明显呈尖齿状。中胸小盾片和后胸背板均无中纵沟；并胸腹节后区内侧光滑，基部窝穴呈三角形，约占后区中脊的 1/5。腹部第 2 节背板端部具不明显的薄片，仅侧面观可见；雄性触角第 13 节向后折回至第 10 节端部。

【地理分布】 广西（龙胜）。

图 2-162-1 黄唇长片蜾蠃 *Malayepipona flaviclypeata* 雌性背面观

图 2-162-3 黄唇长片蜾蠃 *Malayepipona flaviclypeata* 雄性头部正面观

图 2-162-2 黄唇长片蜾蠃 *Malayepipona flaviclypeata* 雌性头部正面观

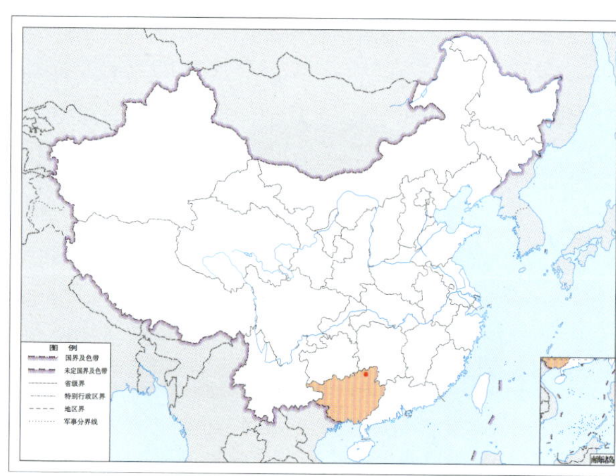

图 2-162-4 黄唇长片蜾蠃 *Malayepipona flaviclypeata* 地理分布图

163. 薄片长片蜾蠃 *Malayepipona lamellata* Bai, Chen *et* Li, 2021

【测量】 雌性体长 10.0 ~ 10.5 mm，前翅长 10.5 mm；雄性未知。

【形态特征】 体黑色，具大量棕黄色斑，其中额区、唇基大部分甚或全部、颊区、前胸背板前基部、翅基片、中胸小盾片后端、后胸背板、腹部第 1 节至末节端缘条带、足腿节端部至跗节均为棕黄色；旁翅基片黄色；翅淡褐色、透明，前翅缘室端部具不明显的淡褐色斑。头顶两窝穴间距约为后单眼间距的 0.7 倍，后单眼至后头脊的距离约为后单眼至复眼内缘间距离的 2.1 倍。中胸小盾片和后胸背板均具中纵沟；并胸腹节后区光滑，基部窝穴狭长，约占后区中脊的 1/2。腹部第 1 节背区与前斜面上边缘间的分界不明显、几乎无横突；第 2 ~ 4 节背板端部具窄薄片，其中第 3、4 节薄片更窄。

【地理分布】 广西（岑王老山）、贵州（茂兰）。

图 2-163-1　薄片长片蜾蠃 *Malayepipona lamellata* 雌性背面观

图 2-163-3　薄片长片蜾蠃 *Malayepipona lamellata* 雌性头部背面观

图 2-163-2　薄片长片蜾蠃 *Malayepipona lamellata* 雌性头部正面观

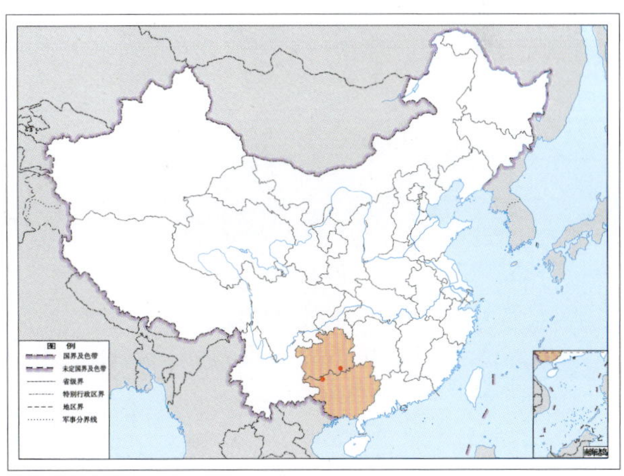
图 2-163-4　薄片长片蜾蠃 *Malayepipona lamellata* 地理分布图

164. 四斑长片蜾蠃 *Malayepipona maculosa* Bai, Chen *et* Li, 2021

【测量】 雌性体长 10.0 ~ 10.5 mm，前翅长 10.5 mm；雄性未知。

【形态特征】 体黑色，具红棕色斑，其中唇基基部两侧及端部分别具 1 对斑，腹部第 1 ~ 5 节背板端部分别具 1 条红棕色条带，腹板条带不完整。唇基疏生刻点，端缘中部深凹陷，两侧呈尖齿状；头顶两窝穴间距约为后单眼间距的 0.7 倍；后单眼至后头脊的距离约为后单眼至复眼内缘距离的 1.6 倍。中胸小盾片及后胸背板具中纵沟；并胸腹节后区基部窝穴椭圆形，约占后区中脊的 2/5。腹部第 2 节腹板基部大面积平坦，端部略凸起，第 2 节背板端部具窄薄片。

【地理分布】 云南（丽江）。

图 2-164-1 四斑长片蜾蠃 *Malayepipona maculosa* 雌性背面观

图 2-164-2 四斑长片蜾蠃 *Malayepipona maculosa* 雌性头部正面观

图 2-164-3 四斑长片蜾蠃 *Malayepipona maculosa* 雌性腹部第 2 ~ 6 节腹面观

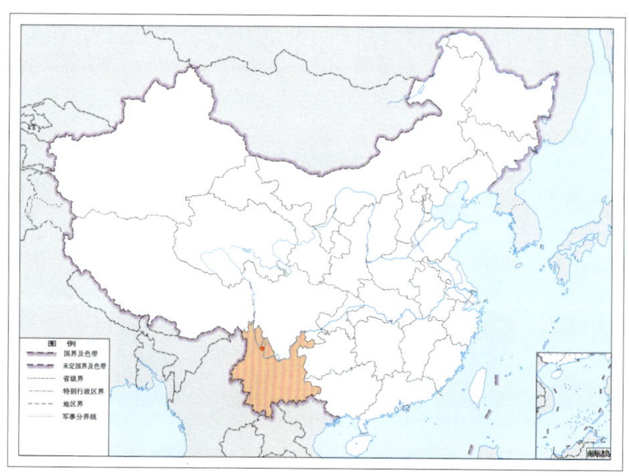

图 2-164-4 四斑长片蜾蠃 *Malayepipona maculosa* 地理分布图

165. 黑斑长片蜾蠃 *Malayepipona nigricans* Bai, Chen *et* Li, 2021

【测量】 雌性体长 11.5 mm，前翅长 12.0 mm；雄性体长 9.5 ~ 10.0 mm，前翅长 9.5 ~ 10.0 mm。

【形态特征】 体黑色，具大量棕红色斑，其中雌性唇基为棕红色，雄性唇基为黄色，颊区、上颚、前胸背板、中胸小盾片、后胸背板及腹部第 1 节或第 1、2 节背板端部窄的条带为棕红色；翅褐色，前翅缘室端部具黑褐色斑。雄性触角第 13 节向后折回接近第 11 节基部；头顶 2 个窝穴略大于周围的刻点，两窝穴间光滑，窝穴间距约为后单眼间距的 1/2，后单眼至后头脊的距离约为后单眼至复眼内缘距离的 2.0 倍。并胸腹节在后胸背板后面具 1 对相对钝的齿（比宽唇长片蜾蠃 *Malayepipona clypeata* 短），后区基部窝穴狭长，约占后区中脊的 1/2。腹部第 2 节背板端部无薄片。

【地理分布】 云南（临沧）。

图 2-165-1　黑斑长片蜾蠃 *Malayepipona nigricans* 雌性背面观

图 2-165-3　黑斑长片蜾蠃 *Malayepipona nigricans* 雌性并胸腹节背面观

图 2-165-2　黑斑长片蜾蠃 *Malayepipona nigricans* 雌性头部正面观

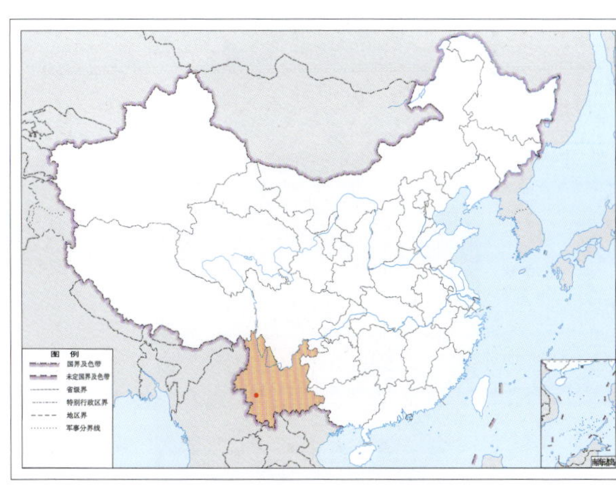

图 2-165-4　黑斑长片蜾蠃 *Malayepipona nigricans* 地理分布图

166. 疏刻长片蜾蠃 *Malayepipona sparsipuncta* Bai, Chen *et* Li, 2021

【测量】 雌性体长 9.5 ~ 10.0 mm，前翅长 9.5 ~ 10.0 mm；雄性未知。

【形态特征】 体黑色，具黄棕色斑，其中唇基基部具 1 对侧斑，腹部第 2 ~ 5 节背板端部具黄色条带（第 2 节的条带最宽，第 5 节的最窄）；前翅缘室端部无黑色斑。唇基端缘中部呈弧形凹陷；头顶窝穴间距约为后单眼间距的 0.8 倍，后单眼至后头脊的距离约为后单眼至复眼内缘距离的 1.6 倍。中胸小盾片和后胸背板均具中纵沟；并胸腹节后区中脊两侧纵沟较深且宽，基部窝穴圆形，约占后区中脊的 1/3。腹部第 2、3 节背板端部具窄的薄片，第 3 节端部薄片较短，第 1 节背板前垂直面与背区之间边界处成角度，边缘较明显；第 2 节腹板亚基部两侧凸起，基部中间纵向凹陷。

【地理分布】 云南（怒江）。

图 2-166-1 疏刻长片蜾蠃 *Malayepipona sparsipuncta* 雌性背面观

图 2-166-3 疏刻长片蜾蠃 *Malayepipona sparsipuncta* 雌性腹部第 2 ~ 6 节腹面观

图 2-166-2 疏刻长片蜾蠃 *Malayepipona sparsipuncta* 雌性头部正面观

图 2-166-4 疏刻长片蜾蠃 *Malayepipona sparsipuncta* 地理分布图

167. 三角长片蜾蠃 *Malayepipona triangula* Bai, Chen *et* Li, 2021

【测量】 雌性体长 10.0 mm，前翅长 10.0 mm；雄性未知。

【形态特征】 体黑色，具黄棕色斑，其中唇基基部、前胸背板（除后缘外）、小盾片、后胸背板，腹部第 1、2 节背板端部的条带为黄棕色；翅褐色，前翅缘室端部具黑色斑。唇基疏生刻点，刻点间具散生微小刻点，端缘中间呈 V 形凹陷；头顶窝穴间距约为后单眼间距的 0.5 倍，后单眼至后头脊的距离约为后单眼至复眼内缘距离的 1.7 倍。中胸小盾片具浅中纵沟；并胸腹节后区基部窝穴圆形，约占后区中脊的 2/5。腹节粗糙革质，第 2 节背板端部具窄的薄片，第 2 节腹板侧面观从基部至端缘明显隆起，正面观两侧明显隆起，基部中间凹陷且具纵沟。

【地理分布】 云南（腾冲）。

图 2-167-1 三角长片蜾蠃 *Malayepipona triangula* 雌性背面观

图 2-167-3 三角长片蜾蠃 *Malayepipona triangula* 雌性腹部第 2 ~ 6 节腹面观

图 2-167-2 三角长片蜾蠃 *Malayepipona triangula* 雌性头部正面观

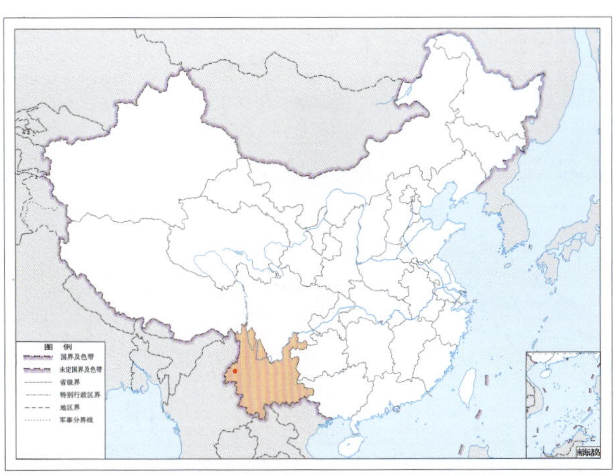

图 2-167-4 三角长片蜾蠃 *Malayepipona triangula* 地理分布图

二六、长背蜾蠃属 *Megaodynerus* Gusenleitner, 2012

【形态特征】 本属与同蜾蠃属 *Symmorphus* 具有以下共同特征：体型狭长，中胸盾片具后盾沟，以及腹部第 1 节背板中部具纵沟或凹陷。以下列特征区别于近似属：该属体型较大（已知物种体长均超过 16 mm）；唇基宽，基半部凸起，端缘略微凹陷；腹部第 1 节背区与前斜面无横脊分界，腹板宽阔区域具发达凸起横皱或脊。

【地理分布】 仅分布于东洋区。

【分类】 世界已知 2 种，我国已知 1 种，本图鉴收录 1 种。

168. 双斑长背蜾蠃 *Megaodynerus bimaculus* Bai, Chen *et* Li, 2021

【测量】 雌性体长 16.2 mm，前翅长 14.5 mm；雄性未知。

【形态特征】 体黑色，具黄色斑，翅棕色。头顶具 2 个彼此相连的深窝穴；后头脊沿颊区完整且发达，侧面观几乎呈薄片状；腹部第 2 节背板端部具窄而不显眼的薄片。该物种与分布于马来西亚的大长背蜾蠃 *Megaodynerus maximus* Gusenleitner, 2012 区别在于唇基宽略大于长（约 1.1 倍），其基半部黄色。腹部第 1 节背板基部刻点较粗且明显呈网状，第 2 节背板近端部具 2 个侧斑，第 2 节腹板基部明显凹陷。

【地理分布】 福建、湖南（衡山）。

图 2–168–1　双斑长背蜾蠃 *Megaodynerus bimaculus* 雌性背面观

图 2–168–2　双斑长背蜾蠃 *Megaodynerus bimaculus* 雌性头部正面观

图 2-168-3　双斑长背蜾蠃 *Megaodynerus bimaculus* 雌性腹部第 2 ~ 6 节腹面观

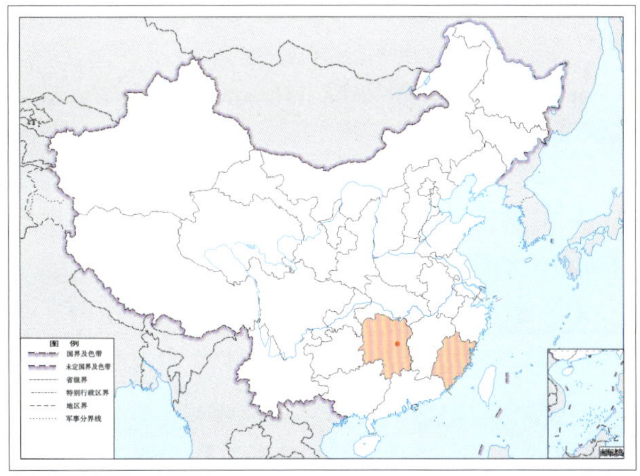

图 2-168-4　双斑长背蜾蠃 *Megaodynerus bimaculus* 地理分布图

二七、微盾蜾蠃属 *Microdynerus* Thomson, 1874

【形态特征】 本属与短小蜾蠃属 *Leptochilus* 近似，后胸背板中部具突出的横脊。雌性头顶无窝穴。胸部延长；前胸背板前斜面密生刻点；中胸盾片长大于宽；并胸腹节后区无深的垂直凹陷，且在凹陷两侧形状多变，亚缘脊和腹瓣不突出；除壮微盾蜾蠃 *Microdynerus robustus* (Dusmet) 外，翅基片后缘未延伸，内缘无凹陷。腹部第 1 节背板宽大于长，第 1、2 节背板端部无浅色条带，第 2 节端缘无细齿缝或凹陷，第 2 节腹板基部有或无中纵沟。

【地理分布】 主要分布于古北区，少数种类分布于新北区。

【分类】 世界已知 3 亚属 53 种，我国已知 1 亚属 1 种，本图鉴收录 1 亚属 1 种。

微盾蜾蠃属 *Microdynerus* 分亚属检索表

1. 雌性 ………………………………………………………………………… 2
   雄性 ………………………………………………………………………… 4
2. 上颚的外缘呈角状突出，内缘呈两齿状；腹部第 2 节腹板基部无中纵沟 ……………………………………………… **拟微盾蜾蠃亚属 *Pseudomicrodynerus* Blüthgen**
   上颚的外缘呈圆弧形，没有角状突出，内缘呈四齿状；腹部第 2 节腹板基部有或无中纵沟 …………… 3
3. 唇基端缘中部凹陷明显大于触角窝间距，边缘平坦，边缘中央具 1 枚小齿（唇基呈三叉状）；腹部第 2 节腹板基部具中纵沟，从基底沟一直延伸至中部 ………………… **齿微盾蜾蠃亚属 *Alastorynerus* Blüthgen**
   唇基端缘中部与触角窝间距等宽或更窄，中央无小齿；腹部第 2 节腹板基部无中纵沟 ……………………………………………… **微盾蜾蠃亚属 *Microdynerus* Thomson**
4. 触角第 13 节扁宽 ……………………………………………………………… 5
   触角第 13 节尖细 ………………………………… **微盾蜾蠃亚属 *Microdynerus* Thomson**
5. 唇基端缘中部凹陷、呈长方形；腹部第 2 节腹板中纵沟从基部延伸至中部，第 3 ~ 6 节腹板具弯曲的横脊；中胸盾片为黑色 ……………………………… **齿微盾蜾蠃亚属 *Alastorynerus* Blüthgen**
   唇基端缘中部凹陷、呈圆弧形；腹部第 2 节腹板无中纵沟，第 3 ~ 6 节腹板无横脊；中胸盾片具 2 个黄色斑 ……………………………… **拟微盾蜾蠃亚属 *Pseudomicrodynerus* Blüthgen**

169. 小拟微盾蜾蠃 *Microdynerus* (*Pseudomicrodynerus*) *parvulus* (Herrich-Schäeffer, 1838)

【测量】 雌性体长约 5.5 mm，前翅长约 5.0 mm；雄性未知。

【形态特征】 体黑色，具少量淡黄色斑，前胸背板前基部具 1 对小圆斑；体革质，疏生大刻点，大刻点间密生细小刻点，体无长毛、仅具短的不明显的绒毛。头部两侧缘直、几乎平行，正面观略呈方形；唇基端部呈深 U 形凹陷，凹陷宽为深的 1.5 倍，两侧密生细小刻点，中部刻点相较稀疏且大；触角端部 5 节粗短，呈棒状；额区宽且略隆起，贯穿 1 条中纵沟。前胸背板两侧的肩角不明显，略呈锐角；中胸盾片端部具 2 条由刻点组成的纵沟；并胸腹节中纵脊完整。腹部第 1 节背板背面观钟形，第 2 节背板端部薄片较窄，薄片基部无刻点；第 2 节腹板侧面观较平坦，基部无中纵沟。

【地理分布】 新疆（昌吉、乌鲁木齐）；英国，法国，西班牙，意大利，瑞士，德国，奥地利，白俄罗斯，乌克兰，俄罗斯。

图 2-169-1 小拟微盾蜾蠃 *Microdynerus* (*Pseudomicrodynerus*) *parvulus* 雌性背面观

图 2-169-2 小拟微盾蜾蠃 *Microdynerus* (*Pseudomicrodynerus*) *parvulus* 雌性头部正面观

图 2-169-3 小拟微盾蜾蠃 *Microdynerus* (*Pseudomicrodynerus*) *parvulus* 雌性并胸腹节背面观

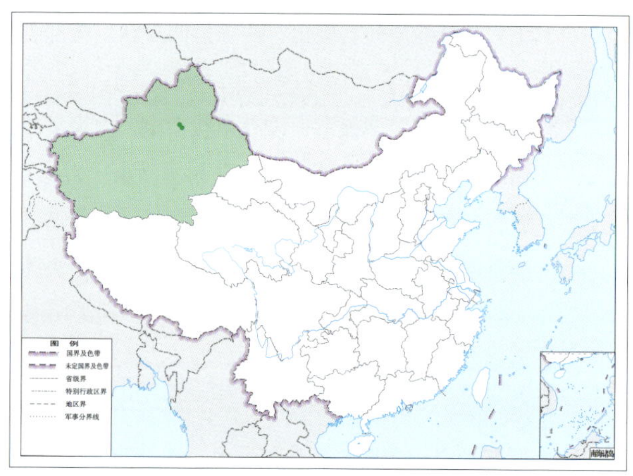

图 2-169-4 小拟微盾蜾蠃 *Microdynerus* (*Pseudomicrodynerus*) *parvulus* 地理分布图

二八、盾蜾蠃属 *Odynerus* Latreille, 1802

【形态特征】唇基宽大于长，端缘中部深凹陷；雄性触角端部几节扁宽，呈卷曲状。翅基片明显短于旁翅基片，后缘未到达旁翅基片后缘；雄性中足腿节及胫节常有凹陷或切口状变异。

【地理分布】世界性分布，绝大多数种类分布于古北区。

【分类】世界已知 80 种 15 亚种，我国已知 2 种，本图鉴收录 1 种。

170. 条腹盾蜾蠃 *Odynerus melanocephalus* (Gmeling, 1790)

【测量】雌性体长 9.0 ~ 11.0 mm；雄性体长 6.5 ~ 7.5 mm。

【形态特征】体黑色，具淡黄色斑；腹部第 1 ~ 6 节背板端部条带（其中第 4、5 节端带未到达背板两侧），以及第 2、3 节腹板端部两侧角的斑为黄色。雌性唇基基部横向隆起，端部中央浅弧形凹陷，唇基宽大于长，宽约为长的 1.2 倍，中部突出宽、凹陷；雄性唇基端部中央明显深U形凹陷、两侧呈尖齿状；后单眼后分别具 1 个窝穴；雄性触角从第 7 节逐渐变扁宽，其中第 10 ~ 13 节明显变薄且向后折回成卷曲状。中足胫节、腿节腹面基部明显凹陷、端部凸起。

【地理分布】吉林、新疆（喀纳斯、奇台）；法国，葡萄牙，德国，奥地利，白俄罗斯，保加利亚，阿尔巴尼亚，希腊，土耳其，巴基斯坦，亚美尼亚，俄罗斯，伊朗。

图 2-170-1　条腹盾蜾蠃 *Odynerus melanocephalus* 雄性背面观

图 2-170-2　条腹盾蜾蠃 *Odynerus melanocephalus* 雄性头部正面观

图 2-170-3　条腹盾蜾蠃 *Odynerus melanocephalus* 雄性中足

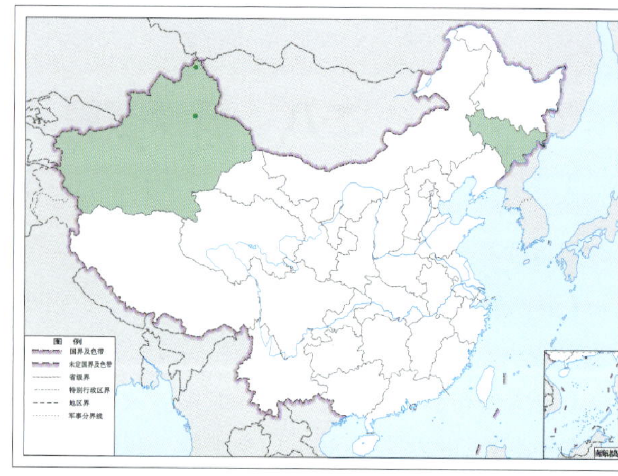

图 2-170-4　条腹盾蜾蠃 *Odynerus melanocephalus* 地理分布图

二九、少须蜾蠃属 *Okinawepipona* Yamane, 1987

【形态特征】 下颚须 5 节、下唇须 3 节；唇基中等隆起，长与宽几乎等长，雌、雄性唇基端部均窄且浅凹陷；雄性上颚内缘未深凹陷。中胸小盾片平坦；后胸背板中部无凹陷；翅基片后缘未超过旁翅基片后缘；并胸腹节无侧脊。腹部第 1 节略窄于第 2 节，背板前斜面几乎垂直且无刻点，前斜面明显与背区的水平区分界，但无横脊；前翅的前翅痣短，小于翅痣的 1/2。

【地理分布】 主要分布于中国、越南。

【分类】 世界已知 3 种，我国已知 3 种，本图鉴收录 1 种。

中国少须蜾蠃属 *Okinawepipona* 分种检索表

1. 体具极粗糙刻点；中胸盾片、小盾片、后胸背板背区明显凸出；并胸腹节背区具褶皱和突起，背区和后区交界处具锐利的边缘；腹部第 1 节背面观宽约为长的 2 倍 ……………………………………………………………………… 浅刻少须蜾蠃 *Okinawepipona curcipunctura*

   体刻点不及上述粗糙；中胸盾片、小盾片、后胸背板背区略凸出；并胸腹节背区无突起，背区和后区交界处具钝的边缘；腹部第 1 节背面观宽略小于长的 2 倍 ………………………… 2

2. 唇基侧面观微凸起，端缘中间浅凹陷，两侧呈钝齿状；并胸腹节后区具光泽，侧区几乎光滑，沿中纵脊具浅短的斜皱；小盾片和后胸背板黑色；腹部第 4～6 节背板完全黑色 ……………………………………………………………………… 黑少须蜾蠃 *Okinawepipona nigra*

   唇基侧面观中等凸起，端缘中间深凹陷，两侧呈尖齿状；并胸腹节后区具斜皱，小盾片和后胸背板大部分黄色或橙黄色；腹部第 4～6 节背板黑色，具黄色或橙黄色端带 ……………………………………………………………………… 科氏少须蜾蠃台湾亚种 *Okinawepipona kogimai taiwana*

171. 黑少须蜾蠃 *Okinawepipona nigra* Nguyen *et* Xu, 2014

【测量】 雌性体长 10.0 ~ 12.5 mm，前翅长 9.5 ~ 12.0 mm；雄性未知。

【形态特征】 体黑色，具少量黄色斑，其中唇基基部及端部分别具 1 对黄色斑，腹部第 1、2 节背板具窄的黄色条带；翅黑褐色，具紫色光泽。唇基密生刻点，侧面观略凸起，基缘直，端缘中间浅凹陷、两侧钝齿状；腹部刻点较头部及胸部略稀疏且浅。中胸盾片、小盾片、后胸背板背侧略凸起；并胸腹节背区无凸起，背区和后区交界处具钝的边缘，后区具光泽，沿中纵脊具浅短的斜皱。腹部第 1 节背板宽略小于长的 2 倍，具 1 条完整的中纵沟。

【地理分布】 广东（车八岭）、贵州（茂兰）；越南。

图 2-171-2　黑少须蜾蠃 *Okinawepipona nigra* 雌性头部正面观

图 2-171-1　黑少须蜾蠃 *Okinawepipona nigra* 雌性背面观

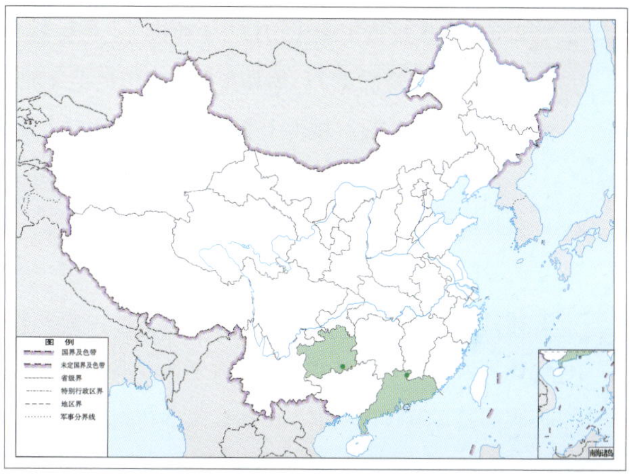

图 2-171-3　黑少须蜾蠃 *Okinawepipona nigra* 地理分布图

三〇、小片蜾蠃属 *Onychopterocheilus* Blüthgen, 1955

【形态特征】 唇基宽明显大于长；雌性头顶具 2 个窝穴；雄性触角第 9 ~ 13 节卷曲状；下颚须 6 节、下唇须 3 节，各节长。翅基片小，后缘明显短于旁翅基片后缘。腹部第 1 节背板明显短宽，背板端部明显宽于基部，背区与前斜面无横脊分界，前斜面圆弧形；第 1 节背板端部略窄于或几乎等宽于第 2 节背板基部；第 2 ~ 6 节或第 3 ~ 5 节腹板常具浓毛，若无浓毛，则足前跗节具 3 枚齿。

【地理分布】 主要分布于欧洲、中亚及西亚。

【分类】 世界已知 5 亚属 61 种，我国已知 3 亚属 12 种，本图鉴收录 3 亚属 4 种。

中国小片蜾蠃属 *Onychopterocheilus* 分种检索表

1. 雌性唇基端缘平直；雌性上颚 4 枚齿，雄性上颚 4 枚齿（近基部 2 枚齿不明显）且无切口；雄性触角 12 节，顶端稍弯曲；腹部背板无黄色端带，腹部腹板无短刚毛；体具发达的黑色或深褐色毛 ……………… ……………… 图氏小片蜾蠃 *Onychopterocheilus* (*Ghilarocheilus*) *turovi*

雌性唇基端缘凹陷、平直或凸起；雌性上颚 5 枚齿（*O. menzbieri* 除外）；雄性上颚 4 枚齿或 5 枚齿，具切口（4 或 5 枚齿）或无切口（4 枚齿）；雄性触角 13 节，顶端卷曲；腹部背板具黄色端带，腹部腹板具短刚毛（较少情况无）；体具灰色或浅棕色毛（如果发达）……………… 2

2. 头顶窝穴不明显；雄性上颚 4 枚齿、无切口；雄性后足跗节第 2 节明显变宽 ……………… ……………… 亚小片蜾蠃亚属 *Asiapterocheilus*, 3

头顶窝穴明显；雄性上颚具切口（4 或 5 枚齿）或无切口；雄性后足跗节第 2 节狭窄 ……………… ……………… 小片蜾蠃亚属 *Onychopterocheilus*, 10

3. 体具灰或白色长毛；雌性唇基宽等于长，端缘平截状 ……………… 4

体具黑色长毛；雌性唇基宽大于长，端缘凹陷 ……………… 6

4. 腹部第 2 节腹板基部未凸起；头部和胸部及腹部第 1 节具网状深刻点 ……………… ……………… 沃氏小片蜾蠃 *Onychopterocheilus* (*Asiapterocheilus*) *waltoni*

腹部第 2 节腹板基部略凸起；头部和胸部具粗糙刻点 ……………… 5

5. 中胸侧板具细密刻点，呈褶皱状，后胸侧板和并胸腹节侧区具细斜皱，无大刻点 ……………… ……………… 绒辖小片蜾蠃 *Onychopterocheilus* (*Asiapterocheilus*) *rongsharensis*

胸部除后胸背板外全具粗糙大刻点，后胸侧板和并胸腹节侧区的斜皱之间具大刻点 ……………… ……………… 西藏小片蜾蠃 *Onychopterocheilus* (*Asiapterocheilus*) *tibetanus*

6. 体具黑色长毛 ……………… 7

体具棕色长毛 ……………… 9

7. 体具浓密直长毛；翅褐色，明显具紫色光泽 ……………… ……………… 班氏小片蜾蠃 *Onychopterocheilus* (*Asiapterocheilus*) *bensoni*

体具波浪状长毛；翅褐色，无紫色光泽 ……………… 8

8. 中胸盾片无盾纵沟；腹部第 2 ~ 5 节腹板末端具粗糙刻点 ………………

………………………………………………… 中华小片蜾蠃 ***Onychopterocheilus*** **(*Asiapterocheilus*)** ***chinensis***

中胸盾片具盾纵沟；腹部第 2 ~ 5 节腹板末端刻点细密 ……………………………………………………………

………………………………………………… 黑毛小片蜾蠃 ***Onychopterocheilus*** **(*Asiapterocheilus*)** ***nigropilosus***

9. 头顶密生刻点；腹部密生细刻点，其中第 1 节背板刻点较其余粗糙 ……………………………………………

………………………………………………………… 毛小片蜾蠃 ***Onychopterocheilus*** **(*Asiapterocheilus*)** ***hirtus***

头顶刻点中等密度，直径等于刻点间距；腹部密生细刻点，其中第 6 节背板刻点较其余粗糙 ……………

………………………………………………… 凯氏小片蜾蠃 ***Onychopterocheilus*** **(*Asiapterocheilus*)** ***kiritshenkoi***

10. 体具灰色毛；前胸背板背面观两侧边缘呈弧形 ………………………………………………………………

…………………………………………………… 双斑小片蜾蠃 ***Onychopterocheilus*** **(*Onychopterocheilus*)** ***eckloni***

体具黑色或锈色毛；前胸背板背面观两侧边缘呈 S 形 ………………………………………………………… **11**

11. 体具锈色短毛；后胸背板无深的中纵沟；并胸腹节两侧具齿突 ………………………………………………

……………………………………………… 德氏小片蜾蠃 ***Onychopterocheilus*** **(*Onychopterocheilus*)** ***dementievi***

头、胸部及腹部第 1~2 节背板具黑色长毛（柄节的 2/3 长）；后胸背板具深纵沟；并胸腹节两侧无齿突

……………………………………………… 乌海小片蜾蠃 ***Onychopterocheilus*** **(*Onychopterocheilus*)** ***wuhaiensis***

172. 毛小片蜾蠃 *Onychopterocheilus* (*Asiapterocheilus*) *hirtus* (Kostylev, 1935)

【测量】 雌性体长约 8.5 mm，前翅长约 8.5 mm；雄性未知。

【形态特征】 体具白色长柔毛；体黑色，具黄色斑，其中唇基基部、前胸背板、翅基片外侧、小盾片 1 对侧板、后胸背板、足胫节外侧及腹部第 1 ~ 6 节背板端部条带均为黄色。唇基中部略隆起、呈扇形，端部微凹，两侧呈短齿状，刻点中等密度（间距小于或等于刻点直径）；触角间脊微凸出；头顶窝穴不明显。中胸小盾片具浅中纵沟；后胸背板端部光滑无刻点。

【地理分布】 西藏（林芝）；土库曼斯坦。

图 2-172-1　毛小片蜾蠃 *Onychopterocheilus* (*Asiapterocheilus*) *hirtus* 雌性背面观

图 2-172-2　毛小片蜾蠃 ***Onychopterocheilus*** **(*Asiapterocheilus*)** ***hirtus*** 雌性头部正面观

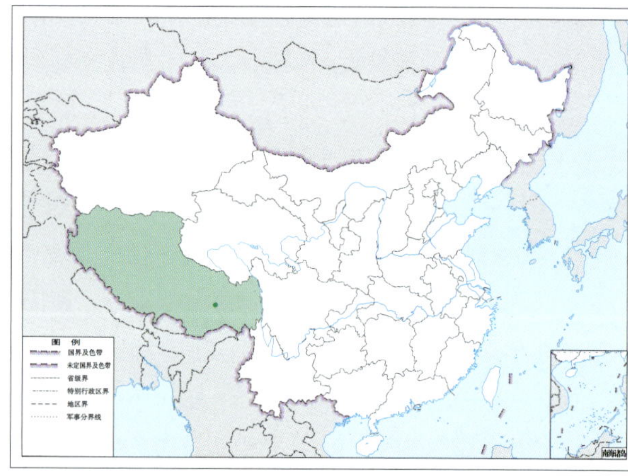

图 2-172-3　毛小片蜾蠃 ***Onychopterocheilus*** **(*Asiapterocheilus*)** ***hirtus*** 地理分布图

173. 凯氏小片蜾蠃 *Onychopterocheilus* (*Asiapterocheilus*) *kiritshenkoi* (Kostylev, 1940)

【测量】 雌性体长 8.0 ~ 9.0 mm，前翅长 7.5 ~ 8.5 mm；雄性体长 7.0 ~ 8.0 mm，前翅长 6.5 ~ 7.0 mm。

【形态特征】 体黑色，具大面积红棕色斑，其中唇基（除边缘外）、颊区上端的斑、前胸背板、翅基片、旁翅基片、前足腿节、足胫节至跗节、腹部各节（除基部外）均为红棕色，翅为褐色。下颚须发达宽扁状，两侧具均匀长毛；上颚外侧具规则长柔毛；唇基中间凸，端部平截，密生浅刻点，中部刻点较两侧略稀疏；头顶窝穴不明显。后胸背板及并胸腹节具白色长毛，其余区域的毛为黑色。

【地理分布】 西藏（林芝）；俄罗斯，蒙古。

图 2-173-2　凯氏小片蜾蠃 ***Onychopterocheilus*** **(*Asiapterocheilus*)** ***kiritshenkoi*** 雌性头部正面观

图 2-173-1　凯氏小片蜾蠃 ***Onychopterocheilus*** **(*Asiapterocheilus*)** ***kiritshenkoi*** 雌性背面观

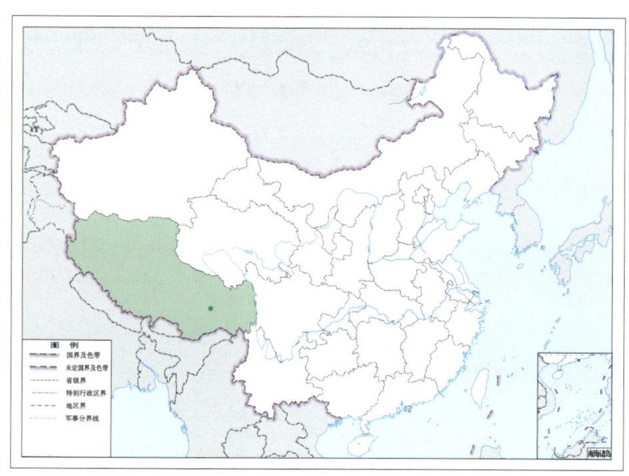

图 2-173-3　凯氏小片蜾蠃 ***Onychopterocheilus*** **(*Asiapterocheilus*)** ***kiritshenkoi*** 地理分布图

174. 图氏小片蜾蠃 *Onychopterocheilus* (*Ghilarocheilus*) *turovi* (Kostylev, 1937)

【测量】 雌性体长 8.5 ~ 9.0 mm；雄性体长 8.5 mm，前翅长 9 mm。

【形态特征】 头部、胸部刻点较腹部大且密集；头部、胸部及腹部第 1 节具浓密黑色长柔毛；体黑色，具大面积橘黄色斑，其中唇基、前胸背板、足（除基节外），腹部第 2、3 节为橘黄色。雄性触角 12 节；前翅端部褐色；雄性唇基密生刻点及长毛，刻点间光滑，端缘呈半圆形凹陷，两侧呈钝齿；眼窝及额区中部的毛较头部其他部位浓密；额区、头顶、颊区具密集粗刻点，以上部位的刻点比唇基大且密集。中胸盾片的毛较以上部位更稀疏，基部至端部具 2 条完整的盾纵沟；小盾片明显凸起高于中胸盾片，具中纵沟；后胸背板背面平，后垂直面中间光滑无刻点。腹部革质，疏生细浅刻点。

【地理分布】 内蒙古（锡林郭勒）；蒙古。

图 2-174-1　图氏小片蜾蠃 *Onychopterocheilus* (*Ghilarocheilus*) *turovi* 雄性背面观

图 2-174-3　图氏小片蜾蠃 *Onychopterocheilus* (*Ghilarocheilus*) *turovi* 雄性触角

图 2-174-2　图氏小片蜾蠃 *Onychopterocheilus* (*Ghilarocheilus*) *turovi* 雄性头部正面观

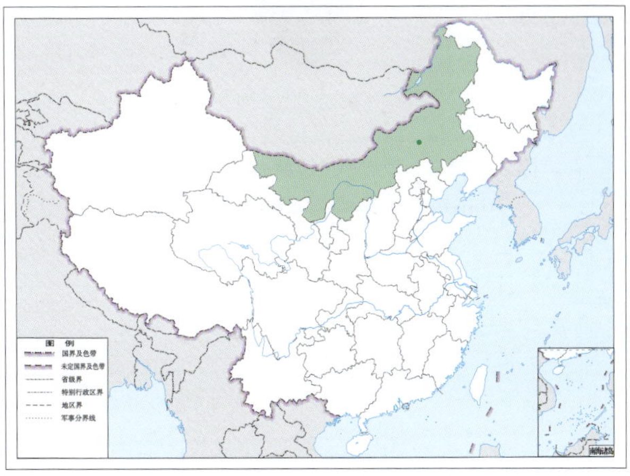

图 2-174-4　图氏小片蜾蠃 *Onychopterocheilus* (*Ghilarocheilus*) *turovi* 地理分布图

175. 双斑小片蜾蠃 *Onychopterocheilus* (*Onychopterocheilus*) *eckloni* (Morawitz, 1885)

【测量】 雌性体长约 8.5 mm，前翅长约 8.0 mm；雄性体长 7.0 mm，前翅长 6.5 mm。

【形态特征】 体黑色，具红棕色和淡黄色斑，其中唇基（除边缘外）、触角柄节基部、额区的斑、颊区上端的斑、足（除基节及转节外），以及腹部第 1、2 节背板的侧斑为红棕色，前胸背板前基部、翅基片、小盾片 1 对大斑、后胸背板、腹部第 1 节至末节的条带为淡黄色。下颚须扁平状，两侧具均匀长柔毛；唇基中间略凸，端缘中部微凹、呈弧形，刻点粗糙，中间刻点较边缘稀疏，端部刻点间隙呈脊状；头顶窝穴向后凹，具 2 个小孔。小盾片、后胸背板刻点稀疏，均具中纵沟。

【地理分布】 内蒙古（阿拉善）、甘肃（武威）；蒙古。

图 2-175-2 双斑小片蜾蠃 *Onychopterocheilus* (*Onychopterocheilus*) *eckloni* 雌性头部正面观

图 2-175-1 双斑小片蜾蠃 *Onychopterocheilus* (*Onychopterocheilus*) *eckloni* 雌性背面观

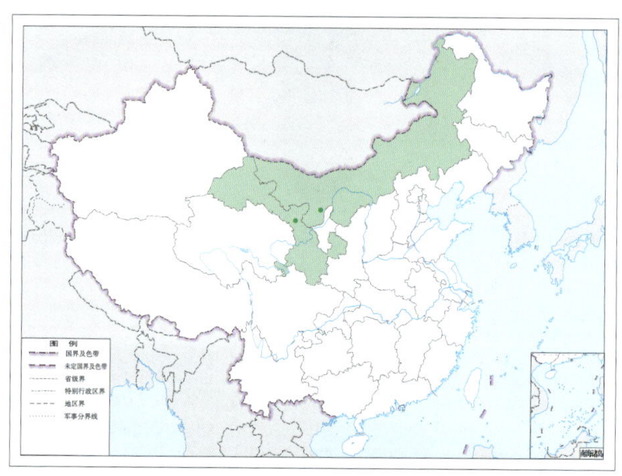

图 2-175-3 双斑小片蜾蠃 *Onychopterocheilus* (*Onychopterocheilus*) *eckloni* 地理分布图

三一、胸蜾蠃属 *Orancistrocerus* van der Vecht, 1963

图 2-31 黑胸蜾蠃指名亚种 *Orancistrocerus drewseni drewseni* 生态图（浙江台州 许威 摄）

【形态特征】 唇基宽和长几乎相等，端缘中部宽弧形深凹陷，凹陷宽度略大于或等于两触角内缘间距；雌性头顶具窝穴；雄性触角第 13 节向后折回成钩状。前胸背板前斜面无窝穴；翅基片后缘未超过旁翅基片后缘，翅窝具狭缝。腹部无柄，第 1 节背板从侧面观前斜面与背区呈角度，前斜面与背区之间具明显横脊分界。

【地理分布】 分布于东洋区和古北区。

【分类】 世界已知 4 种，我国已知 3 种，本图鉴收录 2 种。

中国胸蜾蠃属 *Orancistrocerus* 分种检索表

1. 中胸盾片具 M 形棕红色斑，小盾片和后胸背板分别具 1 个棕红色斑，并胸腹节具大面积斑 ……………………………………………………………………… 莫氏胸蜾蠃犁沟亚种 *Orancistrocerus moelleri aulicus*

   中胸盾片黑色，小盾片、后胸背板和并胸腹节无色斑 ……………………………… 2

2. 腹部全部黑色，无色斑；雄性抱握器窄而长，刀片状，两侧直 … 墨体胸蜾蠃 *Orancistrocerus aterrimus*, 3

腹部具黄色条带；雄性抱握器较上述宽，两侧弧形 …………………… 黑胸蜾蠃 *Orancistrocerus drewseni*, 5

3. 前胸背板、足大部分及腹部为棕红色 ………… 墨体胸蜾蠃端棕亚种 *Orancistrocerus aterrimus khasianus*

前胸背板、足大部分及腹部为黑色 ……………………………………………………………………… 4

4. 触角间黑色 ……………………………………… 墨体胸蜾蠃指名亚种 *Orancistrocerus aterrimus aterrimus*

触角间具 2 个黄色小斑 ………………………… 墨体胸蜾蠃黄额亚种 *Orancistrocerus aterrimus erythropus*

5. 腹部第 1、2 节背板端部分别具 1 条宽的黄色条带 … 黑胸蜾蠃指名亚种 *Orancistrocerus drewseni drewseni*

腹部除第 1、2 节外，第 3 ~ 5 节端部也常具黄色条带，其中第 2 节背板两侧具 1 个黄色大斑，且常与端部条带连接和向前延伸、呈大凹形斑 …………… 黑胸蜾蠃丽胸亚种 *Orancistrocerus drewseni opulentissimus*

176. 墨体胸蜾蠃 *Orancistrocerus aterrimus* (de Saussure, 1852)

【测量】 雌性体长 9.0 mm，前翅长 10.5 mm；雄性体长 8.3 mm，前翅长 8.7 mm。

【形态特征】 除部分标本足腿节为红褐色外，体几乎全为黑色，其中雄性唇基（除两侧外）为淡黄色；翅黑褐色，具紫色光泽。并胸腹节背区与后区间的围脊发达，后胸背板后具 1 对大的三角形齿突；腹部第 2 节背板刻点中等密度，不大于中胸盾片的刻点；雄性抱握器窄而长、刀片状、两侧直。

世界已知该种有 4 个亚种，中国已知 3 亚种，本图鉴收录 2 亚种。

① 墨体胸蜾蠃指名亚种 *Orancistrocerus aterrimus aterrimus* (de Saussure, 1852)

【地理分布】 陕西（汉中）、江苏、安徽（六安）、湖北（神农架）、江西（抚州）、湖南（湘

图 2-176-1-b　墨体胸蜾蠃指名亚种 *Orancistrocerus aterrimus aterrimus* 雌性头部正面观

图 2-176-1-a　墨体胸蜾蠃指名亚种 *Orancistrocerus aterrimus aterrimus* 雌性背面观

图 2-176-1-c　墨体胸蜾蠃指名亚种 *Orancistrocerus aterrimus aterrimus* 雄性头部正面观

潭）、福建（邵武、沙县）、广西（河池、兴安、桂林、百色）、重庆（璧山、酉阳）、四川（峨眉山、彭州、都江堰、雅安）、贵州（铜仁）、云南（普洱、文山、西双版纳）。

图 2-176-1-d　墨体胸蜾蠃指名亚种 *Orancistrocerus aterrimus aterrimus* 雄性外生殖器正面观

图 2-176-1-e　墨体胸蜾蠃指名亚种 *Orancistrocerus aterrimus aterrimus* 地理分布图

图 2-176-1-f　墨体胸蜾蠃指名亚种 *Orancistrocerus aterrimus aterrimus* 生态图（广东深圳　陈华燕　摄）

② 墨体胸蜾蠃端棕亚种 ***Orancistrocerus aterrimus khasianus*** **(Cameron, 1990)**

【形态特征】 该亚种与墨体胸蜾蠃指名亚种 *Orancistrocerus aterrimus aterrimus* 的主要区别是：唇基、上颚、前胸背板、翅基片、足大部分及腹部第 1 节背板端部为棕红色；雄性唇基几乎全为黄色。

【地理分布】 四川（凉山、攀枝花）、云南（迪庆、西双版纳、丽江）；印度。

图 2–176–2–a 墨体胸蜾蠃端棕亚种 ***Orancistrocerus aterrimus khasianus*** 雄性背面观

图 2–176–2–b 墨体胸蜾蠃端棕亚种 ***Orancistrocerus aterrimus khasianus*** 雄性头部正面观

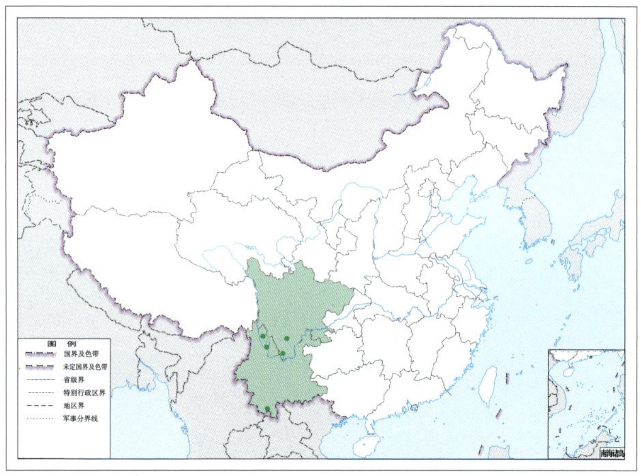

图 2–176–2–c 墨体胸蜾蠃端棕亚种 ***Orancistrocerus aterrimus khasianus*** 地理分布图

177. 黑胸蜾蠃 *Orancistrocerus drewseni* (de Saussure, 1857)

【测量】 雌性体长 9.0 ~ 12.7 mm，前翅长 10.5 ~ 11.2 mm；雄性体长 11.2 mm，前翅长 9.4 mm。

【形态特征】 体黑色，明显具黄色斑，其中雌、雄性唇基均为纯黄色，腹部至少第 1、2 节背板端部明显具宽的黄色条带。并胸腹节背区与后区间的围脊发达，在后胸背板后方具 1 对大的三角形齿突。雄性抱握器较宽，两侧弧形。

该种世界已知 3 亚种，中国已知 2 亚种，本图鉴收录 2 亚种。

①黑胸蜾蠃指名亚种 ***Orancistrocerus drewseni drewseni*** **(de Saussure, 1857)**

【地理分布】 河北、山东、江苏、浙江（台州）、江西（赣州）、湖南（株洲、衡阳）、福建、广西（兴安、河池）、重庆（酉阳）、四川（雅安、峨眉山）、贵州（铜仁、黔南）；日本。

图 2-177-1-a 黑胸蜾蠃指名亚种 *Orancistrocerus drewseni drewseni* 雌性背面观

图 2-177-1-b 黑胸蜾蠃指名亚种 *Orancistrocerus drewseni drewseni* 雌性头部正面观

图 2-177-1-d 黑胸蜾蠃指名亚种 *Orancistrocerus drewseni drewseni* 雄性外生殖器正面观

图 2-177-1-c 黑胸蜾蠃指名亚种 *Orancistrocerus drewseni drewseni* 雄性头部正面观

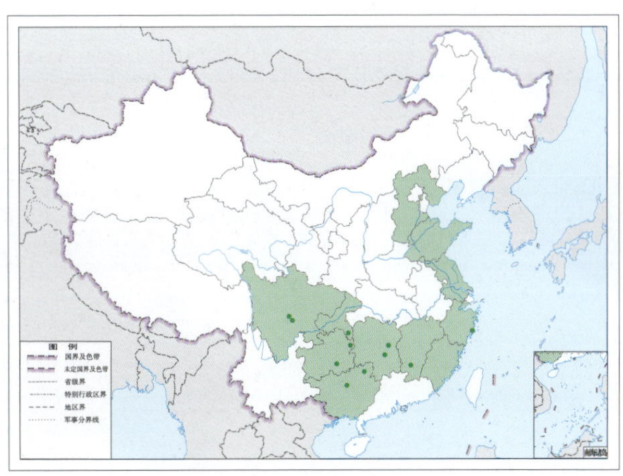

图 2-177-1-e 黑胸蜾蠃指名亚种 *Orancistrocerus drewseni drewseni* 地理分布图

图 2-177-1-f　黑胸蜾蠃指名亚种 *Orancistrocerus drewseni drewseni* 雄性生态图 1（浙江台州　许威　摄）

图 2-177-1-g　黑胸蜾蠃指名亚种 *Orancistrocerus drewseni drewseni* 雄性生态图 2（浙江台州　许威　摄）

②黑胸蜾蠃丽胸亚种 *Orancistrocerus drewseni opulentissimus* Giordani Soika, 1941

【形态特征】 该亚种与黑胸蜾蠃指名亚种 *Orancistrocerus drewseni drewseni* 的主要区别是：翅基片全部棕黄色；腹部（除第 1、2 节外），第 3～5 节端部也常具黄色条带，其中第 2 节背板两侧具 1 个黄色大斑，且常与端部条带连接和向前延伸、呈大凹形斑，甚至除了中间具近圆形黑色斑外几乎全为黄色，第 2 节腹板有时全为黑色，有时端部两侧各具 1 个黄色斑。

【地理分布】 安徽（六安）、江西（新岗山）、湖北（神农架）、陕西（汉中）、广西（百色）、四川（巴中、广元、崇州）、重庆（城口）、贵州（黔南）。

图 2-177-2-b　黑胸蜾蠃丽胸亚种 *Orancistrocerus drewseni opulentissimus* 雄性头部正面观

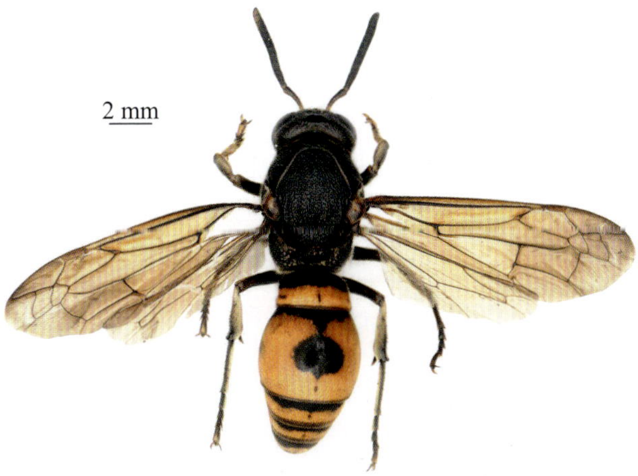

图 2-177-2-a　黑胸蜾蠃丽胸亚种 *Orancistrocerus drewseni opulentissimus* 雌性背面观

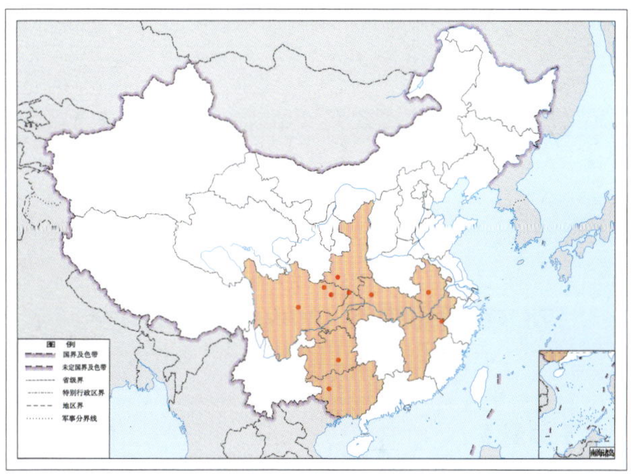

图 2-177-2-c　黑胸蜾蠃丽胸亚种 *Orancistrocerus drewseni opulentissimus* 地理分布图

三二、光带蜾蠃属 *Orientalicesa* Kocak *et* Kemal, 2010

【形态特征】 并胸腹节在后胸背板中线后无水平区域，背区与后区之间具发达的围脊，围脊上端呈尖齿突；腹部无腹柄，第 1 节背板背区与前斜面间无横脊分界，但背区几乎在同一水平面、端部宽仅稍大于基部宽，且密生的刻点明显区别于前斜面，前斜面略呈圆弧形；腹部第 2 ~ 5 节背板亚端部分别具 1 排大而密的刻点，形成 1 条宽的、光滑的、具光泽的亚端带，同时端缘前也分别具 1 排稀疏的大刻点。

【地理分布】 仅分布于东洋区。

【分类】 该属世界已知 7 种，我国已知 2 种，本图鉴收录 2 种。

中国光带蜾蠃属 *Orientalicesa* 分种检索表

1. 体几乎为纯黑色；并胸腹节背区与后区之间的围脊发达，在后胸背板后方明显呈尖齿突 ………………………………………………………………… **黑光带蜾蠃 *Orientalicesa nigra***

   腹部第 2 节或第 2、3 节背板端部分别具 1 条黄色条带；并胸腹节背区与后区之间的围脊不及上述种类发达，在后胸背板后尖齿突不及上述明显 ……………………………… **黄光带蜾蠃 *Orientalicesa rangpocus***

178. 黑光带蜾蠃 *Orientalicesa nigra* Li, Barthélémy *et* Carpenter, 2019

【测量】 雌性体长 9.0 mm，前翅长 10.5 mm；雄性未知。

【形态特征】 除足胫节及跗节略为红褐色外，体几乎全为黑色。唇基宽略大于长，中部隆起，密生粗糙的刻点，刻点间或多或少呈网状，端缘中部略凹陷，两侧呈钝齿状；唇基总宽为端部宽的 3.3 倍，端部宽与触角间距等宽，为凹陷深的 7.0 倍。并胸腹节背区与后区间的围脊发达，在后胸背板后呈 1 对大的三角形齿突。腹部第 2、3 节亚端带明显较其余各节宽且无黄色条带。

【地理分布】 香港。

图 2-178-1 黑光带蜾蠃 *Orientalicesa nigra* 雌性背面观
（正模标本 拍摄于美国自然历史博物馆）

图 2-178-2 黑光带蜾蠃 ***Orientalicesa nigra*** 雌性侧面观
（香港 Christophe Barthélémy 提供）

图 2-178-3 黑光带蜾蠃 ***Orientalicesa nigra*** 雌性头部正面观

图 2-178-4 黑光带蜾蠃 ***Orientalicesa nigra*** 雌性腹部背面观

图 2-178-5 黑光带蜾蠃 ***Orientalicesa nigra*** 雌性并胸腹节背面观

图 2-178-6 黑光带蜾蠃 ***Orientalicesa nigra*** 地理分布图

179. 黄光带蜾蠃 *Orientalicesa rangpocus* (Girish Kumar, Carpenter *et* Lambert, 2017)

【测量】 雌性体长 9.0 ~ 10.5 mm，前翅长 9.5 ~ 10.5 mm；雄性体长 8.0 ~ 8.5 mm，前翅长 8.0 ~ 8.9 mm。

【形态特征】 体黑色，腹部第 2 节或第 2、3 节背板端部具 1 条黄色条带，雄性唇基（除端缘外）全为纯黄色。唇基长略大于宽，雄性唇基前端凹陷较雌性深；雌性头顶具 1 对窝穴，密生棕色短毛，周围粗糙无刻点；后头脊完整，中间部位向前弯曲；雄性触角第 13 节向后折回至近第 10 节基部；并胸腹节背区与后区间的围脊不及黑光带蜾蠃 *Orientalicesa nigra* 发达。

【地理分布】 广东（车八岭）、台湾、贵州（茂兰）、西藏（墨脱）；印度，老挝，越南。

图 2-179-1 黄光带蜾蠃 *Orientalicesa rangpocus* 雄性背面观

图 2-179-2 黄光带蜾蠃 *Orientalicesa rangpocus* 雌性头部正面观

图 2-179-3 黄光带蜾蠃 *Orientalicesa rangpocus* 雄性头部正面观

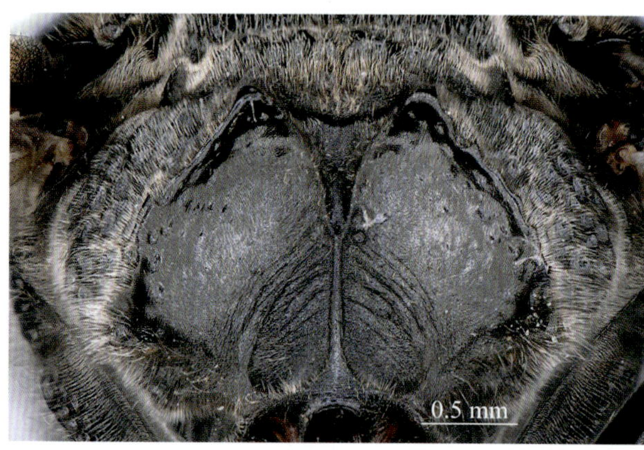

图 2-179-4 黄光带蜾蠃 *Orientalicesa rangpocus* 雌性并胸腹节背面观

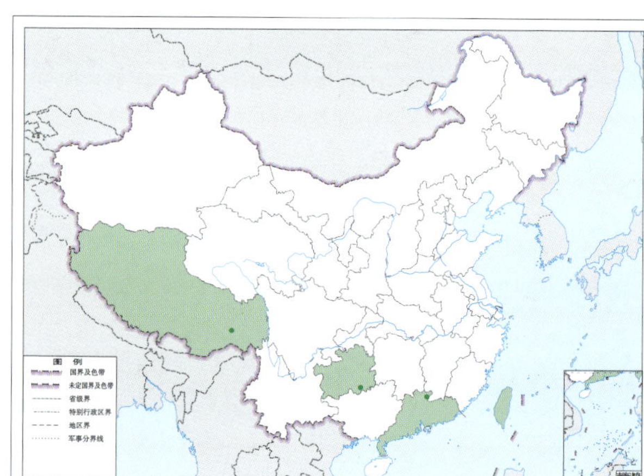

图 2-179-5 黄光带蜾蠃 *Orientalicesa rangpocus* 地理分布图

三三、旁细蜾蠃属 *Paraleptomenes* Giordani Soika, 1970

【形态特征】 体偏小型，长 5.0 ~ 7.0 mm。头顶平坦；雌性后单眼后无窝穴，头顶中部沿后头脊具 1 排短纵脊。前胸背板前斜面具窝穴，背区两侧着生刻点；后胸背板无瘤突；并胸腹节后区的亚缘脊端部呈尖薄片状，腹瓣大且端部与亚缘脊分离；前翅第 2 亚缘室无柄。腹部第 1 节常明显窄于第 2 节，第 1 节背板端部明显宽于基部，背区与前斜面无横脊分界，水平区不明显，前斜面呈圆弧形。

【地理分布】 仅分布于东洋区。

【分类】 世界已知 11 种，我国已知 5 种，本图鉴收录 5 种。

中国旁细蜾蠃属 *Paraleptomenes* 分种检索表

1. 中胸小盾片接近平坦；后胸背板几乎水平 ………… 2
   中胸小盾片凸起；后胸背板向后倾斜 ………… 3
2. 腹部第 1 节背板长，几乎半球形，宽约为长的 1.5 倍；第 2 节背板的最大宽约为第 1 节的 1.5 倍，第 2 节背板接近端缘的刻点几乎无变化、到达端缘 ………… **平胸旁细蜾蠃山地亚种 *Paraleptomenes nurseanus montanus***
   腹部第 1 节背板较短，宽约为长的 2 倍；第 2 节背板宽仅略大于第 1 节，第 2 节背板刻点在端缘附近逐渐变密，但未到达端缘 ………… **台湾旁细蜾蠃 *Paraleptomenes kosempoensis***
3. 雌性唇基端部两侧具纵脊；雄性触角第 13 节扁平且弯曲 ………… 4
   雌性唇基端部两侧无纵脊；雄性触角第 13 节小、细长、指状且几乎笔直 ………… **毛旁细蜾蠃 *Paraleptomenes setaceus***
4. 中胸侧板上方后缘无明显齿突；雄性触角第 13 节端部变宽大 ………… **宽触旁细蜾蠃 *Paraleptomenes darugiriensis***
   中胸侧板上方后缘具明显齿突；雄性触角第 13 节变窄且弯曲 ………… **横窝旁细蜾蠃 *Paraleptomenes transifoveolus***

180. 宽触旁细蜾蠃 *Paraleptomenes darugiriensis* Girish Kumar, Carpenter *et* Sharma, 2014

【测量】 雌性体长 5.5 ~ 7.0 mm，前翅长 5.5 ~ 6.5 mm；雄性体长 5.0 ~ 5.7 mm，前翅长 4.7 ~ 5.5 mm。

【形态特征】 体黑色，具黄色至黄棕色斑。雌性唇基基部具 1 对侧斑；唇基宽略大于长，中部平坦，两侧具纵脊，疏生刻点和发达纵皱，端缘平截；后头脊后部发达，中间弯曲呈切口状。前胸背板密生刻点，呈网状，前斜面中部具 1 对不明显的窝穴，大小与周围刻点类似，两侧具密集网状刻点；小盾片凸起，从侧面观与中胸盾片不在同一水平面；后胸背板向后倾斜，密生刻点；中胸侧板后端略凸起。雄性唇基除边缘外为黄色，疏生细小刻点，端缘凹陷，两侧呈齿状；雄性触角第 13 节扁平及弯曲，末端宽大，向后折回至第 11 节基部。

【地理分布】 广西（扶绥）、云南（玉溪、腾冲）；印度。

图 2-180-1 宽触旁细蜾蠃 *Paraleptomenes darugiriensis* 雄性背面观

图 2-180-2 宽触旁细蜾蠃 *Paraleptomenes darugiriensis* 雌性头部正面观

图 2-180-3 宽触旁细蜾蠃 *Paraleptomenes darugiriensis* 雄性触角局部

图 2-180-4 宽触旁细蜾蠃 *Paraleptomenes darugiriensis* 雌性头部及前胸背板背面观

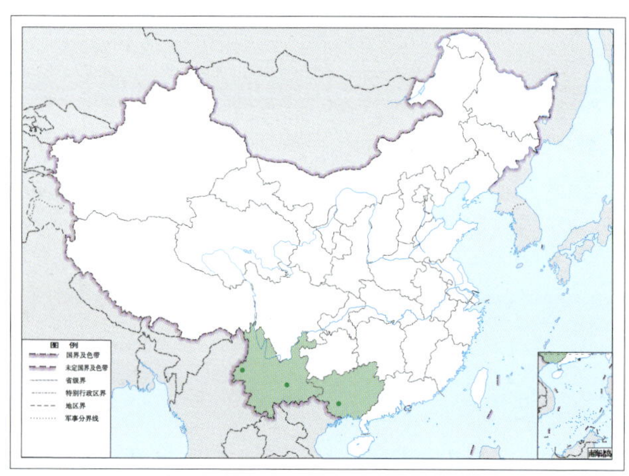

图 2-180-5 宽触旁细蜾蠃 *Paraleptomenes darugiriensis* 地理分布图

181. 台湾旁细蜾蠃 *Paraleptomenes kosempoensis* (von Schulthess, 1934)

【测量】 雌性体长 6.0 mm；雄性体长 5.0 mm。

【形态特征】 体黑色，具大量黄色斑。唇基毛相对浓密、疏生刻点，唇基基部隆起、从中部至端部平坦、呈铲状且两侧具纵脊，长与宽几乎相等，前端凹陷浅、呈弧形；后头脊完整；前斜面端部中央具 2 个窝穴；小盾片平坦，侧面观小盾片与后胸背板几乎在同一水平面；腹部第 2 节背板及腹板近端缘具 1 横排刻点且近端部略凹陷、呈坎状，凹陷后无刻点。雄性唇基端部无侧脊、铲状的平坦区域不明显，端部凹陷较雌性深、呈 U 形；雄性触角第13节细小、钩状，向后折回不及第11节中部。

【地理分布】 台湾。

图 2-181-1　台湾旁细蜾蠃 *Paraleptomenes kosempoensis* 雌性背面观（拍摄于美国自然历史博物馆）

图 2-181-2　台湾旁细蜾蠃 *Paraleptomenes kosempoensis* 雌性后胸至腹部背面观

图 2-181-3　台湾旁细蜾蠃 *Paraleptomenes kosempoensis* 雌性头部正面观

图 2-181-4　台湾旁细蜾蠃 *Paraleptomenes kosempoensis* 地理分布图

182. 平胸旁细蜾蠃山地亚种 *Paraleptomenes nurseanus montanus* Giordani Soika, 1994

【测量】 雌性体长 6.4 mm，前翅长 5.5 mm；雄性未知。

【形态特征】 体黑色，具少量黄色斑。唇基宽略大于长，中部平坦，具零星略较大的刻点和疏生细小刻点，端缘平截状，唇基整体略呈光滑的铲状；头顶中部沿后头脊明显具 1 排短纵脊；额区两侧密生刻点、中部疏生刻点且刻点间光滑并具零星微小刻点；头顶后区凹陷、后头脊完整，中部明显发达、具浓密短毛。前胸背板前斜面中间具 1 个向下凹的深窝穴，窝穴下侧光滑无刻点、两侧密生刻点；中胸小盾片平、从侧面观与中胸盾片在同一水平面；后胸背板几乎水平。

【地理分布】 云南（西双版纳）；印度。

图 2–182–1 平胸旁细蜾蠃山地亚种 *Paraleptomenes nurseanus montanus* 雌性背面观

图 2–182–3 平胸旁细蜾蠃山地亚种 *Paraleptomenes nurseanus montanus* 雌性头部及前胸背面观

图 2–182–2 平胸旁细蜾蠃山地亚种 *Paraleptomenes nurseanus montanus* 雌性头部及前胸背面观

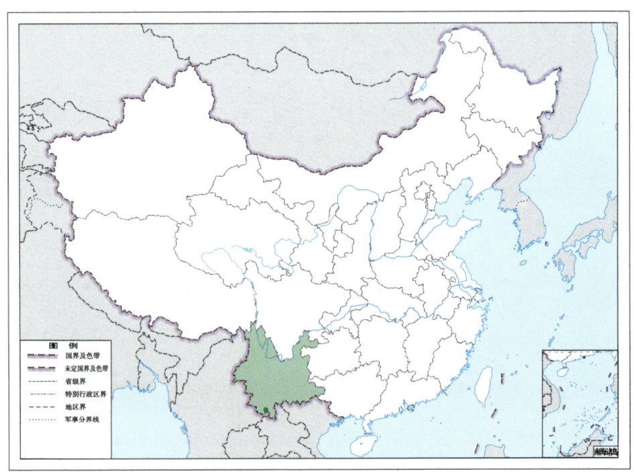

图 2–182–4 平胸旁细蜾蠃山地亚种 *Paraleptomenes nurseanus montanus* 地理分布图

183. 毛旁细蜾蠃 *Paraleptomenes setaceus* Bai, Chen *et* Li, 2022

【测量】 雌性体长 6.3 mm，前翅长 5.7 mm；雄性体长 5.8 mm，前翅长 5.5 mm。

【形态特征】 体黑色，具黄棕色斑。雌性唇基宽略大于长，中部平坦，两侧无纵脊，基部疏生小刻点，端部密生大且深的刻点，刻点间略呈纵脊，端缘近平截状、略凹陷。前胸背板前斜面中间具 1 对不明显窝穴；中胸小盾片凸起，从侧面观与中胸盾片不在同一水平面；中胸侧板背后端具钝齿状突起。雄性触角第 13 节短小，几乎与第 12 节等长，指状且几乎笔直；雄性腹部第 7 节腹板基部具 1 排棕色的浓密长毛。

【地理分布】 云南（西双版纳）。

图 2–183–1　毛旁细蜾蠃 *Paraleptomenes setaceus* 雄性背面观

图 2–183–2　毛旁细蜾蠃 *Paraleptomenes setaceus* 雌性头部正面观

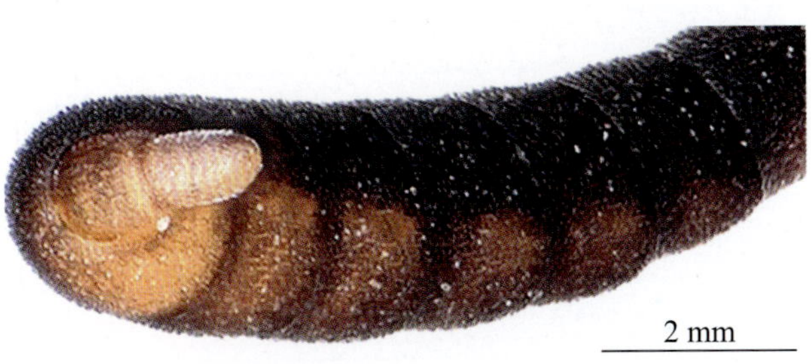

图 2–183–3　毛旁细蜾蠃 *Paraleptomenes setaceus* 雄性触角局部

图 2–183–4　毛旁细蜾蠃 *Paraleptomenes setaceus* 雄性腹部第 2～7 节腹面观

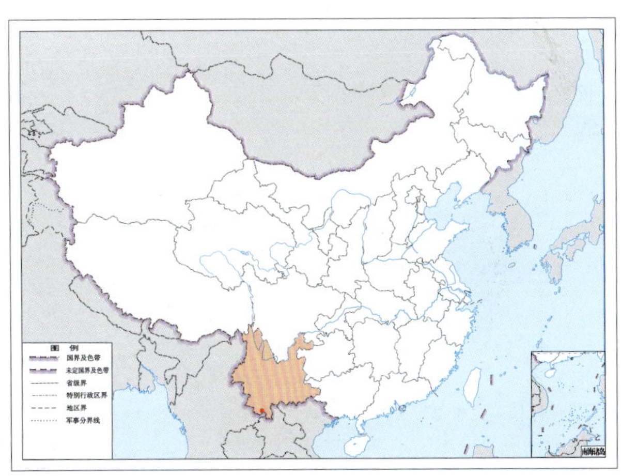

图 2–183–5　毛旁细蜾蠃 *Paraleptomenes setaceus* 地理分布图

184. 横窝旁细蜾蠃 *Paraleptomenes transifoveolus* Bai, Chen *et* Li, 2022

【测量】 雌性体长 6.2 mm，前翅长 5.5 mm；雄性体长 6.0 mm，前翅长 5.5 mm。

【形态特征】 该种与毛旁细蜾蠃 *Paraleptomenes setaceus* 相近。主要区别是雌性唇基宽约等于长，中部平坦，两侧具纵脊，明显较粗糙且被毛更密；雄性唇基黄色，刻点细小稀疏；雄性触角第 13 节明显长于第 12 节且弯曲，其末端变窄；雄性腹部第 7 节腹板基部无棕色的浓密长毛。

【地理分布】 云南（西双版纳、普洱）。

图 2-184-1 横窝旁细蜾蠃 *Paraleptomenes transifoveolus* 雄性背面观

图 2-184-2 横窝旁细蜾蠃 *Paraleptomenes transifoveolus* 雌性头部正面观

图 2-184-3 横窝旁细蜾蠃 *Paraleptomenes transifoveolus* 雄性触角局部

图 2-184-4 横窝旁细蜾蠃 *Paraleptomenes transifoveolus* 雌性头部及前胸背面观

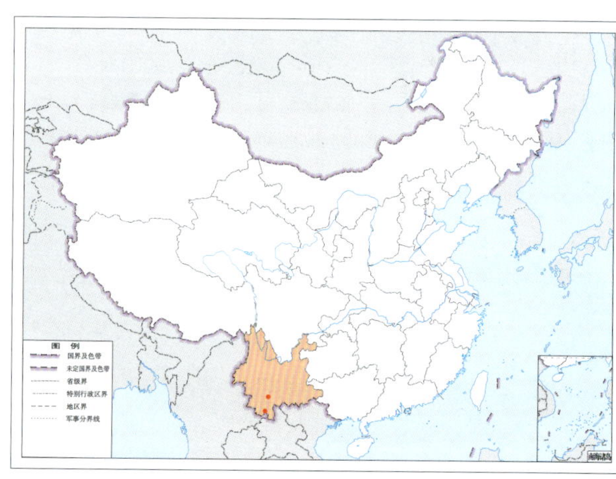

图 2-184-5 横窝旁细蜾蠃 *Paraleptomenes transifoveolus* 地理分布图

三四、旁沟蜾蠃属 *Parancistrocerus* Bequaert, 1925

图 2-34 台湾旁沟蜾蠃 *Parancistrocerus yachowensis*（广东连州 陈华燕 摄）

【形态特征】 雌性头顶无窝穴。前胸背板无前胸脊，前斜面中央具 2 个相连或分离的窝穴，无翅基片前脊；翅基片大且圆，其后缘未超过旁翅基片后缘；后胸背板常具锯齿形小齿突。腹部第 1 节背板基部具横脊，背区与前斜面明显分界，横脊与背区在同一水平面；第 2 节端缘、第 3 节背板及腹板后端部常延长。

【地理分布】 主要分布于东南亚，以及南、北美洲。

【分类】 世界已知 112 种，我国已知 20 种，本图鉴收录 12 种。

中国旁沟蜾蠃属 *Parancistrocerus* 分种检索表

1. 腹部第 2 节背板端部边缘向外延长 ……………… 2

   腹部第 2 节背板端部边缘正常，未向外延长 ……………… 4

2. 腹部第 1 节背板长大于宽，相对狭长 ……………… 大林旁沟蜾蠃 *Parancistrocerus taihorinensis*

   腹部第 1 节背板长小于宽 ……………… 3

3. 雄性：触角第 11 节短，宽小于长的 2/3；第 13 节极长，向后折回至第 10 节中部（雌性未知）……………… 长触旁沟蜾蠃 *Parancistrocerus irritatus*

   雄性：触角第 11 节宽为长的 1.5 倍；触角第 13 节相对较短、向后折回至第 11 节基部（雌性未知）……………… 宽腹旁沟蜾蠃 *Parancistrocerus latitergus*

4. 背面观，并胸腹节无水平面与后胸背板相连 ……………… 5

   背面观，并胸腹节具水平面与后胸背板相连 ……………… 12

5. 腹部第 2 节背板亚端部明显隆起 ……………… 6

腹部第 2 节背板亚端部微隆起或正常 …… 7

6. 前胸背板前斜面中央光滑；腹部第 3 节背板端部中央无延长，腹板端部中间具横向延长 …… 隆背旁沟蜾蠃 *Parancistrocerus elatitergus*

前胸背板前斜面中央具刻点；腹部第 3 节背板及腹板端部具拱形延长 …… 延背旁沟蜾蠃 *Parancistrocerus extentitergus*

7. 腹部第 3 节背板端部中央延长 …… 8

腹部第 3 节背板端部中央无延长 …… 11

8. 腹部第 3 节背板端部延长区域具大小均匀的刻点 …… 弱脊旁沟蜾蠃 *Parancistrocerus fragilitergus*

腹部第 3 节背板端部延长区域具细小刻点且较上述种类光滑 …… 9

9. 腹部第 2 节腹板具浅的中纵沟 …… 贾法尔旁沟蜾蠃 *Parancistrocerus jaferpaloti*

腹部第 2 节腹板无中纵沟 …… 台湾旁沟蜾蠃 *Parancistrocerus yachowensis*, 10

10. 腹部第 1 节背板具细小、稀疏刻点，第 2 节背板中部和端部刻点较基部更大更密 …… 台湾旁沟蜾蠃指名亚种 *Parancistrocerus yachowensis yachowensis*

腹部第 1 节背板刻点密集，第 2 节背板端部与基部刻点大小均匀且一致 …… 台湾旁沟蜾蠃湖春亚种 *Parancistrocerus yachowensis konkunensis*

11. 腹部第 2 节背板隆起，近端缘密生 1 排大而深的规则刻点，隆起处的刻点直径稍大于中胸盾片的刻点，刻点间不凸起且间距小于或等于刻点直径；中胸侧板上部与下部刻点大小一致 …… 方形旁沟蜾蠃 *Parancistrocerus sulcatus*

腹部第 2 节背板隆起，端部具一系列大而不规则的密集刻点，大部分刻点直径远大于中胸盾片的刻点，刻点间强烈凸起且间距不一；中胸侧板下部刻点直径小于上部刻点直径 …… 太和旁沟蜾蠃 *Parancistrocerus taihorinshoensis*

12. 腹部第 3 节背板端部中央延长 …… 13

腹部第 3 节背板端部中央无延长 …… 17

13. 腹部第 3 节背板延长、具狭窄且分离的薄片 …… 特片旁沟蜾蠃 *Parancistrocerus lamnulus*

腹部第 3 节背板延长、无狭窄且分离的薄片 …… 14

14. 前胸背板前斜面中部光滑 …… 15

前胸背板前斜面中部具刻点 …… 16

15. 唇基具纵向钝脊，无黑色斑；触角间脊黑色 …… 高雄旁沟蜾蠃 *Parancistrocerus kuraruensis*

唇基无纵向钝脊，具黑色斑；触角间脊黄色 …… 媒介旁沟蜾蠃 *Parancistrocerus intermediatus*

16. 雌性前胸背板具小斑；小盾片密生刻点 …… 长刻旁沟蜾蠃 *Parancistrocerus samarensis*

雌性前胸背板具大斑；小盾片疏生刻点 …… 刻背旁沟蜾蠃 *Parancistrocerus nitobei*

17. 腹部第 2 节背板端部反翘 …… 亚马内旁沟蜾蠃 *Parancistrocerus yamanei*

腹部第 2 节背板端部无反翘 …… 18

18. 后头脊不完整，在头顶缺失 …… 19

后头脊完整 …… 20

19. 唇基黄色；腹部第 2 节背板基部刻点中等密度，刻点间距小于或等于刻点直径 …… 广西旁沟蜾蠃 *Parancistrocerus guangxiensis*

唇基黑色，中央具黄色斑；腹部第 2 节背板基部几乎无刻点 …… 香港旁沟蜾蠃 *Parancistrocerus hongkongensis*

20. 小盾片及后胸背板分别具中纵沟，体具红色斑 …… 带状旁沟蜾蠃 *Parancistrocerus taikonus*

小盾片具清晰中纵沟，后胸背板无中纵沟；体具黄色斑 … 拟雄旁沟蜾蠃 *Parancistrocerus similiandrocles*

185. 隆背旁沟蜾蠃 *Parancistrocerus elatitergus* Qin, Chen *et* Li, 2023

【测量】 雌性体长 6.6 mm，前翅长 6.2 mm；雄性未知。

【形态特征】 体黑色，具黄色斑，其中腹部第 1 ~ 4 节背板端部具黄色条带；前翅缘室具黑褐色斑。唇基密生极短白毛，刻点粗糙、密集且大；头部额区刻点大且密、呈网状，后头脊完整。前胸背板前斜面中间光滑，具小且分离的窝穴；并胸腹节上侧脊完整。腹部第 1 节背板基部横脊弱，第 2 节背板亚端部隆起非常明显，端部无延长，亚端部具 1 排大的规则刻点；第 2 节腹板基部凸起明显、具中纵沟，第 3 节背板端部无延长、腹板端部延长且发达。

【地理分布】 四川（崇州）。

图 2-185-1　隆背旁沟蜾蠃 *Parancistrocerus elatitergus* 雌性背面观

图 2-185-3　隆背旁沟蜾蠃 *Parancistrocerus elatitergus* 雌性腹部第 2 ~ 6 节背面观

图 2-185-2　隆背旁沟蜾蠃 *Parancistrocerus elatitergus* 雌性头部正面观

图 2-185-4　隆背旁沟蜾蠃 *Parancistrocerus elatitergus* 地理分布图

186. 延背旁沟蜾蠃 *Parancistrocerus extentitergus* Qin, Chen *et* Li, 2023

【测量】 雌性体长 7.1 mm，前翅长 6.5 mm；雄性体长 6.9 mm，前翅长 6.1 mm。

【形态特征】 体黑色，具黄色斑，其中腹部第 1 ~ 3 节背板端部分别具黄色条带，翅黑褐色。雌、雄性唇基粗糙、密生刻点。前胸背板前斜面中部具小的、分离的窝穴，窝穴周围粗糙并具刻点。腹部第 1 节背板基部横脊完整，第 2 节背板端部明显隆起，端部无延长，端部具 1 排极大的规则刻点；第 2 节腹板基部凸起且明显具中纵沟；第 3 节背板端部中间区域略弧形延长，腹板端部中间区域明显弧形延长。

【地理分布】 重庆（酉阳）、贵州（松桃）。

图 2-186-1 延背旁沟蜾蠃 *Parancistrocerus extentitergus* 雌性背面观

图 2-186-2 延背旁沟蜾蠃 *Parancistrocerus extentitergus* 雌性头部正面观

图 2-186-3 延背旁沟蜾蠃 *Parancistrocerus extentitergus* 雌性腹部第 2 ~ 6 节背面观

图 2-186-4 延背旁沟蜾蠃 *Parancistrocerus extentitergus* 雄性头部正面观

图 2-186-5 延背旁沟蜾蠃 *Parancistrocerus extentitergus* 地理分布图

187. 弱脊旁沟蜾蠃 *Parancistrocerus fragilitergus* Qin, Chen *et* Li, 2023

【测量】 雌性体长 6.6 mm，前翅长 6.2 mm；雄性未知。

【形态特征】 体黑色，具黄棕色斑，体刻点粗糙密集且大。唇基刻点大且密，头部后头脊完整。前胸背板前斜面中间光滑，具小且分离的窝穴，并胸腹节上侧脊极弱。腹部第 1 节背板基部横脊较弱；第 2 节背板亚端部轻微隆起，端部无延长；第 2 节腹板基部凸起，基部具明显中纵沟；第 3 节背板端部略弧形延长；第 3 节腹板端部弧形延长较长于背板的延长。

【地理分布】 广西（龙胜）。

图 2–187–1　弱脊旁沟蜾蠃 *Parancistrocerus fragilitergus* 雌性背面观

图 2–187–2　弱脊旁沟蜾蠃 *Parancistrocerus fragilitergus* 雌性头部正面观

图 2–187–3　弱脊旁沟蜾蠃 *Parancistrocerus fragilitergus* 雌性腹部第 2～6 节背面观

图 2–187–4　弱脊旁沟蜾蠃 *Parancistrocerus fragilitergus* 雌性腹部第 2～6 节腹面观

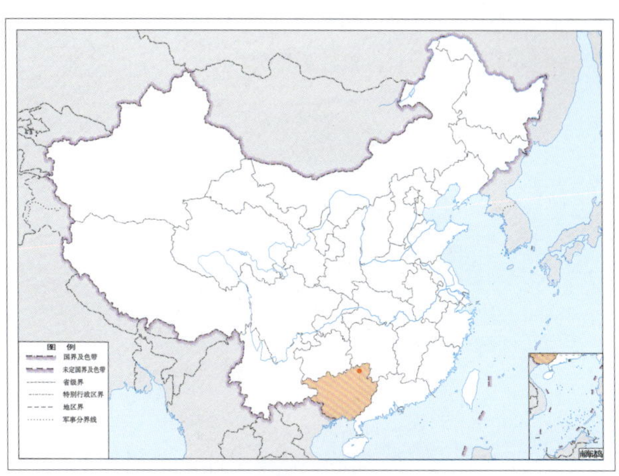

图 2–187–5　弱脊旁沟蜾蠃 *Parancistrocerus fragilitergus* 地理分布图

188. 广西旁沟蜾蠃 *Parancistrocerus guangxiensis* Li *et* Carpenter, 2019

【测量】 雌性体长 7.2 ~ 7.4 mm，前翅长 11.5 ~ 13.5 mm；雄性体长 12.5 ~ 13.5 mm，前翅长 11.5 ~ 12.2 mm。

【形态特征】 体黑色，具黄色斑，其中雌、雄性唇基均为黄色；前翅缘室具褐色斑；体刻点粗糙密集且大，但唇基仅具零星浅刻点且小。唇基端部均略平坦，端缘浅弧形凹陷，两侧略呈齿状；后头脊不完整，在顶端缺失。前胸背板前斜面中间光滑，具小且分离的窝穴；后胸背板粗糙但非锯齿状，并胸腹节上侧脊完整、明显。腹部第 1 节背板基部横脊完整粗壮，背区刻点较第 2 节背板刻点稀疏；第 2 节背板黄色条带呈波浪状，亚端部具 2 排规则大刻点，该区域略凹陷，端部无延长；第 2 节腹板基部略凹陷，无中纵沟；第 3 节背板及腹板端部均无延长。

【地理分布】 广西（岑溪、玉林）。

图 2-188-1 广西旁沟蜾蠃 *Parancistrocerus guangxiensis* 雄性背面观

图 2-188-2 广西旁沟蜾蠃 *Parancistrocerus guangxiensis* 雌性头部正面观

图 2-188-3 广西旁沟蜾蠃 *Parancistrocerus guangxiensis* 雄性头部正面观

图 2-188-4 广西旁沟蜾蠃 *Parancistrocerus guangxiensis* 雌性腹部第 2 ~ 6 节腹面观

图 2-188-5 广西旁沟蜾蠃 *Parancistrocerus guangxiensis* 地理分布图

189. 长触旁沟蜾蠃 *Parancistrocerus irritatus* Giordani Soika, 1972

【测量】 雄性体长 8.1 ~ 9.5 mm，前翅长 8.0 ~ 8.5 mm；雌性未知。

【形态特征】 体黑色，具黄棕色及红棕色斑，其中唇基纯黄色；前翅缘室端部具黑褐色斑。唇基密生大而浅的刻点，后头脊完整；雄性触角第 13 节极长、向后折回至第 10 节中部。前胸背板前斜面中间光滑，具小且分离的窝穴，后胸背板具锯齿突；并胸腹节上侧脊微弱不清晰。腹部第 1 节背板宽略大于长（近似相等）、基部横脊完整；第 2 节背板近端缘具 1 排极大的规则刻点，刻点较密且未到达端缘、略凹陷，端缘光滑且明显具弧形延长、具透明薄片；第 2 节腹板基部平坦、无中纵沟；第 3 节背板及腹板端部无延长。

【地理分布】 云南（双江）；印度。

图 2-189-1　长触旁沟蜾蠃 *Parancistrocerus irritatus* 雄性背面观

图 2-189-3　长触旁沟蜾蠃 *Parancistrocerus irritatus* 雄性触角局部

图 2-189-2　长触旁沟蜾蠃 *Parancistrocerus irritatus* 雄性头部正面观

图 2-189-4　长触旁沟蜾蠃 *Parancistrocerus irritatus* 地理分布图

190. 贾法尔旁沟蜾蠃 *Parancistrocerus jaferpaloti* Girish Kumar *et* Carpenter, 2016

【测量】 雌性体长 6.5 mm；雄性体长 4.7 ~ 6.0 mm，前翅长 4.9 ~ 5.4 mm。

【形态特征】 体黑色，具黄色斑，其中第 2 节背板端部黄色条带呈波浪状，前翅缘室明显具黑褐色斑。雄性唇基光滑，端缘中部浅弧形凹陷、两侧呈短齿突；后头脊不完整、在顶端缺失；雄性触角第 13 节短，向后折回至第 11 节基部。前胸背板前斜面中间光滑，具小且分离的窝穴，两侧具刻点；后胸背板具锯齿形突；并胸腹节上侧脊完整且清晰。腹部第 1 节背板宽明显大于长，基部横脊完整；第 2 节背板端部无延长、亚端部具两排大而规则的刻点且到达端缘，该区域略凹陷；第 2 节腹板基部平坦、具极浅中纵沟；第 3 节背板及腹部端部均延长且发达。

【地理分布】 云南（西双版纳）；印度。

图 2-190-1 贾法尔旁沟蜾蠃 *Parancistrocerus jaferpaloti* 雄性背面观

图 2-190-3 贾法尔旁沟蜾蠃 *Parancistrocerus jaferpaloti* 雄性腹部第 2 ~ 7 节侧面观

图 2-190-2 贾法尔旁沟蜾蠃 *Parancistrocerus jaferpaloti* 雄性头部正面观

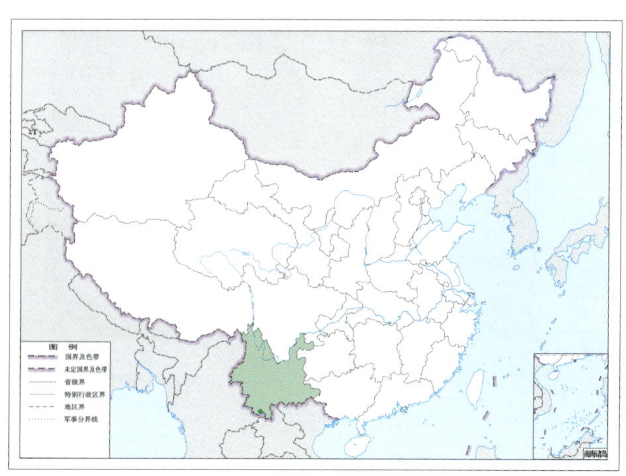

图 2-190-4 贾法尔旁沟蜾蠃 *Parancistrocerus jaferpaloti* 地理分布图

191. 特片旁沟蜾蠃 *Parancistrocerus lamnulus* Li *et* Carpenter, 2019

【测量】 雌性体长 6.4 ~ 6.5 mm，前翅长 5.5 ~ 5.8 mm；雄性体长 6.0 ~ 6.2 mm，前翅长 5.5 ~ 5.6 mm。

【形态特征】 体黑色，具红棕色斑，前翅缘室端部具浅褐色斑。唇基刻点大且稀疏、端缘具透明区、深弧形凹陷、两侧呈尖齿状；后头脊完整。前胸背板前斜面光滑、具小且分离的窝穴；后胸背板粗糙，浅中纵沟将背区分成左右两部分，略呈瘤状；并胸腹节上侧脊发达且清晰，并胸腹节背区在后胸背板后具水平区。腹部第 1 节背板宽明显大于长（大于 1.5 倍），基部横脊完整；第 2 节背板及腹板端部无延长、端缘刻点略密而深且到达端缘，具不明显的窄薄片，背板整体明显隆起，腹板基部凹陷，无中纵沟；第 3 节背板从端缘下略窄薄片状，薄片与端缘分离，腹板端部横向延长。

【地理分布】 云南（普洱）。

图 2-191-3　特片旁沟蜾蠃 *Parancistrocerus lamnulus* 雌性头部正面观

图 2-191-1　特片旁沟蜾蠃 *Parancistrocerus lamnulus* 雄性背面观

图 2-191-4　特片旁沟蜾蠃 *Parancistrocerus lamnulus* 雄性腹部第 2 ~ 7 节腹面观

图 2-191-2　特片旁沟蜾蠃 *Parancistrocerus lamnulus* 雄性头部正面观

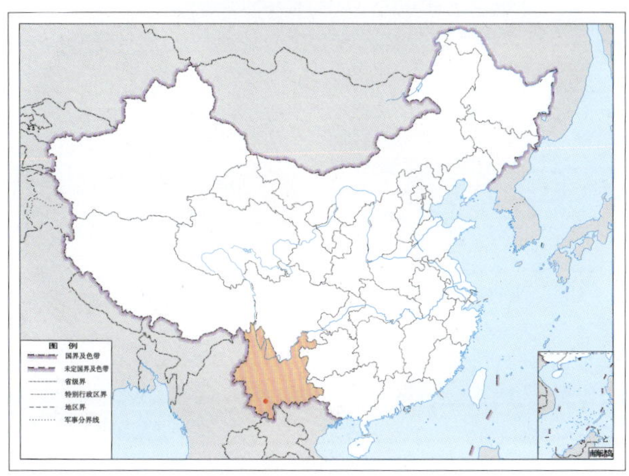

图 2-191-5　特片旁沟蜾蠃 *Parancistrocerus lamnulus* 地理分布图

192. 宽腹旁沟蜾蠃 *Parancistrocerus latitergus* Li *et* Carpenter, 2019

【测量】 雄性体长 8.0 ~ 8.5 mm，前翅长 7.5 ~ 8.0 mm；雌性未知。

【形态特征】 体黑色，具黄色斑，其中唇基纯黄色，前翅缘室端部具淡褐色斑。该种体型及腹部第 2 节背板端部延长，与长触旁沟蜾蠃 *Parancistrocerus irritatus* 近似，但该种雄性触角第 13 节较后者短，向后折回至近第 11 节基部；后头脊完整。前胸背板前斜面光滑且具小而分离的窝穴；后胸背板粗糙，刻点间略呈齿状；并胸腹节具上侧脊且明显。腹部第 1 节背板宽明显大于长，基部横脊完整且发达，端部宽略大于基部宽；第 2 节背板近端缘具 1 排极大的规则刻点，刻点较密且未到达端缘、略凹陷，端缘光滑且明显具弧形延长、具透明薄片，中部更加弧形延长，腹板基部无凹陷、无中纵沟；第 3 节背板及腹板端部均无延长。

【地理分布】 湖南（张家界）、贵州（茂兰）。

图 2–192–1　宽腹旁沟蜾蠃 *Parancistrocerus latitergus* 雄性背面观

图 2–192–2　宽腹旁沟蜾蠃 *Parancistrocerus latitergus* 雄性头部正面观

图 2–192–3　宽腹旁沟蜾蠃 *Parancistrocerus latitergus* 雄性触角

图 2–192–4　宽腹旁沟蜾蠃 *Parancistrocerus latitergus* 雄性腹部第 2 ~ 7 节侧面观

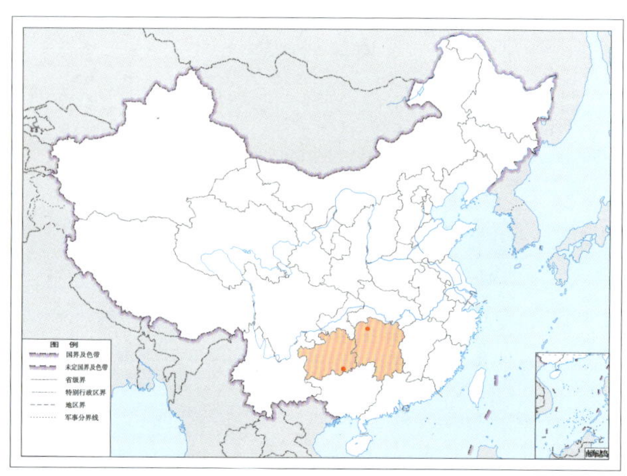

图 2–192–5　宽腹旁沟蜾蠃 *Parancistrocerus latitergus* 地理分布图

193. 长刻旁沟蜾蠃 *Parancistrocerus samarensis* (von Schulthess, 1934)

【测量】雌性体长 7.6 ~ 8.1 mm，前翅长 6.5 ~ 7.5 mm；雄性体长 7.0 ~ 7.5 mm，前翅长 6.4 ~ 7.2 mm。

【形态特征】体黑色，具黄色斑，其中雌性唇基基部具黄色条带，雄性唇基纯黄色，前翅缘室除基部具黑褐色斑。唇基略隆起，密生粗糙刻点，雄性唇基刻点较雌性浅且稀疏；端部明显窄于两触角间距，端缘浅凹陷，两侧盾齿突状。前胸背板前斜面粗糙，具刻点，中间具小且分离的窝穴，窝穴大于周围刻点。腹部第 1 节背板明显宽大于长（约 1.5 倍）、端部与基部几乎等宽；第 2 节背板略隆起，端部无延长，端缘具 1 排更密的刻点且接近端缘，腹板凸起，基部无中纵沟；第 3 节背板及腹板向端部明显弧形延长，延长区域的刻点与周围区域一致。

【地理分布】安徽（池州）、江西（崇义、萍乡）、湖南（张家界）、广西、重庆（酉阳）、四川（峨眉山）、贵州（凯里）；老挝，菲律宾。

图 2-193-1　长刻旁沟蜾蠃 *Parancistrocerus samarensis* 雌性背面观

图 2-193-2　长刻旁沟蜾蠃 *Parancistrocerus samarensis* 雌性头部正面观

图 2-193-3　长刻旁沟蜾蠃 *Parancistrocerus samarensis* 雄性头部正面观

图 2-193-4　长刻旁沟蜾蠃 *Parancistrocerus samarensis* 雌性腹部第 2 ~ 6 节背面观

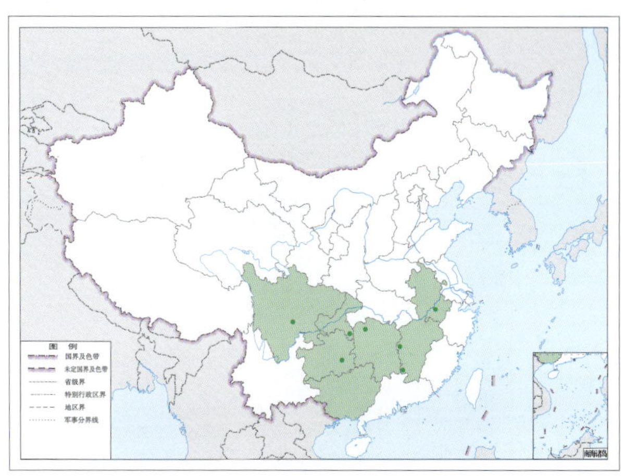

图 2-193-5　长刻旁沟蜾蠃 *Parancistrocerus samarensis* 地理分布图

194. 拟雄旁沟蜾蠃 *Parancistrocerus similiandrocles* Li *et* Carpenter, 2019

【测量】 雌性体长 6.4 ~ 6.8 mm，前翅长 5.8 ~ 6.5 mm；雄性体长 6.0 ~ 6.3 mm，前翅长 5.7 ~ 6.2 mm。

【形态特征】 体黑色，具黄色斑，其中雌性唇基基部及端部分别具 1 对黄色斑，雄性唇基全为黄色。腹部第 1 节背板黄色条带宽弧形，前翅缘室仅端部具小的淡褐色斑。唇基无明显粗糙刻点，具细微小刻点，雌性唇基近中部至端部具侧脊，除基部及两侧外呈铲状，端缘略凹陷，近似平截状；雄性唇基皮革状隆起，端缘凹陷较雌性的深、两侧呈齿状。前胸背板前斜面中部光滑，具小且分离的窝穴；后胸背板具中等密度刻点（刻点间距约等于刻点直径），非锯齿突，具后斜面。腹部第 1 节背板刻点间距等于或略大于刻点直径，背板宽略大于长，基部横脊发达，端部明显宽于基部；第 2 节背板端部无延长、近端缘处刻点明显更密更深且接近端缘（该区域略凹陷），腹板基部凹陷、无中纵沟，刻点明显稀疏；第 3 节背板及腹板端部无延长。

【地理分布】 云南（西双版纳、普洱）。

图 2-194-1　拟雄旁沟蜾蠃 *Parancistrocerus similiandrocles* 雄性背面观

图 2-194-2　拟雄旁沟蜾蠃 *Parancistrocerus similiandrocles* 雌性头部正面观

图 2-194-3　拟雄旁沟蜾蠃 *Parancistrocerus similiandrocles* 雄性头部正面观

图 2-194-4　拟雄旁沟蜾蠃 *Parancistrocerus similiandrocles* 雌性腹部第 2 ~ 6 节腹面观

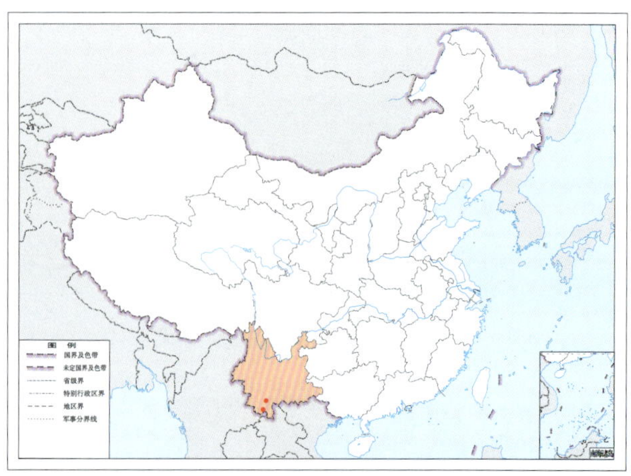

图 2-194-5　拟雄旁沟蜾蠃 *Parancistrocerus similiandrocles* 地理分布图

195. 方形旁沟蜾蠃 *Parancistrocerus sulcatus* Giordani Soika, 1994

【测量】 雌性体长 7.5 mm；雄性体长 5.8 ~ 7.5 mm，前翅长 5.5 ~ 7.2 mm。

【形态特征】 体黑色，具黄色及红棕色斑，唇基基部具黄色条带，前翅黑褐色。雄性唇基散生刻点，刻点间光滑；后头脊完整；雄性触角第 13 节短且细小，向后折回至第 11 节中部。前胸背板前斜面中部光滑，具小且分离的窝穴；后胸背板具锯齿突；并胸腹节上侧脊弱且不清晰。腹部第 1 节宽明显大于长，几乎为长的 2 倍，端部与基部几乎等宽，背板前基部横脊完整；第 2 节背板端部轻微隆起，近端缘密生 1 排大而深的规则刻点，明显呈横沟状且接近端缘；第 2 节腹板基部两侧凸起，中部明显凹陷，凹陷区明显具中纵沟，端缘刻点较背板稀疏；第 3 节背板及腹板端部均无延长。

【地理分布】 重庆（巫溪）；泰国，老挝。

图 2-195-1　方形旁沟蜾蠃 *Parancistrocerus sulcatus* 雄性背面观

图 2-195-2　方形旁沟蜾蠃 *Parancistrocerus sulcatus* 雌性头部正面观

图 2-195-3　方形旁沟蜾蠃 *Parancistrocerus sulcatus* 雄性腹部第 2 ~ 7 节腹面观

图 2-195-4　方形旁沟蜾蠃 *Parancistrocerus sulcatus* 地理分布图

196. 台湾旁沟蜾蠃 *Parancistrocerus yachowensis* Giordani Soika, 1986

【测量】 雌性体长 6.8 ~ 7.2 mm，前翅长 6.1 ~ 6.8 mm；雄性体长 6.3 ~ 6.7 mm，前翅长 6.0 ~ 6.3 mm。

【形态特征】 体黑色，具少量黄色斑，前翅缘室除基部外具褐色斑。雄性唇基刻点大、浅而疏；后头脊完整。前胸脊退化，前斜面中部光滑，具小且分离的窝穴；后胸背板具锯齿突。腹部整体刻点较头、胸部的明显稀疏且浅，第 1 节背板刻点较第 2 节的更稀疏，刻点间光滑，具光泽；第 1 节背板端部略宽于基部，背板基部横脊完整；第 2 节背板端部刻点较密且到达端缘，腹板基部凹陷，中央无纵沟；第 3 节背板中部弧形延长，与长刻旁沟蜾蠃 *Parancistrocerus samarensis* 相似，但该种的延长区域疏生刻点及端缘光滑，腹板中部横形延长，延长区域刻点与周围一致。

【地理分布】 江西（莲花、黎川）、浙江（台州）、湖北（武当山）、重庆（江津）、贵州（松桃、赤水、茂兰）、云南（西双版纳）、广东（连州）、广西（田林、兴安、环江）、台湾；老挝。

图 2-196-1　台湾旁沟蜾蠃 *Parancistrocerus yachowensis* 雌性背面观

图 2-196-2　台湾旁沟蜾蠃 *Parancistrocerus yachowensis* 雌性头部正面观

图 2-196-3　台湾旁沟蜾蠃 *Parancistrocerus yachowensis* 雌性腹部第 2 ~ 6 节背面观

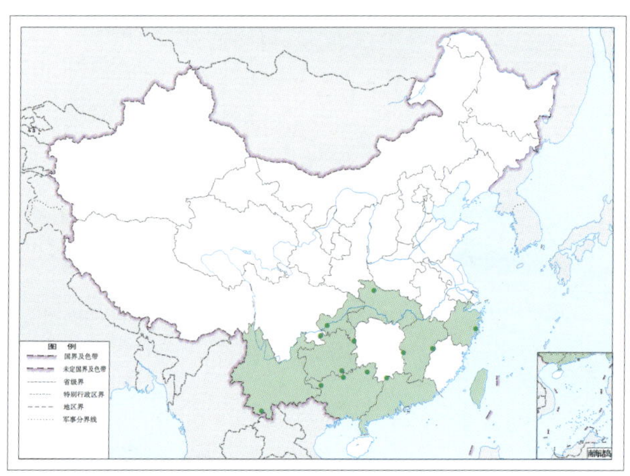

图 2-196-4　台湾旁沟蜾蠃 *Parancistrocerus yachowensis* 地理分布图

图 2-196-5 台湾旁沟蜾蠃 ***Parancistrocerus yachowensis*** 生态图 1（浙江台州 许威 摄）

图 2-196-6 台湾旁沟蜾蠃 ***Parancistrocerus yachowensis*** 生态图 2（浙江台州 许威 摄）

三五、旁喙蜾蠃属 *Pararrhynchium* de Saussure, 1855

【形态特征】 雌性头顶具大窝穴；雌性唇基端缘或多或少微凹。并胸腹节背区与后区之间具发达的围脊，围脊在背区中部具切口，与后胸背板之间具较短的水平区域隔开；翅基片后缘略短于旁翅基片后缘，旁翅基片短，明显小于翅痣的1/2。腹部第1节背板横脊将前斜面与背区水平面分开，前斜面几乎垂直，背板具中纵沟且端部与基部几乎等宽。

【地理分布】 分布于古北区及东洋区，绝大部分主要分布于东南亚。

【分类】 世界已知16种，我国已知11种，本图鉴收录10种。

中国旁喙蜾蠃属 *Pararrhynchium* 分种检索表

1. 并胸腹节背侧区无刻点 …… 2
   并胸腹节背侧区具粗糙刻点 …… 3
2. 并胸腹节水平区和后胸背板等长，并胸腹节背侧区中间无褶皱 …… **光滑旁喙蜾蠃 *Pararrhynchium impunctatum***
   并胸腹节水平区短于后胸背板，并胸腹节背侧区中间部分具细微横皱 …… **斯氏旁喙蜾蠃 *Pararrhynchium smithii***
3. 雌性唇基具扁平区 …… 4
   雌性唇基无扁平区 …… 9
4. 并胸腹节背区与后区间的围脊整体弧形、边缘不弯曲；唇基扁平区域由2条纵脊明显隔开，2条纵脊几乎平行；雄性未知 …… **平脊旁喙蜾蠃 *Pararrhynchium parallelum***
   并胸腹节背区与后区间的围脊或多或少弯曲；唇基扁平区域两侧脊不平行 …… **丽旁喙蜾蠃 *Pararrhynchium ornatum*, 5**
5. 唇基全为红棕色 …… **丽旁喙蜾蠃萨氏亚种 *Pararrhynchium ornatum sauteri***
   唇基基部为黄色 …… 6
6. 翅清晰，淡棕色，无紫色光泽 …… **丽旁喙蜾蠃多斑亚种 *Pararrhynchium ornatum multifasciatum***
   翅深褐色，具紫色光泽 …… 7
7. 腹部第3～6节背板黑色，端部无黄色条带 …… **丽旁喙蜾蠃双斑亚种 *Pararrhynchium ornatum bifasciatulum***
   腹部第3、4节或第3～6节背板端部具黄色条带 …… 8
8. 腹部第1、2节背板几乎全为锈黄色（除第1节前斜面和第2节基部黑色斑外） …… **丽旁喙蜾蠃前旁亚种 *Pararrhynchium ornatum infrenis***
   腹部第1节背板水平区（中间具深U形黑色斑）和第2节端部为橙黄色 …… **丽旁喙蜾蠃指名亚种 *Pararrhynchium ornatum ornatum***
9. 腹部第2节腹板基部凸起；并胸腹节围脊在后胸背板后中央具窄而平行的切口，边缘呈细的密齿状 …… **细齿旁喙蜾蠃 *Pararrhynchium paradoxum***
   腹部第2节腹板基部凹陷；并胸腹节围脊在后胸背板后中央呈V形切口，其边缘非密齿状 …… 10

10. 腹部第 1 节背板基部横脊退化状，仅侧面观可见 …… 11
腹部第 1 节背板基部横脊完整 …… 12
11. 体几乎全为黑色，仅头部具少量黄色斑；翅黑褐色；小盾片及后胸背板中纵沟不明显 …… 斜纹旁喙蜾蠃 ***Pararrhynchium striatum***
体明显具黄棕色斑；翅褐色；小盾片及后胸背板明显具中纵沟 …… 文氏旁喙蜾蠃 ***Pararrhynchium venkataramani***
12. 并胸腹节的围脊顶端弧形、未在后胸背板后形成齿 …… 台湾旁喙蜾蠃 ***Pararrhynchium taiwanum***
并胸腹节的围脊顶端在后胸背板后形成 1 对锋利的齿 …… 13
13. 中胸小盾片和后胸背板具中纵沟 …… 凹旁喙蜾蠃 ***Pararrhynchium foveolatum***
中胸小盾片和后胸背板无中纵沟 …… 14
14. 中胸侧板的侧纵脊弱，几乎退化；并胸腹节水平区略短于后胸背板的 1/2 …… 无胫旁喙蜾蠃 ***Pararrhynchium obsoletum***
中胸侧板的侧纵脊完整，非退化状；并胸腹节水平区长于后胸背板 …… 中华旁喙蜾蠃 ***Pararrhynchium sinense***

图 2-35　丽旁喙蜾蠃前旁亚种 *Pararrhynchium ornatum infrenis* 生态图（北京怀柔　陈尽虫　摄）

197. 凹旁喙蜾蠃 *Pararrhynchium foveolatum* Li *et* Chen, 2018

【测量】 雌性体长粗壮，体长 14.2 ~ 14.5 mm，前翅长 12.5 mm；雄性未知。

【形态特征】 体黑色，具黄色斑，其中唇基纯黄色，腹部第 1、2 节端部具宽的黄色条带，翅明显褐色，几乎不透明。头顶窝穴明显大而凹、密生长的棕色柔毛、窝穴区域外缘超过后单眼外缘且接近复眼内缘；唇基宽大于长（宽约为长的 1.26 倍），密生浅刻点，刻点轮廓不规则，端缘浅弧形凹陷。后胸背板明显具中纵沟，并胸腹节围脊上端明显呈宽的大切口，且顶端在后胸背板后面形成 1 对锋利的齿，脊呈弧形、不明显弯曲。腹部第 1、2 节背板端缘明显具薄片。

【地理分布】 四川（峨眉山）。

图 2-197-1 凹旁喙蜾蠃 *Pararrhynchium foveolatum* 雌性背面观

图 2-197-2 凹旁喙蜾蠃 *Pararrhynchium foveolatum* 雌性头部正面观

图 2-197-3 凹旁喙蜾蠃 *Pararrhynchium foveolatum* 雌性头部背面观

图 2-197-4 凹旁喙蜾蠃 *Pararrhynchium foveolatum* 雌性并胸腹节背面观

图 2-197-5 凹旁喙蜾蠃 *Pararrhynchium foveolatum* 地理分布图

198. 光滑旁喙蜾蠃 *Pararrhynchium impunctatum* Li *et* Chen, 2018

【测量】 雌性体长 9.5 mm，前翅长 8.4 mm；雄性未知。

【形态特征】 体黑色，唇基（除端缘外）全为纯黄色，腹部明显具黄色斑，其中第 1 ~ 4 节背板端部具黄色条带（第 1、2 节条带明显更宽），第 2 节背板中部两侧具侧斑且后缘与端部条带相连，翅黑褐色。唇基密生浅刻点，端缘凹陷宽而浅，宽大于长。并胸腹节背区两侧的中间明显无刻点和皱褶，边缘密生大刻点，围脊呈弧形、边缘非波浪状，顶端不弯曲且切口 V 形，在后胸背板后面未形成齿；小盾片和后胸背板均具 1 条中纵沟。腹部第 2 ~ 4 节背板端缘分别具薄片。

【地理分布】 安徽（黄山）。

图 2-198-1 光滑旁喙蜾蠃 *Pararrhynchium impunctatum* 雌性背面观

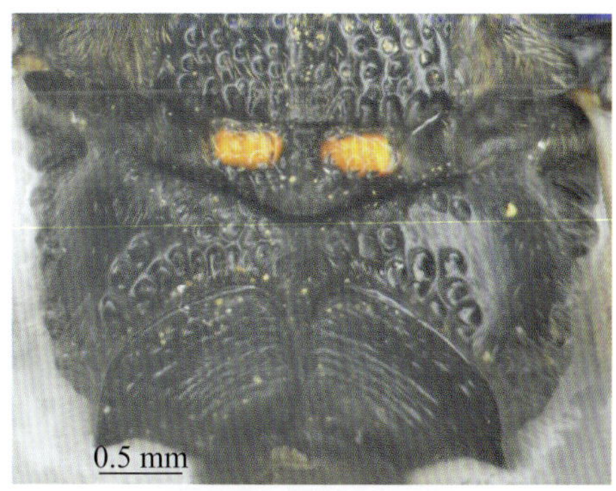

图 2-198-3 光滑旁喙蜾蠃 *Pararrhynchium impunctatum* 雌性并胸腹节背面观

图 2-198-2 光滑旁喙蜾蠃 *Pararrhynchium impunctatum* 雌性头部正面观

图 2-198-4 光滑旁喙蜾蠃 *Pararrhynchium impunctatum* 地理分布图

199. 无胫旁喙蜾蠃 *Pararrhynchium obsoletum* Li *et* Chen, 2018

【测量】 雌性体长 8.9 ~ 10.8 mm，前翅长 8.1 ~ 9.4 mm；雄性未知。

【形态特征】 体黑色，具棕色斑，唇基基部具 1 对几乎相连的棕红色大斑（有时端部具 1 对小斑），翅棕褐色，腹部第 1 ~ 4 节背板或第 1 ~ 3 节背板端部分别具 1 条黄棕色条带。头顶窝穴无浓毛，窝穴区外缘略超过后单眼外缘；唇基密生刻点，两侧具不明显侧脊，端缘中部浅弧形凹陷，两侧齿突不明显。小盾片和后胸背板均无中纵沟；中胸侧板侧纵脊弱，几乎退化；并胸腹节水平区略短于后胸背板的 1/2，围脊非完整弧形、围脊边缘明显多处弯曲、中部切口宽、大 V 形。腹部第 2、3 节背板端缘分别具薄片。

【地理分布】 云南（维西、兰坪）。

图 2-199-1 无胫旁喙蜾蠃 *Pararrhynchium obsoletum* 雌性背面观

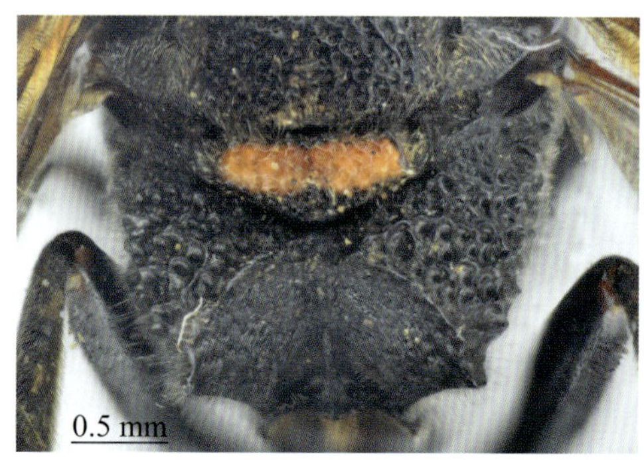

图 2-199-3 无胫旁喙蜾蠃 *Pararrhynchium obsoletum* 雌性并胸腹节背面观

图 2-199-2 无胫旁喙蜾蠃 *Pararrhynchium obsoletum* 雌性头部正面观

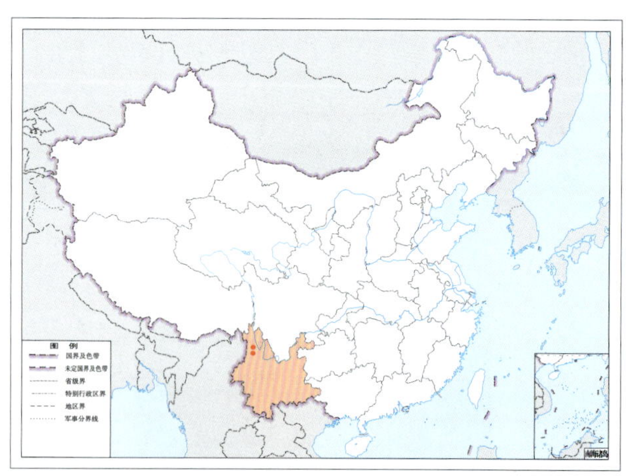

图 2-199-4 无胫旁喙蜾蠃 *Pararrhynchium obsoletum* 地理分布图

200. 丽旁喙蜾蠃 *Pararrhynchium ornatum* (Smith, 1852)

【测量】雌性体长 10.5 ~ 12.0 mm，前翅长 9.3 ~ 10.5 mm；雄性体长 9.3 ~ 10.7 mm。

【形态特征】唇基长略大于宽，疏生细浅刻点，两侧脊退化，中间平坦区域界限不清；触角间的脊钝；头顶窝穴非常小，位于略微隆起部分的浅凹陷中，被浓密的短柔毛；后头脊未强烈弯曲，以至于颊区逐渐向上颚基部缩小。中胸小盾片及后胸背板均具中纵沟；并胸腹节背侧区具粗糙刻点，背区与后区之间的围脊流线型且呈大弧度，围脊边缘无小弯曲。

该种世界已知 5 亚种，我国已知 5 亚种，本图鉴收录 2 亚种。

① 丽旁喙蜾蠃指名亚种 *Pararrhynchium ornatum ornatum* (Smith, 1852)

【地理分布】浙江、江西（赣州）、福建（武夷山）、重庆（城口）、四川、贵州。

图 2-200-1-a　丽旁喙蜾蠃指名亚种 *Pararrhynchium ornatum ornatum* 雌性背面观

图 2-200-1-b　丽旁喙蜾蠃指名亚种 *Pararrhynchium ornatum ornatum* 雌性头部正面观

图 2-200-1-c　丽旁喙蜾蠃指名亚种 *Pararrhynchium ornatum ornatum* 雌性并胸腹节背面观

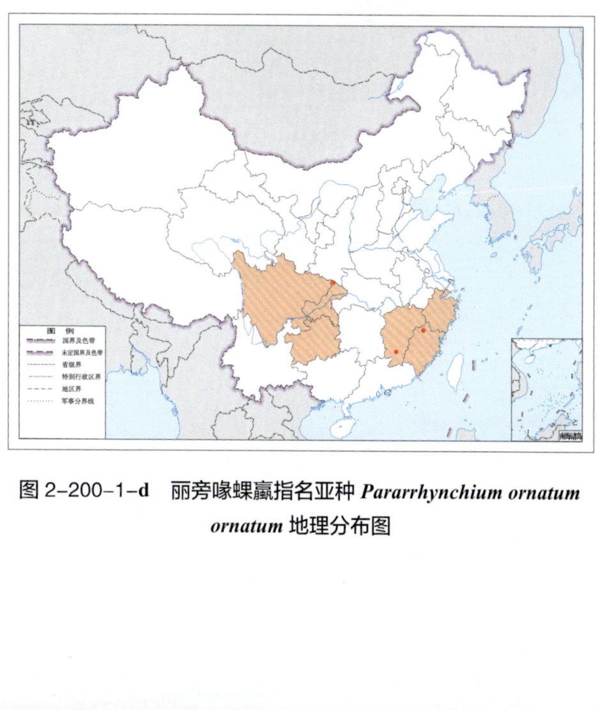

图 2-200-1-d　丽旁喙蜾蠃指名亚种 *Pararrhynchium ornatum ornatum* 地理分布图

② 丽旁喙蜾蠃前旁亚种 ***Pararrhynchium ornatum infrenis* Giordani Soika, 1973**

【形态特征】 该亚种与丽旁喙蜾蠃指名亚种 *Pararrhynchium ornatum ornatum* 区别在于：腹部第 1、2 节背板几乎全为锈黄色（除第 1 节前斜面及第 2 节基部黑色斑外）。

【地理分布】 北京（怀柔）、安徽（六安）、河北。

图 2-200-2-a 丽旁喙蜾蠃前旁亚种 ***Pararrhynchium ornatum infrenis*** 雄性背面观

图 2-200-2-c 丽旁喙蜾蠃前旁亚种 ***Pararrhynchium ornatum infrenis*** 雄性头部正面观

图 2-200-2-b 丽旁喙蜾蠃前旁亚种 ***Pararrhynchium ornatum infrenis*** 雌性头部正面观

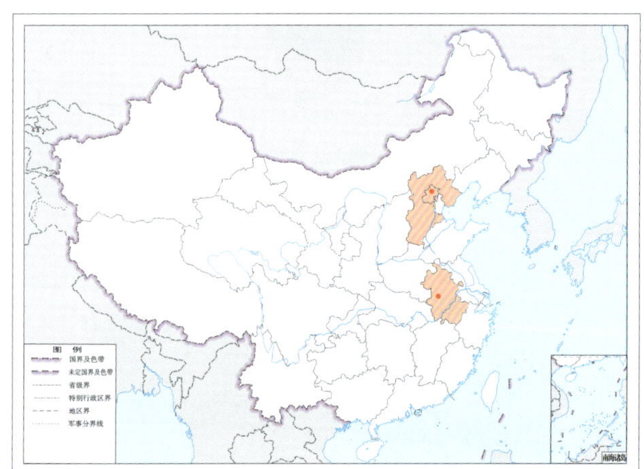

图 2-200-2-d 丽旁喙蜾蠃前旁亚种 ***Pararrhynchium ornatum infrenis*** 地理分布图

201. 细齿旁喙蜾蠃 *Pararrhynchium paradoxum* (Gussakovskij, 1932)

【测量】 雌性体长 11.5 ~ 13.0 mm；雄性体长 10.5 ~ 11.0 mm。

【形态特征】 体黑色，具黄色斑，雌性唇基基部黄色，翅淡褐色；唇基略微凸起，无平坦区域，宽与长约相等，具粗糙密集刻点，端缘适度微凹，两侧齿间距等于触角间距，齿尖锐；颊区密生刻点，但不呈网状。中胸小盾片及后胸背板无中纵沟；并胸腹节背、侧区具粗糙刻点，呈网状，围脊上端中间具窄而平行的切口，围脊边缘呈细密齿状；腹部第 2 节腹板基部凸起。

【地理分布】 辽宁（辽阳）、河南（信阳）、四川；俄罗斯（西伯利亚），韩国，老挝。

图 2-201-1 细齿旁喙蜾蠃 *Pararrhynchium paradoxum* 雄性背面观

图 2-201-3 细齿旁喙蜾蠃 *Pararrhynchium paradoxum* 雄性后胸背板及并胸腹节背面观

图 2-201-2 细齿旁喙蜾蠃 *Pararrhynchium paradoxum* 雌性头部正面观

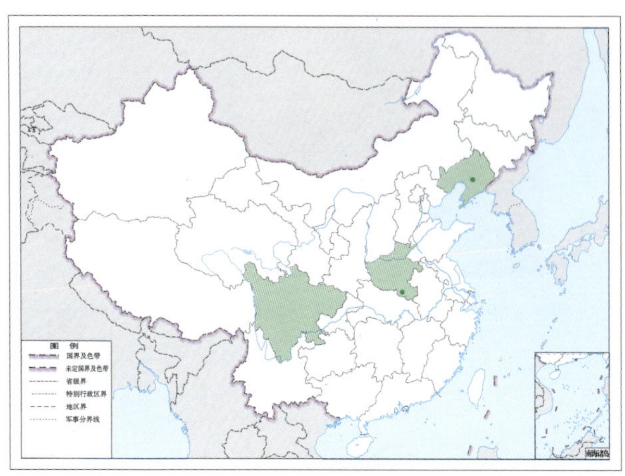

图 2-201-4 细齿旁喙蜾蠃 *Pararrhynchium paradoxum* 地理分布图

202. 平脊旁喙蜾蠃 *Pararrhynchium parallelum* Li *et* Chen, 2018

【测量】 雌性体长 12.2 mm，前翅长 7.7 mm；雄性未知。

【形态特征】 体黑色，唇基基部黄色，前胸背板前缘中部两侧及腹部第 1、2 节背板端部分别具黄色条带；翅黑褐色、具紫色光泽、仅略透明。唇基除两侧外扁平、呈铲状，从基部延长至端部，长大于宽，扁平区域的两侧纵脊几乎平行。并胸腹节的水平区几乎与后胸背板等长，围脊圆弧形，边缘无波浪弯曲，中部切口宽、呈大 V 形，在后胸背板后未呈尖齿突。腹部第 1、2 节背板端缘具薄片，第 3 节背板端缘无薄片。

【地理分布】 广西（兴安）。

图 2-202-1　平脊旁喙蜾蠃 *Pararrhynchium parallelum* 雌性背面观

图 2-202-2　平脊旁喙蜾蠃 *Pararrhynchium parallelum* 雌性头部正面观

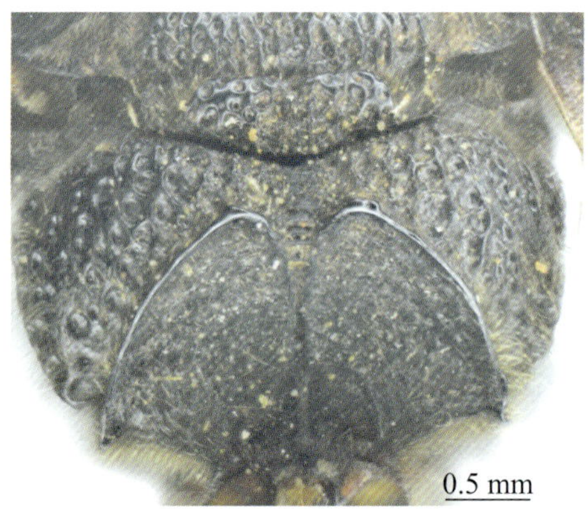

图 2-202-3　平脊旁喙蜾蠃 *Pararrhynchium parallelum* 雌性并胸腹节背面观

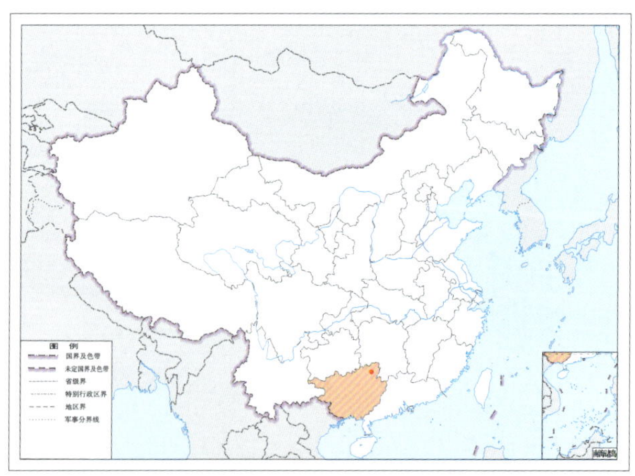

图 2-202-4　平脊旁喙蜾蠃 *Pararrhynchium parallelum* 地理分布图

203. 中华旁喙蜾蠃 *Pararrhynchium sinense* (von Schulthess, 1913)

【测量】 雌性体长 9.7 ~ 11.5 mm，前翅长 9.0 ~ 10.3 mm；雄性体长 8.4 ~ 9.5 mm，前翅长 8.0 ~ 8.6 mm。

【形态特征】 体黑色，具黄棕色斑；唇基（除雌性中部有黑色斑外）全为黄色，雌性唇基无扁平部位，唇基宽大于长。中胸侧板的侧纵脊明显；中胸小盾片和后胸背板均无中纵沟；并胸腹节背侧区具粗糙刻点，围脊明显不规则弯曲及顶部中间呈 V 形切口，且在后胸背板后形成 1 对锋利的齿，背区中部水平区长于后胸背板。腹部第 1 节背板基部具完整横脊，第 2 节腹板基部凹陷，第 1、2 节背板端缘具薄片。

【地理分布】 福建、广东、四川（峨眉山）；老挝。

图 2-203-1　中华旁喙蜾蠃 *Pararrhynchium sinense* 雌性背面观

图 2-203-3　中华旁喙蜾蠃 *Pararrhynchium sinense* 雌性并胸腹节背面观

图 2-203-2　中华旁喙蜾蠃 *Pararrhynchium sinense* 雌性头部正面观

图 2-203-4　中华旁喙蜾蠃 *Pararrhynchium sinense* 地理分布图

204. 斜纹旁喙蜾蠃 *Pararrhynchium striatum* Nguyen, 2015

【测量】 雌性体长 9.5 ~ 13.5 mm，前翅长 11.0 ~ 13.5 mm；雄性体长 9.5 mm，前翅长 7.0 ~ 10.0 mm。

【形态特征】 除唇基及额区小斑（雌性仅端部具黄色斑、雄性唇基纯黄色）、触角柄节腹面外，体全为黑色。翅为黑褐色且具紫色光泽、略透明。前胸背板前基部沿着前胸脊密生小刻点；并胸腹节水平区与后胸背板等长，围脊边缘略弯曲，顶部中间呈V形切口，在后胸背板后未明显呈齿状；并胸腹节后区具斜皱，围脊上半部与几条横皱连接。腹部第 1 节背板基部横脊不发达，横脊仅外侧可见；第 1、2 节端缘具薄片且黑色。

【地理分布】 广西（阳朔、龙胜、环江、金秀）、贵州（茂兰、湄潭）；越南。

图 2-204-1 斜纹旁喙蜾蠃 *Pararrhynchium striatum* 雌性背面观

图 2-204-3 斜纹旁喙蜾蠃 *Pararrhynchium striatum* 雌性中胸小盾片至并胸腹节背面观

图 2-204-2 斜纹旁喙蜾蠃 *Pararrhynchium striatum* 雌性头部正面观

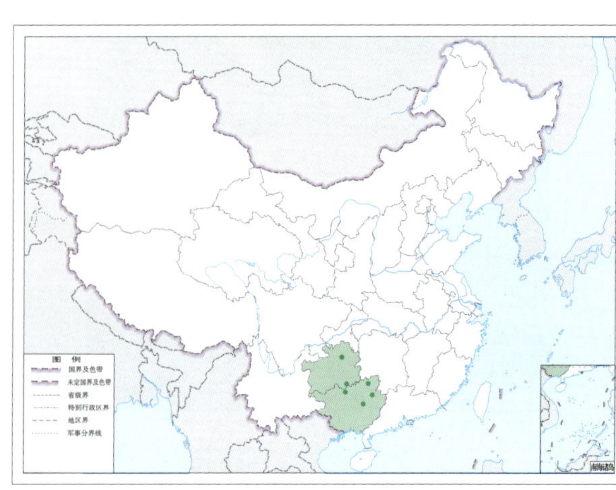

图 2-204-4 斜纹旁喙蜾蠃 *Pararrhynchium striatum* 地理分布图

205. 台湾旁喙蜾蠃 *Pararrhynchium taiwanum* Kim *et* Yamane, 2007

【测量】 雌性体长 10.0 mm；雄性未知。

【形态特征】 体黑色，具大量黄色斑，唇基基部、前胸背板、翅基片、中胸小盾片、后胸背板、并胸腹节背区、腹部第 1 节（除前斜面外）、第 2 节背板端部宽条带明显为黄色。雌性唇基无扁平部位。小盾片具浅中纵沟，后胸背板无中纵沟，并胸腹节背侧区具粗糙刻点，围脊边缘波浪状弯曲，上端中间呈 V 形切口，在后胸背板后面未形成齿突。腹部第 1 节背板具完整的脊，第 1 节背板窄长，端部几乎等宽于基部；第 2 节腹板基部略凹陷，第 2、3 节背板端缘分别具 1 个透明薄片且略向上反翘。

【地理分布】 台湾。

图 2-205-2　台湾旁喙蜾蠃 *Pararrhynchium taiwanum* 雌性头部正面观

图 2-205-3　台湾旁喙蜾蠃 *Pararrhynchium taiwanum* 雌性并胸腹节背面观

图 2-205-1　台湾旁喙蜾蠃 *Pararrhynchium taiwanum* 雌性背面观（拍摄于美国自然历史博物馆）

图 2-205-4　台湾旁喙蜾蠃 *Pararrhynchium taiwanum* 地理分布图

206. 文氏旁喙蜾蠃 *Pararrhynchium venkataramani* Girish Kumar *et* Carpenter, 2017

【测量】 雌性体长 9.0～10.0 mm，前翅长 9.5 mm；雄性体长 8.5～9.1 mm，前翅长 8.3～8.8 mm。

【形态特征】 体黑色，具黄棕色斑，其中雌性唇基基部及端部分别具 1 对斑，雄性唇基、前胸背板前缘中部、后胸背板两侧小斑以及腹部第 1、2 节背板端缘窄条带为黄棕色；翅为褐色。唇基粗糙、密生刻点，端缘中间弧形凹陷（雄性凹陷明显较深、U 形），两侧呈短齿状；并胸腹节背区水平区与后胸背板几乎等长；并胸腹节围脊边缘弯曲，呈波浪状，背区中部水平区长于后胸背板；中胸小盾片和后胸背板均具中纵沟。腹部第 1 节背板基部横脊退化状，仅侧面观看见，第 1、2 节背板分别具薄片。

【地理分布】 西藏（墨脱）；印度。

图 2-206-1 文氏旁喙蜾蠃 *Pararrhynchium venkataramani* 雌性背面观

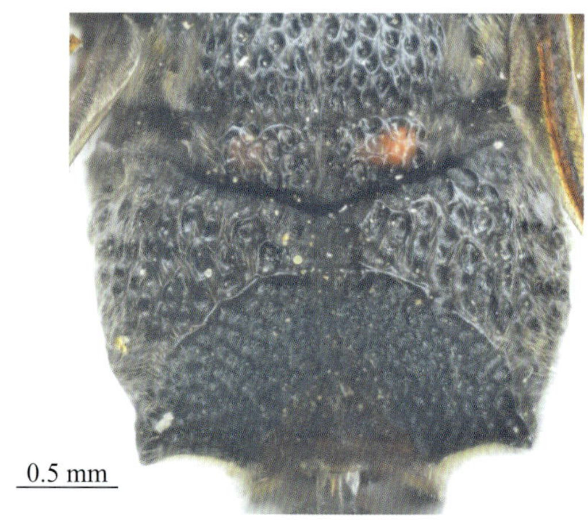

图 2-206-3 文氏旁喙蜾蠃 *Pararrhynchium venkataramani* 雌性并胸腹节背面观

图 2-206-2 文氏旁喙蜾蠃 *Pararrhynchium venkataramani* 雌性头部正面观

图 2-206-4 文氏旁喙蜾蠃 *Pararrhynchium venkataramani* 地理分布图

三六、秀蜾蠃属 *Pareumenes* de Saussure, 1855

【形态特征】 唇基长与宽几乎相等，端缘中部凹陷；雌性头顶具凹穴，单眼区后无隆起。胸部长明显大于宽；前胸背板前斜面光滑；中胸盾片基半部具前盾纵沟；中胸侧板的侧纵脊退化状；前翅的前翅痣长于翅痣，1M 脉与 2M 脉呈平角；并胸腹节具并胸腹节沟，端部外侧常具齿状突。腹部第 1 节柄状，自基部向端部逐渐变宽，第 1 节腹板具横皱；后足胫节具稀疏短刺。

【地理分布】 主要分布于东洋区、古北区及非洲区。

【分类】 该属世界已知 4 亚属 18 种，我国已知 2 亚属 4 种，本图鉴收录 1 亚属 2 种。

中国秀蜾蠃属 *Pareumenes* 分种检索表

1. 腹部第 1 节背板基部具横脊 ………… **台湾秀蜾蠃 *Pareumenes* (*Nortonia*) *taiwanus***
   腹部第 1 节背板基部无横脊 ………… 2
2. 并胸腹节后侧区端缘外侧钝，不呈齿状 ………… 3
   并胸腹节后侧区端缘外侧呈齿状 ………… **四秀蜾蠃 *Pareumenes* (*Pareumenes*) *quadrispinosus*, 4**
3. 胸部仅前胸背板前缘窄条带为黄色；腹部第 1 节腹板端部具完整的横皱，第 3 节背板端部正常 ………… **中华秀蜾蠃 *Pareumenes* (*Pareumenes*) *chinensis***
   胸部具大量黄色斑；腹部第 1 节腹板端部横皱仅存在于中间，第 3 节背板端部扩展且反翘 ………… **钝刺秀蜾蠃 *Pareumenes* (*Pareumenes*) *obtusus***
4. 后胸侧板具横皱；腹部第 2 节背板端部具宽的连续色斑 ………… **四秀蜾蠃指名亚种 *Pareumenes* (*Pareumenes*) *quadrispinosus quadrispinosus***
   后胸侧板几乎无褶皱；腹部第 2 节背板端半部色斑中断或中间深凹 ………… 5
5. 腹部第 1 节腹板基部光滑部分稍小于整个腹板的 1/5 ………… **四秀蜾蠃连秀亚种 *Pareumenes* (*Pareumenes*) *quadrispinosus conjunctus***
   腹部第 1 节腹板基部光滑部分约占整个腹板长的 1/4 ………… 6
6. 腹面观，腹部第 1 节腹板基半部窄 ………… **四秀蜾蠃间秀亚种 *Pareumenes* (*Pareumenes*) *quadrispinosus interruptus***
   腹面观，腹部第 1 节腹板基半部明显较上述宽 ………… 7
7. 腹部第 1 节腹板端部横皱间明显夹杂刻点 ………… **四秀蜾蠃倾秀亚种 *Pareumenes* (*Pareumenes*) *quadrispinosus transitorus***
   腹部第 1 节腹板端部刻点不明显或弱 ………… **四秀蜾蠃棘秀亚种 *Pareumenes* (*Pareumenes*) *quadrispinosus acutus***

207. 中华秀蜾蠃 *Pareumenes* (*Pareumenes*) *chinensis* Liu, 1941

【测量】 雌性体长 22.5 ~ 23.1 mm，前翅长 20.2 ~ 20.8 mm；雄性体长 20.5 ~ 22.0 mm，前翅长 18.6 ~ 19.5 mm。

【形态特征】 体黑色，具黄色斑，其中头部仅唇基、触角间的斑及复眼凹陷内缘的小斑为黄色，胸部仅前胸背板前缘窄条带为黄色，腹部第 1 节背板端部具 1 对黄色斑，第 2 节背板端部具完整的宽条带，第 3 节背板端部仅中部具黄色斑。唇基基部不凹陷，端部窄，端缘中部浅弧形凹陷，端部宽约为唇基宽的 1/5，刻点自基部向端部变稀，两侧刻点似基部。并胸腹节后侧区端缘外侧钝、不呈齿状。腹部第 1 节背板基部无横脊，腹板端部具宽的完整横皱，第 3 节背板端部正常。

【地理分布】 广西（兴安）、四川。

图 2-207-1　中华秀蜾蠃 *Pareumenes* (*Pareumenes*) *chinensis* 雌性背面观

图 2-207-2　中华秀蜾蠃 *Pareumenes* (*Pareumenes*) *chinensis* 雌性头部正面观

图 2-207-3　中华秀蜾蠃 *Pareumenes* (*Pareumenes*) *chinensis* 雌性腹部第 1 节腹面观

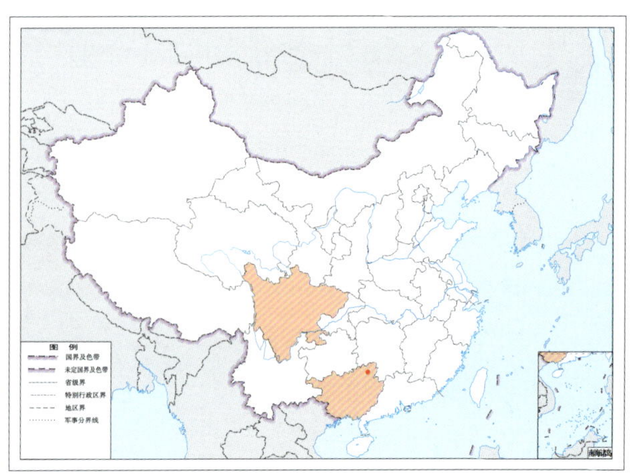

图 2-207-4　中华秀蜾蠃 *Pareumenes* (*Pareumenes*) *chinensis* 地理分布图

208. 四秀蜾蠃 *Pareumenes* (*Pareumenes*) *quadrispinosus* (de Saussure, 1855)

【测量】 雌性体长 20.4 ~ 21.5 mm，前翅长 18.1 ~ 18.8 mm；雄性体长 15.2 ~ 16.2 mm，前翅长 12.1 ~ 13.2 mm。

【形态特征】 体黑色，具大量黄色斑。唇基长大于宽，基部不凹陷，端部凹陷，端缘中部及中部刻点较基部及两侧稀疏且稍大；并胸腹节后侧区端缘外侧呈齿状。腹部第 1 节背板基部无横脊，第 1 节腹板端部横皱未到达两侧，仅存在于中部且仅端缘光滑，横皱细密、轮廓不清晰；雄性触角第 13 节向后折回至第 11 节基部。

本种世界已知 7 亚种，我国有 4 个亚种，本图鉴收录 3 亚种。

图 2-208-1-a 四秀蜾蠃棘秀亚种 *Pareumenes* (*Pareumenes*) *quadrispinosus acutus* 雌性背面观

图 2-208-1-b 四秀蜾蠃棘秀亚种 *Pareumenes* (*Pareumenes*) *quadrispinosus acutus* 雌性头部正面观

①四秀蜾蠃棘秀亚种 *Pareumenes* (*Pareumenes*) *quadrispinosus acutus* Liu, 1941

【形态特征】 腹部第 1 节腹板基半部明显较间秀亚种 *Pareumenes* (*Pareumenes*) *quadrispinosus interruptus* 宽，且光滑部分约占整个腹板长的 1/4，端半部刻点不明显或弱。

【地理分布】 江西（赣州）、浙江（金华、绍兴）。

图 2-208-1-c 四秀蜾蠃棘秀亚种 *Pareumenes* (*Pareumenes*) *quadrispinosus acutus* 雌性胸部侧面观

图 2-208-1-d 四秀蜾蠃棘秀亚种 *Pareumenes* (*Pareumenes*) *quadrispinosus acutus* 雌性腹部第 1 节腹面观

图 2-208-1-e 四秀蜾蠃棘秀亚种 *Pareumenes* (*Pareumenes*) *quadrispinosus acutus* 地理分布图

②四秀蜾蠃间秀亚种 ***Pareumenes* (*Pareumenes*) *quadrispinosus interruptus* Liu, 1941**

【形态特征】 腹部第 1 节腹板基部光滑部分约占整个腹板长的 1/4，基半部窄。

【地理分布】 广西（百色、桂林）、云南（普洱、西双版纳、临沧）。

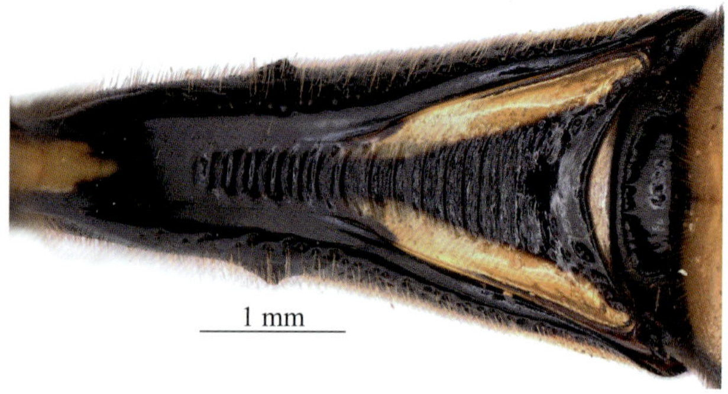

图 2–208–2–b　四秀蜾蠃间秀亚种 *Pareumenes* (*Pareumenes*) *quadrispinosus interruptus* 雌性腹部第 1 节腹面观

图 2–208–2–a　四秀蜾蠃间秀亚种 *Pareumenes* (*Pareumenes*) *quadrispinosus interruptus* 雌性背面观

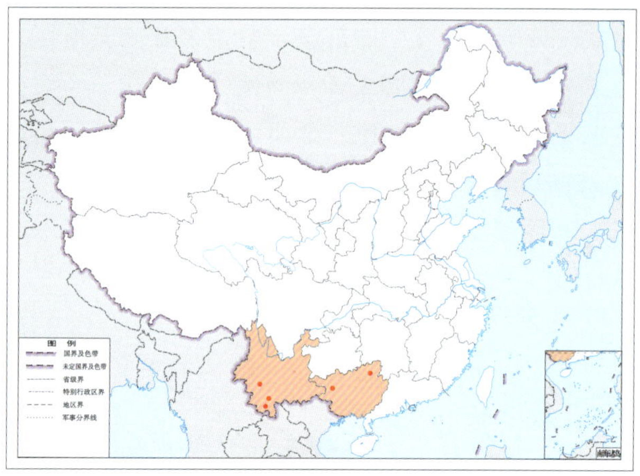

图 2–208–2–c　四秀蜾蠃间秀亚种 *Pareumenes* (*Pareumenes*) *quadrispinosus interruptus* 地理分布图

③四秀蜾蠃倾秀亚种 ***Pareumenes* (*Pareumenes*) *quadrispinosus transitorus* Liu, 1941**

【形态特征】 胸部斑较少。腹部第 1 节腹板基半部宽且光滑部分约占整个腹板长的 1/4，端半部横皱明显夹杂刻点。

【地理分布】 湖南（张家界）、浙江（昌化）、广西（桂林）、福建（连城）。

图 2–208–3–a　四秀蜾蠃倾秀亚种 *Pareumenes* (*Pareumenes*) *quadrispinosus transitorus* 雄性背面观

图 2-208-3-b 四秀蜾蠃倾秀亚种 *Pareumenes* (*Pareumenes*) *quadrispinosus transitorus* 雌性腹部第 1 节腹面观

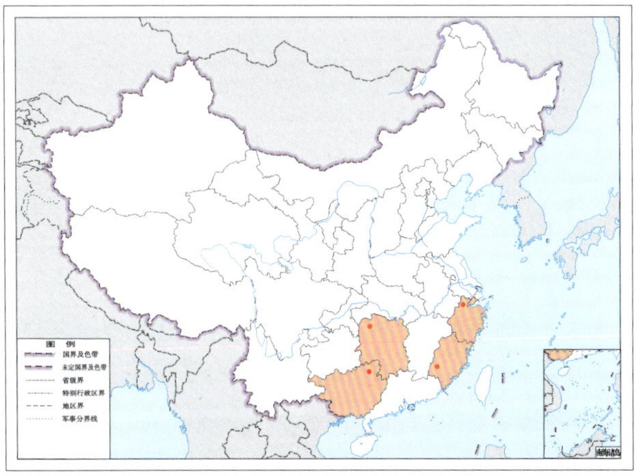

图 2-208-3-c 四秀蜾蠃倾秀亚种 *Pareumenes* (*Pareumenes*) *quadrispinosus transitorus* 地理分布图

三七、等齿蜾蠃属 *Parodontodynerus* Blüthgen, 1938

【形态特征】 唇基刻点间呈纵沟壑状。前胸背板无翅基片前脊；后胸背板两侧薄片形成尖的直齿突，该齿突与后胸背板上边缘等高；后足基节基部外侧具 1 个齿突；雄性触角第 13 节大且长，顶端宽扁状，向后折回至第 9 节。腹部第 1 节背板的前斜面与背区之间无横脊分界且呈圆弧形；腹部至少前 3 节背板具黄色或橙色条带。

【地理分布】 分布于古北区。

【分类】 世界已知 6 种，我国已知 2 种，本图鉴收录 2 种。

中国等齿蜾蠃属 *Parodontodynerus* 分种检索表

1. 后胸侧板中部无横皱；腹部第 2 节腹板基部中纵沟的长度约为该腹板长度的 2/3；腹部第 1、2 节背板主要为黑色，端部具宽的黄色条带和侧斑 ········ **毛等齿蜾蠃达斑亚种** ***Parodontodynerus ephippium dalanicus***

   后胸侧板中部密生横皱；腹部第 2 节腹板基部中纵沟的长度小于该腹板长度的 1/2；腹部第 1、2 节背板绝大部分为黄棕色 ·· **赞等齿蜾蠃** ***Parodontodynerus laudatus***

209. 毛等齿蜾蠃达斑亚种 *Parodontodynerus ephippium dalanicus* Kurzenko, 1976

【测量】 雌性体长 9.0 mm；雄性体长 9.5 ~ 10.0 mm，前翅长 8.0 mm。

【形态特征】 体黑色，具大面积淡黄色斑，其中腹部第 1、2 节背板黑色，端部具宽的黄色条带和侧斑。唇基长大于宽，中间微凸，具明显刻点，端缘中间呈 V 形凹陷，两侧呈短尖齿状。后胸侧板中部无横皱；并胸腹节背区密生粗糙刻点，呈网状，后区具横皱，背区与侧区之间具锯齿状边界。腹部第 1 节背板宽大于长，背面观略呈半圆形，密生粗糙刻点，近端缘处具 1 排深刻点而略呈横沟，以至于端缘略反翘；第 2 节背板刻点与第 1 节背板类似，但近端缘区域的刻点明显更密，端缘反翘更明显，腹板基部中纵沟的长度约为该腹板长度的 2/3。

【地理分布】 新疆（富蕴、阜康）；哈萨克斯坦。

图 2-209-1　毛等齿蜾蠃达斑亚种 *Parodontodynerus ephippium dalanicus* 雄性背面观

图 2-209-2　毛等齿蜾蠃达斑亚种 *Parodontodynerus ephippium dalanicus* 雄性头部正面观

图 2-209-3　毛等齿蜾蠃达斑亚种 *Parodontodynerus ephippium dalanicus* 雄性胸部侧面观

图 2-209-4　毛等齿蜾蠃达斑亚种 *Parodontodynerus ephippium dalanicus* 地理分布图

210. 赞等齿蜾蠃 *Parodontodynerus laudatus* (Kostylev, 1940)

【测量】 雌性体长 9.0 ~ 9.5 mm，前翅长 8.0 ~ 8.5 mm；雄性体长 9.0 ~ 10.0 mm，前翅长 7.5 ~ 8.0 mm。

【形态特征】 体底色为黑色，大面积黄棕色，其中唇基、额区中部、复眼凹陷及下侧、前胸背板、中胸小盾片及侧板上侧、后胸背板、并胸腹节，腹部第 1、2 节以及足绝大部分为黄棕色。唇基长略等于宽，中部微凸起，端缘中部略呈 V 形凹陷（雄性凹陷较雌性深），两侧呈尖齿状；后胸侧板中部密生横皱；翅基片疏生细小的浅刻点；小盾片微凸起，具浅中纵沟。腹部第 1 节背板宽大于长，背面观略呈半圆形，密生粗糙刻点，端缘具窄的、不明显薄片，两侧薄片翘起较明显；腹部第 2 节腹板基部中纵沟的长度小于该腹板长度的 1/2；第 2 节背板刻点与第 1 节背板类似，端部区域刻点明显更密且接近端缘，近端缘处具 2 或 3 排深刻点而该区域略凹陷、端缘略反翘。

【地理分布】 内蒙古（乌拉特前旗）、山西（忻州）、宁夏（银川、石嘴山）、甘肃（张掖）；蒙古。

图 2-210-1　赞等齿蜾蠃 *Parodontodynerus laudatus* 雌性背面观

图 2-210-3　赞等齿蜾蠃 *Parodontodynerus laudatus* 雄性胸部侧面观

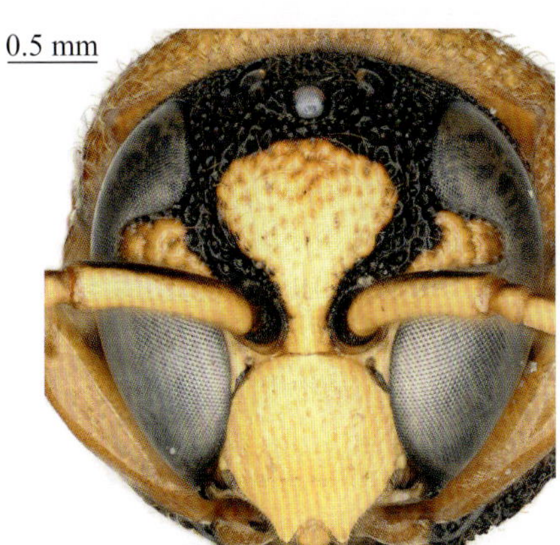

图 2-210-2　赞等齿蜾蠃 *Parodontodynerus laudatus* 雄性头部正面观

图 2-210-4　赞等齿蜾蠃 *Parodontodynerus laudatus* 地理分布图

三八、拟蜾蠃属 *Pseudepipona* de Saussure, 1856

【形态特征】 体黑色，常具大面积黄色、棕红色或白色等斑，甚至少数种类体几乎全呈棕红色或黄色；并胸腹节背区与后区之间具凸起的横脊。拟蜾蠃指名亚属 *Pseudepipona* 并胸腹节背区与侧区之间的侧脊具齿状突，雄性上颚具 3 枚齿，在第 1、2 枚齿之间深凹陷；副拟蜾蠃亚属 *Deuterepipona* 并胸腹节背区与侧区之间的侧脊无齿状突，雄性上颚齿间无深凹陷。

【地理分布】 主要分布于古北区。

【分类】 世界已知 2 亚属 43 种，我国已知 1 亚属 7 种，本图鉴收录 1 亚属 7 种。

中国拟蜾蠃属 *Pseudepipona* 分种检索表

1\. 并胸腹节背区与侧区之间的侧脊齿突不明显 ………………… **名拟蜾蠃 *Pseudepipona* (*Pseudepipona*) *augusta***

并胸腹节背区与侧区之间的侧脊具明显齿突 ……………………………………………………………… **2**

2\. 腹部第 1 节背板前基部两侧具凸出的短纵脊 ……………………………………………………………… **3**

腹部第 1 节背板前基部两侧无凸出纵脊 ………………………………………………………………… **4**

3\. 唇基宽大于长；中胸盾片基部具 1 对弯曲的、顿号状的黄色侧斑 …………………………………………………… **科氏拟蜾蠃 *Pseudepipona* (*Pseudepipona*) *kozhevnikovi***

唇基宽等于长；中胸盾片完全黑色 ………………… **李氏拟蜾蠃 *Pseudepipona* (*Pseudepipona*) *tingjingliae***

4\. 体淡黄色；中胸盾片具大的 M 形黄色斑，疏生浅刻点，刻点间光滑 …………………………………………………… **稿秆拟蜾蠃 *Pseudepipona* (*Pseudepipona*) *straminea***

体黑色，具大面积色斑；中胸盾片黑色，密生粗糙刻点，刻点间无光泽 ……………………………… **5**

5\. 体绝大部分为黑色；腹部仅第 1 节背板两侧具棕色大斑（偶有 2 个斑相连接） …………………………………………………… **赤足拟蜾蠃 *Pseudepipona* (*Pseudepipona*) *herrichii***

体绝大部分为棕红色；腹部第 1、2 节几乎完全为棕红色，仅第 2 节背板基部具 1 个黑色斑 …………… **6**

6\. 前胸脊中部具 2 个片状齿突；腹部第 2 节背板疏生浅刻点 …………………………………………………… **普氏拟蜾蠃 *Pseudepipona* (*Pseudepipona*) *przewalskyi***

前胸脊中部无齿状突；腹部第 2 节背板明显密生粗糙刻点 …………………………………………………… **双糙拟蜾蠃 *Pseudepipona* (*Pseudepipona*) *punctulata***

211. 名拟蜾蠃 *Pseudepipona* (*Pseudepipona*) *augusta* (Morawitz, 1867)

【测量】 雌性体长 7.8 ~ 8.3 mm，前翅长 7.4 ~ 8.0 mm；雄性体长 5.5 ~ 7.0 mm，前翅长 5.7 ~ 6.5 mm。

【形态特征】 体黑色，大部分为棕红色，腹部第 1 ~ 4 节背板端部具白色条带，其中第 1 节背板的条带明显更窄，雌性唇基、前胸背板、翅基片、旁翅基片、中胸小盾片、后胸背板、并胸腹节、足及腹部第 1 节几乎全为棕红色；雄性唇基黄白色。雄性唇基宽大于长，雌性唇基端缘平截状；雄性触角第 13 节短小而尖且向后折回至第 12 节基部。并胸腹节背区与侧区之间的侧脊齿突不明显；并胸腹节背区和后区之间的横脊粗壮而明显。腹部第 1 节背板基部无外侧脊。

【地理分布】 内蒙古（锡林郭勒）；匈牙利，斯洛伐克，乌克兰，俄罗斯，哈萨克斯坦，蒙古。

图 2-211-1　名拟蜾蠃 *Pseudepipona* (*Pseudepipona*) *augusta* 雌性背面观

图 2-211-2　名拟蜾蠃 *Pseudepipona* (*Pseudepipona*) *augusta* 雌性头部正面观

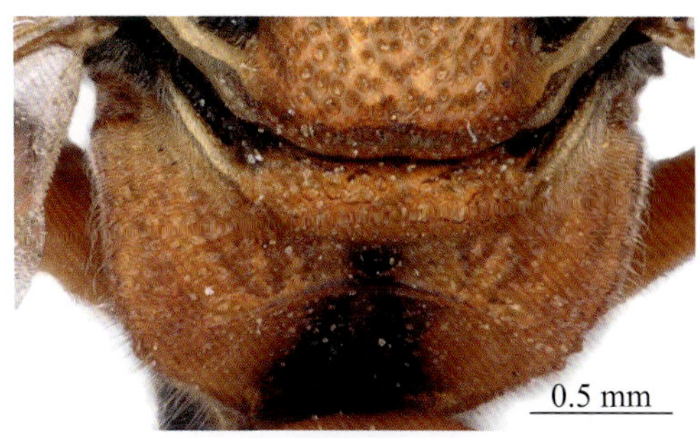

图 2-211-3　名拟蜾蠃 *Pseudepipona* (*Pseudepipona*) *augusta* 雌性并胸腹节背面观

图 2-211-4　名拟蜾蠃 *Pseudepipona* (*Pseudepipona*) *augusta* 地理分布图

212. 赤足拟蜾蠃 *Pseudepipona* (*Pseudepipona*) *herrichii* (de Saussure, 1856)

【测量】雌性体长 9.0 ~ 12.0 mm，前翅长 8.5 ~ 11.5 mm；雄性体长 6.5 ~ 10.0 mm，前翅长 6.0 ~ 9.5 mm。

【形态特征】体黑色，腹部第 1 ~ 4 节背板端部分别具淡黄色条带，雌性唇基基部侧斑、颊区 1 小斑、雄性触角第 13 节、前胸背板基部、翅基片、旁翅基片，足除基节、转节和腿节基部外及腹部第 1 节背板两侧（有时两侧斑相连）均为棕红色；雄性唇基和上颚除端缘外、复眼内缘下侧细条带、中胸小盾片亚端的横带、中胸侧板背侧的小斑及后胸背板后端为淡黄色。唇基宽略大于长（1.1 倍），雌性唇基端缘中部呈 V 形切口状凹陷，端半部刻点规则排列、呈纵沟状；雄性唇基端缘中部呈深 U 形凹陷。并胸腹节背区与侧区之间的侧脊具明显齿突，背区和后区之间的横脊薄而不明显。腹部第 1 节背板基部无外侧脊。

【地理分布】黑龙江（黑河）、内蒙古（阿拉善、锡林郭勒）、河北（张家口）、陕西（宝鸡）、宁夏（固原、石嘴山）、新疆（阿勒泰、伊犁）；英格兰，西班牙，瑞士，德国，奥地利，白俄罗斯，乌克兰，希腊，土耳其，叙利亚，亚美尼亚。

图 2-212-1 赤足拟蜾蠃 ***Pseudepipona* (*Pseudepipona*) *herrichii***
雌性背面观

图 2-212-2 赤足拟蜾蠃 ***Pseudepipona* (*Pseudepipona*) *herrichii***
雌性头部正面观

图 2-212-3 赤足拟蜾蠃 ***Pseudepipona* (*Pseudepipona*) *herrichii***
雌性小盾片后端至并胸腹节背面观

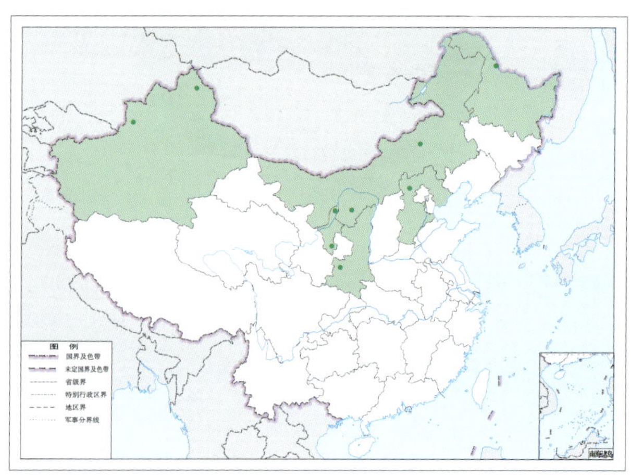

图 2-212-4 赤足拟蜾蠃 ***Pseudepipona* (*Pseudepipona*) *herrichii***
地理分布图

213. 科氏拟蜾蠃 *Pseudepipona* (*Pseudepipona*) *kozhevnikovi* (Kostylev, 1927)

【测量】 雌性体长 10.0 ~ 11.0 mm，前翅长 8.3 ~ 11.2 mm；雄性体长 9.5 mm，前翅长 7.8 ~ 8.5 mm。

【形态特征】 体黑色，具大面积黄棕色斑，其中唇基及腹部第 1 节背板（除中部小黑色斑外）几乎全为黄棕色；中胸盾片基部具 1 对顿号状小侧斑，腹部第 2 节背板具 1 对大侧斑且常与端部条带相连。唇基明显宽大于长，端缘中部弧形凹陷。并胸腹节背区与侧区间的侧脊明显具齿突，背区与后区之间的横脊较薄且略不明显。腹板第 1 节背板基部两侧具短纵脊。

【地理分布】 甘肃（张掖、嘉峪关）；俄罗斯，蒙古，哈萨克斯坦。

图 2-213-1　科氏拟蜾蠃 *Pseudepipona* (*Pseudepipona*) *kozhevnikovi* 雄性背面观

图 2-213-2　科氏拟蜾蠃 *Pseudepipona* (*Pseudepipona*) *kozhevnikovi* 雌性头部正面观

图 2-213-3　科氏拟蜾蠃 *Pseudepipona* (*Pseudepipona*) *kozhevnikovi* 雌性腹部背面观

图 2-213-4　科氏拟蜾蠃 *Pseudepipona* (*Pseudepipona*) *kozhevnikovi* 地理分布图

214. 普氏拟蜾蠃 *Pseudepipona* (*Pseudepipona*) *przewalskyi* (Morawitz, 1885)

【测量】 雌性体长 10.5 ~ 12.0 mm，前翅长 10.0 ~ 11.5 mm；雄性体长 9.0 ~ 11.5 mm，前翅长 8.0 ~ 10.0 mm。

【形态特征】 体底色为黑色，具大面积黄棕色至棕红色斑，其中头部仅额区外侧、头顶及触角端部外侧为黑色，胸部仅中胸盾片和小盾片前缘为纯黑色，腹部第 1、2 节几乎全为棕红色，仅第 2 节基部具 1 个黑色斑；前翅端部为黑褐色。唇基长等于宽，雌性唇基端缘明显平截状。前胸脊中部具 2 个片状齿突；并胸腹节背区与侧区的侧脊明显具尖齿突。腹部第 1 节背板中等密度刻点，基部无侧脊；第 2 节背板疏生细小的浅刻点，近端缘具较密集的小刻点。

【地理分布】 甘肃（张掖）、新疆（阿克苏）；埃及，以色列，阿拉伯联合酋长国，蒙古。

图 2–214–1　普氏拟蜾蠃 *Pseudepipona* (*Pseudepipona*) *przewalskyi* 雌性背面观

图 2–214–2　普氏拟蜾蠃 *Pseudepipona* (*Pseudepipona*) *przewalskyi* 雌性头部正面观

图 2–214–3　普氏拟蜾蠃 *Pseudepipona* (*Pseudepipona*) *przewalskyi* 雌性胸部背面观

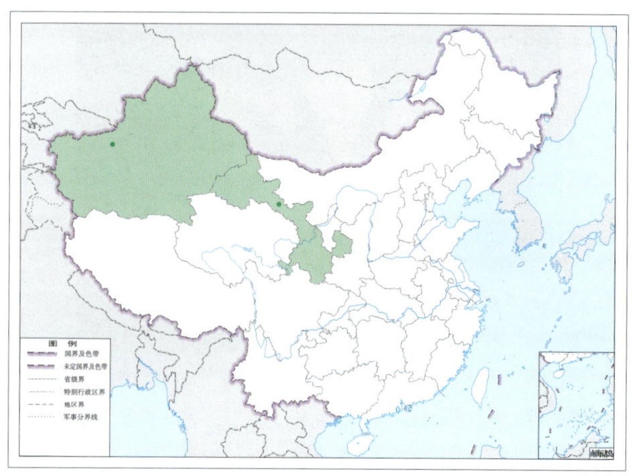

图 2–214–4　普氏拟蜾蠃 *Pseudepipona* (*Pseudepipona*) *przewalskyi* 地理分布图

215. 双糙拟蜾蠃 *Pseudepipona* (*Pseudepipona*) *punctulata* Bai, Chen *et* Li, 2021

【测量】 雄性体长 8.0 ~ 8.5 mm，前翅长约 7.5 mm；雌性未知。

【形态特征】 该物种色斑模式和唇基与普氏拟蜾蠃 *Pseudepipona* (*Pseudepipona*) *przewalskyi* 近似，但前胸背板前横脊完整、中间无齿状突，密生刻点和肩角凸出；中胸盾片长约为宽的 1.4 倍，刻点不均匀呈纵沟状、刻点间具光泽；小盾片略微凹陷成纵沟；后胸背板粗糙，具锯齿突；翅基片和旁翅基片光滑；后胸侧板窄而具浅横皱褶；并胸腹节具浓密长绒毛，侧区和后区具横皱。腹部第 2 节背板刻点明显较近似种密集且粗糙。

【地理分布】 新疆（阿克苏）。

图 2-215-1　双糙拟蜾蠃 *Pseudepipona* (*Pseudepipona*) *punctulata* 雄性背面观

图 2-215-3　双糙拟蜾蠃 *Pseudepipona* (*Pseudepipona*) *punctulata* 雄性腹部背面观

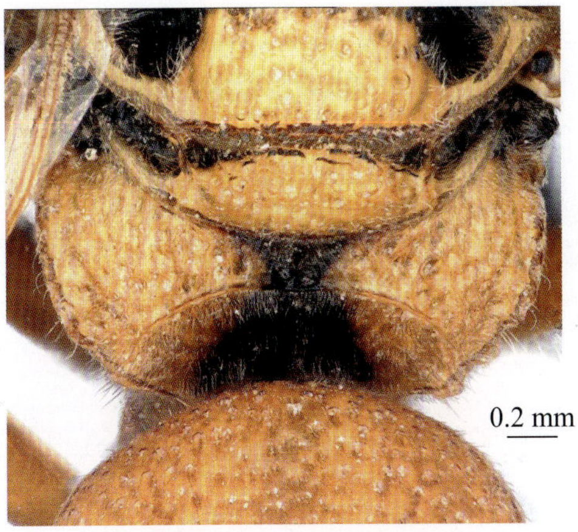

图 2-215-2　双糙拟蜾蠃 *Pseudepipona* (*Pseudepipona*) *punctulata* 雄性后胸至并胸腹节背面观

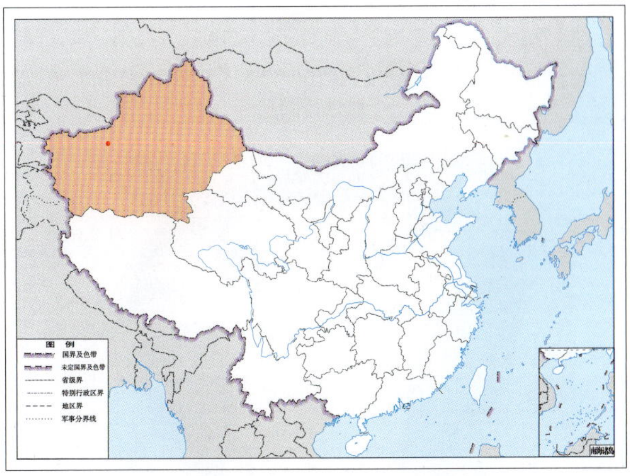

图 2-215-4　双糙拟蜾蠃 *Pseudepipona* (*Pseudepipona*) *punctulata* 地理分布图

216. 稿秆拟蜾蠃 *Pseudepipona* (*Pseudepipona*) *straminea* (André, 1884)

【测量】 雌性体长 10.8 mm，前翅长约 9.5 mm；雄性未知。

【形态特征】 体底色为黑色，但绝大部分为浅黄色（略偏绿色），中胸盾片具 1 条贯穿背板中部的 M 形黄色斑，腹部第 1、2 节背板基部具少量黑色斑，前翅端缘略褐色。唇基长略大于宽，稀生浅刻点，端缘平截状。中胸盾片和小盾片稀生刻点，刻点间隙光滑且具光泽；并胸腹节背区与侧区之间的侧脊具齿状突，背区和后区之间的横脊完整而清晰。腹部第 1 节背板基部无侧脊，第 1～5 节背板端部刻点较其他区域更密。

【地理分布】 新疆（巴音郭楞）；西亚各国。

图 2-216-1 稿秆拟蜾蠃 *Pseudepipona* (*Pseudepipona*) *straminea* 雌性背面观

图 2-216-3 稿秆拟蜾蠃 *Pseudepipona* (*Pseudepipona*) *straminea* 雌性胸部背面观

图 2-216-2 稿秆拟蜾蠃 *Pseudepipona* (*Pseudepipona*) *straminea* 雌性头部正面观

图 2-216-4 稿秆拟蜾蠃 *Pseudepipona* (*Pseudepipona*) *straminea* 地理分布图

217. 李氏拟蜾蠃 *Pseudepipona* (*Pseudepipona*) *tingjingliae* Fateryga, 2022

【测量】 雌性体长 10.0 ~ 12.0 mm，前翅长 10.5 ~ 11.0 mm；雄性体长 6.0 ~ 9.0 mm，前翅长 7.0 ~ 9.0 mm。

【形态特征】 体黑色，具大量黄棕色斑。该物种色斑模式与科氏拟蜾蠃 *Pseudepipona* (*Pseudepipona*) *kozhevnikovi* 非常相似，但中胸盾片无逗号状侧斑和腹部第 2 节背板大部分黑色，唇基长等于宽，雌性唇基端缘平截，并胸腹节背区与侧区之间的侧脊明显具齿突，并胸腹节背区和后区之间的横脊发达，以及腹部第 1 节背板基部具侧短脊。

【地理分布】 内蒙古（呼和浩特）、宁夏（中卫、银川）、青海。

图 2-217-1　李氏拟蜾蠃 *Pseudepipona* (*Pseudepipona*) *tingjingliae* 雌性背面观

图 2-217-3　李氏拟蜾蠃 *Pseudepipona* (*Pseudepipona*) *tingjingliae* 雌性腹部背面观

图 2-217-2　李氏拟蜾蠃 *Pseudepipona* (*Pseudepipona*) *tingjingliae* 雌性头部正面观

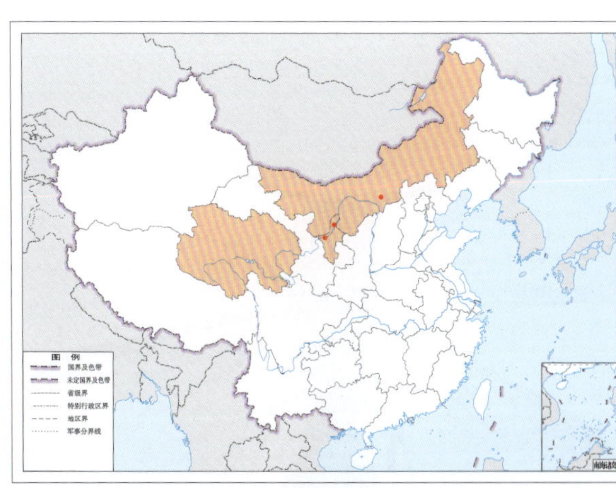

图 2-217-4　李氏拟蜾蠃 *Pseudepipona* (*Pseudepipona*) *tingjingliae* 地理分布图

三九、窄蜾蠃属 *Pseudonortonia* Giordani Soika, 1936

【形态特征】 唇基端缘中部深凹陷，两侧呈尖齿状；雄性触角第 13 节很小。胸部及腹部第 1 节窄长，长明显大于宽；腹部第 1 节背板水平区与前斜面之间具发达的横脊分界。

【地理分布】 绝大部分种类分布于非洲区，少数分布于古北区和东洋区。

【分类】 世界已知 43 种，我国已知 1 种，本图鉴收录 1 种。

218. 缩角窄蜾蠃 *Pseudonortonia abbreviaticornis* Giordani Soika, 1941

【测量】 雌性体长 8.5 ~ 9.2 mm，前翅长 6.5 ~ 8.1 mm；雄性体长 6.8 ~ 7.3 mm，前翅长 5.8 ~ 6.5 mm。

【形态特征】 体黑色，具少量黄色斑；前翅密生短毛，缘室端部具黑褐色斑；体密生粗糙刻点。雌性唇基宽略大于长，中部凸起，疏生小刻点，端缘中部凹陷，两侧呈尖齿状；触角间脊微凸；单眼区隆起。雄性唇基端部凹陷较雌性深，两齿后侧具纵黄色斑或无斑。雄性触角第 12、13 节非常细且短小、肉眼几乎不可见。腹部第 1 节长大于宽，基部横脊发达、几乎与背区后缘平行，端部近略宽于基部，背区刻点略大于中胸盾片的刻点，明显呈网状；第 2 节背板端缘具窄的透明薄片，背区刻点较第 1 节背板的稀疏，非网状，近端缘处刻点密集且未到达边缘。

【地理分布】 江西（赣州）、广西（河池、岑溪、玉林）、重庆（酉阳）。

图 2-218-1　缩角窄蜾蠃 *Pseudonortonia abbreviaticornis* 雌性背面观

图 2-218-2　缩角窄蜾蠃 *Pseudonortonia abbreviaticornis* 雌性头部正面观

图 2-218-3　缩角窄蜾蠃 *Pseudonortonia abbreviaticornis*
雄性头部正面观

图 2-218-4　缩角窄蜾蠃 *Pseudonortonia abbreviaticornis*
雄性触角

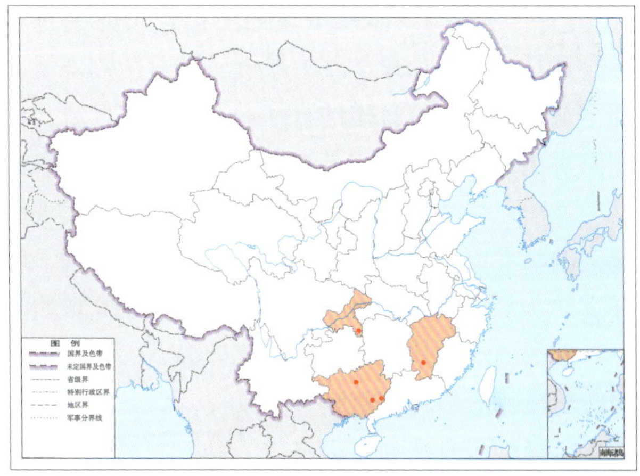

图 2-218-5　缩角窄蜾蠃 *Pseudonortonia abbreviaticornis*
地理分布图

四〇、刚蜾蠃属 *Pseudozumia* de Saussure, 1875

【形态特征】 上颚长，内缘具 5 枚不规则齿；唇基长稍大于宽、端缘中部凹陷；雌性头顶具窝穴；雄性触角第 13 节向后折回成钩状。胸部长大于宽，前胸脊发达，前胸背板前斜面光滑，具翅基片前脊；中胸盾片具后盾纵沟；翅基片窄长，后缘稍凹陷，端缘未超过旁翅基片后缘；前翅脉 1M 脉和 2M 脉相遇呈明显钝角；前翅痣长过翅痣 1/2；中胸小盾片和后胸背板近平坦；中胸侧板具侧纵脊；并胸腹节后区端部外侧凸出呈齿状。腹部第 1 节背板近三角形，自基部向端部逐渐变宽，且具纵皱，腹板具粗糙刻点。

【地理分布】 分布于东洋区和非洲区。

【分类】 该属世界已知 2 亚属 6 种，我国已知 2 种，本图鉴收录 1 种。

中国刚蜾蠃属 *Pseudozumia* 分种检索表

1. 雌性唇基具黄色斑；腹部第 2、3 节背板端缘明显具薄片 ……………… 黑金刚蜾蠃 *Pseudozumia indosinensis*
   雌性唇基纯黑色；腹部第 2、3 节背板端缘不全具薄片 …………………………………………………… 2
2. 唇基长约等于宽；腹部第 1 节背板基部窄 ……………………印度刚蜾蠃指名亚种 *Pseudozumia indica indica*
   唇基宽大于长；腹部第 1 节背板基部较上述宽 …… 印度刚蜾蠃海南亚种 *Pseudozumia indica paulonotata*

219. 黑金刚蜾蠃 *Pseudozumia indosinensis* Giordani Soika, 1958

【测量】 雌性体长 17.8 ~ 21.3 mm，前翅长 16.7 ~ 18.9 mm；雄性体长 16.8 mm，前翅长 16.1 mm。

【形态特征】 体几乎全为黑色，仅前胸背板及唇基具少量黄色斑，其中雌性唇基除两侧外从基部至端部均为黄色，雄性唇基端部具黄棕色斑；前翅黑褐色，几乎不透明，具紫色光泽。上颚外表面具 1 条明显纵沟。雌性唇基宽约等于长，侧面观凸起，端部平坦且两侧具纵脊，端缘几乎平截状，端部宽约为唇基宽的 1/4，但大于两触角窝内缘的间距，端部刻点较基部和两侧稀疏且细小；雄性唇基端缘明显弧形凹陷，两侧呈尖齿状，刻点较雌性的密集；触角柄节被刻点和短毛。腹部第 1 节背板中部纵皱明显且平行，第 2、3 节背板端缘具黑色薄片。

图 2-219-1 黑金刚蜾蠃 *Pseudozumia indosinensis* 雌性背面观

图 2-219-2 黑金刚蜾蠃 *Pseudozumia indosinensis* 雌性头部正面观

【地理分布】 重庆（江津）、云南（红河）、广东、广西（来宾、桂林）、台湾；印度。

图 2-219-3 黑金刚蜾蠃 *Pseudozumia indosinensis* 雄性头部正面观

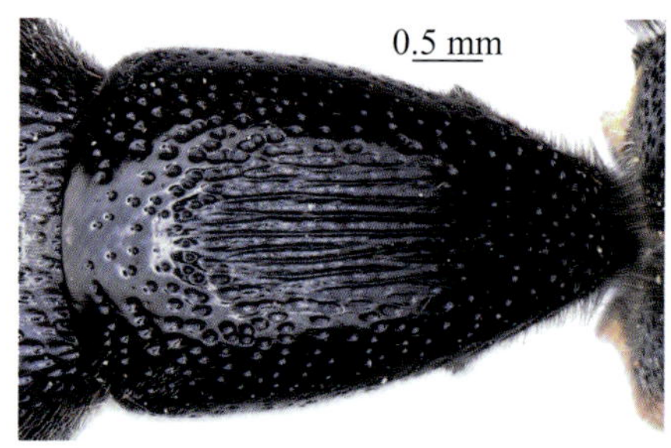

图 2-219-4 黑金刚蜾蠃 *Pseudozumia indosinensis* 雌性腹部第 1 节背板

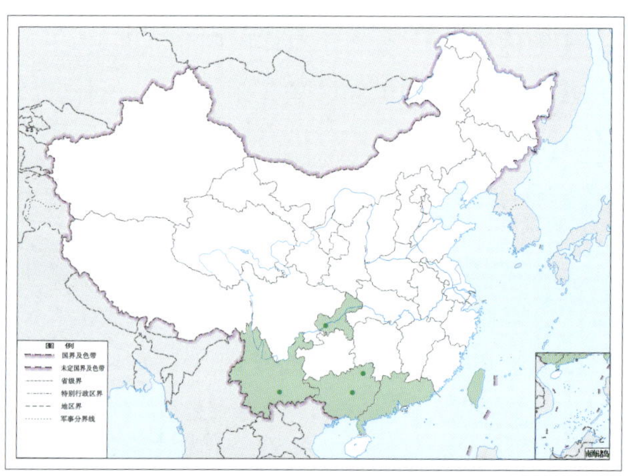

图 2-219-5 黑金刚蜾蠃 *Pseudozumia indosinensis* 地理分布图

四一、饰蜾蠃属 *Pseumenes* Giordani Soika, 1935

【形态特征】 唇基端缘中部凹陷；雌性头顶无窝穴，后单眼区隆起；雄性触角第 13 节向后折回成钩状、端部圆。中胸盾片无盾纵沟；翅基片长大于宽，端部内缘稍凹陷，后缘未到达旁翅基片后缘；后胸背板几乎不凸起，无齿状突；中胸侧板无侧脊；并胸腹节自基部向端部逐渐下斜（无背区和后区的分界），中部明显纵向宽凹陷，凹陷内具并胸腹节沟，端部外侧具齿状突；后足胫节外侧面无短刺；前翅的前翅痣短于翅痣。腹部第 1 节背板长、柄状，端部具纵皱，侧面观在端半部膨大；第 1 节腹板基半部窄长，具不明显横皱，端半部似三角形、无皱。

【地理分布】 分布于古北区和东洋区。

【分类】 世界已知 7 种 6 亚种，我国已知 2 种，本图鉴收录 2 种。

中国饰蜾蠃属 *Pseumenes* 分种检索表

1. 中胸盾片具黄色斑；并胸腹节背后区及腹部第 1 节背板疏生细小刻点；腹部第 1 节腹板中部至端部具短横皱 ……………………………………………… 四刺饰蜾蠃指名亚种 *Pseumenes depressus depressus*

   中胸盾片黑色；并胸腹节背后区及腹部第 1 节背板密生较上述大的刻点 ……………………………………………… 酋饰蜾蠃 *Pseumenes imperatrix*

220. 四刺饰蜾蠃指名亚种 *Pseumenes depressus depressus* (de Saussure, 1855)

【测量】 雌性体长 18.5 ~ 19.2 mm，前翅长 15.2 ~ 16.2 mm；雄性体长 12.8 ~ 13.7 mm，前翅长 9.7 ~ 10.0 mm。

【形态特征】 体黑色，具大量黄色斑，其中雌、雄性唇基（除边缘外）为纯黄色，中胸盾片具 1 对倒 V 形黄色斑（偶有标本倒 V 形斑中断），并胸腹节背后区具大的回字斑，背区中间黑色延伸至边缘。雌性唇基长略大于宽（1.1 倍），端缘中部凹陷，两侧呈齿突状，端部宽约为唇基宽的 1/5，散生浅刻点；雄性触角第 13 节向后折回至第 11 节基部。并胸腹节背后区及腹部第 1 节背板疏生细小刻点；雄性中胸盾片刻点较雌性稀疏；并胸腹节背后

图 2-220-1　四刺饰蜾蠃指名亚种 *Pseumenes depressus depressus* 雄性背面观

区两侧光滑、几乎无刻点。腹部第 1 节腹板中部至端部具短横皱。

【地理分布】 江苏、浙江、安徽（六安）、四川（雅安、峨眉山、彭州、都江堰）、云南（红河、景洪）、福建、广西（玉林、兴安、三门江、桂林、百色）、海南（五指山）、台湾、香港、广东（广州）；朝鲜，日本，越南，泰国，印度，缅甸，马来西亚。

图 2–220–2 四刺饰蜾蠃指名亚种 *Pseumenes depressus depressus* 雌性头部正面观

图 2–220–4 四刺饰蜾蠃指名亚种 *Pseumenes depressus depressus* 雌性腹部第 1 节腹板腹面观

图 2–220–3 四刺饰蜾蠃指名亚种 *Pseumenes depressus depressus* 雌性并胸腹节背面观

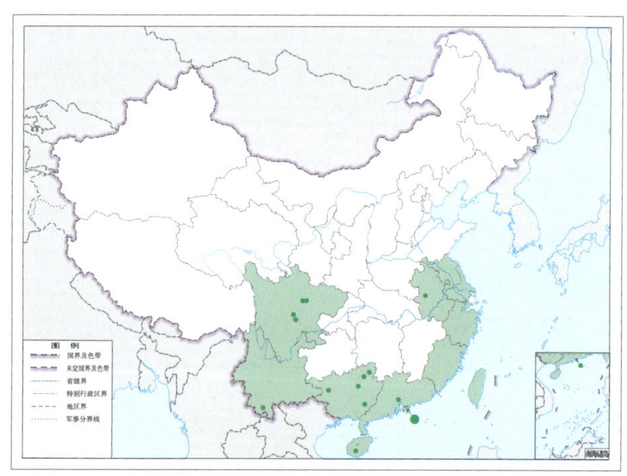

图 2–220–5 四刺饰蜾蠃指名亚种 *Pseumenes depressus depressus* 地理分布图

221. 酋饰蜾蠃 *Pseumenes imperatrix* (Smith, 1857)

【测量】 雌性体长 15.8 ~ 16.7 mm，前翅长 14.1 ~ 15.5 mm；雄性体长 14.4 ~ 15.3 mm，前翅长 12.8 ~ 13.5 mm。

【形态特征】 体黑色，具少量黄色斑，其中唇基（雌性唇基基部）、额区大斑、前胸背板前缘的窄条带及并胸腹节后端的斑、腹部第 1 节背板端缘窄的小斑及第 2 节背板宽的条带均为黄色。雌性唇基长约等于宽，端缘中部凹陷、两侧呈尖齿状；并胸腹节背后区及腹部第 1 节背板密生刻点；雄性触角第 13 节向后折回至第 10 节端部，刻点稍稀疏。腹部第 1 节腹板中部至端部无明显横皱、端部密生刻点。

【地理分布】 陕西（汉中）、甘肃（陇南）、浙江、四川（雅安、峨眉山、崇州）、重庆（南川、巫溪）、贵州（凯里）、云南、福建（武夷山）、广西（玉林、桂林、兴安）、台湾。

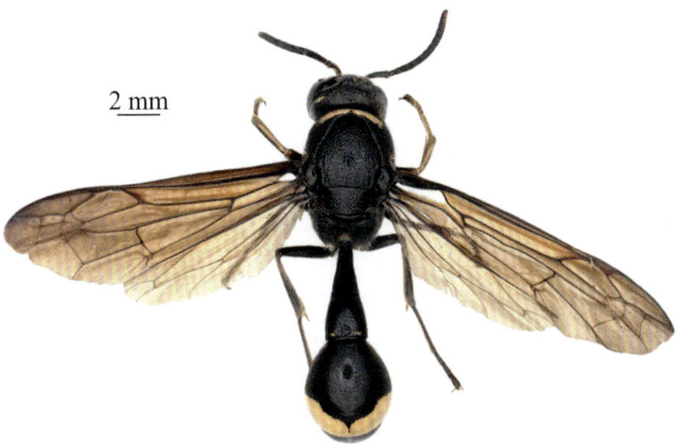

图 2-221-1　酋饰蜾蠃 *Pseumenes imperatrix* 雄性背面观

图 2-221-2　酋饰蜾蠃 *Pseumenes imperatrix* 雌性头部正面观

图 2-221-3　酋饰蜾蠃 *Pseumenes imperatrix* 雌性并胸腹节背面观

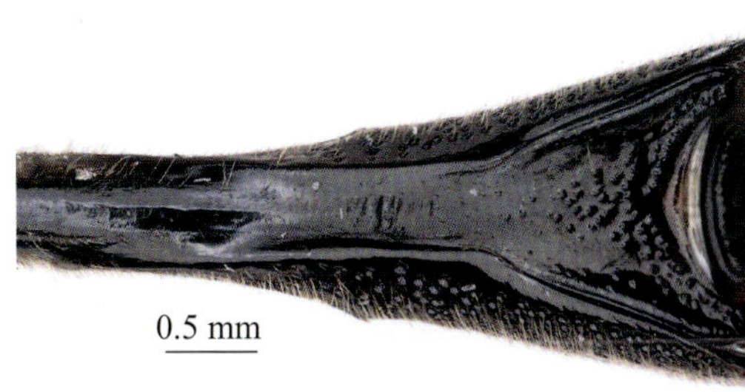

图 2-221-4　酋饰蜾蠃 *Pseumenes imperatrix* 雌性腹部第 1 节腹面观

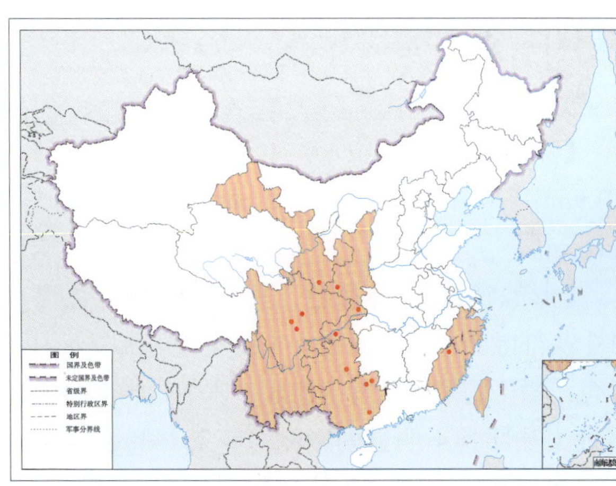

图 2-221-5　酋饰蜾蠃 *Pseumenes imperatrix* 地理分布图

四二、长须蜾蠃属 *Pterocheilus* Klug, 1805

【形态特征】 体小。唇基宽明显大于长，端缘中部平截状；下颚须5节；下唇须具明显很长的3节，每节具长毛，第3节两侧平行；雄性触角最后4、5节呈卷曲状。中胸盾片无盾纵沟；翅基片小，后缘明显短于旁翅基片后缘；腹部第1节背板端部仅略窄于第2节，第1节背板前斜面与背区之间无横脊分界，无明显水平区，背面观第1节背板呈半圆形。

【地理分布】 除新热带区外均有分布，主要分布于古北区。

【分类】 该属世界已知4亚属85种，我国已知1亚属3种，本图鉴收录1亚属2种。

中国长须蜾蠃属 *Pterocheilus* 分种检索表

1. 唇基与触角间的斑以及额区连成一片，全为黄色；唇基基部隆起，雌性上颚端齿较尖细 ……………………………… 纳氏长须蜾蠃 *Pterocheilus* (*Pterocheilus*) *napalkovi*

触角间的斑以及额区两侧的斑不相连；唇基基部较上述种类更隆起，雌性上颚端齿圆钝 ……………………………… 颚长须蜾蠃 *Pterocheilus* (*Pterocheilus*) *mandibularis*

222. 颚长须蜾蠃 *Pterocheilus* (*Pterocheilus*) *mandibularis* Morawitz, 1889

【测量】 雌性体长6.0 ~ 7.5 mm，前翅长5.5 ~ 6.0 mm；雄性体长5.0 ~ 6.0 mm，前翅长4.5 ~ 5.5 mm。

【形态特征】 体黑色，具大面积棕红色斑，其中头部除额区中部两侧、头顶及触角鞭节外为红棕色（额区的斑未与唇基连成一体），胸部除中胸盾片（基部具不明显的窄侧斑）及并胸腹节沟周围外为红棕色（雄性头部及胸部相应区域为淡黄色），腹部第1、2节除第2节背板中部的小黑色斑外几乎全为棕红色（雄性为黄棕色）；雌性前翅从中部至端部几乎全为黑褐色。下颚须发达，两侧具均匀长柔毛；中舌瓣发达，尖端分叉，细长，长于胸部；唇基宽大于长、凸起呈扇形，端缘中部平截状，密生浅刻点（中部刻点较两侧的稀疏），刻点间光滑，其中雄性唇基明显密被白毛；雄性触角第9 ~ 13节逐渐变细，向后卷曲。

【地理分布】 内蒙古（鄂温克旗、满洲里、通辽、阿拉善、海拉尔、呼和浩特）、甘肃（张掖）、宁夏（固原）。

图 2-222-1 颚长须蜾蠃 ***Pterocheilus* (*Pterocheilus*) *mandibularis***
雌性背面观

图 2-222-2 颚长须蜾蠃 ***Pterocheilus* (*Pterocheilus*) *mandibularis***
雄性背面观

图 2-222-3 颚长须蜾蠃 ***Pterocheilus* (*Pterocheilus*) *mandibularis***
雌性头部正面观

图 2-222-4 颚长须蜾蠃 ***Pterocheilus* (*Pterocheilus*) *mandibularis***
雄性头部正面观

图 2-222-5 颚长须蜾蠃 ***Pterocheilus* (*Pterocheilus*) *mandibularis***
雄性触角

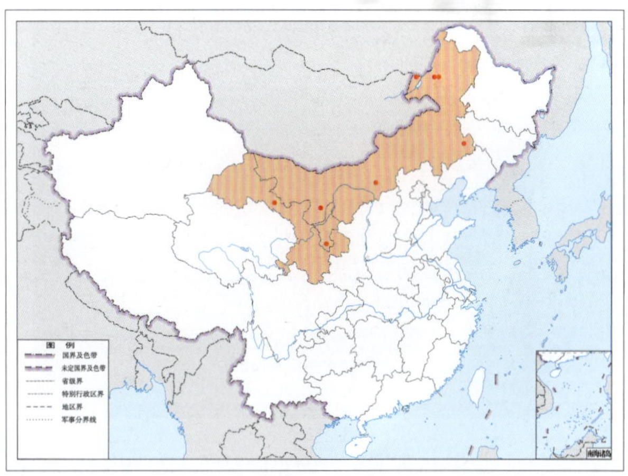

图 2-222-6 颚长须蜾蠃 ***Pterocheilus* (*Pterocheilus*) *mandibularis***
地理分布图

223. 纳氏长须蜾蠃 *Pterocheilus* (*Pterocheilus*) *napalkovi* Kurzenko, 1977

【测量】 雌性体长 9.0 ~ 10.0 mm；雄性体长 8.0 mm。

【形态特征】 体黑色，具大面积橘黄色斑，色斑模式与颚长须蜾蠃 *Pterocheilus* (*Pterocheilus*) *mandibularis* 类似；主要区别为唇基与触角间的黄色斑及额区连成一片，全为黄色，头部及胸部具粗糙刻点，腹部革质，具零星细刻点；雌性上颚端齿较尖细；下颚须发达，两侧具均匀长柔毛；雌性唇基宽大于长，微凸，呈扇形，端部平截，具透明薄片，疏生浅刻点。

【地理分布】 内蒙古（阿拉善）；蒙古。

图 2-223-1 纳氏长须蜾蠃 *Pterocheilus* (*Pterocheilus*) *napalkovi* 雌性背面观（拍摄于美国自然历史博物馆）

图 2-223-2 纳氏长须蜾蠃 *Pterocheilus* (*Pterocheilus*) *napalkovi* 雌性头部正面观

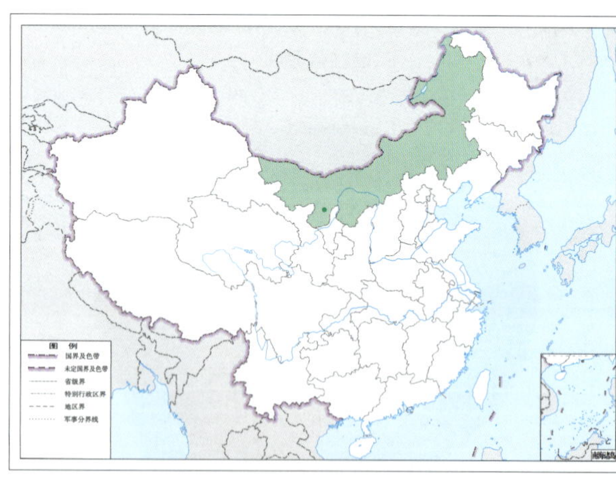

图 2-223-3 纳氏长须蜾蠃 *Pterocheilus* (*Pterocheilus*) *napalkovi* 地理分布图

四三、喙蜾蠃属 *Rhynchium* Spinola, 1806

【形态特征】 下颚须 6 节，下唇须 4 节；唇基常呈梨形，端部略窄于或等于两触角窝内缘间距。前胸背板前斜面光滑无刻点；后胸背板无脊状突，中部凹陷；翅基片端部具凹缘、后缘短于旁翅基片后缘；雄性中足腿节基部凹陷；前翅第 2 亚缘室无柄。腹部第 1 节背板的水平区与前斜面无横脊分界，前斜面圆弧形，宽大于长且第 1 节端部几乎与基部等宽，也几乎与第 2 节背板等宽。

【地理分布】 世界动物地理区系除新北区及新热带区外均有分布，但主要分布于非洲区及东洋区。

【分类】 世界已知 22 种，我国已知 2 种，本图鉴收录 2 种。

中国喙蜾蠃属 *Rhynchium* 分种检索表

1. 头顶凹陷宽等于两后单眼间距，胸部背板大部分常为黄棕色或棕红色；中胸盾片端部和小盾片疏生刻点，刻点间光滑 ………………………………………… **黄唇喙蜾蠃指名亚种 *Rhynchium brunneum brunneum***

头顶凹陷宽大于两后单眼间距，胸部背板大面积黑色；中胸盾片端部和小盾片刻点较上述明显密集，刻点间光滑不明显 ……………………………… **黄喙蜾蠃指名亚种 *Rhynchium quinquecinctum quinquecinctum***

图 2-43　黄唇喙蜾蠃指名亚种 *Rhynchium brunneum brunneum* 雄性生态图（广东广州　陈华燕　摄）

224. 黄唇喙蜾蠃指名亚种 *Rhynchium brunneum brunneum* (Fabricius, 1793)

【测量】 雌性体长 13.8 ~ 16.0 mm，前翅长 14.5 ~ 16.5 mm；雄性体长 9.2 ~ 12.0 mm，前翅长 9.4 ~ 12.2 mm。

【形态特征】 体绝大部分为黄棕色及棕红色，中胸盾片除前后端外常大部分为棕红色；翅淡棕色。唇基长明显大于宽；后单眼内缘具突起；头顶凹陷宽等于两后单眼间距。中胸盾片后端部和小盾片刻点稀疏，刻点间光滑；后胸背板无脊状突；翅基片端部具凹缘，后缘不超过旁翅基片后缘；前翅第 2 亚缘室无柄。腹部第 1 节背板宽大于长，大于第 2 节背板宽的 1/2；腹部第 2 节背板黄色条带区刻点较密，且此区域略凹。

【地理分布】 陕西（安康）、甘肃（陇南、兰州）、福建（武夷山、邵武、三明）、湖南（株洲）、海南（白沙、五指山、陵水、保亭）、广东（云浮、清远、惠州、广州）、贵州（铜仁）、云南（临沧、怒江、西双版纳、文山、德宏、腾冲、红河）、西藏（墨脱）、香港、台湾；越南，老挝，柬埔寨，泰国，印度，缅甸，马来西亚，印度尼西亚。

图 2-224-1 黄唇喙蜾蠃指名亚种 *Rhynchium brunneum brunneum* 雌性背面观

图 2-224-2 黄唇喙蜾蠃指名亚种 *Rhynchium brunneum brunneum* 雌性头部正面观

图 2-224-3 黄唇喙蜾蠃指名亚种 *Rhynchium brunneum brunneum* 雄性外生殖器正面观

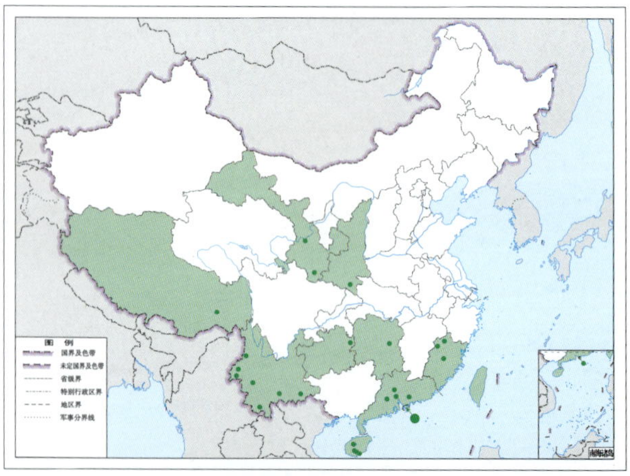

图 2-224-4 黄唇喙蜾蠃指名亚种 *Rhynchium brunneum brunneum* 地理分布图

225. 黄喙蜾蠃指名亚种 *Rhynchium quinquecinctum quinquecinctum* (Fabricius, 1787)

【测量】 雌性体长 10.5 ~ 15.2 mm，前翅长 11.0 ~ 15.5 mm；雄性体长 9.0 ~ 11.6 mm，前翅长 9.4 ~ 12.5 mm。

【形态特征】 体大部分黄棕色，但黑色区域较黄唇喙蜾蠃 *Rhynchium brunneum* 大，如中胸盾片常为纯黑色，偶有 M 形黄棕色斑。唇基长大于宽，端部变窄，端部两端微凹；后单眼内缘略突起；头顶凹陷宽大于两后单眼间距。中胸盾片后端部及小盾片的刻点较近似种密集且粗糙，刻点间光滑不明显；并胸腹节背面具横皱，从中央向两侧延伸，侧面与背面的额接连处形成几枚小齿。腹部第 2 节背板黄色条带区刻点更密。

【地理分布】 内蒙古（阿拉善、呼和浩特、锡林郭勒）、河北（遵化）、山西（吕梁、临汾）、辽宁（辽阳）、江苏（徐州）、浙江（丽水）、安徽（六安、黄山）、福建（邵武、武夷山）、江西（宜春、抚州、赣州）、山东（泰安）、河南（三门峡、南阳、安阳）、湖北（十堰）、湖南（衡阳、株洲、张家界）、广东（云浮、清远）、广西（玉林、来宾、百色、河池）、重庆（江津、巫山、巫溪、酉阳）、陕西（延安、汉中、宝鸡、安康、华阴）、甘肃（陇南）、宁夏（银川、固原、石嘴山）、台湾、四川（峨眉山、都江堰、广元、达州、攀枝花、凉山）、云南（丽江、临沧、迪庆、怒江、大理、红河、西双版纳、普洱、文山、昭通、腾冲）；不丹。

图 2-225-1 黄喙蜾蠃指名亚种 *Rhynchium quinquecinctum quinquecinctum* 雄性背面观

图 2-225-2 黄喙蜾蠃指名亚种 *Rhynchium quinquecinctum quinquecinctum* 雄性头部正面观

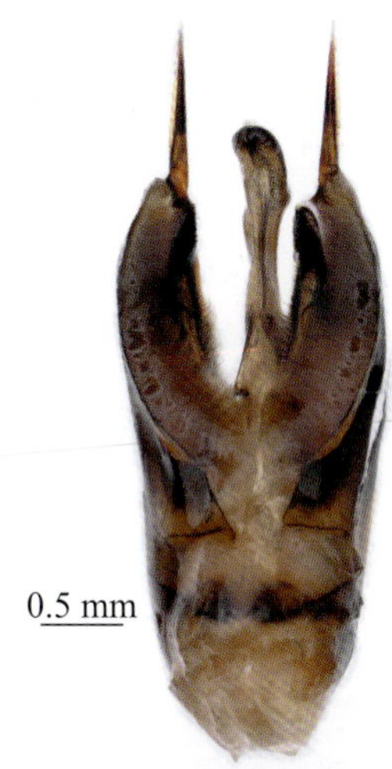

图 2-225-3 黄喙蜾蠃指名亚种 *Rhynchium quinquecinctum quinquecinctum* 雄性外生殖器正面观

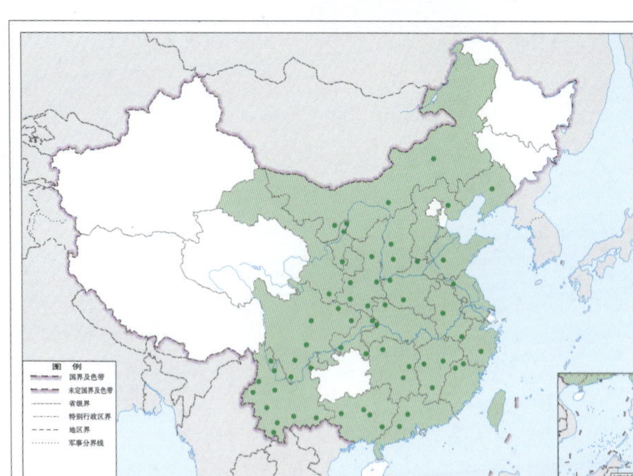

图 2-225-4 黄喙蜾蠃指名亚种 *Rhynchium quinquecinctum quinquecinctum* 地理分布图

图 2-225-5 黄喙蜾蠃指名亚种 *Rhynchium quinquecinctum quinquecinctum* 雄性生态图 1（浙江台州 许威 摄）

图 2-225-6 黄喙蜾蠃指名亚种 *Rhynchium quinquecinctum quinquecinctum* 雄性生态图 2（浙江台州 许威 摄）

四四、直沟蜾蠃属 *Stenancistrocerus* de Saussure, 1863

【形态特征】 唇基宽大于长，端缘中部宽凹陷，凹陷的宽大于两触角间距。前胸背板具发达的翅基片前脊；翅基片后缘超过旁翅基片后缘。腹部第 1 节背板前斜面与背区之间具横脊且位于背板水平区，横脊后具粗糙刻点，前斜面密生粗糙刻点，第 3 节背板的刻点不比第 2 节背板刻点粗糙。

【地理分布】 分布于古北区。

【分类】 该属世界已知 2 亚属 8 种，我国已知 1 亚属 1 种，本图鉴收录 1 亚属 1 种。

226. 横带直沟蜾蠃 *Stenancistrocerus* (*Paratropancistrocerus*) *transcaspicus* (Kostylev, 1934)

【测量】 雌性体长 5.7 ~ 6.5 mm，前翅长 4.5 ~ 5.5 mm；雄性体长 6.0 ~ 8.0 mm。

【形态特征】 体黑色，具大面积黄色斑，其中腹部第 1、2 节背板除端部的条带外，基部还各具 1 条更宽的完整横条带，中胸盾片为纯黑色；翅无明显褐色斑。雌性唇基宽远大于长，端缘凹陷宽且深，两侧呈尖齿突，端凹中部另具 1 枚小齿，因此，整个端缘呈 3 齿状。胸部及头部刻点较腹部粗糙，略呈网状；前胸脊完整；翅基片略呈半圆形，接近基部具 1 个大透明圆斑；并胸腹节背区、侧区及后区相互之间的边界具小的齿状突。腹部第 1 节背板横脊前方呈斜面，前斜面近中部还具 1 条弱的横脊突，腹板除端部外平坦，侧面观不呈弧形。

【地理分布】 内蒙古（乌拉特前旗）、甘肃（张掖）、新疆；土库曼斯坦，乌兹别克斯坦，吉尔吉斯斯坦，哈萨克斯坦。

图 2-226-1 横带直沟蜾蠃 *Stenancistrocerus* (*Paratropancistrocerus*) *transcaspicus* 雌性背面观

图 2-226-2 横带直沟蜾蠃 *Stenancistrocerus* (*Paratropancistrocerus*) *transcaspicus* 雌性头部正面观

图 2-226-3 横带直沟蜾蠃 *Stenancistrocerus (Paratropancistrocerus) transcaspicus* 雌性腹部第 1 节腹面观

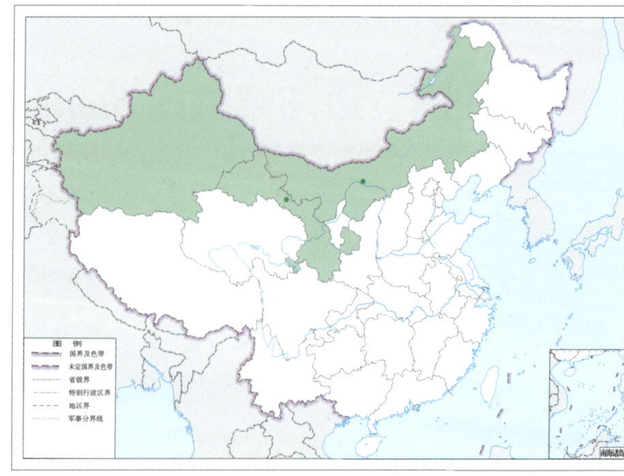

图 2-226-4 横带直沟蜾蠃 *Stenancistrocerus (Paratropancistrocerus) transcaspicus* 地理分布图

四五、平盾蜾蠃属 *Stenodyneriellus* Giordani Soika, 1961

【形态特征】 雌性唇基端部略呈铲状，端部大于或几乎等于两触角窝内缘间距，端缘平截状或凹陷。胸部长略大于宽，偶尔长为宽的 2 倍；后胸背板平或略规则隆起；并胸腹节背区与后胸背板几乎在同一水平面，有时背区在中部变窄且在后胸背板后分开；并胸腹节背区与后区之间无围脊或有时具 2 个齿突；翅基片通常宽，后区短小，在少数种类中翅基片窄长，约为宽的 2 倍，翅基片后缘未超过旁翅基片后缘。腹部第 1 节背板宽约为长的 2 倍并略窄于第 2 节背板，端部宽于基部，水平区与前斜面之间无横脊分界，前斜面呈圆弧形；部分种类腹部第 2 节背板端缘具透明薄片。

【地理分布】 分布于东洋区和澳洲区。

【分类】 世界已知 68 种，我国已知 4 种，本图鉴收录 4 种。

中国平盾蜾蠃属 *Stenodyneriellus* 分种检索表

1. 腹部第 2 节背板端缘无薄片；并胸腹节背区无齿突；翅基片窄长，长大于宽的 2 倍 ……………………………………………… **凹平盾蜾蠃 *Stenodyneriellus depressus***

   腹部第 2 节背板端缘具窄的刀片状薄片；并胸腹节背区具 2 个齿突；翅基片短、半圆形，长小于宽的 2 倍 ……………………………………………… 2

2. 雌性唇基端缘中部凹陷深，两侧呈尖齿状；腹部第 2 节背板和腹板均密生粗糙大刻点；前胸背板、后胸背板及并胸腹节背区为暗红棕色 ………………… **茂兰平盾蜾蠃 *Stenodyneriellus maolanensis***

   雌性唇基端缘几乎平截状或仅略凹陷，两侧非齿状；腹部第 2 节背板和腹板刻点较上述稀疏和细小；前胸背板、后胸背板及并胸腹节背区黑色或具黄色斑 ……………………………… 3

3. 雄性触角第 13 节向后折回至第 11 节基部；雌性中胸盾片中部具 2 条黄色纵斑，以及腹部第 1 节背板基部具 2 个分开的黄色大斑；雄性抱握器端部窄而尖 ………… **斑平盾蜾蠃 *Stenodyneriellus guttulatus***

   雄性触角第 13 节向后折回至第 11 节中部；雌性中胸盾片和腹部第 1 节背板均无黄色斑；雄性抱握器端部宽而钝 ……………………… **似斑平盾蜾蠃 *Stenodyneriellus similiguttulatus***

227. 凹平盾蜾蠃 *Stenodyneriellus depressus* Li *et* Chen, 2016

【测量】 雌性体长 8.5 mm，前翅长 7.0 mm；雄性体长 8.0 mm，前翅长 7.5 mm。

【形态特征】 体黑色，具大量红棕色斑和少量黄色斑，头部正面的斑常为黄色，胸部及腹部背板的斑为红棕色，雌性唇基基部及端部分别具 1 对斑，雄性唇基为纯黄色；前翅缘室及端部为黑褐色。唇基宽与长几乎等长，中部隆起，疏生刻点，刻点间密生浅的细微刻点，唇基端缘中部略凹陷，唇基总宽 / 端部宽为 2.8，端部的宽大于两触角内缘间距。翅基片窄长，长大于宽的 2 倍；并胸腹节背区无齿突。腹部第 2 节背板端缘无薄片，腹板基部明显凹陷。

【地理分布】 云南（保山）。

图 2-227-3　凹平盾蜾蠃 *Stenodyneriellus depressus* 雌性腹部第 2 节腹面观

图 2-227-1　凹平盾蜾蠃 *Stenodyneriellus depressus* 雌性背面观

图 2-227-4　凹平盾蜾蠃 *Stenodyneriellus depressus* 雄性外生殖器正面观

图 2-227-2　凹平盾蜾蠃 *Stenodyneriellus depressus* 雌性头部正面观

图 2-227-5　凹平盾蜾蠃 *Stenodyneriellus depressus* 地理分布图

228. 斑平盾蜾蠃 *Stenodyneriellus guttulatus* (de Saussure, 1862)

【测量】 雌性体长 8.0 ~ 8.5 mm，前翅长 7.0 ~ 7.5 mm；雄性体长 7.2 ~ 7.5 mm，前翅长 7.2 mm。

【形态特征】 该种唇基形状、斑纹分布模式及翅基片半圆形等与似斑平盾蜾蠃 *Stenodyneriellus similiguttulatus* 相似。主要区别如下：体黄色斑更多、更大，雌、雄性唇基均几乎为黄色，雌性中胸盾片中部具 2 条细的纵条带。唇基端缘中部略凹陷；雄性触角第 13 节向后折回至第 11 节基部。并胸腹节背区在后胸背板后方具 2 个齿突。雄性外生殖器的阳茎端部椭圆形，抱握器端部窄而尖、刀状，生殖刺突长针状、无毛。

【地理分布】 云南（红河）；印度，泰国，缅甸，马来西亚，新加坡，印度尼西亚。

图 2-228-1 斑平盾蜾蠃 *Stenodyneriellus guttulatus* 雌性背面观

图 2-228-2 斑平盾蜾蠃 *Stenodyneriellus guttulatus* 雌性头部正面观

图 2-228-3 斑平盾蜾蠃 *Stenodyneriellus guttulatus* 雄性触角局部

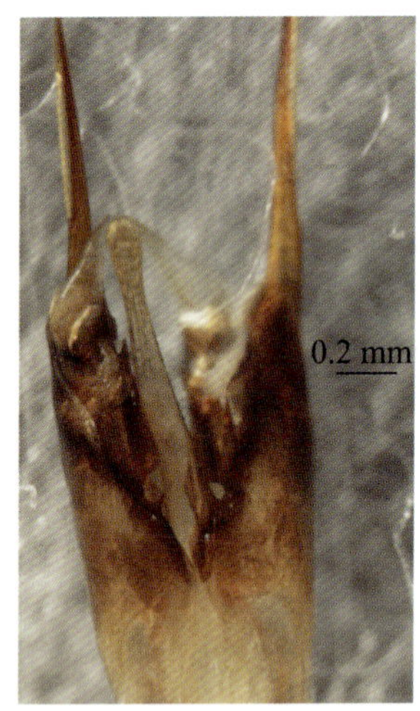

图 2-228-4 斑平盾蜾蠃 *Stenodyneriellus guttulatus* 雄性外生殖器正面观

图 2-228-5 斑平盾蜾蠃 *Stenodyneriellus guttulatus* 地理分布图

229. 茂兰平盾蜾蠃 *Stenodyneriellus maolanensis* Li *et* Chen, 2016

【测量】 雌性体长 9.0 mm，前翅长 7.5 mm；雄性未知。

【形态特征】 体黑色，头部及腹部具黄色斑，胸部具暗红棕色斑，其中唇基（除中部黑色斑外）几乎全为黄色，前胸背板、后胸背板基部、并胸腹节及翅基片大部分为暗红棕色。唇基密生粗糙刻点、呈网状，端缘中部深弧形凹陷，两侧呈尖齿状。翅基片半圆形；并胸腹节背区在后胸背板后具2枚齿突。腹部第2节背板和腹板均密生粗糙大刻点，其中腹部刻点较背板的明显更密且大，背板端缘明显具刀片状薄片。

【地理分布】 贵州（茂兰）。

图 2-229-3　茂兰平盾蜾蠃 *Stenodyneriellus maolanensis* 雌性并胸腹节背面观

图 2-229-1　茂兰平盾蜾蠃 *Stenodyneriellus maolanensis* 雌性背面观

图 2-229-4　茂兰平盾蜾蠃 *Stenodyneriellus maolanensis* 雌性腹部腹面观

图 2-229-2　茂兰平盾蜾蠃 *Stenodyneriellus maolanensis* 雌性头部正面观

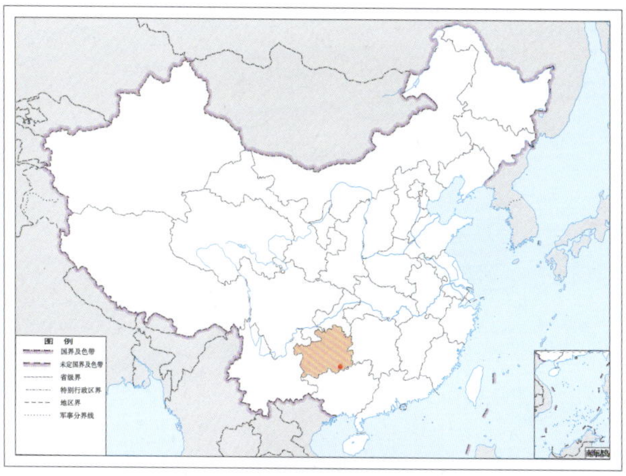

图 2-229-5　茂兰平盾蜾蠃 *Stenodyneriellus maolanensis* 地理分布图

230. 似斑平盾蜾蠃 *Stenodyneriellus similiguttulatus* Li *et* Chen, 2016

【测量】 雌性体长 8.0 mm，前翅长 7.0 mm；雄性体长 7.5 mm，前翅长 8.0 mm。

【形态特征】 体黑色，具大量黄色斑，色斑模式与斑平盾蜾蠃 *Stenodyneriellus guttulatus* 近似，黄色区域较近似种少，雌、雄性唇基均具大黑色斑，雌性中胸盾片和腹部第 1 节背板均无黄色斑。唇基中部略隆起，散生大的浅刻点，大刻点间密生细小刻点，宽约为长的 1.3 倍，端缘中央浅凹陷，唇基总宽约为端部宽的 4 倍，端部几乎与两触角窝内缘间距等宽；雄性触角第 13 节向后折回至第 11 节中部。并胸腹节背区在后胸背板后具 2 个齿突。雄性抱握器端部宽而钝。

【地理分布】 云南（西双版纳、腾冲）。

图 2-230-3 似斑平盾蜾蠃 *Stenodyneriellus similiguttulatus* 雌性并胸腹节背面观

图 2-230-4 似斑平盾蜾蠃 *Stenodyneriellus similiguttulatus* 雄性外生殖器正面观

图 2-230-1 似斑平盾蜾蠃 *Stenodyneriellus similiguttulatus* 雄性背面观

图 2-230-2 似斑平盾蜾蠃 *Stenodyneriellus similiguttulatus* 雌性头部正面观

图 2-230-5 似斑平盾蜾蠃 *Stenodyneriellus similiguttulatus* 地理分布图

四六、直盾蜾蠃属 *Stenodynerus* de Saussure, 1863

【形态特征】 体型偏细长。唇基端缘中部凹陷；雄性触角第 13 节向后折回至第 11 节基部或中部，呈钩状；雌性头顶窝穴无明显平坦区。前胸背板前斜面通常具 1 对窝穴，窝穴有时连接成 U 形、V 形或形成 1 条横凹陷；前胸脊通常比较发达；翅基片后缘刚好与旁翅基片后缘齐平。腹部第 1 节背板水平区与前斜面之间无横脊分界，前斜面有时与水平面近似垂直，背板端部常宽于基部，窄于第 2 节背板。

【地理分布】 世界性分布。

【分类】 该属世界已知 168 种，我国已知 21 种，本图鉴收录 16 种。

中国直盾蜾蠃属 *Stenodynerus* 分种检索表

1. 腹部第 2 节背板端缘具明显薄片 ······ 2
   腹部第 2 节背板端缘无明显薄片 ······ 8
2. 腹部第 1 节背板前面与水平区垂直，仅具零星刻点，上半部分具 1 条中纵脊 ······ 3
   腹部第 1 节背板前面与水平区不垂直，呈弧形的斜面，具粗糙刻点，无中纵脊 ······ 7
3. 腹部第 2 节背板端缘具宽薄片，薄片前的横沟较宽 ······ 4
   腹部第 2 节背板端缘具较上述窄的薄片，薄片前的横沟较窄 ······ 窄片直盾蜾蠃 *Stenodynerus tenuilamellatus*
4. 雌性唇基黑色；侧面观，腹部第 2 节腹板基角为钝角 ······ 帕氏直盾蜾蠃 *Stenodynerus pappi*, 5
   雌性唇基具黄色或红棕色斑点；侧面观，腹部第 2 节腹板基角为直角 ······ 6
5. 体具黄色斑；前胸背板前缘具 1 对小斑，后胸背板后缘具 1 个黄色横斑，腹部第 1 节背板端部的横带较窄 ······ 帕氏直盾蜾蠃指名亚种 *Stenodynerus pappi pappi*
   体具橘黄色斑；前胸背板前缘具 1 条较宽横斑，几乎整个后胸背板橘黄色，腹部第 1 节背板端部的横带较宽 ······ 帕氏直盾蜾蠃黄带亚种 *Stenodynerus pappi luteifasciatus*
6. 前胸背板前斜面具明显刻点，1 对圆形窝穴间的间距小于窝穴的直径；并胸腹节围脊发达；腹部第 1 节背板前垂直面无横脊，第 2 节腹板基部具短中纵沟 ······ 曲直盾蜾蠃 *Stenodynerus reflexus*
   前胸背板前斜面具零星刻点，1 对圆形窝穴间的间距大于窝穴的直径；并胸腹节围脊微弱；腹部第 1 节背板前垂直面具 2 条横脊，第 2 节腹板基部无中纵沟 ······ 纹直盾蜾蠃 *Stenodynerus strigatus*
7. 雌性唇基黄色；雄性腹部第 1～7 节背板和第 2、3 节腹板端部分别具黄色横带 ······ 莫氏直盾蜾蠃 *Stenodynerus morawitzi*
   雌性唇基黑色或基部具黄色斑；雄性腹部第 1、2 节背板和第 2 节腹板端部分别具黄色横带 ······ 背直盾蜾蠃 *Stenodynerus tergitus*
8. 个体较大，体长通常大于 10 mm ······ 大直盾蜾蠃 *Stenodynerus morbillosus*
   个体较小，体长通常小于 10 mm ······ 9
9. 腹部第 1～5 节背板或第 6 节端部具黄色或橘黄色横带 ······ 10

腹部第 1、2 节背板端部具黄色或锈色横带 ………………………………………………………………………… 11

10. 腹部第 2 节腹板基角为钝角 ……………………………… **尼泊尔直盾蜾蠃 *Stenodynerus nepalensis***

腹部第 2 节腹板基角为直角 ……………………………………………… **裸直盾蜾蠃 *Stenodynerus nudus***

11. 并胸腹节后区几乎光滑 ……………………………………………**内曲直盾蜾蠃 *Stenodynerus incurvitus***

并胸腹节后区具长的横皱 ………………………………………………………………………………………… 12

12. 前胸背板前斜面 1 对窝穴连接形成 1 个大窝穴；腹部第 1 节背板前斜面几乎无刻点 ……………………… ……………………………………………………………………… **台湾直盾蜾蠃 *Stenodynerus taiwanus***

前胸背板前斜面的窝穴连接在一起形成 U 形或 V 形；腹部第 1 节背板前斜面具粗糙刻点……………… 13

13. 前胸背板前斜面的窝穴较浅，U 形 ………………………………… **福直盾蜾蠃 *Stenodynerus frauenfeldi***

前胸背板前斜面的窝穴明显，V 形 ………………………………………………………………………… 14

14. 腹部第 2 节腹板基部具 1 条长中纵沟 …………………………………………………………………………… 15

腹部第 2 节腹板基部具 1 条短中纵沟，有时退化 ……………………………………………………………… 19

15. 体具较大且密集的刻点；前胸背板前斜面与背区非垂直、明显具刻点 ……………………………………… ……………………………………………………………………… **中华直盾蜾蠃 *Stenodynerus chinensis***

体具较上述小且稀疏的刻点；前胸背板前斜面几乎与背区垂直、呈垂直面，散生刻点 ………………… 16

16. 唇基刻点明显；复眼窝具 1 个红棕色斑；前胸背板横脊完整 … **宁蒗直盾蜾蠃 *Stenodynerus ningliangensis***

唇基刻点浅弱；复眼窝无斑；前胸背板横脊中间间断 ……………………………………………………… 17

17. 腹部第 1、2 节背板具细小刻点；翅基片光滑 ……………………… **丰直盾蜾蠃 *Stenodynerus copiosus***

腹部第 1、2 节背板具粗糙刻点；翅基片散生刻点 ……………………………………………………… 18

18. 前胸背板前斜面的 V 形窝穴开口较宽；腹部第 2 节背板端部刻点较浅且稀疏；雄性抱握器端部略平截 … ……………………………………………………………………**类巴氏直盾蜾蠃 *Stenodynerus similibaronii***

前胸背板前斜面的 V 形窝穴开口较窄；腹部第 2 节背板端部刻点较深且密集；雄性抱握器端部较圆 …… ……………………………………………………………………… **巴氏直盾蜾蠃 *Stenodynerus baronii***

19. 雌性唇基基部为黄色；雄性触角第 13 节较宽，其端部较钝 …… **凹触直盾蜾蠃 *Stenodynerus clypeopictus***

雌性唇基为纯黑色；雄性触角第 13 节较窄，并由基部向端部变窄 ……………………………………… 20

20. 腹部第 2 节腹板基部无中纵沟 ………………………………………………………………………………… 21

腹部第 2 节腹板基部具 1 条短中纵沟 …………………………………………………………………………… 22

21. 前胸背板两侧无明显肩角；第 2 节背板具稀疏、不明显刻点 ……… **青直盾蜾蠃 *Stenodynerus bluethgeni***

前胸背板两侧具明显肩角；第 2 节背板具明显刻点 ……………… **羊直盾蜾蠃 *Stenodynerus chevrieranus***

22. 前胸背板前斜面的窝穴上方具短横皱；腹部并胸腹节围脊发达 ……… **丧直盾蜾蠃 *Stenodynerus funebris***

前胸背板前斜面的窝穴上方无横皱；腹部并胸腹节围脊退化 ……… **内蒙古直盾蜾蠃 *Stenodynerus pullus***

231. 巴氏直盾蜾蠃 *Stenodynerus baronii* Giordani Soika, 1975

【测量】 雌性体长 6.8 ~ 7.2 mm，前翅长 6.0 ~ 6.2 mm；雄性体长 6.5 ~ 6.9 mm，前翅长 5.7 ~ 6.0 mm。

【形态特征】 体黑色，具红棕色斑，其中雌性唇基基部具弧形红棕色条带，雄性唇基为纯黄色，前胸背板前基部不连接的斑、后胸背板、腹部第 1 ~ 3 节背板端部条带为红棕色（第 3 节的条带相对较窄）。唇基密生粗糙刻点（端部略密），中部略凸起，宽略大于长，雌性唇基从中部至端部具侧纵脊、略呈铲状，端缘弧形凹陷。前胸背板前斜面的 V 形窝穴开口较窄；翅基片散生细微浅刻点。腹部第 2 节背板及腹板近端缘刻点较深且密集，具 1 排深刻点而呈横沟状、端缘略向上反翘，第 2 节腹板基部具中纵沟延长至中部；雄性抱握器端部较圆。

【地理分布】 西藏（墨脱）；不丹。

图 2-231-1 巴氏直盾蜾蠃 *Stenodynerus baronii* 雄性背面观

图 2-231-2 巴氏直盾蜾蠃 *Stenodynerus baronii* 雌性头部正面观

图 2-231-3 巴氏直盾蜾蠃 *Stenodynerus baronii* 雄性头部及前胸背面观

图 2-231-4 巴氏直盾蜾蠃 *Stenodynerus baronii* 雄性外生殖器正面观

图 2-231-5 巴氏直盾蜾蠃 *Stenodynerus baronii* 地理分布图

232. 青直盾蜾蠃 *Stenodynerus bluethgeni* van der Vecht, 1971

【测量】 雌性体长 6.3 ~ 6.5 mm，前翅长 4.7 ~ 5.8 mm；雄性体长 5.9 ~ 6.1 mm，前翅长 4.6 ~ 5.5 mm。

【形态特征】 体具淡黄色斑，其中雌性唇基纯黑色，雄性唇基纯黄色。雌性唇基略凸起，长略大于宽，疏生小刻点，端部具侧纵脊，端缘中部凹陷；雄性触角第 13 节较窄，并由基部向端部变窄。前胸背板前斜面几乎与背区垂直，具 V 形窝穴，前胸脊完整且发达。腹部第 1 节背板半圆形，密生粗糙刻点，宽略大于长（1.3 倍），第 2 节背板刻点较第 1 节略稀疏且小，端部刻点较其余部分的刻点略大，第 1、2 节背板近端缘刻点均更密、未形成横沟且端缘未向上反翘；第 2 节腹板基部无中纵沟，基角为钝角；生殖器抱握器较窄、呈刀片状。

【地理分布】 吉林（延吉）、陕西（安康）；荷兰，比利时，德国，法国，西班牙，意大利，瑞士，奥地利，匈牙利，捷克，斯洛伐克，白俄罗斯，俄罗斯，塞尔维亚，保加利亚，阿尔巴尼亚，希腊，塞浦路斯，土耳其，伊朗。

图 2-232-1　青直盾蜾蠃 *Stenodynerus bluethgeni* 雌性背面观

图 2-232-2　青直盾蜾蠃 *Stenodynerus bluethgeni* 雌性头部正面观

图 2-232-3　青直盾蜾蠃 *Stenodynerus bluethgeni* 雌性头部及前胸背面观

图 2-232-4　青直盾蜾蠃 *Stenodynerus bluethgeni* 雄性外生殖器正面观

图 2-232-5　青直盾蜾蠃 *Stenodynerus bluethgeni* 地理分布图

233. 羊直盾蜾蠃 *Stenodynerus chevrieranus* (de Saussure, 1855)

【测量】 雌性体长 7.0 mm，前翅长 5.0 mm；雄性体长 6.0 mm。

【形态特征】 体黑色，具大量黄色斑。唇基凸起，宽大于长，疏生深刻点、刻点间光滑，端部明显窄于两触角窝内缘间距；两侧具短侧纵脊、端缘中部微凹陷；额区、头顶及颊区密生刻点，接近后头脊区域刻点相对较密；后单眼后方具 1 个深窝穴，窝穴后缘呈脊状，宽小于两后单眼间距。前胸背板密生刻点，前胸脊发达且两侧呈角状；中胸盾片疏生刻点，刻点间明显光滑且具光泽，后端具盾纵沟。腹部第 1、2 节背板密生刻点且接近端缘，第 1 节背板宽大于长，第 2 节背板长大于宽，端缘前略凹陷，端缘略向上反翘。

【地理分布】 新疆（克拉玛依）；法国，西班牙，葡萄牙，意大利，瑞典，德国，奥地利，匈牙利，波兰，捷克，白俄罗斯，塞尔维亚，保加利亚，罗马尼亚，阿尔巴尼亚，希腊，土耳其，伊朗。

图 2-233-1　羊直盾蜾蠃 *Stenodynerus chevrieranus* 雌性背面观

图 2-233-3　羊直盾蜾蠃 *Stenodynerus chevrieranus* 雌性头部及前胸背面观

图 2-233-2　羊直盾蜾蠃 *Stenodynerus chevrieranus* 雌性头部正面观

图 2-233-4　羊直盾蜾蠃 *Stenodynerus chevrieranus* 地理分布图

234. 中华直盾蜾蠃 *Stenodynerus chinensis* (de Saussure, 1863)

【测量】 雌性体长 6.5 ~ 7.5 mm，前翅长 5.0 ~ 6.0 mm；雄性体长 6.0 ~ 7.0 mm，前翅长 5.0 ~ 5.5 mm。

【形态特征】 体黑色，具大量黄色斑，其中雌性唇基基部具 1 对黄色斑（斑有时相连），腹部第 1、2 节背板端部具宽的黄色条带，翅黑褐色，具紫色光泽。唇基宽大于长，具中等密度刻点，端缘中等凹陷；前胸背板前面倾斜、具明显刻点，窝穴明显 V 形；后胸背板中纵沟明显，且将背区明显分成两部分。腹部第 1 节背板前斜面圆弧形、密生粗糙刻点，第 1、2 节背板端部刻点明显更密、到达端缘，近端缘前呈横沟状，端缘略反翘，第 2 节腹板基部具 1 条中纵沟，基角为钝角。

【地理分布】 河北、河南（信阳、卢氏）、陕西（渭南华州区、宝鸡、西安、安康）、江苏（徐州）、安徽（六安、黄山）、浙江（慈溪）、湖北（武当山、神农架）、江西（赣州、抚州）、福建（武夷山）、广西（金秀）、重庆（酉阳、江津、梁平、沙坪坝、城口）、四川（峨眉山、都江堰）、贵州（凯里）、云南（文山）、台湾。

图 2-234-1 中华直盾蜾蠃 *Stenodynerus chinensis* 雌性背面观

图 2-234-2 中华直盾蜾蠃 *Stenodynerus chinensis* 雌性头部及前胸背面观

图 2-234-3 中华直盾蜾蠃 *Stenodynerus chinensis* 雄性外生殖器正面观

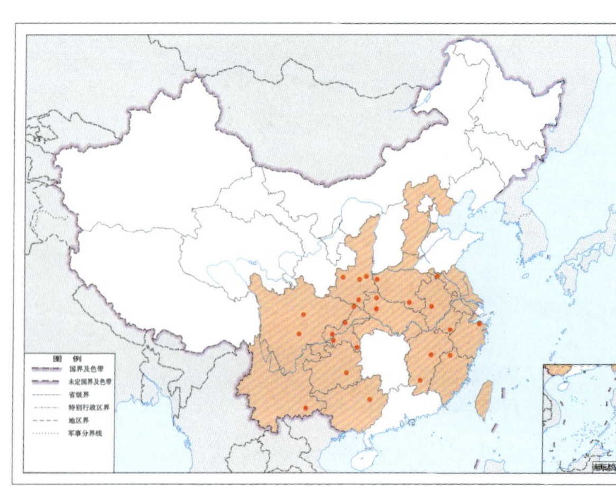

图 2-234-4 中华直盾蜾蠃 *Stenodynerus chinensis* 地理分布图

图 2-234-5　中华直盾蜾蠃 *Stenodynerus chinensis* 生态图（浙江台州　许威　摄）

235. 凹触直盾蜾蠃 *Stenodynerus clypeopictus* (Kostylev, 1940)

【测量】 雌性体长 5.8 ~ 6.5 mm，前翅长 4.5 ~ 5.0 mm；雄性体长 5.5 ~ 6.0 mm，前翅长 4.5 ~ 5.0 mm。

【形态特征】 体黑色，具黄色斑。雌性头顶窝穴小，不明显；雄性触角第 13 节较宽；唇基宽略大于长，具不均匀刻点，整体散生浅刻点，从中部至端部具侧纵脊，端部呈铲状，端缘中部微凹陷；雄性触角第 11 节腹面凹陷，第 13 节向后折回至第 11 节中部，钩状的端缘较钝。前胸背板前垂直面的窝穴明显 V 形；后胸背板中纵沟明显且将背区明显分成两部分。腹部第 2 节腹板基部具 1 条短中纵沟，有时退化状。

【地理分布】 陕西（西安）、江苏（徐州）、浙江（慈溪）、江西；西班牙，法国，意大利，德国，奥地利，匈牙利，塞尔维亚，保加利亚，阿塞拜疆，哈萨克斯坦，俄罗斯，韩国，日本。

图 2-235-1　凹触直盾蜾蠃 *Stenodynerus clypeopictus* 雌性背面观

图 2-235-2　凹触直盾蜾蠃 *Stenodynerus clypeopictus* 雌性头部正面观

图 2-235-3　凹触直盾蜾蠃 *Stenodynerus clypeopictus* 雌性头部及前胸背面观

图 2-235-4　凹触直盾蜾蠃 *Stenodynerus clypeopictus* 雄性触角

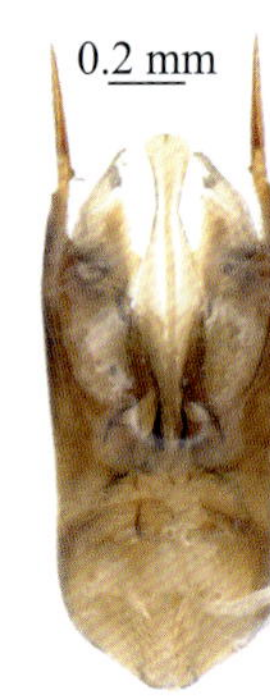

图 2-235-5　凹触直盾蜾蠃 *Stenodynerus clypeopictus* 雄性外生殖器正面观

图 2-235-6　凹触直盾蜾蠃 *Stenodynerus clypeopictus* 地理分布图

236. 丰直盾蜾蠃 *Stenodynerus copiosus* Gusenleitner, 2012

【测量】 雌性体长 7.5 ~ 8.5 mm，前翅长 6.5 ~ 7.0 mm；雄性体长 6.5 mm，前翅长 6.0 mm。

【形态特征】 体黑色，具黄色斑，雌、雄性唇基纯黑色，复眼窝无黄色斑。雌性唇基无侧纵脊，雌、雄性唇基均明显密生刻点，端缘中部凹陷深，两侧明显呈齿状；雌性头顶窝穴小而深，略大于其后区刻点；整个胸部密生粗糙网状刻点，较头部的略大。前胸脊中间间断，前斜面几乎垂直，疏生刻点，窝穴明显呈 V 形；翅基片光滑；后胸背板中沟明显；并胸腹节背区和侧区密生网状刻点，刻点明显大于胸部其余部分的刻点，后区凹陷，密生均匀的刻点，呈网状，下部具短中纵脊。腹部第 1、2 节背板密生刻点，其中第 1 节背板的刻点较第 2 节背板的略密且大；第 2 节背板接近端缘处刻点明显密集致该区域略凹陷，端缘略向上反翘，端缘光滑、无刻点。

【地理分布】 山西（吕梁）、陕西。

图 2-236-1　丰直盾蜾蠃 *Stenodynerus copiosus* 雄性背面观

图 2-236-2　丰直盾蜾蠃 *Stenodynerus copiosus* 雌性头部正面观

图 2-236-3　丰直盾蜾蠃 *Stenodynerus copiosus* 雌性头部及前胸背面观

图 2-236-4　丰直盾蜾蠃 *Stenodynerus copiosus* 雄性头部正面观

图 2-236-5　丰直盾蜾蠃 *Stenodynerus copiosus* 地理分布图

237. 福直盾蜾蠃 *Stenodynerus frauenfeldi* (de Saussure, 1867)

【测量】 雌性体长 7.0 ~ 8.0 mm，前翅长 5.5 ~ 6.6 mm；雄性体长 7.0 ~ 7.5 mm，前翅长 5.0 ~ 6.0 mm。

【形态特征】 体黑色，具大量黄色斑，其中雌性唇基基部至中部为黄色，前胸背板及腹部第 1、2 节背板端具黄色宽条带且两侧向前延伸。雌性唇基宽略大于长，端部刻点较基部密，2/3 处向端部至端缘具侧纵脊，端缘中部凹陷，两侧短齿状；雄性触角第 13 节相对短小，向后折回至第 11 节基部；雌性头顶窝穴退化。前胸背板前斜面的窝穴较浅，呈 U 形，窝穴上方具短横皱；后胸背板中沟明显；并胸腹节后区具长的横皱。腹部第 1 节背板密生粗大刻点，第 2 节腹板基部的中纵沟弱、甚或退化。

图 2-237-1 福直盾蜾蠃 *Stenodynerus frauenfeldi* 雄性背面观

图 2-237-2 福直盾蜾蠃 *Stenodynerus frauenfeldi* 雌性头部正面观

【地理分布】 吉林（延吉、吉林）、河南（信阳）、陕西（华阴、安康、汉中、馒头山、宝鸡）、宁夏（固原）、安徽（六安、黄山）、湖北（武当山）、江西、重庆（沙坪坝、城口）、四川（达州、都江堰、峨眉山）、贵州（铜仁）、云南；俄罗斯，韩国，日本。

图 2-237-3 福直盾蜾蠃 *Stenodynerus frauenfeldi* 雌性头部及前胸背面观

图 2-237-4 福直盾蜾蠃 *Stenodynerus frauenfeldi* 雄性外生殖器正面观

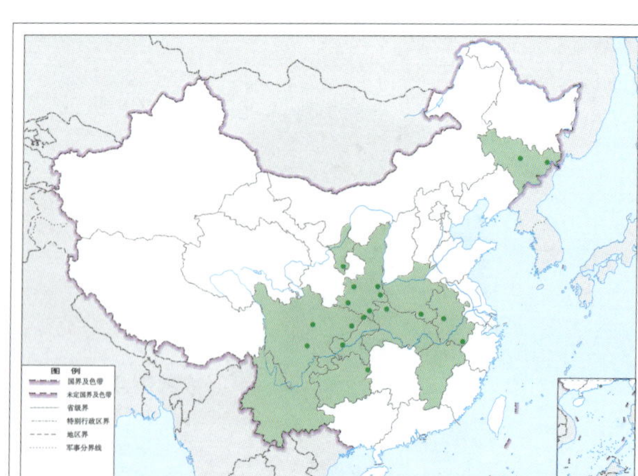

图 2-237-5 福直盾蜾蠃 *Stenodynerus frauenfeldi* 地理分布图

238. 丧直盾蜾蠃 *Stenodynerus funebris* (André, 1884)

【测量】 雌性体长 6.6 mm，前翅长 5.6 mm；雄性体长 6.0 ~ 6.5 mm。

【形态特征】 体黑色，具黄色斑，雌性唇基几乎为纯黑色。雌性唇基凸起，宽大于长，刻点中等密集，端部的刻点较基部的深，侧纵脊仅近端缘处存在，端缘中部深凹陷而两侧呈尖齿状；雄性触角第 13 节较窄，并由基部向端部变窄。前胸背板前斜面的窝穴上方具短横褶皱，窝穴明显呈 V 形；并胸腹节背区与侧区之间具围脊且发达。腹部第 1、2 节背板刻点略较中胸盾片刻点密，其中第 2 节背板刻点分布至端缘，端缘略向上反翘，第 2 节腹板基部具 1 条短中纵沟，有时退化状；雄性生殖器阳茎端部圆形，抱握器端部逐渐变窄。该物种与暗直盾蜾蠃 *Stenodynerus pullus* 相似，主要区别为：前胸背板前斜面的窝穴上方具短横皱，并胸腹节围脊发达，以及腹部第 2 节背板刻点较 *Stenodynerus pullus* 密集。

【地理分布】 吉林（延吉）、陕西（延安）、宁夏（银川、固原）、甘肃（平凉）；俄罗斯，韩国。

图 2-238-1　丧直盾蜾蠃 *Stenodynerus funebris* 雌性背面观

图 2-238-2　丧直盾蜾蠃 *Stenodynerus funebris* 雌性头部正面观

图 2-238-3　丧直盾蜾蠃 *Stenodynerus funebris* 雌性头部及前胸背面观

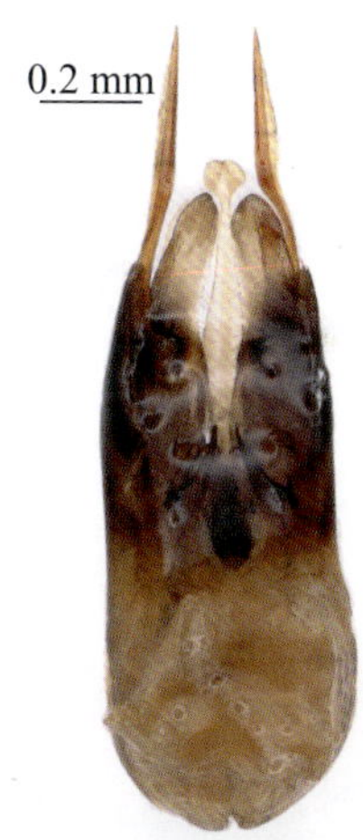

图 2-238-4　丧直盾蜾蠃 *Stenodynerus funebris* 雄性外生殖器正面观

图 2-238-5　丧直盾蜾蠃 *Stenodynerus funebris* 地理分布图

239. 尼泊尔直盾蜾蠃 *Stenodynerus nepalensis* Giordani Soika, 1985

【测量】 雌性体长 7.3 mm，前翅长 6.3 mm；雄性体长 7.0 mm，前翅长 6.1 mm。

【形态特征】 体黑色，具大量红棕色斑，其中雌性唇基全为红棕色，雄性唇基全为纯黄色，腹部各节背板端部均具棕红色条带。雌性唇基略凸起，宽略大于长，具粗糙刻点，无明显侧脊，端缘浅凹陷、两侧略呈齿状。前胸背板前斜面与背区几乎垂直，窝穴呈 V 形。腹部第 1 节背板宽略大于长，前斜面圆弧形；第 2 节背板端部无明显薄片，接近端缘处具 1 排深且大的刻点，形成 1 条横沟，横沟前方略隆起，其后端缘向上反翘；第 2 节腹板基部具中纵沟，基角为钝角。雄性生殖器阳茎端部圆形，抱握器端部宽于中部、略圆形。

【地理分布】 云南（迪庆）；尼泊尔，印度，泰国。

图 2-239-1　尼泊尔直盾蜾蠃 *Stenodynerus nepalensis* 雌性背面观

图 2-239-2　尼泊尔直盾蜾蠃 *Stenodynerus nepalensis* 雌性头部正面观

图 2-239-3　尼泊尔直盾蜾蠃 *Stenodynerus nepalensis* 雌性头部及前胸背面观

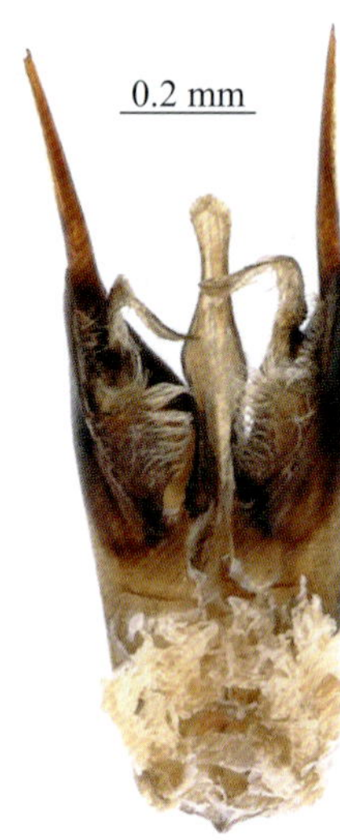

图 2-239-4　尼泊尔直盾蜾蠃 *Stenodynerus nepalensis* 雄性外生殖器正面观

图 2-239-5　尼泊尔直盾蜾蠃 *Stenodynerus nepalensis* 地理分布图

240. 宁蒗直盾蜾蠃 *Stenodynerus ningliangensis* Ma, Chen *et* Li, 2016

【测量】 雌性体长 7.2 mm，前翅长 5.6 mm；雄性未知。

【形态特征】 体黑色，除唇基基部两侧斑、触角间的斑及上颚基部均为黄色外，其余色斑均为棕红色；复眼凹陷具 1 个棕红色小斑。唇基密生刻点，宽明显大于长，中央略凸起；近基部至端部侧纵脊长，退化状，端缘中部凹陷且两侧呈齿突状。前胸脊完整，前斜面几乎垂直，窝穴略呈 V 形，窝穴上方具短横皱、两侧疏生刻点；并胸腹节背区和侧区密生大网状刻点，刻点明显大于胸部其余部分的刻点，围脊微弱，后区凹陷，具横脊和完整中纵脊；后胸背板无中纵沟。腹部第 2 节背板端部刻点较密集且深，端缘前凹陷呈横沟状，刻点未到达端缘，端缘无明显薄片、向上反翘。

【地理分布】 云南（丽江）。

图 2-240-1　宁蒗直盾蜾蠃 *Stenodynerus ningliangensis* 雌性背面观

图 2-240-3　宁蒗直盾蜾蠃 *Stenodynerus ningliangensis* 雌性头部及前胸背面观

图 2-240-2　宁蒗直盾蜾蠃 *Stenodynerus ningliangensis* 雌性头部正面观

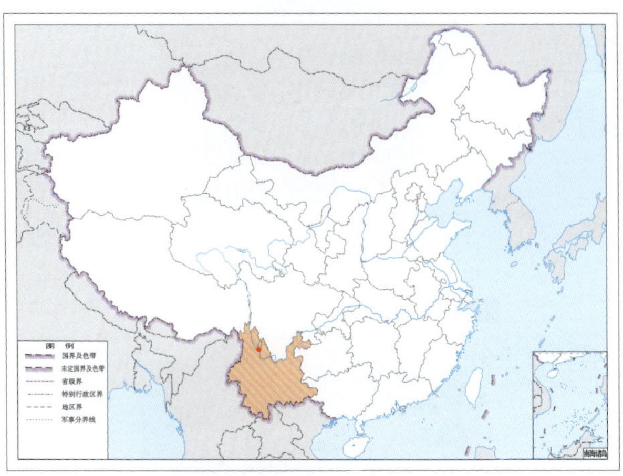

图 2-240-4　宁蒗直盾蜾蠃 *Stenodynerus ningliangensis* 地理分布图

241. 帕氏直盾蜾蠃指名亚种 *Stenodynerus pappi pappi* Giordani Soika, 1976

【测量】 雌性体长 7.5 ~ 8.5 mm，前翅长 7.0 ~ 8.0 mm；雄性体长 6.8 mm。

【形态特征】 体黑色，具少量黄色斑，雌性唇基黑色，胸部仅前胸背板前缘的 1 对小斑、旁翅基片及前足胫节外侧略为黄色，腹部第 1、2 节背板端部具黄色条带。唇基长约等于宽，密生粗糙刻点，中部凸起，从基部 2/3 处向端部至端缘具侧纵脊，呈铲状，端缘中部浅弧形凹陷。前胸脊退化状、两侧弧形无肩角，前胸背板前斜面具 2 个小的、分离的窝穴，仅略大于周围刻点；后胸背板具中纵沟。腹部第 1 节背板前斜面光滑、几乎与背区垂直且上部具中纵脊，背区密生粗大深刻点，宽大于长，端部几乎宽于基部；第 2 节背板近端缘处刻点略密，刻点明显未到达端缘，端缘明显宽且具窄薄片，整体向上反翘，第 2 节腹板基部具短中纵沟，基角为钝角；抱握器短宽，叶片状。

【地理分布】 陕西（宝鸡、延安、渭南华州区）、浙江、江西、台湾、重庆（石柱）；韩国。

图 2-241-1 帕氏直盾蜾蠃指名亚种 *Stenodynerus pappi pappi* 雌性背面观

图 2-241-2 帕氏直盾蜾蠃指名亚种 *Stenodynerus pappi pappi* 雌性头部正面观

图 2-241-3 帕氏直盾蜾蠃指名亚种 *Stenodynerus pappi pappi* 雌性头部及前胸背面观

图 2-241-4 帕氏直盾蜾蠃指名亚种 *Stenodynerus pappi pappi* 雄性外生殖器正面观

图 2-241-5 帕氏直盾蜾蠃指名亚种 *Stenodynerus pappi pappi* 地理分布图

242. 内蒙古直盾蜾蠃 *Stenodynerus pullus* Gusenleitner, 1981

【测量】 雌性体长 6.5 mm，前翅长 5.3 mm；雄性体长 5.5 mm，前翅长 5.0 mm。

【形态特征】 体黑色，具黄色斑。唇基明显凸起，宽大于长，刻点中等密度，从中部至端缘具退化状侧纵脊，端缘中部凹陷、两侧明显呈齿状；额区和头顶密生中刻点；颊区刻点较额区和头顶的略稀疏；雌性后单眼围起的区域略凸起，头顶窝穴小，略大于后方的刻点；雄性触角第 13 节较窄，并由基部向端部变窄。前胸背板前斜面的窝穴上方无横皱，窝穴呈 V 形；后胸背板中沟明显将背区分成两部分；并胸腹节围脊退化。腹部第 1 节背板宽略大于长，第 2 节背板近端缘刻点略更密且到达端缘，第 2 节腹板基部具 1 条短中纵沟，有时退化，基角为钝角。

【地理分布】 内蒙古（阿拉善）；土耳其，俄罗斯，蒙古，韩国。

图 2-242-1 内蒙古直盾蜾蠃 *Stenodynerus pullus* 雌性背面观

图 2-242-3 内蒙古直盾蜾蠃 *Stenodynerus pullus* 雌性头部及前胸背面观

图 2-242-2 内蒙古直盾蜾蠃 *Stenodynerus pullus* 雌性头部正面观

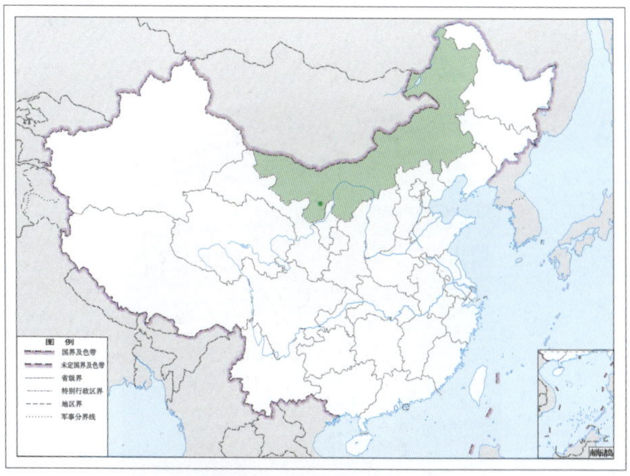

图 2-242-4 内蒙古直盾蜾蠃 *Stenodynerus pullus* 地理分布图

243. 曲直盾蜾蠃 *Stenodynerus reflexus* Ma, Chen *et* Li, 2016

【测量】 雌性体长 7.4 mm，前翅长 5.8 mm；雄性未知。

【形态特征】 体黑色，具红棕色斑，前翅缘室端部明显具黑褐色斑。唇基中央凸起，宽大于长，稀生刻点，从近基部向端部至端缘具侧纵脊，端缘中部微凹陷，端部宽略大于两触角窝内缘间的距离；额区密生刻点；头顶刻点较额区的略稀疏，窝穴小、退化状。前胸背板前面略倾斜，具 1 对圆形窝穴，2 个窝穴间的距离小于窝穴直径，窝穴两侧具明显刻点，前胸脊不发达，但完整；后胸背板无中纵沟。腹部第 1 节背板明显宽大于长，端部等宽或仅略宽于基部，背板前斜面与背区几乎垂直，几乎光滑，上部具中纵脊；第 2 节背板端缘前具 1 排深刻点；端缘呈宽薄片状向上反翘、光滑无刻点；第 2 节腹板稀生刻点，基部具 1 条极短中纵沟，基角为直角。

【地理分布】 云南（腾冲）。

图 2-243-1　曲直盾蜾蠃 *Stenodynerus reflexus* 雌性背面观

图 2-243-3　曲直盾蜾蠃 *Stenodynerus reflexus* 雌性头部及前胸背面观

图 2-243-2　曲直盾蜾蠃 *Stenodynerus reflexus* 雌性头部正面观

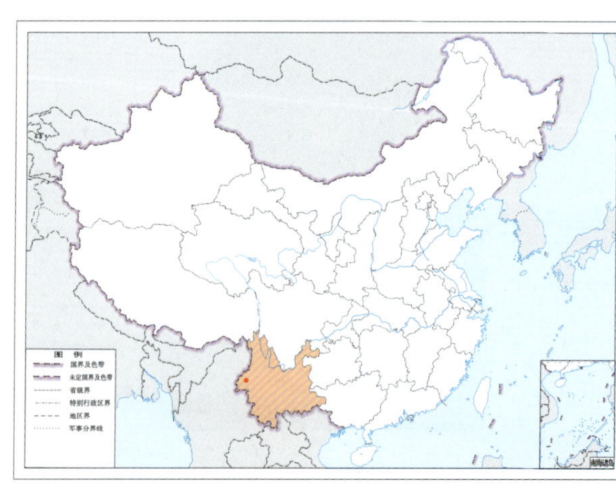

图 2-243-4　曲直盾蜾蠃 *Stenodynerus reflexus* 地理分布图

244. 类巴氏直盾蜾蠃 *Stenodynerus similibaronii* Ma, Chen *et* Li, 2016

【测量】 雌性体长 8.0 ~ 8.6 mm，前翅长 7.8 ~ 8.0 mm；雄性体长 7.5 ~ 8.0 mm，前翅长 7.0 ~ 7.7 mm。

【形态特征】 体黑色，具棕红色斑，翅褐色，前翅缘室具黑褐色斑。唇基中央凸起，宽略大于长，具粗糙刻点，其中端部刻点较基部大、刻点间略呈脊状，端缘中部中度凹陷、两侧齿状明显；额区和头顶密生网状刻点；头顶窝穴退化状，几乎与周围刻点等大，不能明显分辨。前胸背板前斜面的 V 形窝穴开口较宽；翅基片散生浅小刻点。腹部第 1 节背板宽几乎等于长，端部明显宽于基部，前斜面圆弧形；第 2 节背板端部近端缘具 1 排较浅且稀疏的刻点，形成 1 条横沟，刻点未到达端缘，端缘光滑、向上反翘；雄性抱握器端缘略平截状。

【地理分布】 云南（腾冲）。

图 2-244-1　类巴氏直盾蜾蠃 *Stenodynerus similibaronii* 雌性背面观

图 2-244-2　类巴氏直盾蜾蠃 *Stenodynerus similibaronii* 雌性头部正面观

图 2-244-3　类巴氏直盾蜾蠃 *Stenodynerus similibaronii* 雌性头部及前胸背面观

图 2-244-4　类巴氏直盾蜾蠃 *Stenodynerus similibaronii* 雄性外生殖器正面观

图 2-244-5　类巴氏直盾蜾蠃 *Stenodynerus similibaronii* 地理分布图

245. 纹直盾蜾蠃 *Stenodynerus strigatus* Ma, Chen *et* Li, 2016

【测量】 雌性体长 8.3 mm，前翅长 7.7 mm；雄性未知。

【形态特征】 体黑色，背面观的色斑几乎全为红棕色，唇基基部及端部具不明显的小黄色斑，前翅的前缘至端部明显黑褐色。唇基中央凸起，宽大于长，中部至端部呈平坦状，端缘中部略凹陷、几乎平截状；额区和头顶密生网状刻点；后单眼后方窝穴退化。前胸背板前斜面疏生刻点，具 1 对圆形窝穴，窝穴间的间距大于窝穴的直径；后胸背板无中沟，仅前缘略凹陷；并胸腹节围脊微弱。腹部第 1 节背板宽大于长，端部与基部几乎等宽，背区与前斜面几乎垂直，前垂直面具 2 条横脊；腹部第 2 节背板端部尤其近端缘刻点明显更密，端缘前凹陷呈横沟状，刻点未到达端缘，端缘明显呈宽薄片状，光滑，向上反翘；第 2 节腹板稀生刻点，基部无中纵脊，基角为直角。

【地理分布】 陕西（安康）。

图 2-245-1　纹直盾蜾蠃 *Stenodynerus strigatus* 雌性背面观

图 2-245-3　纹直盾蜾蠃 *Stenodynerus strigatus* 雌性头部及前胸背面观

图 2-245-2　纹直盾蜾蠃 *Stenodynerus strigatus* 雌性头部正面观

图 2-245-4　纹直盾蜾蠃 *Stenodynerus strigatus* 地理分布图

246. 窄片直盾蜾蠃 *Stenodynerus tenuilamellatus* Ma, Chen *et* Li, 2016

【测量】 雌性体长 8.0 mm，前翅长 6.7 mm；雄性未知。

【形态特征】 体黑色，具大量红棕色斑，前翅前缘至端部为黑褐色。唇基中央凸起，宽略大于长，稀生刻点，侧脊退化状，端缘略凹陷；头顶窝穴退化状，几乎与周围刻点等大。前胸背板具 1 对相连的窝穴，但未融合成一体；后胸背板无中沟；并胸腹节背区和侧区密生大网状刻点，刻点明显大于胸部其余部分的刻点，围脊中度发达，后区凹陷，具长的横脊和完整中纵脊。腹部第 1 节背板宽大于长，前斜面几乎与背区垂直，具零星刻点，斜面上半部分具中纵脊；第 2 节背板端缘前密生刻点，呈凹陷的窄横沟状，刻点接近边缘，端缘呈窄的薄片状、向上反翘。

【地理分布】 云南（腾冲）。

图 2-246-1　窄片直盾蜾蠃 *Stenodynerus tenuilamellatus* 雌性背面观

图 2-246-3　窄片直盾蜾蠃 *Stenodynerus tenuilamellatus* 雌性头部及前胸背面观

图 2-246-2　窄片直盾蜾蠃 *Stenodynerus tenuilamellatus* 雌性头部正面观

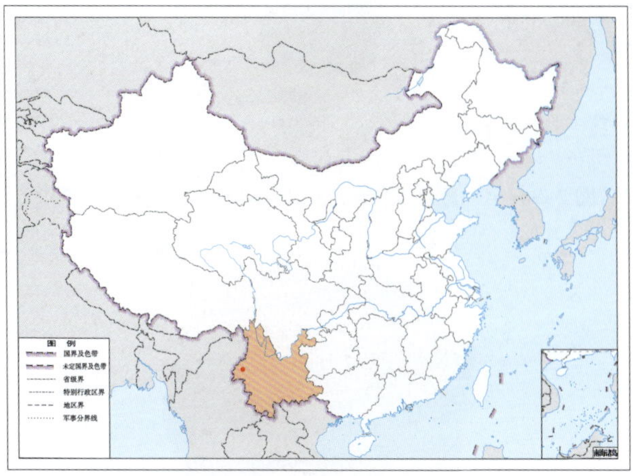

图 2-246-4　窄片直盾蜾蠃 *Stenodynerus tenuilamellatus* 地理分布图

247. 背直盾蜾蠃 *Stenodynerus tergitus* Kim, 1999

【测量】 雌性体长 6.5 ~ 7.5 mm，前翅长 5.5 ~ 6.5 mm；雄性体长 5.5 ~ 6.5 mm，前翅长 5.0 ~ 6.0 mm。

【形态特征】 体黑色，具黄色斑，雄性唇基纯黄色，雌性唇基黑色或基部具 1 对黄色斑，腹部第 1、2 节背板和第 2 节腹板端部分别具黄色条带。雌性唇基密生粗糙刻点，无明显侧纵脊，端缘深凹陷，两侧齿不明显。中胸侧板稀生小刻点；前胸背板前斜面具 1 个 V 形窝穴，窝穴两侧稀生中刻点，前胸脊完整且发达；后胸背板中纵沟将其分成左右两部分。腹部第 1 节背板宽略大于或等于长，前斜面与背区不垂直、圆弧形，端部明显宽于基部，具粗糙刻点，无中纵脊；第 2 节背板近端缘处明显密生刻点，略呈凹陷状，刻点未到达端缘，端缘呈宽的光滑薄片状、明显向上反翘；第 2 节腹板基部具 1 条短中纵沟，基角为钝角；抱握器片状，逐渐变窄，端部圆钝。

【地理分布】 陕西（商洛）、湖北（神农架）；韩国。

图 2-247-1　背直盾蜾蠃 *Stenodynerus tergitus* 雄性背面观

图 2-247-2　背直盾蜾蠃 *Stenodynerus tergitus* 雌性头部正面观

图 2-247-3　背直盾蜾蠃 *Stenodynerus tergitus* 雄性头部及前胸背面观

图 2-247-4　背直盾蜾蠃 *Stenodynerus tergitus* 雄性外生殖器正面观

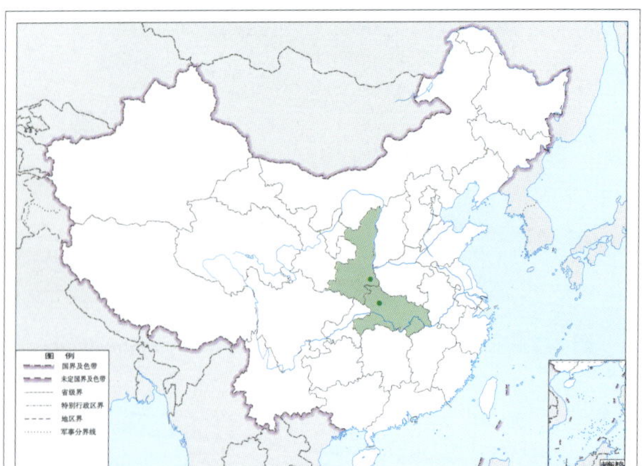

图 2-247-5　背直盾蜾蠃 *Stenodynerus tergitus* 地理分布图

四七、亚沟蜾蠃属 *Subancistrocerus* de Saussure, 1855

【形态特征】 本属体型与直盾蜾蠃属 *Stenodynerus* 近似。主要区别在于雄性触角第 13 节明显变宽，第 9～12 节常不同程度凹陷；前胸脊不明显，无肩角；腹部第 1 节背板前斜面及背区基部具 2 条横脊，2 条横脊在两侧相互靠拢；背面观腹部第 1 节背板宽略大于长。

【地理分布】 主要分布于东洋区，少数种类分布于非洲区、澳洲区。

【分类】 该属世界已知 30 种，我国已知 6 种，本图鉴收录 5 种。

中国亚沟蜾蠃属 *Subancistrocerus* 分种检索表

1. 雌性触角 12 节；腹部可见 6 节 ………… 2
　雄性触角 13 节；腹部可见 7 节 ………… 7
2. 体被白色斑 ………… 斯氏亚沟蜾蠃 ***Subancistrocerus sichelii***
　体被黄色或红棕色斑 ………… 3
4. 唇基长略大于宽 ………… 港口亚沟蜾蠃 ***Subancistrocerus kankauensis***
　唇基宽略大于长 ………… 5
5. 中胸小盾片具由深刻点排成的纵沟，似盾纵沟 ………… 骆驼亚沟蜾蠃 ***Subancistrocerus camicrus***
　中胸小盾片刻点间未排成纵沟 ………… 6
6. 腹部第 2 节腹板刻点稀疏 ………… 凹亚沟蜾蠃 ***Subancistrocerus compressus***
　腹部第 2 节腹板刻点较上述密集 ………… 景洪亚沟蜾蠃 ***Subancistrocerus jinghongensis***
7. 前足腿节基部腹面凹陷 ………… 凹亚沟蜾蠃 ***Subancistrocerus compressus***
　前足腿节基部正常、无凹陷 ………… 8
8. 前足第 1 跗节直或仅稍微弯曲，长圆柱形，长为宽的 7 倍 ………… 斯氏亚沟蜾蠃 ***Subancistrocerus sichelii***
　前足第 1 跗节向背部呈弓形，长小于宽的 7 倍 ………… 9
9. 中足第 1 跗节短，明显短于后几节跗节之和，且明显弯曲 ………… 景洪亚沟蜾蠃 ***Subancistrocerus jinghongensis***
　中足第 1 跗节与上述不同 ………… 10
10. 触角第 8～10 节腹面无凹陷或凹陷不明显 ………… 港口亚沟蜾蠃 ***Subancistrocerus kankauensis***
　触角第 8～10 节腹面具深凹陷 ………… 骆驼亚沟蜾蠃 ***Subancistrocerus camicrus***

248. 骆驼亚沟蜾蠃 *Subancistrocerus camicrus* (Cameron, 1904)

【测量】 雌性体长 6.6 mm，前翅长 5.0 mm；雄性体长 6.4 mm，前翅长 4.9 mm。

【形态特征】 体黑色，具黄色斑；前翅缘室端部具褐色斑。唇基宽略大于长，从中部至端部为平坦区，除端部外大部分疏生刻点，端部无毛和刻点，光滑，端缘中部略凹陷，两侧呈短齿突状；雄性触角第 8～10 节腹面具深凹陷，第 13 节端部变窄且侧缘略弯曲、端部明显比基部窄。前胸背板前斜面中间具 1 对圆窝穴，两侧疏生刻点；小盾片具由深刻点排成的纵沟，似盾纵沟；并胸腹节背区具蜂窝状刻点，侧区革质，后区凹陷，中间具完整中纵脊、两侧革质；前足第 1 跗节向背部呈弓形，长小于宽的 7 倍。腹部第 1 节背板刻点较第 2 节密；第 2 节背板近端缘刻点较其余区域密，其中端缘前具 1 排大而深的刻点，呈横沟状；第 2 节腹板疏生刻点。

【地理分布】 广西（百色）、四川（凉山）、云南（文山、德宏、临沧、保山、普洱、昭通、西双版纳）、西藏（墨脱）；印度，尼泊尔，泰国，老挝，马来西亚。

图 2-248-1 骆驼亚沟蜾蠃 *Subancistrocerus camicrus* 雄性背面观

图 2-248-3 骆驼亚沟蜾蠃 *Subancistrocerus camicrus* 雄性触角

图 2-248-2 骆驼亚沟蜾蠃 *Subancistrocerus camicrus* 雌性头部正面观

图 2-248-4 骆驼亚沟蜾蠃 *Subancistrocerus camicrus* 地理分布图

249. 凹亚沟蜾蠃 *Subancistrocerus compressus* Li *et* Chen, 2014

【测量】 雌性体长 5.0 mm，前翅长 5.5 mm；雄性体长 5.0 mm，前翅长 6.0 mm。

【形态特征】 体黑色，具黄色至棕黄色斑；前翅缘室除基部外绝大部分为褐色。雌性唇基宽略大于长，中部纵向具平坦区且呈凹陷状，端缘 V 形凹陷具透明薄片区。前胸背板前斜面中间具 1 对圆窝穴，两侧疏生刻点；并胸腹节背区具蜂窝状刻点，侧区革质，后区凹陷，中间具完整中纵脊，两侧革质。雄性前足腿节基部腹面凹陷；雄性触角第 8 ~ 10 节腹面无凹陷，第 13 节扁大，端部不明显变窄，仅略窄于基部，向后折回至第 11 节基部。

【地理分布】 云南（西双版纳）。

图 2-249-1 凹亚沟蜾蠃 *Subancistrocerus compressus* 雄性背面观

图 2-249-2 凹亚沟蜾蠃 *Subancistrocerus compressus* 雌性头部正面观

图 2-249-3 凹亚沟蜾蠃 *Subancistrocerus compressus* 雄性触角

图 2-249-4 凹亚沟蜾蠃 *Subancistrocerus compressus* 地理分布图

250. 景洪亚沟蜾蠃 *Subancistrocerus jinghongensis* Li *et* Chen, 2014

【测量】 雌性体长 6.0 mm，前翅长 5.5 mm；雄性体长 5.0 mm，前翅长 5.5 mm。

【形态特征】 体黑色，具黄色斑；前翅缘室端部具褐色斑。雌性唇基宽略大于长，从基部至端部纵向绝大部分平坦但不凹陷，疏生刻点及长毛，端缘中部略凹陷；雄性唇基除中间和端部外为黑色，凹陷较雌性深；雄性触角第 7～10 节腹面凹陷，第 13 节基部两侧略向内凹陷、中部宽、端部窄。并胸腹节背区具蜂窝状刻点，侧区上部具刻点、下部具横皱，后区凹陷，中间具完整中纵脊，两侧具横皱。腹部第 2 节腹板密生刻点，背板及腹板近端缘分别具 1 排深刻点，呈横沟状。

【地理分布】 云南（西双版纳）。

图 2-250-1　景洪亚沟蜾蠃 *Subancistrocerus jinghongensis*
雌性背面观

图 2-250-3　景洪亚沟蜾蠃 *Subancistrocerus jinghongensis*
雄性触角

图 2-250-2　景洪亚沟蜾蠃 *Subancistrocerus jinghongensis*
雌性头部正面观

图 2-250-4　景洪亚沟蜾蠃 *Subancistrocerus jinghongensis*
地理分布图

251. 港口亚沟蜾蠃 *Subancistrocerus kankauensis* (von Schulthess, 1934)

【测量】 雌性体长 7.1 mm，前翅长 5.3 mm；雄性体长 6.3 mm，前翅长 5.3 mm。

【形态特征】 体黑色，具黄色至棕黄色斑；前翅缘室端部具浅褐色斑。唇基长略大于宽，雌性基部刻点较端部密，平坦区几乎从基部至端部、不凹陷，端缘部略凹陷，两侧呈齿突状，雄性唇基端缘凹陷较雌性深。额区和头顶密生网状刻点，颊区密生刻点不呈网状；雄性触角第 8 ~ 10 节腹面无明显深凹陷，第 13 节仅端部较基部略窄。前胸背板前垂直面中间具 1 对圆窝穴，两边疏生刻点。腹部第 1 节背板具密集刻点，第 2 节背板及腹板近端缘的刻点不明显更密集，未明显呈横沟状。

【地理分布】 河南（卢氏）、江西（新岗山）、广西（百色、岑溪、桂林）、重庆（北碚）、云南（铜壁关）、西藏。

图 2-251-1 港口亚沟蜾蠃 *Subancistrocerus kankauensis* 雌性背面观

图 2-251-3 港口亚沟蜾蠃 *Subancistrocerus kankauensis* 雄性触角局部

图 2-251-2 港口亚沟蜾蠃 *Subancistrocerus kankauensis* 雌性头部正面观

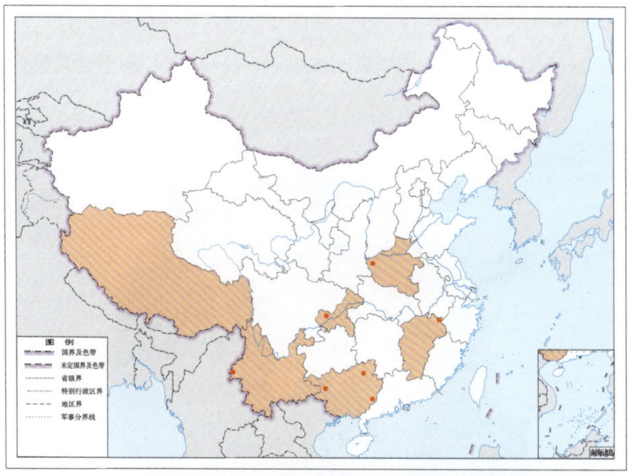

图 2-251-4 港口亚沟蜾蠃 *Subancistrocerus kankauensis* 地理分布图

252. 斯氏亚沟蜾蠃 *Subancistrocerus sichelii* (de Saussure, 1855)

【测量】 雌性体长 6.5 ~ 7.0 mm，前翅长 5.3 mm；雄性体长 6.3 ~ 6.6 mm，前翅长 4.8 ~ 5.5 mm。

【形态特征】 体黑色，除触角具棕黄色斑外，其余具象牙白色斑，前翅缘室无明显褐色斑。额区和头顶密生网状刻点，颊区具密集刻点。雌性唇基宽略大于长，除两侧外几乎全平坦，平坦区基部刻点稀疏、端部刻点较密，端部略凹陷；雄性触角第 8 ~ 10 节腹面略凹陷，第 13 节中部两侧弯曲，端部明显较基部窄。并胸腹节背区具蜂窝状刻点，侧区具蜂窝状刻点，后区凹陷，中间具完整中纵脊、两侧革质；雄性前足第 1 跗节直或仅稍微弯曲，长圆柱形，长为宽的 7 倍。腹部第 2 节背板具中等密度刻点，基部略凸起；第 2 节背板及腹板近端缘的刻点不明显更密集，无横沟状凹陷。

【地理分布】 广西（防城港、崇左）、四川（攀枝花）、云南（德宏、西双版纳、保山）、西藏（墨脱）；塞舌尔，印度，斯里兰卡，查戈斯群岛，尼泊尔，缅甸，泰国，柬埔寨，越南，马来西亚，新加坡。

图 2-252-1 斯氏亚沟蜾蠃 *Subancistrocerus sichelii* 雌性背面观

图 2-252-3 斯氏亚沟蜾蠃 *Subancistrocerus sichelii* 雄性触角

图 2-252-2 斯氏亚沟蜾蠃 *Subancistrocerus sichelii* 雌性头部正面观

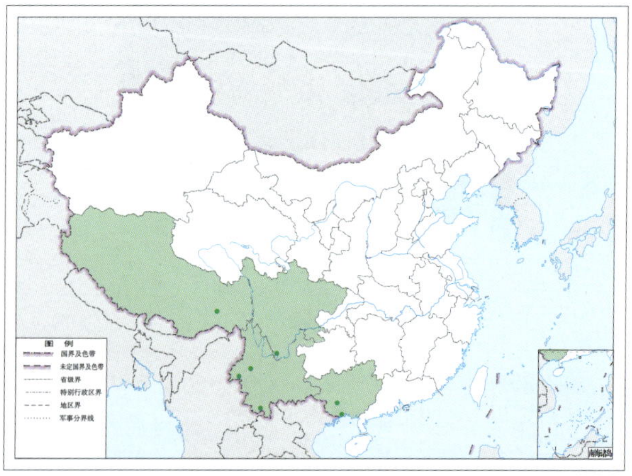

图 2-252-4 斯氏亚沟蜾蠃 *Subancistrocerus sichelii* 地理分布图

四八、同蜾蠃属 *Symmorphus* Wesmael, 1836

【形态特征】 雌性头顶具 1 对小窝穴，窝穴相距较远，仅略窄于后单眼间距；雄性触角第 13 节短小，不向后折回成钩状，偶有种类端部几节腹面具脊突。翅基片后缘短于旁翅基片后缘，前后均尖；中胸侧板的侧纵脊常发达，偶有种类缺失；中胸盾片具盾纵沟，部分种类盾纵沟从基部至端部，部分仅后端具盾纵沟。腹部第 1 节背板背区中部纵向凹陷或具中纵沟，背区与前斜面之间具不同发达程度的横脊。根据并胸腹节的亚缘脊与其腹瓣是否相融合分为同蜾蠃指名亚属 *Symmorphus* 和旁同蜾蠃亚属 *Parasymmorphus*。

【地理分布】 大部分分布于古北区和东洋区，绝少数种类分布于新北区和新热带区。

【分类】 世界已知 2 亚属 54 种，我国已知 2 亚属 23 种，本图鉴收录 2 亚属 17 种。

中国同蜾蠃属 *Symmorphus* 分种检索表

1. 并胸腹节的亚缘脊与其腹瓣在端部分开，不相融合；雌性上颚具 4 枚齿 ……………… **细旁同蜾蠃 *Symmorphus* (*Parasymmorphus*) *parvilineatus***

　并胸腹节的亚缘脊与其腹瓣相融合；雌性上颚具 5 枚齿 …………………… **2**

2. 腹部第 2 节腹板基部在基底沟后急剧上升，形成 1 个截面且与腹板近乎垂直 ………… **3**

　腹部第 2 节腹板密生刻点，基部在基底沟后均匀凸起 …………………… **4**

3. 中胸侧板的侧纵脊完整；后头脊不完整，中部具 2 个切口 ……………… **双孔同蜾蠃 *Symmorphus* (*Symmorphus*) *ambotretus***

　中胸侧板的侧纵脊背侧退化；后头脊完整，中部无切口 ……………… **黄星同蜾蠃 *Symmorphus* (*Symmorphus*) *hoozanensis***

4. 胸部密生短毛，短毛中间具稀疏长毛 …………………… **5**

　胸部密生短毛，短毛中间无稀疏长毛 …………………… **13**

5. 腹部第 1 节腹板基部具横脊 …………………… **6**

　腹部第 1 节腹板基部无横脊 …………………… **8**

6. 雄性唇基端部明显深 U 形凹陷；头部和胸部纯黑色 ……………… **黑唇同蜾蠃 *Symmorphus* (*Symmorphus*) *nigriclypeus***

　雄性唇基端部凹陷不及上述种类深；头部和胸部或多或少具色斑 ………… **7**

7. 并胸腹节背区中部窝穴非圆形，端部较基部宽；雌性头顶具 1 对大的窝穴 ……………… **瑞穗同蜾蠃 *Symmorphus* (*Symmorphus*) *mizuhonis***

　并胸腹节背区窝穴圆形；雌性头顶窝穴较上述种类小 ……………… **紫茎同蜾蠃 *Symmorphus* (*Symmorphus*) *violaceipennis***

8. 腹部第 1 节背板基部具完整横脊 …… 9

腹部第 1 节背板基部横脊在两侧较弱或缺失 …… 10

9. 腹部第 1 节背板长几乎与宽等长 …… **窄同蜾蠃 *Symmorphus* (*Symmorphus*) *angustatus***

腹部第 1 节背板宽大于长 …… **善捕同蜾蠃 *Symmorphus* (*Symmorphus*) *captivus***

10. 中胸侧板的侧纵脊弱 …… **坑同蜾蠃 *Symmorphus* (*Symmorphus*) *foveolatus***

中胸侧板侧纵脊发达，或者在腹侧发达 …… 11

11. 雌性头顶窝穴脊凸起；并胸腹节背区中部具大窝穴 …… 12

雌性头顶窝穴弱；并胸腹节背区中部无窝穴 …… **库氏同蜾蠃 *Symmorphus* (*Symmorphus*) *kurzenkoi***

12. 胸部具红棕色及黄棕色斑，雄性触角腹面无脊突 …… **天池同蜾蠃 *Symmorphus* (*Symmorphus*) *tianchiensis***

胸部全黑色，雄性触角端部几节腹面具脊突 …… **四川同蜾蠃 *Symmorphus* (*Symmorphus*) *sichuanensis***

13. 腹部第 1 节腹板基部无横脊 …… 14

腹部第 1 节腹板基部具横脊 …… 15

14. 腹部第 2 节背板基部具稀疏刻点，第 3 ~ 6 节背板无刻点 …… **延安同蜾蠃 *Symmorphus* (*Symmorphus*) *yananensis***

腹部第 2 节背板基部具密集刻点，第 3 ~ 6 节背板具稀疏刻点 …… **橘同蜾蠃 *Symmorphus* (*Symmorphus*) *aurantiopictus***

15. 并胸腹节后区呈深的空凹陷；后头脊不完整，中部具 2 个切口而呈 1 齿突 …… **洞同蜾蠃 *Symmorphus* (*Symmorphus*) *cavatus***

并胸腹节后区无深空凹陷；后头脊发达，无切口 …… 16

16. 并胸腹节背区与侧区之间围脊发达；腹部第 1 节背板中沟区域向基部明显逐渐变窄 …… **棕足同蜾蠃 *Symmorphus* (*Symmorphus*) *fuscipes***

并胸腹节背区与侧区之间围脊不明显；腹部第 1 节背板中沟区域向基部适度变窄 …… 17

17. 并胸腹节侧区无光泽，具明显均匀的横皱 …… 18

并胸腹节侧区具光泽、大刻点 …… 20

18. 腹部第 2 节背板刻点由基部到端部逐渐密集 …… **饰同蜾蠃 *Symmorphus* (*Symmorphus*) *ornatus***

腹部第 2 节背板仅基部 1/3 处具不规则刻点，其余部分无刻点 …… 19

19. 并胸腹节具水平面与后胸背板相连；腹部第 1 节背板端部宽大于长 …… **尖饰同蜾蠃 *Symmorphus* (*Symmorphus*) *apiciornatus***

并胸腹节无水平面与后胸背板相连；腹部第 1 节背板端部宽小于长 …… **云南同蜾蠃 *Symmorphus* (*Symmorphus*) *yunnanensis***

20. 中胸背侧片具粗糙刻点；唇基端部凹陷浅 …… **二带同蜾蠃 *Symmorphus* (*Symmorphus*) *bifasciatus***

中胸背侧片具稀疏刻点；唇基端部凹陷深 …… 21

21. 腹部第 2 节背板具刻点，其中基部刻点更大更密 …… **小同蜾蠃 *Symmorphus* (*Symmorphus*) *sublaevis***

腹部第 2 节背板端部和基部具刻点，其中端部刻点更大更密 …… **光同蜾蠃 *Symmorphus* (*Symmorphus*) *lucens***

253. 细旁同蜾蠃 *Symmorphus* (*Parasymmorphus*) *parvilineatus* (Cameron, 1904)

【测量】 雌性体长 10.5 ~ 13.5 mm；雄性体长 9.8 mm，前翅长 9.0 mm。

【形态特征】 体几乎全为黑色，仅唇基中部具 1 个淡黄色大斑、触角间具 2 个黄色小斑，腹部第 1 节背板端缘两侧具窄细黄色带，翅黑褐色。唇基长略大于宽，疏生刻点和长毛，端缘中部凹陷，略呈铲状；触角第 13 节短小，其余各节无脊突；后头脊发达，中间凹陷形成 1 个齿突。中胸盾片具 2 条完整盾纵沟，后胸背板具深的中纵沟；并胸腹节背区较窄，刻点粗糙，中部具近圆形窝穴，侧区具粗糙刻点，后区凹陷，具完整中纵脊，并胸腹节的亚缘脊与其腹瓣在端部分开，不相融合。腹部第 1 节明显窄于第 2 节，略呈亚柄状，背板及腹板密生刻点，明显较腹部其余部位粗糙，背板中部具宽凹陷；第 2 节背板及腹板刻点明显较第 1 节稀疏，端部明显具宽的薄片且向上略反翘，薄片基部具 1 排横向深刻点，呈横沟状。

【地理分布】 云南（临沧）；印度。

图 2-253-1 细旁同蜾蠃 *Symmorphus* (*Parasymmorphus*) *parvilineatus* 雄性背面观

图 2-253-2 细旁同蜾蠃 *Symmorphus* (*Parasymmorphus*) *parvilineatus* 雄性头部正面观

图 2-253-3 细旁同蜾蠃 *Symmorphus* (*Parasymmorphus*) *parvilineatus* 雌性并胸腹节背面观

图 2-253-4 细旁同蜾蠃 *Symmorphus* (*Parasymmorphus*) *parvilineatus* 雌性头部和胸部侧面观

图 2-253-5 细旁同蜾蠃 *Symmorphus* (*Parasymmorphus*) *parvilineatus* 地理分布图

254. 双孔同蜾蠃 *Symmorphus* (*Symmorphus*) *ambotretus* Cumming, 1989

【测量】 雌性体长 7.5 ~ 8.4 mm，前翅长 7.5 ~ 7.9 mm；雄性体长 6.2 ~ 7.6 mm，前翅长 6.0 ~ 7.5 mm。

【形态特征】 体黑色，具少量黄色斑，其中雄性唇基全为黄色；前翅黑褐色。唇基宽大于长，雌性唇基端缘几乎不凹陷，雄性唇基端缘明显弧形深凹陷；后头脊中部具 2 个切孔成 1 个齿突；雄性触角第 10 ~ 13 节腹面分别具 1 个脊突。前胸脊完整，无肩角；中胸盾片前半部刻点较后半部更密集，具后盾纵沟；后胸背板及并胸腹节背区窄，具平底的深大刻点，网状；并胸腹节背区中部窝穴仅略大于周围刻点，侧区上部具少量刻点，下部具横皱；后区凹陷，中间具完整纵脊，两侧具较短横皱和少量刻点。腹部第 1 节背板宽明显大于长，横脊与后缘几乎平行，密生粗糙的大刻点，网状，中纵沟不明显；第 2 节腹板基部在基底沟后急剧上升，形成 1 个截面，侧面观与腹缘近乎垂直；第 2 节背板及腹板端部具宽的半透明弧形薄片，薄片基部的刻点相对较密而大；第 3 节腹板端部除两侧外明显具密而大的刻点、呈网状。

图 2-254-1 双孔同蜾蠃 *Symmorphus* (*Symmorphus*) *ambotretus* 雌性背面观

图 2-254-2 双孔同蜾蠃 *Symmorphus* (*Symmorphus*) *ambotretus* 雌性头部正面观

【地理分布】 陕西（宝鸡、西安）、宁夏（银川）、甘肃（陇南）、广西（百色）、重庆（万盛、城口）、贵州（铜仁）、云南（大理、德宏、临沧、丽江、保山）；尼泊尔，韩国。

图 2-254-3 双孔同蜾蠃 *Symmorphus* (*Symmorphus*) *ambotretus* 雌性头部及前胸背面观

图 2-254-4 双孔同蜾蠃 *Symmorphus* (*Symmorphus*) *ambotretus* 雄性腹部腹面观

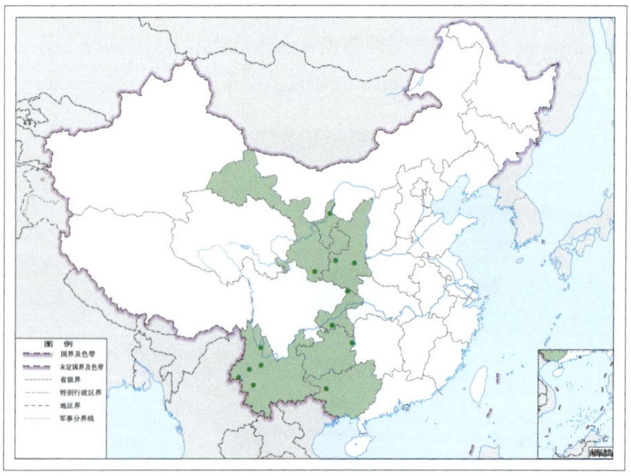

图 2-254-5 双孔同蜾蠃 *Symmorphus* (*Symmorphus*) *ambotretus* 地理分布图

255. 窄同蜾蠃 *Symmorphus* (*Symmorphus*) *angustatus* (Zetterstedt, 1838)

【测量】 雌性体长 9.5 ~ 12.5 mm，前翅长 7.0 ~ 8.5 mm；雄性体长 6.5 ~ 9.5 mm。

【形态特征】 体黑色，具少量淡黄色斑，其中触角间小斑、颊区上端小斑、中胸侧板上侧小斑，腹部第 1、2 节背板及第 2 节腹板端部的条带为黄色，翅褐色。唇基宽略大于长，基部及两侧刻点较端部密集，端缘凹陷，两侧略呈 2 齿状。前胸背板具中等密度刻点，两侧较粗糙；前胸脊完整，两侧肩角明显；胸部密生短毛，短毛中间有稀疏长毛；并胸腹节背区具大的平底刻点，呈网状，中部具 1 个大圆窝穴，侧区上部具粗糙刻点，下部具横皱。腹部第 1 节背板端部宽于横脊，背板疏生刻点，基部具完整横脊，中部具宽的纵凹陷；第 1 节腹板基部无横脊；第 2 节背板及腹部均仅具零星细小的刻点，端缘正常。

【地理分布】 吉林（海龙）、新疆（哈巴河）；丹麦，德国，奥地利，俄罗斯，蒙古，朝鲜，日本。

图 2-255-1　窄同蜾蠃 *Symmorphus* (*Symmorphus*) *angustatus* 雌性背面观

图 2-255-2　窄同蜾蠃 *Symmorphus* (*Symmorphus*) *angustatus* 雌性头部正面观

图 2-255-3　窄同蜾蠃 *Symmorphus* (*Symmorphus*) *angustatus* 雌性并胸腹节背面观

图 2-255-4　窄同蜾蠃 *Symmorphus* (*Symmorphus*) *angustatus* 地理分布图

256. 尖饰同蜾蠃 *Symmorphus* (*Symmorphus*) *apiciornatus* (Cameron, 1911)

【测量】 雌性体长 6.8 ~ 7.4 mm，前翅长 6.2 ~ 6.7 mm；雄性体长 6.3 ~ 7.1 mm，前翅长 6.3 ~ 6.8 mm。

【形态特征】 体黑色，具白黄色至黄色斑，其中雄性唇基纯黄色，雌性唇基全黑色（部分标本基部 1 个色斑）；触角间 1 个斑，颊区上端 1 个小斑，前胸背板前缘 1 对小斑（部分标本斑点较大），小盾片 1 对小斑，腹部第 1、2、4 节背板及第 2 节腹板端部的横带，均为黄色。唇基宽大于长，基部密生小刻点，端部刻点相对基部的稀疏，端缘凹陷，两侧呈齿状，雄性唇基凹陷较雌性深；雄性触角腹面均无脊突。胸部密生短毛；前胸背板刻点粗糙；前胸脊完整，肩角不明显；中胸背板及侧板散生刻点，中胸盾片具完整盾纵沟，小盾片具完整中纵沟，中胸侧板的侧纵脊不明显；并胸腹节背区两侧密生斜皱，中部具平底的、大的浅刻点，中央具 1 个近似三角形的窝穴。腹部第 1 节背板端缘与横脊几乎平行，端部略宽于基部横脊，背区明显具完整的、窄的中纵沟，除第 1 节背板及腹板刻点明显密集而粗糙、略呈网状外，其余各节刻点不明显，近似皮革状。

【地理分布】 北京（海淀）、陕西（凤县）、江苏、福建、广东、四川；俄罗斯，韩国，日本。

图 2-256-1 尖饰同蜾蠃 *Symmorphus* (*Symmorphus*) *apiciornatus* 雌性背面观

图 2-256-3 尖饰同蜾蠃 *Symmorphus* (*Symmorphus*) *apiciornatus* 雌性腹部腹面观

图 2-256-2 尖饰同蜾蠃 *Symmorphus* (*Symmorphus*) *apiciornatus* 雌性头部正面观

图 2-256-4 尖饰同蜾蠃 *Symmorphus* (*Symmorphus*) *apiciornatus* 地理分布图

257. 二带同蜾蠃 *Symmorphus* (*Symmorphus*) *bifasciatus* (Linnaeus, 1761)

【测量】 雌性体长 6.5 ~ 7.5 mm；雄性体长 5.8 ~ 6.5 mm，前翅长 4.5 ~ 5.0 mm。

【形态特征】 体黑色，具少量黄色斑，其中前胸背板基部内侧具 1 对小斑。唇基端部凹陷浅；雄性唇基宽略大于长，密生短毛，端缘中部弧形凹陷，两侧钝齿。前胸背板具粗糙刻点，两侧刻点连接成脊，前胸脊完整，无肩角；中胸盾片和小盾片散生刻点，中胸盾片具后盾沟，小盾片具宽而深的中纵沟；后胸背板及并胸腹节背区密生平底网状的刻点，背区中部大窝穴略方形，侧区具有光泽的大刻点。腹部第 1 节背板横脊弧形且向后延伸至两侧，与端缘不平行，背板端部宽于基部，中纵沟浅且窄、不明显，背区刻点明显更大且向后延长变浅，非网状；第 2 节及其余各节刻点细小、不明显，近似皮革状。

【地理分布】 重庆（江津）；法国，阿尔巴尼亚，俄罗斯，韩国，日本。

图 2-257-1　二带同蜾蠃 *Symmorphus* (*Symmorphus*) *bifasciatus* 雄性背面观

图 2-257-2　二带同蜾蠃 *Symmorphus* (*Symmorphus*) *bifasciatus* 雄性头部正面观

图 2-257-3　二带同蜾蠃 *Symmorphus* (*Symmorphus*) *bifasciatus* 雄性腹部腹面观

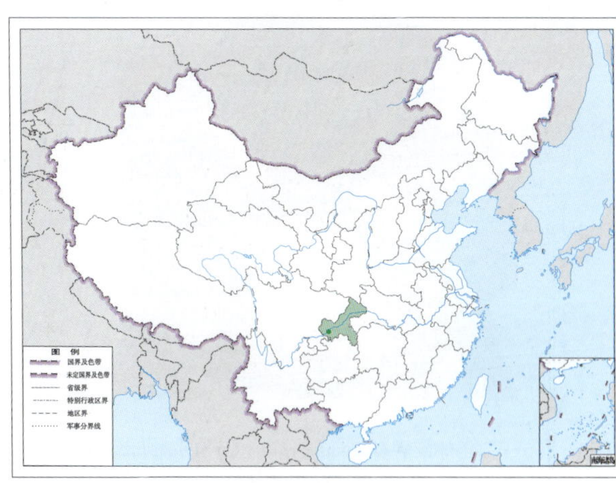

图 2-257-4　二带同蜾蠃 *Symmorphus* (*Symmorphus*) *bifasciatus* 地理分布图

258. 善捕同蜾蠃 *Symmorphus* (*Symmorphus*) *captivus* (Smith, 1873)

【测量】 雌性体长 14.0 ~ 15.0 mm；雄性体长 7.6 ~ 10.0 mm，前翅长 7.5 ~ 8.3 mm。

【形态特征】 体黑色，明显具黄色斑。雄性触角第 9 ~ 13 节腹板具短纵脊突。胸部密生短毛，短毛中间具稀疏长毛，中胸侧板具稀疏中刻点和褶皱；中胸盾片具完整的盾纵沟，小盾片具宽的中纵沟，小盾片刻点较盾片的密；并胸腹节背区较窄，刻点粗糙，中央具 1 个大的圆窝穴，密生平底大刻点，刻点间脊发达，明显呈网状，围脊不发达；侧区上部具粗糙刻点，下部具横脊，后区凹陷，中间具完整中纵脊，两侧具横皱。腹部第 1 节背板具更密集刻点，中部具宽的纵凹陷，背板明显短宽且宽大于长，端缘宽于横脊，腹板基部无横脊；第 2 节背板基部刻点略密且大，其余区域具零星细小刻点。

【地理分布】 宁夏（彭阳）；日本。

图 2-258-1　善捕同蜾蠃 *Symmorphus* (*Symmorphus*) *captivus* 雄性背面观

图 2-258-3　善捕同蜾蠃 *Symmorphus* (*Symmorphus*) *captivus* 雄性腹部腹面观

图 2-258-2　善捕同蜾蠃 *Symmorphus* (*Symmorphus*) *captivus* 雄性头部正面观

图 2-258-4　善捕同蜾蠃 *Symmorphus* (*Symmorphus*) *captivus* 地理分布图

259. 洞同蜾蠃 *Symmorphus (Symmorphus) cavatus* Li *et* Chen, 2014

【测量】 雌性体长 6.4 mm，前翅长 6.2 mm；雄性未知。

【形态特征】 体黑色，具棕色斑，其中唇基基部、前胸背板前基部、小盾片后端 1 对斑，腹部第 1、2 节背板及第 2 节腹板端部宽的条带为棕色。唇基宽略大于长，具稀疏刻点，密生短毛，端缘平截状；后头脊不完整，中部具 2 个切口而成 1 枚齿突。胸部密生短毛，短毛中间无稀疏长毛；中胸盾片具完整的盾纵沟，小盾片具宽的中纵沟，盾片和小盾片具粗糙的刻点，大刻点间密生细小刻点；并胸腹节背区较窄，刻点粗糙，中部窝穴相对窄小，侧区上部疏生横皱、下部横皱更密集，后区呈大的空凹陷，背区延伸将后区包围，中间具完整中纵脊。腹部第 1 节背板宽大于长，端缘平行且略长于横脊，背区具明显中纵沟，疏生刻点；腹板基部具横脊；第 2 节背板的刻点与第 1 节的类似，但略小，腹板刻点较背板更稀疏。

【地理分布】 云南（西双版纳）。

图 2-259-1 洞同蜾蠃 *Symmorphus (Symmorphus) cavatus* 雌性背面观

图 2-259-2 洞同蜾蠃 *Symmorphus (Symmorphus) cavatus* 雌性头部正面观

图 2-259-3 洞同蜾蠃 *Symmorphus (Symmorphus) cavatus* 雌性并胸腹节背面观

图 2-259-4 洞同蜾蠃 *Symmorphus (Symmorphus) cavatus* 地理分布图

260. 坑同蜾蠃 *Symmorphus* (*Symmorphus*) *foveolatus* Gussakovskii, 1932

【测量】 雌性体长 8.5 ~ 11.0 mm，前翅长 7.1 ~ 7.9 mm；雄性体长 7.5 ~ 9.0 mm。

【形态特征】 体黑色，具红棕色斑，前翅黑褐色。唇基宽略大于长，具密集小刻点，密生短毛，端缘略凹陷，两侧略呈齿状。胸部密生短毛，短毛中间稀生长毛，前胸背板具中等密度刻点，两侧具横皱；中胸侧板的侧纵脊弱；并胸腹节背区粗糙，密生平底刻点，明显呈网状，中央具 1 条纵向的锥形窝穴；侧区上部具粗糙刻点，下部具横脊，后区中间具完整中纵脊，两侧密生横皱。腹部第 1 节背板长略大于宽，端缘平行且略长于横脊，密生刻点，呈网状，刻点未到达端缘，具明显中纵沟，腹板基部无横脊；第 2 节背板除基部散生刻点外，其余各节刻点细小、不明显，近似皮革状；第 2 节腹板基部呈弧形斜面。

【地理分布】 四川（攀枝花）；俄罗斯，朝鲜，韩国，日本。

图 2-260-1　坑同蜾蠃 *Symmorphus* (*Symmorphus*) *foveolatus* 雌性背面观

图 2-260-2　坑同蜾蠃 *Symmorphus* (*Symmorphus*) *foveolatus* 雌性头部正面观

图 2-260-3　坑同蜾蠃 *Symmorphus* (*Symmorphus*) *foveolatus* 雌性并胸腹节背面观

图 2-260-4　坑同蜾蠃 *Symmorphus* (*Symmorphus*) *foveolatus* 雌性腹部腹面观

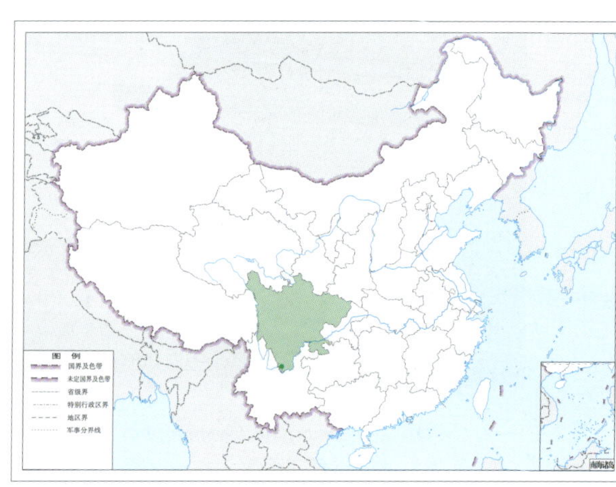

图 2-260-5　坑同蜾蠃 *Symmorphus* (*Symmorphus*) *foveolatus* 地理分布图

261. 棕足同蜾蠃 *Symmorphus (Symmorphus) fuscipes* (Herrich-Schäeffer, 1838)

【测量】 雌性体长 6.5 ~ 9.0 mm，前翅长 6.1 ~ 8.2 mm；雄性体长 6.0 ~ 8.0 mm。

【形态特征】 体黑色，具黄色斑，其中小盾片后端具 1 对小黄色斑，腹部第 1、2、4 节背板及第 2 节腹板端部分别具黄色条带。唇基宽略大于长，基部及两侧刻点较密集，稀生短毛，端缘略凹陷，两侧略呈齿突。胸部密生短毛，短毛中间无稀疏长毛，前胸背板刻点较额区粗糙；前胸脊完整，肩角明显；中胸盾片具完整盾纵沟，小盾片除基部外具中纵沟；后胸背板及并胸腹节背区密生平底的网状刻点，并胸腹节背区中部的窝穴仅略大于周围刻点但不明显。腹部第 1 节背板长略大于宽，端缘平行且明显宽于基部横脊，背区中纵沟区域向基部明显逐渐变窄，背板密生粗糙刻点，刻点间呈脊状，刻点未到达端缘（端部黄色条带区域光滑无刻点）；第 2 节背板除基部散生刻点外，其余各节刻点细小、不明显，近似皮革状；第 2 节腹板基部无凹陷、纵脊在基底沟后。

【地理分布】 吉林（白山、长春）、辽宁（辽阳）、新疆（南山）；奥地利，俄罗斯，蒙古。

图 2-261-1　棕足同蜾蠃 *Symmorphus (Symmorphus) fuscipes* 雌性背面观

图 2-261-3　棕足同蜾蠃 *Symmorphus (Symmorphus) fuscipes* 雌性腹部腹面观

图 2-261-2　棕足同蜾蠃 *Symmorphus (Symmorphus) fuscipes* 雌性头部正面观

图 2-261-4　棕足同蜾蠃 *Symmorphus (Symmorphus) fuscipes* 地理分布图

262. 库氏同蜾蠃 *Symmorphus (Symmorphus) kurzenkoi* Kim, 2017

【测量】 雌性体长 10.6 ~ 12.5 mm，前翅长 9.2 ~ 10.4 mm；雄性体长 7.3 ~ 7.6 mm，前翅长 7.6 ~ 8.2 mm。

【形态特征】 体黑色，具少量黄色斑，其中前胸背板基部内侧的 1 对斑，腹部第 1、2、4 节背板及第 2 节腹板端部的条带均为黄色。唇基宽大于长，基部密生小刻点、端部刻点稀疏且刻点间光滑，端缘深凹陷，两侧明显呈尖齿状；头顶窝穴弱。胸部密生短毛，短毛中间稀生长毛；前胸背板具密集中等刻点，前胸脊完整，肩角不明显；中胸侧板的侧纵脊发达，或者在腹侧发达；中胸盾片具完整盾纵沟，小盾片具中纵沟；后胸背板及并胸腹节背区两侧密生网状平底刻点，中央具短纵皱，无凹陷。腹部第 1 节背板宽大于长，端缘长于横脊，中纵沟在近端部明显，具中等密度的刻点（刻点间距等于或略小于刻点直径）、不呈网状，黄色条带区域无刻点，刻点较腹部其余背板明显密，腹板第 1 节基部无横脊。

【地理分布】 内蒙古（呼伦贝尔）；俄罗斯。

图 2-262-1 库氏同蜾蠃 *Symmorphus (Symmorphus) kurzenkoi* 雌性背面观

图 2-262-3 库氏同蜾蠃 *Symmorphus (Symmorphus) kurzenkoi* 雌性并胸腹节背面观

图 2-262-2 库氏同蜾蠃 *Symmorphus (Symmorphus) kurzenkoi* 雌性头部正面观

图 2-262-4 库氏同蜾蠃 *Symmorphus (Symmorphus) kurzenkoi* 地理分布图

263. 光同蜾蠃 *Symmorphus* (*Symmorphus*) *lucens* (Kostylev, 1938)

【测量】 雌性体长 6.5 ~ 8.4 mm，前翅长 7.0 mm；雄性体长 6.5 ~ 7.5 mm。

【形态特征】 体黑色，具黄色斑；唇基端部凹陷深，具粗糙中刻点，稀生短毛。胸部密生短毛；前胸背板刻点较额区稀疏，两侧具更粗糙刻点；前胸脊完整，肩角不明显；中胸背侧片具稀疏刻点；并胸腹节背区密生平底刻点，中部深窝穴非圆形，侧区具有光泽的大刻点，围脊不明显。腹部第 1 节背板宽略大于长，几乎无刻点、仅比其余背板多零星的刻点，背区中纵沟窄而深、从基部延伸至近端部，端缘平行且略宽于基部横脊；第 1 节腹板具中纵脊，纵脊端部具 1 条横脊，侧斜脊突出。

【地理分布】 山西（忻州）、内蒙古（阿拉善）、宁夏（固原）、甘肃（榆中、平凉、张掖）、新疆（伊犁）、西藏（林芝）；俄罗斯，韩国，日本。

图 2-263-1　光同蜾蠃 *Symmorphus* (*Symmorphus*) *lucens* 雄性背面观

图 2-263-3　光同蜾蠃 *Symmorphus* (*Symmorphus*) *lucens* 雄性头部正面观

图 2-263-2　光同蜾蠃 *Symmorphus* (*Symmorphus*) *lucens* 雌性头部正面观

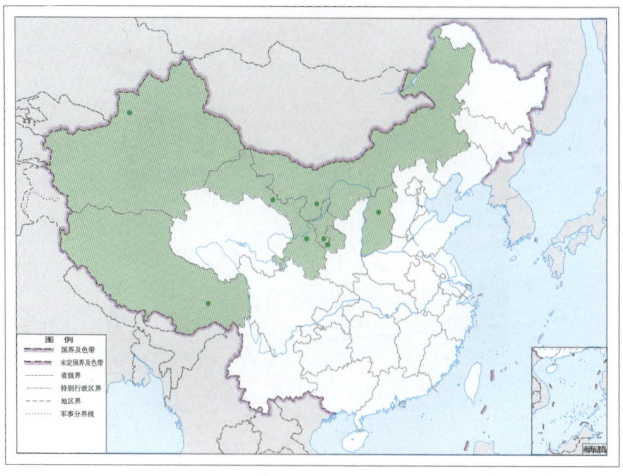

图 2-263-4　光同蜾蠃 *Symmorphus* (*Symmorphus*) *lucens* 地理分布图

264. 瑞穗同蜾蠃 *Symmorphus* (*Symmorphus*) *mizuhonis* Tsuneki, 1977

【测量】 雌性体长 7.0 ~ 8.5 mm，前翅长 8.0 mm；雄性体长 6.0 ~ 7.5 mm。

【形态特征】 体黑色，具红棕色斑，其中雌性唇基基部侧斑、颊区上端小斑、前胸背板基部侧斑、小盾片两侧分别具 1 对棕黄色斑，腹部第 1、2 节背板及第 2 节腹板端部分别具 1 条棕红色条带。唇基宽略大于长，端缘中部凹陷，两侧密生刻点短毛，中部疏生刻点、刻点间光滑，端部两侧呈尖齿状。中胸盾片具几乎完整的盾纵沟，小盾片具宽而深的中纵沟，盾片及小盾片疏生较大的刻点，刻点之间密生细小刻点；后胸背板及并胸腹节背区密生网状的深刻点，后者中央具大而深的窝穴，近椭圆形、上端弧形收缩而窄于下端。腹部第 1 节背板宽略大于长，密生刻点，黄色条带区无刻点，背区中纵沟窄而深，从基部延伸至近端部，端缘平行且略宽于基部横脊，纵脊端部具 1 条横脊；第 1 节腹板基部具横脊；第 2 节及其余各节背板仅具零星刻点，近似皮革状。

【地理分布】 宁夏（固原）、四川、云南、西藏（昌都）、台湾；俄罗斯，哈萨克斯坦，朝鲜，日本。

图 2-264-1 瑞穗同蜾蠃 *Symmorphus* (*Symmorphus*) *mizuhonis* 雌性背面观

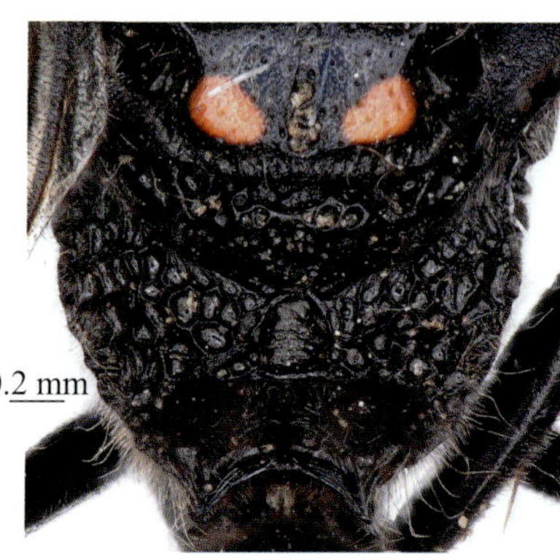

图 2-264-3 瑞穗同蜾蠃 *Symmorphus* (*Symmorphus*) *mizuhonis* 雌性并胸腹节背面观

图 2-264-2 瑞穗同蜾蠃 *Symmorphus* (*Symmorphus*) *mizuhonis* 雌性头部正面观

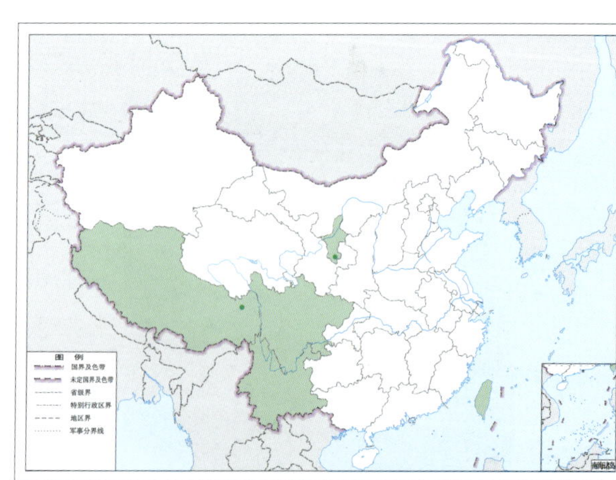

图 2-264-4 瑞穗同蜾蠃 *Symmorphus* (*Symmorphus*) *mizuhonis* 地理分布图

265. 黑唇同蜾蠃 *Symmorphus* (*Symmorphus*) *nigriclypeus* Li *et* Chen, 2014

【测量】 雄性体长 7.8 mm，前翅长 8.4 mm；雌性未知。

【形态特征】 体黑色，仅腹部第 1、2 节背板及第 2 节腹板端部具黄色条带，翅为黑褐色。唇基端部明显深 U 形凹陷，具中等密度的小刻点，密生短毛。胸部密生短毛，短毛中间有稀疏长毛；前胸背板具稀疏刻点，两侧具粗糙刻点，前胸脊完整，肩角明显；中胸盾片及小盾片皮革状、具零星刻点；前者具完整的深盾纵沟，后者具中纵沟，并胸腹节背区密生平底的网状刻点，中央窝穴大而深，上端宽、下端近端部明显收缩变窄。腹部第 1 节背板宽略大于长，端缘平行且长于基部横脊，背区粗糙、密生刻点（刻点轮廓模糊），中纵沟不明显，呈宽凹陷；第 1 节腹板基部具横脊；第 2 节背板端缘具窄的薄片；第 2 节及其余各节背板仅具零星刻点，近似皮革状。

【地理分布】 西藏（墨脱）。

图 2-265-1 黑唇同蜾蠃 *Symmorphus* (*Symmorphus*) *nigriclypeus* 雄性背面观

图 2-265-2 黑唇同蜾蠃 *Symmorphus* (*Symmorphus*) *nigriclypeus* 雄性头部正面观

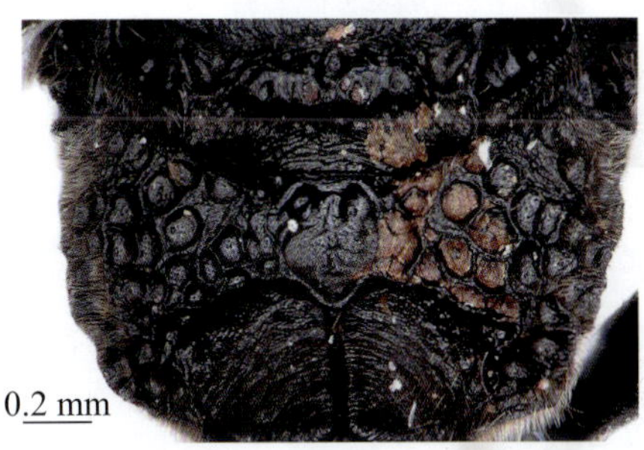

图 2-265-3 黑唇同蜾蠃 *Symmorphus* (*Symmorphus*) *nigriclypeus* 雄性并胸腹节背面观

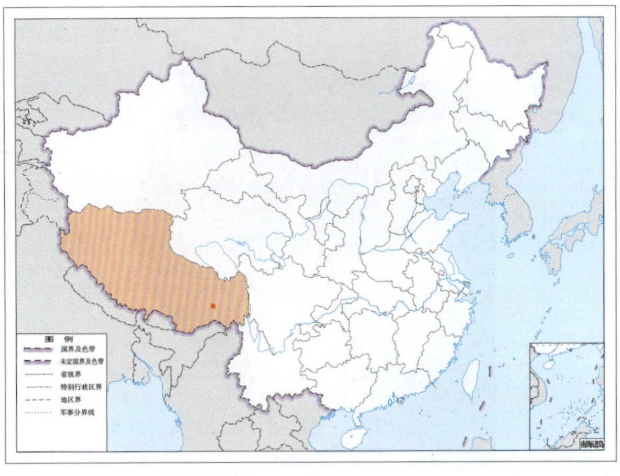

图 2-265-4 黑唇同蜾蠃 *Symmorphus* (*Symmorphus*) *nigriclypeus* 地理分布图

266. 小同蜾蠃 *Symmorphus* (*Symmorphus*) *sublaevis* (Kostylev, 1940)

【测量】 雌性体长 6.0 ~ 8.0 mm；雄性体长 6.3 ~ 7.2 mm，前翅长 6.0 mm。

【形态特征】 体黑色，具黄色斑。唇基端部凹陷深，密生微小刻点。前胸背板疏生刻点，两侧具横皱；前胸脊完整，肩角发达；中胸盾片及小盾片散生刻点，其中盾片刻点明显更密，中胸盾片具完整盾纵沟，小盾片具中纵沟；并胸腹节背区窝穴小圆形，几乎与背区刻点等大，侧区具光泽，疏生大刻点。腹部第 1 节背板宽大于长，端缘平行且大于基部横脊，背区仅具零星小刻点，中纵沟深；第 1 节腹板中纵脊端部具横脊；第 2 节背板端缘具薄片；第 2 节及其余各节背板仅具零星刻点，近似皮革状。

【地理分布】 宁夏（固原）；吉尔吉斯斯坦，哈萨克斯坦。

图 2-266-1　小同蜾蠃 *Symmorphus* (*Symmorphus*) *sublaevis* 雄性背面观

图 2-266-3　小同蜾蠃 *Symmorphus* (*Symmorphus*) *sublaevis* 雄性并胸腹节背面观

图 2-266-2　小同蜾蠃 *Symmorphus* (*Symmorphus*) *sublaevis* 雄性头部正面观

图 2-266-4　小同蜾蠃 *Symmorphus* (*Symmorphus*) *sublaevis* 地理分布图

267. 天池同蜾蠃 *Symmorphus* (*Symmorphus*) *tianchiensis* Li *et* Chen, 2014

【测量】 雌性体长 9.5 ~ 10.5 mm，前翅长 10.0 ~ 10.5 mm；雄性体长 7.5 mm，前翅长 8.5 mm。

【形态特征】 体黑色，具红棕色及黄棕色斑，其中颊区上端的小斑、前胸背板基部 1 对斑、腹部第 1 节背板及腹板端部条带均为红棕色，额区小斑、雄性唇基、触角腹侧，以及腹部第 2、4 节背板端部条带常为黄棕色。雌性头顶窝穴周围脊状突起；雄性触角腹面无脊突；雌性唇基宽略大于长，两侧较中部密生刻点及毛，端缘中部略凹陷，两侧未明显呈齿突。前胸背板前半部密生刻点，后半部疏生刻点，在两侧更密集；前胸脊完整，无肩角；中胸盾片及小盾片具中等密度刻点，刻点间距等于或略大于刻点直径，中胸盾片具完整盾纵沟，小盾片中纵沟不明显、退化状；中胸侧板的侧纵脊发达，或者在腹侧发达；并胸腹节背区密生平底的大刻点，呈网状，中部窝穴似小椭圆形而下端明显收缩变窄，后区密生细长斜纵皱。腹部第 1 节背区及前斜面均密生刻点，呈网状，背板宽大于长，端缘宽大于基部横脊，横脊在两侧较弱或缺失，第 1 节腹板无中纵脊和横脊；第 2 节背板端缘具窄的薄片，基部密生刻点，除此之外其余背板及腹板仅具零星刻点、近似皮革状。

【地理分布】 云南（大理）、西藏。

图 2-267-1 天池同蜾蠃 *Symmorphus* (*Symmorphus*) *tianchiensis* 雌性背面观

图 2-267-2 天池同蜾蠃 *Symmorphus* (*Symmorphus*) *tianchiensis* 雌性头部正面观

图 2-267-3 天池同蜾蠃 *Symmorphus* (*Symmorphus*) *tianchiensis* 雌性并胸腹节背面观

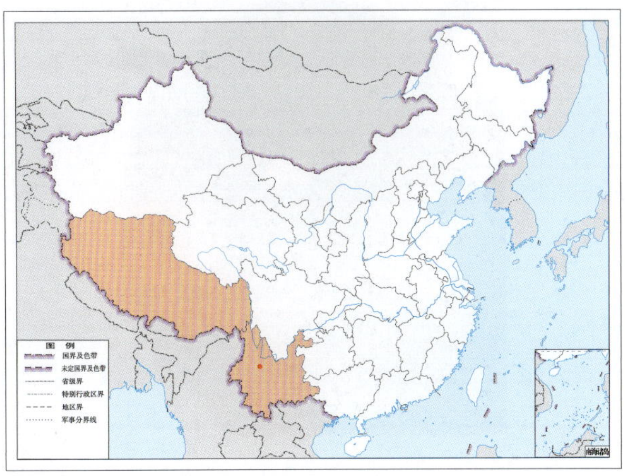

图 2-267-4 天池同蜾蠃 *Symmorphus* (*Symmorphus*) *tianchiensis* 地理分布图

268. 紫茎同蜾蠃 *Symmorphus (Symmorphus) violaceipennis* Giordani Soika, 1966

【测量】 雌性体长 8.5～10.0 mm，前翅长 8.3 mm；雄性未知。

【形态特征】 体黑色，具红棕色斑，翅褐色。雌性头顶具 1 对大的窝穴；唇基基部及两侧具密集小刻点，端部具稀疏中刻点，端部略凹陷，两侧钝齿状。胸部密生短毛，短毛中间稀生长毛；前胸背板具粗糙刻点，在两侧刻点连接成脊；前胸脊完整，肩角明显；中胸盾片及小盾片疏生较大的刻点，刻点间密生小刻点，盾片盾纵沟后端深而明显、前基部退化状，小盾片中纵沟未到达基部；并胸腹节背区中部具大的圆形窝穴。腹部第 1 节背板宽大于长，端缘平行且几乎等宽于基部横脊，背区粗糙，密生刻点呈网状，具明显中纵沟及宽凹陷；第 1 节腹板具中纵脊及端部具弧形横脊；第 2 节背板端缘具窄的薄片，基部密生刻点；除此之外，其余各节背板及腹板仅具零星刻点，近似皮革状。

【地理分布】 重庆（江津）、四川（康定）、云南（大理）；印度，尼泊尔。

图 2-268-1 紫茎同蜾蠃 *Symmorphus (Symmorphus) violaceipennis* 雌性背面观

图 2-268-3 紫茎同蜾蠃 *Symmorphus (Symmorphus) violaceipennis* 雌性并胸腹节背面观

图 2-268-2 紫茎同蜾蠃 *Symmorphus (Symmorphus) violaceipennis* 雌性头部正面观

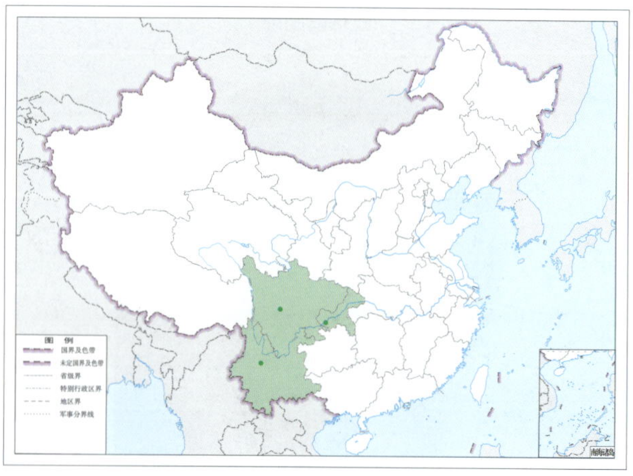

图 2-268-4 紫茎同蜾蠃 *Symmorphus (Symmorphus) violaceipennis* 地理分布图

269. 云南同蜾蠃 *Symmorphus (Symmorphus) yunnanensis* Gusenleitner, 2002

【测量】 雌性体长 7.5 ~ 8.0 mm，前翅长 7.0 ~ 7.5 mm；雄性体长 6.5 ~ 7.0 mm，前翅长 7.0 mm。

【形态特征】 体黑色，具黄棕色斑。唇基宽略大于长，雌性唇基端部散生略大的刻点，几乎无毛，刻点间光滑，端部略凹陷，两侧略呈齿状；雄性唇基端缘宽弧形凹陷；雄性触角第 10 ~ 13 节腹面具脊突。前胸背板刻点与额区相似，但更粗糙；前胸脊完整，肩角不明显；中胸盾片及小盾片密生刻点（小盾片刻点常略稀疏），盾片具完整的盾纵沟，小盾片仅端部具中纵沟；并胸腹节侧区无光泽，具明显均匀的横皱，背区中部窝穴具不明显纵脊将其分成左右两部分。腹部第 1 节背板明显密生刻点，呈网状，黄色条带区散生刻点，中沟区域向基部适度变窄；第 1 节腹板具中纵脊及端部具横脊；第 2 节背板基部具中等密度的浅刻点，端缘具薄片。

【地理分布】 宁夏（固原）、福建、云南（迪庆）、西藏。

图 2-269-1　云南同蜾蠃 *Symmorphus (Symmorphus) yunnanensis* 雌性背面观

图 2-269-2　云南同蜾蠃 *Symmorphus (Symmorphus) yunnanensis* 雄性头部正面观

图 2-269-3　云南同蜾蠃 *Symmorphus (Symmorphus) yunnanensis* 雄性触角

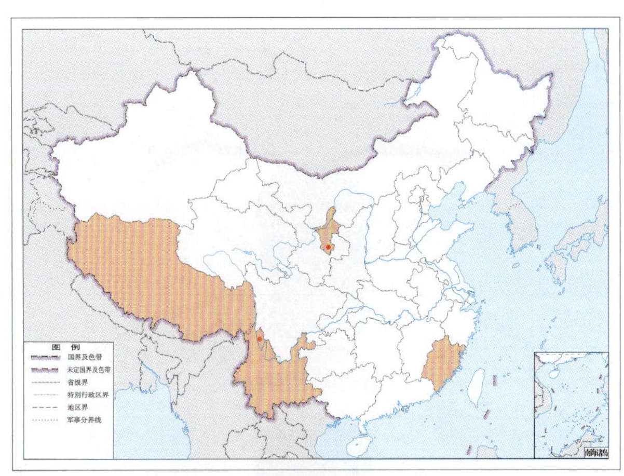

图 2-269-4　云南同蜾蠃 *Symmorphus (Symmorphus) yunnanensis* 地理分布图

四九、塔蜾蠃属 *Tachyancistrocerus* Giordani Soika, 1952

【形态特征】 唇基端缘几乎平截状；雄性触角第 13 节向后折回成钩状、不卷曲。前胸背板具发达的翅基片前脊；翅基片光滑、无刻点，其后缘明显短于旁翅基片后缘；后胸背板中部略凹陷。腹部第 1 节背区基部具横脊，横脊低于背板水平区，横脊后面的斜面具粗糙的刻点，第 3 节背板可见区域的刻点明显比第 2 节背板基部的刻点大且粗糙。

【地理分布】 分布于古北区和非洲区。

【分类】 该属世界已知 14 种，我国已知 1 种，本图鉴收录 1 种。

270. 施氏塔蜾蠃 *Tachyancistrocerus schmidti* (Kokujev, 1912)

【测量】 雌性体长约 7.0 mm，前翅长约 5.5 mm；雄性体长 6.0 ~ 6.5 mm，前翅长 4.5 ~ 5.5 mm。

【形态特征】 体黑色，具大面积黄色斑。雌性唇基端缘平截，雄性唇基端缘略凹陷，唇基端部略宽于触角间距，约为唇基最大宽度的 1/4，疏生刻点，雄性唇基长大于宽。体具粗糙刻点；前胸背板无凸起的前横脊，两侧无发达的肩角；翅基片光滑；并胸腹节背区、侧区及后区相互之间的边界无齿状突。腹部第 1 节背板宽大于长，端缘宽明显大于横脊长，刻点较第 2 节背板大且密，刻点到达端缘；第 1 ~ 3 节背板端缘分别具 1 排明显大于其余区域的刻点，其中第 1、2 节端缘前略呈浅横沟。

【地理分布】 新疆（伊犁）；土耳其，俄罗斯，伊朗。

图 2-270-1　施氏塔蜾蠃 *Tachyancistrocerus schmidti* 雌性背面观

图 2-270-2　施氏塔蜾蠃 *Tachyancistrocerus schmidti* 雌性头部正面观

图 2-270-3　施氏塔蜾蠃 *Tachyancistrocerus schmidti* 雄性头部正面观

图 2-270-4　施氏塔蜾蠃 *Tachyancistrocerus schmidti* 地理分布图

五〇、弯触蜾蠃属 *Tropidodynerus* Blüthgen, 1939

【形态特征】 雌性头顶无窝穴；雄性触角端部几节卷曲状。前胸背板前斜面无窝穴；翅基片很短、后缘明显未到达旁翅基片后缘，后端部圆形；并胸腹节后区端部亚缘脊薄片及腹瓣均不发达；前翅具第 2 亚缘室，非柄状。腹部无柄，第 1 节背板背区与前斜面无横脊分界，呈半圆形，略窄于第 2 节背板基部。

【地理分布】 分布于东洋区和古北区。

【分类】 世界已知 2 亚属 7 种，我国已知 1 亚属 2 种，本图鉴收录 1 亚属 2 种。

中国弯触蜾蠃属 *Tropidodynerus* 分种检索表

1. 后胸背板、翅基片除前后小黄色斑外均为黑色，足仅胫节及跗节具黄色斑；雄性中足基节正常 …………
……………………………………………… 六盘山弯触蜾蠃 *Tropidodynerus* (*Tropidodynerus*) *liupanshanensis*

后胸背板、翅基片为黄色，足绝大部分为红棕色；雄性中足基节腹侧凹陷、光滑 …………………………
……………………………………………………… 凹足弯触蜾蠃 *Tropidodynerus* (*Tropidodynerus*) *concavus*

271. 凹足弯触蜾蠃 *Tropidodynerus* (*Tropidodynerus*) *concavus* Li *et* Chen, 2015

【测量】 雄性体长 7.5 mm，前翅长 7.0 mm；雌性未知。

【形态特征】 体黑色，具大量黄色斑，其中后胸背板为黄色，足从腿节基部至腹部末端为红棕色。唇基明显宽大于长，中部隆起，疏生不规则的浅刻点，端部 U 形深凹陷，两侧明显呈尖齿状。前胸背板前斜面皮革状，具微小刻点；前胸脊在中部及肩部完整，腹侧消失，侧区刻点较胸部其他区域稀疏、刻点直径与间距相等，两侧缘刻点相对密且大；中胸盾片及小盾片均密生网状刻点，中胸盾片无盾纵沟，小盾片无中纵沟、仅略凹陷；并胸腹节背区与侧区分界处无锋利的边。雄性中足基节腹侧凹陷、光滑。腹部皮革状，密生细小刻点。

【地理分布】 河北（张家口）。

图 2-271-1　凹足弯触蜾蠃 ***Tropidodynerus*** **(*Tropidodynerus*)** ***concavus*** 雄性背面观

图 2-271-3　凹足弯触蜾蠃 ***Tropidodynerus*** **(*Tropidodynerus*)** ***concavus*** 雄性中、后足基节腹面观

图 2-271-2　凹足弯触蜾蠃 ***Tropidodynerus*** **(*Tropidodynerus*)** ***concavus*** 雄性头部正面观

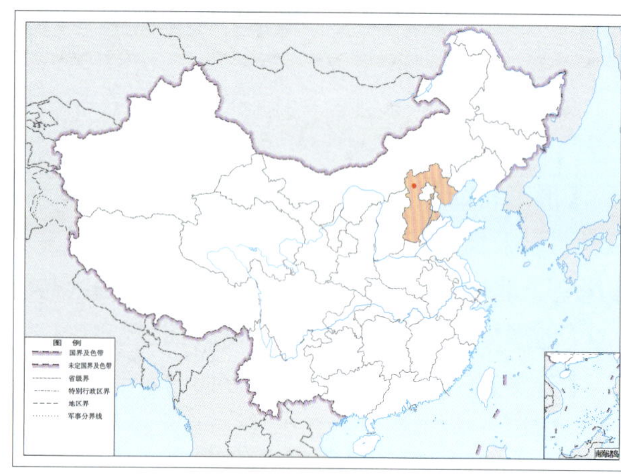

图 2-271-4　凹足弯触蜾蠃 ***Tropidodynerus*** **(*Tropidodynerus*)** ***concavus*** 地理分布图

272. 六盘山弯触蜾蠃 *Tropidodynerus* (*Tropidodynerus*) *liupanshanensis* Li *et* Chen, 2015

【测量】 雌性体长 8.0 mm，前翅长 8.5 mm；雄性体长 7.0 mm，前翅长 8.5 mm。

【形态特征】 体黑色，具黄色斑，其中雌性唇基基部具完整的黄色横条带，雄性唇基全为黄色；后胸背板黑色，翅基片前后缘分别具 1 个小黄色斑，腹部背板第 1～5 节和腹板第 2 节分别具黄色端带，无侧斑。唇基宽大于长，雌、雄性唇基端缘均深 U 形凹陷，中部略隆起；雌性唇基两侧及基部密生刻点，其中两侧刻点间具细的、不规则的纵皱，中部刻点更稀疏且更大，雄性唇基具更浅且

图 2-272-1　六盘山弯触蜾蠃 ***Tropidodynerus*** **(*Tropidodynerus*)** ***liupanshanensis*** 雄性背面观

较稀疏刻点；雄性中足基节正常，无凹陷；其余特征与凹足弯触蜾蠃 *Tropidodynerus* (*Tropidodynerus*) *concavus* 类似。

【地理分布】 宁夏（固原）。

图 2-272-2 六盘山弯触蜾蠃 ***Tropidodynerus* (*Tropidodynerus*) *liupanshanensis*** 雌性头部正面观

图 2-272-4 六盘山弯触蜾蠃 ***Tropidodynerus* (*Tropidodynerus*) *liupanshanensis*** 雄性中、后足基节腹面观

图 2-272-3 六盘山弯触蜾蠃 ***Tropidodynerus* (*Tropidodynerus*) *liupanshanensis*** 雄性头部正面观

图 2-272-5 六盘山弯触蜾蠃 ***Tropidodynerus* (*Tropidodynerus*) *liupanshanensis*** 地理分布图

第三部分

马萨胡蜂亚科 Masarinae

图 3–a　科氏似蜜胡蜂 *Celonites kozlovi* 生态图（俄罗斯蒂杜亚里克　Alexander V. Fateryga　摄）

【形态特征】 触角棒状，端部几节常明显粗大。前翅仅具 2 个闭合亚缘室，cu-a 脉短；前翅第 1 盘室短，短于前翅亚基部的长；后翅 cu_1 脉远离 cu-a 脉。

【地理分布】 主要分布于非洲区和古北区，还有 5 属仅分布于澳洲区、新北区或新热带区，仅 2 种分布于印度（即东洋区北部）。

【分类】 该亚科世界已知 12 属 299 种，我国已知 2 属 2 种，本图鉴收录 1 属 1 种。

五一、花粉胡蜂属 *Quartinia* André, 1884

【形态特征】 该属种类体型偏小。前翅 cu-a 脉非垂直，后翅之后的腋窝切口深；后头脊长；下唇须与下颚须节数比值为 1∶3；翅基片后端附近无明显旁翅基片。腹部第 1 节明显短宽。

【地理分布】 主要分布于非洲区和古北区。

【分类】 世界已知 101 种，我国已知 1 种，本图鉴收录 1 种。

273. 蒙古花粉胡蜂 *Quartinia mongolica* (Morawitz, 1889)

【测量】 雌、雄体长均为 3.5 ~ 4.0 mm。

【形态特征】 体底色为黑色，具大量浅黄至深黄色斑，其中雌、雄性唇基除基部边缘外几乎全为黄色，前胸背板、翅基片、小盾片后端、并胸腹节背区、足从腿节端部至跗节末端、腹部除第 1 节前斜面及第 2 节基部外均为黄色。唇基端部宽大于唇基宽的 1/2，与两触角窝内缘间距相等，端缘中部宽弧形凹陷；额区散生小刻点，刻点间光滑。胸部及腹部刻点明显较头部刻点大且密，明显更粗糙。腹部各节较短，第1 ~ 5节背板端缘分别具薄片。

【地理分布】 甘肃；蒙古。

图 3-273-1　蒙古花粉胡蜂 *Quartinia mongolica* 雌性侧面观
（模式标本　Alexander V. Fateryga 提供）

图 3-273-2　蒙古花粉胡蜂 *Quartinia mongolica* 雌性头部正面观

图 3-273-3　蒙古花粉胡蜂 *Quartinia mongolica* 雄性头部正面观

图 3-273-4　蒙古花粉胡蜂 *Quartinia mongolica* 地理分布图

第四部分

马蜂亚科 Polistinae

图 4-a　陆马蜂 *Polistes (Gyrostoma) rothneyi* 生态图（浙江台州　许威　摄）

【形态特征】 体被毛短，不明显。唇基端部尖；上颚短宽，端部具齿。腹部第 1 节背板非垂直截状，基部向端部逐渐变宽，少数种类腹部第 1 节基部柄状或亚柄状。

【生物学特性】 马蜂亚科 Polistinae 种类是典型的社会性昆虫，一般生活在低海拔或中海拔山区，主要在屋檐、泥墙缝、灌木丛及树枝下等相对隐蔽的地方筑巢，所筑巢穴大多较小型、多裸露，受震动骚扰时会有少数工蜂出击；雌性中蜂王与工蜂无明显形态差异。马蜂种类成虫性嗜甜食，常活动于果园及菜地等，以瓜果、花蜜和含糖的植物汁液为食，主要捕猎鳞翅目 Lepidoptera 昆虫的幼虫喂养子嗣，偶有捕猎双翅目 Diptera、膜翅目 Hymenoptera 等昆虫的现象。蜂群进行繁殖和采食活动一般在气温较高的春夏季，中午气温高时活动最勤，午后气温最炎热时常暂停活动，晚间气温下降则归巢不动，入秋后雌蜂开始交尾受精，以便进入越冬期，一般在墙缝、树洞、灌木丛或土壤内抱团越冬，直到第二年春天。

【地理分布】 世界性分布。

【分类】 本亚科世界已知 26 属约 1 100 种，我国已知 3 属 59 种，本图鉴收录 3 属 46 种。

中国马蜂亚科 Polistinae 分属检索表

1. 腹部第 1 节基部无柄，从基部向端部由窄逐渐变宽，近圆锥状 ······················ **马蜂属 *Polistes* Latreille**

   腹部第 1 节基部具柄或亚柄状 ·· 2

2. 腹部第 2 节明显宽，背板、腹板愈合成钟铃状，其余腹节常缩入此节内 ··································· ·· **铃腹胡蜂属 *Ropalidia* Guérin-Méneville**

   腹部第 2 节非钟铃状，其余腹节不缩入第 2 节内 ······················ **异腹胡蜂属 *Parapolybia* de Saussure**

图 4–b　日本马蜂 *Polistes (Polistella) japonicus* 生态图（香港　Christophe Barthélemy　摄）

五二、异腹胡蜂属 *Parapolybia* de Saussure, 1854

【形态特征】 前胸脊不完整，侧区缺失；前胸背板明显具翅基片前脊；并胸腹节的气孔长约为宽的2倍。腹部第1节基部具柄，端部膨大且明显窄于第2节，第1节长明显大于第2节宽。

【地理分布】 绝大部分种类分布于东洋区，仅少数种类分布于古北区。

【分类】 目前世界已知13种，我国已知8种，本图鉴收录7种。

中国异腹胡蜂属 *Parapolybia* 分种检索表

1. 颊区后头脊完整，伸达至上颚基部 …… 2
   颊区后头脊不完整，未伸达至上颚基部 …… 7
2. 体红棕色至褐色；并胸腹节具十分明显的横皱；腹部第1节背板端部加宽并强烈隆起 …… **染翅异腹胡蜂 *Parapolybia tinctipennis***
   至少头部和胸部为浅黑色、象牙白色、黄色至亮棕色或橘色；并胸腹节具较弱的横皱；腹部第1节背板端部膨大不及上述种类 …… 3
3. 腹部第2节背板和其余腹节颜色不完全相同，其中第2、3节背板的颜色与胸部颜色不一致，各具1对黄色斑；触角和足明显增长 …… **库侧异腹胡蜂 *Parapolybia bioculata***
   腹部第2节背板和其余腹节的颜色几乎完全相同，其中第2、3节背板的颜色与胸部颜色一致；触角和足无明显增长 …… 4
4. 腹部第2节背板侧面观强烈凹陷；颊区发达且正面可见，侧面观比复眼宽 …… **金黄异腹胡蜂 *Parapolybia flava***
   腹部第2节背板侧面观无凹陷或微弱凹陷；颊区不发达，正面不可见，侧面观比复眼窄或等宽 …… 5
5. 侧面观，腹部第1节背板在末端具小结 …… **高砂异腹胡蜂 *Parapolybia takasagona***
   侧面观，腹部第1节背板末端平滑，无小结 …… 6
6. 腹部第2节背板无斑或具模糊的不间断斑；阳茎侧突整体细长，基部狭窄 (♂) …… **印度异腹胡蜂 *Parapolybia indica***
   腹部第2节背板具明显的间断斑；阳茎侧突整体较短，基部较上述宽 (♂) …… **黄侧异腹胡蜂 *Parapolybia crocea***
7. 体浅色斑为象牙白色；后胸背板末端具深棕色或黑色斑；腹部第1节背板端部较宽，腹柄长为宽的2.5倍，是端部高的3倍 …… **叉胸异腹胡蜂 *Parapolybia nodosa***
   体浅色斑为黄色；后胸背板末端无斑点或中间具1个斑；腹部第1节背板端部稍微狭窄，腹柄长为宽的2.3倍，是端部高的2.7倍 …… **变侧异腹胡蜂 *Parapolybia varia***

图 4-52　叉胸异腹胡蜂 ***Parapolybia nosoda*** 生态图（香港　Christophe Barthélémy　摄）

274. 库侧异腹胡蜂 *Parapolybia bioculata* van der Vecht, 1966

【测量】 雌性体长 15.0 ~ 17.5 mm，前翅长 11.5 ~ 16.5 mm；雄性体长 13.5 ~ 15.0 mm，前翅长 10.8 ~ 14.5 mm。

【形态特征】 体黑褐色，具大量黄色斑。唇基长大于宽，中部凸出，端部呈倒三角形，疏生刻点，端部 1/3 密生刚毛；颊区后头脊完整，伸达至上颚基部。前胸窄于头部，背板和侧板密生短刚毛，前胸脊明显，延伸至侧区 1/3 处逐渐断裂消失；侧区 2/3 处具 1 个椭圆形窝穴；并胸腹节后区具弱横皱；触角和足明显增长。腹部第 1 节背板端部不明显膨大，第 2、3 节背板分别具 1 对黄色斑，与胸部颜色不一致。

【地理分布】 广西（钦州、来宾）；缅甸，越南，老挝。

图 4-274-1 库侧异腹胡蜂 *Parapolybia bioculata* 雌性背面观

图 4-274-3 库侧异腹胡蜂 *Parapolybia bioculata* 雌性头部及前胸背板侧面观

图 4-274-2 库侧异腹胡蜂 *Parapolybia bioculata* 雌性唇基正面观

图 4-274-4 库侧异腹胡蜂 *Parapolybia bioculata* 地理分布图

275. 黄侧异腹胡蜂 *Parapolybia crocea* Saito-Morooka, Nguyen *et* Kojima, 2015

【测量】 雌性体长 12.0 ~ 15.4 mm，前翅长 10.5 ~ 15.3 mm；雄性体长 12.0 ~ 13.0 mm，前翅长 10.0 ~ 12.0 mm。

【形态特征】 体整体暗棕色，具黄色或淡棕色斑，色斑模式与库侧异腹胡蜂 *Parapolybia bioculata* 类似，但中胸盾片纵条带较后者宽且模糊。唇基宽与长几乎相等，颊区侧面观略隆起且与复眼等宽，正面几乎不可见；触角和足正常、无增长。腹部第 1 节背板侧面观末端平滑、无小结；腹部第 2 节背板具明显的间断斑点。雄性阳茎侧突整体较短、基部较宽，抱握器背侧略膨大、腹侧边缘有细小的刻点，生殖刺突基部具刚毛。

【地理分布】 陕西（汉中、安康）、甘肃（陇南）、安徽（天柱山）、浙江（宁波、丽水、临安）、湖北（武当山、神农架）、江西（赣州）、湖南（张家界、岳阳）、福建（武夷山）、台湾、广西（来宾、兴安）、重庆（开州、云阳、江津）、四川（峨眉山、都江堰）、贵州（凯里、黔南、铜仁）、云南（怒江）；日本，泰国，老挝，越南。

图 4-275-3 黄侧异腹胡蜂 *Parapolybia crocea* 雌性头部及前胸背板侧面观

图 4-275-1 黄侧异腹胡蜂 *Parapolybia crocea* 雌性背面观

图 4-275-4 黄侧异腹胡蜂 *Parapolybia crocea* 雌性腹部第 1 节侧面观

图 4-275-2 黄侧异腹胡蜂 *Parapolybia crocea* 雌性唇基正面观

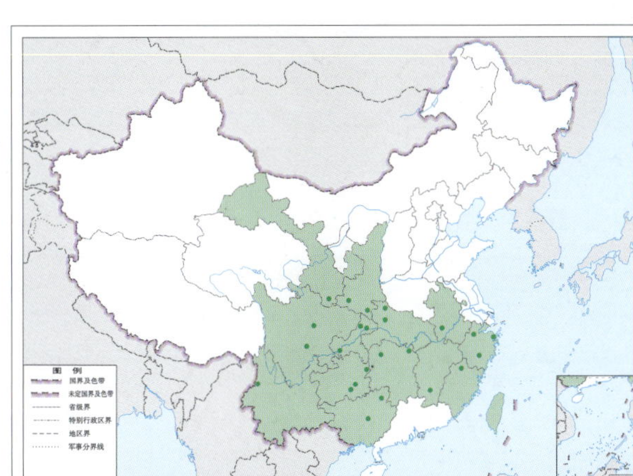

图 4-275-5 黄侧异腹胡蜂 *Parapolybia crocea* 地理分布图

图 4-275-6　黄侧异腹胡蜂 *Parapolybia crocea* 生态图（重庆四面山）

276. 金黄异腹胡蜂 *Parapolybia flava* Saito-Morooka, Nguyen *et* Kojima, 2015

【测量】 雌性体长 15.0 ~ 18.0 mm，前翅长 14.0 ~ 15.5 mm；雄性体长 13.0 mm，前翅长 12.0 mm。

【形态特征】 体黄棕色至棕褐色，其中头部背面、前胸背板、中胸背板及腹部均为棕褐色，后胸、并胸腹节及足为黄棕色（胸部及腹部背板的色斑轮廓不明显，无明显斑），翅透明、无深色斑。唇基宽大于长；颊区发达，头部正面观整个颊区长可见，侧面观颊区宽于复眼。腹部第 2 节背板在背侧面强烈凹陷；雄性阳茎侧突明显向内弯曲，生殖刺突短及密生刚毛。

【地理分布】 广西（来宾、桂林）；越南。

图 4-276-2　金黄异腹胡蜂 *Parapolybia flava* 雌性唇基正面观

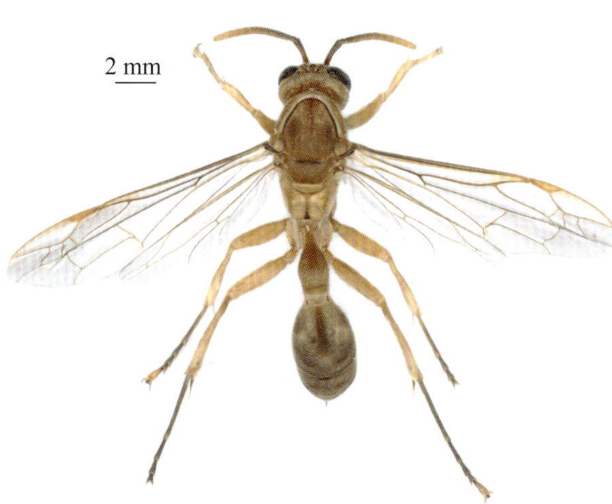

图 4-276-1　金黄异腹胡蜂 *Parapolybia flava* 雌性背面观

图 4-276-3　金黄异腹胡蜂 *Parapolybia flava* 地理分布图

277. 印度异腹胡蜂 *Parapolybia indica* (de Saussure, 1854)

【测量】 雌性体长 13.5 ~ 18.5 mm，前翅长 13.0 ~ 15.4 mm；雄性体长 13.5 ~ 16.5 mm，前翅长 12.5 ~ 15.0 mm。

【形态特征】 体整体为棕褐色，黄色斑轮廓模糊，其中中胸盾片纵条带及腹部第 2 节背板的侧斑无或模糊，翅淡棕色，具紫色光泽。唇基宽大于长；颊区侧面观窄于复眼。前胸窄于头部，前胸脊明显，延伸至侧区 1/2 处逐渐断裂消失；侧区 2/3 处具 1 个窝穴。腹部第 2 节背板无或具模糊的不间断的斑；雄性阳茎侧突整体细长、基部狭窄，抱握器背突的腹侧边缘具细小刻点，生殖刺突基部无刚毛。

【地理分布】 陕西（汉中）、浙江（丽水、临安、台州）、湖南（桃源洞、武冈、衡山、张家界、永州）、福建（武夷山）、广东（南昆山、乳源、惠州）、广西（田林、大明山、兴安、岑溪）、重庆（北碚、江津）、四川（峨眉山）、贵州（凯里）、云南（西双版纳）、台湾；印度，缅甸，加里曼丹岛，韩国，日本。

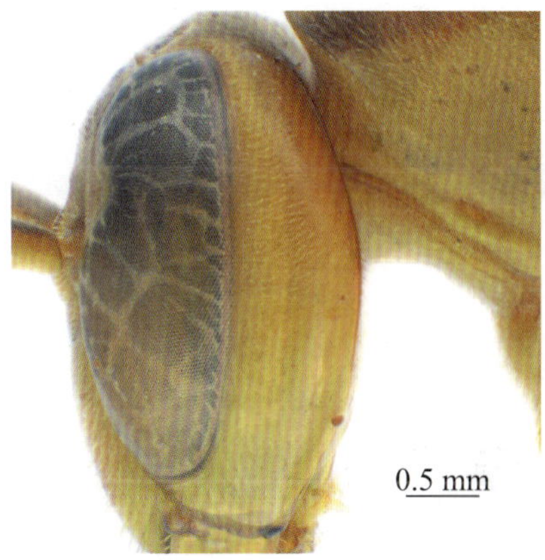

图 4-277-2　印度异腹胡蜂 *Parapolybia indica* 雌性头部侧面观

图 4-277-1　印度异腹胡蜂 *Parapolybia indica* 雌性背面观

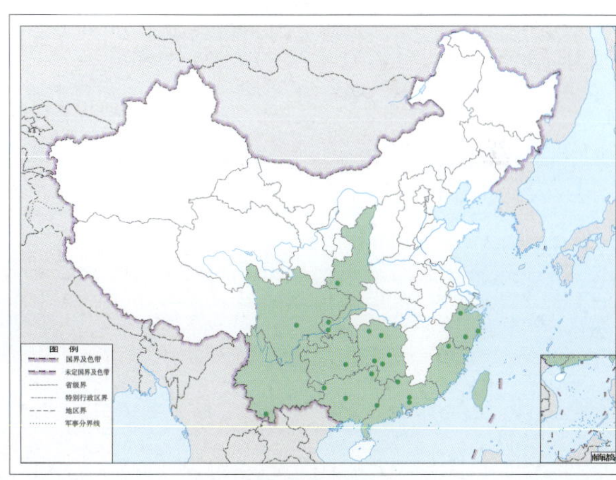

图 4-277-3　印度异腹胡蜂 *Parapolybia indica* 地理分布图

图 4-277-4　印度异腹胡蜂 *Parapolybia indica* 生态图 1（浙江台州　许威　摄）

图 4-277-5　印度异腹胡蜂 *Parapolybia indica* 生态图 2（浙江台州　许威　摄）

278. 叉胸异腹胡蜂 *Parapolybia nodosa* van der Vecht, 1966

【测量】 雌性体长 11.5 ~ 13.5 mm，前翅长 10.5 ~ 11.5 mm；雄性体长 10.5 ~ 12.0 mm，前翅长 9.5 ~ 11.0 mm。

【形态特征】 体棕褐色至黑色，浅色斑为象牙白色，其中中胸盾片几乎全为棕褐色，偶具 1 对不明显的窄条带；后胸背板末端具深棕色或黑色斑点；翅透明，无深色斑；腹部第 1 ~ 3 节背板分别具 1 对象牙白色的侧斑。唇基宽大于长。后胸背板五边形，密生短刚毛，基部中纵脊明显；并胸腹节倾斜，具中纵脊，几乎无横皱。腹部第 1 节背板端部较宽，腹柄长分别为端部宽的 2.5 倍、为端部高的 3 倍。

【地理分布】 四川（峨眉山）、贵州（凯里、茂兰、荔波、铜仁、施秉）、江西（崇义）、湖南（江永）、福建（武夷山）、广东（惠州、广州）、广西（来宾、兴安）、海南（定安）、台湾、香港；印度，尼泊尔，缅甸，泰国。

图 4-278-1 叉胸异腹胡蜂 *Parapolybia nodosa* 雌性背面观

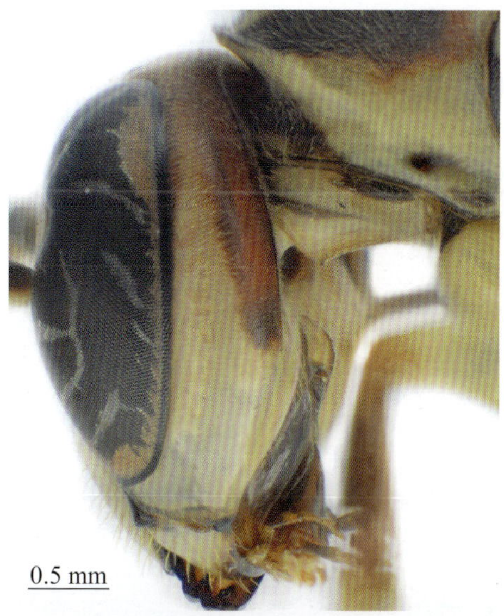

图 4-278-3 叉胸异腹胡蜂 *Parapolybia nodosa* 雌性头部侧面观

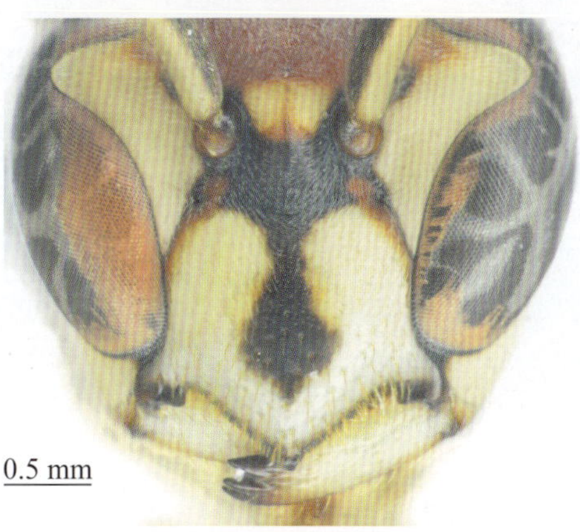

图 4-278-2 叉胸异腹胡蜂 *Parapolybia nodosa* 雌性头部正面观

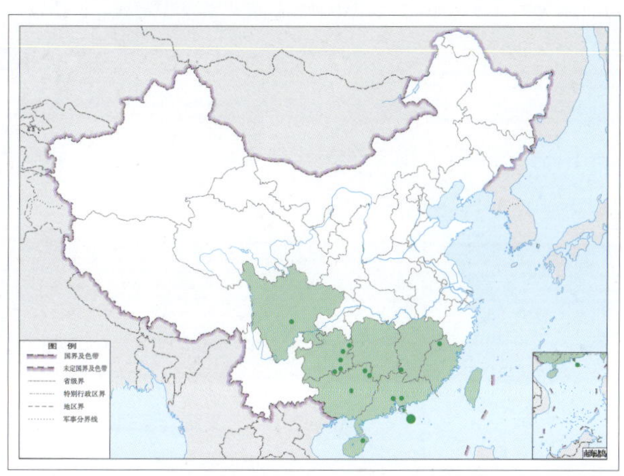

图 4-278-4 叉胸异腹胡蜂 *Parapolybia nodosa* 地理分布图

图 4-278-5　叉胸异腹胡蜂 *Parapolybia nodosa* 生态图（广东广州　陈尽虫　摄）

279. 染翅异腹胡蜂 *Parapolybia tinctipennis* (Cameron, 1900)

【测量】 雌性体长 16.5 ~ 19.5 mm，前翅长 15.5 ~ 17.0 mm；雄性未知。

【形态特征】 体为红棕色至褐色，无明显浅色斑。唇基宽大于长；颊区后头脊完整，伸达至上颚基部，颊区发达，侧面观隆起，正面观几乎整个颊区长可见。并胸腹节具十分明显的横皱。腹部第 1 节背板端半部加宽且强烈隆起，第 2 节背板基部两侧具卵圆形窝穴、中部两侧明显凹陷。

【地理分布】 江西（崇义）、广西（金秀）、贵州（丹寨）、福建；印度，老挝，越南。

图 4-279-1　染翅异腹胡蜂 *Parapolybia tinctipennis* 雌性背面观

图 4-279-2　染翅异腹胡蜂 *Parapolybia tinctipennis* 雌性头部侧面观

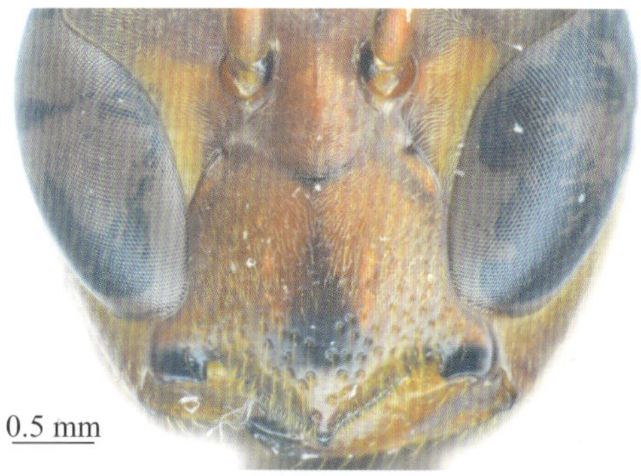

图 4-279-3　染翅异腹胡蜂 *Parapolybia tinctipennis* 雌性唇基正面观

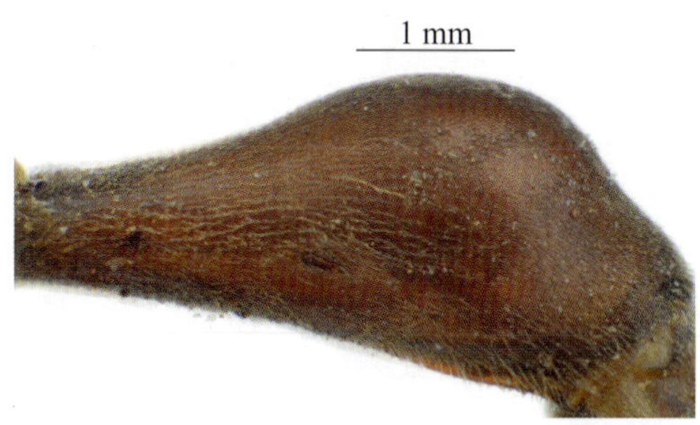

图 4-279-4　染翅异腹胡蜂 *Parapolybia tinctipennis* 腹部第 1 节侧面观

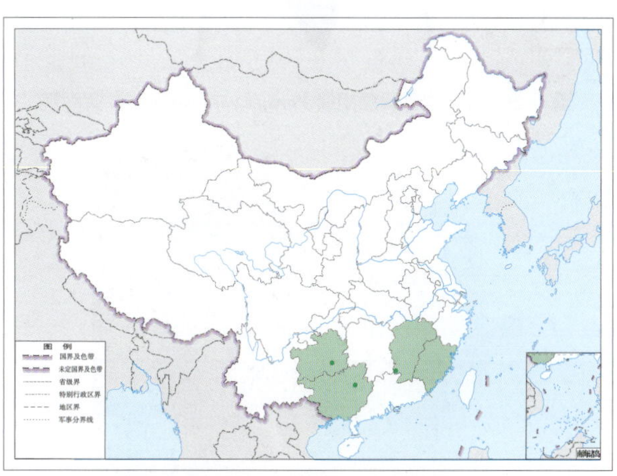

图 4-279-5　染翅异腹胡蜂 *Parapolybia tinctipennis* 地理分布图

280. 变侧异腹胡蜂 *Parapolybia varia* (Fabricius, 1787)

【测量】 雌性体长 12.6 ~ 15.5 mm，前翅长 11.0 ~ 12.7 mm；雄性体长 10.5 ~ 13.0 mm，前翅长 10.5 ~ 12.0 mm。

【形态特征】 体红褐色至黑褐色，具轮廓清晰的黄色斑，其中中胸盾片具 1 对窄的黄色纵条带，腹部第 1 节背板端部具 1 对侧斑，其余各节背板接近中部分别具侧斑，部分标本仅第 1 ~ 3 节背板的侧斑可见；后胸背板纯黄色；翅褐色，略具紫色光泽。唇基宽略大于长；颊区后头脊不完整，未伸达至上颚基部。腹部第 1 节背板端部较叉胸异腹胡蜂 *Parapolybia nodosa* 狭窄，腹柄长分别为端部宽的 2.3 倍、为端部高的 2.7 倍；雄性生殖器中的阳茎侧突无刚毛，阳茎基腹铗顶部畸形伸长，抱握器背突呈扇形，上半部分外侧具细小刻点。

【地理分布】 山东（泰安）、河南（登封）、陕西（汉中）、甘肃（陇南）、江苏（苏州、徐州）、安徽（黄山、天柱山）、浙江（丽水、临安）、湖北（神农架）、江西（赣州）、湖南（张家界）、福建（邵武）、广东（惠州、梅州、云浮）、广西（百色、崇左、来宾、大明山、金秀、玉林、防城港）、重庆（开州、城口、江津）、四川（峨眉山、巴中）、贵州（凯里、茂兰）、云南（文山、临沧、西双版纳、保山、红河、昭通、玉溪）、西藏（通麦）；印度，尼泊尔，缅甸，泰国，加里曼丹岛，印度尼西亚，菲律宾，韩国，日本。

图 4-280-1　变侧异腹胡蜂 *Parapolybia varia* 雌性背面观

图 4-280-2　变侧异腹胡蜂 *Parapolybia varia* 雌性头部及前胸侧面观

图 4-280-3　变侧异腹胡蜂 *Parapolybia varia* 雌性头部正面观

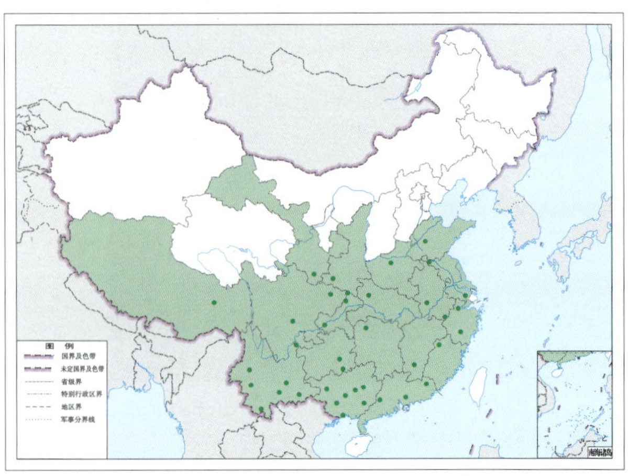

图 4-280-4　变侧异腹胡蜂 *Parapolybia varia* 地理分布图

图 4-280-5　变侧异腹胡蜂 ***Parapolybia varia*** 生态图 1（云南西双版纳望天树　陈尽虫　摄）

图 4-280-6　变侧异腹胡蜂 ***Parapolybia varia*** 生态图 2（西藏通麦　陈尽虫　摄）

五三、马蜂属 *Polistes* Latreille, 1802

【形态特征】 腹部第 1 节背板从基部向端部逐渐变宽，背板后缘大于第 2 节背板后缘宽度的 1/2。

【地理分布】 世界性分布。

【分类】 该属世界已知 4 亚属 230 余种，我国已知 3 亚属 27 种，本图鉴收录 3 亚属 20 种。

图 4–53　棕马蜂 *Polistes* (*Gyrostoma*) *gigas* 生态图（香港　Christophe Barthélémy　摄）

中国马蜂属 *Polistes* 分种检索表

1. 额唇基沟高于唇基侧窝穴；前胸背板侧区前侧近中部无窝穴 ………………………… 2
   额唇基沟与唇基侧窝穴相邻或融合；前胸背板侧区前侧近中部具 1 个窝穴 ………… 11
2. 腹部第 2 节腹板基部逐渐向后隆起、前面呈具坡度的斜面，侧面观腹缘略弧形弯曲 ……… 3
   腹部第 2 节腹板基部明显凸起、前面几乎垂直，侧面观腹缘非弧形弯曲 ……………… 8
3. 前翅缘室端部具黑褐色斑 …………………………………………………………… 4
   前翅缘室端部无黑褐色斑 …………………………………………………………… 5
4. 体具大面积红棕色和黄色斑，其中唇基为黄色；体刻点弱，不明显；并胸腹节横皱不及下述种类发达 …
   ……………………………………………………… **点马蜂** ***Polistes* (*Polistella*) *stigma***
   体黄色区域明显减少，唇基整个或绝大部分为红棕色；体具粗糙的刻点，并胸腹节具发达的横皱 ………
   ……………………………………………………… **黑棕马蜂** ***Polistes* (*Polistella*) *brunus***
5. 前胸背板侧区具褶皱；中胸盾片无黄色条带 ……………………………………………… 6
   前胸背板侧区密生刻点，无褶皱；中胸盾片中部具 1 对纵向黄色条带 ……………… 7
6. 体几乎全为红棕色；翅整体为深棕色；雌性腹部第 4 节腹板具 1 对纵隆脊 ………………
   ……………………………………………………… **皱马蜂** ***Polistes* (*Polistella*) *strigosus***
   体色暗，大面积黑色，其中颊区、前胸背板背区、中胸小盾片、腹部第 1 节及第 2 节腹板大部分为红褐色，腹部第 2 节背板为黄色；翅除端部外为黑褐色；雌性腹部第 4 节腹板无隆脊 ………………
   ……………………………………………………… **黄裙马蜂** ***Polistes* (*Polistella*) *sagittarius***
7. 雌性腹部第 4 节腹板具 1 对纵脊；体或多或少具黑色区域；中胸盾片底色为黑色，除中部条带外靠近翅基片还具弧形短条带 ……………………………… **日本马蜂** ***Polistes* (*Polistella*) *japonicus***
   雌性腹部第 4 节腹板无纵脊；体除并胸腹节中沟区域、腹部第 1 节背板中部及中后足跗节黑褐色外几乎无黑色；中胸盾片底色为红棕色，除中部条带外靠近翅基片无条带 ………………………………
   ……………………………………………………… **黑跗马蜂** ***Polistes* (*Polistella*) *nigritarsis***
8. 体具黑、黄两色，其中唇基、复眼后缘外斑、前胸背板、中胸小盾片、腹部第 1 节背板端部条带及第 4 节背板和腹板端部条带均为黄色 ……………………… **焰马蜂** ***Polistes* (*Polistella*) *adustus***
   体具黑色、黄色、锈红色及红褐色等，体色多样 …………………………………………… 9
9. 唇基隆起更明显，侧面观均匀凸起；腹部第 1、3、4 节背板端部分别具亮黄色条带（第 3 节中部常中断），第 2 节背板端部具红棕色条带（少数标本端部两侧呈黄色，中部主要为红棕色） ………………
   ……………………………………………………… **斯马蜂** ***Polistes* (*Polistella*) *snelleni***
   唇基凸起不明显，侧面观向端部逐渐倾斜；腹部第 2 ~ 4 节仅具锈红色或锈红色中具黄色斑或条带 …… 10
10. 唇基的绒毛仅限于基部 1/4 处；腹部第 2 ~ 5 节背板端部分别仅具红棕色（偶为红黄色）条带；几乎整个唇基为深黄色 ……………………………… **环带马蜂** ***Polistes* (*Polistella*) *nipponensis***
    唇基几乎基半部具绒毛；腹部至少第 3、4 节背板锈红色条带两侧具黄色斑；唇基基部常为黑色，端部为黄色至红黄色 ……………………………… **柑马蜂** ***Polistes* (*Polistella*) *mandarinus***
11. 前胸脊高、领片状且延长至窝穴下方；前翅的前翅痣大于翅痣的 1/2 ………………… 12
    前胸脊短或钝且窝穴下方非片状；前翅的前翅痣明显小于翅痣的 1/2 ……………… 18
12. 体全为红棕色或部分为黑褐色；中胸侧板无侧纵脊或背前侧片沟，以及此区域密生刻点；雄性腹部第 7 节的腹板可见区域无枝突 …………………………………………………… 13
    体具大量黄色斑；中胸侧板具侧纵脊和背前侧片沟，以及此区域刻点相对稀疏；雄性腹部第 7 节的腹板可见部分具枝突［除疏刻马蜂 *Polistes* (*Gyrostoma*) *tenuispunctia* 外］……………………… 14

13. 雌性颚眼距长、与 1 只触角窝内缘至另外 1 只触角窝外缘的间距相等；中胸侧板具侧脊、无背前侧片沟；雄性上颚和触角第 13 节变异、呈弧形 ………………………………… **棕马蜂 *Polistes* (*Gyrostoma*) *gigas***

雌性颚眼距明显小于 1 只触角窝内缘至另外 1 只触角窝外缘的间距；中胸侧板无侧脊，具背前侧片沟；雄性上颚和触角第 13 节正常 ………………………………… **褐马蜂 *Polistes* (*Gyrostoma*) *tenebricosus***

14. 体整体为黄色；中胸侧板中部刻点稀疏、浅 ………………………………… **15**

体整体为黑色，具黄色斑；中胸侧板中部刻点粗糙、深 ………………………………… **16**

15. 雌性体一直具黑斑且唇基至少额唇基沟为黑色；雄性唇基均匀隆起；雄性腹部第 7 节端部两侧的侧瘤突三角形，基部更宽，端部的枝突长，其端部竹片状 ………………… **果马蜂 *Polistes* (*Gyrostoma*) *olivaceus***

雌性体包括额唇基沟在内均无黑色斑，仅偶尔单眼周围暗；雄性唇基具凹陷；腹部第 7 节端部两侧的侧瘤突圆柱形，基部窄，端部的枝突长，其端部尖 ………………… **瓦氏马蜂 *Polistes* (*Gyrostoma*) *wattii***

16. 雌性后头脊腹面 1/3 处无或退化状；雌性腹部第 1 节背板端部黄色部分两侧变宽；雄性触角端部第 3 ~ 4 节扁平及卷曲；雄性腹部第 7 节腹板可见区域无枝突 ……… **疏刻马蜂 *Polistes* (*Gyrostoma*) *tenuispunctia***

雌性后头脊腹面 1/3 处多变；雌性腹部第 1 节背板端部黄色部分两侧未变宽，平行；雄性触角整体端部无卷曲，圆柱形，最多最后 1 节偏宽，呈片状；腹部第 7 节腹板可见区域具枝突 ………………… **17**

17. 雌性后头脊不完整，未到达上颚基部；雄性唇基与复眼不接触；雄性触角最后 1 节略卷曲且呈圆柱形；雄性腹部第 7 节腹板侧枝突不明显 ………………………………… **约马蜂 *Polistes* (*Gyrostoma*) *jokahamae***

雌性后头脊完整，伸达至上颚基部；雄性唇基与复眼相接触；雄性触角最后 1 节竹片状、偏平及变宽；雄性腹部第 7 节腹板侧枝突明显、窄而长 ………………………………… **陆马蜂 *Polistes* (*Gyrostoma*) *rothneyi***

18. 雌性 ………………………………… **19**

雄性 ………………………………… **23**

19. 上颚黑色；前胸背板内侧的黄色条带与前横带不连接；唇基宽约等于中部长 ………………………………… **柞蚕马蜂 *Polistes* (*Polistes*) *gallicus***

上颚通常具黄色斑；前胸背板内侧的黄色条带与前横带连接；唇基宽略大于中部长 ………………… **20**

20. 唇基纯黄色；后足基节背面为黄色；胸部及腹部黄色斑和条带均大且宽 ………………………………… **强马蜂 *Polistes* (*Polistes*) *dominula***

唇基中部具完整的横向黑色条带或小黑色斑；后足基节背面为黑色；胸部及腹部黄色斑和条带不及上述宽或大 ………………………………… **21**

21. 前胸背板的黄色条带窄，仅沿前胸脊和内侧缘；腹部各节端部条带窄 … **窄马蜂 *Polistes* (*Polistes*) *nimpha***

前胸背板基部常为黄色；腹部各节端部条带较上述宽 ………………………………… **22**

22. 唇基中部明显疏生刻点 ………………………………… **跳马蜂 *Polistes* (*Polistes*) *associus***

唇基刻点较上述种类更小且密 ………………………………… **中华马蜂 *Polistes* (*Polistes*) *chinensis***

23. 触角第 13 节明显短，仅略长于第 12 节 ………………………………… **强马蜂 *Polistes* (*Polistes*) *dominula***

触角第 13 节长，为第 12 节的 2 倍及以上 ………………………………… **24**

24. 触角第 13 节背面观长约为宽的 3 倍；唇基中部明显凹陷，以及具明显侧脊 ………………… **25**

触角第 13 节背面观长约为宽的 2 倍；唇基中部略凹陷，无隆起的侧脊 ………………………………… **柞蚕马蜂 *Polistes* (*Polistes*) *gallicus***

25. 前胸背板外侧无黄色条带；腹部各节腹板除端部条带外为黑色；颊区顶部在复眼后宽且略隆起 ………………………………… **窄马蜂 *Polistes* (*Polistes*) *nimpha***

前胸背板外周均为黄色；腹部各节可见区域绝大部分为黄色；颊区顶部在复眼后窄，或多或少直，不呈弧形 ………………………………… **跳马蜂 *Polistes* (*Polistes*) *associus***

281. 棕马蜂 *Polistes* (*Gyrostoma*) *gigas* (Kirby, 1826)

【测量】 雌性体长 16.5 ~ 26.5 mm，前翅长 17.5 ~ 29.0 mm；雄性体长 13.5 ~ 18.5 mm，前翅长 13.5 ~ 21.0 mm。

【形态特征】 体整体为红棕色至褐色、无黄色斑，其中头部及胸部背板常偏红棕色，胸部腹板及腹部颜色更深，体色与褐马蜂 *Polistes* (*Gyrostoma*) *tenebricosus* 近似。该种唇基宽大于长，端部中央呈角状凸出，密生刻点，边缘刻点较稀；雌性颚眼距长、等于 1 只触角窝内缘至另外 1 只触角窝外缘的间距。前胸背板、中胸盾片、小盾片、后胸背板具中等密度刻点（刻点小于刻点直径或等于刻点直径），其中中胸盾片中部刻点略稀疏，后胸侧板刻点较以上部位更稀疏；前胸脊发达；小盾片矩形，基部具弱的中纵脊；中胸侧板具侧纵脊、无背前侧片沟。雄性上颚和触角第 13 节变异、呈弧形；雄性腹部第 7 节腹板可见区域无枝突。

【地理分布】 江苏、安徽（六安）、浙江（杭州）、江西（赣州）、湖北、福建、台湾、广东（云浮、韶关、惠州）、海南、香港、广西（桂林、来宾、南宁）、重庆（沙坪坝、江津）、四川（峨眉山）、贵州（黔东南）；印度。

图 4-281-1 棕马蜂 *Polistes* (*Gyrostoma*) *gigas* 雌性背面观

图 4-281-2 棕马蜂 *Polistes* (*Gyrostoma*) *gigas* 雌性头部正面观生态图（安徽金寨 陈尽虫 摄）

图 4-281-3 棕马蜂 *Polistes* (*Gyrostoma*) *gigas* 雌性生态图（安徽金寨 陈尽虫 摄）

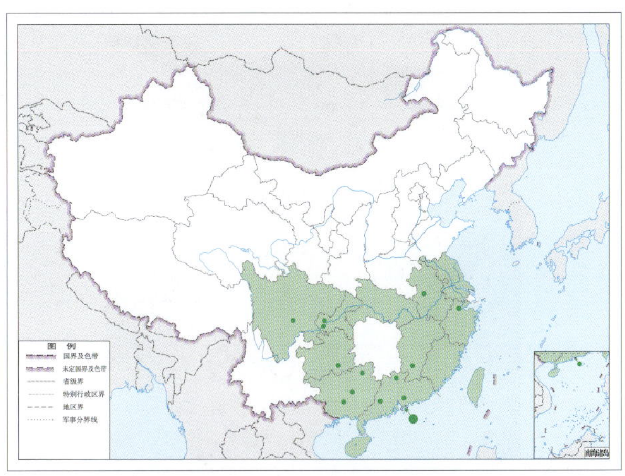

图 4-281-4 棕马蜂 *Polistes* (*Gyrostoma*) *gigas* 地理分布图

282. 约马蜂 *Polistes* (*Gyrostoma*) *jokahamae* Radoszkowski, 1887

【测量】 雌性体长 13.2 ~ 21.0 mm，前翅长 13.5 ~ 21.0 mm；雄性体长 16.2 ~ 19.0 mm，前翅长 16.0 ~ 18.5 mm。

【形态特征】 体黑色，具大量黄色至黄棕色斑。该种色斑分布模式与陆马蜂 *Polistes* (*Gyrostoma*) *rothneyi* 非常相似，但黄斑常偏棕色且并胸腹节常无色斑；前胸背板呈黄色，前胸脊领状突起；中胸盾片呈黑色，具粗糙刻点，中部两侧具 2 条橙黄色纵条带，外侧邻近翅基片处常具 1 个短橙黄色纵斑；中胸侧板中部刻点粗糙、深。雌性后头脊不完整，未伸达上颚基部。雄性唇基与复眼不接触，触角最后 1 节略弯曲且呈圆柱形，腹部第 7 节腹板侧枝突不明显。

【地理分布】 辽宁、河北（白洋淀）、河南、山东、陕西、浙江、湖北、江西（抚州）、湖南、福建（福州）、安徽、贵州、广东（惠州、清远、云浮）、广西（玉林、防城港、桂林、梧州）、重庆、四川、云南、江苏（徐州）；印度，日本，朝鲜，蒙古，美国（夏威夷，引入），马来西亚，越南。

图 4-282-1 约马蜂 *Polistes* (*Gyrostoma*) *jokahamae* 雄性背面观

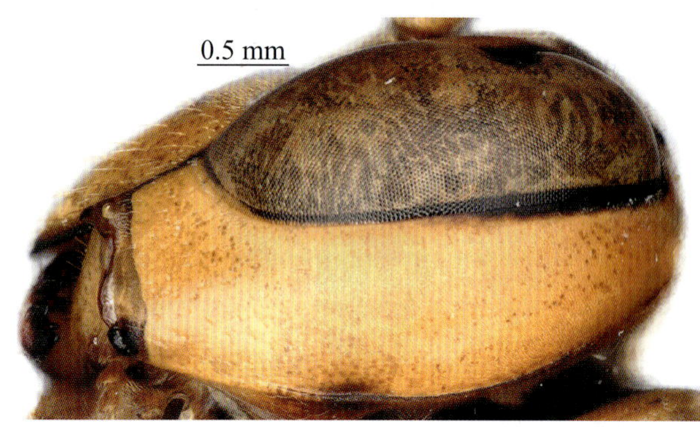

图 4-282-3 约马蜂 *Polistes* (*Gyrostoma*) *jokahamae* 雌性头部侧面观

图 4-282-2 约马蜂 *Polistes* (*Gyrostoma*) *jokahamae* 雄性头部正面观

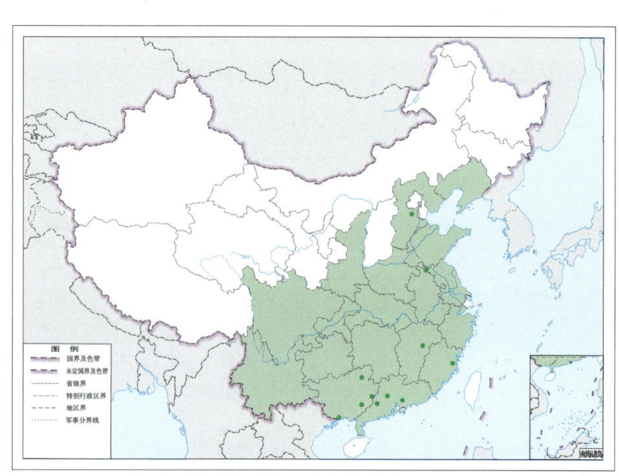

图 4-282-4 约马蜂 *Polistes* (*Gyrostoma*) *jokahamae* 地理分布图

图 4-282-5　约马蜂 ***Polistes* (*Gyrostoma*) *jokahamae*** 生态图 1（许剑珍　摄）

图 4-282-6　约马蜂 ***Polistes* (*Gyrostoma*) *jokahamae*** 生态图 2（许剑珍　摄）

283. 果马蜂 *Polistes* (*Gyrostoma*) *olivaceus* (De Geer, 1773)

【测量】 雌性体长 10.4 ~ 17.0 mm，前翅长 11.2 ~ 17.0 mm；雄性体长 12.0 mm，前翅长约 14.0 mm。

【形态特征】 体整体为黄色，具黑色斑和少量红棕色斑，雌性唇基至少额唇基沟为黑色。雄性唇基均匀隆起；雌性后头脊不完整。胸部稀生小刻点（前胸背板及中胸盾片刻点不明显）；前胸脊发达；中胸侧板中部刻点稀疏、浅，具侧纵脊和背前侧片沟；后胸背板较宽；并胸腹节具深的中纵沟，两侧具发达横皱。雄性腹部第 7 节端部两侧的侧瘤突三角形，基部更宽，端部的枝突长，其端部竹片状。

【地理分布】 浙江、四川、云南（德宏、红河、文山、普洱、玉溪）、西藏、台湾、广东（云浮、惠州）、广西（桂林、防城港、柳州、来宾、玉林、岑溪、崇左）、海南（定安、白沙、屯昌）、香港、澳门；马达加斯加，埃及，阿曼，伊朗，阿富汗，印度，斯里兰卡，尼泊尔，缅甸，菲律宾，越南，柬埔寨，老挝，泰国，马来西亚，新加坡，澳大利亚，新西兰，美国（夏威夷）。

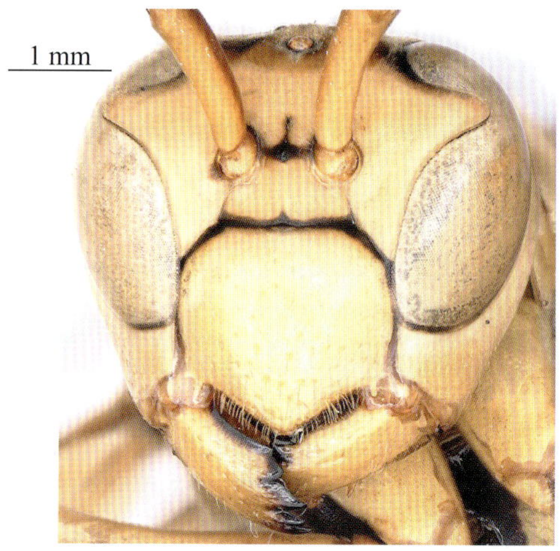

图 4–283–2 果马蜂 *Polistes* (*Gyrostoma*) *olivaceus* 雌性头部正面观

图 4–283–1 果马蜂 *Polistes* (*Gyrostoma*) *olivaceus* 雌性背面观

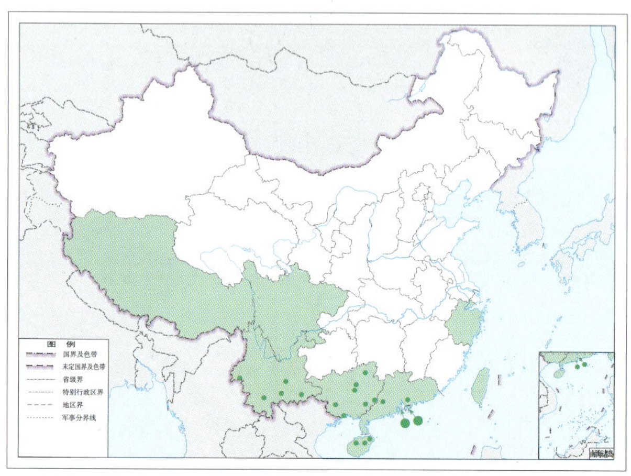

图 4–283–3 果马蜂 *Polistes* (*Gyrostoma*) *olivaceus* 地理分布图

图 4-283-4　果马蜂 *Polistes* (*Gyrostoma*) *olivaceus* 生态图（香港　Christophe Barthélémy　摄）

284. 陆马蜂 *Polistes* (*Gyrostoma*) *rothneyi* Cameron, 1900

【测量】 雌性体长 15.5 ~ 18.5 mm，前翅长 15.5 ~ 19.0 mm；雄性体长 14.5 ~ 17.5 mm，前翅长 16.0 ~ 18.0 mm。

【形态特征】 体黑色，具大量黄色斑。该种与近似种约马蜂 *Polistes* (*Gyrostoma*) *jokahamae* 的区别主要是颜色整体更多黄色，几乎无棕红色；雌性后头脊完整，伸达至上颚基部；雄性唇基与复眼相接触，触角最后 1 节竹片状，偏平及变宽；雄性腹部第 7 节腹板侧枝突明显，窄而长。

【地理分布】 黑龙江、吉林、辽宁、北京、天津、河北（白洋淀）、山东、河南、陕西（汉中）、甘肃（陇南）、江苏、浙江（丽水、杭州、湖州）、湖北（神农架）、湖南、安徽、江西（抚州）、福建、台湾、广西（来宾）、海南、重庆（城口、江津）、四川、贵州（黔南）、云南；日本，朝鲜。

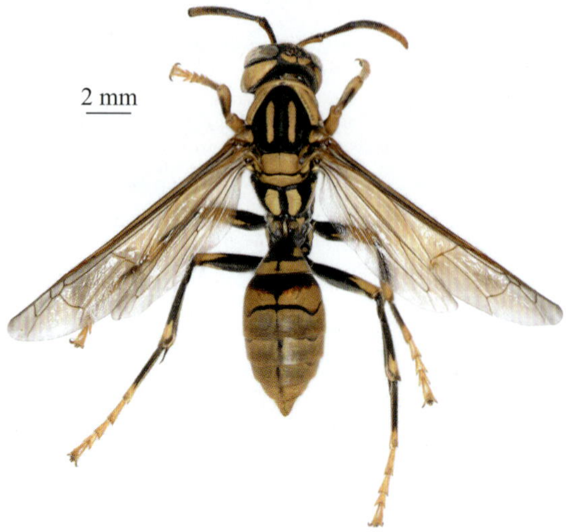

图 4-284-1　陆马蜂 ***Polistes* (*Gyrostoma*) *rothneyi*** 雌性背面观

图 4-284-2　陆马蜂 ***Polistes* (*Gyrostoma*) *rothneyi*** 雌性头部侧面观

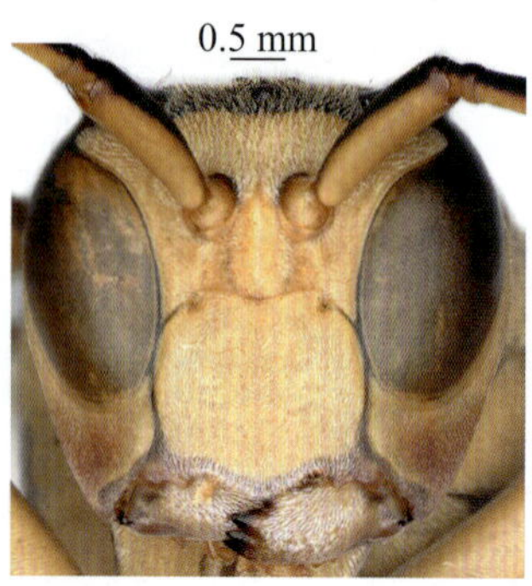

图 4-284-3　陆马蜂 ***Polistes* (*Gyrostoma*) *rothneyi*** 雄性头部正面观

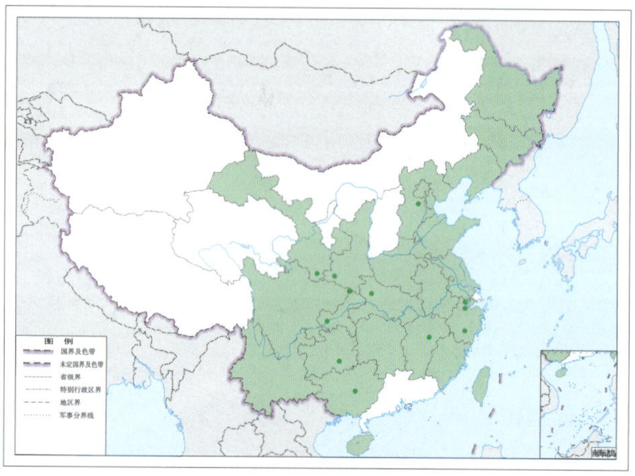

图 4-284-4　陆马蜂 ***Polistes* (*Gyrostoma*) *rothneyi*** 地理分布图

图 4-284-5　陆马蜂 ***Polistes* (*Gyrostoma*) *rothneyi*** 雄性生态图（重庆四面山　熊昊洋　摄）

285. 褐马蜂 *Polistes* (*Gyrostoma*) *tenebricosus* Lepeletier, 1836

【测量】 雌性体长 12.5 ~ 18.0 mm，前翅长 13.0 ~ 18.2 mm；雄性体长 21.0 ~ 21.5 mm，前翅长 20.0 ~ 20.5 mm。

【形态特征】 该种与棕马蜂 *Polistes* (*Gyrostoma*) *gigas* 体型近似。体色由红棕色和黑褐色组成，无黄色斑，其中腹部常纯黑褐色，偶有红棕色大斑或条带。雌性颚眼距小于 1 只触角窝内缘至另外 1 只触角窝外缘的间距；头顶及颊区上端大部分具稀疏小刻点，颊区下端刻点较大且密；触角中间凸起；唇基宽大于长，中部明显隆起，密生粗糙大刻点。中胸侧板无侧纵脊，具背前侧片沟。雄性上颚和触角第 13 节正常。

【地理分布】 陕西、安徽、浙江（杭州）、湖北、湖南（永州）、福建、台湾、海南、广西、重庆、四川（巴中）、贵州、云南；印度，尼泊尔，越南，缅甸，印度尼西亚，菲律宾。

图 4-285-1 褐马蜂 *Polistes* (*Gyrostoma*) *tenebricosus* 雌性背面观

图 4-285-2 褐马蜂 *Polistes* (*Gyrostoma*) *tenebricosus* 生态图（四川巴中）

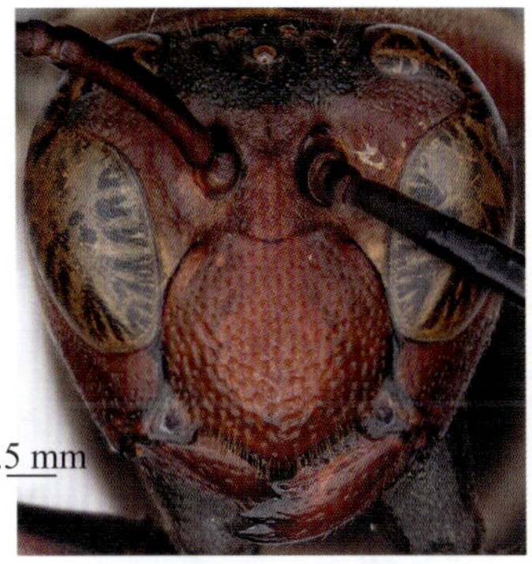

图 4-285-3 褐马蜂 *Polistes* (*Gyrostoma*) *tenebricosus* 雌性头部正面观

图 4-285-4 褐马蜂 *Polistes* (*Gyrostoma*) *tenebricosus* 胸部侧面观

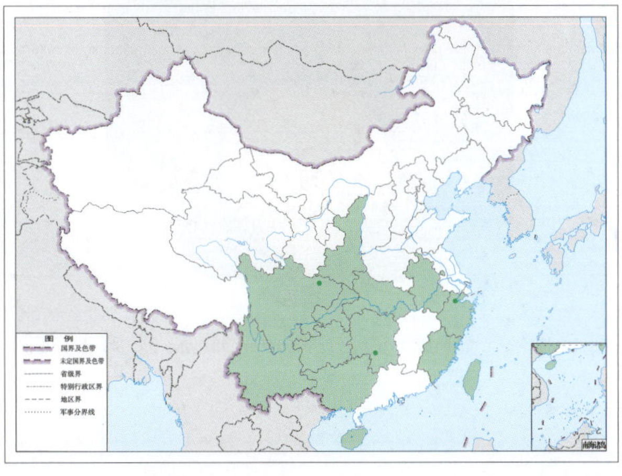

图 4-285-5 褐马蜂 *Polistes* (*Gyrostoma*) *tenebricosus* 地理分布图

286. 焰马蜂 *Polistes* (*Polistella*) *adustus* Bingham, 1897

【测量】 雌性体长 8.5 ~ 11.0 mm，前翅长 8.2 ~ 11.0 mm；雄性体长 8.0 ~ 10.5 mm，前翅长 8.5 ~ 10.0 mm。

【形态特征】 体被棕色短毛，腹部毛极短；体黑色，具黄色斑，唇基除边缘外、额区两侧下缘、颊区上端沿复眼后缘、前胸背板（或沿前胸脊条带及后缘条带）、小盾片、后胸背板的 1 对斑及腹部第 1、4 节背板端部条带（或腹部第 1 节背板大部分）为黄棕色；翅为黑褐色。唇基长略大于宽，隆起，端缘中央呈钝角状凸出。小盾片或多或少隆起，高于中胸盾片的水平面；并胸腹节侧区与后区交界处呈棱角、非圆弧形。腹部第 2 节腹板基部明显圆形隆起，侧面观前端隆起，背板基部两侧略圆形隆起。

【地理分布】 云南（保山、西双版纳、红河）、四川（攀枝花）；印度，不丹，尼泊尔。

图 4-286-1　焰马蜂 *Polistes* (*Polistella*) *adustus* 雌性背面观

图 4-286-3　焰马蜂 *Polistes* (*Polistella*) *adustus* 雌性腹部侧面观

图 4-286-2　焰马蜂 *Polistes* (*Polistella*) *adustus* 雌性头部正面观

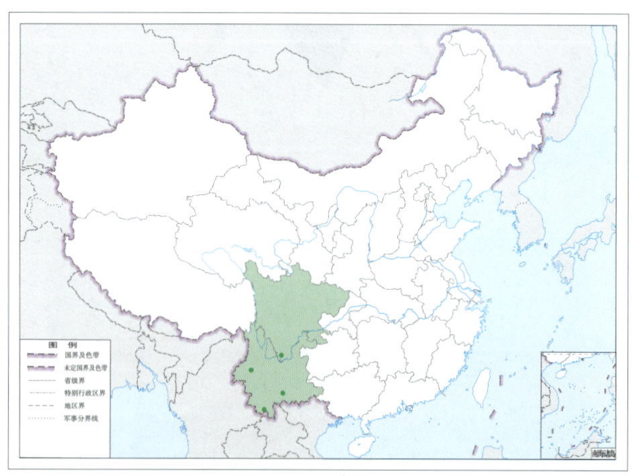

图 4-286-4　焰马蜂 *Polistes* (*Polistella*) *adustus* 地理分布图

287. 黑棕马蜂 *Polistes* (*Polistella*) *brunus* Nguyen *et* Carpenter, 2017

【测量】 雌性体长 9.0 ~ 13.7 mm，前翅长 9.2 ~ 13.4 mm；雄性未知。

【形态特征】 头部和胸部绝大部分为红棕色，其中足跗节第 1 ~ 4 节、并胸腹节亚缘脊及腹瓣为象牙白色，并胸腹节及后足除跗节外为黑褐色，腹部为黑色，其中第 1 节背板端缘及腹板、第 3 节端部条带，以及第 4 节近中部条带均为象牙白色。前翅缘室端部明显具 1 个黑褐色斑；体具粗糙刻点；并胸腹节具发达的横皱，横皱完整覆盖背区、后区及侧区上侧。腹部第 2 节腹板向后逐渐隆起，侧面观腹缘略弧形；第 3 节端部条带较第 4 节的宽，第 4 节有时无条带。

【地理分布】 海南（永兴岛）；越南。

图 4-287-3　黑棕马蜂 *Polistes* (*Polistella*) *brunus* 雌性并胸腹节背面观

图 4-287-1　黑棕马蜂 *Polistes* (*Polistella*) *brunus* 雌性背面观

图 4-287-4　黑棕马蜂 *Polistes* (*Polistella*) *brunus* 雌性腹部侧面观

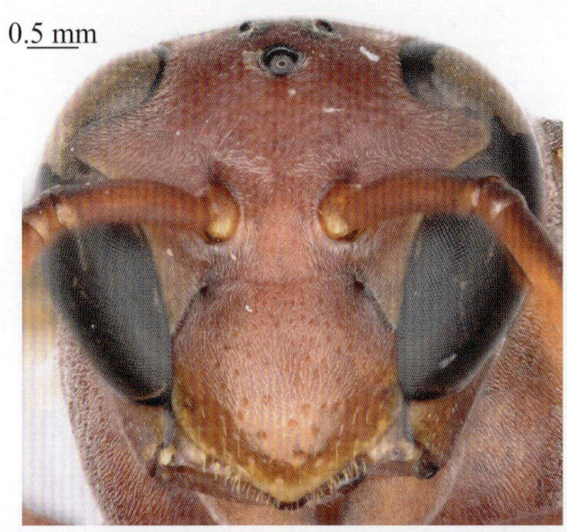

图 4-287-2　黑棕马蜂 *Polistes* (*Polistella*) *brunus* 雌性头部正面观

图 4-287-5　黑棕马蜂 *Polistes* (*Polistella*) *brunus* 地理分布图

图 4–287–6　黑棕马蜂 ***Polistes* (*Polistella*) *brunus*** 生态图 1（海南永兴岛　陈华燕　摄）

图 4–287–7　黑棕马蜂 ***Polistes* (*Polistella*) *brunus*** 生态图 2（海南永兴岛　陈华燕　摄）

288. 日本马蜂 *Polistes* (*Polistella*) *japonicus* de Saussure, 1858

【测量】 雌性体长 10.2 ~ 14.5 mm，前翅长 11.2 ~ 16.0 mm；雄性体长 12.0 ~ 12.5 mm，前翅长 13.0 ~ 13.2 mm。

【形态特征】 体大部分为黄棕色，其中额区下半部黄色，上半部黄棕色，触角窝上部及额唇基沟呈黑色，头顶复眼间具 1 条黑色横带，颊区黄色，后头边缘中间呈黑色；中胸盾片底色为黑色，中部具 2 条脚掌状的宽条带，以及近翅基片处还具弧形短斑。腹部第 1、2 节背板基部黑色，后端为红棕色，端部为黄棕色；第 3 节背板至末节可见部分主要为红棕色，两侧常有凹陷斑；前翅褐色，几乎不透明。唇基端部突出呈角状；前胸背板具弱的褶皱或无褶皱；腹部第 2 节腹板逐渐向后隆起，侧面观腹缘弱弧形弯曲；雌性腹部第 4 节腹板具 1 对纵隆脊。

【地理分布】 河南、陕西、安徽（六安）、江苏、浙江、湖北（神农架）、湖南（张家界）、江西（赣州）、福建、海南（白沙、万宁）、台湾、广东、广西（防城港）、重庆、四川（峨眉山）、贵州、云南、西藏（林芝）；日本，韩国。

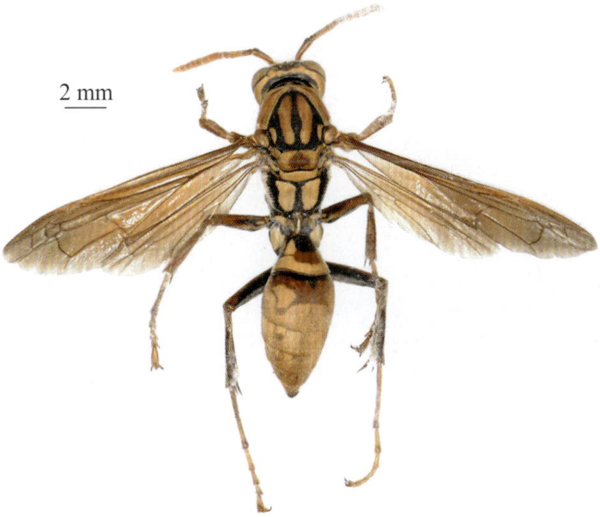

图 4-288-1　日本马蜂 *Polistes* (*Polistella*) *japonicus* 雌性背面观

图 4-288-3　日本马蜂 *Polistes* (*Polistella*) *japonicus* 雌性腹部第 1 ~ 6 节腹面观

图 4-288-2　日本马蜂 *Polistes* (*Polistella*) *japonicus* 雌性头部正面观

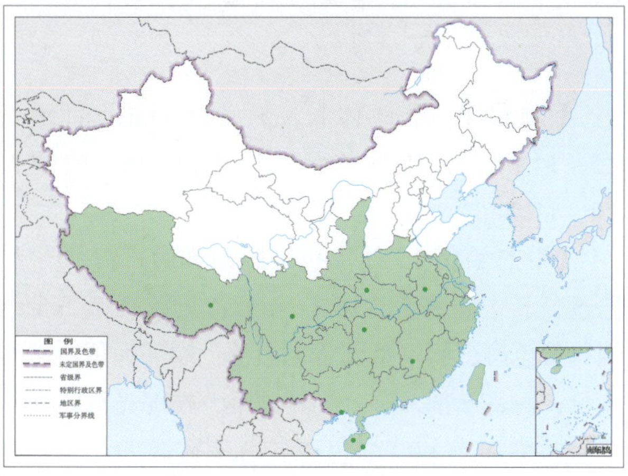

图 4-288-4　日本马蜂 *Polistes* (*Polistella*) *japonicus* 地理分布图

图 4-288-5 日本马蜂 *Polistes* (*Polistella*) *japonicus* 生态图（安徽金寨 陈尽虫 摄）

289. 柑马蜂 *Polistes* (*Polistella*) *mandarinus* de Saussure, 1853

【测量】 雌性体长 9.5 ~ 14.5 mm，前翅长 9.5 ~ 14.0 mm；雄性体长 7.5 ~ 11.0 mm，前翅长 7.8 ~ 11.5 mm。

【形态特征】 体黑色，胸部和腹部具大量红棕色，其中腹部至少第 3、4 节背板锈红色条带两侧具黄色斑；唇基基部常为黑色，端部为黄色至红黄色；唇基基部几乎一半具绒毛，端部光滑，疏生刻点且具黄色和红棕色斑。唇基宽微大于长、隆起，基部中央边缘凹陷，端部中央角状凸起。中胸侧板无侧脊和侧沟。腹部第 2 节腹板基部明显凸起，前面几乎垂直，侧面观前端隆起，腹缘非弧形弯曲；雄性腹部第 7 节腹板具弱的瘤状突，阳茎侧面观中部腹侧无凸起。

【地理分布】 内蒙古、北京、山西、陕西（渭南）、山东、河南、甘肃、湖北、湖南（永州）、浙江（丽水、台州、温州）、江西、广西（桂林）、重庆（江津）、四川、贵州（黔南）、云南（临沧）、西藏；朝鲜，越南。

图 4-289-1　柑马蜂 ***Polistes* (*Polistella*) *mandarinus*** 雌性头部正面观

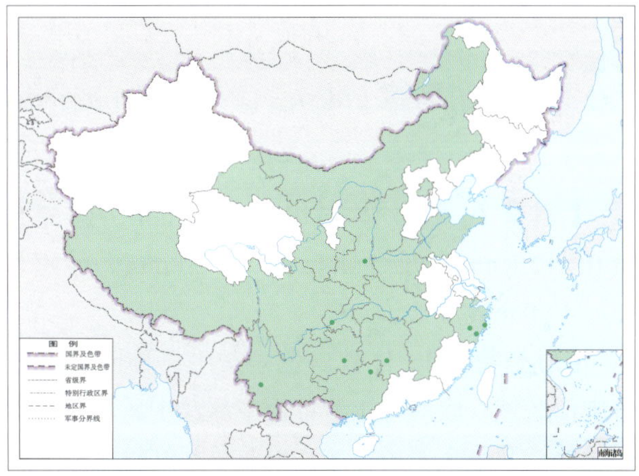

图 4-289-2　柑马蜂 ***Polistes* (*Polistella*) *mandarinus*** 地理分布图

图 4-289-3　柑马蜂 ***Polistes* (*Polistella*) *mandarinus*** 生态图（浙江台州　许威　摄）

290. 黑跗马蜂 *Polistes* (*Polistella*) *nigritarsis* Cameron, 1900

【测量】 雌性体长 10.5 ~ 11.2 mm，前翅长 11.0 ~ 12.1 mm；雄性体长 9.0 ~ 10.0 mm，前翅长 9.0 ~ 11.0 mm。

【形态特征】 体被白色短绒毛；体除并胸腹节中沟区域、腹部第 1 节背板中部及中后足跗节黑褐色外，几乎无黑色，主要由黄色和红棕色组成，其中中胸盾片底色为红棕色，中部具 2 条短的黄色条带，雌性唇基纯黄色，并胸腹节两侧具 1 对黄色大斑，近翅基片无条带；前翅缘室有黑褐色斑；中后足跗节为黑色。唇基长大于宽、略隆起、疏生零星刻点和刚毛，端缘中央呈钝角状凸出。前胸背板侧区密生刻点，无皱；具前胸脊；小盾片前基部具中纵沟；并胸腹节具横条纹和宽的并胸腹节沟。腹部第 2 节腹板侧面观腹缘前 1/3 至中部明显圆形，雌性腹部第 4 节腹板无纵隆脊。

【地理分布】 云南（普洱、临沧）；越南，印度。

图 4–290–1　黑跗马蜂 *Polistes* (*Polistella*) *nigritarsis* 雌性背面观

图 4–290–2　黑跗马蜂 *Polistes* (*Polistella*) *nigritarsis* 雌性头部正面观

图 4–290–3　黑跗马蜂 *Polistes* (*Polistella*) *nigritarsis* 雌性腹部侧面观

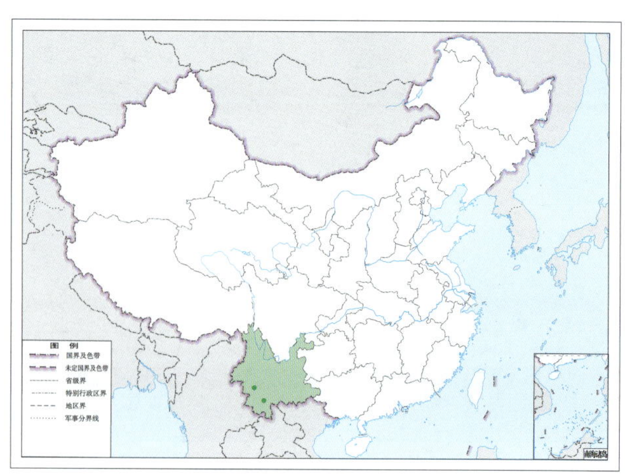

图 4–290–4　黑跗马蜂 *Polistes* (*Polistella*) *nigritarsis* 地理分布图

291. 环带马蜂 *Polistes* (*Polistella*) *nipponensis* Pérez, 1905

【测量】 雌性体长 11.5 ~ 13.0 mm，前翅长 13.0 ~ 13.5 mm；雄性体长 12.0 mm。

【形态特征】 体黑色，具红棕色和黄色斑，其中几乎整个唇基为深黄色，腹部第 2 ~ 5 节背板端部分别具完整的红棕色（偶为红黄色）条带，无黄色斑，后胸背板前缘及并胸腹节后区两侧的大斑为黄色。雌性唇基凸起不明显，侧面观向端部逐渐倾斜，绒毛仅限于基部 1/4 处（有时两侧延伸至 1/2），疏生零星刻点；雄性唇基长大于宽，端缘宽且圆弧形。并胸腹节密生横皱，背区横皱较后区及侧区的发达。腹部第 2 节腹板基部明显凸起，前斜面几乎垂直，侧面观前端隆起，腹缘非弧形弯曲；雄性腹部第 7 节腹板无瘤状突，阳茎侧面观中部腹侧具角突。

【地理分布】 福建、台湾、广东（韶关）、西藏（通麦）；日本，越南。

图 4-291-1 环带马蜂 *Polistes* (*Polistella*) *nipponensis* 雌性背面观

图 4-291-3 环带马蜂 *Polistes* (*Polistella*) *nipponensis* 雌性腹部侧面观

图 4-291-2 环带马蜂 *Polistes* (*Polistella*) *nipponensis* 雌性头部正面观

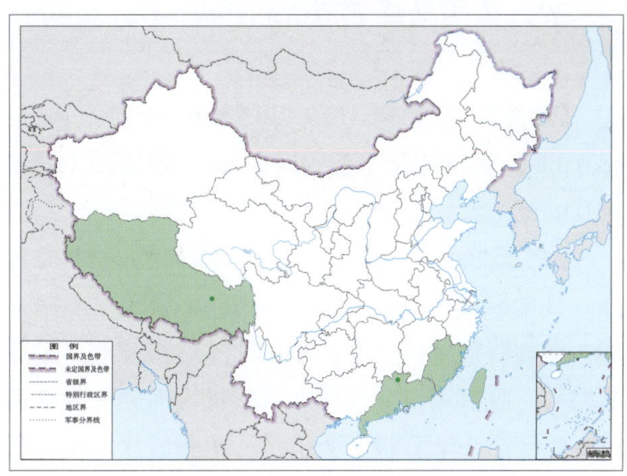

图 4-291-4 环带马蜂 *Polistes* (*Polistella*) *nipponensis* 地理分布图

图 4-291-5 环带马蜂 *Polistes* (*Polistella*) *nipponensis* 生态图（西藏通麦　陈尽虫　摄）

292. 黄裙马蜂 *Polistes* (*Polistella*) *sagittarius* de Saussure, 1853

【测量】 雌性体长 15.0 ~ 16.5 mm，前翅长 16.5 ~ 18.0 mm；雄性体长 13.5 ~ 14.5 mm，前翅长 16.5 ~ 17.0 mm。

图 4-292-1 黄裙马蜂 *Polistes* (*Polistella*) *sagittarius* 雌性背面观

【形态特征】 体暗黑色，具黄色及红褐色斑，其中唇基（有时仅端部具斑）、颊区、额区下部、前胸背板背区、中胸小盾片、后胸背板、足腿节端部、腹部第 1 节及第 2 节腹板大部分常为红褐色，腹部第 2 节背板全为黄色，中胸盾片、腹部第 3 ~ 6 节几乎纯黑色，翅除前翅端部外明显为黑褐色。唇基未明显被绒毛，散生刻点，刻点间光滑；前胸背板侧区具不规则褶皱，褶皱间明显密生刻点。腹部第 2 节腹板向后逐渐隆起，侧面观腹缘呈弱的均匀弧形；雌性腹部第 4 节腹板无隆脊；雄性腹部第 7 节腹板无瘤突。

图 4-292-2 黄裙马蜂 ***Polistes* (*Polistella*) *sagittarius***
雌性头部正面观

【地理分布】 广东（惠州）、香港、广西（南宁）、云南；印度，尼泊尔，越南，缅甸，泰国，马来西亚，印度尼西亚。

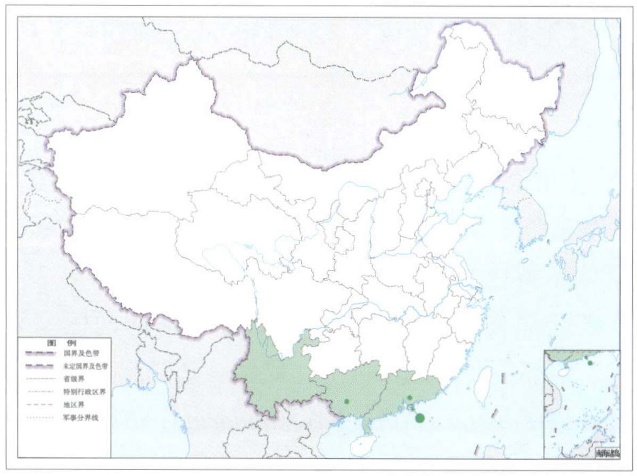

图 4-292-3 黄裙马蜂 ***Polistes* (*Polistella*) *sagittarius*** 地理分布图

图 4-292-4 黄裙马蜂 ***Polistes* (*Polistella*) *sagittarius*** 生态图（香港 Christophe Barthélémy 摄）

293. 斯马蜂 *Polistes* (*Polistella*) *snelleni* de Saussure, 1862

【测量】雌性体长 8.5 ~ 13.5 mm，前翅长 8.5 ~ 13.0 mm；雄性体长 8.0 ~ 10.4 mm，前翅长 8.2 ~ 10.2 mm。

【形态特征】体黑色，具黄色和红棕色斑，唇基黄色至黄棕色，腹部第 1、3、4 节背板端部分别具亮黄色条带（第 3 节中部常中断），第 2 节背板端部具红棕色条带（少数标本端部两侧呈黄色，中部主要为红棕色）。雌性唇基隆起较近似种柑马蜂 *Polistes* (*Polistella*) *mandarinus* 和环带马蜂 *Polistes* (*Polistella*) *nipponensis* 更明显，侧面观均匀凸起，绒毛不明显，仅基部 1/4 处略具绒毛，散生刻点，两侧较中部略密；腹部第 2 节腹板基部明显隆起、前斜面几乎垂直，侧面观前端隆起、腹缘非弧形弯曲。

图 4-293-1　斯马蜂 *Polistes* (*Polistella*) *snelleni* 雌性背面观

【地理分布】黑龙江、吉林、辽宁（本溪）、内蒙古、河北、山西、山东、陕西（安康、渭南）、宁夏、甘肃、江苏、浙江（温州、台州）、江西、福建、河南、湖南、西藏、广东、广西、重庆、四川（西昌、攀枝花、峨眉山）、贵州、云南（迪庆、临沧、文山、德宏）；俄罗斯（西伯利亚），韩国，日本。

图 4-293-2　斯马蜂 *Polistes* (*Polistella*) *snelleni* 雌性头部正面观

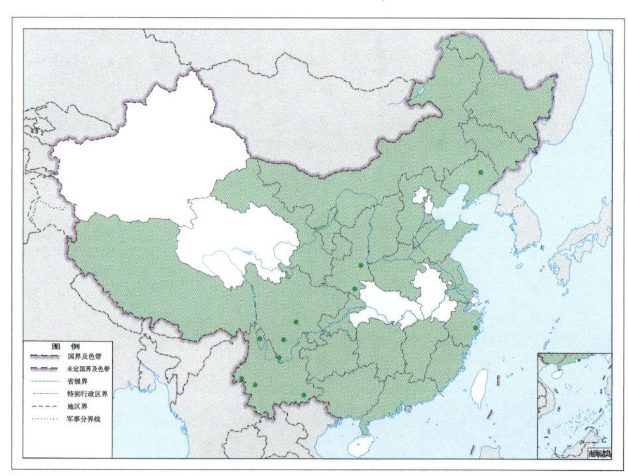

图 4-293-3　斯马蜂 *Polistes* (*Polistella*) *snelleni* 地理分布图

图 4-293-4　**斯马蜂 *Polistes* (*Polistella*) *snelleni* 生态图**（浙江台州　许威　摄）

294. 点马蜂 *Polistes* (*Polistella*) *stigma* (Fabricius, 1793)

【测量】 雌性体长 9.2 ~ 15.0 mm，前翅长 9.2 ~ 17.0 mm；雄性体长约 10.8 mm，前翅长约 12.2 mm。

【形态特征】 体被棕白色极短毛；体具大面积红棕色和黄色斑，唇基（或唇基端半部）、中胸小盾片前缘、后胸背板前半部分、并胸腹节背面 1 对大纵斑及端部薄片、腹部第 1 节端缘宽条带、第 3 节背板端部宽条带（或第 3 节背板窄端带及第 4 节背板基半部），均为黄色；头部（除唇基外）、足、前胸背板（除边缘外）、中胸盾片中部 1 对纵条带、小盾片（除基部外）、腹部第 2 节背板常为红棕色；翅透明浅褐色，前翅近端缘处具深褐色斑；体刻点弱，不明显。唇基仅基部略具少量绒毛，其余光滑，但具零星刻点；并胸腹节横皱弱，不发达。腹部第 2 节腹板向后逐渐隆起，侧面观腹缘呈弱的均匀弧形，雌性腹部第 4 节腹板无隆脊。

【地理分布】 台湾、海南（乐东、儋州、白沙、定安、昌江）、重庆、四川、云南（西双版纳、文山、玉溪、红河、普洱、临沧、德宏、怒江）、西藏；泰国，马来西亚，新加坡，印度，斯里兰卡，印度尼西亚，越南，菲律宾。

图 4-294-2 点马蜂 *Polistes* (*Polistella*) *stigma* 雌性头部正面观

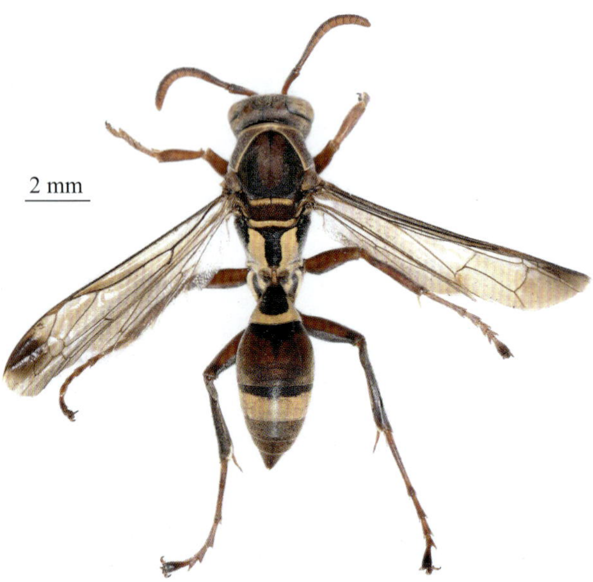

图 4-294-1 点马蜂 *Polistes* (*Polistella*) *stigma* 雌性背面观

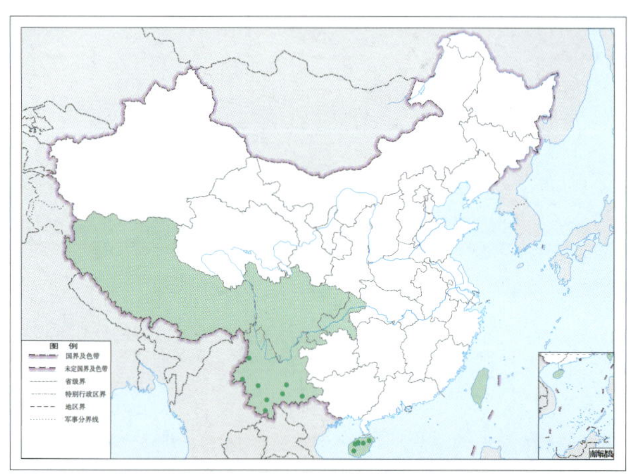

图 4-294-3 点马蜂 *Polistes* (*Polistella*) *stigma* 地理分布图

295. 皱马蜂 *Polistes* (*Polistella*) *strigosus* Bequaert, 1940

【测量】 雌性体长 14.0 ~ 18.5 mm，前翅长 16.5 ~ 21.0 mm；雄性体长 13.5 ~ 15.5 mm，前翅长 15.5 ~ 16.5 mm。

【形态特征】 体除中、后足跗节外，几乎全为红棕色，无黄色斑；翅整体为深棕色。唇基明显均匀隆起、散生零星刻点（中部几乎无刻点），刻点间光滑，雄性唇基前缘几乎平截，无凹陷；颊区光滑，仅散生小刻点。前胸背板背区及侧区密生斜皱，几乎无刻点，斜皱从背区内侧延伸至侧区腹缘，背区与侧区明显呈角度，小盾片略隆起。腹部第 2 节基半部侧面观隆起，雌性第 4 节腹板具 2 条平行纵脊，纵脊略呈退化状。

【地理分布】 浙江（丽水、台州）、广西（兴安、阳朔）、贵州（凯里）、云南（德宏）、香港；越南。

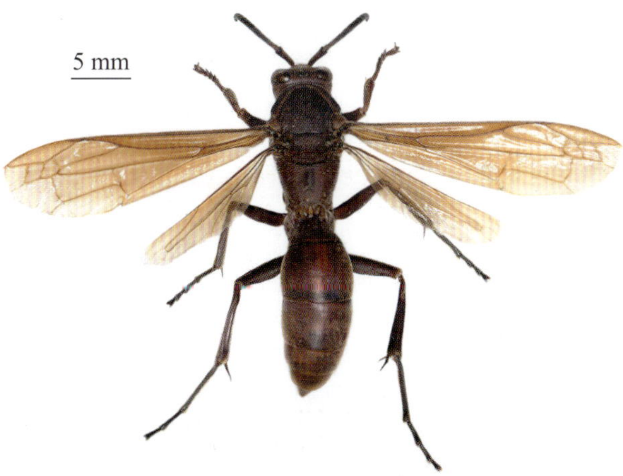

图 4-295-1　皱马蜂 *Polistes* (*Polistella*) *strigosus* 雌性背面观

图 4-295-3　皱马蜂 *Polistes* (*Polistella*) *strigosus* 雌性腹部第 1 ~ 6 节腹面观

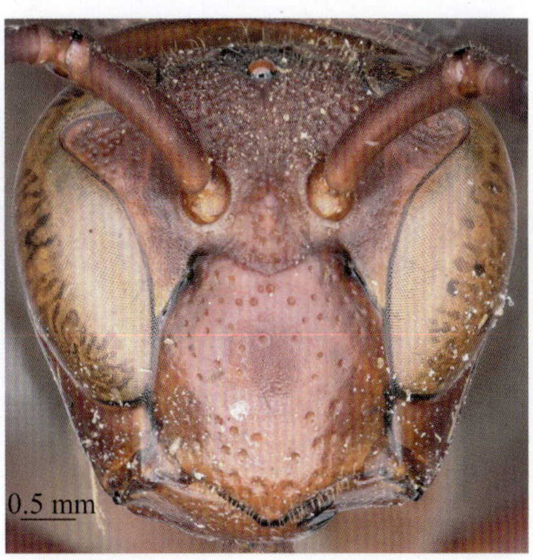

图 4-295-2　皱马蜂 *Polistes* (*Polistella*) *strigosus* 雌性头部正面观

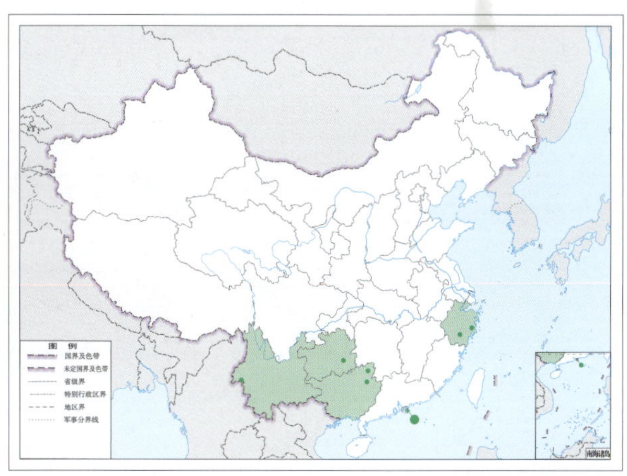

图 4-295-4　皱马蜂 *Polistes* (*Polistella*) *strigosus* 地理分布图

图 4-295-5　皱马蜂 ***Polistes* (*Polistella*) *strigosus*** 生态图 1（浙江台州　许威　摄）

图 4-295-6　皱马蜂 ***Polistes* (*Polistella*) *strigosus*** 生态图 2（香港　Christophe Barthélémy　摄）

296. 跳马蜂 *Polistes* (*Polistes*) *associus* Kohl, 1898

【测量】 雌性体长 8.6 ~ 10.9 mm，前翅长 9.0 ~ 12.0 mm；雄性体长 7.5 ~ 11.5 mm，前翅长 8.0 ~ 11.0 mm。

【形态特征】 体黑色，明显具大量黄色及少量红棕色斑，上颚通常具黄色斑；触角除柄节外、足及前胸背板除基部外均为红棕色，前胸背板基部常为黄色，前胸背板内侧的黄色条带与前横带连接；后足基节背面为黑色；胸部及腹部黄色斑和条带不及强马蜂 *Polistes* (*Polistes*) *dominula* 的宽，条带两侧常具 U 形凹陷。雌性唇基中部具完整的黑色横条带，明显散生大刻点，宽略大于中部长；雄性唇基长大于宽，两侧脊发达、中部平坦，整个唇基呈 U 形凹陷状；雄性触角第 13 节长，长几乎为宽的 3 倍。

【地理分布】 河北（白洋淀）、甘肃（嘉峪关）；中欧及西欧各国，土耳其，以色列，阿塞拜疆，印度。

图 4–296–1　跳马蜂 ***Polistes* (*Polistes*) *associus*** 雌性背面观

图 4–296–2　跳马蜂 ***Polistes* (*Polistes*) *associus*** 雌性头部正面观

图 4–296–3　跳马蜂 ***Polistes* (*Polistes*) *associus*** 雄性头部正面观

图 4–296–4　跳马蜂 ***Polistes* (*Polistes*) *associus*** 雄性触角

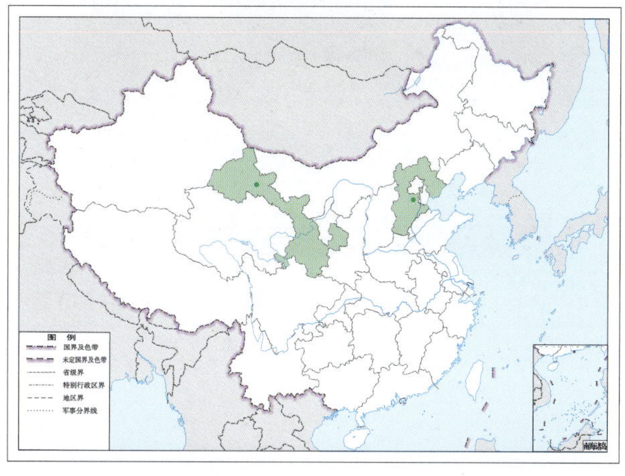

图 4–296–5　跳马蜂 ***Polistes* (*Polistes*) *associus*** 地理分布图

297. 中华马蜂 *Polistes* (*Polistes*) *chinensis* (Fabricius, 1793)

【测量】 雌性体长 13.0 ~ 14.0 mm，前翅长 11.5 ~ 13.5 mm；雄性体长约 15.0 mm。

【形态特征】 体黑色，具大量黄色斑，色斑模式与跳马蜂 *Polistes* (*Polistes*) *associus* 类似；雌性唇基中部具 1 条黑色横带，其余为黄色。雌性唇基宽略等于长，疏生较大的刻点，大刻点之间密生细小刻点，端部中央呈角状凸起；雄性唇基扁平，四周略微隆起；雄性额区下半部分几乎全呈黄色。前胸背板内侧的黄色条带与前横带连接，其余呈黑色。腹节端部各具 1 条黄色条带，第 2 节背板中部具 1 对侧斑。

【地理分布】 江苏（徐州）、安徽、浙江（台州、丽水）、江西（抚州）、福建（南平、武夷山）、陕西（西安）、广东、广西、重庆、四川（达州）、贵州、云南；韩国，日本。

图 4-297-1　中华马蜂 *Polistes* (*Polistes*) *chinensis* 雌性背面观

图 4-297-3　中华马蜂 *Polistes* (*Polistes*) *chinensis* 雌性头部和胸部侧面观

图 4-297-2　中华马蜂 *Polistes* (*Polistes*) *chinensis* 雌性头部正面观

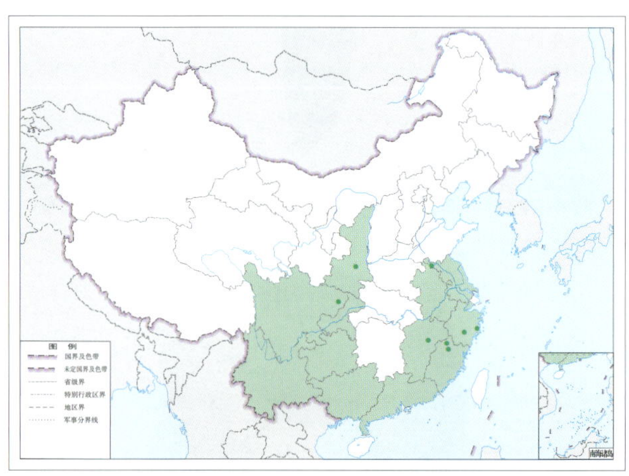

图 4-297-4　中华马蜂 *Polistes* (*Polistes*) *chinensis* 地理分布图

图 4-297-5　**中华马蜂 *Polistes (Polistes) chinensis* 生态图**（浙江台州　许威　摄）

298. 强马蜂 *Polistes (Polistes) dominula* (Christ, 1791)

【测量】 雌性体长 9.5 ~ 12.0 mm，前翅长 9.0 ~ 12.6 mm；雄性体长 9.5 ~ 12.0 mm，前翅长 9.8 ~ 12.0 mm。

【形态特征】 雌、雄性唇基均为纯黄色，上颚具黄色斑，后足基节背面为黄色；胸部及腹部黄色斑和条带均较柞蚕马蜂 *Polistes (Polistes) gallicus* 大且宽，中胸盾片基部具小的点斑，腹部第 6 节背板及腹板的端半部或更多区域为黄色。雌性唇基长略大于宽，端部中央呈角状突，疏生轮廓不清的浅刻点，刻点中具 1 根棕色短粗刚毛，雄性唇基两侧无隆起的侧脊，整体平坦；雄性触角第 13 节明显短，仅略长于第 12 节。前胸背板、中胸背板、中胸侧板、小盾片、后胸背板密生较细刻点，前胸背板腹侧具斜皱，中胸侧板腹侧刻点较胸部其余部位大且粗糙。

【地理分布】 甘肃、陕西（西安）、新疆（阿克苏）；中欧和西欧各国，土耳其，非洲北部，以色列，叙利亚，阿富汗，俄罗斯，伊朗，乌兹别克斯坦，土库曼斯坦，巴基斯坦，印度，蒙古，智利（引入），阿根廷（引入），美国（引入），澳大利亚（引入）。

图 4–298–1　强马蜂 *Polistes* (*Polistes*) *dominula* 雌性背面观

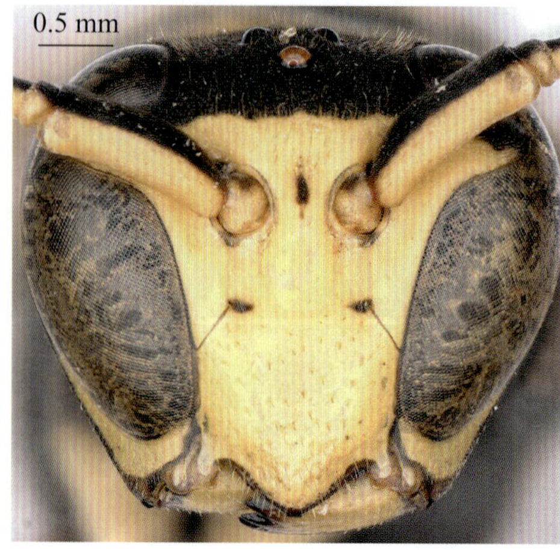

图 4–298–4　强马蜂 *Polistes* (*Polistes*) *dominula* 雄性头部正面观

图 4–298–2　强马蜂 *Polistes* (*Polistes*) *dominula* 雄性背面观

图 4–298–5　强马蜂 *Polistes* (*Polistes*) *dominula* 雄性触角

图 4–298–3　强马蜂 *Polistes* (*Polistes*) *dominula* 雌性头部正面观

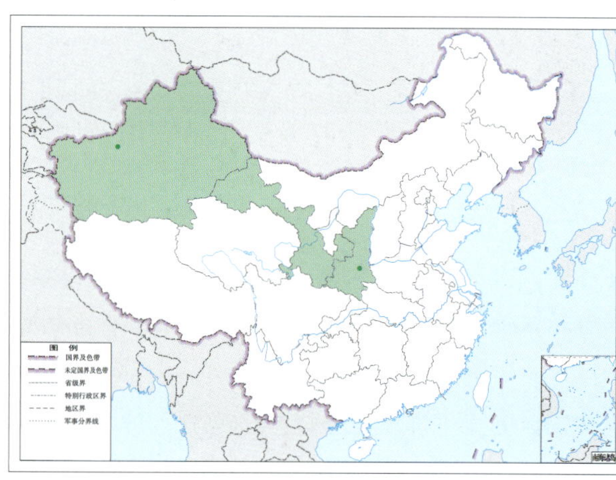

图 4–298–6　强马蜂 *Polistes* (*Polistes*) *dominula* 地理分布图

299. 柞蚕马蜂 *Polistes* (*Polistes*) *gallicus* (Linnaeus, 1767)

【测量】 雌性体长 9.1 ~ 10.1 mm，前翅长 9.0 ~ 13.0 mm；雄性体长 8.0 ~ 13.0 mm，前翅长 9.0 ~ 13.1 mm。

【形态特征】 该种的黄色斑较我国该亚属的其他种类明显窄、小，以及前胸背板内侧的黄色条带与前横带不连接；此外，雌性上颚黑色，无黄色斑，雌性唇基底色为黑色，基部及端部分别具 1 条黄色横条带。雄性触角第 13 节背面观长约为宽的 2 倍，唇基中部略凹陷，无隆起的侧脊。

【地理分布】 黑龙江、吉林、辽宁、山东、陕西、宁夏、甘肃、新疆（阿勒泰、昌吉、博州）、内蒙古（阿拉善）、山西（大同）、河北（塞罕坝）；日本，伊朗，土耳其，俄罗斯，白俄罗斯，乌克兰，阿塞拜疆，亚美尼亚，格鲁吉亚，乌兹别克斯坦，哈萨克斯坦，吉尔吉斯斯坦，摩尔多瓦，立陶宛，拉脱维亚，爱沙尼亚，埃及，比利时，法国，叙利亚，荷兰，瑞典。

图 4-299-1　柞蚕马蜂 *Polistes* (*Polistes*) *gallicus* 雌性头部正面观

图 4-299-3　柞蚕马蜂 *Polistes* (*Polistes*) *gallicus* 雄性触角

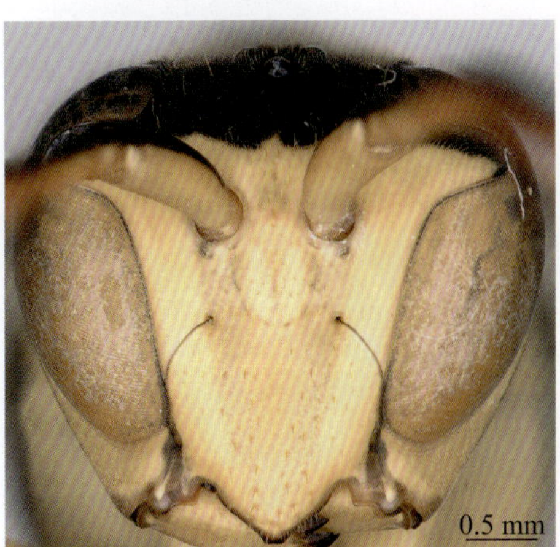

图 4-299-2　柞蚕马蜂 *Polistes* (*Polistes*) *gallicus* 雄性头部正面观

图 4-299-4　柞蚕马蜂 *Polistes* (*Polistes*) *gallicus* 地理分布图

图 4-299-5 柞蚕马蜂 *Polistes* (*Polistes*) *gallicus* 生态图 1（河北塞罕坝 曹亮明 摄）

图 4-299-6 柞蚕马蜂 *Polistes* (*Polistes*) *gallicus* 生态图 2（内蒙古额尔古纳 陈尽虫 摄）

300. 窄马蜂 *Polistes* (*Polistes*) *nimpha* (Christ, 1791)

【测量】 雌性体长 10.0 ~ 12.0 mm，前翅长 10.0 ~ 12.0 mm；雄性体长 10.5 ~ 12.0 mm，前翅长 10.5 ~ 10.8 mm。

【形态特征】 上颚通常具黄色斑；前胸背板后侧的黄色条带与前横带连接；前胸背板的黄色条带窄，仅沿前胸脊和内侧缘，外侧无黄色条带；与近似种跳马蜂 *Polistes* (*Polistes*) *associus* 相比腹部各节端部条带窄，各节腹板除端部条带外为黑色。雌性唇基刻点较近似种少且浅，几乎不明显，中部仅具黑色斑；雄性唇基与跳马蜂 *Polistes* (*Polistes*) *associus* 近似：两侧脊隆起，中部平坦，整体呈 U 形凹陷。但该种触角第 13 节不及跳马蜂 *Polistes* (*Polistes*) *associus* 的长，略弯曲、长略大于宽的 2 倍。

【地理分布】 新疆（伊犁）、内蒙古（巴彦淖尔）、吉林（抚松）、辽宁（辽阳）、甘肃（平凉）；中欧和西欧各国，北非，以色列，土耳其，伊拉克，阿塞拜疆，伊朗，巴基斯坦，印度，蒙古。

图 4-300-1　窄马蜂 *Polistes* (*Polistes*) *nimpha* 雌性背面观

图 4-300-2　窄马蜂 *Polistes* (*Polistes*) *nimpha* 雌性头部正面观

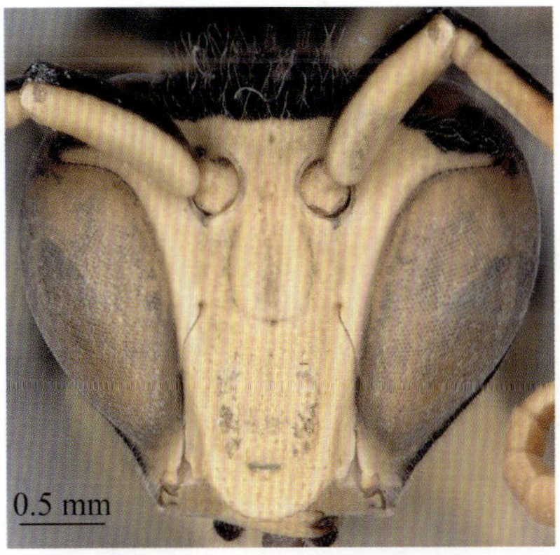

图 4-300-3　窄马蜂 *Polistes* (*Polistes*) *nimpha* 雄性头部正面观

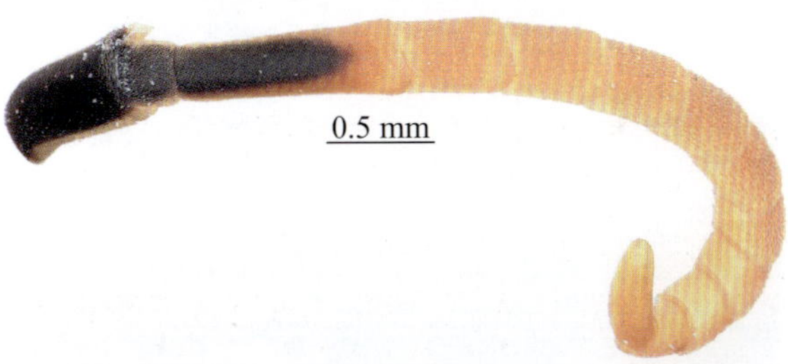

图 4-300-4　窄马蜂 *Polistes* (*Polistes*) *nimpha* 雄性触角

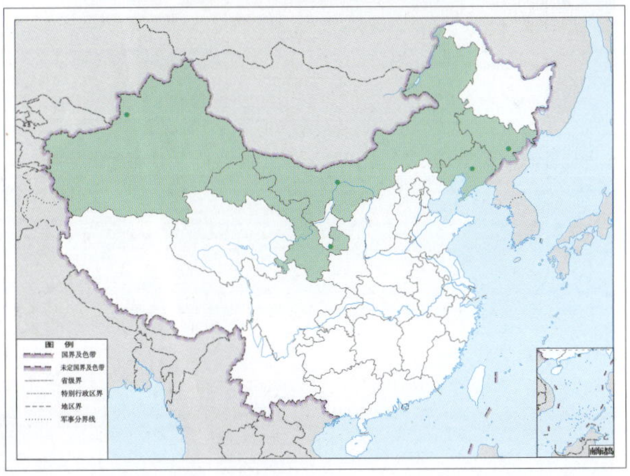

图 4-300-5　窄马蜂 *Polistes* (*Polistes*) *nimpha* 地理分布图

五四、铃腹胡蜂属 *Ropalidia* Guérin-Méneville, 1831

【形态特征】 上颚端部具 4 枚齿。前胸脊完整；后胸背板端部具近似三角状光滑区域；并胸腹节具刻点、斑及褶皱。腹部第 1 节基部常具腹柄，其端部膨大变宽，第 2 节明显宽，背、腹板愈合成钟铃状，其余腹节常缩入此节内。

【地理分布】 主要分布于非洲区、澳洲区及东洋区，尤其以热带和亚热带地区最为丰富。

【分类】 世界已知 185 种，我国已知 25 种，本图鉴收录 19 种。

图 4–54 带铃腹胡蜂 *Ropalidia fasciata* 生态图（香港 Christophe Barthélémy 摄）

中国铃腹胡蜂属 *Ropalidia* 分种检索表

1. 并胸腹节基部两侧明显具垂直凸起的脊或纵沟 …… 2

   并胸腹节基部两侧无垂直凸起的脊或纵沟 …… 4

2. 头部宽于中胸盾片 …… **缘铃腹胡蜂 *Ropalidia marginata***

   头部窄于中胸盾片 …… 3

3. 腹部第 2 节背板端部明显具 1 排刺状突 …… **双铃腹胡蜂 *Ropalidia binghami***

   腹部第 2 节背板端部无刺状突 …… **大铃腹胡蜂 *Ropalidia magnanima***

4. 并胸腹节与腹柄基部连接处的凸起较大，侧面观大部分孔口较模糊；前翅第 2 亚缘室基部角度小于或等于或稍大于 90° …… 5

   并胸腹节与腹柄基部连接处的凸起中等大小，侧面观大部分孔口可见；前翅第 2 亚缘室基部角度大于 90° …… 16

5. 后单眼至复眼间距小于后单眼间距的 2 倍；前翅第 2 亚缘室基部角度等于或稍大于 90° ；雌性触角第 3 节长小于端部宽的 2.5 倍 …… 6

   后单眼至复眼间距大于后单眼间距的 2 倍；前翅第 2 亚缘室基部角度明显小于 90° ；雌性触角第 3 节长大于端部宽的 3 倍 …… 7

6. 前胸脊近乎直线；并胸腹节具明显斜皱；腹部第 1 节背板长，明显柄状 …… **带铃腹胡蜂 *Ropalidia fasciata***

   前胸脊明显弯曲；并胸腹节大部分光滑；腹部第 1 节背板较上述短 …… **多色铃腹胡蜂 *Ropalidia variegata***

7. 并胸腹节背区密生刻点，呈网状；侧面观腹部第 1 节长小于高的 2.5 倍 …… 8

   并胸腹节背区密生细皱；侧面观腹部第 1 节长大于高的 2.5 倍 …… 11

8. 腹部第 2 节背板背面观宽与长相等，侧面观长大于高；中胸小盾片黑色 …… **桑铃腹胡蜂 *Ropalidia santoshae***

   腹部第 2 节背板背面观宽大于长，侧面观长与高相等；中胸小盾片红褐色 …… 9

9. 中胸小盾片具不明显中纵沟；腹部第 2 节腹板长于背板 …… **台湾铃腹胡蜂 *Ropalidia taiwana***

   中胸小盾片具明显中纵沟；腹部第 2 节腹板与背板几乎等长 …… 10

10. 腹部第 2 节腹板端部的薄片宽于背板的薄片 …… **刻点铃腹胡蜂 *Ropalidia sculpturata***

    腹部第 2 节腹板端部薄片宽约等于背板的薄片 …… **袖铃腹胡蜂 *Ropalidia birmanica***

11. 腹部第 2 节背板端部明显凸起，中胸盾片全黑色 …… 12

    腹部第 2 节背板端部不凸起，中胸盾片颜色不一 …… 13

12. 雌性唇基中部具近似箭头状黑色斑，其余为黄棕色；腹部第 2 节背板端部具黄色条带，且侧面观背区中部明显隆起 …… **新铃腹胡蜂 *Ropalidia artifex***

    雌性唇基大部分黑色；腹部第 2 节背板端部无黄色斑，且侧面观背区中部隆起不明显 …… **近新铃腹胡蜂 *Ropalidia parartifex***

13. 雌性唇基红棕色或黑棕色，其端部具黄色斑；颊区密生刻点，呈网状 …… 14

雌性唇基黄棕色；颊区具细小刻点 …………………………………………………………………………… **15**

14\. 中胸盾片具红棕色斑；腹部第 2 节背板与腹板基部愈合不明显 … **香港铃腹胡蜂 *Ropalidia hongkongensis***

中胸盾片纯黑色；腹部第 2 节背板与腹板未愈合 ……………………… **淡红铃腹胡蜂 *Ropalidia rufocollaris***

15\. 中胸侧板腹面具刻点；腹部第 1 节基部两侧无条带 …………………… **数铃腹胡蜂 *Ropalidia mathematica***

中胸侧板腹面光滑；腹部第 1 节基部两侧具黄色条带 …………………………… **点铃腹胡蜂 *Ropalidia stigma***

16\. 前翅近端部具 2 个亚缘室；后单眼至复眼间距小于或等于后单眼间距的 2 倍 ……………………………………
…………………………………………………………………………………… **双色铃腹胡蜂 *Ropalidia bicolorata***

前翅近端部具 3 个亚缘室；后单眼至复眼间距至少为后单眼间距的 3 倍 ………………………………… **17**

17\. 腹部第 1 节几乎无腹柄 ……………………………………………………… **毛织铃腹胡蜂 *Ropalidia aristocratica***

腹部第 1 节腹柄长度不一 ………………………………………………………………………………………………… **18**

18\. 中胸盾片和腹部第 2 节背板全黑色 …………………………………………………………………………………… **19**

中胸盾片具 2 条斑，腹部第 2 节基部具 2 个圆斑，其端部具窄条带 ………………………………………… **21**

19\. 雌性唇基密生粗糙的刻点；并胸腹节暗，具刻点和褶皱；腹部第 1 节背板黑色，其端部具 2 个小圆斑 …
…… **20**

雌性唇基具细小刻点；并胸腹节光滑具光泽；腹部第 1 节腹柄黑色，其膨大部分橘黄色 …………………
…………………………………………………………………………………………… **刺铃腹胡蜂 *Ropalidia sumatrae***

20\. 后头脊腹面明显变宽；中胸小盾片和后胸背板黑色，具黄色斑 …………… **暗铃腹胡蜂 *Ropalidia obscura***

后头脊不变宽；中胸小盾片和后胸背板红棕色 …………………………………… **精铃腹胡蜂 *Ropalidia scitula***

21\. 腹部第 1 节背板侧面观隆起；头顶红棕色；前翅翅痣橙黄色，缘室近端部 1/2 具褐色斑 …………………
…………………………………………………………………………………… **杯式铃腹胡蜂 *Ropalidia cyathiformis***

腹部第 1 节背板侧面观隆起不明显；头顶黑色具黄色斑；前翅翅痣黑棕色，缘室半透明 ……………… **22**

22\. 头顶、额区、中胸盾片及小盾片刻点不明显或无刻点、具光泽；中胸侧板黄色、无明显粗糙刻点 ………
………………………………………………………………………………………………… **助铃腹胡蜂 *Ropalidia opifex***

头顶、额区、中胸盾片及小盾片暗，无光泽，明显具大而浅的平底刻点；中胸侧板黑色具黄色斑、明显具粗糙刻点 ……… **23**

23\. 腹部第 1 节腹柄短；唇基黄色，其中部具黑色小斑 ………………………… **黄铃腹胡蜂 *Ropalidia flavopicta***

腹部第 1 节腹柄较上述长；唇基全黄色或具黑色大斑 …………………………………………………………… **24**

24\. 体明显具大量黄色斑：颊区黄色（除后头脊上侧黑色外），唇基纯黄色，腹部第 2 节腹板除端部黄色条带外，基部具大的黄色斑 ………………………………………………………… **饰铃腹胡蜂 *Ropalidia ornaticeps***

体黄色区域明显较上述种少：颊区端部两侧黑色、中间为黄色，唇基中部具 1 个三角形黑色大斑，腹部第 2 节腹板仅端部具黄色条带 ………………………………………………… **马来铃腹胡蜂 *Ropalidia malaisei***

301. 毛织铃腹胡蜂 *Ropalidia aristocratica* (de Saussure, 1853)

【测量】 雌性体长 8.0 ~ 8.4 mm，前翅长 6.2 ~ 7.5 mm；雄性体长 7.0 ~ 8.0 mm。

【形态特征】 体黑色，具红棕色和黄色斑，其中唇基端部弧形条带、额区中下侧的斑、触角间的斑、后胸背板、翅基片内侧，腹部第 1、2 节背板端缘为黄色，前胸背板除前缘外、腹部第 1 节除黄色条带外、前足胫节及跗节均为红棕色；前翅缘室端部具褐色斑。唇基疏生浅刻点，刻点间距大于刻点直径；额区、头顶及颊区密生刻点，略呈网状；触角第 3 节稍长于第 4、5 节之和；唇基宽大于长；后单眼至复眼间距至少为后单眼间距的 3 倍；侧面观颊区两侧较窄，中间最宽的部位较复眼宽。前翅近端部具 3 个亚缘室；前胸脊完整，侧面观其基部明显弯曲；前胸背板、中胸盾片、中胸侧板密生刻点，刻点大小与头部相当；并胸腹节基部两侧无垂直凸起的脊或纵沟；并胸腹节与腹柄基部连接处的凸起中等大小，侧面观大部分孔口可见。腹部第 1 节几乎无腹柄，皮革状，仅具零星刻点；第 2 节背板刻点与后胸背板刻点近似，刻点未到达端缘；第 2 节背板及腹板端缘无明显薄片。

【地理分布】 云南（德宏、西双版纳）；泰国，马来群岛，印度尼西亚。

图 4-301-1 毛织铃腹胡蜂 *Ropalidia aristocratica* 雌性背面观

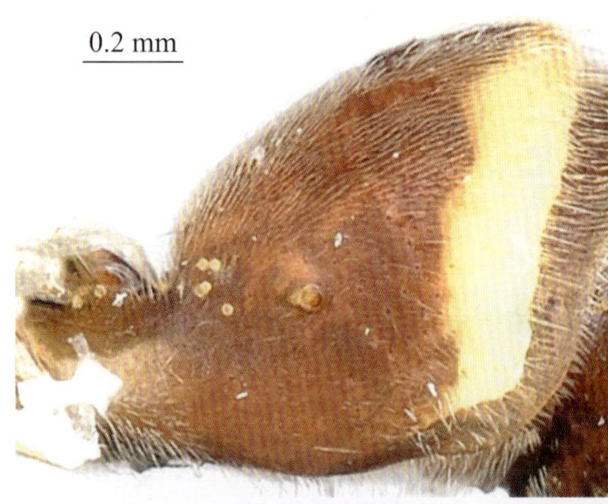

图 4-301-3 毛织铃腹胡蜂 *Ropalidia aristocratica* 雌性腹部第 1 节侧面观

图 4-301-2 毛织铃腹胡蜂 *Ropalidia aristocratica* 雌性头部正面观

图 4-301-4 毛织铃腹胡蜂 *Ropalidia aristocratica* 地理分布图

302. 新铃腹胡蜂 *Ropalidia artifex* (de Saussure, 1854)

【测量】 雌性体长 8.0 ~ 10.0 mm，前翅长 7.8 ~ 8.9 mm；雄性体长 9.0 ~ 11.0 mm。

【形态特征】 体黑色，具黄棕色至红棕色斑，胸部仅中胸盾片及并胸腹节为纯黑色；雌性唇基两侧及端部（中部具近似箭头状黑色斑）、额区中下侧、触角间的斑、颊区的条带、小盾片、后胸背板，腹部第 1、2 节端缘及第 2 节基部两侧圆斑均为黄棕色，前胸背板、第 1 节膨大区、足胫节部分为红棕色；翅淡褐色，其中前翅缘室几乎全为褐色。上颚、唇基端部疏生刻点；复眼内缘、额区、头顶、颊区密生浅的网状刻点；除并胸腹节外，胸部密生粗糙刻点，刻点大小与头部相当。并胸腹节光滑且密生浅横皱，并胸腹节与腹柄基部连接处孔口明显较宽，侧面观连接处突起较大且大部分孔口较模糊。腹部具腹柄，侧面观第 1 节长大于宽的 2.5 倍，第 2 节背板具中等密度浅刻点，端部明显凸起。

【地理分布】 广西（百色、河池）、云南（保山、怒江、普洱、文山）；加里曼丹岛，缅甸，马来西亚半岛，印度尼西亚，越南。

图 4-302-1 新铃腹胡蜂 *Ropalidia artifex* 雌性背面观

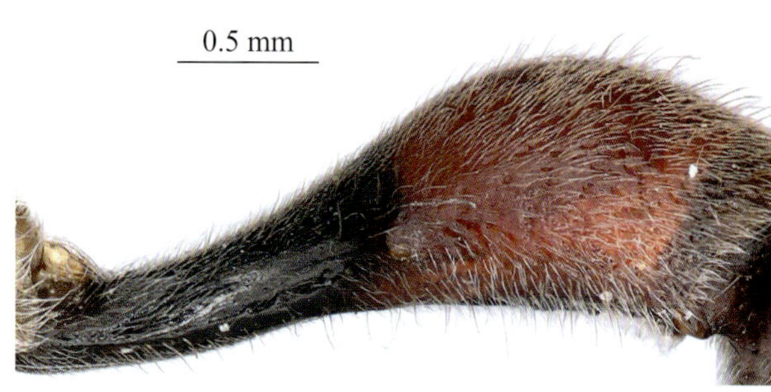

图 4-302-3 新铃腹胡蜂 *Ropalidia artifex* 雌性腹部第 1 节侧面观

图 4-302-2 新铃腹胡蜂 *Ropalidia artifex* 雌性头部正面观

图 4-302-4 新铃腹胡蜂 *Ropalidia artifex* 地理分布图

303. 双色铃腹胡蜂 *Ropalidia bicolorata* van der Vecht, 1962

【测量】 雌性体长 5.5 ~ 7.8 mm，前翅长 5.5 ~ 7.2 mm；雄性体长 6.0 ~ 7.5 mm。

【形态特征】 体黑色，头部仅唇基端缘、额区下侧及上颚基部具少量黄色斑，胸部仅前胸背板、小盾片、后胸背板及并胸腹节后区下侧圆斑均为黄棕色，腹部为纯黑色；前翅色浅、透明，无褐色斑。唇基散生毛及刻点，刻点间光滑；后单眼至复眼间距小于或等于后单眼间距的 2 倍。整个胸部密生刻点与头部类似；并胸腹节基部两侧无垂直凸起的脊或纵沟；并胸腹节与腹柄基部连接处的突起中等大小，侧面观大部分孔口可见；前翅近端部具 2 个亚缘室，第 2 亚缘室基部角度大于 90°。腹部第 1 节基部无明显腹柄，端部宽略大于长；第 1、2 节背板刻点类似，均密生刻点；第 2 节背板及腹板端缘无明显薄片。

【地理分布】 云南（西双版纳、普洱、德宏）；加里曼丹岛，印度，马来西亚，缅甸，泰国，越南。

图 4-303-1　双色铃腹胡蜂 *Ropalidia bicolorata* 雄性背面观

图 4-303-3　双色铃腹胡蜂 *Ropalidia bicolorata* 雌性腹部第 1 节侧面观

图 4-303-2　双色铃腹胡蜂 *Ropalidia bicolorata* 雌性头部正面观

图 4-303-4　双色铃腹胡蜂 *Ropalidia bicolorata* 地理分布图

304. 袖铃腹胡蜂 *Ropalidia birmanica* van der Vecht, 1962

【测量】 雌性体长 11.0 ~ 12.5 mm，前翅长 9.5 ~ 10.0 mm；雄性体长 10.0 ~ 11.2 mm。

【形态特征】 体黑色，具少量红褐色和黄色斑，其中唇基基部及端部的斑、上颚基部、额区下侧及腹部第 2 节背板端缘为黄色至红棕色，触角、颊区的条带、前胸背板、小盾片、翅基片及前足胫节均为红褐色；前翅前缘至端部为黄棕色，缘室具淡褐色斑。唇基基部密生毛及刻点，端部散生刻点和毛，刻点间光滑；后单眼至复眼间距大于后单眼间距的 2 倍；雌性触角第 3 节长大于端部宽的 3 倍，小盾片明显具中纵沟。并胸腹节基部两侧无垂直凸起的脊或纵沟，具中纵沟且两侧密生粗糙网状刻点，并胸腹节与腹柄基部连接处的突起较大，侧面观大部分孔口较模糊；前翅第 2 亚缘室基部角度明显小于 90°。腹部第 1、2 节密生粗糙刻点，第 1 节基部具短柄，第 1 节腹板具横皱；第 2 节腹板与背板几乎等长，第 2 节腹板的薄片约等宽于背板的薄片，第 2 节背板背面观宽大于长，侧面观长与高相等。

【地理分布】 安徽（安庆）、浙江（临安）、福建、重庆（江津）、贵州；缅甸。

图 4-304-1　袖铃腹胡蜂 *Ropalidia birmanica* 雌性背面观

图 4-304-3　袖铃腹胡蜂 *Ropalidia birmanica* 雌性腹部第 1 节侧面观

图 4-304-2　袖铃腹胡蜂 *Ropalidia birmanica* 雌性头部正面观

图 4-304-4　袖铃腹胡蜂 *Ropalidia birmanica* 地理分布图

305. 杯式铃腹胡蜂 *Ropalidia cyathiformis* (Fabricius, 1804)

【测量】 雌性体长 6.5 ~ 6.8 mm，前翅长 6.0 ~ 6.8 mm；雄性体长 5.7 ~ 6.3 mm。

【形态特征】 体红棕色与黑色相间，头、胸及腹部均具大量黄色斑，其中中胸盾片具 2 条斑，腹部第 2 节基部两侧具圆斑，其端部具窄条带；前翅翅痣橙黄色，缘室近端部 1/2 处具褐色斑。触角第 3 节明显较短；唇基整体疏生浅小刻点，端部几乎光滑；后单眼至复眼间距至少为后单眼间距的 3 倍；并胸腹节基部两侧无垂直凸起的脊或纵沟，并胸腹节与腹柄基部连接处的突起中等大小，侧面观大部分孔口可见；前翅具 3 个亚缘室，第 2 亚缘室基部角度大于 90° 。腹部第 1 节具短柄、不明显，背板正面观和侧面观均膨大变宽，第 2 节背板与腹板愈合；第 1 节背板疏生小刻点，第 2 节明显密生刻点。

【地理分布】 云南（西双版纳）；印度，印度尼西亚，尼泊尔，马来西亚半岛，缅甸，菲律宾群岛，斯里兰卡，泰国，越南。

图 4-305-1　杯式铃腹胡蜂 *Ropalidia cyathiformis* 雌性背面观

图 4-305-3　杯式铃腹胡蜂 *Ropalidia cyathiformis* 雌性腹部侧面观

图 4-305-2　杯式铃腹胡蜂 *Ropalidia cyathiformis* 雌性头部正面观

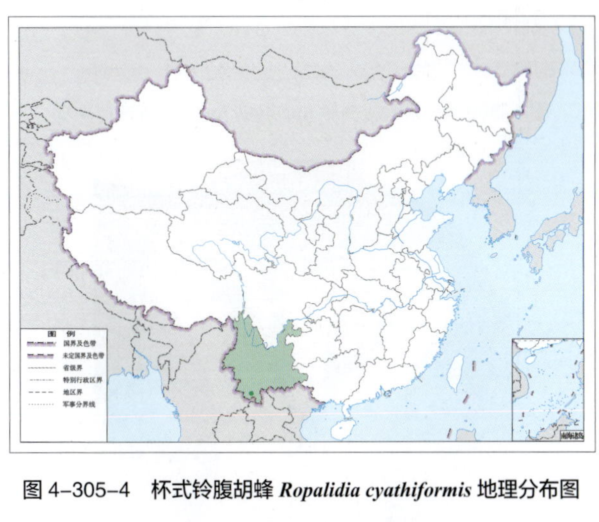

图 4-305-4　杯式铃腹胡蜂 *Ropalidia cyathiformis* 地理分布图

306. 带铃腹胡蜂 *Ropalidia fasciata* (Fabricius, 1804)

【测量】 雌性体长 7.5 ~ 9.8 mm，前翅长 6.5 ~ 8.2 mm；雄性体长 7.5 ~ 9.4 mm，前翅长 7.0 ~ 8.5 mm。

【形态特征】 体大面积红棕色且具黄色斑，唇基（除中部小黑斑外）、前胸背板基部、小盾片、后胸背板、并胸腹节沟两侧的斑、腹部第 2 节背板端部宽的条带及基部两侧的斑均为黄色；除单眼周围的头顶、中胸盾片为纯黑色外，其余主要为红棕色至褐色（部分标本没有纯黑色区域）；前翅缘室具黑褐色斑。触角第 3 节明显较短，上颚端部具 4 枚齿，疏生刻点；唇基端部约 1/2 疏生刻点，其余光滑；后单眼至复眼间距小于后单眼间距的 2 倍；雌性触角第 3 节长小于端部宽的 2.5 倍；前翅第 2 亚缘室基部角度等于或稍大于 90°；前胸脊近乎直线，肩角明显；并胸腹节具明显斜皱，基部两侧无垂直凸起的脊或纵沟，并胸腹节与腹柄基部连接处的突起较大，侧面观大部分孔口较模糊。腹部第 1 节背板长，明显柄状，背板基部至端部先窄后宽再变窄；第 1、2 节背板整体浅，不明显，其中第 2 节背板端部刻点更深且密。

【地理分布】 浙江、福建（蒲城）、台湾、广东、海南（定安）、重庆（万州）、贵州（铜仁、凯里）、云南（玉溪、普洱、保山、楚雄、西双版纳、怒江、红河、文山、昆明、德宏、昭通）、西藏（墨脱）、香港；印度，缅甸，尼泊尔，尼亚斯岛，马来西亚半岛，印度尼西亚，东帝汶，琉球群岛，菲律宾（巴拉望），斯里兰卡，泰国，越南。

图 4-306-1　带铃腹胡蜂 *Ropalidia fasciata* 雄性背面观

图 4-306-2　带铃腹胡蜂 *Ropalidia fasciata* 雌性头部正面观

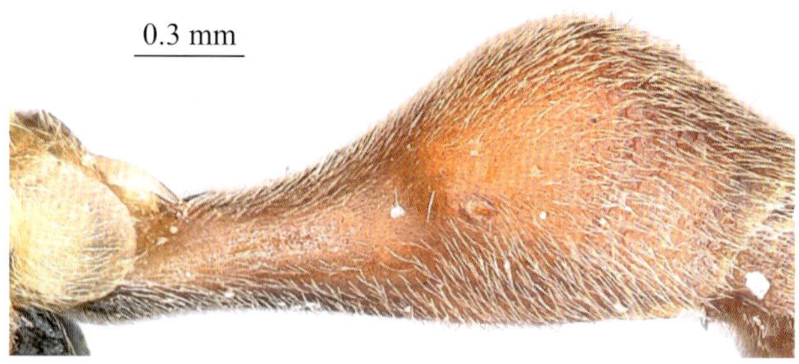

图 4-306-3　带铃腹胡蜂 *Ropalidia fasciata* 雄性腹部第 1 节侧面观

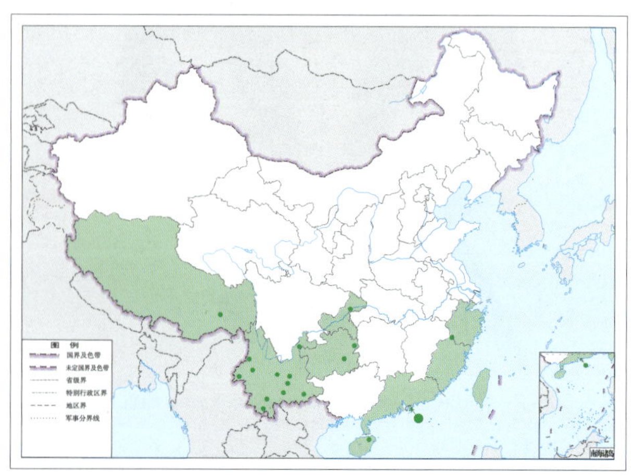

图 4-306-4　带铃腹胡蜂 *Ropalidia fasciata* 地理分布图

图 4-306-5　带铃腹胡蜂 *Ropalidia fasciata* 生态图（广东广州　陈华燕　摄）

307. 香港铃腹胡蜂 *Ropalidia hongkongensis* (de Saussure, 1854)

【测量】 雌性体长 8.5 ~ 10.0 mm，前翅长 8.0 ~ 9.5 mm；雄性体长 9.8 mm，前翅长约 8.0 mm。

【形态特征】 体绝大部分为暗红棕色，具少量黑色及黄色斑，雌性唇基除端部外为红棕色或黑棕色，其端部具黄色斑，中胸盾片具红棕色斑；上颚基部、前胸背板前缘不明显的小斑、后胸背板两侧的斑、并胸腹节沟周围、腹部第 2 节背板端缘及基部侧板均为黄色；前翅缘室具褐色斑。雌性触角第 3 节长大于端部宽的 3 倍；颊区密生刻点，呈网状；后单眼至复眼间距大于后单眼间距的 2 倍。前胸脊前缘略微凹陷，肩角明显；并胸腹节背区密生细的斜皱，并胸腹节基部两侧无垂直凸起的脊或纵沟，并胸腹节与腹柄基部连接处的突起中等大小，侧面观大部分孔口可见；前翅第 2 亚缘室基部角度明显小于 90°。腹部第 1 节基部具短柄，侧面观其长大于高的 2.5 倍；第 2 节背板与腹板部分愈合，背板端部不凸起；第 1 节背板疏生刻点，第 2 节背板刻点明显较密集。

【地理分布】 江西（赣州）、广东（惠州、河源）、广西（河池、百色）、海南、云南（西双版纳、德宏）、香港；印度尼西亚，印度，缅甸，越南。

图 4-307-1 香港铃腹胡蜂 *Ropalidia hongkongensis* 雌性背面观

图 4-307-2 香港铃腹胡蜂 *Ropalidia hongkongensis* 雌性头部正面观

图 4-307-3 香港铃腹胡蜂 *Ropalidia hongkongensis* 雌性腹部第 1 节侧面观

图 4-307-4 香港铃腹胡蜂 *Ropalidia hongkongensis* 地理分布图

308. 大铃腹胡蜂 *Ropalidia magnanima* van der Vecht, 1941

【测量】 雌性体长 14.5 ~ 15.5 mm，前翅长 10.5 ~ 11.5 mm；雄性体长约 17.0 mm，前翅长约 12.5 mm。

【形态特征】 头部和胸部（除并胸腹节及足外）绝大部分为红棕色，仅腹部第 1、2 节背板端缘及足跗节第 1 ~ 3 节为象牙白色；前翅端部明显具褐色斑。头部比中胸背板窄；唇基除端部外密生刻点，刻点间距小于刻点直径、端部刻点和毛略稀疏；颊区疏生浅刻点；雌性触角第 3 节长于第 4、5 节之和，唇基宽大于长，侧面观颊区较复眼宽。前胸脊完整；小盾片明显凸起且基部具盾中沟，从侧面观后胸背板端部较平，其余部位凸起；并胸腹节基部两侧明显具垂直突起或纵沟。腹部第 2 节背板端部无刺状突。

【地理分布】 云南（西双版纳、德宏）；印度，缅甸，越南，马来西亚半岛。

图 4-308-1　大铃腹胡蜂 *Ropalidia magnanima* 雌性背面观

图 4-308-2　大铃腹胡蜂 *Ropalidia magnanima* 雌性头部正面观

图 4-308-3　大铃腹胡蜂 *Ropalidia magnanima* 雌性腹部第 1 节侧面观

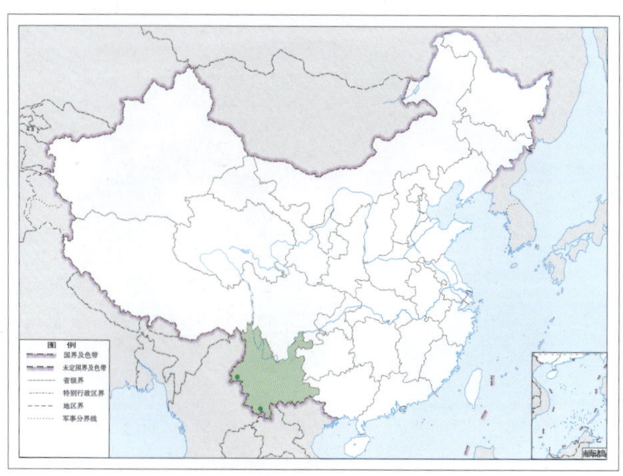

图 4-308-4　大铃腹胡蜂 *Ropalidia magnanima* 地理分布图

309. 马来铃腹胡蜂 *Ropalidia malaisei* van der Vecht, 1962

【测量】 雌性体长 6.5 ~ 8.0 mm，前翅长 5.2 ~ 7.5 mm；雄性体长约 7.2 mm，前翅长约 5.5 mm。

【形态特征】 体黑色，具大量黄色斑，唇基（除中部大黑色斑外）、颊区中间、额区中下区的侧缘、前胸背板基部、中胸盾片的 2 条窄条带、中胸侧板的斑、小盾片的 1 对大斑、后胸背板的 1 对大斑、并胸腹节除中沟区域、足腿节端部的小斑、腹部第 1 节背板端部、第 2 节背板及腹板基部两侧的 1 对小斑等均为黄色，头顶黑色、具黄色斑。后单眼至复眼间距至少为后单眼间距的 3 倍；前翅翅痣黑棕色，缘室半透明；头顶、额区、中胸盾片及小盾片暗，无光泽，明显具大而浅的平底刻点；中胸侧板明显具粗糙刻点；前胸脊肩角明显，并胸腹节具金色短毛，其中部凹陷并布浅横皱；并胸腹节基部两侧无垂直凸起的脊或纵沟，并胸腹节与腹柄基部连接处的突起中等大小，侧面观大部分孔口可见；前翅近端部具 3 个亚缘室，第 2 亚缘室基部角度大于 90°。腹部第 1 节背板侧面观隆起不明显，第 2 节刻点较第 1 节密。

【地理分布】 云南（西双版纳）；缅甸。

图 4-309-1 马来铃腹胡蜂 *Ropalidia malaisei* 雌性背面观

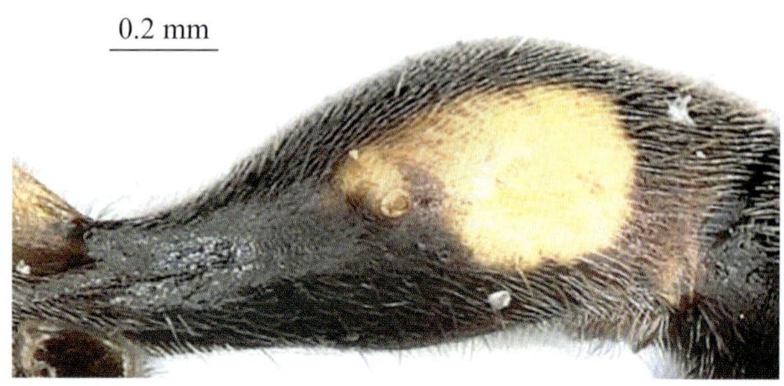

图 4-309-3 马来铃腹胡蜂 *Ropalidia malaisei* 雌性腹部第 1 节侧面观

图 4-309-2 马来铃腹胡蜂 *Ropalidia malaisei* 雌性头部正面观

图 4-309-4 马来铃腹胡蜂 *Ropalidia malaisei* 地理分布图

310. 缘铃腹胡蜂 *Ropalidia marginata* (Lepeletier, 1836)

【测量】 雌性体长 13.0 ~ 15.0 mm，前翅长 10.0 ~ 11.2 mm；雄性体长 12.7 ~ 15.5 mm，前翅长 10.2 ~ 11.0 mm。

【形态特征】 体几乎全为红棕色，仅腹部第 1、2 节背板端部条带及足跗节为黄色，雄性唇基与额区下侧及触角间的斑连为整体且黄色，雄性后胸背板两侧具小黄色斑；前翅缘室端部具黑褐色斑。唇基除端部外密生毛而刻点不明显；头部比中胸盾片宽，该特征明显区别于我国该属其他种类。前胸脊前缘略微凹陷，肩角明显；并胸腹节中部两侧具凸起纵脊，并胸腹节与腹柄基部连接处的突起中等大小且较圆润；前翅近端部具 3 个亚缘室，第 2 亚缘室基部角度小于 90°。腹部第 1 节基部明显柄状，长大于端部宽的 1.5 倍，第 2 节背板刻点较第 1 节略密、仅端缘具 1 排刻点。

【地理分布】 广东、香港、云南（玉溪、临沧、红河、西双版纳）；澳大利亚，加里曼丹岛，印度，马来西亚半岛，马里亚纳群岛，缅甸，新不列颠岛，新几内亚，巴基斯坦，菲律宾群岛，斯里兰卡，印度尼西亚（苏拉威西岛、苏门答腊岛、松巴岛、松巴哇岛、爪哇岛、龙目岛），越南。

图 4-310-1　缘铃腹胡蜂 *Ropalidia marginata* 雌性背面观

图 4-310-3　缘铃腹胡蜂 *Ropalidia marginata* 雌性腹部第 1 节侧面观

图 4-310-2　缘铃腹胡蜂 *Ropalidia marginata* 雌性头部正面观

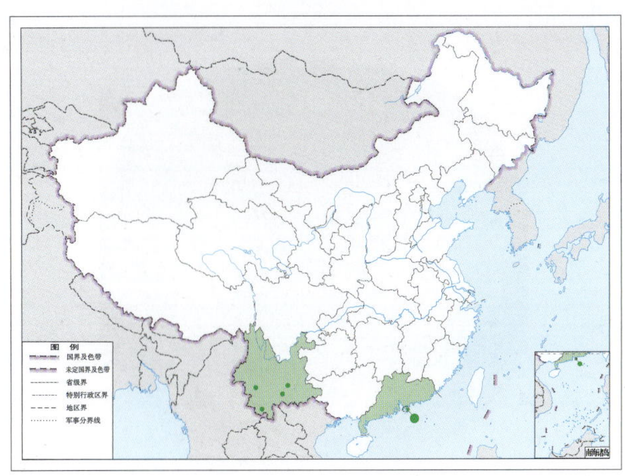

图 4-310-4　缘铃腹胡蜂 *Ropalidia marginata* 地理分布图

311. 暗铃腹胡蜂 *Ropalidia obscura* Gusenleitner, 1996

【测量】 雌性体长约 7.0 mm，前翅长约 7.2 mm；雄性体长约 6.5 mm。

【形态特征】 体黑色，仅具少量黄色斑，其中唇基端缘、上颚基部、翅基片后端、前胸背板前缘中部、中胸侧板 1 个小斑、小盾片 2 个小斑、后胸背板、并胸腹节背后区的大斑、腹部第 1 节背板端部两侧的小圆斑均为黄色，前翅缘室具褐色斑。雌性唇基除端部密生粗糙的小刻点；后头脊腹面明显变宽；后单眼至复眼间距至少为后单眼间距的 3 倍。并胸腹节暗、具刻点，中部凹陷并具明显横皱，并胸腹节与腹柄基部连接处的突起中等大小，侧面观大部分孔口可见，并胸腹节基部两侧无垂直凸起的脊或纵沟；前翅具 3 个亚缘室，第 2 亚缘室基部角度大于 90° 。腹部第 1 节基部具不明显的短柄，第 2 节背板及腹部端缘无薄片，第 1、2 节刻点中等密度（刻点间距小于或等于刻点直径）。

【地理分布】 云南（西双版纳）；泰国。

图 4-311-1　暗铃腹胡蜂 *Ropalidia obscura* 雌性背面观

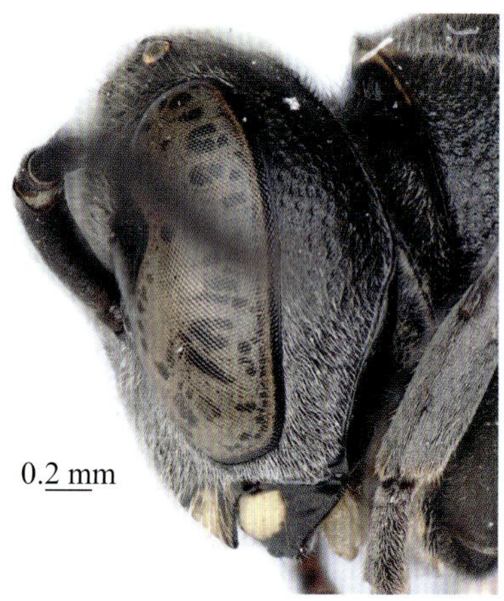

图 4-311-3　暗铃腹胡蜂 *Ropalidia obscura* 雌性头部侧面观

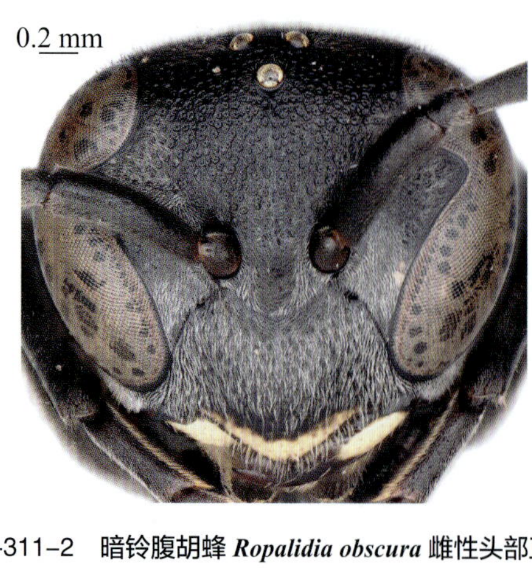

图 4-311-2　暗铃腹胡蜂 *Ropalidia obscura* 雌性头部正面观

图 4-311-4　暗铃腹胡蜂 *Ropalidia obscura* 地理分布图

312. 饰铃腹胡蜂 *Ropalidia ornaticeps* (Cameron, 1900)

【测量】 雌性体长 6.5 ~ 7.2 mm，前翅长 6.5 ~ 7.0 mm；雄性体长约 6.5 mm，前翅长约 6.0 mm。

【形态特征】 体底色为黑色，具大量黄色斑，该种色斑模式与马来铃腹胡蜂 *Ropalidia malaisei* 的近似，但该种各黄色区域均明显较近似种的大。此外，雌、雄性唇基均为黄色，两触角间具从前单眼至额唇基沟的宽而长的黄色斑，腹部第 3 节至末节可见部分绝大部分为黄色；雌性唇基疏生刻点和毛，刻点轮廓不明显；雄性触角第 9 ~ 13 节腹面分别具脊状突。并胸腹节中部凹陷且具浅横皱，并胸腹节与腹柄基部连接处的突起中等大小，侧面观大部分孔口可见；前翅近端部具 3 个亚缘室，第 2 亚缘室基部角度大于 90° 。

【地理分布】 海南、云南（西双版纳）；柬埔寨，印度，马来西亚半岛，缅甸，泰国，越南。

图 4-312-1　饰铃腹胡蜂 *Ropalidia ornaticeps* 雌性背面观

图 4-312-2　饰铃腹胡蜂 *Ropalidia ornaticeps* 雌性头部正面观

图 4-312-3　饰铃腹胡蜂 *Ropalidia ornaticeps* 雌性腹部第 1 节侧面观

图 4-312-4　饰铃腹胡蜂 *Ropalidia ornaticeps* 雄性触角

图 4-312-5　饰铃腹胡蜂 *Ropalidia ornaticeps* 地理分布图

313. 近新铃腹胡蜂 *Ropalidia parartifex* Tan *et* van Achterberg, 2014

【测量】 雌性体长 10.0 ~ 11.8 mm，前翅长 8.5 ~ 10.0 mm；雄性体长 10.0 ~ 12.5 mm，前翅长 9.8 ~ 11.2 mm。

【形态特征】 体黑色，仅头部具少量黄色斑，上颚除端部外、额区下侧、触角间的斑、雌性唇基端部的斑及雄性唇基除边缘外均为黄色，腹部第 1 节除基部外为红棕色，第 2 节背板端部无色斑；前翅缘室几乎全为黑褐色；腹部第 2 节背板端部明显凸起，中胸背板全黑色。唇基端部疏生刻点；雌性触角第 3 节长大于端部宽的 3 倍；后单眼至复眼间距大于后单眼间距的 3 倍。并胸腹节背区密生细横皱，基部两侧无垂直凸起的脊或纵沟，并胸腹节与腹柄基部连接处的突起较大，侧面观大部分孔口较模糊；前翅具 3 个亚缘室，第 2 亚缘室基部角度明显小于 90°。腹部第 1 节侧面观长大于高的 2.5 倍，第 2 节侧面观背区中部隆起不明显而端部明显凸起，第 2 节刻点明显较第 1 节密且粗糙。

【地理分布】 重庆（江津）、云南（西双版纳）；泰国。

图 4-313-1　近新铃腹胡蜂 *Ropalidia parartifex* 雄性背面观

图 4-313-2　近新铃腹胡蜂 *Ropalidia parartifex* 雌性头部正面观

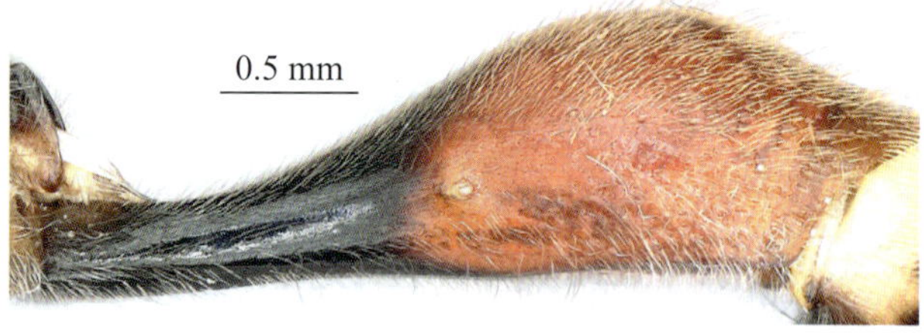

图 4-313-3　近新铃腹胡蜂 *Ropalidia parartifex* 雌性腹部第 1 节侧面观

图 4-313-4　近新铃腹胡蜂 *Ropalidia parartifex* 雄性触角

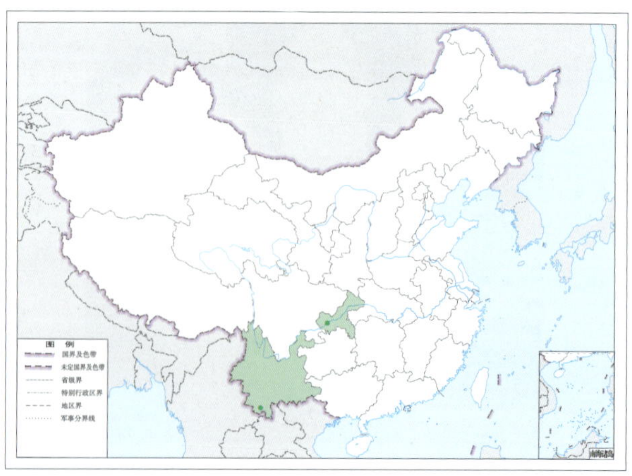

图 4-313-5　近新铃腹胡蜂 *Ropalidia parartifex* 地理分布图

图 4-313-6　近新铃腹胡蜂 ***Ropalidia parartifex*** 生态图（云南西双版纳　陈尽虫　摄）

314. 桑铃腹胡蜂 *Ropalidia santoshae* Das *et* Gupta, 1989

【测量】 雌性体长约 10.5 mm，前翅长约 9.5 mm；雄性体长约 9.0 mm，前翅长约 10.0 mm。

【形态特征】 体黑色，仅雌性唇基端部及上颚基部具浅黄色斑，前胸背板、腹部各节背板端部为棕褐色，额区底部、触角间，触角第 1、2 节腹面及上颚端部为红棕色；前翅缘室具褐色斑。唇基基部密生毛，端部光滑，疏生浅刻点和毛，端缘明显尖齿状；雌性触角第 3 节长大于端部宽的 3 倍；后单眼至复眼间距大于后单眼间距的 2.5 倍；小盾片矩形，略微凸起且无中纵沟；并胸腹节背区密生刻点、呈网状，基部两侧无垂直凸起的脊或纵沟，并胸腹节与腹柄基部连接处的突起较大，侧面观大部分孔口较模糊；前翅具 3 个亚缘室，第 2 亚缘室基部角度明显小于 90°。除腹柄外，整个腹部密生刻点，腹柄短较光滑，疏生浅小刻点，第 2 节背板背面观宽与长相等，侧面观长大于高。

【地理分布】 西藏（墨脱）；印度。

图 4-314-2　桑铃腹胡蜂 *Ropalidia santoshae* 雌性头部正面观

图 4-314-1　桑铃腹胡蜂 *Ropalidia santoshae* 雌性背面观

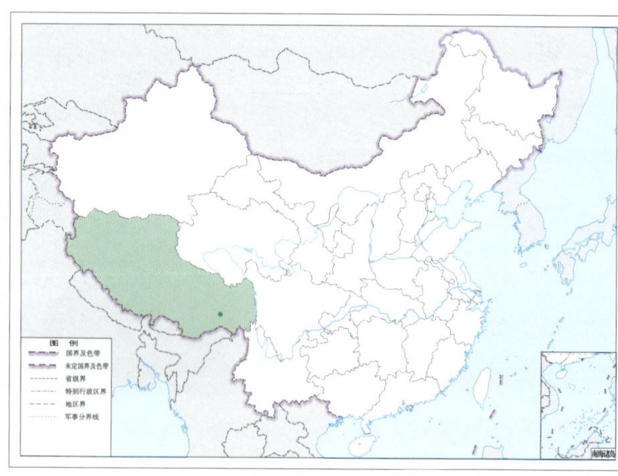

图 4-314-3　桑铃腹胡蜂 *Ropalidia santoshae* 地理分布图

315. 刻点铃腹胡蜂 *Ropalidia sculpturata* Gusenleitner, 2001

【测量】 雌性体长 9.0 ~ 11.0 mm，前翅长 9.0 ~ 9.6 mm；雄性未知。

【形态特征】 体绝大部分为红棕色，头顶、前胸盾片、并胸腹节及足腿节常为黑色，上颚基部、唇基端部及腹部第 1、2 节端缘窄的条带均为黄色，其余几乎全为红棕色。唇基端部光滑，仅具零星刻点和毛；触角第 3 节长度明显大于第 4、5 节之和，长大于端部宽的 3 倍；唇基宽大于长。

小盾片明显凸起，明显具中纵沟；前胸脊完整，基部略微弯曲；后胸背板端部光滑，无中沟；并胸腹节密生粗糙网状刻点，基部两侧无垂直凸起的脊或纵沟，并胸腹节与腹柄基部连接处的凸起较大，侧面观大部分孔口较模糊；前翅具 3 个亚缘室，第 2 亚缘室基部角度明显小于 90°。腹部第 2 节腹板与背板几乎等长，但腹板端部的薄片略宽于背板的薄片，第 2 节背板背面观宽大于长，侧面观长与高相等；第 2 节腹板与背板未愈合。

【地理分布】 广西（龙胜）、云南（德宏）、西藏（察隅）；印度。

图 4-315-1　刻点铃腹胡蜂 *Ropalidia sculpturata* 雌性背面观

图 4-315-2　刻点铃腹胡蜂 *Ropalidia sculpturata* 雌性头部正面观

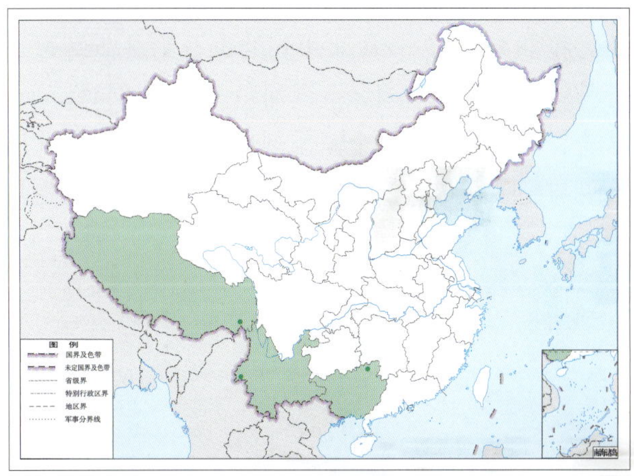

图 4-315-3　刻点铃腹胡蜂 *Ropalidia sculpturata* 地理分布图

图 4-315-4　刻点铃腹胡蜂 *Ropalidia sculpturata* 生态图（西藏察隅　陈尽虫　摄）

316. 点铃腹胡蜂 *Ropalidia stigma* (Smith, 1858)

【测量】 雌性体长 8.0 ~ 11.0 mm，前翅长 8.5 ~ 9.2 mm；雄性体长 9.8 ~ 10.5 mm，前翅长 9.0 ~ 9.2 mm。

【形态特征】 体绝大部分为红棕色，明显具黄色斑和黑色斑；雌性唇基除中部黑色斑外均为黄色，雄性唇基与额区下侧、触角间的斑连成整体且为黄色，中胸盾片除端缘外大面积红棕色，颊区、前胸背板前缘、小盾片、后胸背板、并胸腹节中部，腹部第 1、2 节基部两侧的斑及第 2 节端缘条带等均为黄色；前翅缘室具褐色斑。唇基整体刻点稀疏、基部被毛未完全覆盖刻点，刻点间光滑；后单眼与复眼间距大于后单眼间距的 2 倍；雌性触角第 3 节长大于端部宽的 3 倍；颊区具细小刻点。中胸侧板腹侧光滑；并胸腹节背区密生细皱，基部两侧无垂直凸起的脊或纵沟，并胸腹节与腹柄基部连接处的突起较大，侧面观大部分孔口较模糊；前翅第 2 亚缘室基部角度明显小于 90°。腹部第 1 节明显柄状，侧面观长大于高的 2.5 倍，第 2 节背板端部无凸起，腹部刻点整体不明显，似革质状。

【地理分布】 广东、广西（南宁、百色、河池）、海南、四川（彭州）、贵州（铜仁）、云南（西双版纳、普洱、文山、德宏）、西藏（墨脱）、香港；加里曼丹岛，印度，马来西亚半岛，缅甸，尼泊尔，菲律宾群岛，斯里兰卡，印度尼西亚，泰国，越南。

图 4-316-1　点铃腹胡蜂 *Ropalidia stigma* 雌性背面观

图 4-316-3　点铃腹胡蜂 *Ropalidia stigma* 雌性腹部第 1 节侧面观

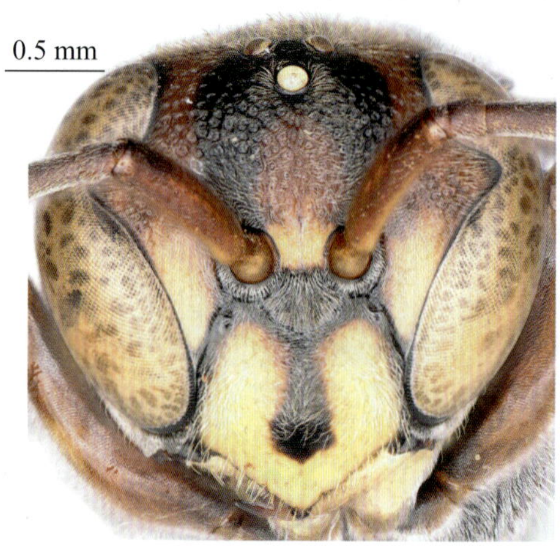

图 4-316-2　点铃腹胡蜂 *Ropalidia stigma* 雌性头部正面观

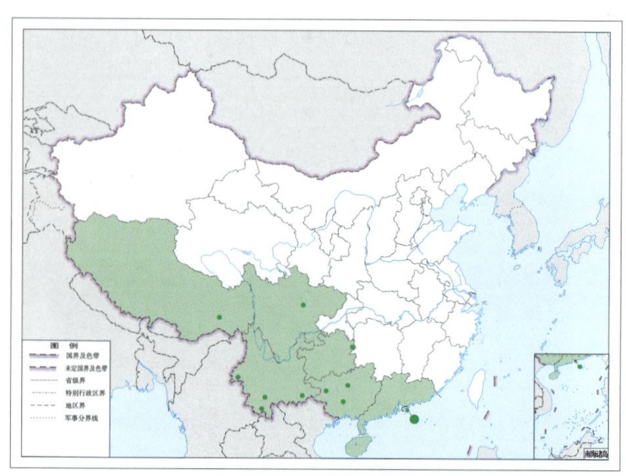

图 4-316-4　点铃腹胡蜂 *Ropalidia stigma* 地理分布图

图 4-316-5　点铃腹胡蜂 ***Ropalidia stigma*** 生态图 1（广州番禺　刘庆明　摄）

图 4-316-6　点铃腹胡蜂 ***Ropalidia stigma*** 生态图 2（香港　Christophe Barthélémy　摄）

317. 刺铃腹胡蜂 *Ropalidia sumatrae* (Weber, 1801)

【测量】 雌性体长 10.5 ~ 11.5 mm，前翅长 8.5 ~ 9.0 mm；雄性体长 9.0 ~ 10.0 mm。

【形态特征】 体黑色，头部仅雌性唇基端部具淡黄色斑，腹部仅第 1 节膨大区为橘黄色，前翅缘室全为褐色。雌性唇基宽明显大于长（1.4 倍），唇基基部密生毛，刻点细小且不明显，端部光滑；触角第 3 节长大于第 4、5 节之和，触角第 4 节长与宽约等长；后单眼至复眼间距约为后单眼间距的 3 倍，颊区侧面观稍比复眼宽。并胸腹节光滑且具光泽，基部两侧无垂直凸起的脊或纵沟，并胸腹节与腹柄基部连接处的突起中等大小，侧面观大部分孔口可见；前翅具 3 个亚缘室，第 2 亚缘室基部角度大于 90°。腹部第 1 节具短腹柄，第 1、2 节背板粗糙且密生浅刻点。

【地理分布】 云南（西双版纳）；加里曼丹岛，印度，马来西亚，缅甸，印度尼西亚，泰国，越南。

图 4-317-1 刺铃腹胡蜂 *Ropalidia sumatrae* 雌性背面观

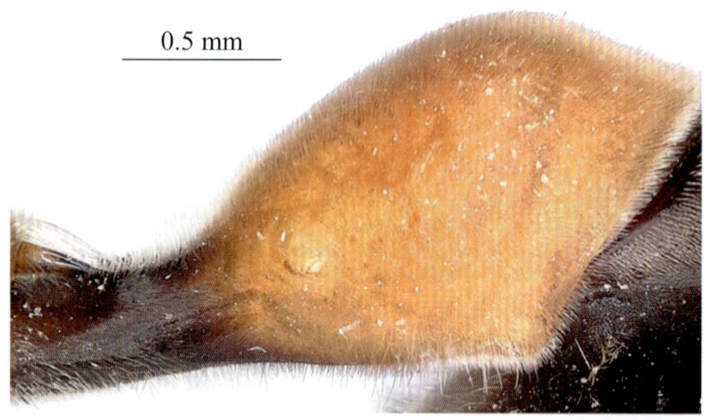

图 4-317-3 刺铃腹胡蜂 *Ropalidia sumatrae* 雌性腹部第 1 节侧面观

图 4-317-2 刺铃腹胡蜂 *Ropalidia sumatrae* 雌性头部正面观

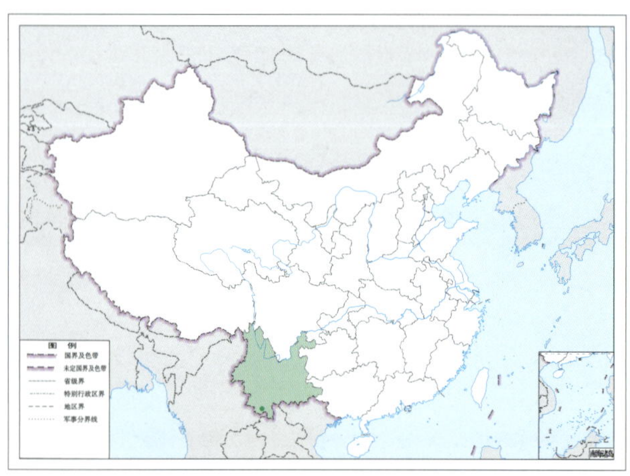

图 4-317-4 刺铃腹胡蜂 *Ropalidia sumatrae* 地理分布图

318. 台湾铃腹胡蜂 *Ropalidia taiwana* Sonan, 1935

【测量】 雌性体长 10.0 ~ 12.0 mm，前翅长 9.5 ~ 10.0 mm；雄性体长 9.0 ~ 10.5 mm。

【形态特征】 该种与刻点铃腹胡蜂 *Ropalidia sculpturata* 近似。主要区别为该种中胸小盾片略凸起，具不明显中纵沟，尤其腹部第 2 节腹板长于背板；体黑色，具红褐色斑。此外，雌性唇基端部、额区下侧、上颚基部及腹部第 2 节背板端部条带为黄色，前翅缘室几乎全为褐色。唇基宽大于长。后胸背板端部光滑，并胸腹节具明显中纵沟，其中部略微凹陷但不深；前翅第 2 亚缘室基部角度明显小于 90°。腹部第 1 节侧面观高大于长的 2.5 倍。

【地理分布】 江西、福建、台湾、广西（百色）、四川；缅甸。

图 4-318-1 台湾铃腹胡蜂 *Ropalidia taiwana* 雌性背面观

图 4-318-2 台湾铃腹胡蜂 *Ropalidia taiwana* 雌性头部正面观

图 4-318-3 台湾铃腹胡蜂 *Ropalidia taiwana* 雌性胸部背面观

图 4-318-4 台湾铃腹胡蜂 *Ropalidia taiwana* 雌性腹部侧面观

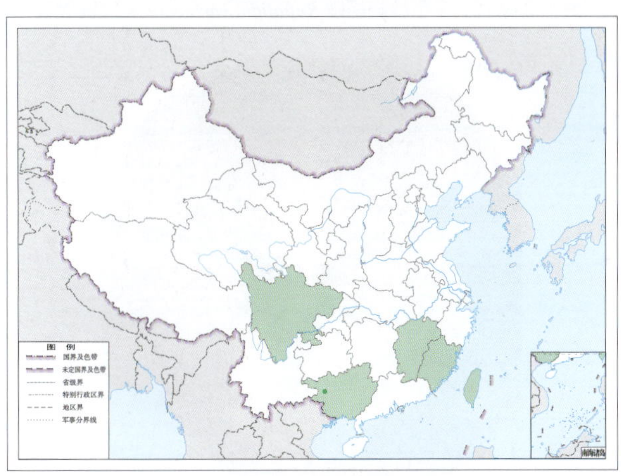

图 4-318-5 台湾铃腹胡蜂 *Ropalidia taiwana* 地理分布图

319. 多色铃腹胡蜂 *Ropalidia variegata* (Smith, 1852)

【测量】 雌性体长 5.5 ~ 8.2 mm，前翅长 6.0 ~ 6.5 mm；雄性体长 6.0 mm，前翅长 6.0 mm。

【形态特征】 体黑色，具大量红棕色及黄色斑，前翅缘室仅端部（不足缘室 1/2）具褐色斑。该种与带铃腹胡蜂 *Ropalidia fasciata* 色斑模式近似，以及两种均后单眼至复眼间距小于后单眼间距的 2 倍，雌性触角第 3 节长小于端部宽的 2.5 倍，前翅第 2 亚缘室基部角度稍大于 90° ，并胸腹节基部两侧无垂直凸起的脊或纵沟，与腹柄基部连接处的突起较大，侧面观大部分孔口较模糊；但该种前胸脊明显弯曲，其后部明显凸起；并胸腹节大部分光滑，仅中沟区域具横皱，以及腹部腹柄明显较近似种短，膨大明显变宽，第 2 节端部条带具刻点（偶有消失）。

【地理分布】 云南（西双版纳、红河、临沧）；印度，马来半岛，尼泊尔，巴基斯坦，印度尼西亚。

图 4–319–1　多色铃腹胡蜂 *Ropalidia variegata* 雌性背面观

图 4–319–2　多色铃腹胡蜂 *Ropalidia variegata* 雌性头部正面观

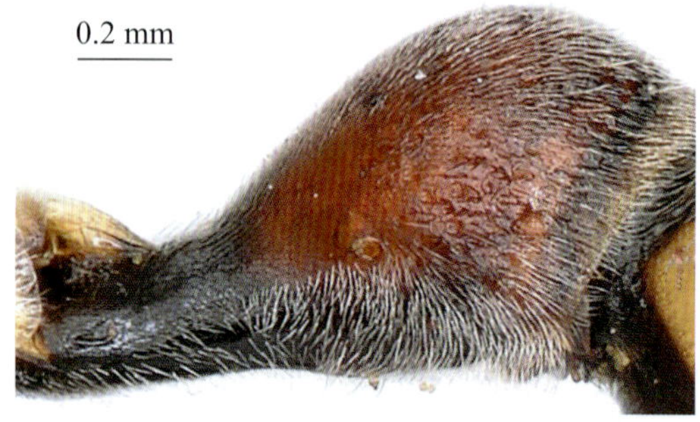

图 4–319–3　多色铃腹胡蜂 *Ropalidia variegata* 雌性腹部第 1 节侧面观

图 4–319–4　多色铃腹胡蜂 *Ropalidia variegata* 雌性头部及前胸背板侧面观

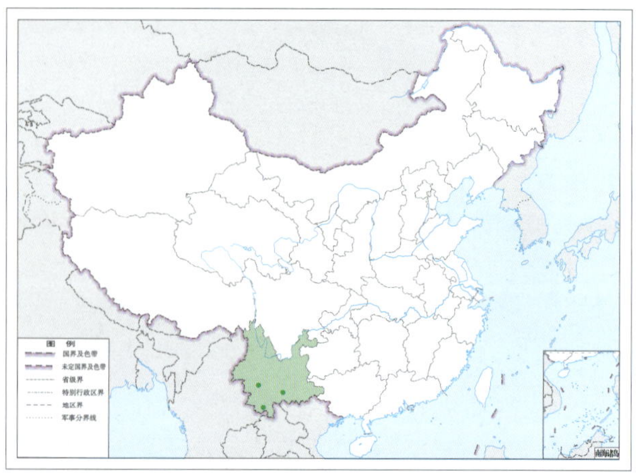

图 4–319–5　多色铃腹胡蜂 *Ropalidia variegata* 地理分布图

第五部分

狭腹胡蜂亚科 Stenogastrinae

图 5-a　黑真狭腹胡蜂 ***Eustenogaster nigra*** 生态图（香港　Christophe Barthélemy　摄）

【形态特征】 狭腹胡蜂亚科 Stenogastrinae 种类是胡蜂科中较原始的亚社会性类群。体细长，足弱。腹部第 1 节呈细长柄状，其长大于其余各节之和，端部或多或少膨大、呈球状。

【地理分布】 仅分布于东洋区的东南亚热带和亚热带。

【分类】 该亚科目前世界共 7 属 73 种，我国已知 4 属 10 种，本图鉴收录 4 属 9 种。

中国狭腹胡蜂亚科 Stenogastrinae 分属检索表

1. 腹部第 2 节基部非柄状 …………………………………………………………………………… 2

腹部第 2 节基部或多或少呈柄状 ……………………………………………………………………… 3

2. 小盾片明显凸起，具粗的中纵脊；雄性触角顶端无顶丝；后头脊伸达至上颚基部 ……………………………………………………………………………………… **真狭腹胡蜂属 *Eustenogaster* van der Vecht**

小盾片或多或少凸起，无粗的中纵脊；雄性触角顶端具 1 根顶丝；后头脊未伸达至上颚基部 ……………………………………………………………………………… **匙角狭腹胡蜂属 *Cochlischnogaster* Dong *et* Otsuka**

3. 腹部第 2 节基部短柄状；雄性上颚无齿；触角亚棒状 ……… **平狭腹胡蜂属 *Liostenogaster* van der Vecht**

腹部第 2 节基部细长柄状；雄性上颚具齿；触角棒状 …… **侧狭腹胡蜂属 *Parischnogaster* von Schulthess**

五五、匙角狭腹胡蜂属 *Cochlischnogaster* Dong *et* Otsuka, 1997

【形态特征】 唇基明显凸起，其中雌性唇基 2/3 处至端部具 1 条中纵脊，末端针状齿突，雄性唇基钝圆；雌性上颚具 3 枚齿，雄性上颚无齿；触角亚棒状，雄性触角第 11、12 节逐渐收缩，顶端具 1 根顶丝，顶丝末端匙状。胸部长于腹部第 1 节长的 1/2，中胸盾片光滑，疏生刻点。腹部第 2 节基部收缩呈短柄状；雄性外生殖器抱握刺细，阳茎窄，后部较宽为高。

【地理分布】 仅分布于东洋区，主要是中国、缅甸和泰国。

【分类】 世界已知 3 种，我国已知 2 种，本图鉴收录 2 种。

中国匙角狭腹胡蜂属 *Cochlischnogaster* 分种检索表

1. 后单眼间距为后单眼与复眼间距的 0.9 倍；雌性触角从第 7 节逐渐变粗，唇基除尖齿外整个端部宽，约成 60° 夹角；雄性唇基端部无尖齿 …………………… **大渡岗匙角狭腹胡蜂 *Cochlischnogaster daduogangensis***

后单眼间距为后单眼与复眼间距的 0.6 倍；雌性触角从第 4 节向端部逐渐变粗，唇基除尖齿外整个端部较上述窄，至多成 45° 夹角；雄性未知 …………………… **勐仑匙角狭腹胡蜂 *Cochlischnogaster menglunensis***

320. 大渡岗匙角狭腹胡蜂 *Cochlischnogaster daduogangensis* Dong *et* Otsuka, 1997

【测量】 雌性体长 10.5 ~ 11.0 mm，前翅长 9.0 ~ 9.5 mm；雄性体长 10.5 ~ 11.0 mm，前翅长 9.0 ~ 9.5 mm。

【形态特征】 体褐色至黑褐色，具少量黄色斑，其中雄性黄斑较雌性的多或大，前胸背板基部具 1 对顿号状斑；头顶具粗纵皱，毛稀疏；雌性触角第 7 ~ 11 节、雄性触角第 7 ~ 10 节逐渐变粗，触角第 3 节为第 4 节长的 2 倍；单眼圆，前单眼大于后单眼，后单眼间距为后单眼与复眼间距的 0.9 倍；雌性唇基除尖齿外整个端部宽、端角约 60°，雄性唇基顶端钝圆，雄性上颚无齿。第 2 腹节基部稍收缩为短柄状，具稍长的外缘毛；腹柄细，圆筒形、光滑、具光泽，长为端部最宽处的 6 倍。

【地理分布】 云南（西双版纳）。

图 5-320-1　大渡岗匙角狭腹胡蜂 *Cochlischnogaster daduogangensis* 雌性背面观

图 5-320-3　大渡岗匙角狭腹胡蜂 *Cochlischnogaster daduogangensis* 雌性头部正面观

图 5-320-2　大渡岗匙角狭腹胡蜂 *Cochlischnogaster daduogangensis* 雄性背面观

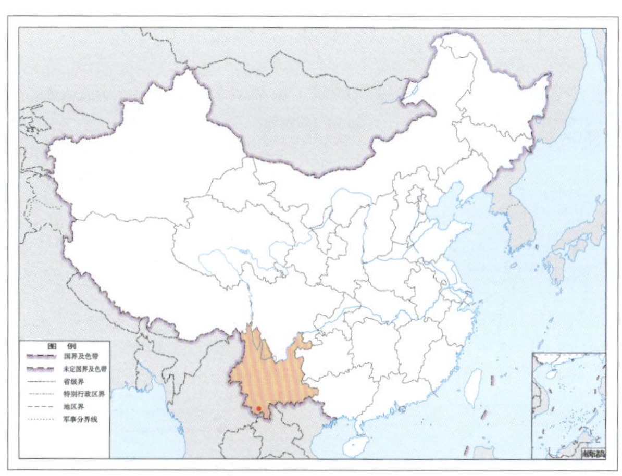

图 5-320-4　大渡岗匙角狭腹胡蜂 *Cochlischnogaster daduogangensis* 地理分布图

321. 勐仑匙角狭腹胡蜂 *Cochlischnogaster menglunensis* Dong *et* Otsuka, 1997

【测量】 雌性体长 11.5 mm，前翅长 9.5 mm；雄性未知。

【形态特征】 体褐色至棕褐色，具黄斑，前胸背板基部无黄色斑。触角亚棒状，从第 4 节起向端部逐渐变粗，第 3 节为第 4 节长的 2 倍；唇基长大于宽，基部稍平，端部突出呈尖齿状，近 2/3 处具 1 条伸达末端的粗隆脊，唇基除尖齿外整个端部窄、端角至多成 45°；后单眼间距为后单眼与复眼间距的 0.6 倍；上颚端部具 2 枚大的端齿，端齿较亚端齿长。

【地理分布】 云南（西双版纳）。

图 5-321-1 勐仑匙角狭腹胡蜂 *Cochlischnogaster menglunensis* 雌性背面观

图 5-321-2 勐仑匙角狭腹胡蜂 *Cochlischnogaster menglunensis* 雌性头部正面观

图 5-321-3 勐仑匙角狭腹胡蜂 *Cochlischnogaster menglunensis* 地理分布图

五六、真狭腹胡蜂属 *Eustenogaster* van der Vecht, 1969

【形态特征】 体长通常在 15.0 mm 以上。中胸小盾片明显凸起，具明显粗的尖纵脊；雄性后翅臀叶具深褐色粗边缘；后足胫节侧面观具 1 排浓密长毛。

【地理分布】 主要分布于东南亚。

【分类】 世界已知 18 种；我国已知 5 种，除 1 种在广东、广西、贵州和云南均有分布外，其余 4 种主要分布于云南西双版纳；本图鉴收录 3 种。

中国真狭腹胡蜂属 *Eustenogaster* 分种检索表

1. 雌性 …… 2
   雄性 …… 5
2. 前胸背板侧区和中胸侧板背区暗，密生刻点，刻点间略脊状；腹部第 2 节背板侧面观明显隆起 …… 3
   前胸背板侧区和中胸侧板背区具光泽，疏生刻点，刻点间光滑；腹部第 2 节背板侧面观仅略隆起 …… 4
3. 唇基和并胸腹节完全黑色，无黄色斑 …… **黑真狭腹胡蜂** ***Eustenogaster nigra***
   唇基通常具黄色斑，几乎不纯黑色，并胸腹节背区和后区端部具黄色斑 …… **丽真狭腹胡蜂** ***Eustenogaster scitula***
4. 触角窝之间及中胸盾片均具非常稀疏及浅的刻点 …… **异真狭腹胡蜂** ***Eustenogaster eximia***
   触角窝之间及中胸盾片密生刻点，刻点间偶有脊状 …… **光真狭腹胡蜂** ***Eustenogaster micans***
5. 腹部第 7 节腹板基部具 1 对半圆形突起 …… **异真狭腹胡蜂** ***Eustenogaster eximia***
   腹部第 7 节腹板基部无突起 …… 6
6. 上颚仅具 1 枚齿 …… **光真狭腹胡蜂** ***Eustenogaster micans***
   上颚具 3 枚齿 …… 7
7. 腹部第 2 节背板基半部侧面观明显隆起；唇基和并胸腹节完全黑色 …… **黑真狭腹胡蜂** ***Eustenogaster nigra***
   腹部第 2 节背板基半部侧面观隆起不及上述明显；唇基中部通常具黄色斑，很少完全为黑色；并胸腹节背区和后区具黄色斑 …… **丽真狭腹胡蜂** ***Eustenogaster scitula***

图 5-56 黑真狭腹胡蜂 *Eustenogaster nigra* 生态图（重庆四面山 柴鉴云 摄）

322. 异真狭腹胡蜂 *Eustenogaster eximia* (Bingham, 1890)

【测量】 雌性体长 19.0 ~ 20.0 mm，前翅长 15.0 ~ 16.0 mm；雄性体长 16.5 ~ 18.5 mm，前翅长 14.0 ~ 15.0 mm。

【形态特征】 体黑色，前胸背板前缘中部的窄条带及腹部第 3 节背板基部两侧的窄斑为淡黄色，腹部第 1 节背板中部至端部为红褐色。头部及胸部毛较浓密，胸部毛较长；唇基长大于宽，顶端具 1 枚尖齿，具中纵脊；雌性触角第 3 节细长，约为第 4 节长的 2.8 倍；雄性唇基毛较密；触角第 3 节细长，约为第 4 节长的 2.5 倍；触角窝之间及中胸盾片均具非常稀疏及浅的刻点。前胸背板侧区和中胸侧板背区具光泽、疏生刻点，刻点间光滑。腹部第 2 节背板基部略细，背板侧面观仅略隆起；腹部第 3 ~ 6 节腹板较粗糙，刻点较密；雄性第 7 节腹板基部具 1 对半圆形突起。

【地理分布】 云南（西双版纳）；斯里兰卡，泰国，马来西亚。

图 5-322-1　异真狭腹胡蜂 *Eustenogaster eximia* 雌性背面观

图 5-322-2　异真狭腹胡蜂 *Eustenogaster eximia* 雌性头部正面观

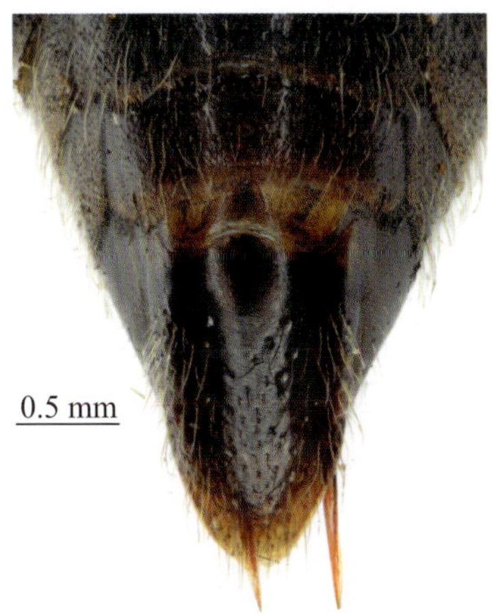

图 5-322-3　异真狭腹胡蜂 *Eustenogaster eximia* 雄性第 7 节腹面观

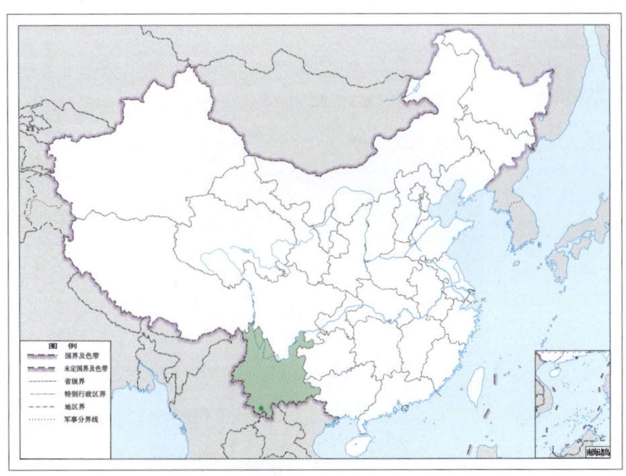

图 5-322-4　异真狭腹胡蜂 *Eustenogaster eximia* 地理分布图

323. 光真狭腹胡蜂 *Eustenogaster micans* (de Saussure, 1852)

【测量】 雌性体长 14.0 ~ 15.0 mm，前翅长 12.5 mm；雄性体长 16.5 ~ 17.0 mm，前翅长 13.5 ~ 14.0 mm。

【形态特征】 体黑色，明显具大量黄色斑，除头顶及中胸盾片为纯黑色外，其余各区域均具成对的斑；翅为淡褐色。唇基长大于宽，顶端具 1 枚尖锐的齿，具中纵脊；雄性上颚仅具 1 枚齿；额区、头顶密生小刻点，额区具 1 条中纵脊。胸部除中胸盾片外刻点相对稀疏，前胸背板侧区和中胸侧板背区具光泽，疏生刻点，刻点间光滑；中胸盾片密生刻点，刻点较头部的更密，刻点间偶有脊状，盾片前缘近圆形，小盾片强烈凸起；并胸腹节背区基部无刻点，端部毛较其他部位长，中纵沟从基部至端部明显；足腿节背侧及端部光滑，无长毛。腹部第 2 节背板侧面观仅略隆起，第 7 节腹板基部无半圆形突起结构。

【地理分布】 云南（西双版纳）；泰国，缅甸，马来西亚，新加坡，印度尼西亚。

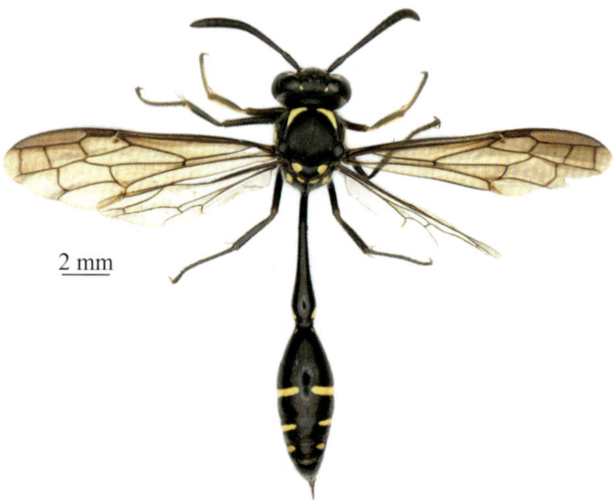

图 5-323-1 光真狭腹胡蜂 *Eustenogaster micans* 雌性背面观

图 5-323-3 光真狭腹胡蜂 *Eustenogaster micans* 雌性头部及胸部侧面观

图 5-323-2 光真狭腹胡蜂 *Eustenogaster micans* 雌性头部正面观

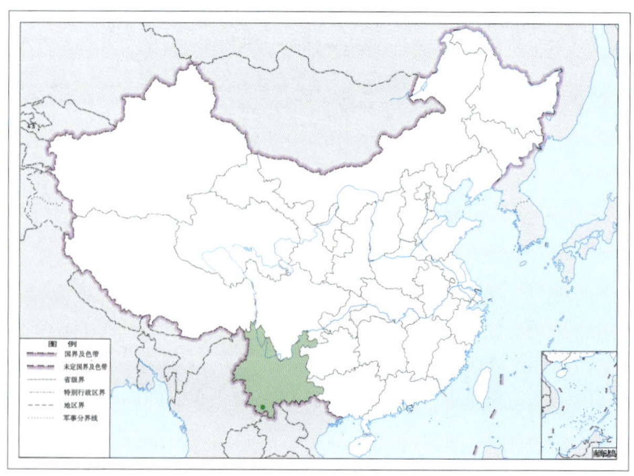

图 5-323-4 光真狭腹胡蜂 *Eustenogaster micans* 地理分布图

324. 黑真狭腹胡蜂 *Eustenogaster nigra* Saito *et* Nguyen, 2006

【测量】 雌性体长 19.5～21.5 mm，前翅长 14.0～15.2 mm；雄性体长 18.0～20.0 mm，前翅长 14.5～15.5 mm。

【形态特征】 该种体色与异真狭腹胡蜂 *Eustenogaster eximia* 类似。唇基和并胸腹节完全黑色，前胸背板背部中间横带（中间断裂）、中胸侧板中部小斑、腹部第 3 节背板基部两侧的宽条带为黄色，腹柄侧面观从中部至端部略红褐色；翅为黑褐色。前胸背板侧区和中胸侧板背区暗且密生刻点，刻点间略脊状，似网状。腹部革质，刻点不明显，具光泽，毛稀疏；基部具稀疏短毛，第 2 节背板基半部侧面观明显隆起；第 7 节腹板基部无半圆形突起结构。

【地理分布】 海南、香港、云南（怒江）；越南。

图 5-324-1　黑真狭腹胡蜂 *Eustenogaster nigra* 生态图
（广州番禺　刘庆明　摄）

图 5-324-2　黑真狭腹胡蜂 *Eustenogaster nigra* 雌性背面观

图 5-324-3　黑真狭腹胡蜂 *Eustenogaster nigra* 雌性头部正面观

图 5-324-4　黑真狭腹胡蜂 *Eustenogaster nigra* 地理分布图

五七、平狭腹胡蜂属 *Liostenogaster* van der Vecht, 1969

【形态特征】 后头脊不伸达至上颚基部。小盾片或多或少凸起，无粗中纵脊；雄性后翅臀叶无深褐色边缘。腹部第 2 节基部呈柄状。

【地理分布】 主要分布于东南亚各国。

【分类】 世界已知 14 种，我国已知 1 种，本图鉴收录 1 种。

325. 洁平狭腹胡蜂 *Liostenogaster nitidipennis* (de Saussure, 1853)

【测量】 雌性体长 11.5 ~ 12.0 mm，前翅长 8.0 ~ 8.5 mm；雄性体长 11.0 mm，前翅长 8.0 mm。

【形态特征】 体绝大部分为红棕色，具少量黄色斑，雌性头部除触角及上颚外为黑色，雄性体几乎无黑色斑（头部棕褐色）；中胸盾片基部的 1 对顿号状斑及近端缘中部的 1 个长方形斑、小盾片两侧缘的小斑及后胸背板等均为黄色，雄性小盾片无黄色斑。头部密生刻点和毛，唇基宽大于长；上颚齿较短；触角第 3 节细长，约为第 4 节长的 2.3 倍。胸部及腹部毛不及头部的密和长，且几乎无明显刻点。腹部长大于头部和胸部长的 3 倍。

【地理分布】 云南（西双版纳）；缅甸，泰国，马来西亚半岛，新加坡，印度尼西亚，菲律宾。

图 5-325-1 洁平狭腹胡蜂 *Liostenogaster nitidipennis* 雌性背面观

图 5-325-2 洁平狭腹胡蜂 *Liostenogaster nitidipennis* 雌性头部正面观

图 5-325-3　洁平狭腹胡蜂 *Liostenogaster nitidipennis* 雄性头部正面观

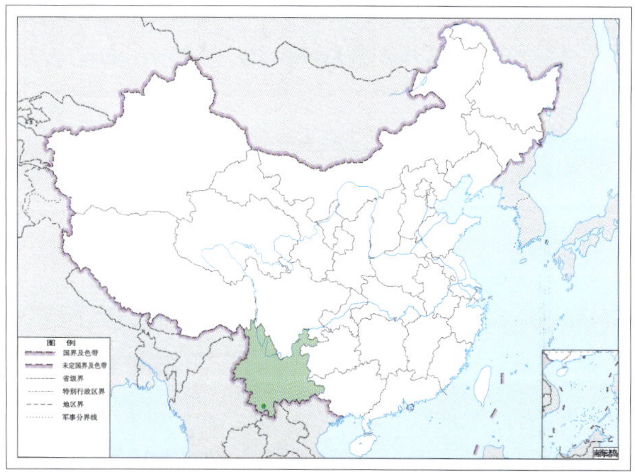

图 5-325-4　洁平狭腹胡蜂 *Liostenogaster nitidipennis* 地理分布图

五八、侧狭腹胡蜂属 *Parischnogaster* von Schulthess, 1914

【形态特征】 头顶中部无中纵沟；雄性上颚具 3 枚齿；触角棒状，顶端无 1 条顶丝。腹部第 2 节背板基部细柄状，腹柄较平狭腹胡蜂属 *Liostenogaster* 的长。

【地理分布】 分布于东南亚。

【分类】 该属世界已知 19 种，我国已知 3 种，本图鉴收录 3 种。

中国侧狭腹胡蜂属 *Parischnogaster* 分种检索表

1. 雌性唇基端部粗壮，不分叉；触角第 3 节长约为第 4 节长的 2.0 倍 ……………………………… 杰柯侧狭腹胡蜂 ***Parischnogaster jacobsoni***

   雌性唇基端部细且二叉状；触角第 3 节明显更长，为第 4 节长的 3.0 倍左右 …………………… **2**

2. 雌性唇基端部针状突、明显长；雄性中、后足腿节的膨大相似 …… 密侧狭腹胡蜂 ***Parischnogaster mellyi***

   雌性唇基端部针状突、短，不明显可见；雄性中、后足腿节的膨大明显不同 ……………………………… 黑侧狭腹胡蜂 ***Parischnogaster nigricans***

326. 杰柯侧狭腹胡蜂 *Parischnogaster jacobsoni* (du Buysson, 1913)

【测量】 雌性体长 11.0 ~ 12.0 mm，前翅长 8.0 ~ 9.0 mm；雄性体长 11.0 mm，前翅长 8.0 mm。

【形态特征】 雌性具黄褐色及白色短毛，胸部毛较长，腹部毛极短；体黑褐色，上颚、唇基亚端部中间小斑、触角柄节腹面、前胸背板背部后缘、中胸背板前端两侧纵斑及后端中间大斑、小盾片、后胸背板、并胸腹节下端、腹部第 2 节背板基部两侧、第 3 节背板基部及端部横带，第 4、5 节背板基部横带，第 6 节背板，足腿节外侧，胫节外侧；为黄色；足、触角腹面锈红色。雌性唇基端部粗壮，不分叉；触角第 3 节长约为第 4 节长的 2.0 倍。并胸腹节密生斜纵皱。

【地理分布】 云南（西双版纳）；马来西亚，印度尼西亚。

图 5-326-1 杰柯侧狭腹胡蜂 *Parischnogaster jacobsoni* 雌性背面观

图 5-326-3 杰柯侧狭腹胡蜂 *Parischnogaster jacobsoni* 雄性头部正面观

图 5-326-2 杰柯侧狭腹胡蜂 *Parischnogaster jacobsoni* 雌性头部正面观

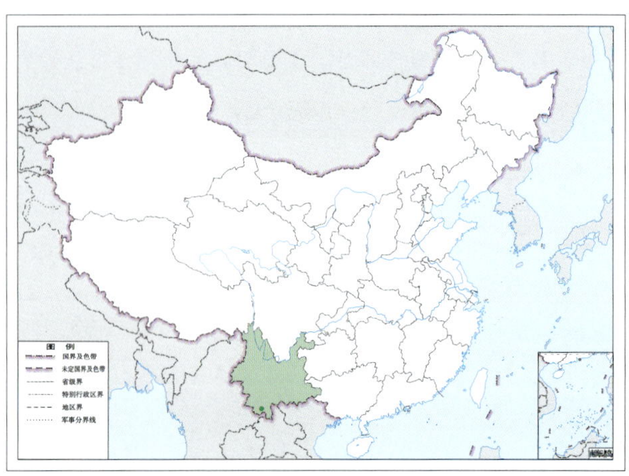

图 5-326-4 杰柯侧狭腹胡蜂 *Parischnogaster jacobsoni* 地理分布图

327. 密侧狭腹胡蜂 *Parischnogaster mellyi* (de Saussure, 1852)

【测量】 雌性体长 11.0～11.5 mm，前翅长 8.5～9.0 mm；雄性体长 9.5～10.0 mm，前翅长 7.0～7.5 mm。

【形态特征】 体锈红色至黑褐色，具白色短毛；上颚基部、唇基亚端部中间小斑（或无）、触角柄节腹面、前胸背板背部两侧后缘、中胸背板前端两侧纵斑及后端中间大斑、小盾片 1 对小斑、后胸背板 1 对大斑、并胸腹节下端两侧大斑、腹部第 2 节腹板亚端部两侧纵斑、第 3 节背板和腹板基部两侧横斑（端部具浅锈红色横带）、第 4 节背板基部横带及第 6 节腹板两侧纵斑等均为黄色；雄性小盾片和后胸背板完全黄色。雌性唇基端部针状突、明显长，可见；触角第 3 节明显更长，为第 4 节长的 3.0 倍左右。前胸背板背区和并胸腹节具倾斜至纵向的皱；雌性腹柄为胸部长的 2 倍；雄性中、后足腿节基部的膨大相似，跗节第 1、2 节端部针状，第 3、4 节端部圆形。

【地理分布】 云南（西双版纳）；印度，缅甸，越南，泰国，马来西亚，新加坡，印度尼西亚，菲律宾。

图 5-327-1　密侧狭腹胡蜂 *Parischnogaster mellyi* 雄性背面观

图 5-327-3　密侧狭腹胡蜂 *Parischnogaster mellyi* 雄性头部正面观

图 5-327-2　密侧狭腹胡蜂 *Parischnogaster mellyi* 雌性头部正面观

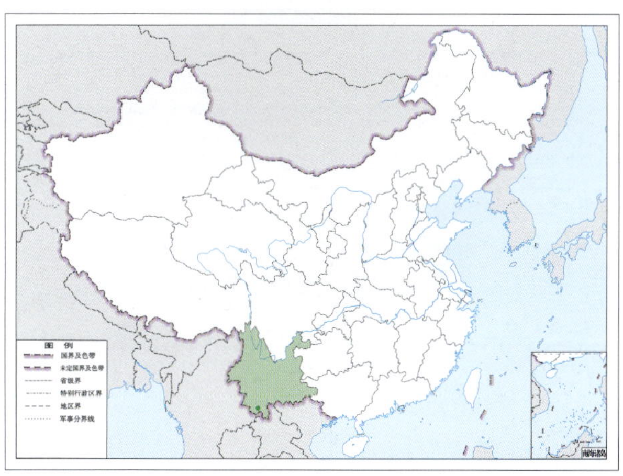

图 5-327-4　密侧狭腹胡蜂 *Parischnogaster mellyi* 地理分布图

328. 黑侧狭腹胡蜂 *Parischnogaster nigricans* (Cameron, 1902)

【测量】 雌性体长 10 ~ 12 mm，前翅长 8.0 ~ 8.5 mm；雄性体长 10.5 ~ 11 mm，前翅长 7.5 ~ 8.0 mm。

【形态特征】 体红褐色，上颚、唇基亚端部中间小斑（或无）、触角柄节腹面、前胸背板背部后缘、中胸背板前端两侧纵斑及后端中间大斑、小盾片 1 对小斑、后胸背板、并胸腹节下端、腹部第 2 节背板亚基部，第 3、4 节背板基部横带（端部浅锈色横带），第 6 节背板、足腿节端部及前足腿节背侧等均为黄色；雄性复眼偏红，小盾片完全黄色，并胸腹节大部分黄色。体具金黄色短毛；雌性唇基端部针状突、短，不明显可见；触角第 3 节明显更长，为第 4 节长的 3.0 倍左右；头部和胸部密生粗糙的刻点，并胸腹节具斜皱；雌性腹柄为胸部长的 1.9 倍；雄性中、后足腿节基部的膨大明显不同，跗节第 1 节端部针状，第 2 节基部变宽、端部变细，第 3 节背板变宽。

【地理分布】 云南（西双版纳）；马来西亚，新加坡，印度尼西亚，菲律宾。

图 5-328-1 黑侧狭腹胡蜂 *Parischnogaster nigricans* 雌性背面观

图 5-328-3 黑侧狭腹胡蜂 *Parischnogaster nigricans* 雄性头部正面观

图 5-328-2 黑侧狭腹胡蜂 *Parischnogaster nigricans* 雌性头部正面观

图 5-328-4 黑侧狭腹胡蜂 *Parischnogaster nigricans* 地理分布图

第六部分

胡蜂亚科 Vespinae

图 6-a　黄腰胡蜂 *Vespa affinis* 生态图（浙江台州　许威　摄）

【形态特征】 上颚短、不交叉。足的基节背面具纵脊；后翅无轭叶；腹部第 1 节无柄，背面观前面呈平截面，侧面观截面与背区之间棱角明显。

【生物学特性】 胡蜂亚科 Vespinae 是典型的社会性昆虫，同一巢穴的种群数量通常较大，雌性蜂中的工蜂和蜂王常在体型大小和 / 或颜色上有差异，通常蜂王体型偏大、毛更密及颜色更暗。

【地理分布】 全世界仅非洲及南美洲无自然分布。

【分类】 全世界已知 4 属共 71 种，我国已知 4 属 42 种，本图鉴收录 4 属 40 种。

中国胡蜂亚科 Vespinae 分属检索表

1. 后单眼的间距明显小于后单眼至后头脊的间距 ……………………………………… **胡蜂属 *Vespa* Linnaeus**

   后单眼的间距约等于或大于后单眼至后头脊的间距 ………………………………………………………… **2**

2. 单眼大，其直径大于后单眼与复眼的间距；腹部第 1 节背板前截面凸起呈弧形 ……………………………………………………………………………………… **原胡蜂属 *Provespa* Ashmead**

   单眼正常，其直径小于后单眼与复眼的间距；腹部第 1 节背板前截面与背区几乎垂直、呈平截状 …… **5**

3. 颚眼距长，大于触角柄节端部的直径，复眼下缘与上颚基部远离；前胸脊发达 ……………………………………………………………………………… **长黄胡蜂属 *Dolichovespula* Rohwer**

   颚眼距短，小于触角柄节端部的直径，复眼下缘几乎与上颚基部接触；前胸脊无或仅两侧具痕迹 ……………………………………………………………………………………… **黄胡蜂属 *Vespula* Thonmson**

图 6–b 近胡蜂 *Vespa simillima* 巢室及幼虫（辽宁本溪）

五九、长黄胡蜂属 *Dolichovespula* Rohwer, 1916

【形态特征】 本属与黄胡蜂属 *Vespula* 形态较近似。体中型；体常密生长毛；头顶短，后单眼至后头脊的距离约等于后单眼间距；复眼下端缘至上颚基部的颚眼距长，大于触角柄节端部的直径；雌性唇基前缘中央常呈凹陷状，雄性凹陷不明显；两触角间隆起呈弧形。前胸背板两侧具纵皱，前胸脊发达。腹部第 1 节前面平截，与背区垂直，各腹节端部常具黄色环带，不同种类环带各异。

【地理分布】 主要分布于北半球。

【分类】 世界已知 24 种，我国已知 12 种，本图鉴收录 10 种。

中国长黄胡蜂属 *Dolichovespula* 分种检索表

1\. 前胸背板下侧具褶皱；复眼凹陷整体或大部分为黄色；雄性第 7 节腹板明显具切口 …… 2

前胸背板下侧无褶皱；复眼凹陷主要为黑色（除熊猫长黄胡蜂 *Dolichovespula panda* 外）；雄性第 7 节腹板无切口 …… 3

2\. 前胸背板前基部的横皱与两侧的纵皱形成直角 …… **花长黄胡蜂 *Dolichovespula flora***

前胸背板前基部的横皱与两侧的纵皱不形成直角 …… **中长黄胡蜂 *Dolichovespula media***

3\. 雌性 …… 4

雄性 …… 13

4\. 唇基端缘两侧角明显尖而凸出，形成 2 枚尖齿 …… **尖齿长黄胡蜂 *Dolichovespula adulterina***

唇基端缘两侧角通常凸出不明显，如果突出也非尖齿状 …… 5

5\. 颚眼距长，额区头宽与颚眼距之比小于 6 …… 6

颚眼距短，额区头宽与颚眼距之比大于 6 …… 9

6\. 唇基端缘两侧窄弧形，略呈钝角 …… 7

唇基两侧宽，略呈弧形，未明显形成角 …… 8

7\. 前胸背板背区具黄色斑，中胸盾片和后胸背板具黄色侧斑；腹部第 1 ~ 3 节具黄色环带；唇基中部无刻点 …… **喇嘛长黄胡蜂 *Dolichovespula lama***

前胸背板、中胸盾片、后胸背板及腹部第 1 ~ 3 节均为黑色；唇基中部散生刻点，端部密生刻点 …… **熊猫长黄胡蜂 *Dolichovespula panda***

8\. 唇基与颊区之间具 1 个明显隆起；腹部末节背板具黄色条带 …… **太平洋长黄胡蜂 *Dolichovespula pacifica***

唇基与颊区之间无 1 个明显隆起；腹部末节背板完全黑色 …… **显长黄胡蜂 *Dolichovespula xanthicincta***

9. 唇基大多数刻点大，刻点间距等于或小于刻点直径 …………………… **树长黄胡蜂 *Dolichovespula sylvestris***

相对上述种类，唇基刻点小，刻点间距大于刻点直径 …………………………………………………………………… **10**

10. 颊区具 1 条黄色长条带；唇基黄色或具 1 个棕色或黑色小斑，有时黑色斑延长但不到达唇基端部 …… **11**

颊区无黄色条带；唇基黄色并中部具 1 条黑色条带延长至唇基端部 ………………………………………… **12**

11. 腹部各节黄色条带窄细，末节背板黑色 ………………………………… **点长黄胡蜂 *Dolichovespula stigma***

腹部各节黄色条带较上述种类宽，末节背板黄色 ……………………**间长黄胡蜂 *Dolichovespula intermedia***

12. 头顶长，后单眼间距等于或小于后单眼至后头脊的距离 …………… **石长黄胡蜂 *Dolichovespula saxonica***

头顶短，后单眼间距大于后单眼至后头脊的距离 …………………… **挪威长黄胡蜂 *Dolichovespula norwegica***

13. 雄性外生殖器的阳茎基侧突背面观内缘中部向内凸出；抱握器背突短，未伸达阳茎端部 …………………… ……………………………………………………………………………… **树长黄胡蜂 *Dolichovespula sylvestris***

雄性外生殖器的阳茎基侧突背面观中部不向内凸出或凸出不明显；抱握器背突长，伸达或超过阳茎端部 ……… **14**

14. 除最后 1 节有时具 1 个结节突外，触角端部几节无凸起 ………… **尖齿长黄胡蜂 *Dolichovespula adulterina***

触角端部几节均具 1 或 2 个结节突 ………………………………………………………………………………… **15**

15. 雄性外生殖器的阳茎基侧突背面观内缘端部仅略向内凸出；触角端部每节均具 1 个结节突 ……………… ………………………………………………………………………… **挪威长黄胡蜂 *Dolichovespula norwegica***

雄性外生殖器的阳茎基侧突背面观内缘端部明显向内凸出；触角端部每节均具 2 个结节突 …………… **16**

16. 后单眼间距小于或等于单眼至后头脊的距离；颚眼距小，额区的头宽与颚眼距之比通常大于 6 ………… ……………………………………………………………………………… **石长黄胡蜂 *Dolichovespula saxonica***

后单眼间距大于单眼至后头脊的距离；颚眼距大，额区的头宽与颚眼距之比通常小于 5.5 ……………… ……………………………………………………………………… **太平洋长黄胡蜂 *Dolichovespula pacifica***

329. 尖齿长黄胡蜂 *Dolichovespula adulterina* (du Buysson, 1905)

【测量】 雌性体长 8.0 ~ 13.0 mm，前翅长 8.5 ~ 13.5 mm；雄性体长 10.0 ~ 12.0 mm。

【形态特征】 体黑色，除腹部黄色条带外，唇基（除中部黑色斑外）、颊区条带、前胸背板内侧缘及小盾片两侧斑均为黄色，复眼凹陷主要为黑色；足从腿节中部至跗节末端为红棕色。雌性唇基端缘中部弧形凹陷，两侧角明显尖而凸出、呈齿状且向前明显翘起，疏生浅刻点和黑色长毛；雄性唇基端缘两侧非齿状，似平截状。雄性触角除最后 1 节有时具 1 个结节凸起外，端部几节无凸起。前胸背板下侧无褶皱，中胸背板凸起；小盾片矩形，中央具浅纵沟；后胸背板垂直向下，刻点较密；翅基片具黑色长毛。雄性腹部第 7 节腹板无切口；雄性外生殖器的阳茎基侧突背面观中部不向内凸出或凸出不明显，抱握器背突长，伸达或超过阳茎端部。

【地理分布】 陕西（汉中）、甘肃（和政）、新疆（昌吉）；挪威，瑞典，芬兰，比利时，法国，瑞士，意大利，波兰，俄罗斯，土耳其，格鲁吉亚，蒙古，日本，加拿大，美国。

图 6-329-1　尖齿长黄胡蜂 *Dolichovespula adulterina* 雌性背面观

图 6-329-3　尖齿长黄胡蜂 *Dolichovespula adulterina* 雄性头部正面观

图 6-329-2　尖齿长黄胡蜂 *Dolichovespula adulterina* 雌性（工蜂）头部正面观

图 6-329-4　尖齿长黄胡蜂 *Dolichovespula adulterina* 地理分布图

330. 花长黄胡蜂 *Dolichovespula flora* Archer, 1987

【测量】 雌性体长 10.5 ~ 13.7 mm，前翅长 12.5 ~ 16.7 mm；雄性体长 9.2 ~ 10.5 mm，前翅长 11.5 ~ 13.0 mm。

【形态特征】 雌、雄性唇基、额区及复眼凹陷均为黄色；腹部条带两侧具 U 形黑色斑；雄性胸部黄色斑较雌性的窄而少，而腹部黄色条带较雌性的宽；雌性第 1 节截面上边缘偶有红褐色斑。唇基宽大于长，端缘中部微凹，两侧宽而略呈钝角，疏生刻点。前胸背板两侧具褶皱，前胸背板前基部的横皱与腹侧的纵皱形成直角。腹部革质，背板端部具明显稀疏刻点，基部刻点不清晰；腹部第 1 节背板短，略窄于第 2 节背板；雄性第 7 节腹板明显具切口。

【地理分布】 辽宁（鞍山）、陕西（渭南、安康）、河南（南阳）、湖北、四川、云南（怒江）；缅甸，朝鲜。

图 6-330-1 花长黄胡蜂 *Dolichovespula flora* 雌性（工蜂）背面观

图 6-330-2 花长黄胡蜂 *Dolichovespula flora* 雄性背面观

图 6-330-3 花长黄胡蜂 *Dolichovespula flora* 雌性（工蜂）头部正面观

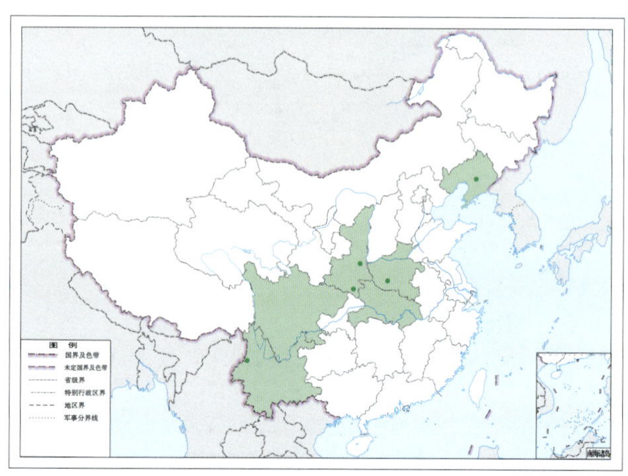

图 6-330-4 花长黄胡蜂 *Dolichovespula flora* 地理分布图

331. 间长黄胡蜂 *Dolichovespula intermedia* (Birula, 1930)

【测量】 雌性体长 10.0 ~ 13.5 mm，前翅长 11.0 ~ 15.5 mm；雄性体长约 11.0 mm，前翅长约 11.5 mm。

【形态特征】 胸部及腹部的斑及条带明显较宽（尤其腹部黄色带两侧向前延长），颊区具 1 条黄色长条带，唇基黄色或具 1 个棕或黑色小斑，有时黑斑延长但不到达唇基端部；复眼凹陷，经常仅下内侧为黄色；腹部各节黄色条带较其他种类宽，末节背板黄色。上颚第 1 枚齿的齿缘呈直线；唇基端缘中间微凹、两侧宽而略呈钝角，疏生刻点，边缘略密集；颚眼距短，额区头宽与颚眼距之比大于 6；胸部疏生浅刻点，刻点间密生细微刻点，侧板刻点较背板密集；前胸背板下侧两侧无褶皱，前缘略凸出，两肩角圆形；中胸背板具前中纵脊和后端侧纵脊；小盾片矩形，具中纵沟；并胸腹节中央有浅沟；后胸侧板较窄。雄性腹部第 7 节腹板无切口。

【地理分布】 内蒙古（阿拉善）、甘肃、新疆（阿勒泰、富蕴、清河、喀什）；哈萨克斯坦，乌兹别克斯坦，土库曼斯坦，阿富汗，塔吉克斯坦，印度，蒙古。

图 6-331-1　间长黄胡蜂 *Dolichovespula intermedia* 雌性（工蜂）背面观

图 6-331-2　间长黄胡蜂 *Dolichovespula intermedia* 雌性（蜂王）背面观

图 6-331-3　间长黄胡蜂 *Dolichovespula intermedia* 雌性（工蜂）头部正面观

图 6-331-4　间长黄胡蜂 *Dolichovespula intermedia* 地理分布图

332. 中长黄胡蜂 *Dolichovespula media* (Retzius, 1783)

【测量】 雌性体长 10.0 ~ 11.5 mm，前翅长 11.0 ~ 13.0 mm；雄性体长 9.0 ~ 10.0 mm。

【形态特征】 雌性唇基从基部至中部具黑色纵斑，中胸小盾片纯黑色而无黄色斑，复眼凹陷几乎全为黄色，足腿节仅端部具黄色斑，腹部第 1 节背板条带较其余各节窄，其中蜂王（除第 1 节外）黄色条带明显宽，两侧的 U 形黑色斑明显，以及第 4 ~ 6 节可见部分绝大部分为黄色，第 4、5 节两侧具小黑色斑。唇基中部明显凸起，端缘中部稍凹陷，两侧略呈角突，疏生浅刻点和棕色长毛；额区，头顶和颊区密生刻点和长毛；额沟在中部呈 1 个深窝状。前胸背板下侧具褶皱，前胸背板前基部的横皱与两侧的纵皱不形成直角。雄性腹部第 7 节腹板明显具切口。

【地理分布】 辽宁（抚顺、丹东）、黑龙江、吉林（延边、白山、临江、吉林）、内蒙古（呼伦贝尔）、北京（怀柔）、新疆（伊犁）；挪威，英国，瑞典，芬兰，法国，西班牙，德国，奥地利，意大利，波兰，日本，俄罗斯，蒙古。

图 6-332-1　中长黄胡蜂 *Dolichovespula media*
雌性（工蜂）背面观

图 6-332-2　中长黄胡蜂 *Dolichovespula media*
雌性（蜂王）背面观

图 6-332-3　中长黄胡蜂 *Dolichovespula media*
雌性（工蜂）头部正面观

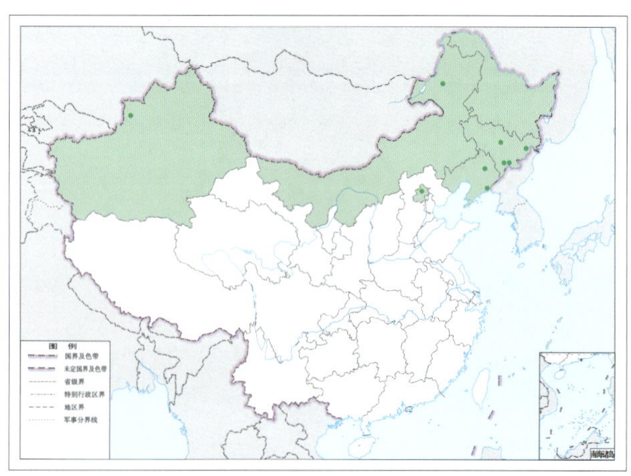

图 6-332-4　中长黄胡蜂 *Dolichovespula media* 地理分布图

333. 挪威长黄胡蜂 *Dolichovespula norwegica* (Fabricius, 1781)

【测量】 雌性体长 11.0 ~ 13.0 mm，前翅长 11.5 ~ 13.8 mm；雄性体长 10.0 ~ 11.5 mm，前翅长 10.5 ~ 12.5 mm。

【形态特征】 腹部条带各节宽窄均一、两侧无 U 形黑色斑（雌性第 1、2 节背板基部两侧有时具红棕色斑），雌性唇基黄色且中部具 1 黑条带延长至唇基端部；复眼凹陷几乎全为黑色，仅下缘内侧具黄色斑，颊区无黄色条带。体长毛明显密集，中胸背板黑色长毛较胸部其余部位稀疏；头短，后单眼间距大于后单眼至后头脊的距离；颚眼距短，额区头宽与颚眼距之比大于 6；唇基疏生深刻点和黑色长毛，深刻点间密生细小刻点和短绒毛，长约等于宽，端缘中部略凹陷、两侧宽圆弧形；额区刻点较唇基密集，额中沟不明显。前胸背板两侧无褶皱，前胸脊不明显，两肩角不明显；小盾片无中纵沟。雄性腹部第 7 节腹板无切口。

【地理分布】 内蒙古、吉林、新疆、青海（同仁）；欧洲各国，俄罗斯，蒙古，哈萨克斯坦，吉尔吉斯斯坦。

图 6-333-1 挪威长黄胡蜂 *Dolichovespula norwegica* 雌性（工蜂）背面观

图 6-333-3 挪威长黄胡蜂 *Dolichovespula norwegica* 雌性（蜂王）头部正面观

图 6-333-2 挪威长黄胡蜂 *Dolichovespula norwegica* 雌性（蜂王）背面观

图 6-333-4 挪威长黄胡蜂 *Dolichovespula norwegica* 地理分布图

334. 太平洋长黄胡蜂 *Dolichovespula pacifica* (Birula, 1930)

【测量】 雌性体长 12.0 mm，前翅长 12.5 mm；雄性体长 11.0 mm。

【形态特征】 复眼凹陷几乎全为黑色；中胸盾片、小盾片及后胸背板无黄色斑，腹部第 3、4 节黄色条带两侧具 U 形黑色斑，末节背板具黄色条带。唇基端缘中部弧形凹陷，两侧宽弧形，唇基与颊区之间具 1 个明显隆起；颚眼距大，额区的头宽与颚眼距之比小于 5.5；后单眼间距大于单眼至后头脊的距离；雄性触角端部每节均具 2 个结节；额区中间微凹，密生细小刻点；头顶和颊区刻点稀疏。前胸背板两侧无褶皱，前胸脊不明显，两肩角不明显；中胸背板无明显长毛，疏生刻点；小盾片具中纵沟。腹部革质，疏生浅刻点；腹部第 1 节背板长毛较其余腹节密集且长；雄性第 7 节腹板无切口；外生殖器的阳茎基侧突背面观内缘端部明显向内凸出，中部不向内凸出或凸出不明显；抱握器背突长，伸达或超过阳茎端部。

【地理分布】 新疆（清河）；挪威，瑞典，芬兰，俄罗斯，韩国，日本，哈萨克斯坦，蒙古。

图 6-334-2 太平洋长黄胡蜂 *Dolichovespula pacifica* 雌性（工蜂）头部正面观

图 6-334-1 太平洋长黄胡蜂 *Dolichovespula pacifica* 雌性（工蜂）背面观

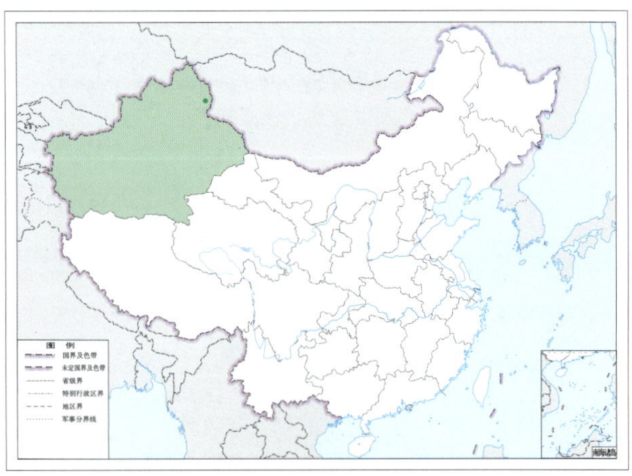

图 6-334-3 太平洋长黄胡蜂 *Dolichovespula pacifica* 地理分布图

335. 熊猫长黄胡蜂 *Dolichovespula panda* Archer, 1981

【测量】 雌性体长 8.5 ~ 10.5 mm，前翅长 12.0 mm；雄性体长 8.5 ~ 9.0 mm。

【形态特征】 该种体色比较特殊，腹部无该属常见的黄色条带，头部除额区、头顶及触角鞭节外为黄色（复眼凹陷几乎全为黄色），胸部及腹部第 1 ~ 3 节均为黑色，第 4 节至末节几乎全为黄色，前足绝大部分为黄色，中、后足几乎全为黑褐色。唇基中部疏生刻点，端部密生刻点，端缘中部弧形凹陷且两侧呈窄弧形；颚眼距长，额区头宽与颚眼距之比小于 6。前胸背板两侧无褶皱；中胸盾片具长的中纵脊，盾片及小盾片疏生大刻点及黑色长毛，大刻点及黑色长毛之间密生绒毛。雄性腹部第 7 节腹板无切口。

【地理分布】 重庆（巫山）、宁夏（固原）、陕西、四川（甘孜、阿坝）、云南（迪庆）、西藏（波密）。

图 6-335-2 熊猫长黄胡蜂 *Dolichovespula panda* 雌性（工蜂）头部正面观

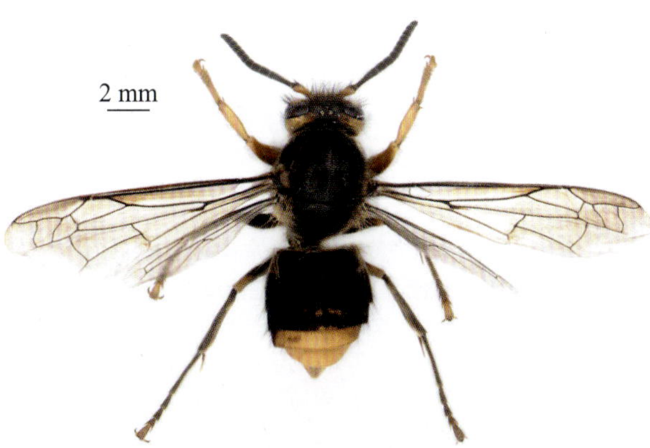

图 6-335-1 熊猫长黄胡蜂 *Dolichovespula panda* 雌性（工蜂）背面观

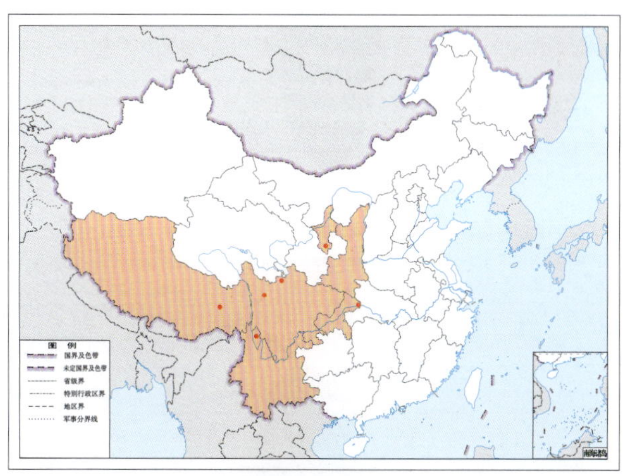

图 6-335-3 熊猫长黄胡蜂 *Dolichovespula panda* 地理分布图

336. 石长黄胡蜂 *Dolichovespula saxonica* (Fabricius, 1793)

【测量】 雌性体长 8.5 ~ 11.5 mm，前翅长 9.5 ~ 13.5 mm；雄性体长 8.0 ~ 10.0 mm。

【形态特征】 颊区两端具黄色斑，无完整黄色条带，唇基中部具 1 条黑色条带延长至唇基端部，复眼凹陷大部分为黑色，仅下缘具黄色斑；腹部各节端部黄色条带基本均一，两侧具浅的黑色凹斑。唇基端缘中部弧形凹陷，两侧宽且呈圆弧形，疏生大刻点和毛，刻点间密生小刻点；颚眼距小，额区头宽与颚眼距之比大于 6；头顶长，后单眼间距等于或小于后单眼至后头脊的距离；雄性触角端部每节均具 2 个结节。前胸背板两侧无褶皱，两肩角圆形；中胸盾片具中纵脊，疏生刻点和毛，刻点之间密生细微刻点。雄性腹部第 7 节腹板无切口；雄性外生殖器的阳茎基侧突背面观内缘端部明显向内凸出，中部不向内凸出或凸出不明显；抱握器背突长，伸达或超过阳茎端部。

【地理分布】 内蒙古（呼伦贝尔）、黑龙江（伊春）、吉林（临江、白山）、辽宁（丹东、本溪、海城）、河北（张家口）、山西（忻州、晋中）、陕西（安康）、甘肃（兰州）、宁夏（固原、吴忠）、青海（海东）、四川（阿坝、凉山）、云南（迪庆、普洱）、新疆（清河、富蕴、哈巴河）；德国，挪威，瑞典，芬兰，西班牙，瑞士，奥地利，波兰，俄罗斯，土耳其，蒙古，朝鲜半岛，日本。

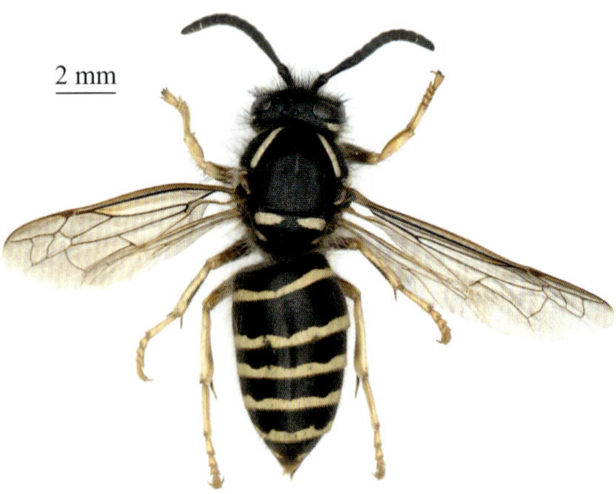

图 6-336-1 石长黄胡蜂 *Dolichovespula saxonica* 雌性（工蜂）背面观

图 6-336-2 石长黄胡蜂 *Dolichovespula saxonica* 雌性（蜂王）背面观

图 6-336-3 石长黄胡蜂 *Dolichovespula saxonica* 雌性（工蜂）头部正面观

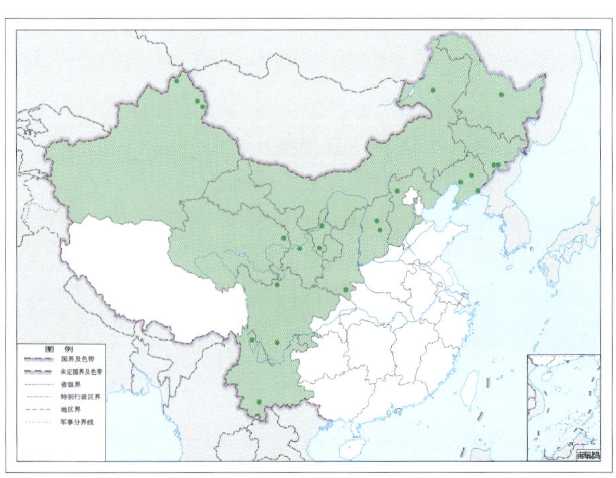

图 6-336-4 石长黄胡蜂 *Dolichovespula saxonica* 地理分布图

337. 点长黄胡蜂 *Dolichovespula stigma* Lee, 1986

【测量】 雌性体长 8.0 ~ 11.5 mm，前翅长 9.8 ~ 11.5 mm；雄性体长 8.5 ~ 10.0 mm，前翅长 11.0 ~ 13.0 mm。

【形态特征】 该种工蜂腹部的黄色条带较该属其他种类的细，各节条带比较均一，蜂王第 1、2 节背板几乎全为黄棕色，基部及中部略具黑色小斑，末节背板黑色；唇基黄色，中部具黑色斑，有时黑色斑延长但不到达唇基端部；颊区具 1 条黄色长条带；复眼凹陷主要为黑色，仅下缘内侧具黄色斑。唇基疏生小刻点和毛，中部隆起，宽略大于长，端缘中间仅微凹陷，两侧明显宽，圆弧形；颚眼距短，额区头宽与颚眼距之比大于 6。前胸背板两侧无褶皱，肩角圆弧形；中胸盾片具不明显中纵脊；小盾片矩形，具中纵沟。雄性腹部第 7 节腹板无切口。

【地理分布】 河南（南阳）、浙江（丽水）、陕西（安康、汉中）、宁夏、新疆、四川（凉山）、云南。

图 6-337-1 点长黄胡蜂 *Dolichovespula stigma* 雌性（工蜂）背面观

图 6-337-2 点长黄胡蜂 *Dolichovespula stigma* 雌性（蜂王）背面观

图 6-337-3 点长黄胡蜂 *Dolichovespula stigma* 雌性（工蜂）头部正面观

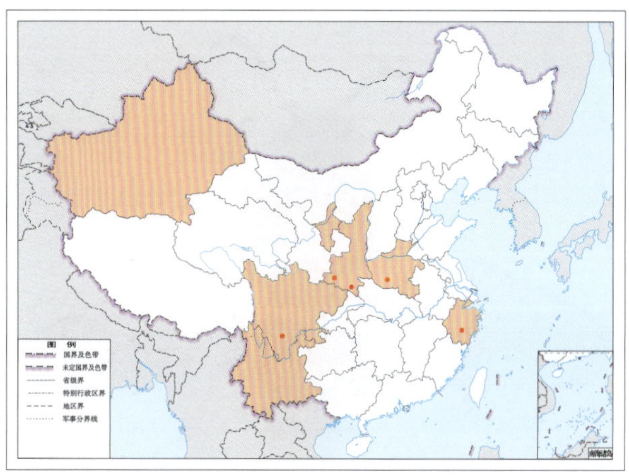

图 6-337-4 点长黄胡蜂 *Dolichovespula stigma* 地理分布图

338. 树长黄胡蜂 *Dolichovespula sylvestris* (Scopoli, 1763)

【测量】 雌性体长 8.5 ~ 13.0 mm，前翅长 11.0 ~ 14.5 mm；雄性体长 8.0 ~ 11.0 mm。

【形态特征】 腹部各节端部黄色条带较宽且各节宽窄不均一，第 1 节相较其余各节的略窄及两侧无 U 形黑色凹斑；唇基纯黄色；复眼凹陷绝大部分为黑色，仅下侧内缘具黄色斑。雌性唇基刻点较我国该属其他种类的密，刻点间距等于或小于刻点直径；颚眼距短，额区头宽与颚眼距之比大于 6。前胸背板两侧无褶皱，前胸脊略凸出，两肩角圆形。雄性外生殖器的阳茎基侧突背面观内缘中部向内凸出；抱握器背突短，未伸达阳茎端部。

【地理分布】 辽宁（本溪）、内蒙古、新疆（昌吉、清河）、甘肃（武威）；土耳其，伊朗，阿富汗，巴基斯坦，印度，蒙古，俄罗斯，欧洲其他各国。

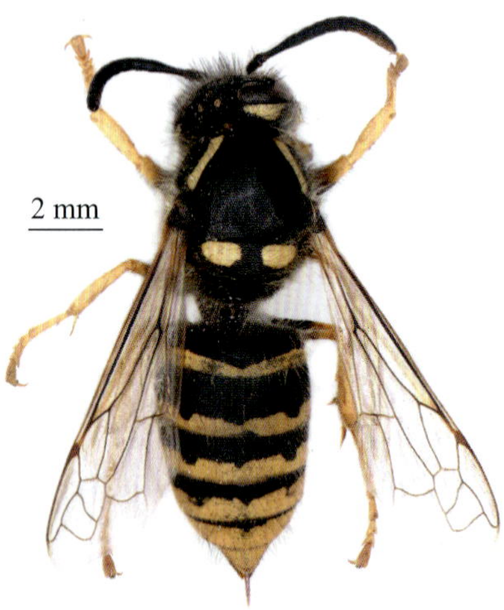

图 6-338-1 树长黄胡蜂 *Dolichovespula sylvestris* 雌性（工蜂）背面观

图 6-338-3 树长黄胡蜂 *Dolichovespula sylvestris* 雌性（蜂王）头部正面观

图 6-338-2 树长黄胡蜂 *Dolichovespula sylvestris* 雌性（蜂王）背面观

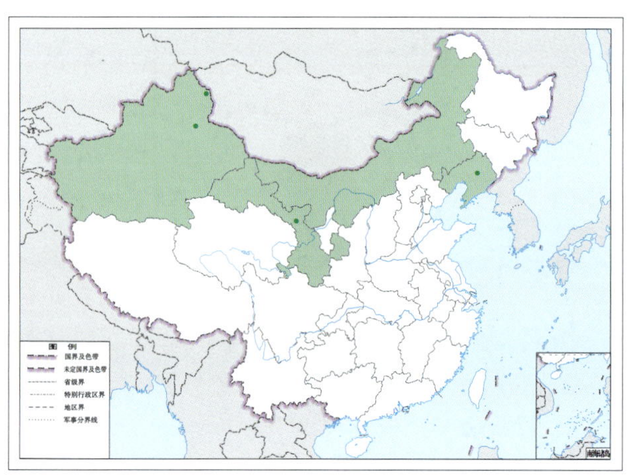

图 6-338-4 树长黄胡蜂 *Dolichovespula sylvestris* 地理分布图

六〇、原胡蜂属 *Provespa* Ashmead, 1903

图 6-60　平唇原胡蜂 *Provespa barthelemyi* 蜂巢（云南哀牢山）

【形态特征】 本属种类的单眼大而突出，后单眼与复眼的间距小于后单眼的间距；两复眼顶端处的间距明显小于下端唇基处的间距；头顶短；后单眼间距约等于或小于后单眼至后头脊的距离。雄性外生殖器无生殖刺突。

【地理分布】 分布于东洋区。

【生物学特性】 均为夜出型。白天躲在巢内，晚上外出捕猎。

【分类】 世界仅已知 3 种，我国仅已知 1 种，本图鉴收录 1 种。

339. 平唇原胡蜂 *Provespa barthelemyi* (du Buysson, 1904)

【测量】 雌性体长 12.5 ~ 15.0 mm，前翅长 16.0 ~ 17.0 mm；雄性体长 14.8 ~ 15.0 mm，前翅长 16.0 ~ 17.5 mm。

【形态特征】 体除头顶及单眼周围外几乎全为棕红色，无明显刻点，具棕色长毛。唇基隆起，端缘略浅凹陷，两侧宽弧形；额区（除两触角窝之间隆起处呈三角形淡棕色外）全呈暗褐色，具浅额中沟。前胸背板前缘窄，无前胸脊，两肩角圆形；后胸背板近似五边形，向下垂直，近基部中央具 1 条横凹陷；中胸侧板平，不隆起；后胸侧板窄，后缘与并胸腹节几乎愈合。腹部长，约为胸部的 2 倍，第 1 节背板略窄于第 2 节。

【地理分布】 广西、四川、云南（西双版纳、普洱、红河、怒江、德宏、临沧、保山）、西藏；缅甸，不丹，印度，泰国，柬埔寨，马来西亚。

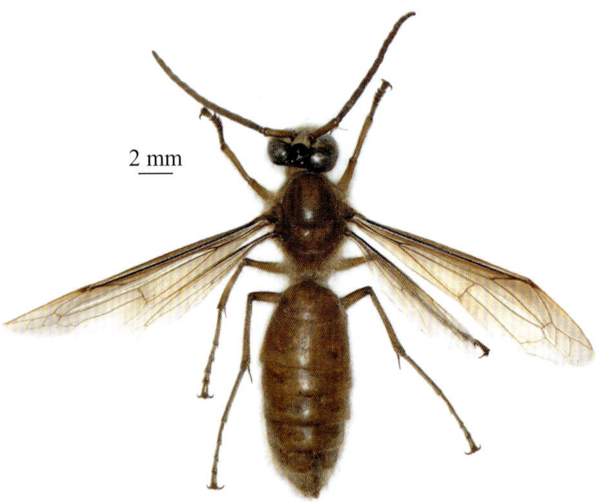

图 6-339-1 平唇原胡蜂 *Provespa barthelemyi* 雄性背面观

图 6-339-3 平唇原胡蜂 *Provespa barthelemyi* 雄性头部正面观

图 6-339-2 平唇原胡蜂 *Provespa barthelemyi* 雌性头部正面观

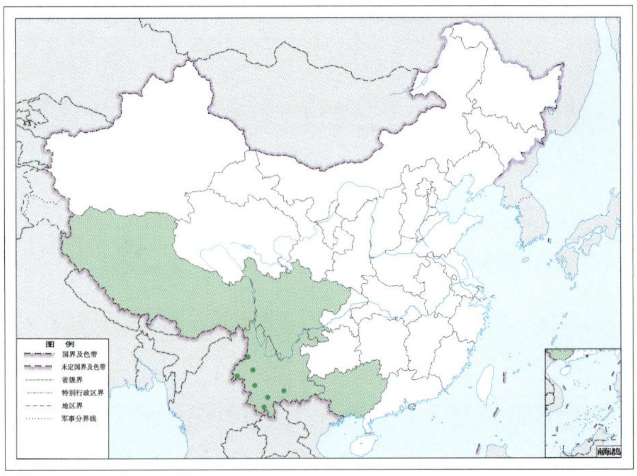

图 6-339-4 平唇原胡蜂 *Provespa barthelemyi* 地理分布图

图 6-339-5 平唇原胡蜂 ***Provespa barthelemyi*** 生态图 1（云南西双版纳野象谷 陈尽虫 摄）

图 6-339-6 平唇原胡蜂 ***Provespa barthelemyi*** 生态图 2（云南西双版纳野象谷 陈尽虫 摄）

六一、胡蜂属 *Vespa* Linnaeus, 1758

图 6-61 黄纹胡蜂 *Vespa soror* 生态图（浙江台州 许威 摄）

【形态特征】 体型常粗壮；头顶长，后单眼至后头脊的距离大于后单眼间距的 2 倍；两触角窝之间呈三角形平面隆起，背面观呈梯形。体常具红棕色、黄色等斑，且同种的不同种群间常有不同色型差异（该属的种下已取消亚种划分）。

【地理分布】 主要分布于欧洲及亚洲。

【分类】 世界已知 22 种，我国已知 17 种，本图鉴收录 17 种。

中国胡蜂属 *Vespa* 分种检索表

1. 单眼大，后单眼间距大于后单眼与复眼间距 ……………………………………………… 褐胡蜂 *Vespa binghami*
   单眼正常大小，后单眼间距小于后单眼与复眼间距 ……………………………………………………… 2
2. 唇基端缘的两侧齿间具 1 枚小的中齿，共 3 枚齿 ………………………………………三齿胡蜂 *Vespa analis*
   唇基端缘两侧齿间无中齿 ……………………………………………………………………………… 3
3. 颊区侧面观大于复眼中部宽的 1.7 倍；头顶明显延长，头顶处复眼间距明显小于后单眼至后头脊的距离…
   …… 4

颊区侧面观小于复眼中部宽的 1.7 倍；头顶未明显延长，头顶处复眼间距等长或几乎等长于后单眼至后头脊的距离 …… **5**

4. 腹部第 1 节背板长大于端部宽的 1/2，第 3～6 节背板黑色，或至多第 3 节背板端部具窄条带 …… **黄纹胡蜂 *Vespa soror***

腹部第 1 节背板长小于端部宽的 1/2，第 3～6 节背板端部各具 1 条橙色环带，且第 6 节背板绝大部分为橙色，或体除头部黄色外几乎全为黑色或黑褐色 …… **金环胡蜂 *Vespa mandarinia***

5. 翅基片前脊完整；唇基中部刻点大而粗糙，刻点间距等于或小于刻点直径 …… **6**

翅基片前脊不完整；唇基中部刻点较上述小，刻点间距大于刻点直径 …… **13**

6. 唇基端缘中部两侧呈尖的角突 …… **7**

唇基端缘中部两侧呈宽的圆形突 …… **8**

7. 腹部背板不全为黑色；第 2 节背板具宽的黄色条带，条带占背板 1/3 或更多甚至全部 …… **黑尾胡蜂 *Vespa ducalis***

腹部背板全为黑色或第 2 节背板为黄棕色或第 2 节背板黑色及端部具窄的条带，条带区域小于背板 1/3 …… **金箍胡蜂 *Vespa tropica***

8. 腹部第 2、5 和 6 节背板红棕色或暗棕色；第 3、4 节通常大部分为黄色，基部具锈红色条带，条带中间及两侧具黑色小圆斑 …… **东方胡蜂 *Vespa orientalis***

腹部背板颜色与上述不同 …… **9**

9. 腹部第 1 节长等于或大于宽的 1/2 …… **10**

腹部第 1 节长小于宽的 1/2 …… **11**

10. 中胸盾片刻点小而稀疏，刻点间距为 2 个刻点直径以上；腹部第 2 节背板大部分为黑色 …… **茅胡蜂 *Vespa mocsaryana***

中胸盾片刻点大且相连，刻点间距为小于或等于 1 个刻点直径；腹部第 2 节背板前缘通常红棕色，如果大部分黑色，则头顶也为黑色 …… **黄腰胡蜂 *Vespa affinis***

11. 腹部各节端缘具 1 条黄棕色条带，其中第 1 节条带较窄 …… **黄边胡蜂 *Vespa crabro***

腹部整体为黑褐色至黑色，至多末节为棕黄色 …… **12**

12. 中胸盾片刻点较稀疏，刻点间具光泽；唇基基部刻点中等密度粗糙，端部密生刻点，明显粗糙且刻点相连 …… **笛胡蜂 *Vespa dybowskii***

中胸盾片密生刻点，刻点间暗且无光泽；唇基刻点较上述种类稀疏且小 …… **变胡蜂 *Vespa fumida***

13. 中胸小盾片和后胸背板完全或主要为黄色，而头顶为黑色 …… **黑盾胡蜂 *Vespa bicolor***

中胸小盾片和后胸背板主要不为黄色，如果主要为黄色，则头顶仅部分为黑色 …… **14**

14. 中胸盾片刻点小而稀疏，刻点间距为 2 或 3 个刻点的直径；腹部第 2～5 节背板全为黑色 …… **基胡蜂 *Vespa basalis***

中胸盾片刻点较上述种类大且密，刻点间距小于或等于 1 个刻点的直径；腹部第 2～5 节背板不全为黑色 …… **15**

15. 唇基刻点间距整体等于或小于刻点直径；后足胫节密生长毛 …… **近胡蜂 *Vespa simillima***

唇基刻点较上述小且间距大于刻点直径；后足胫节长毛不及上述种类明显 …… **16**

16. 前胸侧板无褶皱；头顶为黄色至棕红色；腹部第 2、4、5 节背板完全黑色或绝大部分黑色 …… **寿胡蜂 *Vespa vivax***

前胸侧板具褶皱；头顶为黑色，若非黑色则中胸盾片具黄色凹斑；腹部第 2 节背板端缘偶有窄的黄色条带，第 4 节至末端通常绝大部分为橘黄色 …… **黄脚胡蜂 *Vespa velutina***

340. 黄腰胡蜂 *Vespa affinis* (Linnaeus, 1764)

【测量】 雌性体长 14.5 ~ 17.0 mm，前翅长 16.5 ~ 19.5 mm；雄性体长 15.5 ~ 17.0 mm，前翅长 18.0 ~ 18.5 mm。

【形态特征】 体黑色，头部、前胸背板、中胸小盾片、腹部第 1 背板基部及第 2 节背板前缘常红棕色，第 2 节背板如果大部分为黑色则头顶也为黑色（分布于云南的部分种群头部为黑色），第 1 节背板端部及第 2 节背板除前缘外为橘黄色，翅除端部外为褐色。头顶未明显延长，头顶复眼间距等长或几乎等长于后单眼至后头脊的距离；单眼正常大小，后单眼间距小于后单眼与复眼间距。唇基宽略大于长，密生粗糙大刻点，端缘中间深凹而无中齿，两侧非齿突状、呈宽弧形状；额区和头后缘具长毛；颊区侧面观小于复眼中部宽的 1.7 倍。前胸脊凸出，两肩角圆形；中胸盾片刻点大且相连，刻点间距为小于或等于 1 个刻点直径；翅基片前脊完整。腹部第 1 节长等于或大于宽的 1/2。

【地理分布】 湖南（耒阳、永州、常德）、湖北、安徽、浙江（丽水）、江西、上海、福建（三明）、广东（河源、广州、徐闻、潮州）、广西（桂林、南宁、柳州）、海南（定安、白沙、儋州、澄迈）、云南（玉溪、西双版纳、红河）、甘肃（兰州）、香港、台湾；日本，印度，斯里兰卡，泰国，菲律宾，越南，缅甸，印度尼西亚，老挝，马来西亚，新加坡。

图 6-340-1 黄腰胡蜂 *Vespa affinis* 雌性（工蜂，黑头型）背面观（云南）

图 6-340-2 黄腰胡蜂 *Vespa affinis* 雄性（红头型）背面观

图 6-340-3 黄腰胡蜂 *Vespa affinis* 雌性（工蜂）头部正面观

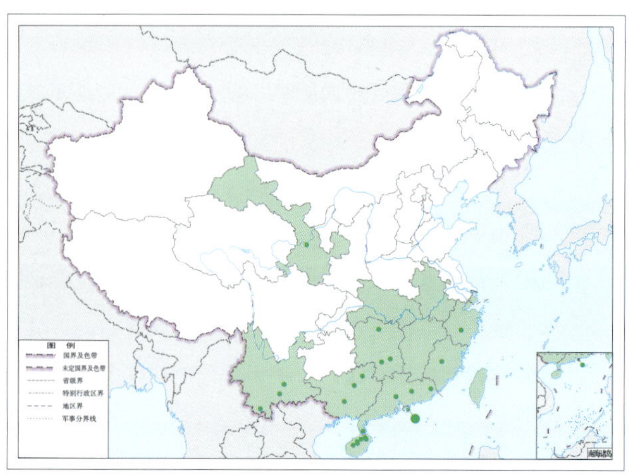

图 6-340-4 黄腰胡蜂 *Vespa affinis* 地理分布图

图 6-340-5　黄腰胡蜂 ***Vespa affinis*** 生态图 1（香港　Christophe Barthélémy　摄）

图 6-340-6　黄腰胡蜂 ***Vespa affinis*** 生态图 2（广东广州　陈华燕　摄）

341. 三齿胡蜂 *Vespa analis* Fabricius, 1775

【测量】 雌性体长 16.5 ~ 20.5 mm，前翅长 18.5 ~ 22.5 mm；雄性体长 17.0 ~ 19.5 mm，前翅长 20.0 ~ 22.0 mm。

【形态特征】 该种有 3 个地理色型，体绝大部分为红棕色或黑褐色，分别模拟金环胡蜂 *Vespa mandarinia* 的 3 个色型（指名色型、大胡蜂色型和显胡蜂色型）；头部橘黄色，中胸盾片中央红棕色条带的宽窄在个体间有变化，腹部第 1、2 节背板端缘分别具细的黄色条带；体具棕色长毛。单眼正常大小，后单眼间距小于后单眼与复眼间距；唇基宽大于长，密生刻点，基部中央略凹陷，端部边缘黑色，着生棕色长毛，两侧各有 1 个宽的钝齿突，中央凹陷宽且具 1 个小的中齿突，共 3 枚齿；前胸背板前缘中部向前隆起，刻点小且浅；中胸盾片中央具纵脊，刻点小且浅。

【地理分布】 北京（门头沟）、黑龙江、吉林、辽宁（本溪、丹东、鞍山、新宾）、河北、山东、河南（信阳）、湖北（十堰）、陕西（延安）、江西（宜春、赣州）、浙江（丽水）、福建、广东（惠州）、广西（桂林、南宁、河池）、海南、云南

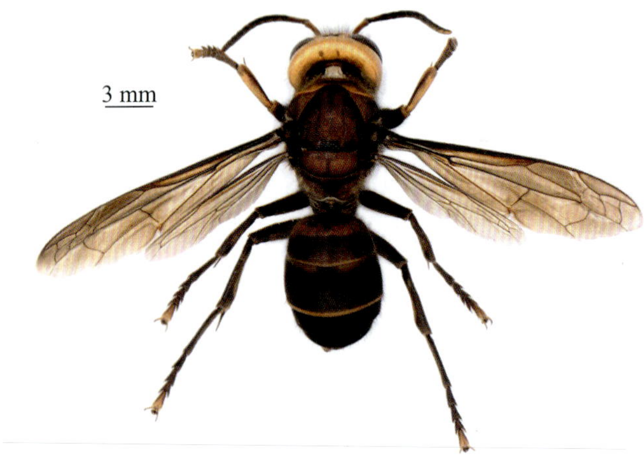

图 6-341-1　三齿胡蜂 *Vespa analis* 雌性（工蜂）背面观

图 6-341-3　三齿胡蜂 *Vespa analis* 雌性（蜂王）背面观（拟金环胡蜂指名色型）

图 6-341-2　三齿胡蜂 *Vespa analis* 雌性（蜂王）背面观（拟金环胡蜂大胡蜂色型）

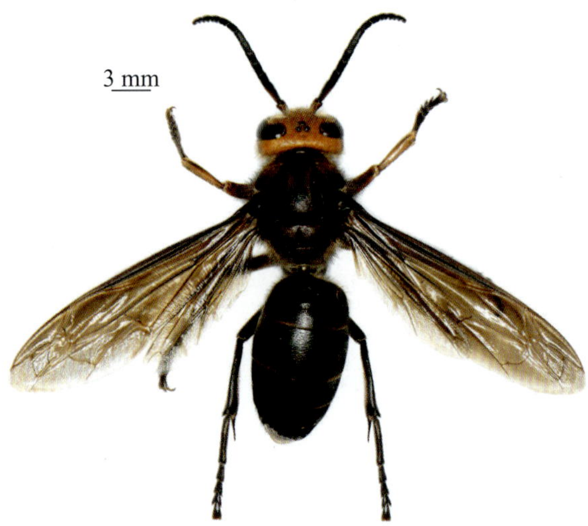

图 6-341-4　三齿胡蜂 *Vespa analis* 雄性背面观

（西双版纳、红河、保山、曲靖、怒江、昆明、丽江）、贵州（绥阳）、重庆（沙坪坝、巫溪）、四川（西昌、都江堰）、西藏（墨脱）、台湾；俄罗斯，印度，尼泊尔，缅甸，泰国，老挝，马来西亚，新加坡，印度尼西亚，韩国，日本。

图 6-341-5　三齿胡蜂 *Vespa analis* 雌性（工蜂）头部正面观

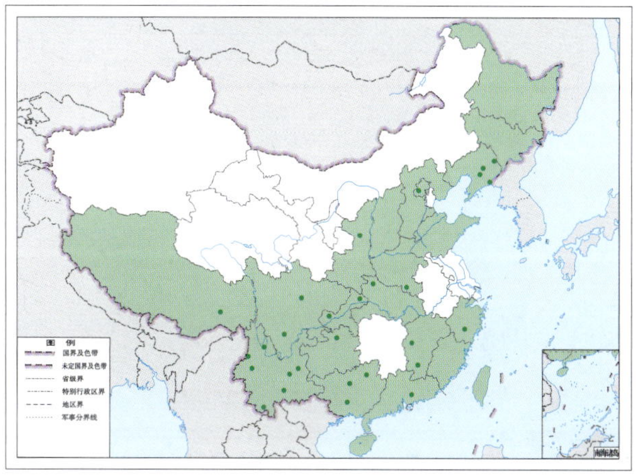

图 6-341-6　三齿胡蜂 *Vespa analis* 地理分布图

342. 基胡蜂 *Vespa basalis* Smith, 1852

【测量】 雌性体长 14.9～22.7 mm，前翅长 15.8～22.8 mm；雄性体长 15.1～17.1 mm，前翅长 18.2～21.9 mm。

【形态特征】 该种体色模式与茅胡蜂 *Vespa mocsaryana* 近似。两者均腹部除第 1 节背板端缘具纯黑色细的条带外，其余腹节背板无浅色条带，该种头部、前胸背板、中胸盾片端部的斑、小盾片、后胸背板及足常明显红棕色，近似种上述部位常为黄棕色。此外，两者的雌性唇基端缘中部深弧形凹陷，两侧呈宽的圆弧形，以及中胸盾片刻点小而稀疏，刻点间距为 2 或 3 个刻点的直径；两者区别在于该种唇基光滑、仅散生零星小刻点；翅基片前脊不完整，前胸脊中部略凸起、光滑；该种无明显不同色型。

【地理分布】 河南（信阳、三门峡）、湖北（十堰、神农架）、湖南（张家界、江永）、山西、陕西（渭南、商洛、安康、兴平、西安、宝鸡、汉中）、甘肃（陇南）、浙江、福建、江西（宜春）、广西、

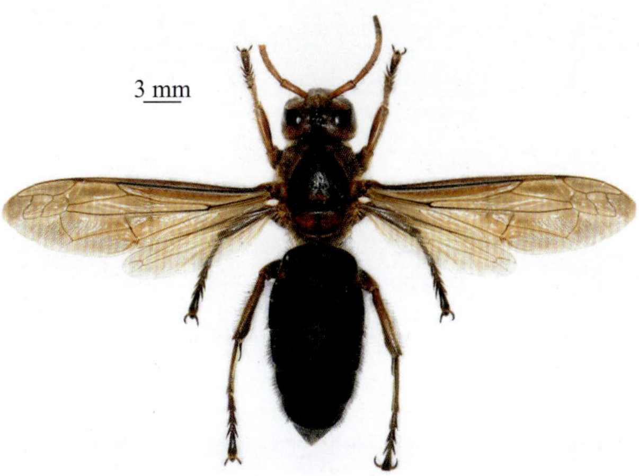

图 6-342-1　基胡蜂 *Vespa basalis* 雌性（蜂王）背面观

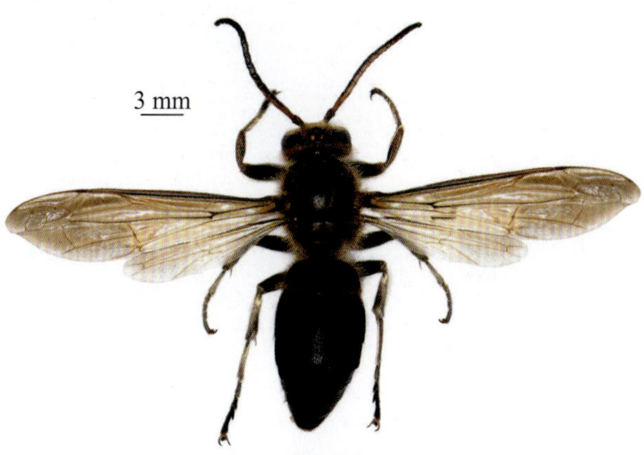

图 6-342-2　基胡蜂 *Vespa basalis* 雄性背面观

重庆（巫山、巫溪、沙坪坝、江津、城口）、四川（巴中、广元、彭州、梅山、成都、峨眉山）、云南（西双版纳、普洱）、西藏（墨脱）、台湾；巴基斯坦，尼泊尔，印度，泰国，缅甸，越南，老挝，斯里兰卡，印度尼西亚。

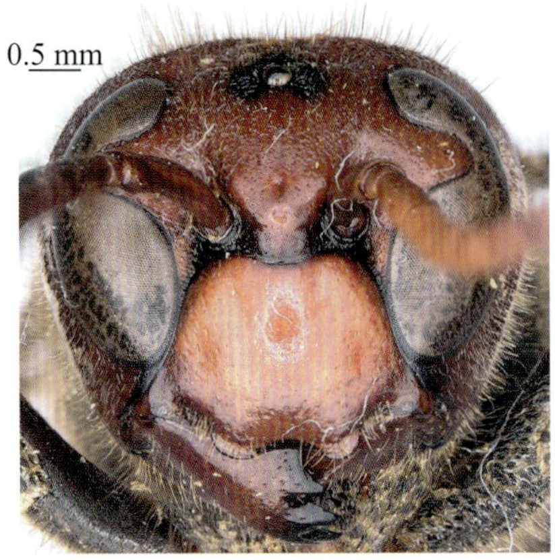

图 6–342–3　基胡蜂 *Vespa basalis* 雌性头部正面观

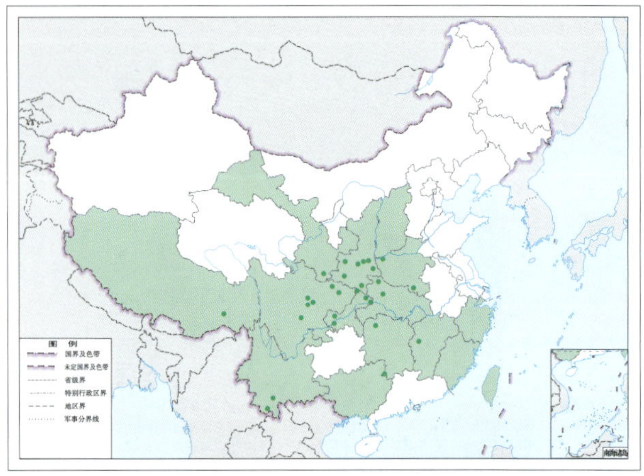

图 6–342–4　基胡蜂 *Vespa basalis* 地理分布图

图 6–342–5　基胡蜂 *Vespa basalis* 蜂群生态图（重庆巫山　付文博　摄）

343. 黑盾胡蜂 *Vespa bicolor* Fabricius, 1787

【测量】 雌性体长 12.5 ~ 19.5 mm，前翅长 13.0 ~ 18.5 mm；雄性体长 15.5 ~ 16.5 mm，前翅长 17.0 ~ 18.5 mm。

【形态特征】 该种体色通常以具大面积黄色斑而与该属其他种类相区别。体（除头顶、中胸盾片及触角为黑色外）绝大部分常为黄色；腹部第1、2节基部常有红色横斑，其中第1节背板全为黄色，基部细柄处黑色，第2节背板黄色（云南的部分种群该节背板基部具1条黑色窄条带），其余背板均呈黄色；中部两侧有棕色小斑。唇基中部刻点小略稀疏，端缘中部呈宽而弧形浅凹陷，两侧角宽且未形成明显尖突；后单眼间距小于后单眼与复眼间距；颊区侧面观小于复眼中部宽的1.7倍。前胸背板中部呈圆形隆起，两肩角可见，具棕色毛；后胸背板五边形；并胸腹节中央纵沟形成1条Y形黑色条纹；翅基片棕色，前翅前缘略深，翅基片前脊不完整。

【地理分布】 内蒙古（包头）、北京（喇叭沟门、门头沟）、辽宁（本溪）、河北、河南（洛阳、信阳）、山西（晋中、临汾）、浙江、江西（赣州、上饶）、湖南（长沙、耒阳）、福建（龙岩、三明）、广东（广州、惠州、河源）、广西（来宾、防城港）、海南（尖峰岭、昌江）、四川（阿坝、广元）、贵州（黔东南）、云南（普洱、怒江、德宏、曲靖、保山、楚雄、昆明）、西藏（墨脱）、陕西（西安、安康、宝鸡、汉中、商洛）、香港、台湾（引入）；印度，越南，不丹，尼泊尔，缅甸，泰国，老挝，柬埔寨。

图 6-343-1　黑盾胡蜂 *Vespa bicolor* 雄性背面观

图 6-343-2　黑盾胡蜂 *Vespa bicolor* 雌性（工蜂）头部正面观

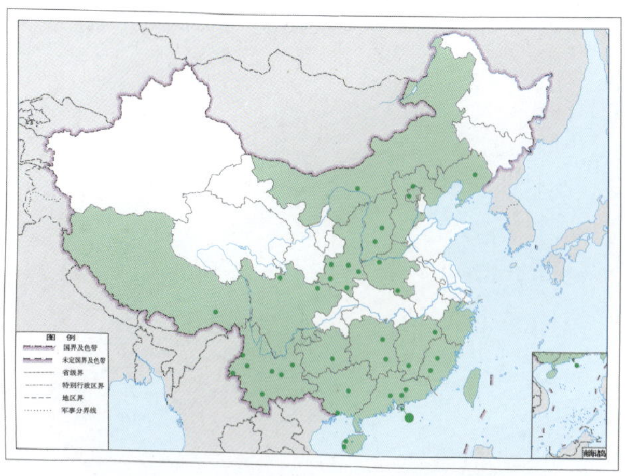

图 6-343-3　黑盾胡蜂 *Vespa bicolor* 地理分布图

图 6-343-4　黑盾胡蜂 ***Vespa bicolor*** 生态图 1（香港　Christophe Barthélémy　摄）

图 6-343-5　黑盾胡蜂 ***Vespa bicolor*** 生态图 2（河南宝天曼　陈尽虫　摄）

344. 褐胡蜂 *Vespa binghami* du Buysson, 1904

【测量】 雌性体长 17.0 ~ 19.5 mm，前翅长 22.0 ~ 22.5 mm；雄性体长约 20.8 mm，前翅长约 25.5 mm。

【形态特征】 该种以单眼大、后单眼间距大于后单眼与复眼间距而区别于该属其他种类；该种体常有 2 个色型：腹部黄黑相间型、胸部红棕色及腹部无黄色带型；头常为黄棕色，腹部若有条带则各节背板端部的条带明显宽，雄性及东北种群的条带常未伸达两侧缘或不连接，除斑及条带外其余整体为褐色。唇基端部刻点明显较其他区域密且粗糙，端缘中部宽而弧形深凹陷，两侧角宽、角度明显。前胸脊棱状凸起，前斜面向后延伸，肩角可见；中胸盾片隆起，中纵脊明显，端部中央凹陷宽，小盾片矩形，略呈圆形隆起，且具浅中纵沟。后胸背板向下垂直，横带状，端部中央隆起。

【地理分布】 辽宁（辽阳）、江苏、上海、安徽（金寨）、湖北（十堰）、江西（宜春）、福建（武夷山）、广西（来宾、百色）、四川、贵州（黔东南）、云南（西双版纳、德宏、保山、怒江、腾冲）、西藏（墨脱）、陕西（安康）；印度，不丹，缅甸，泰国，老挝，越南，俄罗斯，朝鲜。

图 6-344-1　褐胡蜂 *Vespa binghami* 雌性（蜂王，东部花色）背面观

图 6-344-2　褐胡蜂 *Vespa binghami* 雌性（工蜂）背面观

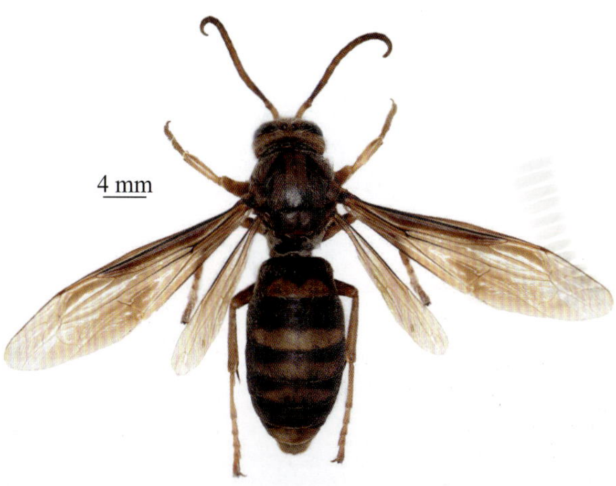

图 6-344-3　褐胡蜂 *Vespa binghami* 雄性背面观

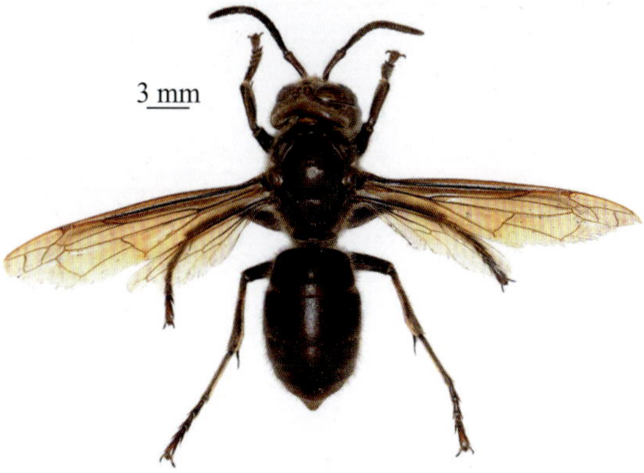

图 6-344-4　褐胡蜂 *Vespa binghami* 雌性（工蜂，红胸型）背面观

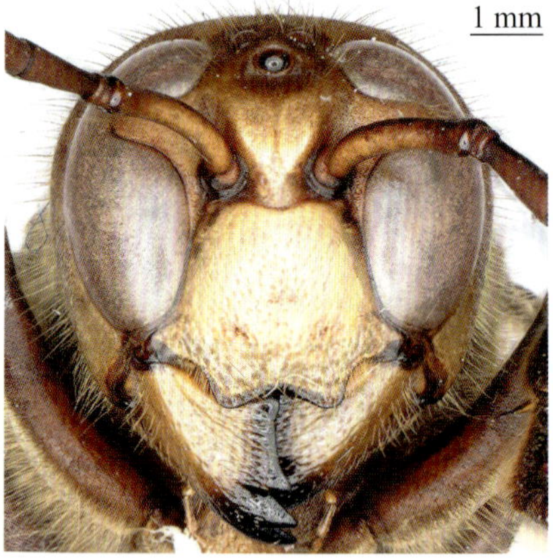

图 6–344–5 褐胡蜂 *Vespa binghami* 雌性（工蜂）头部正面观

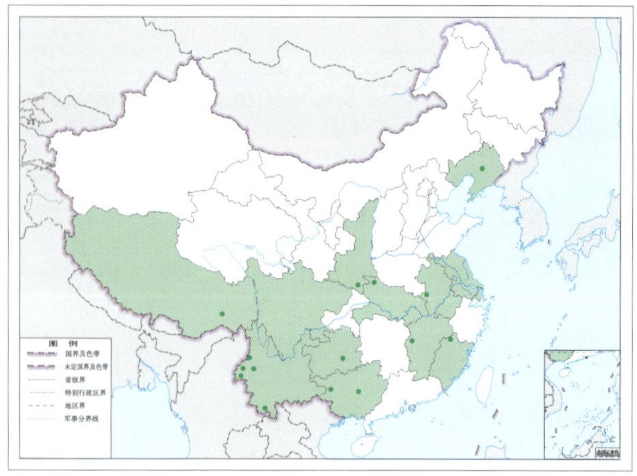

图 6–344–6 褐胡蜂 *Vespa binghami* 地理分布图

图 6–344–7 褐胡蜂 *Vespa binghami* 生态图（安徽金寨 陈尽虫 摄）

345. 黄边胡蜂 *Vespa crabro* Linnaeus, 1758

【测量】 雌性体长 15.3 ~ 20.6 mm，前翅长 15.7 ~ 23.3 mm；雄性体长约 23.5 mm，前翅长约 28.5 mm。

【形态特征】 体黑褐色，具明显的黄色及红褐色斑，其中头部除头顶外、腹部第 2 节端部至最末节端部明显黄棕色条带，其中腹部端部黄带宽窄不均，中部及两侧常具凹斑（尤其两侧 U 形黑色斑明显），以及第 1 节条带较其余各节的明显窄，中胸盾片中部常具宽的红褐色纵条带，腹部第 1、2 节背板基部常红褐色（西南种群红褐色及黄色区域相对较少）；雄性腹部条带不明显。唇基密生刻点、粗糙，刻点间距等于或小于刻点直径，端缘中部宽且浅弧形凹陷、无中齿，两侧呈宽的圆弧形，唇基侧面观仅微凸起；单眼正常大小，后单眼间距小于后单眼与复眼间距，头顶未明显延长，复眼间距等长或几乎等长于后单眼至后头脊的距离；颊区侧面观小于复眼中部宽的 1.7 倍。前胸背板侧缘的翅基片前脊完整。腹部第 1 节长小于宽的 1/2。

图 6-345-1　黄边胡蜂 *Vespa crabro* 雌性（蜂王）背面观

图 6-345-3　黄边胡蜂 *Vespa crabro* 雄性背面观

图 6-345-2　黄边胡蜂 *Vespa crabro* 雌性（工蜂，西南特殊色型）背面观

图 6-345-4　黄边胡蜂 *Vespa crabro* 雌性（工蜂）头部正面观

【地理分布】 北京（门头沟）、内蒙古（呼伦贝尔）、河北（张家口、石家庄、保定）、山西（晋城）、辽宁（鞍山、本溪、辽阳、丹东、海城）、吉林（白山）、黑龙江、山东（泰安）、湖北（神农架、十堰）、江西（吉安）、江苏、浙江（杭州）、福建、河南（信阳、洛阳）、广西、重庆（石柱、巫溪）、四川、云南（昆明）、西藏、陕西（安康、延安、渭南、西安、商洛、汉中）、甘肃（陇南）、贵州；欧洲各国，蒙古，日本，加拿大（引入），美国（引入）。

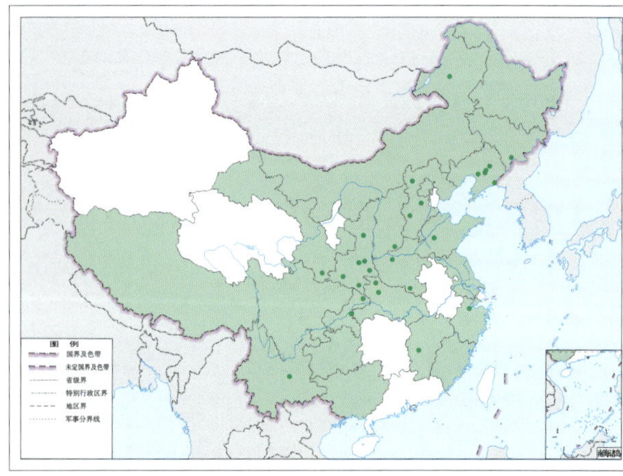

图 6-345-5 黄边胡蜂 *Vespa crabro* 地理分布图

图 6-345-6 黄边胡蜂 *Vespa crabro* 雌性（工蜂）生态图（江西吉安 刘庆明 摄）

349. 金环胡蜂 *Vespa mandarinia* Smith, 1852

【测量】 雌性体长 20.8 ~ 35.0 mm，前翅长 21.0 ~ 33.5 mm；雄性体长 22.0 ~ 25.5 mm，前翅长 20.0 ~ 27.6 mm。

【形态特征】 该种体型常较大；头部橘黄色，胸部及腹部主要有 3 个色型：指名色型（腹部各节分别具宽的橘黄色及红棕色条带）、大胡蜂色型（腹部无明显黄色条带，胸部纯黑色或红棕色）、显胡蜂色型（主要在台湾，本图鉴未检视到）。颊区侧面观大于复眼中部宽的 1.7 倍，以及复眼间距明显小于后单眼至后头脊的距离；唇基略隆起，密生刻点，基部中央深凹陷，端部两侧常呈齿状；上颚粗壮，具刻点，端部呈黑色。前胸背板前缘斜向后头缘，肩角处呈棱状凸起，光滑，着生稀疏较长的黑色毛；中胸盾片具中等密度较大的刻点，大刻点之间密生细微刻点。腹部第 1 节背板的长小于其宽的 1/2。

【地理分布】 除新疆、青海、甘肃外，其他省份几乎均有分布；日本，印度，斯里兰卡，尼泊尔，缅甸，不丹，泰国，老挝，马来西亚，俄罗斯，朝鲜，巴基斯坦，印度尼西亚。

图 6-349-1　金环胡蜂 *Vespa mandarinia* 雌性（工蜂）背面观（大胡蜂色型：红胸个体）

图 6-349-3　金环胡蜂 *Vespa mandarinia* 雄性背面观

图 6-349-2　金环胡蜂 *Vespa mandarinia* 雌性（蜂王）背面观

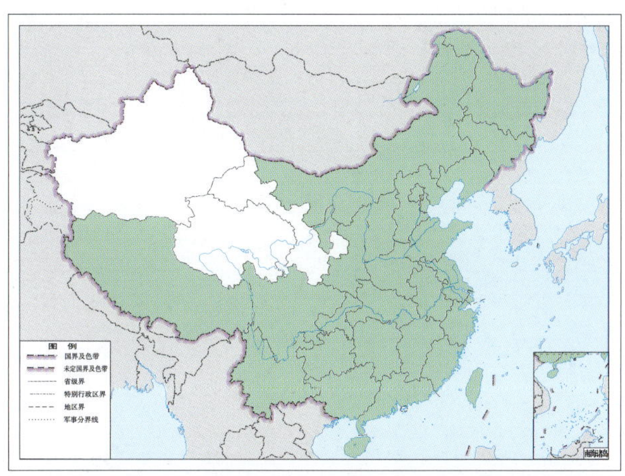

图 6-349-4　金环胡蜂 *Vespa mandarinia* 地理分布图

图 6-349-5　金环胡蜂 *Vespa mandarinia* 生态图 1（四川都江堰　陈尽虫　摄）

图 6-349-6　金环胡蜂 *Vespa mandarinia* 生态图 2（大胡蜂色型：黑胸个体）（西藏墨脱　刘庆明　摄）

350. 茅胡蜂 *Vespa mocsaryana* du Buysson, 1905

【测量】 雌性体长 17.0 ~ 20.5 mm，前翅长 16.5 ~ 21.5 mm；雄性体长 17.8 ~ 18.5 mm。

【形态特征】 该种体色模式与基胡蜂 *Vespa basalis* 近似。腹部除第 1 节背板端缘具窄的黄棕色条带外，其余各节背板几乎全为黑色；头部红棕色；胸部背板（除中胸盾片外）绝大部分为红棕色，中胸盾片常从基部至端部具宽的纵条带（有时仅端部具斑）。翅基片前脊完整及唇基明显密生刻点区别于近似种；唇基中部刻点大而粗糙，刻点间距等于或小于刻点直径；明显密生刻点，端缘中部深凹陷，两侧呈宽的圆弧形；单眼正常大小，后单眼间距小于后单眼与复眼间距；颊区侧面观小于复眼中部宽的 1.7 倍；头顶未明显延长，复眼间距等长或几乎等长于后单眼至后头脊的距离。中胸盾片暗，刻点小而稀疏，刻点间距为 2 个刻点直径以上；翅基片前脊完整。腹部第 1 节长等于或大于宽的 1/2。

【地理分布】 河南（信阳、南阳）、安徽、江西（赣州）、浙江（台州）、福建、湖南、广西、重庆（江津）、四川（巴中）、云南（西双版纳、德宏、临沧、普洱、玉溪）、西藏（墨脱）、陕西（商洛、安康、宝鸡）；印度，缅甸，泰国，老挝，越南，马来西亚，印度尼西亚。

图 6-350-1 茅胡蜂 *Vespa mocsaryana* 雌性（工蜂）背面观

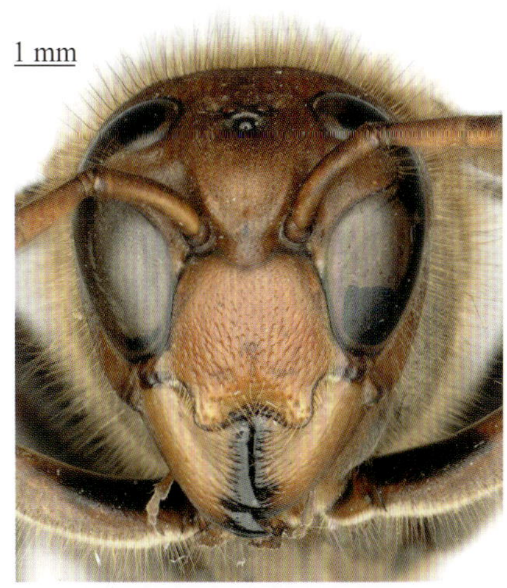

图 6-350-3 茅胡蜂 *Vespa mocsaryana* 雌性（工蜂）头部正面观

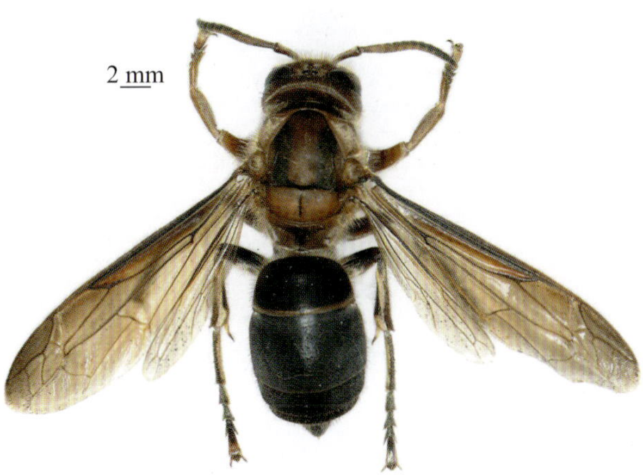

图 6-350-2 茅胡蜂 *Vespa mocsaryana* 雌性（蜂王）背面观

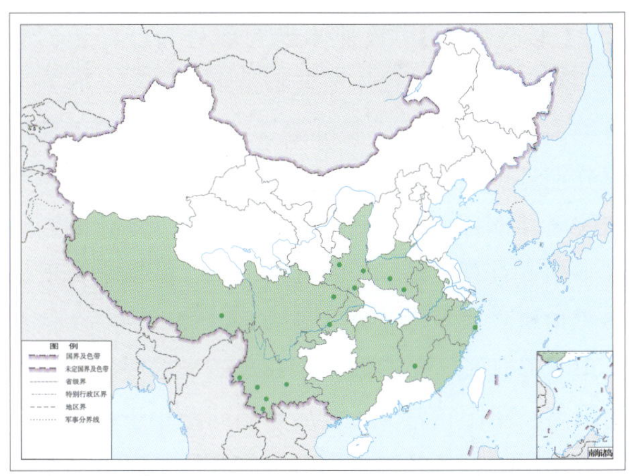

图 6-350-4 茅胡蜂 *Vespa mocsaryana* 地理分布图

图 6-350-5 茅胡蜂 *Vespa mocsaryana* 生态图（浙江台州 许威 摄）

351. 东方胡蜂 *Vespa orientalis* Linnaeus, 1771

【测量】 雌性体长 16.0 ~ 27.0 mm，前翅长 17.5 ~ 20.0 mm；雄性体长 18.5 ~ 25.0 mm。

【形态特征】 该种体绝大部分为红棕色，唇基、额区斑、腹部第 1 节背板端缘的窄斑，第 3、4 节绝大部分为黄色，腹部第 3、4 节背板近中部两侧分别具黑色小圆斑，此种颜色模式明显区别于我国该属其他种类。唇基刻点中等密度，刻点间距约等于刻点直径，端缘中间弧形凹陷，两侧窄弧形、略成角度；颊区侧面观大于复眼中部宽的 1.7 倍；头顶明显延长，复眼间距明显小于后单眼至后头脊的距离；单眼正常大小，后单眼间距小于后单眼与复眼间距。翅基片前脊完整；中胸盾片暗，密生小刻点。腹部第 1 节长约等于宽的 1/2。

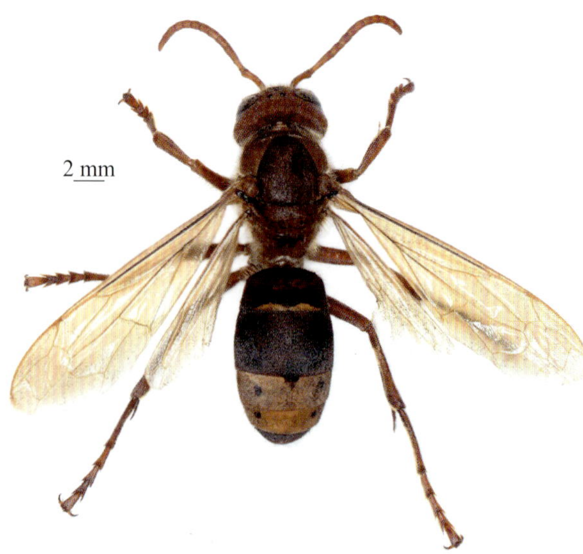

图 6-351-1 东方胡蜂 *Vespa orientalis* 雌性（工蜂）背面观

【地理分布】 新疆（伊犁）；意大利，阿尔巴尼亚，罗马尼亚，马耳他，希腊，土耳其，伊拉克，以色列，沙特阿拉伯，也门，阿曼，保加利亚，利比亚，阿尔及利亚，埃及，埃塞俄比亚，索马里，俄罗斯，土库曼斯坦，乌兹别克斯坦，塔吉克斯坦，伊朗，阿富汗，巴基斯坦，印度，尼泊尔，西班牙（引入），马达加斯加（引入）。

图 6-351-2 东方胡蜂 *Vespa orientalis* 雌性（工蜂）头部正面观

图 6-351-3 东方胡蜂 *Vespa orientalis* 地理分布图

352. 近胡蜂 *Vespa simillima* Smith, 1868

【测量】 雌性体长 15.5 ~ 21.0 mm，前翅长 15.0 ~ 22.0 mm；雄性体长 17.5 ~ 19.0 mm。

【形态特征】 体黑色，头部（除额区、单眼周围及上颚内齿外）绝大部分为黄色至棕黄色，前胸背板前斜面及背区内缘基部、中胸小盾片、后胸背板，以及腹部第 1 节背板基部边缘分别具 1 对棕黄色侧斑，腹部第 1 ~ 6 节端部具宽且完整的棕黄色条带，其中第 1 节的条带相较其他条带明显窄，第 3 ~ 6 节可见区域几乎全为棕黄色，足跗节为棕褐色，翅为棕黄色；体明显密生棕色长毛。唇基刻点中等密度且大小中等，刻点间距整体等于或小于刻点直径，中部较四周略稀疏，端缘中部弧形凹陷，

图 6-352-1 近胡蜂 *Vespa simillima* 雌性（蜂王）背面观

图 6-352-2 近胡蜂 *Vespa simillima* 雌性（工蜂）背面观

两侧宽弧形而非齿突；前胸背板的翅基片前脊不完整；颊区侧面观小于复眼中部宽的 1.7 倍；头顶未明显延长；单眼正常大小，后单眼间距小于后单眼与复眼间距。中胸盾片密生大的刻点，刻点间距小于或等于 1 个刻点的直径；后足胫节密生长毛。腹部第 1 节背板短，长小于端部宽的 1/2。

【地理分布】 吉林（通化、白山）、辽宁（辽阳、新宾、本溪、鞍山）、黑龙江；俄罗斯，朝鲜，日本，加拿大（引入）。

图 6-352-3　近胡蜂 *Vespa simillima* 巢群（辽宁本溪）

图 6-352-4　近胡蜂 *Vespa simillima* 雌性（工蜂）头部正面观

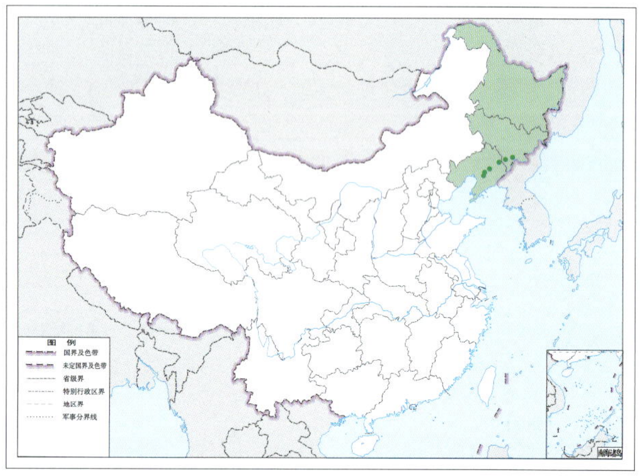

图 6-352-5　近胡蜂 *Vespa simillima* 地理分布图

353. 黄纹胡蜂 *Vespa soror* du Buysson, 1905

【测量】 雌性体长 21.5 ~ 26.0 mm，前翅长 26.5 ~ 29.0 mm；雄性体长 22.0 ~ 24.5 mm。

【形态特征】 该种腹部体色与黄腰胡蜂 *Vespa affinis* 近似，第 1、2 节背板几乎全为黄棕色，仅端缘具窄的褐色横带。该种颊区侧面观大于复眼中部宽的 1.7 倍，头顶明显延长，复眼间距明显小于后单眼至后头脊的距离，唇基刻点较小及中等密度等特征明显区别于黄腰胡蜂 *Vespa affinis*。头部、前胸背板前缘、小盾片、后胸背板及并胸腹节背后区为黄色至黄棕色；腹部第 3 ~ 6 节背板黑色，或至多第 3 节背板端部具窄条带。唇基端缘中部两侧的圆弧形突起窄于黄腰胡蜂；后单眼间距明显小于后单眼与复眼间距。中胸盾片密生刻点，中后端刻点略稀疏。腹部第 1 节背板长大于端部宽的 1/2。

图 6-353-1　黄纹胡蜂 *Vespa soror* 雌性（蜂王）背面观

【地理分布】 湖南、江西、福建（福州）、香港、贵州（黔南）、广西（桂林、百色）、广东（广州）、云南（德宏、楚雄）、海南（乐东、白沙）；泰国，老挝，越南，印度。

图 6-353-2 黄纹胡蜂 *Vespa soror* 雌性（工蜂）头部正面观

图 6-353-3 黄纹胡蜂 *Vespa soror* 地理分布图

图 6-353-4 黄纹胡蜂 *Vespa soror* 生态图 1（香港 Christophe Barthélémy 摄）

图 6-353-5　**黄纹胡蜂** ***Vespa soror*** **生态图 2**（中国科学院广西植物所桂林植物园　隗红颜　摄）

354. 金箍胡蜂 *Vespa tropica* (Linnaeus, 1758)

【测量】 雌性体长 20.5 ~ 27.0 mm，前翅长 20.0 ~ 28.0 mm；雄性体长 19.8 ~ 22.5 mm，前翅长 21.5 ~ 23.8 mm。

【形态特征】 体黑色，腹部第 2 节常全为黄棕色，头部有黑色和红棕色 2 个色型（黑头型仅分布于云南和西藏）。黑头型个体常头部和胸部为纯黑色、无黄色斑，红头型个体前胸背板、中胸盾片基部 1 对顿号状斑及小盾片为红棕色，腹部第 1 节背板红褐色；红头型雄性前胸背板及中胸盾片为黑色，翅除端部外明显为黑褐色。唇基宽稍大于长，基部刻点中等密度，端部明显密生更深的刻点，端缘中部弧形凹陷，两侧明显呈角齿突；头顶未明显延长，后单眼间距小于后单眼与复眼间距。前胸背板前斜面呈截面状，两肩角明显可见；中胸盾片密生大刻点，刻点间距小于或等于刻点的直径；小盾片明显具中纵沟。腹部第 1 节背板长大于端部宽的 1/2。

图 6–354–1　金箍胡蜂 *Vespa tropica* 雌性（工蜂，黑头型）背面观

图 6–354–3　金箍胡蜂 *Vespa tropica* 雌性（蜂王，红头型）背面观

图 6–354–2　金箍胡蜂 *Vespa tropica* 雌性（工蜂，黑头型）头部正面观

图 6–354–4　金箍胡蜂 *Vespa tropica* 雄性背面观

【地理分布】广西（柳州、桂林）、广东（河源、梅州）、贵州（黔东南）、江西（赣州、宜春）、云南（普洱、西双版纳、红河）、福建（龙岩）、浙江、海南、香港、西藏；阿富汗，巴基斯坦，尼泊尔，印度，斯里兰卡，不丹，缅甸，泰国，老挝，柬埔寨，越南，新加坡，马来西亚，印度尼西亚，巴布亚新几内亚，菲律宾，密克罗尼西亚（引入）。

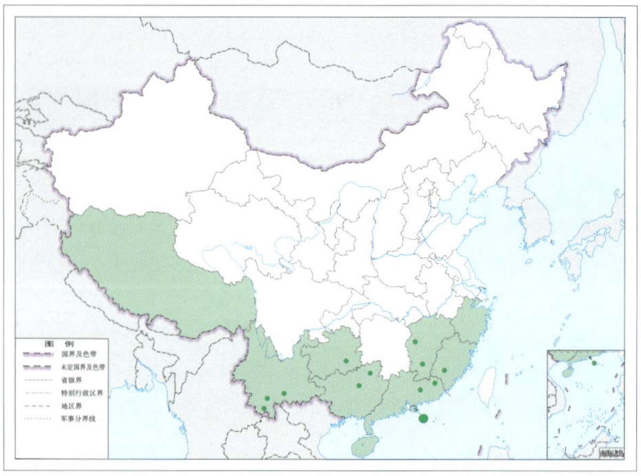

图 6-354-5 金箍胡蜂 *Vespa tropica* 地理分布图

图 6-354-6 金箍胡蜂 *Vespa tropica* 生态图（香港 Christophe Barthélémy 摄）

355. 黄脚胡蜂 *Vespa velutina* Lepeletier, 1836

【测量】 雌性体长 12.3 ~ 16.3 mm，前翅长 13.2 ~ 19.9 mm；雄性体长 15.7 ~ 16.3 mm，前翅长 17.9 ~ 19.2 mm。

【形态特征】 头部除头顶及单眼为黑色外，均为黄色，胸部常为黑色，或中胸盾片中部具凹型色斑（称凹纹型，分布于云南），腹部第 1 节背板端缘具完整的细黄色条带，第 2 节至最末节背板端部条带为橘黄色，其中第 4 节至最末节常绝大部分为橘黄色；足跗节几乎全为黄色。唇基刻点小，间距不规则，具无刻点的光滑区域，宽略大于长；后单眼间距小于后单眼与复眼间距；颊区侧面观小于复眼中部宽的 1.7 倍；头顶未延长，复眼间距等长或大于单眼至后头脊的距离。前胸侧板接近气门区域具褶皱，翅基片前脊不完整；中胸盾片刻点明显，大刻点间距等于或大于刻点的直径，大刻点间具小刻点；并胸腹节呈截面状向下垂直，其中央具 1 条深纵沟，具较长的毛。腹部第 1 节背板短，长小于背板宽的 1/2。

【地理分布】 浙江（丽水、杭州、台州、温州）、安徽（黄山、六安）、陕西（安康）、湖北（十堰）、湖南（张家界）、甘肃（陇南）、江西（赣州）、广西（玉林、桂林）、云南（玉溪）、河南、山东、江苏、福建、广东、海南、贵州、四川、西藏、香港、台湾；印度，不丹，泰国，越南，老挝，马来西亚，印度尼西亚，日本、韩国及欧洲部分国家已传入。

图 6-355-1 黄脚胡蜂 *Vespa velutina* 雌性（工蜂，凹纹型）背面观

图 6-355-3 黄脚胡蜂 *Vespa velutina* 雄性头部正面观

图 6-355-2 黄脚胡蜂 *Vespa velutina* 雄性背面观

图 6-355-4 黄脚胡蜂 *Vespa velutina* 地理分布图

图 6-355-5　黄脚胡蜂 *Vespa velutina*（工蜂，墨胸色型）生态图 1（浙江台州　许威　摄）

图 6-355-6　黄脚胡蜂 *Vespa velutina* 生态图 2（云南云龙　牛洋　摄）

图 6-355-7　黄脚胡蜂 *Vespa velutina* 雌性（工蜂）头部正面观（广东广州　陈尽虫　摄）

356. 寿胡蜂 *Vespa vivax* Smith, 1871

【测量】 雌性体长 13.5 ~ 17.0 mm，前翅长 15.5 ~ 21.0 mm；雄性体长 13.0 ~ 15.0 mm。

【形态特征】 头顶常为黄色或红棕色；中胸和并胸腹节颜色相同，有黑胸型（仅分布于云南、西藏）和红胸型 2 个色型。黑胸型腹部第 1 节背板前截面基部和中央为黑色，其余呈棕黄色，背区端半部黄色，中间具 1 条黑色窄带，腹板窄、呈棕黄色，第 2 节背板端缘及第 3 节除基部外为黄色，第 4、5 节背板完全黑色或绝大部分黑色（第 4 节背板中央常有 1 条黄色窄纵带）；足胫节及跗节为黄棕色；红胸型个体头和胸部绝大部分为红棕色。唇基刻点间距不规则，具无刻点的光滑区域，端部刻点更密，端缘中部浅弧形凹陷，两侧宽，略呈弧形；颊区侧面观小于复眼中部宽的 1.7 倍；头顶未明显延长；单眼正常大小，后单眼间距小于后单眼与复眼间距。前胸侧板无褶皱，接近气门区域光滑，翅基片前脊不完整；中胸盾片密生较大刻点（刻点间距小于或等于 1 个刻点的直径）。腹部第 1 节背板短，长小于背板宽的 1/2。

【地理分布】 甘肃、宁夏、云南（西双版纳、普洱、保山、昆明）、西藏（林芝）、广西（桂林）、陕西（渭南）、河南、四川、台湾；不丹，印度，尼泊尔，缅甸，泰国。

图 6-356-1　寿胡蜂 *Vespa vivax* 雌性（工蜂，黑胸型）背面观

图 6-356-4　寿胡蜂 *Vespa vivax* 雌性（蜂王）背面观

图 6-356-2　寿胡蜂 *Vespa vivax* 雌性（工蜂）侧面观
（云南西双版纳　陈尽虫　摄）

图 6-356-5　寿胡蜂 *Vespa vivax* 雌性（工蜂，红胸型）背面观

图 6-356-3　寿胡蜂 *Vespa vivax* 雌性（工蜂）头部正面观

图 6-356-6　寿胡蜂 *Vespa vivax* 地理分布图

六二、黄胡蜂属 *Vespula* Thonmson, 1869

【形态特征】 体中型，体多呈黑色，具黄色斑；颚眼距短，等于或小于触角柄节端部的直径；复眼下端与上颚基部接近；两触角窝之间弧形隆起；后单眼间距约等长于后单眼至后头脊的间距；前胸背板两侧无纵皱。

【地理分布】 广布于古北区、东洋区及新北区。

【分类】 世界已知 26 种，我国已知 12 种，本图鉴收录 12 种。

图 6-62　细黄胡蜂 *Vespula flaviceps* 雄蜂生态图（广东广州　陈华燕　摄）

中国黄胡蜂属 *Vespula* 分种检索表

1. 腹部第 1 节背板具黑色长毛，水平区向前略收拢，前截面中部略凹陷；雌性腹部末节腹板侧缘向端部逐渐变窄，坡度平缓；雄性末节背板两侧向末端逐渐变窄 …… 2

   腹部第 1 节背板具黄棕色长毛，水平区均匀，两侧缘几乎平行，前截面中部非凹陷；雌性腹部末节腹板两侧在近端部突然变窄，几乎形成 90° 陡坡；雄性末节背板两侧在接近末端处突然垂直变窄，背面观呈四边形 …… 5

2. 后足胫节具长斜毛；工蜂唇基两侧呈尖齿突状，雄性唇基端缘中部两侧呈钝齿突 …… **奥地利黄胡蜂 *Vespula austriaca***

   后足胫节无长斜毛；工蜂唇基端部具钝突起，雄性唇基端缘中部两侧几乎无突起 …… 3

3. 中胸盾片大刻点间距通常约等于或小于刻点直径（除中部区域刻点间距大外）；2 个大刻点间通常具 1 个更小的刻点，小刻点浅，表面几乎光滑 …… **红环黄胡蜂 *Vespula rufa***

   中胸盾片大刻点间距通常大于刻点直径；2 个大刻点间通常具 2 个及以上更小的刻点，小刻点深，表面暗 …… 4

4. 颚眼距短，为头宽的 1/25 ~ 1/20；后头脊长，约占头侧面长的 7/10；唇基大部分为黄色，两侧的黄色条带明显宽于中间黑色条带，或唇基黄色中部具 3 个黑色斑；后胸背板具 2 个黄色斑；雄性基节具 1 个黄色斑 …… **那氏黄胡蜂 *Vespula nursei***

   颚眼距更长，为头宽的 1/17 ~ 1/14；后头脊短，约占头侧面长的 1/2；唇基绝大部分为黑色，两侧的黄色纵条带明显窄于中间黑色区域；后胸背板无黄色斑；雄性基节无黄色斑 …… **金氏黄胡蜂 *Vespula kingdonwardi***

5. 腹部第 1 节背板基部隆起，隆起之后具 1 个凹陷（工蜂中凹陷有时不明显）；工蜂的上颚外侧凸缘几乎直；蜂王并胸腹节全部或绝大部分具粗糙的褶皱，腹部第 6 节腹板后侧具向后的尖突；工蜂并胸腹节具褶皱，或无明显褶皱时背面观体具红、黄和棕 3 种颜色；雄性腹部第 7 节背板具深切口 …… 6

   腹部第 1 节背板基部无隆起，也无凹陷；工蜂的上颚外侧凸缘明显弯曲（有时在工蜂中不明显）；蜂王并胸腹节无粗糙的褶皱，表面光滑，无刻点，仅在与腹部连接处具弱褶皱，腹部第 6 节腹板后侧向后钝圆形；工蜂并胸腹节无褶皱，背面观体具黑和黄 2 种颜色；雄性腹部第 7 节背板切口很浅或无切口 …… 13

6. 雌性 …… 7

   雄性 …… 11

7. 蜂王（体长通常大于 15.5 mm，前翅长大于 13.0. mm） …… 8

   工蜂（体长通常小于 15.5 mm，前翅长小于 13.0 mm） …… 9

8. 并胸腹节整体具粗糙的皱褶，无刻点；后胸侧板腹面前方及腹侧具粗壮的褶皱 …… **朝鲜黄胡蜂 *Vespula koreensis***

   并胸腹节刻点间具褶皱，整体皱褶不及上述粗糙；后胸侧板腹面无粗壮的褶皱 …… **环黄胡蜂 *Vespula orbata***

9. 中胸盾片刻点密，刻点间距等于刻点直径，其中中部较两侧稀疏；并胸腹节褶皱间具刻点，如果褶皱不明显，背面观体具黑和黄 2 种颜色 …… **朝鲜黄胡蜂 *Vespula koreensis***

   中胸盾片刻点略稀疏，刻点间距通常大于刻点直径；并胸腹节无褶皱，仅具刻点；背面观体具黑、黄和棕

3 种颜色，头顶棕色尤其明显，前胸背板和小盾片棕色有时较少 ………………………………………… 10

10. 腹部第 1 节红棕色或黑色，中胸盾片具 1 个棕红色大斑 ………………………………环黄胡蜂 *Vespula orbata*

腹部第 1 节黑色，两侧各具 1 个棕红色斑；中胸盾片黑色 …………………… 阿里山黄胡蜂 *Vespula arisana*

11. 并胸腹节具褶皱，无刻点；生殖器背端缘圆弧形，无突起 …………………… 朝鲜黄胡蜂 *Vespula koreensis*

并胸腹节具刻点、无褶皱；生殖器背端突半圆形或刺状 ………………………………………………… 12

12. 生殖器背端突呈刺状；阳茎基侧突端刺末端呈指状 ……………………………………环黄胡蜂 *Vespula orbata*

生殖器背端突呈半圆形；阳茎基侧突端刺末端非指状 ……………………… 阿里山黄胡蜂 *Vespula arisana*

13. 雌性（包括蜂王和工蜂） …………………………………………………………………………… 14

雄性 ……………………………………………………………………………………………………… 18

14. 后头脊不延长至上颚基部 …………………………………………………………………………… 15

后头脊延长至上颚基部 ……………………………………………………………………………………… 16

15. 后头脊延伸小于头部侧面长的 3/4；复眼凹陷的黄色区域中部无黑色隆起；唇基若具黑色斑，通常不到唇基端缘 …………………………………………………………………………细黄胡蜂 *Vespula flaviceps*

后头脊延伸通常大于头部侧面长的 3/4；复眼凹陷的黄色区域中部具 1 个黑色隆起；唇基黑色斑伸达唇基端缘 …………………………………………………………………………施氏黄胡蜂 *Vespula shidai*

16. 上颚第 3 枚齿后的内缘明显凹陷 ……………………………………………… 德国黄胡蜂 *Vespula germanica*

上颚第 3 枚齿后的内缘直或最多略凹陷 …………………………………………………………………… 17

17. 体具 2 种颜色（黄色和黑色）；中胸小盾片和后胸背板黑色，具黄色斑；唇基黄色，中间具箭头状黑色斑；侧面观黄色带被黑色斑隔断，颚眼距短，头宽与颚眼距之比大于 19 …… 普通黄胡蜂 *Vespula vulgaris*

体具 3 种颜色（黄色、黑色和棕色），前胸背板、腹部第 2 节背板和腹部第 2 ~ 4 节腹板的棕色尤其明显；小盾片和后胸背板黑色，无黄色斑，至多具棕色斑；唇基黄色至橘黄色，中间无黑色条带或斑；颚眼距长，头宽与颚眼距之比小于 18 ……………………………………………………… 锈黄胡蜂 *Vespula structor*

18. 阳茎端部勺状区域两侧具 1 个半圆形小突起和无尖齿钩，阳茎端部凹陷 ……………………………………………………………………………………………… 德国黄胡蜂 *Vespula germanica*

阳茎端部勺状区域两侧具 1 个向后小尖齿钩；阳茎端部圆，无凹陷 ………………………………… 19

19. 阳茎基腹铗腹面观明显 ……………………………………………………………………………… 20

阳茎基腹铗腹面观不可见 ……………………………………………………………………………… 21

20. 复眼凹陷的黄色区域中部具 1 个黑色隆起，边缘直、凸起或直接与额区黄色区域相连接；上颚基部具 1 个三角形黑色斑；外生殖器长，长大于宽 ……………………………………… 施氏黄胡蜂 *Vespula shidai*

复眼凹陷的黄色区域无黑色隆起，中部边缘直、凸起或直接与额区黄色区域相连接；上颚基部无三角形黑色斑；外生殖器短，长小于宽 ……………………………………………………细黄胡蜂 *Vespula flaviceps*

21. 腹部背板无短的棕色毛以致显色部分呈黄色；中胸小盾片及后胸背板分别具 1 对黄色短斑 ……………………………………………………………………………………………… 普通黄胡蜂 *Vespula vulgaris*

腹部背板具短的棕色毛以致显色部分呈棕黄色；中胸盾片及后胸背板黄色斑更小或无，否则绝大部分为黄棕色 ……………………………………………………………………………… 锈黄胡蜂 *Vespula structor*

357. 阿里山黄胡蜂 *Vespula arisana* (Sonan, 1929)

【测量】 雌性体长 13.0 ~ 16.0 mm，前翅长 10.5 ~ 12.0 mm；雄性体长 16.0 mm。

【形态特征】 体黑色，具黄色斑，其中头部（除头顶外）、前胸背板内缘、中胸小盾片 2 个相连的半圆形斑、后胸背板 1 条横带、并胸腹节背后区两侧的大斑、腹部各节端部宽条带等均为黄色（第 1、2 节条带较其余的宽），唇基中部及上颚为红棕色；中胸盾片前基部两侧常分别具 1 个红色斑。唇基端缘中部微凹，大部分刻点间距等于刻点直径，端部刻点略稀疏；工蜂上颚外侧凸缘几乎直。工蜂并胸腹节具刻点、无褶皱，蜂王并胸腹节绝大部分具粗糙的褶皱。腹部第 1 节背板基部隆起，隆起之后具 1 个凹陷（工蜂中凹陷有时不明显），蜂王腹部第 6 节腹板后侧具向后的尖突，雄性腹部第 7 节背板具深切口；阳茎基侧突端刺末端不明显变窄，非指状。

【地理分布】 台湾（台南）。

图 6-357-1　阿里山黄胡蜂 *Vespula arisana* 生态图 1
（台湾台南　李世贤　摄）

图 6-357-2　阿里山黄胡蜂 *Vespula arisana* 生态图 2
（台湾台南　李世贤　摄）

图 6-357-3　阿里山黄胡蜂 *Vespula arisana* 生态图 3
（台湾台南　李世贤　摄）

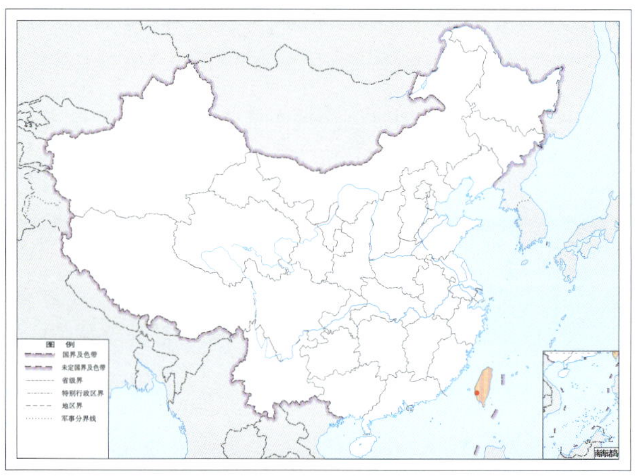

图 6-357-4　阿里山黄胡蜂 *Vespula arisana* 地理分布图

358. 奥地利黄胡蜂 *Vespula austriaca* (Panzer, 1799)

【测量】 雌性体长 11.5 ~ 13.0 mm，前翅长 13.5 ~ 14.0 mm；雄性体长 10.0 ~ 12.5 mm。

【形态特征】 体黑色，具黄色斑，其中雌性唇基除中部 3 个黑斑及边缘外均为黄色，中胸小盾片及腹部第 1、2 节背板分别具 1 对黄色侧斑，从第 2 节至末节端部黄色条带更宽且两侧向前延伸，第 3 节至末节的黄色区域大于黑色；后足胫节具长斜毛；腹部第 1 节背板通常具黑色长毛，水平区向前略收拢，前截面中部略凹陷。工蜂唇基两侧呈尖齿突，雄性唇基端部两侧呈钝齿突；后头脊未延长至上颚基部。中胸盾片侧凹之后无向后的凹陷。雌性腹部第 6 节腹板后侧缘均匀凸起，雄性腹部第 7 节背板侧面凸起，腹板几乎为三角形，腹部第 1 节背板具长的黑色毛；雌性腹部末节腹板侧缘向端部逐渐变窄，坡度平缓。

【地理分布】 辽宁、内蒙古（阿拉善）、河北、甘肃、上海、新疆；挪威，瑞典，芬兰，英国，法国，西班牙，德国，瑞士，意大利，奥地利，波兰，比利时，捷克，保加利亚，土耳其，俄罗斯，巴基斯坦，印度，蒙古，韩国，日本，加拿大，美国。

图 6-358-1　奥地利黄胡蜂 *Vespula austriaca* 雌性（工蜂）背面观

图 6-358-2　奥地利黄胡蜂 *Vespula austriaca* 雌性（工蜂）头部正面观

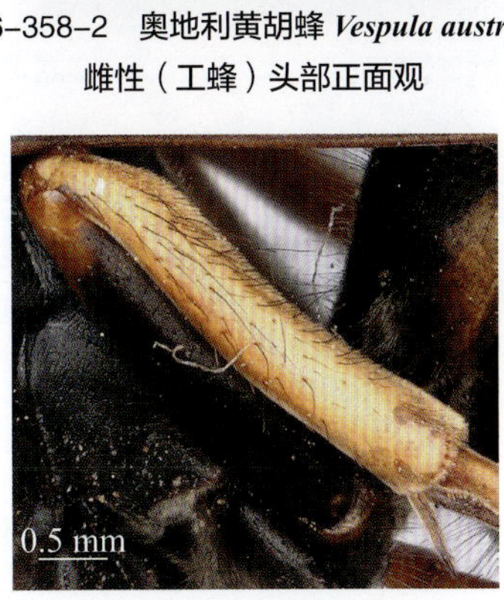

图 6-358-3　奥地利黄胡蜂 *Vespula austriaca* 后足胫节

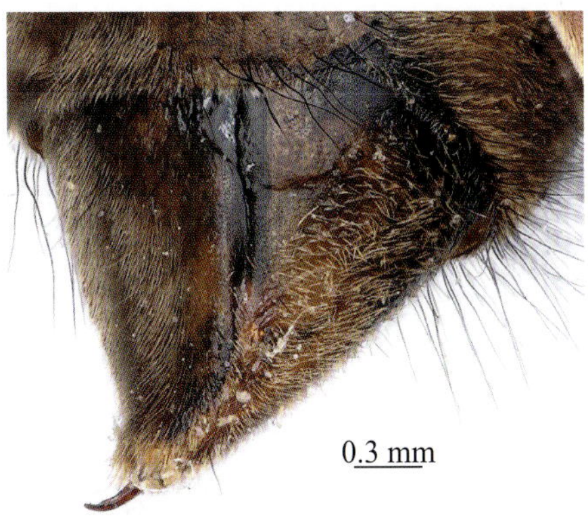

图 6-358-4　奥地利黄胡蜂 *Vespula austriaca* 雌性（工蜂）腹部末节侧面观

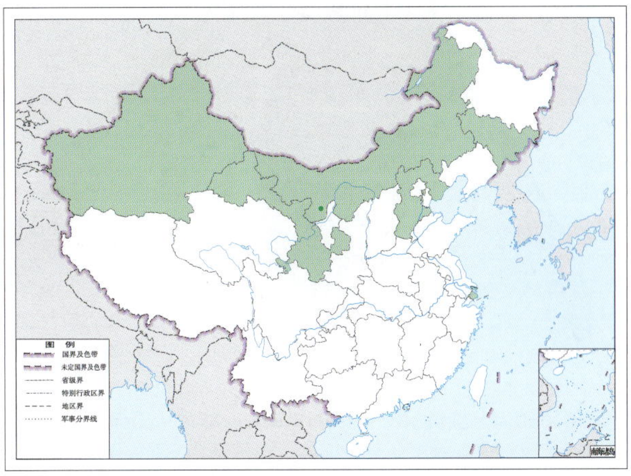

图 6-358-5　奥地利黄胡蜂 *Vespula austriaca* 地理分布图

359. 细黄胡蜂 *Vespula flaviceps* (Smith, 1870)

【测量】 雌性体长 8.0 ~ 14.5 mm，前翅长 7.8 ~ 13.5 mm；雄性体长 8.5 ~ 10.0 mm，前翅长 10.0 ~ 13.5 mm。

【形态特征】 体黑色，明显具黄色斑，背面观具黑和黄 2 种颜色，其中复眼凹陷的浅色区域中间无黑色隆起，边缘直、凸起或直接与额区浅色区域相连；腹部第 1 节至末节具完整的条带，工蜂腹部条带较蜂王及雄性的窄，蜂王腹部第 2 至末节的条带明显变宽（除第 2 节外，其余各节黄色区域大于黑色）；上颚基部无三角形黑色斑，工蜂上颚外侧凸缘直、不明显弯曲；唇基中部具小黑斑，黑斑通常不到唇基端缘；后头脊在头顶退化、仅两侧明显，且未延长至上颚基部，通常小于头部侧面长的 3/4。并胸腹节光滑，无褶皱；蜂王并胸腹节无粗糙的褶皱，表面光滑具刻点，仅在与腹部连接处具弱褶皱。腹部第 1 节背板基部无隆起，也无凹陷，具长的黄棕色毛，水平区均匀、两侧缘几乎平行，前截面中部非凹陷；蜂王腹部第 6 节腹板后侧向后钝圆形，在近端部突然变窄，几乎形成 90° 陡坡；雄性腹部第 7 节背板两侧在接近末端处突然垂直变窄，背面观呈四边形，端缘切口很浅或无切口；雄性外生殖器短，长与宽之比小于 1，阳茎端部勺状区域两侧具 1 个小的半圆形突起及无尖齿钩，阳茎端部凹陷。

【地理分布】 四川（南充、雅安、峨眉山、成都）、重庆（巫溪、石柱、北碚、沙坪坝、开州、武隆、江津、巫山）、云南（昆明、丽江、怒江、德宏、西双版纳、楚雄、保山）、山西（晋城、临汾、吕梁、永济）、浙江（丽水、杭州、温州、台州）、宁夏（固原）、陕西（渭南、安康、西安、延安、华阴、商洛）、广西（来宾、桂林、百色）、河南（焦作、信阳、新乡）、湖南（张家界）、海南（儋州）、内蒙古（呼伦贝尔、通辽）、贵州（黔南、凯里、遵义）、山东（青岛、泰安）、新疆（昌吉）、辽宁（沈阳、辽阳、本溪）、广东（广州）、甘肃（陇南）、吉林（白山）、湖北（神农架、十堰）、黑龙江、河北、北京、江苏、江西、福建、西藏；印度，尼泊尔，缅甸，泰国，俄罗斯（帕米尔高原），韩国，日本。

图 6-359-1 细黄胡蜂 *Vespula flaviceps* 雌性（工蜂）背面观

图 6-359-2 细黄胡蜂 *Vespula flaviceps* 雌性（工蜂）头部正面观

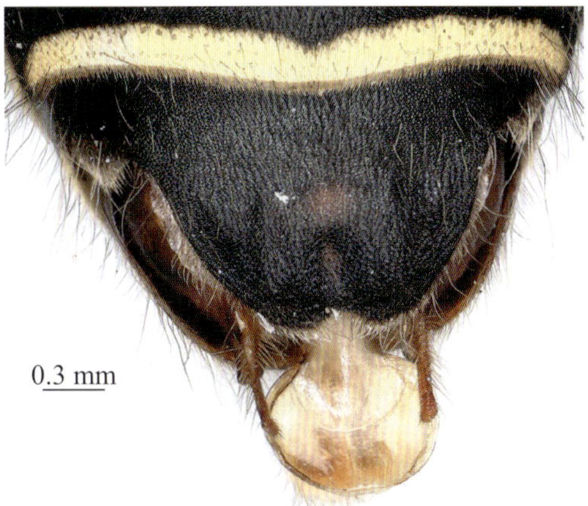

图 6-359-3　细黄胡蜂 *Vespula flaviceps* 雄性腹部末节腹面观及阳茎端部

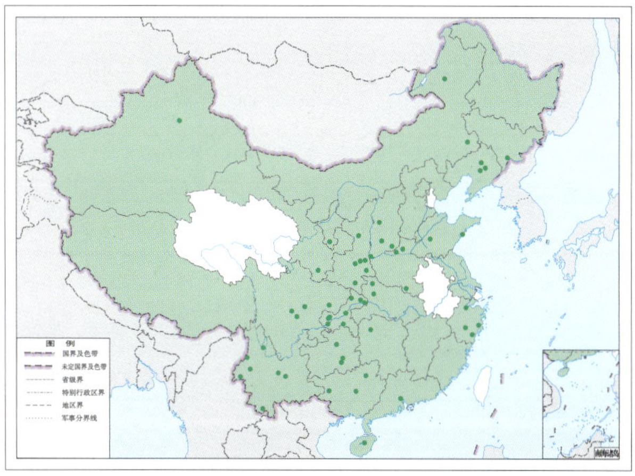

图 6-359-4　细黄胡蜂 *Vespula flaviceps* 地理分布图

图 6-359-5　细黄胡蜂 *Vespula flaviceps* 雌性（蜂王）生态图（河南新乡　何易涔　摄）

图 6-359-6 细黄胡蜂 *Vespula flaviceps* 工蜂生态图（重庆巫溪 付文博 摄）

360. 德国黄胡蜂 *Vespula germanica* (Fabricius, 1793)

【测量】 雌性体长 8.5 ~ 16.0 mm，前翅长 9.0 ~ 15.0 mm；雄性体长 10.0 ~ 11.0 mm，前翅长 11.0 ~ 13.0 mm。

【形态特征】 体黑色，具大量黄色斑，其中腹部各节背板除基部及两侧黑色斑外几乎全为黄色，各节背板的黄色条带均具 1 对斑且中部有明显黑色凹斑；唇基黄色，中部具 3 个不明显的小黑色斑；足绝大部分为黄色。后头脊延长至上颚基部，雌性上颚第 3 枚齿后的内缘明显凹陷；唇基端缘中部微凹，两侧齿向前微翘起，刻点细小稀疏，中间无长毛；复眼下端与上颚基部距离近，小于触角柄节端部的直径。腹部第 1 节背板水平区均匀，两侧缘几乎平行，前截面中部非凹陷；雌性腹部末节腹板两侧在近端部突然变窄，几乎形成 90° 陡坡，雄性末节背板两侧在接近末端处突然垂直变窄；阳茎端部勺状区域两侧具 1 个半圆形小突起及无尖齿钩，阳茎端部凹陷。

【地理分布】 新疆（昌吉、伊犁）、山西（忻城、临汾）、宁夏（吴忠、银川、中卫、石嘴山）、甘肃（酒泉、嘉峪关、张掖、兰州）、内蒙古（乌兰察布、呼和浩特、通辽、巴彦淖尔、鄂尔多斯、阿拉善、包头）、河北（保定、沧州）、黑龙江、吉林、辽宁、北京、陕西、青海；原来主要分布于古北区，后传入新西兰、澳大利亚、智利、阿根廷、加拿大及美国。

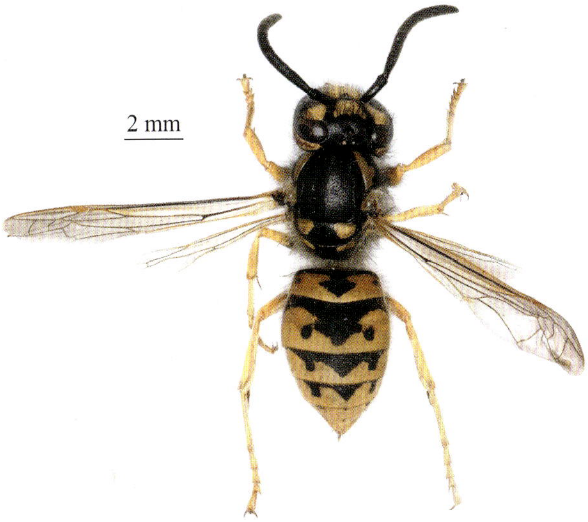

图 6-360-1　德国黄胡蜂 *Vespula germanica* 雌性（工蜂）背面观

图 6-360-4　德国黄胡蜂 *Vespula germanica* 雌性（工蜂）头部正面观

图 6-360-2　德国黄胡蜂 *Vespula germanica* 雌性（蜂王）背面观

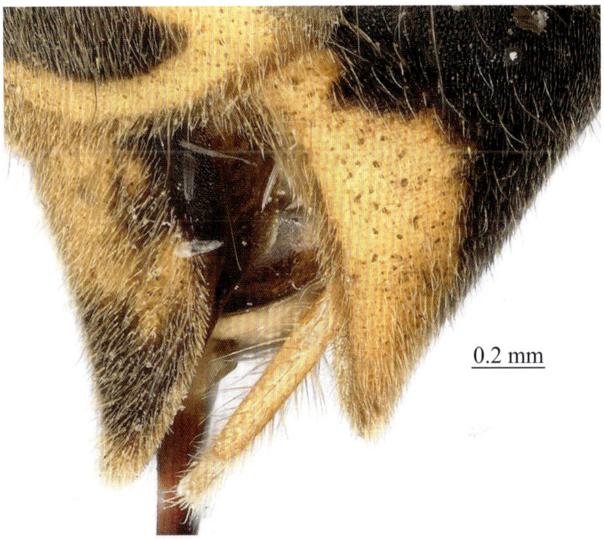

图 6-360-5　德国黄胡蜂 *Vespula germanica* 雌性腹部末节侧面观

图 6-360-3　德国黄胡蜂 *Vespula germanica* 雄性背面观

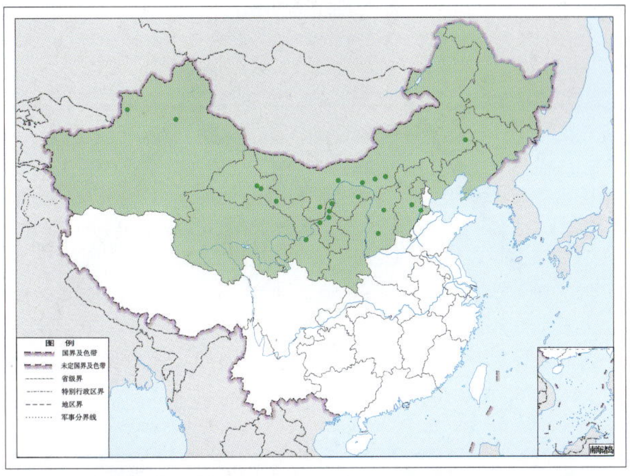

图 6-360-6　德国黄胡蜂 *Vespula germanica* 地理分布图

361. 金氏黄胡蜂 *Vespula kingdonwardi* Archer, 1981

【测量】 雌性体长 12.0 ~ 17.0 mm，前翅长 12.0 ~ 14.2 mm；雄性体长 13.0 ~ 14.7 mm，前翅长 12.4 ~ 12.7 mm。

【形态特征】 体黑色，具少量黄色至棕黄色斑，其中唇基大部分为黑色，两侧具 1 对括号状的黄色条带，黄色条带明显窄于中部黑色区域，后胸背板和雄性基节无黄色斑，腹部第 1 ~ 5 节背板端缘分别具几乎等宽的黄色条带，第 1 节前截面及其上边缘 1 对窄斑为黄色。该种与那氏黄胡蜂 *Vespula nursei* 在结构上近似，主要相同点为：工蜂唇基端缘中部两侧齿状突出，除绒毛外疏生黑色长毛，雄性唇基端部几乎无突起。中胸盾片大刻点间距通常大于刻点直径，两个大刻点间通常具 2 个及以上更小的刻点，小刻点深、表面暗；后足胫节无长斜毛。腹部第 1 节背板具长的黑色毛，水平区向前略收拢，前截面中部略凹陷；雌性腹部末

图 6-361-1 金氏黄胡蜂 *Vespula kingdonwardi* 雌性（蜂王）背面观

图 6-361-3 金氏黄胡蜂 *Vespula kingdonwardi* 雌性（蜂王）头部正面观

图 6-361-2 金氏黄胡蜂 *Vespula kingdonwardi* 雌性（工蜂）背面观（拍摄于中国科学院动物研究所）

图 6-361-4 金氏黄胡蜂 *Vespula kingdonwardi* 雌性腹部末节腹板侧面观

节腹板侧缘向端部逐渐变窄，坡度平缓；雄性末节背板两侧向末端逐渐变窄。主要区别为其颚眼距较那氏黄胡蜂 *Vespula nursei* 的更长，为头宽的1/17 ~ 1/14；唇基刻点更密且粗糙，刻点间距等于刻点直径；后头脊更短，约占头侧面长的1/2；唇基宽大于长，端缘中部凹陷略深，以及绝大部分为黑色。

【地理分布】 西藏、云南（迪庆）；尼泊尔，缅甸。

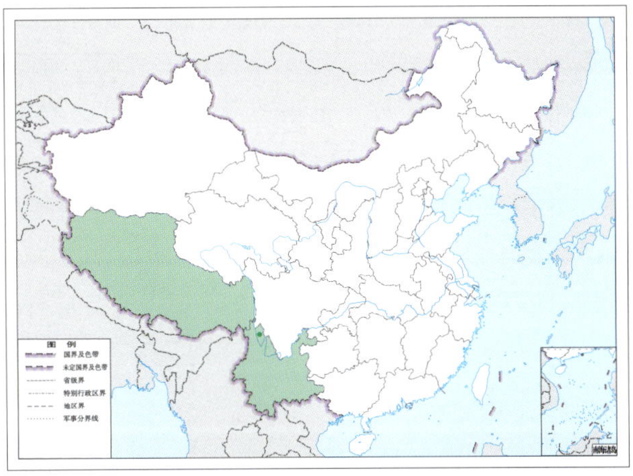

图 6-361-5　金氏黄胡蜂 *Vespula kingdonwardi* 地理分布图

362. 朝鲜黄胡蜂 *Vespula koreensis* (Radoszkowski, 1887)

【测量】 雌性体长 10.5 ~ 14.7 mm，前翅长 11.5 ~ 16.2 mm；雄性体长 10.5 ~ 12.0 mm，前翅长 14.5 ~ 16.0 mm。

【形态特征】 体具大面积黄色斑，头顶及中胸盾片常为纯黑色，其余各区域均具黄色斑，其中腹部各节背板条带明显宽，第 1 节背板截面及第 2 节基部两侧常为红棕色（蜂王胸部及腹部第 1、2 节几乎纯黑色）。工蜂上颚外侧缘几乎直，唇基端缘中部仅略凹陷，两侧宽，略弧形接近直角。蜂王并胸腹节整体具粗糙的皱褶，无刻点，工蜂并胸腹节褶皱间具刻点，如果褶皱不明显，背面观具黑和黄 2 种颜色；蜂王后胸侧板腹面前方及腹侧具粗壮的褶皱，工蜂中胸盾片刻点密，刻点间距等于刻点直径，其中中部较两侧稀疏。腹部第 1 节背板具长的黄棕色毛，基部隆起且之后具 1 个凹陷（工蜂中凹陷有时不明显），水平区均匀，两侧缘几乎平行，前截面中部非凹陷；雌性腹部末节腹板两侧在近端部突然变窄，几乎形成 90° 陡坡；蜂王末节腹板后侧具向后的尖突；雄性腹部第 7 节背板两侧在接近末端处突然垂直变窄，背面观呈四边形，端缘具深切口。

图 6-362-1　朝鲜黄胡蜂 *Vespula koreensis* 雌性（工蜂）背面观

图 6-362-2　朝鲜黄胡蜂 *Vespula koreensis* 雌性（蜂王）背面观

【地理分布】 黑龙江、吉林、辽宁（海城）、内蒙古、宁夏、山西、河北、河南、安徽、浙江（丽水、杭州、宁波、台州）、江西、湖北、湖南（张家界）、福建、海南（昌江）、重庆（巫溪、石柱、巫山、江津）、广西（来宾、桂林）、四川（巴中、峨眉山）、云南（昭通）、西藏；印度，泰国，老挝，俄罗斯，朝鲜半岛，越南。

图 6-362-4　朝鲜黄胡蜂 *Vespula koreensis* 雄性腹部末节腹面观

图 6-362-3　朝鲜黄胡蜂 *Vespula koreensis* 雌性（工蜂）头部正面观

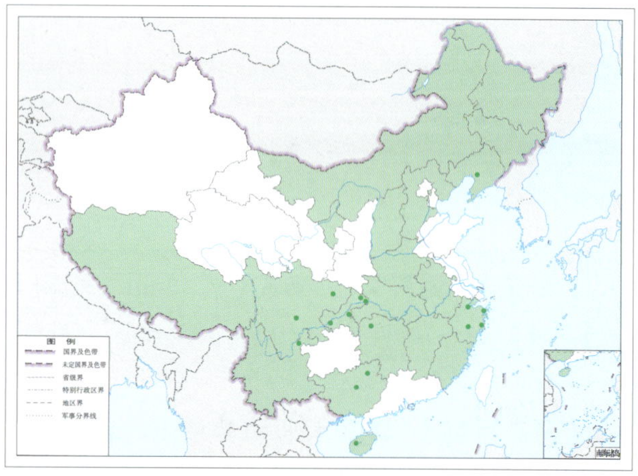

图 6-362-5　朝鲜黄胡蜂 *Vespula koreensis* 地理分布图

图 6-362-6　朝鲜黄胡蜂 *Vespula koreensis* 生态图（浙江台州　许威　摄）

363. 那氏黄胡蜂 *Vespula nursei* Archer, 1981

【测量】 雌性体长 12.0 ~ 18.5 mm，前翅长 11.0 ~ 15.0 mm；雄性体长 13.0 ~ 17.0 mm，前翅长 11.0 ~ 14.0 mm。

【形态特征】 与金氏黄胡蜂 *Vespula kingdonwardi* 近似。主要区别为：工蜂颚眼距短，为头宽的 1/25 ~ 1/20；后头脊长，约占头侧面长的 7/10。雌性唇基绝大部分甚至全为黄色，后胸背板具 1 对黄色斑；雄性基节具 1 个黄色斑。唇基端缘中部略凹陷，几乎平截，两侧非齿状突、宽弧形，疏生刻点，除短浅棕色柔毛外还疏生更长的毛，毛明显短于近似种的黑长毛。

【地理分布】 福建、西藏（昌都、林芝）；印度，不丹，巴基斯坦，菲律宾。

图 6-363-1　那氏黄胡蜂 *Vespula nursei* 雌性（工蜂）背面观

图 6-363-2　那氏黄胡蜂 *Vespula nursei* 雌性（工蜂）头部正面观

图 6-363-3　那氏黄胡蜂 *Vespula nursei* 雌性腹部末节腹板侧面观

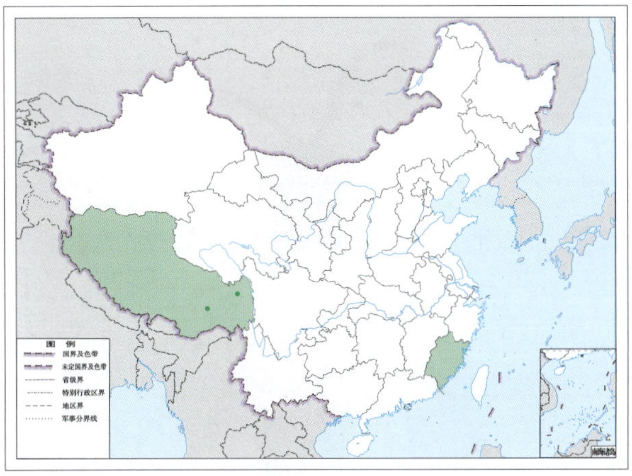

图 6-363-4　那氏黄胡蜂 *Vespula nursei* 地理分布图

364. 环黄胡蜂 *Vespula orbata* (du Buysson, 1902)

【测量】 雌性体长 13.0 ~ 16.5 mm，前翅长 12.0 ~ 14.5 mm；雄性体长 9.0 ~ 11.0 mm，前翅长 11.5 ~ 12.0 mm。

【形态特征】 背面观体具黑、黄和棕 3 种颜色，头顶棕色尤其明显，中胸盾片常具 1 个棕红色大斑块（腹部几乎无黑色时，盾片为纯黑色），前胸背板和中胸小盾片棕色有时较少，腹部第 1、2 节背板条带常黄色且窄于其余各节，第 3 节至末节条带更宽且为黄棕色，最后 3 或 4 节可见部分几乎全为黄棕色（有时腹部除第 1、2 节黄色条带外，其余几乎全为棕红色）。雌性额区触角间无凸起或退化状，唇基端缘略凹陷，两侧角不明显，宽弧形；后头脊延长至上颚基部。中胸盾片刻点略稀疏，刻点间距通常大于刻点直径；后胸侧板腹面无粗壮的褶皱；并胸腹节密生刻点，刻点间具褶皱，工蜂的褶皱不明显。腹部第 1 节背板前垂直面凹陷明显，雌性腹部末节腹板侧在近端部突然变窄，几乎形成 90° 陡坡；雄性末节背板两侧在接近末端处近似截状，背面观呈四边形；生殖器背端突呈刺状，阳基侧突端刺末端不明显变窄、呈指状。

【地理分布】 云南（怒江、楚雄、德宏、玉溪、保山、红河）、西藏；印度，尼泊尔，缅甸。

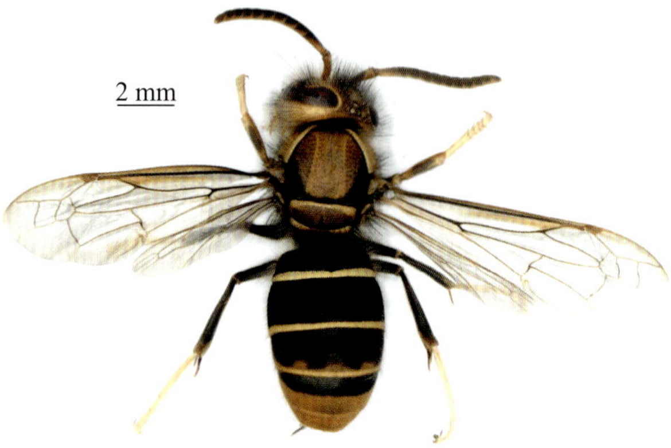

图 6-364-1 环黄胡蜂 *Vespula orbata* 雌性（工蜂）背面观

图 6-364-3 环黄胡蜂 *Vespula orbata* 雌性（蜂王）背面观

图 6-364-2 环黄胡蜂 *Vespula orbata* 雌性（工蜂，特殊色型）背面观

图 6-364-4 环黄胡蜂 *Vespula orbata* 雌性（工蜂）头部正面观

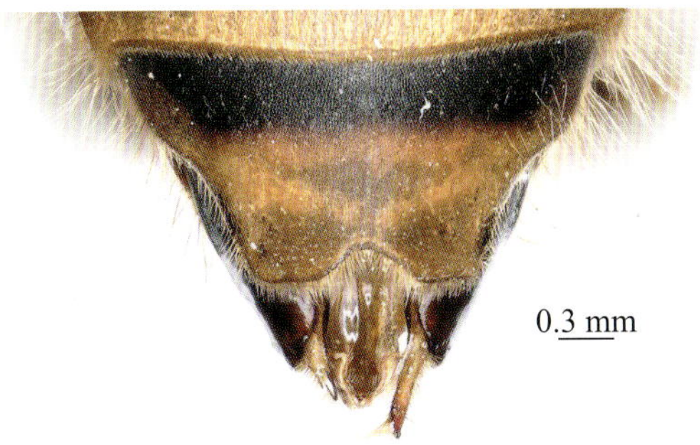

图 6-364-5　环黄胡蜂 *Vespula orbata* 雄性腹部末节腹面观

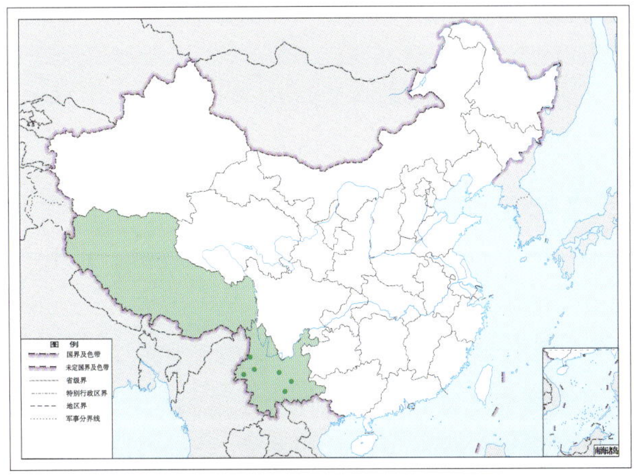

图 6-364-6　环黄胡蜂 *Vespula orbata* 地理分布图

图 6-364-7　环黄胡蜂 *Vespula orbata* 生态图（云南屏边大围山　陈尽虫　摄）

365. 红环黄胡蜂 *Vespula rufa* (Linnaeus, 1758)

【测量】 雌性体长 9.0 ~ 13.8 mm，前翅长 11.0 ~ 14.0 mm；雄性体长 9.0 ~ 11.0 mm，前翅长 11.0 ~ 12.0 mm。

【形态特征】 体黑色，具淡黄色斑；雌性唇基除中部具匕首状黑色斑外全为黄色，复眼凹陷的黄色带窄细，仅在下缘具短条带；部分种群腹部第1、2节背板具红色斑或两侧大部分为红色。中胸小盾片和腹部具更细小且浅的刻点，刻点间更具光泽；后足胫节无长斜毛；唇基略隆起，端部中央略凹陷，具稀疏刻点，刻点的直径小于刻点之间的距离；额区、头顶和颊区密生浅刻点，刻点直径大于刻点间距。工蜂唇基端部钝、凸出，雄性端部几乎无凸出；中胸盾片大刻点间距通常约等于或小于刻点直径（除中部刻点间距大外），大刻点间通常具

图 6-365-1　红环黄胡蜂 *Vespula rufa*
雌性（工蜂）背面观 1

图 6-365-3　红环黄胡蜂 *Vespula rufa*
雌性（蜂王）背面观 1

图 6-365-2　红环黄胡蜂 *Vespula rufa*
雌性（工蜂）背面观 2

图 6-365-4　红环黄胡蜂 *Vespula rufa*
雌性（蜂王）背面观 2

更小刻点，小刻点浅且表面几乎光滑。腹部第 1 节背板水平区向前略收拢，前截面中部略凹陷；雌性腹部末节腹板侧缘向端部逐渐变窄，坡度平缓，雄性末节背板两侧向末端逐渐变窄。

【地理分布】 内蒙古（呼伦贝尔、阿拉善、包头、呼和浩特）、山西（晋城、临汾、吕梁、介休）、宁夏（固原）、陕西（西安）、新疆（昌吉、哈密、乌鲁木齐）、吉林（长白山）、辽宁（海城、本溪、抚顺）、云南（保山、丽江）、甘肃（陇南）、黑龙江、北京（门头沟）、青海、四川、西藏（林芝）、台湾；蒙古，俄罗斯，朝鲜半岛，日本，尼泊尔，阿富汗，中亚各国，欧洲各国，加拿大。

图 6-365-5 红环黄胡蜂 *Vespula rufa* 雌性（工蜂）头部正面观

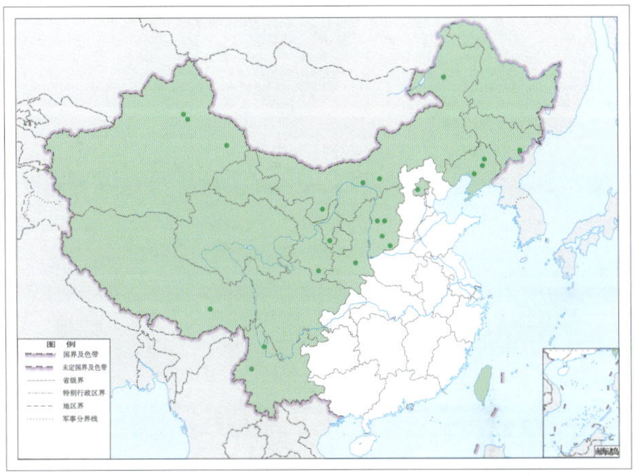

图 6-365-6 红环黄胡蜂 *Vespula rufa* 地理分布图

366. 施氏黄胡蜂 *Vespula shidai* Ishikawa, Yamane *et* Wagner, 1980

【测量】 雌性体长 9.2 ~ 13.0 mm，前翅长 11.0 ~ 14.0 mm；雄性体长 9.0 ~ 11.5 mm。

【形态特征】 体黑色，具黄色斑。雌性唇基黑色斑伸达端缘，腹部各节背板端部条带几乎均一、无凹斑及延伸，雄性上颚基部具 1 个三角形黑色斑。唇基隆起、粗糙，散生大刻点，大刻点间密生微小刻点，端缘中部略凹陷、两侧略呈角状；复眼凹陷的黄色区域中部具 1 个黑色隆起；后头脊不延长至上颚基部，延伸通常大于头部侧面长的 3/4。中胸盾片疏生零星较大的刻点，大刻点之间密生细小刻点；并胸腹节无褶皱，仅在与腹部连接处具弱褶皱。腹部第 1 节背板具长的黄棕色毛，基部无隆起，也无凹陷，水平区均匀、两侧缘几乎平行，前截面中部非凹陷；雌性腹部末节腹板两侧在近端部突然变窄，几乎形成 90° 陡坡，侧缘密生刚毛，蜂王末节腹板后侧具向后钝圆形，雄性末节背板两侧在接近末端处突然垂直变窄，背面观呈四边形，端部切口很浅或无切口；外生殖器长，长与宽之比大于 1。

【地理分布】 黑龙江、吉林（蛟河）、辽宁（本溪）、内蒙古；朝鲜，俄罗斯，日本。

图 6-366-1 施氏黄胡蜂 *Vespula shidai* 雌性（工蜂）背面观

图 6-366-2　施氏黄胡蜂 *Vespula shidai* 雌性（蜂王）背面观

图 6-366-4　施氏黄胡蜂 *Vespula shidai* 雌性（工蜂）腹部末节侧面观

图 6-366-3　施氏黄胡蜂 *Vespula shidai* 雌性（工蜂）头部正面观

图 6-366-5　施氏黄胡蜂 *Vespula shidai* 地理分布图

367. 锈黄胡蜂 *Vespula structor* (Smith, 1870)

【测量】 雌性体长 8.0 ~ 13.0 mm，前翅长 9.0 ~ 13.5 mm；雄性体长 11.0 mm，前翅长 13.0 mm。

【形态特征】 体黑色，具大量黄棕色及黄色斑，其中腹部各节除基部外绝大部分为黄棕色，前胸背板、腹部第 2 节背板和腹部第 2 ~ 4 节腹板的棕色尤其明显（蜂王腹部条带常为黄色且较窄，黑色区域大于浅色，中胸盾片纯黑色或几乎全为红棕色）；腹部背板具短的棕色毛以致显色部分呈棕黄色；唇基黄色至橘黄色，中间无黑色斑；小盾片和后胸背板黑色。后头脊延长至上颚基部；雌性上颚第 3 枚齿后的内缘直或最多略凹陷；颚眼距

图 6-367-1　锈黄胡蜂 *Vespula structor* 雌性（工蜂）背面观

长，头宽与颚眼距之比小于 18；并胸腹节无粗糙的褶皱，表面光滑无刻点，仅在与腹部连接处具弱褶皱；腹部第 1 节背板具长的黄棕色毛，水平区均匀、两侧缘几乎平行，背板基部无隆起、也无凹陷，前截面中部非凹陷；雌性腹部末节腹板两侧在近端部突然变窄，几乎形成 90° 陡坡，后侧向后钝圆形，雄性末节背板两侧在接近末端处突然垂直变窄，背面观呈四边形，端部切口很浅或无切口；阳茎端部勺状区域两侧具 1 个小的向后尖齿钩；阳茎端部圆、无凹陷，阳茎基腹铗腹面观不可见。

【地理分布】 河南（驻马店）、宁夏（固原）、陕西（汉中）、重庆（巫山）、四川（峨眉山）、云南（怒江）、西藏（墨脱）；缅甸，尼泊尔，印度。

图 6-367-3　锈黄胡蜂 *Vespula structor* 雌性（工蜂）头部正面观

图 6-367-2　锈黄胡蜂 *Vespula structor* 雌性（蜂王）背面观

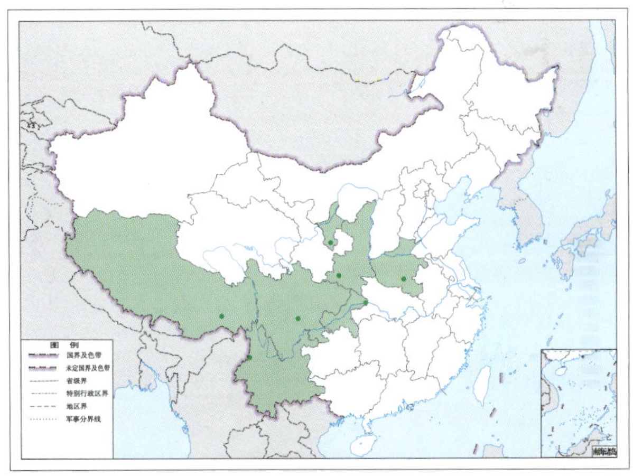

图 6-367-4　锈黄胡蜂 *Vespula structor* 地理分布图

368. 普通黄胡蜂 *Vespula vulgaris* (Linnaeus, 1758)

【测量】 雌性体长 7.0 ~ 13.5 mm，前翅长 9.0 ~ 13.5 mm；雄性体长 8.0 ~ 11.0 mm。

【形态特征】 体黑色，具大量黄色斑。雌性唇基中部具箭头状黑色条带，未延长至端缘；复眼凹陷区黄色斑与额区中部黄色斑不相连，明显将黄色区域与额区分开；胸部除中胸盾片及并胸腹节外均具黄色斑（中胸小盾片及后胸背板基部两侧分别具 1 对黄色的短斑），腹部各节端部具宽的黄色条带，条带两侧变宽，中部明显更窄且呈波浪状。唇基端缘中部弧形凹陷，两侧宽，略呈角状；上颚第 3 枚齿后的边缘直或略凹陷；后头脊完整，直达上颚，但在接近上颚时消失，然后再出现并到达上颚；颚眼距短，头宽与颚眼距之比大于19。并胸腹节无褶皱。腹部第1节背板具长的黄棕色毛，基部既无隆起也无凹陷，水平区均匀，两侧缘几乎平行，前截面中部非凹陷；雌性腹部末节腹板两侧在近端部突然变窄，几乎形成90°陡坡；雄性末节背板两侧在接近末端处突然垂直变窄，端部切口很浅或无切口。

【地理分布】 黑龙江、吉林、辽宁（本溪）、内蒙古（呼伦贝尔、呼和浩特、包头、阿拉善）、山西（晋城）、宁夏（固原）、陕西、甘肃、新疆；欧洲各国，非洲北部，亚洲（除南亚外），北美，墨西哥，新西兰，澳大利亚。

图 6-368-1 普通黄胡蜂 *Vespula vulgaris* 雌性（工蜂）背面观

图 6-368-3 普通黄胡蜂 *Vespula vulgaris* 雌性（工蜂）头部正面观

图 6-368-2 普通黄胡蜂 *Vespula vulgaris* 雌性（蜂王）背面观

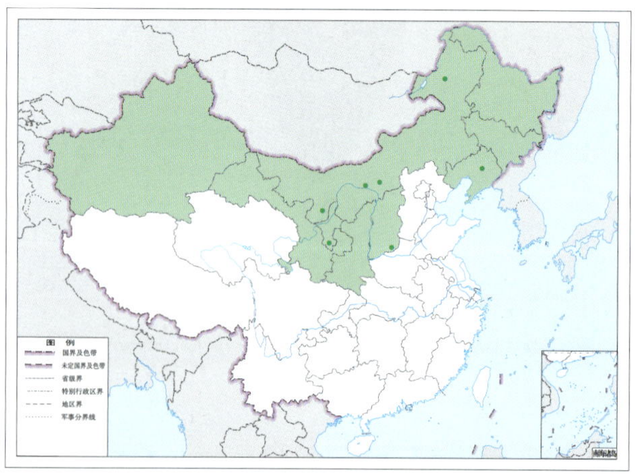

图 6-368-4 普通黄胡蜂 *Vespula vulgaris* 地理分布图

第七部分

长腹胡蜂亚科 Zethinae

图 7–a　短片元蜾蠃 *Discoelius brevilamellatus* 生态图（云南昆明　王智斌　摄）

【形态特征】 体细长。上颚短宽，端部具齿；足的跗节爪二分裂或具齿；中足胫节具2个端距。腹部第1节基部通常亚柄状或柄状。

【地理分布】 主要分布于新热带区、非洲区及东洋区。

【分类】 世界已知18属，我国已知3属22种，本图鉴收录3属19种。

中国长腹胡蜂亚科 Zethinae 分属检索表

1. 并胸腹节端部亚缘脊薄片与腹瓣分离 ……………………………………………**长腹胡蜂属** ***Zethus*** **Fabricius**

   并胸腹节端部亚缘脊薄片与腹瓣不分离 ……………………………………………………………………… **2**

2. 下唇须3节；腹部第1节背板侧面观扁平 ………………………………… **丽腹胡蜂属** ***Calligaster*** **de Saussure**

   下唇须4节；腹部第1节背板侧面观非扁平 ………………………………… **元蜾蠃属** ***Discoelius*** **Latreille**

六三、丽腹胡蜂属 *Calligaster* de Saussure, 1852

【形态特征】 上颚短截状；下颚须6节，下唇须3节；中胸侧板具胫骨前脊，水平愈合线缺失；翅基片后缘不为截状；中胸盾片具后盾沟；并胸腹节端部与第1腹节连接处的孔圆，不呈尖锐状，端部薄片不翘起，具明显并胸腹节沟；腹部第1节背板腹柄状，背面观在近基部处急剧变宽，余后两侧缘背面观近平行，具纵脊，第2节腹板基部稍凹陷；雄性触角第13节变细，不向后折回；生殖突基节近截状；生殖刺突近端部具短而细的毛；阳茎基腹铗狭长，基部膨大，端部斜截状。

【地理分布】 分布于东洋区。

【分类】 世界已知6种，我国已知2种，本图鉴收录2种。

中国丽腹胡蜂属 *Calligaster* 分种检索表

1. 腹部第1节背面观相对细长，长约为最宽处的2.6倍；背板褶皱较刻点明显 ………………………………………
   ……………………………………………………………………………… **蓝翅丽腹胡蜂** ***Calligaster cyanoptera***

   腹部第1节背面观较上述短和粗壮，长约为最宽处的1.8倍；背板密生明显刻点，褶皱不明显 ……………
   ……………………………………………………………………… **喜马拉雅丽腹胡蜂** ***Calligaster himalayensis***

369. 蓝翅丽腹胡蜂 *Calligaster cyanoptera* de Saussure, 1852

【测量】 雌性体长 22.3 ~ 24.5 mm，前翅长 16.8 ~ 17.3 mm；雄性体长 19.5 ~ 21.0 mm。

【形态特征】 体黑色，触角窝内上侧具 1 对黄色斑，触角腹面棕色；翅褐色，略具蓝紫色光泽。唇基宽大于长，端部平截，基部轻微凹陷，密生网状刻点，刻点较额区及头顶略密，基部与触角间隆起处具 1 条短纵脊。前胸背板及中胸侧板密生网状刻点，刻点间脊状明显，中胸盾片具宽的盾纵沟，基部密生刻点，端部刻点稀疏，刻点间光滑，小盾片疏生刻点，刻点间具不明显纵脊；并胸腹节背区内侧密生刻点，外侧光滑，侧区上侧密生网状刻点。腹部第 1 节背面观相对细长，长约为最宽处的 2.6 倍；背板褶皱较刻点明显，第 2 节背板疏生细小刻点。

【地理分布】 广东（肇庆）、广西（桂林）、云南（西双版纳、红河）；印度尼西亚。

图 7-369-1　蓝翅丽腹胡蜂 *Calligaster cyanoptera* 雌性背面观

图 7-369-3　蓝翅丽腹胡蜂 *Calligaster cyanoptera* 雌性胸部侧面观

图 7-369-2　蓝翅丽腹胡蜂 *Calligaster cyanoptera* 雌性头部正面观

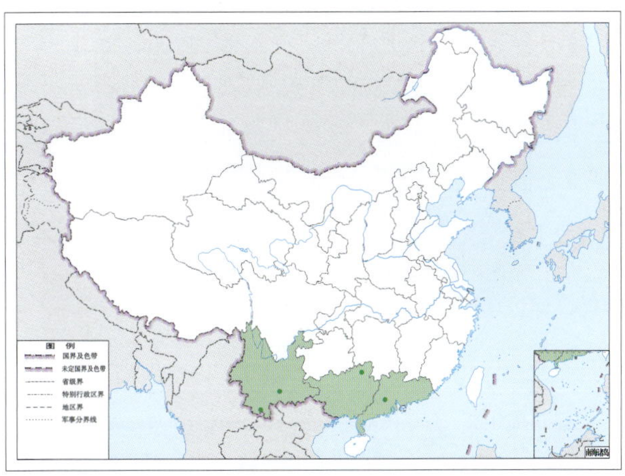

图 7-369-4　蓝翅丽腹胡蜂 *Calligaster cyanoptera* 地理分布图

370. 喜马拉雅丽腹胡蜂 *Calligaster himalayensis* (Cameron, 1904)

【测量】 雄性体长 20.1 mm，前翅长 14.6 mm；雌性体长 21.0 ~ 22.5 mm。

【形态特征】 体几乎黑色，雌性上颚基部及端部红褐色，雄性上颚和唇基大部分黄色，雌性唇基黑色；翅略具蓝紫色光泽。雌性唇基刻点较雄性的密而粗糙，在中部呈不规则网状；雄性唇基端缘中部宽且深弧形凹陷，两侧钝齿状；雄性触角第 13 节较第 12 节细短，不向后折回成钩状；额区、头顶及胸部刻点亦粗糙。小盾片和后胸背板刻点比蓝翅丽腹胡蜂 *Calligaster cyanoptera* 更深、更大更密；并胸腹节侧面观刻点更密。腹部第 1 节背面观较近似种短和粗壮，长约为最宽处的 1.8 倍，背板密生明显刻点，褶皱不明显，第 2 节背板基部光滑，其余部位具小刻点。

【地理分布】 广东（韶关）、香港；越南，老挝，印度。

图 7-370-1　喜马拉雅丽腹胡蜂 *Calligaster himalayensis* 雄性背面观

图 7-370-2　喜马拉雅丽腹胡蜂 *Calligaster himalayensis* 雄性头部正面观

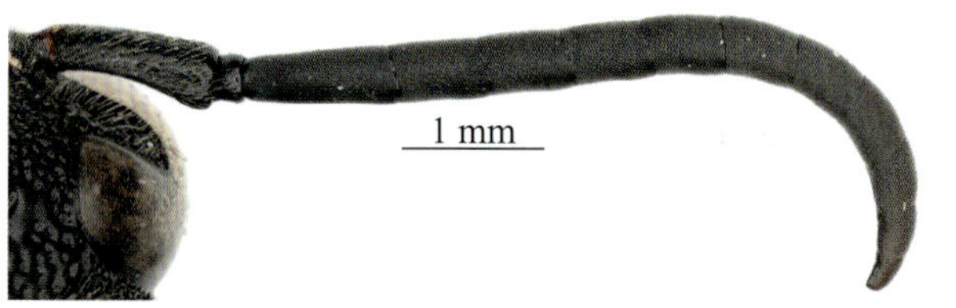

图 7-370-3　喜马拉雅丽腹胡蜂 *Calligaster himalayensis* 雄性触角

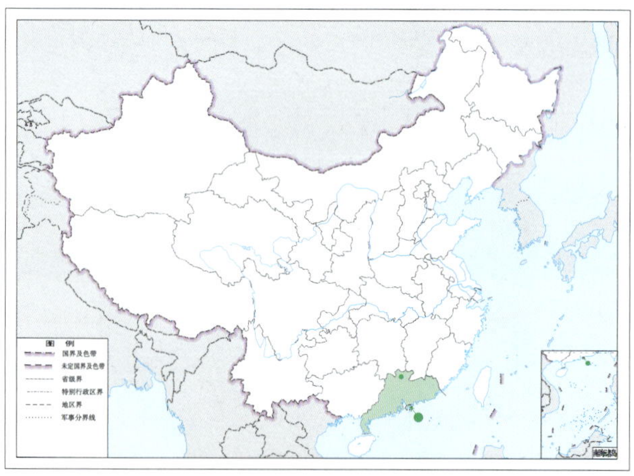

图 7-370-4　喜马拉雅丽腹胡蜂 *Calligaster himalayensis* 地理分布图

六四、元蜾蠃属 *Discoelius* Latreille, 1809

【形态特征】 上颚较短，仅在端部相互交叉；下颚须及下唇须分别为6节、4节；唇基宽大于长，端部边缘圆滑，部分种类略截状；头顶窝穴缺失，后头脊在头顶缺失或弱。具前胸脊；中胸盾片具盾纵沟，但在某些种类中弱；具中胸侧脊；翅基片长明显大于宽，后缘长过旁翅基片后缘；并胸腹节无亚缘脊，亚缘脊薄片与腹瓣不分离。腹部第1节腹柄状，端部宽约为第2节基部宽的1/2；前翅痣几乎缺失，翅痣近方状。

【地理分布】 分布于古北区、东洋区。

【分类】 世界已知11种，我国已知10种，本图鉴收录8种。

中国元蜾蠃属 *Discoelius* 分种检索表

1. 腹部第1节背板侧面观在近基部逐渐向中部隆升 …………………………长节元蜾蠃 *Discoelius longinodus*

   腹部第1节背板侧面观在近基部向中部剧烈隆升 ………………………………………………………… 2

2. 腹部第2～4节背板端部具完整的发达翘起的薄片 ………………………………………………………… 3

   腹部第2～4节背板端部不全具完整的发达翘起的薄片 …………………………………………………… 4

3. 前胸背板、小盾片及后胸背板具色斑；并胸腹节背区与侧区交界处无明显脊 ………………………………………………………………………………………………依氏元蜾蠃 *Discoelius esakii*

   胸部黑色；并胸腹节背区与侧区交界处具突出的脊 …………………………王氏元蜾蠃 *Discoelius wangi*

4. 胸部具大量黄色斑 ……………………………………………………………………………………… 5

   胸部至多仅前胸背板具色斑 …………………………………………………………………………… 6

5. 雌性额区刻点间的脊延伸至后单眼之间；中胸盾片盾纵沟完整且中纵脊明显；腹部第2节背板基部两侧具色斑 ……………………………………………………………………彩色元蜾蠃 *Discoelius pictus*

   雌性额区刻点间的脊稍弱；中胸盾片盾纵沟不完整，脊不甚强烈；腹部第2节背板基部两侧无色斑 …… ……………………………………………………法国元蜾蠃东北亚种 *Discoelius dufourii manchurianus*

6. 腹部第4节背板端部两侧具明显薄片；腹部全黑色 …………………………特氏元蜾蠃 *Discoelius turneri*

   腹部第4节背板端部无薄片；腹部具色斑 ………………………………………………………………… 7

7. 雌性中胸盾片具密集纵脊，脊间具稀疏的刻点；雄性腹部第1节背板长宽相当；腹部第2节背板宽略大于长 ……………………………………………………法国元蜾蠃指名亚种 *Discoelius dufourii dufourii*

   雌性中胸盾片密生刻点或纵脊不及上述密且长；雄性腹部第1、2节背板均长大于宽 ………………… 8

8. 体具黄棕色斑；腹部第2节背板刻点细密 …………………………短片元蜾蠃 *Discoelius brevilamellatus*

   体具黄色斑；腹部第2节背板刻点明显较上述稀疏 ……………………………………………………… 9

9. 并胸腹节具光泽，侧面光滑，上部沿侧脊具稀疏刻点 ……………峨眉山元蜾蠃 *Discoelius emeishanensis*

   并胸腹节无光泽，侧面具弱的细皱 …………………………………………………………………… 10

10. 唇基黑色，基部凹陷明显；并胸腹节后区具网状皱 ……………………黑唇元蜾蠃 *Discoelius nigriclypeus*

    唇基具黄色斑，基部凹陷弱；并胸腹节后区皱退化状、不明显 ……………长腹元蜾蠃 *Discoelius zonalis*

371. 短片元蜾蠃 *Discoelius brevilamellatus* Wang, Chen *et* Li, 2019

【测量】 雌性体长 12.4 ~ 14.2 mm，前翅长 11.2 ~ 12.2 mm；雄性未知。

【形态特征】 体黑色，具少量黄棕色斑，雌性唇基端部的斑、前胸背板基部两侧斑，腹部第 1、2 节背板端缘的条带为黄棕色，翅为淡褐色。唇基密生刻点，刻点深但不规则，两侧刻点更密且刻点间略呈纵脊状，宽明显大于长，端部截状，端部宽约为唇基宽的 1/4；额区刻点略较唇基小，刻点间无脊状。中胸盾片密生刻点，具完整盾纵沟；并胸腹节背区两侧密生斜皱，中部及后区具网状刻点，侧区密生细横皱。腹部第 1、2 节背板均长大于宽，第 1 节背板侧面观在近基部向中部剧烈隆升，第 2 节背板密生细小刻点，第 4 节背板端部无薄片。

【地理分布】 西藏（芒康）、云南（昆明）。

图 7-371-1 短片元蜾蠃 *Discoelius brevilamellatus* 雌性背面观

图 7-371-2 短片元蜾蠃 *Discoelius brevilamellatus* 雌性头部正面观

图 7-371-3 短片元蜾蠃 *Discoelius brevilamellatus* 雌性并胸腹节背面观

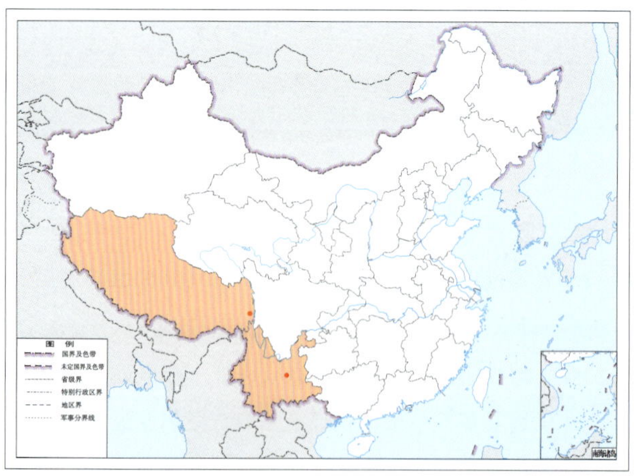

图 7-371-4 短片元蜾蠃 *Discoelius brevilamellatus* 地理分布图

372. 法国元蜾蠃 *Discoelius dufourii* Lepeletier, 1841

【形态特征】 体黑色，具黄色斑。该种雌性唇基、额区中部两侧及中胸盾片刻点间明显具纵脊，唇基宽大于长，端缘略微截状，端部宽约为唇基宽的 1/4，唇基被刻点，刻点间脊状。胸部背面观长约为宽的 2 倍，前胸脊完整，前胸背板密生粗糙刻点；雌性中胸盾片密生纵脊，脊间疏生刻点；并胸腹节背区密生网状刻点。腹部第 1 节背板长宽相当，第 2 节背板宽略大于长，第 4 节背板端部无薄片。

该种世界已知 2 亚种，我国已知 2 亚种，本图鉴收录 2 亚种。

①法国元蜾蠃指名亚种 *Discoelius dufourii dufourii* Lepeletier, 1841

【测量】 雌性体长 12.0 mm，前翅长 10.0 mm。

【地理分布】 内蒙古（阿拉善）；蒙古，俄罗斯，韩国，伊朗，土耳其，白俄罗斯，芬兰，奥地利，德国，法国，瑞士，西班牙。

图 7-372-1-a 法国元蜾蠃指名亚种 *Discoelius dufourii dufourii* 雌性背面观

图 7-372-1-b 法国元蜾蠃指名亚种 *Discoelius dufourii dufourii* 雌性头部正面观

图 7-372-1-c 法国元蜾蠃指名亚种 *Discoelius dufourii dufourii* 雌性并胸腹节背面观

图 7-372-1-d 法国元蜾蠃指名亚种 *Discoelius dufourii dufourii* 地理分布图

②法国元蜾蠃东北亚种 *Discoelius dufourii manchurianus* Yasumatsu, 1934

【测量】 雌性体长 9.8 ~ 11.6 mm，前翅长 9.1 ~ 10.6 mm；雄性体长 9.4 ~ 10.0 mm，前翅长 8.0 ~ 9.2 mm。

【形态特征】 与法国元蜾蠃指名亚种 *Discoelius dufourii dufourii* 相比，该亚种体明显具大量黄色斑，雌性唇基几乎全为黄色，额区下端具 1 对黄色斑。

【地理分布】 辽宁（辽阳）、内蒙古（包头、呼和浩特）、河北（涿州）、宁夏（固原）。

图 7-372-2-a　法国元蜾蠃东北亚种 *Discoelius dufourii manchurianus* 雌性背面观

图 7-372-2-c　法国元蜾蠃东北亚种 *Discoelius dufourii manchurianus* 雄性背面观

图 7-372-2-b　法国元蜾蠃东北亚种 *Discoelius dufourii manchurianus* 雌性头部正面观

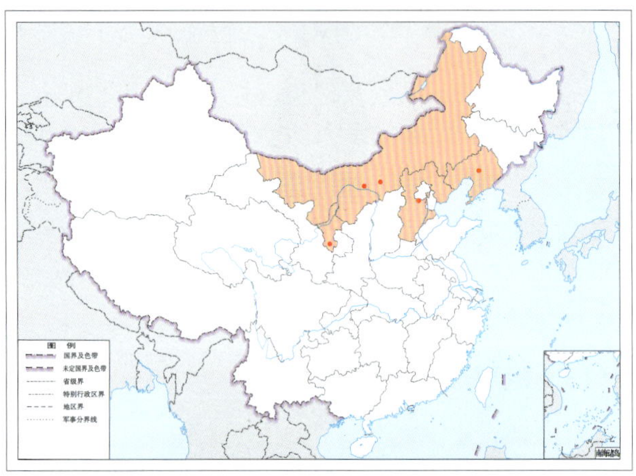

图 7-372-2-d　法国元蜾蠃东北亚种 *Discoelius dufourii manchurianus* 地理分布图

373. 峨眉山元蜾蠃 *Discoelius emeishanensis* Zhou, Chen *et* Li, 2013

【测量】 雌性体长 12.7 ~ 13.1 mm，前翅长 10.1 ~ 10.6 mm；雄性体长 9.8 ~ 10.6 mm，前翅长 7.7 ~ 9.2 mm。

【形态特征】 体黑色，头部和腹部具少量黄色斑。唇基宽大于长，具明显刻点，两侧具稀疏短毛，端缘平截状，端部宽约为唇基宽的 1/4，基部凹陷；触角第 1 节长约为宽的 3 倍，具有光泽和密集刻点，其余各节均无光泽，第 3 节长于第 4 节，余后各节宽大于长；并胸腹节具光泽，侧面光滑，上部沿侧脊疏生刻点。腹部第 2 节背板刻点明显不如短片元蜾蠃 *Discoelius brevilamellatus* 细密。

【地理分布】 江西（赣州）、广东（惠州）、广西（来宾、河池）、重庆（江津）、四川（峨眉山、达州）、贵州（铜仁）。

图 7-373-1 峨眉山元蜾蠃 *Discoelius emeishanensis* 雄性背面观

图 7-373-2 峨眉山元蜾蠃 *Discoelius emeishanensis* 雄性头部正面观

图 7-373-3 峨眉山元蜾蠃 *Discoelius emeishanensis* 雌性头部正面观

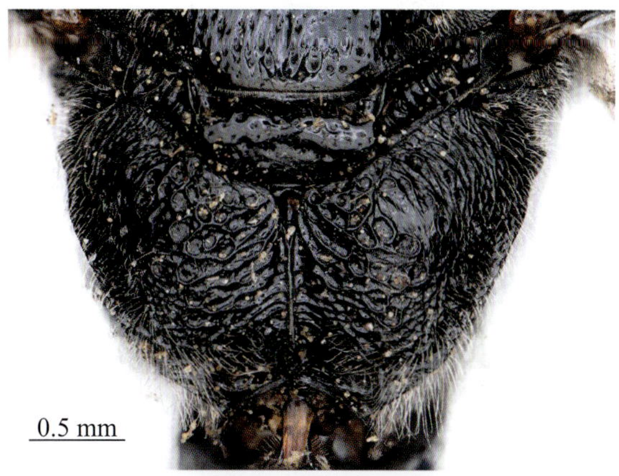

图 7-373-4 峨眉山元蜾蠃 *Discoelius emeishanensis* 雌性并胸腹节背面观

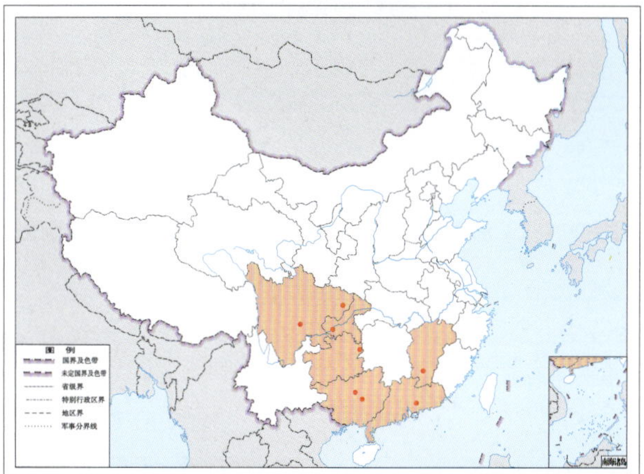

图 7-373-5 峨眉山元蜾蠃 *Discoelius emeishanensis* 地理分布图

374. 黑唇元蜾蠃 *Discoelius nigriclypeus* Zhou, Chen *et* Li, 2013

【测量】 雌性体长 12.7 ~ 13.1 mm，前翅长 10.1 ~ 10.6 mm；雄性未知。

【形态特征】 体黑色，仅腹部第 2 节背板端缘具窄的、不明显的黄色端带。唇基基部凹陷明显。胸部背面观长约是宽的 1.6 倍，具白色短毛及密集刻点；前胸脊明显，前胸背板布密集刻点，似额区，在外侧下部可见横脊；中胸侧板刻点明显，较前胸背板稍稀疏；并胸腹节无光泽，侧面具弱的细褶皱；并胸腹节后区具网状褶皱。

【地理分布】 湖南（常德）、贵州（黔东南）。

图 7–374–1 黑唇元蜾蠃 *Discoelius nigriclypeus* 雌性背面观

图 7–374–3 黑唇元蜾蠃 *Discoelius nigriclypeus* 雌性并胸腹节背面观

图 7–374–2 黑唇元蜾蠃 *Discoelius nigriclypeus* 雌性头部正面观

图 7–374–4 黑唇元蜾蠃 *Discoelius nigriclypeus* 地理分布图

375. 彩色元蜾蠃 *Discoelius pictus* Kostylev, 1940

【测量】 雌性体长 14.3 ~ 14.8 mm，前翅长 10.5 ~ 11.2 mm；雄性体长 9.5 ~ 9.8 mm，前翅长 8.2 ~ 8.6 mm。

【形态特征】 胸部黄色斑丰富。雌性唇基宽大于长，端部平截，端部宽稍大于唇基宽的 1/4，刻点间呈明显粗脊状，在两侧边缘不明显，基部稍凹陷；雌性额区的脊延伸至后单眼之间。中胸盾片具明显的盾纵沟及发达的脊。腹部第 2 节背板基部两侧具色斑。

【地理分布】 新疆（伊犁）；乌兹别克斯坦。

图 7-375-3　彩色元蜾蠃 *Discoelius pictus* 雌性头部正面观

图 7-375-1　彩色元蜾蠃 *Discoelius pictus* 雄性背面观

图 7-375-4　彩色元蜾蠃 *Discoelius pictus* 雌性并胸腹节背面观

图 7-375-2　彩色元蜾蠃 *Discoelius pictus* 雄性头部正面观

图 7-375-5　彩色元蜾蠃 *Discoelius pictus* 地理分布图

376. 特氏元蜾蠃 *Discoelius turneri* (Meade-Waldo, 1910)

【测量】 雌性体长 11.9 mm，前翅长 10.3 mm；雄性体长 10.1 mm，前翅长 8.7 mm。

【形态特征】 除前胸背板外，体几乎全为黑色。唇基宽稍大于长，端部平截，端部宽稍大于唇基宽的 1/4，刻点深不规则，基部稍凹陷。胸部长约为宽的 1.5 倍，前胸脊完整，前胸背板刻点似头部，侧下角具不明显脊，胸部至前胸背板具色斑。腹部第 4 节背板端部两侧具明显薄片。

【地理分布】 云南（文山）、西藏（墨脱）；越南，印度。

图 7-376-3 特氏元蜾蠃 *Discoelius turneri* 雄性头部正面观

图 7-376-1 特氏元蜾蠃 *Discoelius turneri* 雌性背面观

图 7-376-4 特氏元蜾蠃 *Discoelius turneri* 雌性并胸腹节背面观

图 7-376-2 特氏元蜾蠃 *Discoelius turneri* 雌性头部正面观

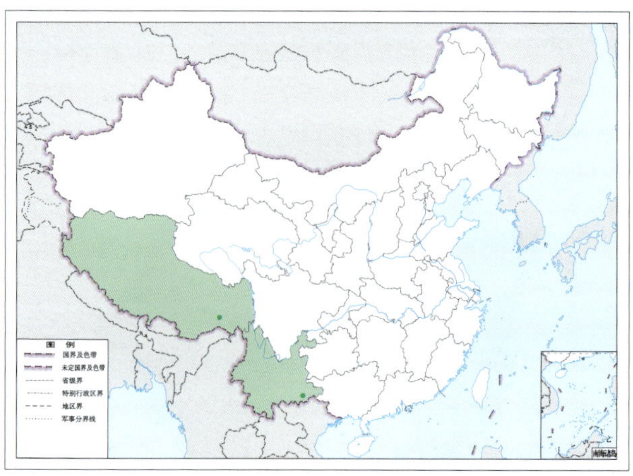

图 7-376-5 特氏元蜾蠃 *Discoelius turneri* 地理分布图

377. 王氏元蜾蠃 *Discoelius wangi* Yamane, 1996

【测量】 雌性体长 11.2 ~ 13.2 mm，前翅长 9.7 ~ 11.2 mm；雄性体长 9.3 ~ 10.4 mm，前翅长 8.1 ~ 8.6 mm。

【形态特征】 体黑色，其中唇基、上颚及腹部具黄色斑。唇基基部具 1 条较短的纵脊，唇基宽明显大于长，边缘近平截，端部宽约为唇基宽的 1/3，具不规则大刻点，网状，基部边缘轻微凹陷；并胸腹节背侧区交界处具侧脊。腹部第 1 节背板侧面观在近基部向中部剧烈隆升，第 2 ~ 4 节背板端部具完整的发达翘起的薄片。

【地理分布】 浙江（宁波、丽水）、江西（德兴）、广东（肇庆、韶关）、广西（来宾）、四川（达州）、贵州（铜仁）、台湾。

图 7-377-1 王氏元蜾蠃 *Discoelius wangi* 雌性背面观

图 7-377-2 王氏元蜾蠃 *Discoelius wangi* 雌性头部正面观

图 7-377-3 王氏元蜾蠃 *Discoelius wangi* 雄性头部正面观

图 7-377-4 王氏元蜾蠃 *Discoelius wangi* 雌性并胸腹节背面观

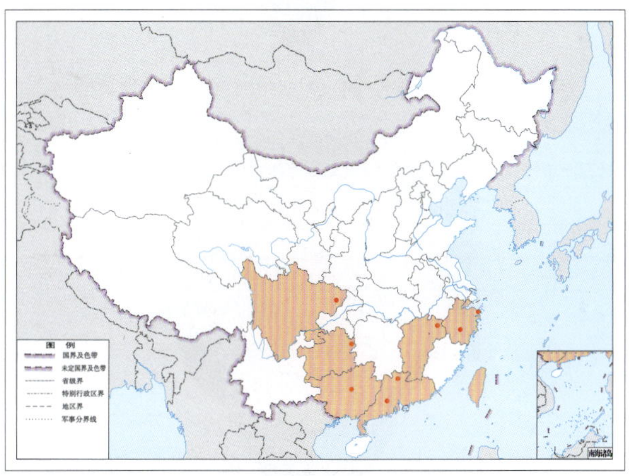

图 7-377-5 王氏元蜾蠃 *Discoelius wangi* 地理分布图

378. 长腹元蜾蠃 *Discoelius zonalis* (Panzer, 1801)

【测量】 雌性体长 11.8 ~ 12.1 mm，前翅长 9.5 ~ 9.8 mm；雄性体长 7.1 ~ 7.6 mm，前翅长 5.2 ~ 5.6 mm。

【形态特征】 体黑色，唇基端部具黄色斑，雄性上颚中部具黄色斑，腹部第 1、2 节背板端缘具窄的黄色条带。唇基密生网状刻点，雄性较雌性的稀疏，额区刻点更小，单眼周围刻点明显稀疏。胸部背面观长约是宽的 1.5 倍；前胸脊弱，前胸背板刻点较头顶略小；中胸盾片刻点密集，无纵脊，雌性具完整盾纵沟，雄性具后端沟；翅基片前后端具刻点，后缘略平截状且超过旁翅基片；并胸腹节无光泽，背区及后区褶皱弱，网状刻点不显著，侧区上侧密生细弱斜褶皱。腹部第 1 节长约为宽的 1.7 倍，密生刻点，自基部向端部变小变稀；第 2 节背板具光泽，疏生刻点；第 2、3 节端部具直立的薄片。

图 7-378-1 长腹元蜾蠃 *Discoelius zonalis* 雄性背面观

图 7-378-2 长腹元蜾蠃 *Discoelius zonalis* 雌性头部正面观

【地理分布】 辽宁（海城）、山西（晋城）、陕西（延安、西安）、浙江、湖北（神农架）、江西、福建、广西（南宁）、重庆（江津）、四川（达州、雅安）、贵州（黔东南）、云南；俄罗斯，韩国，日本，土耳其，白俄罗斯，奥地利，保加利亚，德国，法国。

图 7-378-3 长腹元蜾蠃 *Discoelius zonalis* 雄性头部正面观

图 7-378-4 长腹元蜾蠃 *Discoelius zonalis* 雌性并胸腹节背面观

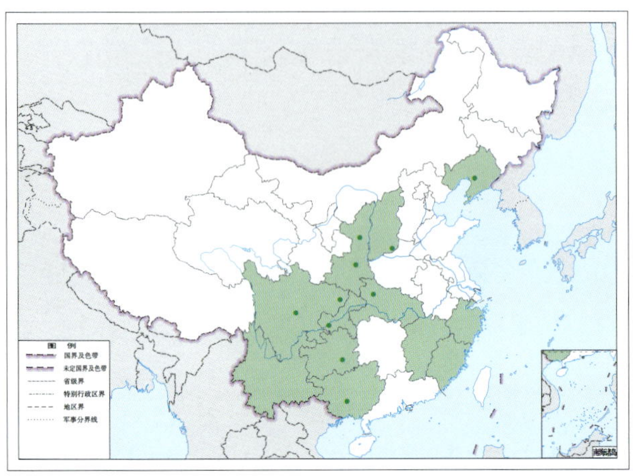

图 7-378-5 长腹元蜾蠃 *Discoelius zonalis* 地理分布图

六五、长腹胡蜂属 *Zethus* Fabricius, 1804

【形态特征】 体型相对较大。上颚短截，仅在端部稍有交叉；唇基宽大于长，端部平截或凹陷；下唇须 4 节；头顶窝穴缺失；雄性末端触角钩状。前胸脊常完整；中胸背板具盾纵沟；翅基片长大于宽，其后缘轻微凹陷并长过旁翅基片；中胸侧板具胫骨前脊；并胸腹节亚缘脊薄片与腹瓣薄片分离，并胸腹节端部孔背面观通常尖锐。中足常具 2 个距。腹部第 1 节腹柄状；腹部第 2 节钟形；第 2、3 节背板端部通常有薄片；第 1 节背板两侧通常在腹面接近。

【地理分布】 本属分 4 亚属，其中 *Madecazethus* 亚属仅包括 2 种，分布于马达加斯加岛；*Zethoides* 和 *Zethusculus* 亚属分布于美洲，包括 68 种；长腹胡蜂亚属 *Zethus* 包括 202 种，除澳洲区外为世界性分布，该亚属东洋区分布 26 种，古北区分布 2 种。

【分类】 世界已知 4 亚属 272 种，我国已知 11 种，本图鉴收录 10 种。

中国长腹胡蜂属 *Zethus* 分种检索表

1. 腹部第 2 节腹板侧面观具瘤突 …… 虚长腹胡蜂 ***Zethus dolosus***
   腹部第 2 节腹板侧面观无瘤突 …… 2
2. 并胸腹节端部亚缘脊薄片缺失 …… 3
   并胸腹节端部具亚缘脊薄片 …… 4
3. 唇基端部平截正常；腹部第 1 节背板长约为宽的 2.4 倍，腹面观外缘脊缺失 …… 无边长腹胡蜂 ***Zethus nullimarginatus***
   唇基端部平截，侧面观中间下陷；腹部第 1 节背板长约为宽的 2 倍，腹面观腹部第 1 节背板外缘脊存在 …… 无片长腹胡蜂 ***Zethus velamellatus***
4. 后头脊在头顶后弱；前胸脊在中部缺失 …… 脊长腹胡蜂 ***Zethus striatus***
   后头脊和前胸脊明显完整 …… 5
5. 唇基端部平截或稍圆 …… 6
   唇基端部明显凹陷 …… 9
6. 腹部第 1 节背板长约为宽的 4 倍 …… 贝氏长腹胡蜂 ***Zethus bakeri***
   腹部第 1 节背板长至多为宽的 2.6 倍 …… 7
7. 腹部第 2 节背板基部明显具柄 …… 南岭长腹胡蜂 ***Zethus nanlingensis***
   腹部第 2 节背板基部不明显具柄 …… 8
8. 胸部和腹部几乎全为黑色；颊区具纵脊 …… 黑长腹胡蜂 ***Zethus nigerrimus***
   胸部和腹部具锈色斑；颊区无纵脊 …… 糙点长腹胡蜂 ***Zethus asperipunctatus***
9. 腹部第 1 节背板长约为宽的 3 倍 …… 钝腹长腹胡蜂 ***Zethus angulatus***
   腹部第 1 节背板长小于宽的 2.5 倍 …… 10
10. 上颚内缘具 4 枚齿；单眼约等于触角突大小；上颚齿正常 …… 宽柄长腹胡蜂 ***Zethus tumidus***
    上颚内缘具 3 枚齿；单眼小于触角突大小；上颚齿间存在缺刻 …… 台湾长腹胡蜂 ***Zethus taiwanus***

379. 钝腹长腹胡蜂 *Zethus angulatus* Nguyen *et* Carpenter, 2016

【测量】 雌性体长 16.3 ~ 19.2 mm，前翅长 11.6 ~ 14.7 mm；雄性体长 14.3 mm，前翅长 11.2 mm。

【形态特征】 体几乎全为黑色，仅触角窝上方具 1 个小黄色斑，翅黑褐色。唇基端部明显凹陷；胸部宽度和头部宽度相当，具不规则刻点；背面观长约为宽的 1.3 倍，具短毛及刻点。前胸背板前缘明显截状，两侧面下角具不规则的横皱，前胸脊完整；并胸腹节无光泽，背区无刻点，后区革质，粗糙，亚中脊极弱，并胸腹节背区与侧区相接处存在明显脊，侧区上部具大刻点，下半部光滑。腹部第 1 节背板长约为宽的 3 倍。

【地理分布】 广东（韶关）、香港、广西（河池、桂林）；越南。

图 7-379-1　钝腹长腹胡蜂 *Zethus angulatus* 雌性背面观

图 7-379-3　钝腹长腹胡蜂 *Zethus angulatus* 雄性头部正面观

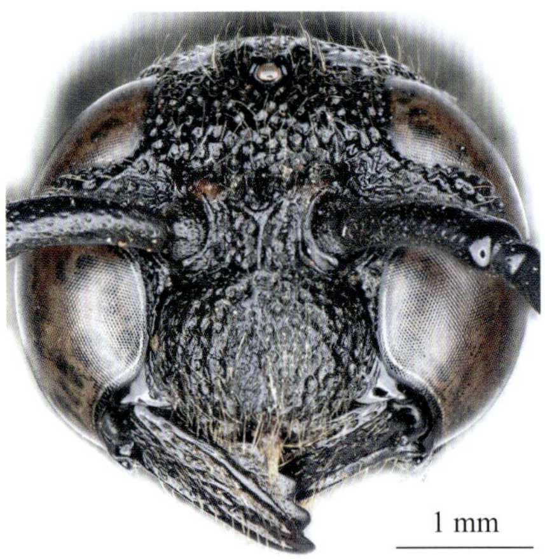

图 7-379-2　钝腹长腹胡蜂 *Zethus angulatus* 雌性头部正面观

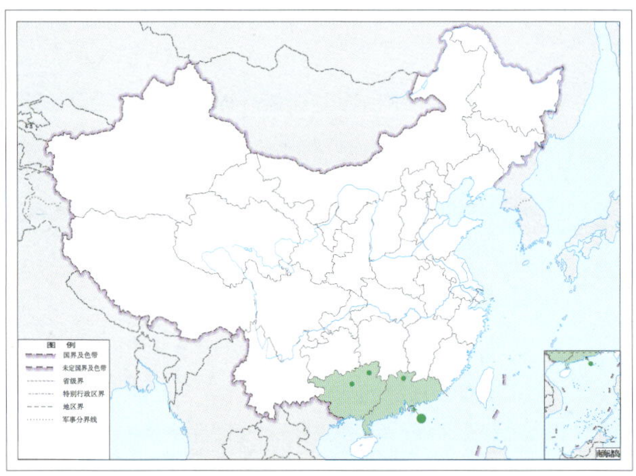

图 7-379-4　钝腹长腹胡蜂 *Zethus angulatus* 地理分布图

380. 糙点长腹胡蜂 *Zethus asperipunctatus* Wang, Chen *et* Li, 2019

【测量】 雌性体长 16.2 mm，前翅长 13.7 mm；雄性未知。

【形态特征】 体黑色，触角窝上方具 1 对明显的红棕色斑，前胸背板基部、翅基片、后胸背板两侧缘的小斑及腹部第 1 ~ 3 节背板端缘的条带为红棕色。唇基宽明显大于长，宽约为长的 1.4 倍，端部平截，端部宽约为唇基宽的 1/3，密生粗糙刻点和长毛，基部近平直；颊区无纵脊；后头脊完整。胸部长约为宽的 1.3 倍；前胸脊完整；前胸背板刻点小，粗糙，两外侧肩角明显；中胸盾片具完整盾纵沟，基部密生刻点，端部刻点略稀疏。腹部第 1 节背板长为宽的 2.2 倍，在基部约 1/5 处变宽，密生粗糙的深刻点、明显网状；第 2 节背板基部无明显柄且密生刻点，中部至端部的刻点明显较稀疏，腹板侧面观在近中部呈钝角，其后平坦。

【地理分布】 云南（虎跳峡）。

图 7-380-1　糙点长腹胡蜂 *Zethus asperipunctatus* 雌性背面观

图 7-380-3　糙点长腹胡蜂 *Zethus asperipunctatus* 雌性腹部侧面观

图 7-380-2　糙点长腹胡蜂 *Zethus asperipunctatus* 雌性头部正面观

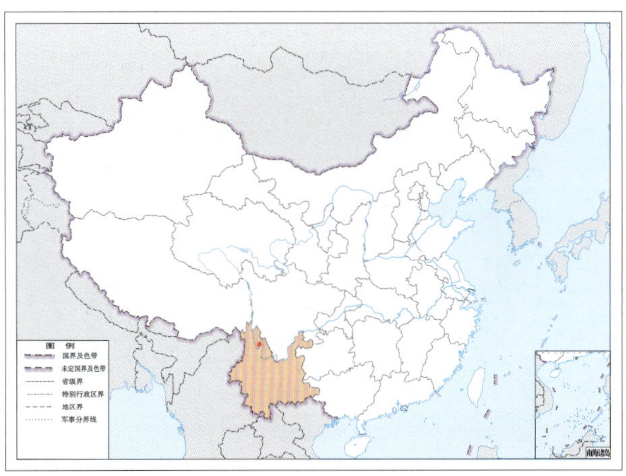

图 7-380-4　糙点长腹胡蜂 *Zethus asperipunctatus* 地理分布图

381. 贝氏长腹胡蜂 *Zethus bakeri* Giordani Soika, 1995

【测量】 雌性体长 14.0 mm；雄性未知。

【形态特征】 体黑色，仅雄性唇基（除基部边缘外及上颚除端缘外）为黄色。唇基端部平截或稍圆；后头脊和前胸脊明显完整。前胸背板刻点如头部，其两侧下端具脊；中胸背板刻点与前胸背板相似，但更具光泽；盾纵沟发达；翅基片刻点稀少，光滑；小盾片具稀疏的浅的大刻点；小盾片与中胸背板处于同一平面，两者相连处具 9 或 10 条短纵脊；并胸腹节密生网状刻点，端部具亚缘脊薄片。腹部第 1 节腹柄长，背板长约为宽的 4 倍，膨大区刻点中等密度，刻点间距等于或小于刻点直径；第 2 节背板基部明显具柄，第 2 节背板刻点略较第 1 节稀疏且小，刻点间具光泽。

【地理分布】 广东（东莞、广州）；越南，马来西亚。

图 7-381-1　贝氏长腹胡蜂 *Zethus bakeri* 雌性背面观

图 7-381-3　贝氏长腹胡蜂 *Zethus bakeri* 雄性头部正面观

图 7-381-2　贝氏长腹胡蜂 *Zethus bakeri* 雌性头部正面观

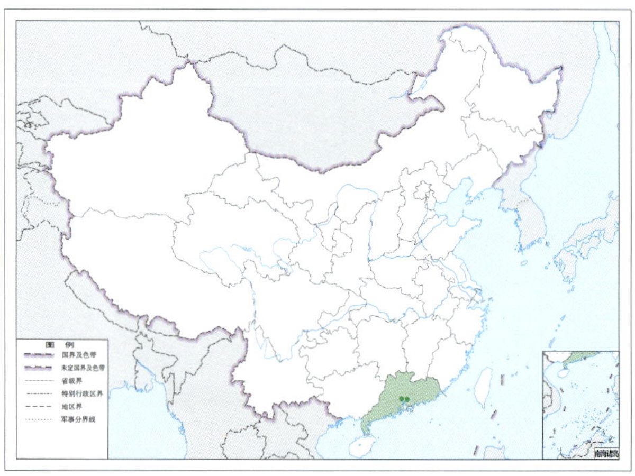

图 7-381-4　贝氏长腹胡蜂 *Zethus bakeri* 地理分布图

382. 虚长腹胡蜂 *Zethus dolosus* Bingham, 1897

【测量】 雌性体长 15.4 ~ 16.5 mm，前翅长 11.2 ~ 11.6 mm；雄性体长 14.8 ~ 15.3 mm，前翅长 11.2 ~ 11.8 mm。

【形态特征】 体几乎全为黑色，仅雄性唇基中部及上颚内侧为浅黄色，触角窝上方的小斑为黄色。唇基宽大于长，端部近平截，端部宽约为唇基宽的 2/5，两侧可见不甚明显的小齿；唇基基部稍凹陷。前胸脊完整；前胸背板刻点近似网状，侧区腹侧明显具脊；中胸盾片具完整盾纵沟，中胸盾片和小盾片刻点较前胸背板稀疏而浅，且向基部更稀疏、更浅，刻点间具微小刻点或光滑。腹部第 1 节明显长柄状，长约为宽的 3.3 倍，两外侧缘亚平行，端部收缩不明显；第 2 节腹板侧面观具瘤突；第 2 节背板密生刻点，略呈网状，端缘薄片明显反翘；第 3 节背板疏生刻点，刻点间光滑，端缘薄片更厚且不反翘。

【地理分布】 广东（惠州、韶关）、广西（岑溪、来宾）、四川、云南（玉溪、普洱、文山、临沧）、香港；越南，泰国，印度，缅甸，不丹。

图 7-382-2 虚长腹胡蜂 *Zethus dolosus* 雌性头部正面观

图 7-382-3 虚长腹胡蜂 *Zethus dolosus* 雄性头部正面观

图 7-382-4 虚长腹胡蜂 *Zethus dolosus* 雌性腹部侧面观

图 7-382-1 虚长腹胡蜂 *Zethus dolosus* 雌性背面观

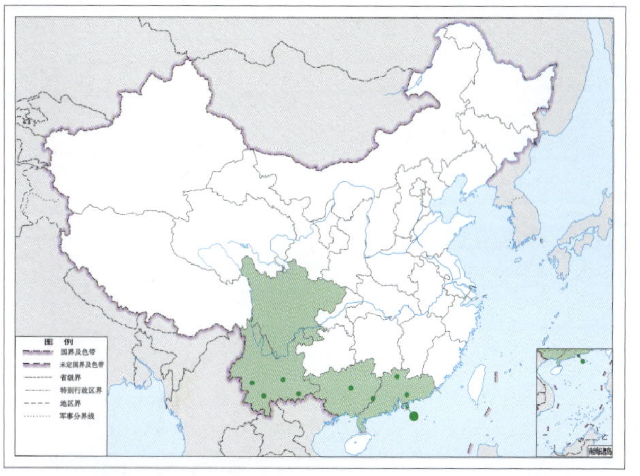
图 7-382-5 虚长腹胡蜂 *Zethus dolosus* 地理分布图

图 7-382-6　虚长腹胡蜂 *Zethus dolosus* 生态图（香港　Christophe Barthélémy　摄）

383. 南岭长腹胡蜂 *Zethus nanlingensis* Nguyen *et* Xu, 2017

【测量】 雌性体长 12.5 mm；雄性未知。

【形态特征】 体纯黑色。唇基端部平截，约为宽的 1/3，密生深的大刻点；后单眼到头顶边缘的距离约为后单眼到复眼距离的 2.2 倍；单眼区稍隆起。后头脊和前胸脊明显完整；小盾片与中胸盾片处于同一平面，两者间具 8 或 9 条短纵脊，刻点与中胸背板后半部相似；盾纵沟发达；后胸背板后端下斜，刻点比小盾片深；并胸腹节背面密生刻点，端部具亚缘脊薄片；翅基片长约等于宽。腹部第 1 节背板长为宽的 2.5 倍；第 2 节背板基部明显具柄，腹板侧面观无瘤突；第 1、2 节背板均密生刻点，第 1 节的刻点较第 2 节略大且密；第 2 节背板端缘薄片较第 3 节窄。

【地理分布】 广东（河源）。

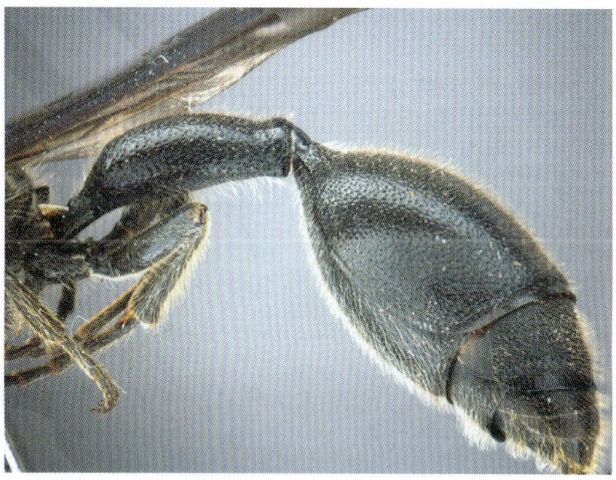

图 7-383-1　南岭长腹胡蜂 *Zethus nanlingensis* 雌性腹部侧面观（Lien T. P. Nguyen 提供）

图 7-383-3　南岭长腹胡蜂 *Zethus nanlingensis* 雌性中胸小盾片及后胸背板后面观（Lien T. P. Nguyen 提供）

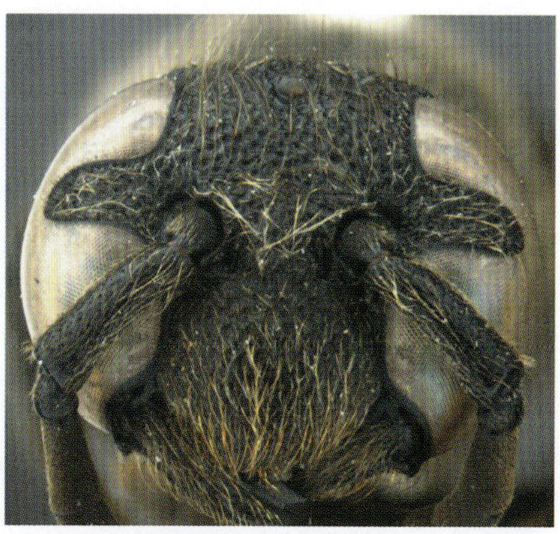

图 7-383-2　南岭长腹胡蜂 *Zethus nanlingensis* 雌性头部正面观（Lien T. P. Nguyen 提供）

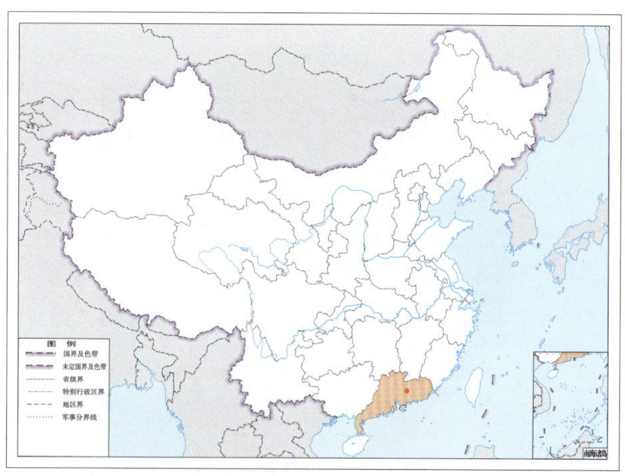

图 7-383-4　南岭长腹胡蜂 *Zethus nanlingensis* 地理分布图

384. 黑长腹胡蜂 *Zethus nigerrimus* Gusenleitner, 2001

【测量】 雌性体长 11.4 mm，前翅长 9.4 mm；雄性未知。

【形态特征】 体几乎全为黑色，仅触角上方的小斑及腹部第 1 节背板端缘两侧的斑为黄色。唇基宽明显大于长，约为长的 1.3 倍，端部平截或稍圆，端缘略微缺刻，中间具 1 条粗脊，端部约为唇基宽的 1/4，唇基基部几乎平直，刻点较额区刻点小；后头脊完整；颊区具纵脊。前胸背板前缘明显平截状，腹面侧区具不规则的横皱，前胸脊完整且发达；并胸腹节端部具亚缘脊薄片。腹部第 1 节长至多为宽的 2.6 倍，背板膨大区域密生大刻点；第 2 节背板疏生小刻点，刻点间光滑，基部无明显柄状，腹板侧面观无瘤突，第 2 节背板及腹部端缘具褐色薄片；第 3 节端部具宽薄片，不反翘。

【地理分布】 江西、重庆（酉阳）；越南，老挝，马来西亚。

图 7-384-1 黑长腹胡蜂 *Zethus nigerrimus* 雌性背面观

图 7-384-2 黑长腹胡蜂 *Zethus nigerrimus* 雌性头部正面观

图 7-384-3 黑长腹胡蜂 *Zethus nigerrimus* 雌性并胸腹节背面观

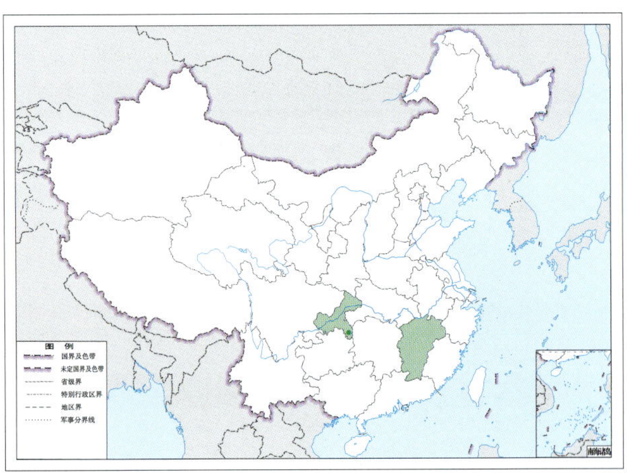

图 7-384-4 黑长腹胡蜂 *Zethus nigerrimus* 地理分布图

385. 无边长腹胡蜂 *Zethus nullimarginatus* Wang, Chen *et* Li, 2019

【测量】 雌性体长 15.2 mm，前翅长 13.5 mm；雄性未知。

【形态特征】 体黑色，仅触角窝上方的小斑、腹部第 1 节端缘两侧小斑及第 2 节背板端缘的条带为黄色，翅黑褐色。唇基端部平截，约为唇基宽的 1/3，刻点似网状；后头脊完整。前胸脊发达，前胸背板刻点粗糙，刻点间距稍小于刻点直径，侧下角具不明显脊；中胸盾片基部及端部刻点似前胸背板，中部向前、向后逐渐变稀变浅，具完整盾纵沟，盾纵沟之间刻点间距等于或小于刻点直径；并胸腹节背区密生略呈网状刻点，侧区无刻点，端部亚缘脊薄片缺失。腹部第 1 节背板长约为宽的 2.4 倍，腹面观外缘脊缺失，背板密生刻点；第 2 节背板疏生细小且浅的刻点，刻点间光滑，腹板侧面观无瘤突。

【地理分布】 福建（长汀）。

图 7-385-1　无边长腹胡蜂 *Zethus nullimarginatus* 雌性背面观

图 7-385-3　无边长腹胡蜂 *Zethus nullimarginatus* 雌性并胸腹节背面观

图 7-385-2　无边长腹胡蜂 *Zethus nullimarginatus* 雌性头部正面观

图 7-385-4　无边长腹胡蜂 *Zethus nullimarginatus* 地理分布图

386. 脊长腹胡蜂 *Zethus striatus* Wang, Chen *et* Li, 2019

【测量】 雌性体长 15.3 mm，前翅长 13.7 mm；雄性未知。

【形态特征】 体黑色，唇基除基部外、触角窝上方的小斑、触角柄节腹面、前胸背板前缘中部，腹部第 1、2 节背板端缘的窄条带为黄色，翅褐色。唇基宽约为长的 1.4 倍，端缘中部平截，两侧呈弧形，端部宽为唇基宽的 1/5，密生刻点呈网状，基部稍凹陷；后头脊在头顶后弱。前胸脊在中部缺失；前胸背板刻点呈网状，侧下角具不明显脊；中胸盾片及后胸背板密生刻点，刻点间略呈纵脊状，中胸盾片端部刻点更密、脊更明显，盾纵沟仅端部存在且在刻点及其脊之间不明显；并胸腹节具侧脊，背区两侧密生纵皱，端部具亚缘脊薄片。腹柄腹面具纵脊，腹部第 1、2 节背板均密生刻点，第 1 节的刻点较第 2 节的大；第 2 节腹板侧面观无瘤突；第 2、3 节背板端缘分别具薄片。

【地理分布】 广西（桂林）。

图 7-386-1　脊长腹胡蜂 *Zethus striatus* 雌性背面观

图 7-386-3　脊长腹胡蜂 *Zethus striatus* 雌性并胸腹节背面观

图 7-386-2　脊长腹胡蜂 *Zethus striatus* 雌性头部正面观

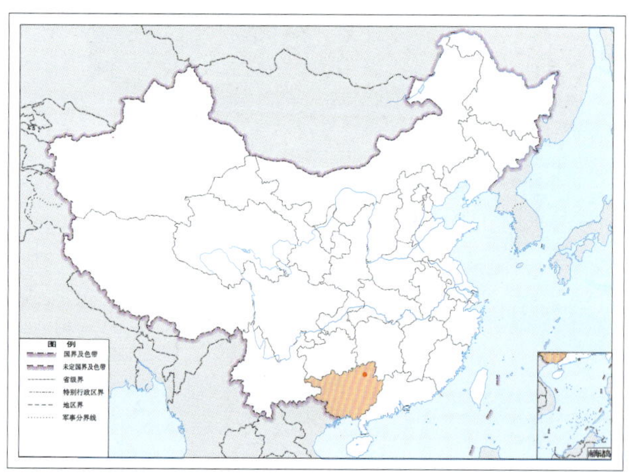

图 7-386-4　脊长腹胡蜂 *Zethus striatus* 地理分布图

387. 台湾长腹胡蜂 *Zethus taiwanus* Yeh *et* Lu, 2017

【测量】 雌性体长 13.8 ~ 14.8 mm，前翅长 7.5 ~ 8.8 mm；雄性体长 11.4 ~ 13.6 mm，前翅长 7.5 ~ 10.8 mm。

【形态特征】 该种与宽柄长腹胡蜂 *Zethus tumidus* 近似，除触角窝上方的小黄色斑外，体全为黑色。雄性唇基端部明显凹陷，端缘中部两侧明显齿状；单眼小于触角突大小，后头脊和前胸脊明显完整；腹部第 1 节背板长小于宽的 2.5 倍，第 2 节腹板侧面观无瘤突。主要区别为近似种的上颚具 3 枚齿，且齿间存在缺刻；唇基宽大于长，端部深凹，端部宽接近唇基宽的 1/3，两侧具齿，唇基基部凹陷。并胸腹节背区两侧密生刻点，网状不明显；中胸盾片、后胸背板及腹部第 2 节背板刻点更稀疏且浅和小。

【地理分布】 福建（武夷山）、台湾。

图 7-387-1　台湾长腹胡蜂 *Zethus taiwanus* 雄性背面观

图 7-387-3　台湾长腹胡蜂 *Zethus taiwanus* 雄性并胸腹节背面观

图 7-387-2　台湾长腹胡蜂 *Zethus taiwanus* 雄性头部正面观

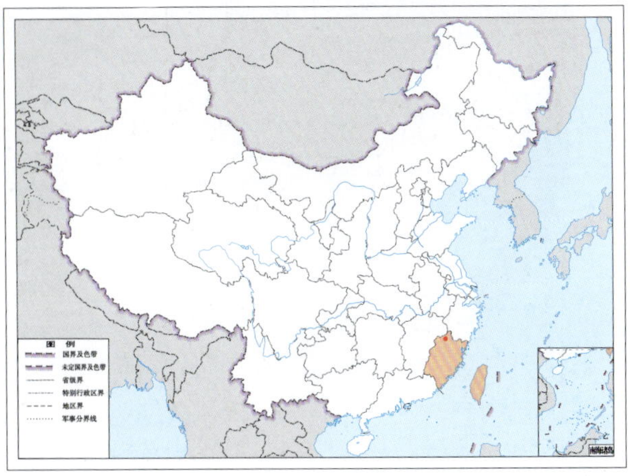

图 7-387-4　台湾长腹胡蜂 *Zethus taiwanus* 地理分布图

388. 宽柄长腹胡蜂 *Zethus tumidus* Nguyen *et* Carpenter, 2016

【测量】 雄性体长 13.2 mm，前翅长 10.8 mm；雌性未知。

【形态特征】 体黑色，仅触角窝上方的小斑为黄色。唇基宽约为长的 1.3 倍，端部深凹，端部宽约为唇基总宽的 1/4，端缘两侧呈齿状；唇基基部平，具网状刻点。上颚 4 枚齿，齿正常；单眼约等于触角突大小；后头脊和前胸脊明显完整。前胸背板背面观刻点近似网状，侧区后端明显具脊；中胸盾片基部刻点与前胸背板相似，略疏且浅，中部至端部刻点明显稀疏，刻点间光滑，两侧明显具纵脊；并胸腹节背区两侧皮革状，无刻点，端部具亚缘脊薄片。腹部第 1 节背板长小于宽的 2.5 倍；第 2 节背板疏生刻点，刻点间光滑，腹板侧面观无瘤突；第 2、3 节背板端缘明显具薄片，薄片略反翘。

【地理分布】 海南（昌江）；越南。

图 7–388–1　宽柄长腹胡蜂 *Zethus tumidus* 雄性背面观

图 7–388–2　宽柄长腹胡蜂 *Zethus tumidus* 雄性头部正面观

图 7–388–3　宽柄长腹胡蜂 *Zethus tumidus* 雄性并胸腹节背面观

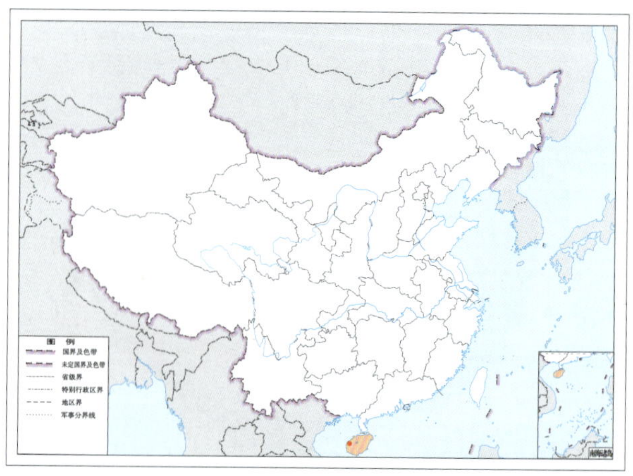

图 7–388–4　宽柄长腹胡蜂 *Zethus tumidus* 地理分布图

参考文献

陈学新，2018. 秦岭昆虫志 . 膜翅目［M］. 北京：世界图书出版有限公司：725-780.

董大志，王云珍，2017. 云南胡蜂志［M］. 郑州：河南科学技术出版社：1-215.

何俊华，等，2004. 浙江蜂类志［M］. 北京：科学出版社，4：1-1373.

胡红英，黄人鑫，2013. 新疆昆虫原色图鉴［M］. 乌鲁木齐：新疆大学出版社：258.

黄邦侃，2003. 福建昆虫志 第七卷［M］. 福州：福建科学技术出版社：761-781.

黄敦元，何波，谷平，等 . 2014. 日本佳盾蜾蠃的生物学特性观察［J］. 环境昆虫学报，36(6)：890-897.

黄敦元，何波，余江帆，等 . 2013. 日本佳盾蜾蠃营巢生物学研究［J］. 环境昆虫学报，35(6)：71-73.

黄潘，陈斌，李廷景 . 2018. 铃腹胡蜂属 3 个中国新记录种记述［J］. 重庆师范大学学报（自然科学版），35(2)：34-37.

李铁生，1981. 中国四川胡蜂总科 1 新种记述（膜翅目：胡蜂总科：蜾蠃科）［J］. 动物分类学报，6(4)：424-432.

李铁生，1982. 云南省胡蜂总科记略［J］. 动物学研究，3(1)：83-87.

李铁生，1982. 中国农区胡蜂［M］. 北京：中国农业出版社：443-453.

李铁生，1985. 中国经济昆虫志 . 第 30 册 . 胡蜂总科［M］. 北京：科学出版社，i-vii：1-159.

能乃扎布，1999. 内蒙古昆虫［M］. 呼和浩特：内蒙古人民出版社：1-506.

谭江丽，VAN ACHTERBERG C，陈学新，2015. 致命的胡蜂：中国胡蜂亚科［M］. 北京：科学出版社：1-164.

许俊峰，韩召军，2008. 黄唇蜾蠃蜂蜂毒中两个过敏原全长基因的克隆、序列分析和表达［J］. 昆虫学报，51 (11)：1129-1137.

许俊峰，韩召军，2009. 黄唇蜾蠃蜂蜂毒的毒性特征研究［J］. 南京农业大学学报，32 (4)：89-93.

周鑫，陈斌，李廷景，2012. 中国蜾蠃属两新种及西南地区种类检索表（膜翅目：胡蜂科：蜾蠃亚科）［J］. 昆虫分类学报，34(2): 467-474.

周鑫，李廷景，陈斌，2011. 蜾蠃亚科（膜翅目：胡蜂科）分类研究进展［J］. 重庆师范大学学报（自然科学版），28(6): 22-29.

周志宏，王助引，1989. 原野华丽蜾蠃生物学初步观察［J］. 植物保护，15(2)：28-29.

朱良春，1981. 虫类药的应用［M］. 南京：江苏科学技术出版社 .

ANTROPOV A V, FATERYGA A V, 2017. Family Vespidae［M］. Saint Petersburg: Zoological Institute of the Russian Academy of Sciences: 175-196.

ASHMEAD W H, 1900. Classification of the fossorial, predaceous and parasitic wasps, or the superfamily Vespoidea［J］. The Canadian Entomologist, 32: 85-88, 145-155, 185-188, 295, 296.

ASHMEAD W H, 1902. Classification of the fossorial, predaceous and parasitic wasps, or the superfamily Vespoidea［J］. The Canadian Entomologist, 34: 79-88, 203-210.

AUGUL R S, 2017. Revision of vespid wasps (Hymenoptera: Vespidae) in Iraq［J］. Journal of Biodiversity and Environmental Sciences, 10(3): 99-111.

BAI Y, CARPENTER J M, CHEN B, et al., 2022. A review of the genus *Paraleptomenes* Giordani Soika, 1970 (Hymenoptera: Vespidae: Eumeninae) from China, with descriptions of two new species［J］. Journal of Hymenoptera Research, 90: 185-199.

BAI Y, CHEN B, LI T J, 2021a. A new species and two new records of the genus *Pseudepipona* de Saussure, 1856 (Hymenoptera: Vespidae: Eumeninae) from China, with a key to the Chinese species［J］. Journal of Hymenoptera Research, 82: 285-304.

BAI Y, CHEN B, LI T J, 2021b. Two newly recorded genera *Malayepipona* Giordani Soika and *Megaodynerus* Gusenleitner, with eight new species from China (Hymenoptera: Vespidae: Eumeninae) [J] . Zootaxa, 5060 (3): 371-391.

BALTAZAR C. 1966. A catalogue of Philippine Hymenoptera (with a bibliography, 1758-1963) [J] . Pacific Insects Monograph, 8: 1-488.

BANK S, SANN M, MAYER C, et al., 2017. Transcriptome and target DNA enrichment sequence data provide new insights into the phylogeny of vespid wasps (Hymenoptera: Aculeata: Vespidae) [J] . Molecular Phylogenetics and Evolution, 116: 213-226.

BEQUAERT J, 1918. A revision of the Vespidae of the Belgian Congo based on the collection of the American Museum Congo expedition, with a list of Ethiopian diplopterous wasps [J] . Bulletin of the American Museum of Natural History, 39: 1-384.

BEQUAERT J, 1928. A study of certain types of diplopterous wasps in the collection of the British Museum [J] . Annals and Magazine of Natural History, London, 10(2): 138-176.

BEQUAERT J, 1940. A new species of *Calligaster* from the Philippine Islands (Hymenoptera: Vespidae: Zethinae) [J] . The Pan-Pacific Entomologist, 16: 124-126.

BERLAND L, 1928. Faune de France 19. Hymenopteres vespiformes. II. (Eumenidae, Vespidae, Masaridae, Bethylidae, Dryinidae, Embolemidae) [M] . Paris: Paul Lechevalier: viii+208.

BINGHAM C T, 1888. Notes on some bees and wasps from Burma [J] . Journal of Bombay Natural History Society, 3: 183-187.

BINGHAM C T, 1890. On new and little known Hymenoptera from India, Burma and Ceylon [J] . Journal of Bombay Natural History Society, 5: 1-426.

BINGHAM C T, 1897. The fauna of British India, including Ceylon and Burma Hymenoptera, Vol. I. Wasps and Bees [M] . London: Taylor and Francis: 1-579.

BINGHAM C T, 1905. Report on Aculeate Hymenoptera. Fasc [J] . Malayenses Zool., 3: 19-60.

BLANCHARD E. 1849. Classe des Insectes. In: d'Orbigny, C., Dictionnaire universel d'Histoire naturelle. Atlas, Tome II, Zoologie [M] . Paris: Librairie Abel Pilon: 9-22.

BLOMMERS L H M, 2012. Taxonomy and natural history of 18 *Ropalidia* species (Hymenoptera: Vespidae) of Madagascar [J] . Tijdschrift voor Entomologie, 155(2-3): 133-192.

BLÜTHGEN P, 1938a(1937). Systematisches Verzeichnis der Faltenwespen Mitteleuropas, Skandinaviens und Englands [J] . Konowia, Vienna 16: 270-295.

BLÜTHGEN P, 1938b. Beiträge zur Kenntnis der paläarktischen Eumeniden (Hymenoptera: Vespidae) [J] . Deutsche Entomologische Zeitschrift: 434-496.

BLÜTHGEN P, 1942. Neue palaark-tisohen Faltenwespen (Hymenoptera: Vespidae, Eumonidinae) [J] . Mitteilungen aus dem Zoologischen Museum in Berlin, 25: 300-322.

BLÜTHGEN P, 1951a. Weitere Beiträge zur Kenntnis der paläarktischen Faltenwespen (Hymenoptera: Vespidae) [J] . Mitteilungen der Münchner Entomologischen Gesellschaft, Munich, 41: 158-165.

BLÜTHGEN P, 1951b. Neue Oder bemerkenswerte paläarktische Faltenwespen aus der Zoologischen Staatssammlung in München (Hymenoptera: Vespidae: Eumenidinae) [J] . Mitteilungen der Münchner Entomologischen Gesellschaft, 41: 166-201.

BLÜTHGEN P, 1952. Weitere neue oder bemerkenswerte paläarktische Faltenwespen aus der Zoologischen Staatssammlung in Munchen (Hymenoptera: Eumenidae, Masaridae) [J] . Mitteilungen der Münchner Entomologischen Gesellschaft, 42: 1-19.

BLÜTHGEN P, 1955. 5 neue Eumeninae aus Italien (Hymenopter: Diploptera). Bollettino della Società Entomologica Italiana [J] . Florence; Genoa. 85: 153-158.

BLÜTHGEN P, 1956. Beiträg zur Synonymie der paläarktischen Faltenwespen (Hymenopter: Vespidae) [J] . Deutsche Entomologische Zeitschrift, 3: 70-73.

BLÜTHGEN P, 1961. Ergebnisse der Deutschen Afghanistan-Expedition1956 der Landessammlungen fur Naturkunde Karlsruhe. Diploptera und Apoidea (partim) (Hymenoptera) [J] . Beiträge zur naturkundlichen Forschung, 19: 277-287.

BOHART R M, STANGE L A, 1965. A revision of the genus *Zethus* Fabricius in the Western Hemisphere (Hymenoptera: Eumenidae) [M] . Berkeley and Los Angeles: University of California Press: 1-208.

CAMERON P, 1900a. Descriptions of new genera and species of Hymenoptera [J] . Annals and Magazine of Natural History, 6(7): 10-506.

CAMERON P, 1900b. Descriptions of new genera and species of Hymenoptera [J]. Annals and Magazine of Natural History including Zoology, Botany and Geology, 7: 495-505.

CAMERON P, 1900c. Descriptions of new genera and species of Hymenoptera [J]. Annals and Magazine of Natural History, 7(6): 530-539.

CAMERON P, 1902. Descriptions of new genera and species of Hymenoptera collected by Major C. S. Nurse at Deesa, Simla and Ferozepore. Part. I [J]. Journal of Bombay Natural History Society, 14: 267-293.

CAMERON P, 1904. Descriptions of new genera and species of Hymenoptera from India [J]. Zeitschrift für Systematische Hymenopterologie und Dipterologie, 4(1): 5-15.

CAMERON P, 1905. On the Malay fossorial Hymenoptera and Vespidae of the Museum of the R. Zool. Soc. "Natura artis magistra" at Amsterdam [J]. Tijdschrift voor Entomologie, 18: 48-78.

CAMERON P, 1909. On a new species of *Zethus* (Eumenidae) from Borneo [J]. Entomologist London, 42: 206.

CAMERON P, XI. 1898. Hymenoptera orientalia, or contributions to a knowledge of the Hymenoptera of the Oriental zoological region. Part VII [J]. Memoirs and Proceedings of the Manchester Literary and Philosophical Society, 42: 1-84.

CARPENTER J M, 1982. The phylogenetic relationships and natural classification of the Vespoidea (Hymenoptera) [J]. Systematic Entomology, 7(1): 11-38.

CARPENTER J M, 1986. A synonymic generic checklist of the Eumeninae (Hymenoptera: Vespidae) [J]. Psyche, 93(1-2): 61-90.

CARPENTER J M, 1991. Phylogenetic relationships and the origin of social behavior in the Vespidae. In Ross, K. G. and R. W. Matthews (eds.), The Social Biology of Wasps [M]. Ithaca: Cornell University Press: 7-32.

CARPENTER J M, 1996. Distributional checklist of species of the genus *Polistes* (Hymenoptera: Vespidae: Polistinae: Polistini)[J]. American Museum Novitates, 3188: 1-39.

CARPENTER J M, RASNITSYN A P, 1990. Mesozoic Vespidae [J]. Psyche, 97(1-2): 1-20.

CASTRO L, 1992. On the eumenids (Hymenoptera: Vespoidea) from the middle valley of the Ebro [J]. Zapateri, 1(2): 21-34.

CASTRO L, DVORAK L, 2009. New and noteworthy records of vespid wasps (Hymenoptera: Vespidae) from the Palaearctic region (II) [J]. Boletin de la SEA, 44: 295-304.

CUMMING J M, 1989. Classification and evolution of the eumenine wasp genus *Symmorphus* Wesmael (Hymenoptera: Vespidae) [J]. Memoirs of the Entomological Society of Canada, 148: 1-168.

DALLA TORRE K W V, 1904. Hymenoptera, Fam. Vespidae [J]. Genera Insectorum, 19: 1-108.

DAS B P, GUPTA V K, 1984 (1983). A catalogue of the families Stenogastridae and Vespidae from the Indian subregion (Hymenoptera: Vespoidea) [J]. Oriental Insects, 17: 395-464.

DAS B P, GUPTA V K, 1989a. The social wasps of India and the adjacent countries [J]. Oriental Insects Monograph, 11: 1-292.

DAS B P, GUPTA V K, 1989b. The social wasps of India and the adjacent countries [J]. Oriental Insects, 23(1): 389.

DE SAINT-FARGEAU A LEPELETIER, 1841. Histoire naturelle des insectes, Hyménoptères [M]. Paris: Librairie Encyclopédique de Roret: 1-680.

DE SAUSSURE H, 1852a. Mongraphie des guuêpes solitaires ou de la tribu des Euméniens [M]. Paris: Victor Masson: 1-279.

DE SAUSSURE H, 1852b. Études sur la famille des Vespides: monographie des Guépes solitaires,ou de la tribu des Eumèniens[M]. Genève: V. Masson, Paris and J. Kessmann: 1-268.

DE SAUSSURE H, 1853-1857. De Études sur la famille des Vespides 2: Monographie des Guêpes Sociales ou de la tribu des Vespiens [M]. V. Masson, Paris & J. Kessmann, Genève, i-cxliv + 256 pp. + 37 pls. (1853) 1-96 + pl. 2-8, 13; (1854) 97-256 + pl. 9, 10-12, 14-34; (1855) pl. 1; (1857)i-xlviii +pl.35-37; (1858) xlix-cxliv+pl.19bis, 30bis.

DE SAUSSURE H, 1854-1856. La monographie des Masariens *et* un supplément a la monographie des Euméniens [J]. Études sur la famille des Vespides, 3: 1-352.

DE SAUSSURE H, 1855. Études sur la Famille des Vespides 2. La Monographie des Masariens *et* un supplément la Monographie des Euméniens [M]. V. Masson, Paris & J. Kessmann, Genéve 3: 49-288.

DE SAUSSURE H, 1869. Hyménoptères divers du Musée Godeffroy [J]. Stettiner Entomologische Zeitung, 30: 53-64.

DE SAUSSURE H, ANDRÉ E, DU BUYSSON R, 1904. Hymenopteres recueillis par M. A. Pavie [J]. Mission Pavie, 3: 188-203.

DE SAUSSURE H, SICHEL J, 1867. Reise der Öesterreichischen Fregatte Novara um die Erde in den jahren 1857, 1858, 1859 [J] . Wien: Akademie der Wissenschaften, 1-142.

DOVER C, 1925. Further notes on the Indian diplopterous wasps [J] . Journal and Proceedings of the Asiatic Society of Bengal, 20: 289-305.

DOVER C, 1926. A contribution to a list of the Aculeate Hymenoptera (excepting ants) of Hongkong [J] . China Journal of Science and Arts, 4: 233-235.

DOVER C, 1929a. Wasps and bees in the Raffles Museum, Singapore [J] . The Bulletin of the Raffles Museum, 2: 43-70.

DOVER C, 1929b. Notes on preimaginal stages of two Malaysian Hymenoptera [J] . The Bulletin of the Raffles Museum, 2: 70-73.

DOVER C, 1931. The Vespidae in the Federated Malay States Museums [J] . Journal of the Federated Malay States Museum, Kuala Lumpur, 16: 251-260.

DOVER C, RAO H S, 1922. A note on the diplopterous wasps in the collection of the Indian Museum [J] . Journal Proceedings of the Asiatic Society of Bengal (N. S.), 18: 235-249.

DUSMET J M, 1930. Himenopteros de la India inglesa cazados por el P. Ignacio Sala de Castellarnau, S. J [J] . Boletin de la Sociedad Entomologica de Espana, 13: 99-107.

DVORAK L, CASTRO L, 2007. New and noteworthy records of vespid wasps (Hymenoptera: Vespidae) from the Palaearctic region [J] . Acta Entomologica Musei Nationalis Pragae, 47: 229-236.

DU BUYSSON R, 1913. Sur quelques Vespides (Hymenoptera) [J] . Bulletin de la Société entomologique de France: 296-299.

FABRICIUS J C, 1775. Systema entomologiae, sistens insectorum classes, ordines, genera, species, adiectis synonymis, locis, descriptionibus, observationibus [M] . Felensbvrgi et Lipsiae, in Officina Libraria Kortii: 1-832.

FABRICIUS J C, 1787. Mantissa insectorum: sistens eorum species nuper detectas, adiectis characteribus genericis, differentiis specificis, emendationibus, observationibus [M] . Hafniae: Christ. Gottl. Proft: 1-377.

FABRICIUS J C, 1804. Systema piezatorum secundumordines, genera, species adiectis synonymis, locis, observationibus, descritionibus [M] . Brunsvigae: C. Reichard: 1-439.

FOX W J, 1899. Contributions to a knowledge of the Hymenoptera of Brazil. No. 7 - Eumenidae (Genera *Zethus*, *Labus*, *Zethoides*, *Eumenes*, *Montezumia* and *Nortonia*) [J] . Proceedings of the Academy of Natural Sciences of Philadelphia, 51: 407-464.

GIORDANI SOIKA A, 1934. *Labus* ed *Eumenes* nuovi o poco noti (Hymenoptera: Vespidae) [J] . Memorie della Società Entomologica Italiana. Genoa., 12: 215-228.

GIORDANI SOIKA A, 1935a. Contribute alla conoscenza degli Eumenini Egiziani (Hymenoptera: Vespidae) [J] . Bulletin de la Société entomologique d' Égypte, 19: 161-199.

GIORDANI SOIKA A, 1935b. Richrchee sistematiche sugli *Eumenes* e *Pareumenes* dell'Archipelago Malese e della Nuova Guinea [J] . Annali del Museo Civico di Storia Naturale di Genova, 57: 114-151.

GIORDANI SOIKA A, 1937. Caratteri del genere *Nortonia* Sauss and descrizione di due nuove especie (Hymenoptera: Vepidae)[J]. Annali del Museo Civico di Storia Naturale di Genova, 59(15): 267-271.

GIORDANI SOIKA A, 1939. Nuovi Eumene 8 (Hymenoptera: Vespidae) [J] . Bullettino della Societa Entomologica Italiana, 71: 54-57.

GIORDANI SOIKA A, 1941a. Contributo alla conoscenza degli *Eumenes mediterranei* e descrizione di una nuova *Afreumenes* etiopica (Hymenoptera: Vespidae) [J] . Memorie della Società Entomologica Italiana, 20: 97-108.

GIORDANI SOIKA A, 1941b. Studi sui Vespidi solitari [J] . Bollettino della Societa Veneziana di Storia Naturale, 2: 130-279.

GIORDANI SOIKA A, 1943. Nuovi Vespidi mediterranei ed etiopici appartenenti ai generi *Eunenes*, *Leptomenes*, *Odynerus* e *Pterochilus* [J] . Estratto dal Bollettino della Società Veneziana di Storia Naturale e del Museo Civico di Storia Naturale, 3(1): 29-42.

GIORDANI SOIKA A, 1944. Contributo alla conoszenza dei vespidi solitari e sociali della regione etiopica [J] . Atti dell' Istituto Veneto di Scienze, Lettere *et* Arti, 103(2): 149-178.

GIORDANI SOIKA A, 1949. Revisione degli *Eumenes* appartenenti al sotto-genere *Katamenes* M. W. (Hymenoptera: Vespidae)[J]. Bollettino della Societa Entomologica Italiana, Genoa, 79: 40-47.

GIORDANI SOIKA A, 1952. Sulle caratteristiche biogeografiche della Palestina, Arabia ed Egitto, con un contributo alla conoscenza degli Zethini ed Eumenini della Palestina [J]. Bollettino della Societa Veneziana di Storia Naturale e del Museo Civico di Storia Naturale, 6: 5-62.

GIORDANI SOIKA A, 1953. Hymenopteres recoltes par une mission Buisse au Maroc (1947) [J]. Bulletin de la Société Scientifique Naturelle de Maroc, 32: 235-267.

GIORDANI SOIKA A, 1954. Viaggi di A. Giordani Soika nel Sahara long dash VI. Contributo allo studio del popolamento del Sahara centrale: Vespidi dell'Hoggar, Tassili d'Ajjer e Tibesti [J]. Bollettino del Museo Civico di Storia Naturale di Venezia, 7: 7-37.

GIORDANI SOIKA A, 1957. Notulae vespidologicae [J]. Bollettino del Museo Civico di Storia Naturale di Venezia, 10: 129-160.

GIORDANI SOIKA A, 1958. Notulae vespidologicae. IV-IX [J]. Bollettino del Museo Civico di Storia Naturale di Venezia, 11: 35-102.

GIORDANI SOIKA A, 1960(1958). Notule vespidologiche 8, Contributo alla conoscenza degli *Zethus* orientali [J]. Bollettino del Museo Civico di Storia Naturale di Venezia, 11: 35-102.

GIORDANI SOIKA A, 1966. Eumenidi raccolti dalla spedizione Schaefer nel Tibet meridionale e Sikkim [J]. Bollettino del Museo Civico di Storia Naturale di Venezia, 17: 97-112.

GIORDANI SOIKA A, 1968a. Ergebnisse der zoologischen Nubien-Expedition 1962. Teil 36. Eumenidae. Anzeiger der (Kaiserlichen) Akademie der Wissenschaften [J]. Annalen des Naturhistorischen Museums in Wien, 72: 527-528.

GIORDANI SOIKA A, 1968b. Le Specie Paleartiche del genere *Cyrtolabus* v. d. Vecht (Hymenoptera: Eumenidae) [J]. Bollettino del Museo Civico di Storia Naturale di Venezia, 18: 109-124.

GIORDANI SOIKA A, 1970a. Contributo Alla Conoscenza Degli Eumenidi Del Medio Oriente (Missione Giordani Soika in Iran 1965) [J]. Bolletino del Museo Civico di Storia Naturale di Venezia, 20-21: 27-183.

GIORDANI SOIKA A, 1970b. Ergebnisse der zoologischen Forschungen von Dr. Z. Kaszab in der Mongolei. 223. Vespidae and Eumenidae (Hymenoptera) [J]. Annales Historico-Naturales Musei Nationalis Hungarici, 62: 325-333.

GIORDANI SOIKA A, 1971. Notulae vespidologicae 29. Descrizione di tre nuovi eumenidi della Manciuria (Hymenoptera) [J]. Bollettino della Società Entomologica Italiana, 103: 68-70.

GIORDANI SOIKA A, 1972. Notulae vespidologicae 32. Nuovi Eumenidi indomalesi [J]. Bollettino del Museo Civico di Storia Naturale di Venezia, 104: 99-110.

GIORDANI SOIKA A, 1973a. Notulae vespidologicae 34. Descrizione di una nuova specie etiopica del genere *Delta* [J]. Bollettino della Societa Entomologica Italiana, 105(4-6): 72-75.

GIORDANI SOIKA A, 1973b. Notulae vespidologicae 35. Descrizione di nuovi Eumenidi [J]. Bollettino del Museo Civico di Storia Naturale di Venezia, 24: 97-131.

GIORDANI SOIKA A, 1975a. Ergebnisse der Bhutan-Expedition 1972 des Naturhistorischen Museums in Basel. Hymenoptera: Fain. Eumenidae [J]. Entomologica Basiliensia, 1: 387-393.

GIORDANI SOIKA A, 1975b. Su alcuni eumenidi dell' Africa occidentale [J]. Bollettino del Museo Civico di Storia Naturale di Venezia, 27: 7-14.

GIORDANI SOIKA A, 1976. Vespidi ed Eumenidi raccolti in Corea (Hymenoptera) [J]. Annales Historico-Naturales Musei Nationalis Hungarici, Budapest, 68: 287-293.

GIORDANI SOIKA A, 1979a. Eumenidi raccolti nel Niger, Mali e Sahara centrale da K. Guichard [J]. Bollettino del Museo Civico di Storia Naturale di Venezia, 30: 235-246.

GIORDANI SOIKA A, 1979b. Notulae vespidologicae 40. Eumenidi palearctici nuovi o poco noti [J]. Bollettino del Museo Civico di Storia Naturale di Venezia, 30: 247-263.

GIORDANI SOIKA A, 1979c. Revisione delle specie Etiopiche e Malgasce della sottofamiglia Discoeliinae (Hymenoptera) [J]. Bollettino del Museo Civico di Storia Naturale di Venezia, 30: 19-65.

GIORDANI SOIKA A, 1982. Contributo alla conoscenza degli eumenidi Afrotropicali (Hymenoptera: Vespidae) [J]. Bollettino del Museo Civico di Storia Naturale di Venezia, 33: 97-151.

GIORDANI SOIKA A, 1985. Notulae Vespidologicae 44. Descrizione di un nuovo genere e di due nuove specie di Eumenidi Asiatici

(Hym.) [J] . Societa Veneziana di Scienze Naturali Lavori, 10: 37-41.

GIORDANI SOIKA A, 1986a. Eumenidi di Okinawa e delle Filippine raccolti da J. Kojima [J] . Bollettino del Museo Civico di Storia Naturale di Venezia, 35: 67-89.

GIORDANI SOIKA A, 1986b. Notulae Vespidologicae 40. Eumenidi Paleartici nuovi o poco noti [J] . Bollettino del Museo Civico di Storia Naturale di Venezia, 35: 91-162.

GIORDANI SOIKA A, 1987a. Eumenidi raccolti a Bali e Borneo da T. Hedwiust (Hymenoptera) [J] . Bollettino del Museo Civico di Storia Naturale di Venezia, 37: 145-150.

GIORDANI SOIKA A, 1987b. Nuovo contributo alla conoscenza degli Eumenidi Afrotropicali (Hymenoptera) [J] . Bollettino del Museo Civico di Storia Naturale di Venezia, 36: 117-214.

GIORDANI SOIKA A, 1989. Eumenidi raccolti nell'Africa occidentale, Camerun e Gabon da A. Pauly (Hymenoptera: Vespoidea, Eumenidae) [J] . Notes Fauniques de Gembloux, 20: 23-67.

GIORDANI SOIKA A, 1991. Eumenidi Raccolti in Indonesia da G. Osella EJ. Klapperich [J] . Bollettino del Museo Civico di Storia Naturale di Venezia, 15: 163-166.

GIORDANI SOIKA A, 1992. Di alcuni eumenidi nuovi o poco noti (Hymenoptera: Vespoidea) [J] . Societa Veneziana di Scienze Naturali Lavori, 17: 41-68.

GIORDANI SOIKA A, 1993. Di alcuni nuovi eumenidi della regione orientale (Hymenoptera: Vespoidea) [J] . Bollettino del Museo Civico di Storia Naturale di Venezia, 42: 151-163.

GIORDANI SOIKA A, 1994. Ricerche sistematiche su alcuni generi di eumenidi della regione orientale e della Papuasia. (Hymenoptera: Vespoidea) [J] . Annali del Museo Civico di Storia Naturale "Giacomo Doria" 90: 1-348.

GIORDANI SOIKA A, 1995. Nuovi eumenidi della regione orientale e della Papuasia [J] . Bollettino del Museo Civico di Storia Naturale di Venezia, 44: 91-99.

GIORDANI SOIKA A, 1996. Notulae vespidologicae 48. Descrizione di due nuovi Eumenidi afrotropicali [J] . Bollettino del Museo Civico di Storia Naturale di Venezia, 45: 33-34.

GIRISH KUMAR P, 2012. Redescription and new distributional records of *Delta esuriens* (Fabricius) (Hymenoptera: Vespidae: Eumeninae) from Indian States [J] . Records of Zoological Survey of India, 112: 55-60.

GIRISH KUMAR P, 2013. A taxonomic revision of *Phimenes* Giordani Soika (Hymenoptera: Vespidae: Eumeninae) of Indian Subcontinent [J] . Records of Zoological Survey of India, 113(3): 119-135.

GIRISH KUMAR P, CARPENTER J M, SHARMA G. 2014, A review of the genus *Paraleptomenes* Giordani Soika, 1970 (Hymenoptera: Vespidae: Eumeninae: Odynerini) from the Indian subcontinent, with the description of a new species from the Eastern Himalayas [J] . Zootaxa, 3802 (1): 131-143.

GIRISH KUMAR P, CARPENTER J M, SURESHAN P M, 2015. A taxonomic review of the genus *Cyrtolabulus* van der Vecht, 1969 (Hymenoptera: Vespidae: Eumeninae) from India [J] . Animal Diversity, Natural History and Conservation, 5: 49-55.

GIRISH KUMAR P, CASTRO L, SHEIKH A H, 2019. Additions to the knowledge of the genus *Katamenes* Meade-Waldo, 1910 (Hymenoptera, Vespidae, Eumeninae) in India with a key and a checklist to the region's species [J] . Boletin de la Asociacion Espanola de Entomologia, 43(1-2): 15-26.

GIRISH KUMAR P, MOHAMMED SHAREEF K P, KISHORE L, et al., 2013. A taxonomic review of the Oriental genus *Labus* de Saussure, 1867 (Hymenoptera: Vespidae: Eumeninae) from the Indian subcontinent [J] . Biosystematica, 7(2): 29-37.

GIRISH KUMAR P, SHARMA G, 2014. Taxonomic studies on vespid wasps (Vespidae: Vespoidea: Hymenoptera: Insecta) of Rajasthan, India with six new records from the State [J] . Journal on New Biological Reports, 3(3): 240-258.

GIRISH KUMAR P, SHARMA G, 2015. Taxonomic studies on vespid wasps (Hymenoptera: Vespoidea: Vespidae) of Chhattisgarh, India [J] . Journal of Threatened Taxa, 7(14): 8096-8127.

GIRISH KUMAR P, SURESHAN P M, 2016. New record of the species *Ectopioglossa sublaevis* (Smith, 1857) (Hymenoptera: Vespidae: Eumeninae) from the Indian subcontinent [J] . Records of the Zoological Survey of India, 116(4): 488-492.

GIRISH KUMAR P, SURESHAN P M, 2018. A taxonomic review on the genus *Pareumenes* de Saussure (Hymenoptera: Vespidae: Eumeninae) from the Indian Subcontinent [J] . New Delhi: Astral International Pvt. ltd.: 233-245.

GIRISH KUMAR P, SURESHAN P M, EMILIYAMMA K G, 2016. First record of the genus *Coeleumenes* van der Vecht from Peninsular India with the species C. *burmanicus* (Bingham) from Kerala (Hymenoptera: Vespidae: Eumeninae) [J]. Records of Zoological Survey of India, 116 (part4): 493-496.

GIRISH KUMAR P, SURESHAN P M, MANJU P, 2018. New record of the genus *Discoelius* Latreille (Hymenoptera: Vespidae: Eumeninae) from Kerala [J]. Records of the Zoological Survey of India, 118(2): 208-211.

GRAVELY F H, 1915. Notes on the habits of Indian insects, myriapods and arachnids [J]. Records of Indian Museum, 11: 483-540.

GRIBODO G, 1892 (1891). Contribuzioni imenotterologiche sopra alcune specie nuove o poco conosciute di Imenotteri Diplotteri nota IV (1) [J]. Bollettino della Società Entomologica Italiana, 23: 242-300.

GUICHARD K M, 1985. Wasps of the family Eumenidae (Hymenoptera: Vespoidea) of the Arabian Peninsula [J]. Fauna of Saudi Arabia, 7: 202-229.

GUSENLEITNER J, 1971. Bemerkenswertes caber Faltenwespen 3. (Diploptera, Hymenopt.) [J]. Nachrichtenblatt der Bayerischen Entomologen, 20: 27-32.

GUSENLEITNER J, 1973. Beiträge zur Kenntnis der fauna Afghanistans (Vespoidea, Hymenoptera) [J]. Casopis Moravskeho Musea v Brne, 56/57: 315-334.

GUSENLEITNER J, 1976. Bemerkenswertes uber Faltenwespen 6. (Diploptera, Hymenoptera) [J]. Nachrichtenblatt der Bayerischen Entomologen, 25: 112-119.

GUSENLEITNER J, 1977. Über Faltenwespen aus Marokko (Hym., Diploptera) [J]. Linzer Biologische Beiträge, 9(1): 131-161.

GUSENLEITNER J, 1987. Über Eumenidae aus Nepal (Hymenoptera, Vespoidea) [J]. Linzer Biologische Beiträge, 19(1): 255-270.

GUSENLEITNER J, 1988a. Über Eumenidae aus Thailand, mit einer Bestimmungstabelle fur orientalische *Labus*-Arten (Hymenoptera, Vespoidea) [J]. Linzer Biologische Beiträge, 20(1): 173-198.

GUSENLEITNER J, 1988b. Neue und bemerkenswerte Faltenwespen aus der Turkei (Hymenoptera: Vespoidea) [J]. Linzer Biologische Beiträge, 20(2): 713-737.

GUSENLEITNER J, 1990a. Kurze Mitteilung uber Faltenwespen der Insel Lanzarote (Canarische Inseln) (Hymenoptera: Vespoidea: Eumenidae und Masaridae) [J]. Linzer Biologische Beiträge, 22(2): 561-564.

GUSENLEITNER J, 1990b. Eine neue Art der Gattung *Ectopioglossa* Perkins 1912 (Hymenoptera: Vespoidea: Eumenidae) [J]. Linzer Biologische Beiträge, 22(2): 571-575.

GUSENLEITNER J, 1991a. Über Eumeniden der Insel Sulawese (Indonesien) (Hymenoptera: Vespoidea) [J]. Linzer Biologische Beiträge, 23(1): 257-265.

GUSENLEITNER J, 1991b. Zwei neue europaische Eumeniden-Arten (Hymenoptera: Vespoidea) [J]. Linzer Biologische Beiträge, 23(1): 289-295.

GUSENLEITNER J, 1991c. Über Vespoidea (Hymenoptera) aus der Mongolei und der Sovietunion [J]. Linzer Biologische Beiträege, 23(2): 631-641.

GUSENLEITNER J, 1994. Über Eumeniden aus dem Nahen Osten und Arabien sowie Beschreibung einer neuen subspecies aus Zanzibar. (Hymenoptera: Vespoidea) [J]. Linzer Biologische Beiträge, 26 (1): 307-324.

GUSENLEITNER J, 1996. Zwei neue arten der gattung *Ropalidia* Guérin-Méneville aus der orientalischen region (Hymenoptera: Vespidae) [J]. Linzer Biologische Beiträge, 28: 15-21.

GUSENLEITNER J, 1998a. Additional new species of the family Eumenidae from Continental Africa and Madagascar (Hymenoptera: Eumenidae) [J]. Linzer Biologische Beiträge, 30(1): 183-194.

GUSENLEITNER J, 1998b. Keys to central and southern European eumenids (Hymenoptera: Vespoidea). Part 9. The genus *Pseudepipona* Saussure [J]. Linzer Biologische Beiträge, 30(2): 487-495.

GUSENLEITNER J, 1999. Identification keys for central and South European Eumenidae (Hymenoptera: Vespoidea). Part 11. The genera *Discoelius* Latreille 1809, *Eumenes* Latreille 1802, *Katamenes* Meade-Waldo 1910, *Delta* Saussure 1855, *Ischnogasteroides* Magretti 1884 and *Pareumenes* Saussure 1855 [J]. Linzer Biologische Beiträge, 31(2): 561-584.

GUSENLEITNER J, 2000. Bemerkenswerte Faltenwespen-Funde aus der orientalischen region (Hymenoptera: Vespidae, Eumenidae) [J] . Linzer Biologische Beiträge, 32(2): 939-947.

GUSENLEITNER J, 2001a. Beitrag zur Kenntnis von Faltenwespen der orientalischen region (Hymenoptera: Vespidae: Eumenidae) [J] . Linzer Biologische Beiträge, 33(2): 655-662.

GUSENLEITNER J, 2001b. Information on a collection of Eumenidae species in Neuchatel Natural History Museum, which Ed. Andre described in 1883 and 1884 (Hymenoptera: Vespoidea: Eumenidae) [J] . Linzer Biologische Beiträge, 33 (1): 211-215.

GUSENLEITNER J, 2002a. Notable records of social wasps from the Oriental region part 2 (Hymenoptera: Vespoidea: Eumenidae) [J] . Linzer Biologische Beiträge, 34(2): 1091-1099.

GUSENLEITNER J, 2002b. Two new *Symmorphus* species from China (Hymenoptera: Eumenidae) [J] . Linzer Biologische Beiträge, 34(1): 345-348.

GUSENLEITNER J, 2003. Identification keys to central and Southern European Eumenidae (Hymenoptera: Vespoidea). 2nd supplement [J] . Linzer Biologische Beiträge, 35(1): 155-166.

GUSENLEITNER J, 2004. A contribution to the knowledge and distribution of Palaearctic Eumenidae (Hymenoptera: Vespoidea)[J]. Linzer Biologische Beiträge, 36(2): 1093-1105.

GUSENLEITNER J, 2006a. About Eumeninae of the Mediterranean area and an appendix concerning one Ethiopian species [J] . Linzer Biologische Beiträge, 38(1): 663-669.

GUSENLEITNER J, 2006b. Über Aufsammlungen von Faltenwespen in Indien (Hymenoptera: Vespidae) [J] . Linzer Biologische Beiträge, 38(1): 677-695.

GUSENLEITNER J, 2006c.Two new species of Vespidae, collected in Mauretania [J] . Linzer Biologische Beiträge, 38(1): 697-700.

GUSENLEITNER J, 2006d. Eumeninae collected in Pakistan [J] . Linzer Biologische Beiträge, 38(2): 1295-1305.

GUSENLEITNER J, 2007a. Remarkable records of wings folded wasps from Oriental region. Part 3 (Hymenoptera: Vespidae: Polistinae, Eumeninae) [J] . Linzer Biologische Beiträge, 39(1): 97-104.

GUSENLEITNER J, 2007b. Vespidae aus Jemen in der Sammlung des Oberösterreichischen Landesmuseums (Hymenoptera: Vespidae) [J] . Linzer Biologische Beiträge, 39(1): 119-127.

GUSENLEITNER J, 2007c. Über Vespidae aus Pakistan (Hymenoptera: Vespidae) [J] . Linzer Biologische Beiträge, 39(2): 969-972.

GUSENLEITNER J, 2008a. Checklisten der fauna Österreichs [J] . Zentralblatt für Geologie und Paläontologie, 3: 31-40.

GUSENLEITNER J, 2008b. Vespidae from the Tanimbar-Islands (Indonesia) in the collection of the Upper Austrian Land Museum. (Hymenoptera: Vespidae: Polistinae, Eumeninae) [J] . Linzer Biologische Beiträge, 40(1): 765-770.

GUSENLEITNER J, 2010a. Order Hymenoptera, family Vespidae [J] . Adu Dhabi: Entomological Society of Southern Africa: 422-467.

GUSENLEITNER J, 2010b. Remarkable records of wings folded wasps from Oriental region. Part 5 [J] . Linzer Biologische Beiträge, 42(1): 695-709.

GUSENLEITNER J, 2010c. Über bemerkenswerte Faltenwespen aus der äthiopischen Region Teil 6 (Hymenoptera: Vespidae: Eumeninae) [J] . Linzer Biologische Beiträge, 42(2): 1323-1346.

GUSENLEITNER J, 2011a. A collection of vespids from Laos of the Linz Biology Centre (Hymenoptera: Vespidae: Vespinae, Stenogastrinae, Polistinae, Eumeninae) [J] . Linzer Biologische Beiträge, 43(2): 1351-1368.

GUSENLEITNER J, 2011b. Notable information on potter and mason wasps XII (Hymenoptera: Vespidae: Eumeninae) [J] . Linzer Biologische Beiträge, 43(2): 1127-1134.

GUSENLEITNER J, 2012a. Bemerkenswerte Faltenwespen-Funde aus der orientalischen Region Teil 6 (Hymenoptera: Vespidae: Eumeninae) [J] . Linzer Biologische Beiträge, 44(2): 1045-1052.

GUSENLEITNER J, 2012b. Über bemerkenswerte Faltenwespen aus der äthiopischen Region Teil 9 (Hymenoptera: Vespidae: Eumeninae) [J] . Linzer Biologische Beiträge, 44(2): 1159-1176.

GUSENLEITNER J, GUSENLEITNER F, 2013. Eine neue Gattung und zwei neue Faltenwespen aus der Orientalischen Region

(Hymenoptera, Vespidae, Eumeninae) [J] . Linzer Biologische Beiträge, 45(1): 133-139.

HASSANIN A, LÉGER N, DEUTSCH J, 2005. Léger Jean, Deutsch. Evidence for multiple reversals of asymmetric mutational constraints during the evolution of the mitochondrial genome of metazoa, and consequences for phylogenetic inferences [J] . Systematic Biology, 54(2): 277-298.

HERMES M G, MELO G A R, CARPENTER J M, 2013. The higher-level phylogenetic relationships of the Eumeninae (Insecta: Hymenoptera: Vespidae), with emphasis on *Eumenes* sensu lato [J] . Cladistics: 1-32.

HINES H M, HUNT J H, O'CONNOR T K, et al., 2007. Multigene phylogeny reveals eusociality evolved twice in vespid wasps[J]. PNAS, 104(9): 3295-3299.

HUANG P, CARPENTER J M, CHEN B, et al., 2019. The first divergence time estimation of the subfamily Stenogastrinae (Hymenoptera: Vespidae) based on mitochondrial phylogenomics [J] . International Journal of Biological Macromolecules, 137: 767-773.

IMRAN B, MUHAMMAD N, MOBUSHIR R K, et al., 2012. Genus *Delta* de Saussure (Hymenoptera: Vespidae: Eumeninae) from Punjab Province of Pakistan [J] . Pakistan Journal of Zoology, 44(3): 759-764.

IVANOV S P, AMOLIN A V, FATERYGA A V, 2005. The nesting of the relict wasp, *Discoelius dufourii* Lepeletier, 1841 (Hymenoptera: Vespidae: Eumeninae): nest structure, nest building and hunting activity [J] . Kavkazskii Entomologicheskii Byulleten, 1(2): 171-178.

IWATA K, 1969. On the nidification of *Ropalidia* (*Anthreneida*) *taiwana kuoshunensis* Sonan in Formosa (Hymenoptera: Vespidae)[J]. Kontyû, 37(4): 367-372.

KELSTRUP H C, WEST EBERHARD M J, NASCIMENTO F S, et al., 2023. Behavior, ovarian status, and juvenile hormone titer in the emblematic social wasp *Zethus miniatus* (Vespidae: Eumeninae) [J] . Behavioral Ecology and Sociobiology, 77: 58.

KIM J K, 2005. Taxonomic review on the Far Eastern species of the genus *Discoelius* Latreille (Hymenoptera: Vespidae: Eumeninae) [J] . Entomological Research (Seoul), 35(2): 111-116.

KIM J K, 2007. Redescription of *Ectopioglossa taiwana* (Sonan) (Hymenoptera: Vespidae: Eumeninae) based on materials from Korea and Taiwan [J] . Entomological Research (Seoul), 37(2): 100-102.

KIM J K, 2013. Biogeographic characteristics of Far Eastern wasps: A case study with eumenine wasps (Hymenoptera: Vespidae: Eumeninae) [J] . Entomological Research (Seoul), 43(1): 1-11.

KIM J K, YAMANE S, 1998. A little known monotypic genus, *Leptomicrodynerus* Giordani Soika (Eumeninae, Vespidae, Hymenoptera), found from Korea [J] . Korean Journal of Entomology, 28(2): 133-136.

KOJIMA J, 1996. Taxonomy of the *Ropalidia flavopicta-complex* (Hymenoptera: Vespidae: Polistinae) [J] . Zoologische Mededelingen, 70: 325-347.

KOJIMA J, SAITO F NGUYEN L T P, 2011. On the species-group taxa of Taiwanese social wasps (Hymenoptera: Vespidae) described and/or treated by J. Sonan [J] . Zootaxa, 2920: 42-64.

KOJIMA J, VAN ACHTERBERG C, 1997. Social wasps collected by Malaise trapping in Southeast Asia, with a note on relative abundance of swarm-founding species (Insecta: Hymenoptera: Vespidae)[J]. Natural History Bulletin of Ibaraki University, 1: 1-13.

KOJIMA J, VAN ACHTERBERG C, 2007. Social wasps collected by Malaise trapping in Southeast Asia, with a note on relative abundance of swarm-founding species (Insecta: Hymenoptera: Vespidae)[J]. Natural History Bulletin of Ibaraki University, 1: 1-13.

KOKUJEV N, 1927. Hymenoptera recueillies par V. Sovinskij sur les bords du lac Bajkal en 1902 [J] . Trav. Comm. Etude Lac Bajkal, 2: 63-76.

KOSTYLEV G, 1927. Einige neue Vespidae aus Turkestan (Hymenoptera) [J] . Entomologische Mitteilungen, 16:73-81.

KURZENKO N V, 1995. Superfamily Vespoidea. 65. Family Vespidae - vespid wasps [M] . Nauka: St. Petersburg: 264-324.

LATREILLE P A, 1809. Genera Crustaceorum et Insectorum Secundum Ordinem naturalem in Familias disposita, iconibus exemplisque plurimis explicata 4 [M] . Argentorati: Amand Koenig, bibliopolam: 1-712.

LATREILLE P A, 1810. Considérations générale sur l'order naturel des animaux composant les classes des Crustacés, des Arachnides, et des Insectes: avec un tableau méthodique de leurs genres, disposés en familles [M] . Paris: F. Schoell: 1-444.

LI T J, BAI Y, CHEN B, 2022. A revision of the genus *Jucancistrocerus* Blüthgen, 1938 from China, with review of three related genera (Hymenoptera: Vespidae: Eumeninae) [J]. Zootaxa, 5105(3): 401-420.

LI T J, BARTHÉLÉMY C, CARPENTER J M, 2019. The Eumeninae (Hymenoptera: Vespidae) of Hong Kong (China), with description of two new species, two new synonymies and a key to the known taxa [J]. Journal of Hymenoptera Research, 72: 127-176.

LI T J, CARPENTER J M, 2018. A taxonomic account of the genus *Labus* de Saussure, 1867 (Hymenoptera: Vespidae: Eumeninae) with descriptions of three new species [J]. Journal of Hymenoptera Research, 65: 23-46.

LI T J, CARPENTER J M, 2019a. Descriptions of eight new species of the genus *Parancistrocerus* Bequaert (Hymenoptera: Vespidae: Eumeninae), with a key to the Oriental species [J]. Zootaxa, 4551(3):251-274.

LI T J, CARPENTER J M, 2019b. Descriptions of three new species of the genus *Stenodyneriellus* Giordani Soika with keys to some related species (Hymenoptera: Vespidae: Eumeninae) [J]. Zookeys, 820: 71-81.

LI T J, CHEN B, 2014a. Description of two new Chinese *Subancistrocerus* de Saussure (Hymenoptera: Vespidae: Eumeninae), with a key to the Chinese species [J]. Journal of Hymenoptera Research, 39:47-57.

LI T J, CHEN B, 2014b. The taxonomic accounts of the genus *Symmorphus* Wesmael (Hymenoptera: Vespidae: Eumeninae) from China, with descriptions of three new species [J]. Zookeys, 389: 9-26.

LI T J, CHEN B, 2015. Two new species of the newly recorded subgenus *Tropidodynerus* Blüthgen (Hymenoptera: Vespidae: Eumeninae) from China, with a key to the known species [J]. Journal of Hymenoptera Research, 43: 9-18.

LI T J, CHEN B, 2016a. The taxonomic study of the genus *Apodynerus* Giordani Soika (Hymenoptera: Vespidae: Eumeninae) from China, with descriptions of two new species [J]. Entomotaxonomia, 38(2): 143-155.

LI T J, CHEN B, 2016b. Two newly recorded genera *Stenodyneriellus* and *Lissodynerus* with three new species from China (Hymenoptera: Vespidae: Eumeninae) [J]. Journal of Hymenoptera Research, 49: 111-127.

LI T J, CHEN B, 2018. Descriptions of four new species of *Pararrhynchium* de Saussure (Hymenoptera: Vespidae: Eumeninae) from China, with one newly recorded species and a key to Chinese species [J]. Oriental Insects, 52(2): 175-189.

LI T J, PENG Y, CHEN B. 2018. A taxonomic review of the genus *Parapolybia* Saussure from China, with a key to all known species [J]. Journal of Chonqing Normal University (Natural Science), 35(1):15-22.

LIU C L, 1935. On the genus *Ropalidia* from Formosa and Okinawa (Hymenoptera: Vespidae) [J]. Transactions of the Natural History Society of Formosa, 25(142): 199-202.

LIU C L, 1936-1937. A bibliographic and synonymic catalogue of the Vespidae of China, with a cross-referring index for the genera and species [J]. Peking Natural History Bulletin, II(3): 205-232.

LIU C L, 1941. Revisional studies of the Vespidae of China I: the genus *Pareumenes* Saussure, with descriptions of six new species (Hymenoptera: Eumeninae) [J]. Notes d' Entomologie Chinoise, 8: 245-289.

LUO L, ZHANG Q H, Chen B, et al., 2020. Additions to the knowledge of the genus *Allorhynchium* van der Vecht, 1963 from China (Hymenoptera: Vespidae: Eumeninae) [J]. Journal of Hymenoptera Research, 77: 119-137.

MA Z X, CHEN B, LI T J, 2016. A taxonomic account of the genus *Stenodynerus* from China, with descriptions of five new species (Hymenoptera, Vespidae, Eumeninae) [J]. Zookeys, 595: 17-48.

MA Z X, CHEN B, LI T J, 2017. Four new species of *Euodynerus* Dalla Torre, 1904 (Hymenoptera: Vespidae: Eumeninae) from China, with a key to the Chinese species [J]. Zootaxa, 4300 (2): 245-258.

MADER L, 1936. Beiträg zur Kenntnis der Hymenopteren. I [J]. Entomologische Zeitschrift, 50: 76-77, 88-90, 261-263.

MADL M, 1995. Contribution to the Hymenoptera-Fauna of Thale Ban National Park (Thailand) [J]. Linzer Biologische Beiträge, 27(1): 397-399.

MATSUMURA S, UCHIDA T, 1926. Die Hymenopteren-Fauna von den Riukiu-Inseln [J]. Insecta Matsumurana, 1: 32-52, 63-77.

MEADE-WALDO G, 1910. New species of Diploptera in the collection of the British Museum [J]. Annals and Magazine of Natural History, 8(5): 30-51.

MEADE-WALDO G, 1911. New species of Diploptera in the collection of the British Museum [J]. Journal of Natural History, 7(37): 98-113.

MEADE-WALDO G, 1914. Notes on the Hymenoptera in the collection of the British Museum,with descriptions of new species [J]. Annals and Magazine of Natural History, 14: 450-464.

MOHAMMED SHAREEF K P, KISHORE L, GIRISH KUMAR P, 2013. New record of *Pseudozumia indica* (de Saussure, 1855) (Hymenoptera: Vespidae: Eumeninae) from Peninsular India [J] . Biological Forum - An International Journal, 5(2): 94-97.

MORAWITZ F, 1885. Eumenidarum species novae. Horae Societatis Entomologicae Rossicae [J] . Rossicae, 19: 135-181.

MORAWITZ F, 1895. Materialien zu einer Vespidenfauna des Russischen Reiches [J] . Horae Societatis Entomologicae Rossicae, 29: 407-493.

NEL A, AUVRAY F, 2006. The oldest Vespinae from the Paleocene of Menat (France) (Hymenoptera: Vespidae) [J] . Zootaxa, 1344: 59-62.

NGUYEN L T P, 2015. Taxonomic notes on the genus *Delta* de Saussure (Hymenoptera: Vespidae: Eumeninae) from Vietnam [J] . Animal Systematics, Evolution and Diversity, 31(2): 95-100.

NGUYEN L T P, 2016a. A new record of the genus *Discoelius* Latreille, 1809 (Hymenoptera: Vespidae: Eumeninae) from Northern Vietnam with description of two new species [J] . Zootaxa, 4154(5): 589-594.

NGUYEN L T P, 2016b. Contribution to the taxonomy of the genus *Coeleumenes* van der Vecht, 1963 (Hymenoptera: Vespidae: Eumeninae) from Vietnam, with description of a new species [J] . Zootaxa, 4121(2): 175-180.

NGUYEN L T P, 2020. Two new species of the genus *Malayepipona* Giordani Soika (Hymenoptera: Vespidae: Eumeninae) from Vietnam, with updated key to all recognised species [J] . Raffles Bulletin of Zoology, 68: 112-117.

NGUYEN L T P, CARPENTER J M, 2013. Taxonomic notes on the species of the genus *Malayepipona* Giordani Soika (Hymenoptera: Vespidae:Eumeninae) from Northern Vietnam, with description of three new species [J] . Raffles Bulletin of Zoology, 61(2): 727-734.

NGUYEN L T P, CARPENTER J M, 2016. Taxonomic review of the genus *Zethus* Fabricius (Hymenoptera: Vespidae: Eumeninae) from Vietnam with descriptions of four new species [J] . Entomological Science, 20(1): 24-32.

NGUYEN L T P, DANG H T, KOJIMA J I, et al., 2014. An annotated distributional checklist of solitary wasps of the subfamily Eumeninae (Hymenoptera: Vespidae) of Vietnam [J] . Entomologica Americana, 120(1): 7-17.

NGUYEN L T P, KOJIMA J, SAITO F, et al., 2006. Vespidae (Hymenoptera) of Vietnam 3: Synoptic key to Vietnamese species of the polistine genus *Ropalidia*, with notes on taxonomy and distribution [J] . Entomological Science, 9(1): 93-107.

NGUYEN L T P, XU Z F, 2014. Two new species of the genus *Okinawepipona* Yamane (Hymenoptera: Vespidae: Eumeninae) from Vietnam and China [J] . Zootaxa, 3795(1): 38-44.

NGUYEN L T P, XU Z F, 2015. Taxonomic notes on the genus *Gribodia* Zavattari, 1912 (Hymenoptera: Vespidae: Eumeninae) from Vietnam and China, with description of a new species [J] . Zootaxa, 4040(4): 458-464.

NGUYEN L T P, XU Z F, 2017. First record of the genus *Zethus* Fabricius, 1804 (Hymenoptera: Vespidae, Eumeninae) from China with description of a new species [J] . Zootaxa, 4272(4): 596-600.

NIDUP T, GYELTSHEN T, GIRISH KUMAR P, et al., 2016. New records of petiolate potter wasps (Hymenoptera: Vespidae: Eumeninae) from Bhutan [J] . Journal of Threatened Taxa, 8(12): 9467-9472.

NIDUP T, KLEIN W, GIRISH KUMAR P, et al., 2018. Additional reports of solitary potter wasps (Hymenoptera: Vespidae: Eumeninae) in Bhutan [J] . Journal of Threatened Taxa, 10(5): 11686-11696.

NUGROHO H, KOJIMA J I, UBAIDILLAH R, 2013. Review of potter wasps with a petiolate metasoma excluding so-called 'Zethinae' (Hymenoptera: Vespidae: Eumeninae) in the Lesser Sunda Islands of the Indonesian Archipelago [J] . Zootaxa, 3608(1): 1-25.

NUGROHO H, UBAIDILLAH R, KOJIMA J, 2016. Taxonomy of the Indo-Malayan presocial potter wasp genus *Calligaster* de Saussure (Hymenoptera: Vespidae: Eumeninae) [J] . Journal of Hymenoptera Research, 48: 19-32.

PANNURE A, BELAVADI V V, CARPENTER J M, 2016. Taxonomic studies on potter wasps (Hymenoptera: Vespidae: Eumeninae) of South India [J] . Zootaxa, 4171(1): 1-50.

PANNURE A, BELAVADI V V, CARPENTER J M, 2017. A new species of the genus *Discoelius* Latreille, 1809 (Hymenoptera: Vespidae: Eumeninae) from India [J] . Zootaxa, 4272(4): 583-586.

PANNURE A, BELAVADI V V, CARPENTER J M, 2018. Taxonomic notes on poorly known species of potter wasps (Vespidae: Eumeninae: Zethini) from India［J］. Orient Insects: 1-16.

PERKIOMAKI J, PEKKARINEN A, 1986. *Discoelius dufourii* Lepeletier (Hymenoptera, Eumenidae) in Eastern Fennoscandia［J］. Notulae Entomologicae, 66(1): 45-48.

PHAM P H, LI T J, 2015. A first list of vespid wasps from Vietnam (Hymenoptera: Vespidae)［J］. Russian Entomological Journal, 24(2): 133-144.

PICKETT K M, CARPENTER J M, 2010. Simultaneous analysis and the origin of eusociality in the Vespidae (Insecta: Hymenoptera)［J］. Arthropod Systematics & Phylogeny, 68(1): 3-33.

PIEKARSKI P K, CARPENTER J M, Lemmon A R, et al., 2018. Phylogenomic evidence overturns current conceptions of social evolution in wasps (Vespidae)［J］. Molecular Biology and Evolution, 35(9): 2097-2109.

RADOSZKOWSKI O, 1890. Hymenopteres du Koree［J］. Horae Entomologicae Rossicae, 24: 231.

RADOSZKOWSKI O, 1865. Description d'un genre nouveau, *Pseudomelecta, et* de quelques especes du genre *Eumenes*［J］. Horae Societatis Entomologicae Rossicae, 3: 53-60.

RICHARDS O W, 1962. A revisional study of the masarid wasps (Hymenoptera: Vespidae)［M］. British Museum (Natural History): vii [+i] +294.

ROSS K G M, ROBERT W, 1991. Options for wasps. (Book Reviews: The Social Biology of Wasps.)［J］. Science, 254: 736-737.

SAITO-MOROOKA F, NGUYEN L T P, KOJIMA J, 2015. Review of the paper wasps of the *Parapolybia indica* species-group (Hymenoptera: Vespidae: Polistinae) in Eastern parts of Asia［J］. Zootaxa, 3947 (2): 215-235.

SCHMID-EGGER C, VAN ACHTERBERG K, NEUMEYER R, et al., 2017. Revision of the West Palaearctic *Polistes* Latreille, with the descriptions of two species-an integrative approach using morphology and DNA barcodes (Hymenoptera: Vespidae)［J］. Zookeys, 713: 12-53.

SCHMITZ J, MORITZ R F A, 1998. Molecular phylogeny of Vespidae (Hymenoptera) and the evolution of sociality in wasps［J］. Molecuar Phylogenetics and Evolution, 9: 183-191.

SCHULZ W A, 1906. Luperina dumetorum H. G. und aberr. Bleonnensis［J］. Deutsche Entomologische Zeitschrift Iris, 19: 38-41.

SCHULZ W A, 1912. Aelteste und alte Hymenopteren skandinavischer Autoren［J］. Berliner Entomologische Zeitschrift, 57(1/2): 52-102.

SELIS M, 2016. First record of the genus *Pareumenes* de Saussure, 1855 (Hymenoptera: Vespidae: Eumeninae) from the Philippine Islands with description of a new species［J］. Journal of Insect Biodiversity, 4(17): 1-6.

SELIS M, 2017a. Revision of the *Zethus luzonensis* species-group (Hymenoptera: Vespidae: Eumeninae), with description of a new species［J］. Zootaxa, 4232(3): 444-450.

SELIS M, 2017b. The genus *Pseumenes* Giordani Soika, 1935 (Hymenoptera: Vespidae: Eumeninae) in the Philippine Islands, with description of a new species［J］. Zootaxa, 4306(2): 296-300.

SELIS M, 2018. Additions to the knowledge of solitary wasps (Hymenoptera: Vespidae: Eumeninae), with description of eight new species［J］. Zootaxa, 4403(3): 441-468.

SHEIKH A H, GIRISH KUMAR P, THOMAS M, et al., 2017. Taxonomic studies on vespid wasps (Hymenoptera: Vespoidea: Vespidae) of Dumna Nature Park, Jabalpur, Madhya Pradesh［J］. Records of the Zoological Survey of India, 117(3): 198-213.

SICKMANN F, 1894. Beiträge zur Kenntniss der Hymenopteren, fauna des nordlichen China［J］. Zoologische Jahrbücher, Abtheilung für Systematik, Geographie und Biologie der Thiere, 8: 195-236.

SIDDIQUI J A, BODLAH I, CARPENTER J M, et al., 2015. Vespidae (Hymenoptera) of the Pothwar region of Punjab, Pakistan［J］. Zootaxa, 3914(5): 501-524.

SMITH F, 1852a. Descriptions of some hymenopterous insects captured in India, with notes on their economy, by Ezra T. Downes, Esq., who presented them to the Honourable the East India Company［J］. Annals and Magazine of Natural History, 2(9): 44-50.

SMITH F, 1852b. Descriptions of some new and apparently undescribed hymenopterous Insects, from North China, collected by R. Fortune［J］. Transactions of the Entomological Society of London, 2: 33-45.

SMITH F, 1857. Catalogue of hymenopterous insects in the collection of the British Museum［J］. Journal of the Proceedings of the

Linnean Society, Zoology, 5: 1-147.

SMITH F, 1858. Catalogue of the hymenopterous insects collected at Sarawak, Borneo; Mount Ophir, Malacca; and at Singapore, by A. R. Wallace [J]. Journal of the Proceedings of the Linnean Society, Zoology, 2(7): 42-130.

SMITH F, 1859. Catalogue of hymenopterous insects collected at Celebes by Mr. A. R. Wallace [J]. Journal of the Proceedings of the Linnean Society, Zoology, 3(9): 4-27.

SMITH F, 1860a. Descriptions of new species of Hymenoptera insects collected by Mr. A. R. Wallace at Celebes [J]. Journal of the Proceedings of the Linnean Society, Zoology, 5: 57-93.

SMITH F, 1860b. Catalogue of the hymenopterous insects collected by A. R. Wallace in the Islans of Bachian, Kaisaa, Amboyna, Gilolo, and at Dory in New Guinea [J]. Journal of the Proceedings of the Linnean Society, Zoology, 5: 93-143.

SMITH F, 1864. Catalogue of hymenopterous insects collected by Mr. A. R. Wallace in the Islands of Mysol, Ceram, Waigiou, Bouru, and Timor [J]. Journal of the Proceedings of the Linnean Society, Zoology, 7: 6-48.

SONAN J, 1937. Sauter's Formosa collection: *Polistes*, *Montezumia* and *Pareumenes* (Hymenoptera: Vespidae and Eumenidae) [J]. Arbeiten über Morphologische und Taxonomische Entomologie, 5: 66-70.

SONAN J, 1939. Descriptions of eight new species of Eumenidae in Formosa (Hymenoptera) [J]. Transactions of the Natural History Society of Formosa, Taihoku, 29: 131-140.

SONAN J, 1944. On *Parapolybia* Saussure in Taiwan [J]. Transactions of the Natural History Society of Taiwan, 34: 342-345.

SRINIVASAN G, GIRISH KUMAR P, 2010. New records of potter wasps (Hymenoptera: Vespidae: Eumeninae) from Arunachal Pradesh, India: five genera and ten species [J]. Journal of Threatened Taxa, 2(12): 1313-1322.

SRINIVASAN G, GIRISH KUMAR P, 2013. A study on vespid wasps (Insecta: Hymenoptera: Vespidae) of Itanagar Wildlife Sanctuary, Arunachal Pradesh [J]. Records of the Zoological Survey of India, 113: 115-127.

STARR C K, 1992. The social wasps (Hymenoptera:Vespidae) of Taiwan [J]. Bulletin of the National Museum of Natural Science: Taichung, 3: 93-138.

TAN J L, CARPENTER J M, VAN ACHTERBERG C, 2018a. Most Northern Oriental distribution of *Zethus* Fabricius (Hymenoptera: Vespidae: Eumeninae), with a new species from China [J]. Journal of Hymenoptera Research, 62: 1-13.

TAN J L, CARPENTER J M, VAN ACHTERBERG C, 2018b. An illustrated key to the genera of Eumeninae from China, with a checklist of species (Hymenoptera: Vespidae) [J]. Zookeys, 740: 109-149.

TAN J L, VAN ACHTERBERG C, Chen X X, 2014. Pictorial key to species of the genus *Ropalidia* Guérin-Méneville, 1831 (Hymenoptera: Vespidae) from China, with description of one new species [J]. Zookeys, 391(391): 1-35.

TOSAWA N, 1934. On *Eumenes* of Japan Empire [J]. Transactions of the Kansai Entomological Society, Osaka (5): 3-16.

VAN DER VECHT J, 1935. Notes on oriental *Labus*, with descriptions of three new species from Java (Hymenoptera: Vespidae)[J]. Treubia, 15: 157-167.

VAN DER VECHT J, 1941. The Indo-Australian species of the genus *Ropalidia* (=*Icaria*) (Hymenoptera: Vespidae) (First Part) [J]. Treubia Buitenzorg, 18: 103-190.

VAN DER VECHT J, 1959. On *Eumenes arcuatus* (Fabricius) and some allied Indo-Australian wasps (Hymenoptera: Vespidae) [J]. Zoologische Verhandelingen, 41: 1-71.

VAN DER VECHT J, 1962. The Indo-Australian species of the genus *Ropalidia* (=*Icaria*) (Hymenoptera: Vespidae) (Second Part) [J]. Zoologische Verhandelingen, 57(4): 1-72.

VAN DER VECHT J, 1963. Studies on Indo-Australian and East-Asiatic Eumenidae (Hymenoptera: Vespoidea) [J]. Zoologische Verhandelingen, 60: 1-116.

VAN DER VECHT J, 1966a. Notes on Palaearctic Eumenidae (Hymenoptera) [J]. Entomologische Berichten (Amsterdam), 26: 161-165.

VAN DER VECHT J, 1966b. The East-Asiatic and Indo-Australian species of *Polybioides* Buysson and *Parapolybia* Saussure (Hymenoptera: Vespidae) [J]. Zoologische Verhandelingen, 82: 1-42.

VAN DER VECHT J, 1969. A new name for the genus *Cyrtolabus* van der Vecht (Hymenoptera: Eumenidae) [J]. Entomologische Berichten (Amsterdam), 29(1): 1-2.

VAN DER VECHT J, 1981. Studies of Indo-Australian solitary wasps. (Hymenoptera: Vespoidea: Eumenidae) [J] . Proceedings of the Koninklijke Nederlandse Akademie van Wetenschappen. Serie C, 84(4): 443-464.

VAN DER VECHT J, CARPENTER J M, 1990. A catalogue of the genera of the Vespidae (Hymenoptera) [J] . Zoologische Verhandelingen (Leiden), 260(15): 1-62.

VAN DER VECHT J, FISCHER F C J, 1972. Hymenopterorum catalogus: Pars 8: Palaearctic Eumenidae [M] . Netherlands: W. Junk's-Gravenhage: 1-199.

VON SCHULTHESS A, 1913. *Parapolybia* Saussure Vespidae sociales [J] . Mitteilungen der Schweizerischen Entomologischen Gesellschaft, 12: 152-164.

WANG H C, CHEN B, LI T J, 2019a. A new species and a new record of the genus *Discoelius* Latreille, 1809 (Hymenoptera: Vespidae: Eumeninae) from China [J] . Zootaxa, 4686 (2): 297-300.

WANG H C, CHEN B, LI T J, 2019b. Three new species of the genus *Zethus* Fabricius, 1804 (Hymenoptera: Vespidae: Eumeninae) from China, with an updated key to the oriental species [J] . Journal of Hymenoptera Research, 71: 209-224.

WANG H C, CHEN B, LI T J, 2020. Taxonomy of the genus *Ectopioglossa* Perkins from China, with two new species and an updated key to the oriental species (Hymenoptera: Vespidae: Eumeninae) [J] . Journal of Asia-Pacific Entomology, 23: 253-259.

WICKWAR O S, 1908. Hymenoptera new to Ceylon, with descriptions of new species [J] . Spolia zeylanica, 5: 115-124.

YAMANE S, 1979. Polistine wasps from Nepal (Hymenoptera: Vespidae) [J] . Insecta Matsumurana, 15: 1-37.

YAMANE S, 1982. Notes on eumenid wasps from Japan and its adjacent regions (Hymenoptera: Vespoidea) (4) [J] . New Entomologist, 31(1): 9-14.

YAMANE S, 1990. A revision of the Japanese Eumenidae (Hymenoptera: Vespoidea) [J] . Insecta Matsumurana, 43: 1-189.

YAMANE S, 1996. The genus *Discoelius* Latreille (Hymenoptera: Eumenidae) in Taiwan [J] . Journal of Taiwan Museum, 49(2): 111-115.

YAMANE S, TANO T, 1983. Studies on the genus *Anterhynchium* and its related genera of the Ryukyu Islands, Japan (Hymenoptera: Eumenidae) [J] . Memoirs Kagoshima University Research Center for the South Pacific, 4(1): 119-132.

YAMANE S, WANG H Y, 1995. The identity of *Parapolybia takasagona* Sonan (Hymenoptera: Vespidae) [J] . Proceedings of the Japanese Society of Systematic Zoology (54): 75-78.

YASUMATSU K, 1934. On the genus *Discoelius* of Eastern Asia, with a list of the species of the genus of the world (Hymenoptera: Eumenidae) [J] . Mushi, 7: 3-19.

YEH W C, LU S S, 2017. New record of the genus *Zethus* Fabricius from Taiwan, with the description of Z. *taiwanus* sp. nov. and a key to the species of *trimaculatus*-group (Hymenoptera: Vespidae: Eumeninae) [J] . Zootaxa, 4324(3): 529-540.

YOSHIKAWA K O R, Sakagami S F, 1969. Preliminary report on entomology of the Osaka City University 5th Scientific Expedition to Southeast Asia 1966-with descriptions of two new genera of stenogastrine wasps by J. van der Vecht [J] . Nature and Life in Southeast Asia, 6: 153-182.

YOU J, CHEN B, LI T J, 2013. Two new species of the genus *Ancistrocerus* Wesmael (Hymenoptera: Vespidae: Eumeninae) from China, with a key to the oriental species [J] . Zookeys, 303: 77-86.

ZHANG X, CHEN B, LI T J, 2020a. Taxonomy of the genus *Epsilon* de Saussure from China, with a new species and an updated key to the Oriental species (Hymenoptera: Vespidae: Eumeninae) [J] . Zookeys, 910: 131-142.

ZHANG X, CHEN B, LI T J, 2020b. A taxonomic revision of *Allodynerus* Blüthgen (Hymenoptera: Vespidae: Eumeninae) from China [J] . Zootaxa, 4750(4): 545-559.

ZHOU X, CHEN B, LI T J, 2013. Two new species of the genus *Discoelius* Latreille (Hymenoptera: Vespidae: Eumeninae) from China, with a key to the Chinese species [J] . Journal of Hymenoptera Research, 32: 45-54.

ZIMMERMANN K, 1931. Studien über individuelle und geographische Variabilitat palaarktischer *Polistes* und verwandter Vespiden [J] . Zeitschrift für Morphologie und Ökologie der Tiere, 22: 173-230.

中文名称索引

二画

二带同蜾蠃 48, 390, 395

三画

三叶佳盾蜾蠃 43, 212, 233
三角长片蜾蠃 44, 265, 273
三齿胡蜂 51, 516, 520, 521
三带沟蜾蠃史氏亚种 41, 131, 162
三斑外舌蜾蠃 42, 204, 208
三斑蜾蠃 39, 64, 97, 98
土蜂科 2
大华丽蜾蠃 38, 55, 61, 62
大直盾蜾蠃 47, 363
大林旁沟蜾蠃 45, 301
大铃腹胡蜂 50, 461, 471
大渡岗匙角狭腹胡蜂 50, 486, 487
小小柄蜾蠃 43, 244, 252
小片蜾蠃亚属 280
小片蜾蠃属 44, 110, 280
小同蜾蠃 48, 390, 404
小拟微盾蜾蠃 44, 276
小刻异喙蜾蠃 40, 120
小柄蜾蠃属 23, 26, 43, 108, 244, 245
小点佳盾蜾蠃指名亚种 43, 212, 221
小旁细蜾蠃指名亚种 45
小眼埃蜾蠃 42, 209
小窝代喙蜾蠃 42, 196, 200, 202
山东啄蜾蠃 41, 165, 175
山沟蜾蠃 40, 131, 149
川沟蜾蠃 2, 40, 131, 154
广西旁沟蜾蠃 45, 302, 306
弓费蜾蠃 39, 53, 105, 106
弓费蜾蠃台湾亚种 39
弓费蜾蠃指名亚种 39, 106, 107
叉胸异腹胡蜂 49, 416, 417, 423, 424, 426
马来沟蜾蠃 40, 131
马来铃腹胡蜂 50, 462, 472, 475
马萨胡蜂亚科 3, 4, 11, 23, 29, 30, 33, 49, 412
马萨胡蜂科 3
马萨胡蜂族 3
马蜂亚科 3, 4, 12, 22, 29, 30, 34, 49, 414, 415
马蜂属 34, 49, 415, 428, 429

四画

丰直盾蜾蠃 47, 364, 371
王氏元蜾蠃 52, 571, 579
天池同蜾蠃 48, 390, 405
元蜾蠃属 26, 27, 37, 52, 568, 571
无片长腹胡蜂 52, 581
无边长腹胡蜂 52, 581, 589
无齿小柄蜾蠃 43, 244, 249
无胫旁喙蜾蠃 46, 317, 320
云南代喙蜾蠃 42, 196, 203
云南同蜾蠃 48, 390, 407
云南细蜾蠃 42, 194
太平洋长黄胡蜂 51, 501, 502, 508
太和旁沟蜾蠃 45, 302
戈壁短小蜾蠃 43, 254, 258
瓦氏马蜂 49, 430
少须蜾蠃属 44, 110, 265, 278
日本马蜂 49, 415, 429, 441, 442
日本沟蜾蠃 40, 131, 145
日本佳盾蜾蠃 43, 213, 225, 226, 229, 230, 231
日本佳盾蜾蠃东京亚种 43, 213, 226, 227, 228
日本佳盾蜾蠃指名亚种 43, 213, 226
日本佳盾蜾蠃指明亚种 227
日本佳盾蜾蠃琉球亚种 213
中长黄胡蜂 51, 501, 506
中华小片蜾蠃 44, 281
中华马蜂 49, 430, 454, 455
中华异喙蜾蠃 40, 120, 121, 123, 124
中华秀蜾蠃 46, 329, 330
中华直盾蜾蠃 47, 364, 368, 369
中华旁喙蜾蠃 46, 317, 325
中华短小蜾蠃 43, 254, 257, 259
内曲直盾蜾蠃 47, 364
内蒙古直盾蜾蠃 48, 364, 377
贝氏长腹胡蜂 52, 581, 584
贝尔蜾蠃 38, 64, 70
毛小片蜾蠃 44, 281, 282
毛织铃腹胡蜂 50, 462, 463
毛旁细蜾蠃 45, 295, 299, 300
毛等齿蜾蠃达斑亚种 46, 333, 334
长片蜾蠃属 44, 111, 265
长节元蜾蠃 52, 571
长刻旁沟蜾蠃 45, 302, 311, 314
长背蜾蠃属 44, 109, 274
长须蜾蠃属 47, 110, 350
长胫沟蜾蠃 131
长唇代喙蜾蠃 42, 196, 197, 198
长黄胡蜂属 36, 51, 500, 501
长棘沟蜾蠃羚羊亚种 40, 130, 147

长腹元蜾蠃 52, 571, 580
长腹胡蜂亚科 4, 22, 23, 27, 29, 30, 37, 52, 567, 568
长腹胡蜂属 22, 23, 26, 37, 52, 568, 581
长腹蜾蠃亚属 63
长触旁沟蜾蠃 45, 301, 307, 310
乏佳盾蜾蠃 42, 212, 219, 220
乌海小片蜾蠃 45, 281
六带啄蜾蠃 41, 165, 174
六盘山弯触蜾蠃 49, 409, 410, 411
文氏旁喙蜾蠃 46, 317, 328
方形旁沟蜾蠃 45, 302, 313
方蜾蠃 39, 64
方蜾蠃台湾亚种 39, 64
方蜾蠃指名亚种 39, 64, 90, 91
孔蜾蠃 6, 39, 65, 88, 89
巴氏直盾蜾蠃 47, 364, 365
双孔同蜾蠃 48, 389, 392
双色铃腹胡蜂 50, 462, 465
双铃腹胡蜂 50, 461
双斑小片蜾蠃 44, 281, 284
双斑马蜂 49
双斑长背蜾蠃 44, 274, 275
双斑全盾蜾蠃 39, 112, 114
双斑啄蜾蠃 41, 166, 169
双糙拟蜾蠃 46, 336, 341

五画

巧啄蜾蠃 41, 166, 171
可爱小柄蜾蠃 43, 244, 246
可疑短小蜾蠃 44, 254, 260
石长黄胡蜂 51, 502, 510
布蜾蠃 38, 65
平盾蜾蠃属 47, 110, 358
平狭腹胡蜂属 50, 486, 494, 495
平唇原胡蜂 19, 51, 513, 514, 515
平胸旁细蜾蠃山地亚种 45, 295, 298
平脊旁喙蜾蠃 46, 316, 324
东方胡蜂 51, 517, 536, 537
东北全盾蜾蠃 39, 112, 113, 118, 119
卡佳盾蜾蠃 42, 212, 215
北风蜾蠃 38, 65, 67
北方蜾蠃指名亚种 38, 65, 71
北部蜾蠃 39, 65
北部蜾蠃西藏亚种 39, 65
北部蜾蠃指名亚种 39, 65, 95
凸外舌蜾蠃 42, 204, 205
凸圆蜾蠃 9, 38, 63, 65, 77
凸短触蜾蠃 41, 182, 190
叶突异喙蜾蠃 40, 120, 126
史氏旁喙蜾蠃 46
凹平盾蜾蠃 47, 358, 359
凹亚沟蜾蠃 48, 383, 385
凹华丽蜾蠃 2
凹足弯触蜾蠃 49, 409, 410, 411
凹顶蜾蠃属 43, 110, 237
凹齿全盾蜾蠃 39, 112, 116
凹胸佳盾蜾蠃指名亚种 42, 212, 218
凹旁喙蜾蠃 46, 317, 318
凹触直盾蜾蠃 47, 364, 370
四川同蜾蠃 48, 390
四秀蜾蠃 46, 329, 331
四秀蜾蠃连秀亚种 46, 329
四秀蜾蠃间秀亚种 46, 329, 332
四秀蜾蠃指名亚种 329
四秀蜾蠃倾秀亚种 46, 329, 332, 333
四秀蜾蠃棘秀亚种 46, 329, 331
四刺饰蜾蠃指名亚种 47, 347, 348
四带佳盾蜾蠃指名亚种 43, 213, 230
四斑长片蜾蠃 44, 265, 270
四斑宽沟蜾蠃 43, 234, 236
代盾蜾蠃属 41, 110, 180
代喙蜾蠃属 42, 111, 196
白条长须蜾蠃 47
白额短小蜾蠃 43, 254, 255
印度刚蜾蠃 47
印度刚蜾蠃指名亚种 47, 345
印度刚蜾蠃海南亚种 47, 345
印度异腹胡蜂 49, 416, 421, 422
印度短触蜾蠃 41, 182, 189
外贝加尔蜾蠃 39, 64, 96
外舌蜾蠃属 42, 108, 204
半羽华丽蜾蠃 38, 55, 59
宁蒗直盾蜾蠃 47, 364, 375
穴居短触蜾蠃 41, 182, 191
尼泊尔直盾蜾蠃 47, 364, 374
台湾马蜂 49
台湾长腹胡蜂 52, 581, 591
台湾外舌蜾蠃 42, 204, 205, 207
台湾秀蜾蠃 46, 329
台湾直盾蜾蠃 48, 364
台湾铃腹胡蜂 50, 461, 483
台湾旁沟蜾蠃 45, 301, 302, 314, 315
台湾旁沟蜾蠃指名亚种 46, 302
台湾旁沟蜾蠃湖春亚种 45, 302
台湾旁细蜾蠃 45, 295, 297
台湾旁喙蜾蠃 46, 317, 327
台湾短触蜾蠃 41, 182, 186, 187
台湾短触蜾蠃大陆亚种 41, 182
台湾短触蜾蠃指名亚种 41, 182
台湾蜾蠃 38, 65

六画

寺山沟蜾蠃 41, 130, 159
亚小片蜾蠃亚属 280
亚马内旁沟蜾蠃 46, 302
亚沟蜾蠃属 48, 109, 383
亚盾蜾蠃属 42, 111
西藏小片蜾蠃 44, 280
西藏短小蜾蠃 44, 254, 263
迈氏缘蜾蠃 41, 178, 179, 180
尖齿长黄胡蜂 51, 501, 502, 503
尖饰同蜾蠃 48, 390, 394
光亚盾蜾蠃 42
光同蜾蠃 48, 390, 401
光带蜾蠃属 45, 109, 292
光真狭腹胡蜂 50, 489, 492
光滑旁喙蜾蠃 46, 316, 319
曲直盾蜾蠃 48, 363, 378
同蜾蠃指名亚属 389
同蜾蠃属 48, 109, 274, 389
刚蜾蠃属 25, 27, 47, 108, 345
延安同蜾蠃 48, 390
延背旁沟蜾蠃 45, 302, 304
华丽蜾蠃属 28, 38, 54, 55
伊氏代喙蜾蠃 42
似小式埃蜾蠃 42, 209, 210, 211
似远异喙蜾蠃 40, 120, 129
似斑平盾蜾蠃 47, 358, 360, 362

似蜜胡蜂属 49
后帕胡蜂属 33
后佳盾蜾蠃 213
全盾蜾蠃属 39, 111, 112, 115
名拟蜾蠃 46, 336, 337
多片蜾蠃属 44, 109, 264
多色铃腹胡蜂 50, 461, 484
多斑啄蜾蠃 41, 165
多斑蜾蠃 39, 64
壮微盾蜾蠃 275
羊直盾蜾蠃 47, 364, 367
江苏蜾蠃 5, 38, 64, 79, 80
安东尼沟蜾蠃 40, 130, 135
那氏黄胡蜂 52, 548, 556, 557, 559
异真狭腹胡蜂 50, 489, 491, 493
异喙蜾蠃属 40, 110, 111, 120, 265
异腹胡蜂属 34, 49, 415, 416
红环黄胡蜂 2, 52, 548, 562, 563
红佳盾蜾蠃 42
红胫蜾蠃 39, 65, 92
红啄蜾蠃 41, 165, 173
红斑沟蜾蠃 130
红棕长腹胡蜂 22
约马蜂 49, 430, 432, 433, 435

七画

寿胡蜂 51, 517, 545, 546
远异喙蜾蠃 40, 120, 125, 129
远沟蜾蠃 40, 131, 133
赤足拟蜾蠃 46, 336, 338
坑同蜾蠃 48, 390, 398
拟马萨胡蜂属 33
拟柄土蜂科 2
拟树沟蜾蠃 40, 131, 134
拟雄旁沟蜾蠃 45, 302, 312
拟微盾蜾蠃亚属 275
拟蜾蠃指名亚属 336
拟蜾蠃属 46, 111, 336
花长黄胡蜂 51, 501, 504
花粉胡蜂属 49, 413
克劳斯沟蜾蠃 40, 132, 146
苏拉威蜾蠃 38, 64
李氏拟蜾蠃 46, 336, 343
丽真狭腹胡蜂 50, 489
丽旁喙蜾蠃 46, 316, 321
丽旁喙蜾蠃双斑亚种 46, 316
丽旁喙蜾蠃多斑亚种 46, 316
丽旁喙蜾蠃指名亚种 46, 316, 321
丽旁喙蜾蠃前旁亚种 46, 316, 317, 322
丽旁喙蜾蠃萨氏亚种 46, 316
丽腹胡蜂属 22, 26, 27, 37, 52, 568
助铃腹胡蜂 50, 462
针尾部 2, 3
秀蜾蠃属 26, 27, 46, 108, 329
近胡蜂 51, 500, 517, 537, 538
近新铃腹胡蜂 50, 461, 476, 477
邻佳盾蜾蠃 43, 213
犹胡蜂亚科 3, 4, 29, 30, 31
犹胡蜂属 31
角小柄蜾蠃 43, 244, 247
角马萨胡蜂属 33
条腹盾蜾蠃 44, 277, 278
岛同蜾蠃 48
库氏同蜾蠃 48, 390, 400
库侧异腹胡蜂 49, 416, 418, 419
间长黄胡蜂 51, 502, 505
沃氏小片蜾蠃 44, 280
沟蜾蠃属 40, 109, 130
陆马蜂 12, 49, 414, 430, 432, 435, 436
陆蜾蠃 38
陆蜾蠃东北亚种 39, 65, 84
陆蜾蠃指名亚种 39
阿里山黄胡蜂 51, 549, 550
阿拉善胡蜾蠃 43, 238, 241, 242, 243
阿萨姆蜾蠃 38, 65
阿斯宽沟蜾蠃 43, 234, 235
纳氏长须蜾蠃 47, 350, 352
纹直盾蜾蠃 48, 363, 380
纹佳盾蜾蠃 43, 213, 232

八画

环带马蜂 49, 429, 445, 446, 448
环黄胡蜂 52, 548, 549, 560, 561
青直盾蜾蠃 47, 364, 366
拉杰沟蜾蠃 40, 131, 155
拙沟蜾蠃 40, 132, 141
茂兰平盾蜾蠃 47, 358, 361
英佳盾蜾蠃库氏亚种 43, 212, 222
直毛佳盾蜾蠃 43, 212, 223
直沟蜾蠃属 47, 109, 357
直盾蜾蠃属 47, 111, 363, 383
直盾蜾蠃属种类 7
茅胡蜂 51, 517, 521, 535, 536
杯式铃腹胡蜂 27, 50, 462, 467
杰柯侧狭腹胡蜂 51, 495, 496
丧直盾蜾蠃 47, 364, 373
刺小柄蜾蠃 43, 244, 253
刺角土蜂科 2
刺铃腹胡蜂 50, 462, 482
肯尼斯沟蜾蠃 41, 130, 163
齿微盾蜾蠃亚属 275
果马蜂 49, 430, 434, 435
昆虫纲 2
迪庆全盾蜾蠃 39, 112, 117
罗浮小柄蜾蠃 43, 244, 251
帕氏直盾蜾蠃 47, 363
帕氏直盾蜾蠃指名亚种 47, 363, 376
帕氏直盾蜾蠃黄带亚种 47, 363
帕胡蜂属 33
凯氏小片蜾蠃 44, 281, 282
图氏小片蜾蠃 23, 44, 280, 283
和田沟蜾蠃 40, 132, 138
和田荒漠胡蜾蠃 43, 238, 240
佳盾蜾蠃属 26, 42, 110, 211, 212
侧狭腹胡蜂属 50, 486, 495
侧腹拟蜾蠃 46
依氏元蜾蠃 52, 571
金氏黄胡蜂 52, 548, 556, 557, 559
金沟蜾蠃 40, 130, 136
金环胡蜂 51, 517, 520, 533, 534
金黄异腹胡蜂 49, 416, 420
金箍胡蜂 19, 51, 517, 541, 542
饰同蜾蠃 48, 390
饰铃腹胡蜂 50, 462, 475
饰蜾蠃属 26, 27, 47, 108, 347
变侧异腹胡蜂 49, 416, 426, 427
变刻蜾蠃 39, 64
变胡蜂 51, 517, 532
刻背旁沟蜾蠃 45, 302

刻点细蜾蠃 42, 194, 195
刻点铃腹胡蜂 50, 461, 478, 479, 483
单佳盾蜾蠃 42, 212, 214, 215, 216
单佳盾蜾蠃少斑亚种 212
单佳盾蜾蠃指名亚种 42, 212, 216, 217
单佳盾蜾蠃紫阳茎亚种 42, 211, 212, 216, 217
单佳盾蜾蠃短肩亚种 212
浅色马蜂 49
浅刻少须蜾蠃 44, 278
法国元蜾蠃 52, 573
法国元蜾蠃东北亚种 52, 571, 574
法国元蜾蠃指名亚种 52, 571, 573
孟连异喙蜾蠃 40, 120, 127
细齿旁喙蜾蠃 46, 316, 323
细盾蜾蠃属 44, 108
细旁同蜾蠃 48, 389, 391
细黄胡蜂 51, 547, 549, 552, 553, 554
细腰亚目 2
细蜾蠃属 26, 42, 108, 194

九画

挪威长黄胡蜂 51, 502, 507
带状旁沟蜾蠃 45, 302
带铃腹胡蜂 50, 460, 461, 468, 469, 484
荒漠胡蜾蠃亚属 238
胡蜂亚科 3, 4, 15, 16, 22, 29, 30, 36, 51, 499, 500
胡蜂科 2, 3, 4, 21, 23, 28, 29, 30, 38
胡蜂总科 2, 3
胡蜂族 3
胡蜂属 2, 36, 51, 500, 516
胡蜾蠃指名亚属 238
胡蜾蠃属 43, 109, 238
南岭长腹胡蜂 52, 581, 587
柑马蜂 14, 49, 429, 442, 443
柄马蜂属 34
柄蜾蠃属 25, 27, 42, 108, 193
柞蚕马蜂 50, 430, 455, 457, 458
树长黄胡蜂 51, 502, 512
树黄斑蜾蠃指名亚种 39
背直盾蜾蠃 48, 363, 382
点马蜂 49, 429, 450
点长黄胡蜂 51, 502, 511
点铃腹胡蜂 13, 50, 462, 480, 481
点蜾蠃 39, 65, 87
显长黄胡蜂 51, 501
显佳盾蜾蠃指名亚种 43, 213, 229
显蜾蠃 39, 65, 93, 94
蚁科 2
蚁蜂科 2
钝刺秀蜾蠃 46, 329
钝腹长腹胡蜂 52, 581, 582
钩土蜂科 2
香港铃腹胡蜂 50, 462, 470
香港旁沟蜾蠃 45, 302
香港啄蜾蠃 41, 166, 172
科氏少须蜾蠃台湾亚种 44, 278
科氏似蜜胡蜂 11, 412
科氏拟蜾蠃 46, 336, 339, 343
科氏短小蜾蠃 44, 254, 261
盾蜾蠃族 39, 54, 108
盾蜾蠃属 44, 111, 277
狭腹胡蜂亚科 3, 4, 21, 29, 30, 35, 50, 485, 486
弯触蜾蠃属 48, 111, 409
李蜾蠃 38, 64, 75
施氏黄胡蜂 52, 549, 563, 564
施氏塔蜾蠃 48, 408, 409
类日本佳盾蜾蠃 43, 213, 231
类巴氏直盾蜾蠃 48, 364, 379
酋饰蜾蠃 47, 347, 348, 349
洁平狭腹胡蜂 50, 494, 495
洞同蜾蠃 48, 390, 397
染翅异腹胡蜂 49, 416, 425
冠蜾蠃指名亚种 38, 65, 72
费蜾蠃属 28, 39, 54, 105, 106
绒辖小片蜾蠃 44, 280
结马萨胡蜂属 33
骆驼亚沟蜾蠃 48, 383, 384
班氏小片蜾蠃 44, 280

十画

热带蜾蠃 38, 64, 68, 69
埃蜾蠃属 42, 110, 209
莫氏直盾蜾蠃 47, 363
莫氏胸蜾蠃犁沟亚种 45, 285
真狭腹胡蜂属 50, 486, 489
贾法尔旁沟蜾蠃 45, 302, 308
唇小柄蜾蠃 43, 244, 248
唇亚沟蜾蠃 48
唇蜾蠃 38, 64, 81
唇蜾蠃中华亚种 38, 64, 82, 83
唇蜾蠃指名亚种 38, 64, 82
唇蜾蠃黄黑亚种 38, 64, 81, 82
原胡蜂属 36, 51, 500, 513
原野华丽蜾蠃 38, 58
原野华丽蜾蠃冲绳亚种 38, 56
原野华丽蜾蠃指名亚种 38, 56, 60
哨啄蜾蠃 41, 166, 176
峨眉山元蜾蠃 52, 571, 575
圆外舌蜾蠃 42, 204
圆腹沟蜾蠃指名亚种 40, 131, 151
铁生细盾蜾蠃 44
铃华丽蜾蠃 38, 56
铃腹胡蜂属 34, 50, 415, 460, 461
特片旁沟蜾蠃 45, 302, 309
特氏元蜾蠃 52, 571, 578
笑斑沟蜾蠃 41, 132, 156
胸柄蜾蠃 42, 193
胸蜾蠃属 45, 110, 285
皱马蜂 49, 429, 451, 452
高山似蜜胡蜂 49
高砂异腹胡蜂 49, 416
高原沟蜾蠃 41, 132, 164
高啄蜾蠃指名亚种 41, 166
高雄旁沟蜾蠃 45, 302
脊长腹胡蜂 52, 581, 590
脊佳盾蜾蠃 42, 212, 214
脊短触蜾蠃 41, 182, 188
旁灰沟蜾蠃 40, 131, 152
旁同蜾蠃亚属 389
旁沟蜾蠃属 45, 109, 301
旁细蜾蠃属 45, 110, 295
旁宽沟蜾蠃亚属 234
旁喙蜾蠃属 46, 109, 316
宽沟蜾蠃指名亚属 234
宽沟蜾蠃属 43, 109, 234
宽柄长腹胡蜂 52, 581, 591, 592

宽唇长片蜾蠃 44, 265, 267, 271
宽唇全盾蜾蠃 39, 112, 115
宽腹旁沟蜾蠃 45, 301, 310
宽触旁细蜾蠃 45, 295, 296
宽触短小蜾蠃 43, 254, 256
窄马蜂 50, 430, 459
窄片直盾蜾蠃 48, 363, 381
窄同蜾蠃 48, 390, 393
窄蜾蠃属 46, 109, 344
窄额胡蜾蠃 43, 238, 241, 242
袖铃腹胡蜂 50, 461, 466
弱脊旁沟蜾蠃 45, 302, 305
勐仑匙角狭腹胡蜂 50, 486, 488
陶氏蜾蠃 39, 64
陶氏蜾蠃罗浮亚种 39, 64
陶氏蜾蠃指名亚种 39, 64
姬马蜂 49
桑铃腹胡蜂 50, 461, 478

十一画

捷列克沟蜾蠃 41, 131, 160
基胡蜂 20, 51, 517, 521, 522, 535
基蜾蠃指名亚种 39, 65, 86
黄边胡蜂 51, 517, 527, 528
黄光带蜾蠃 45, 292, 294
黄纹胡蜂 51, 516, 517, 538, 539, 540
黄刺短触蜾蠃 41, 182, 185
黄侧异腹胡蜂 13, 49, 416, 419, 420
黄刻代喙蜾蠃 42, 196, 200, 201, 202
黄刻代喙蜾蠃华丽亚种 42
黄刻代喙蜾蠃指名亚种 42
黄带似蜜胡蜂 11
黄带多片蜾蠃双斑亚种 44, 264
黄胡蜂属 36, 51, 500, 501, 547, 548
黄星同蜾蠃 48, 389
黄唇长片蜾蠃 44, 265, 268
黄唇啄蜾蠃 41, 166
黄唇喙蜾蠃指名亚种 47, 353, 354
黄铃腹胡蜂 50, 462
黄脚胡蜂 17, 20, 51, 517, 543, 544, 545
黄斑蜾蠃属 39, 54, 99
黄喙蜾蠃指名亚种 7, 47, 353, 355, 356
黄裙马蜂 49, 429, 446, 447
黄缘代喙蜾蠃 8, 42, 196, 198, 200, 201
黄腰胡蜂 16, 17, 18, 51, 499, 517, 518, 519, 538
副拟蜾蠃亚属 336
虚长腹胡蜂 52, 581, 585, 586
匙角狭腹胡蜂属 35, 50, 486
啄蜾蠃属 26, 41, 111, 165, 182
铜凹顶蜾蠃 43
笨蜂科 2
笛胡蜂 51, 517, 531, 532
斜纹旁喙蜾蠃 46, 317, 326
彩外舌蜾蠃 42, 204, 206
彩色元蜾蠃 52, 571, 577
康巴沟蜾蠃 40, 132
康格拉蜾蠃 38, 65, 78, 79
羚羊沟蜾蠃 40, 132, 143
盖胡蜂亚科 4, 29, 30, 32
粗刻短小蜾蠃 44, 254, 262
断带黄斑蜾蠃 39, 99, 101, 102
淡红铃腹胡蜂 50, 462
婆罗洲沟蜾蠃 40, 130, 137
密毛蜾蠃 38, 64, 66
密侧狭腹胡蜂 51, 495, 497
隆背旁沟蜾蠃 45, 302, 303
隐沟蜾蠃 40, 131

十二画

斑平盾蜾蠃 47, 358, 360, 362
斑代喙蜾蠃 42, 196, 198, 199
斑异喙蜾蠃 40, 120, 127, 128
斑柄蜾蠃 42, 193, 194
塔胡蜾蠃 43, 238, 243
塔蜾蠃属 48, 109, 408
提提俄斯啄蜾蠃 41, 166, 177
喜马拉雅丽腹胡蜂 52, 568, 570
斯马蜂 15, 49, 429, 448, 449
斯氏亚沟蜾蠃 48, 383, 388
斯氏旁喙蜾蠃 316
斯氏黄斑蜾蠃 99
斯氏黄斑蜾蠃金黄亚种 39, 99, 100
朝鲜黄胡蜂 52, 548, 549, 557, 558
棕马蜂 49, 428, 430, 431, 437
棕毛短触蜾蠃 41, 182, 184
棕长片蜾蠃 44, 265, 266
棕足同蜾蠃 48, 390, 399
棕足啄蜾蠃 41, 165, 166, 167
棕啄蜾蠃 41, 165
棕腹缘蜾蠃 41, 178, 179
椭圆啄蜾蠃 41, 166, 168
雅短触蜾蠃 42, 182, 192
翘全盾蜾蠃 40, 112, 119
紫茎同蜾蠃 48, 389, 406
喇嘛长黄胡蜂 51, 501
景洪亚沟蜾蠃 48, 383, 386
蛛蜂科 2
喙蜾蠃属 47, 111, 353
黑少须蜾蠃 44, 278, 279
黑毛小片蜾蠃 44, 281
黑长腹胡蜂 52, 581, 588
黑凹顶蜾蠃 43, 237
黑光带蜾蠃 45, 292, 293, 294
黑异喙蜾蠃 40, 120, 122, 123
黑沟蜾蠃指名亚种 41, 131, 157
黑尾胡蜂 1, 18, 51, 517, 529, 530
黑侧狭腹胡蜂 51, 495, 498
黑金刚蜾蠃 47, 345, 346
黑带荒漠胡蜾蠃 43, 238, 239, 240
黑盾胡蜂 51, 517, 523, 524
黑盾蜾蠃 39, 65, 85
黑费蜾蠃 106
黑真狭腹胡蜂 21, 50, 485, 489, 490, 493
黑唇元蜾蠃 52, 571, 576
黑唇同蜾蠃 48, 389, 403
黑胸蜾蠃 45, 286, 288
黑胸蜾蠃丽胸亚种 5, 45, 286, 291
黑胸蜾蠃指名亚种 45, 285, 286, 288, 289, 290
黑斑长片蜾蠃 44, 265, 271
黑棕马蜂 49, 429, 439, 440
黑跗马蜂 49, 429, 444
黑缘沟蜾蠃 40, 131
黑触沟蜾蠃 40, 131, 150
锈色华丽蜾蠃 38, 55, 57
锈佳盾蜾蠃 43, 213, 225
锈黄胡蜂 52, 549, 564, 565
锈腹蜾蠃 38, 65, 74

锈触蜾蠃 38, 65, 73
短小蜾蠃属 43, 110, 254, 275
短片元蜾蠃 52, 567, 571, 572, 575
短沟短小蜾蠃 44, 254, 259
短盾蜾蠃 42
短盾蜾蠃属 42, 110
短触蜾蠃属 41, 110, 182, 183
短鞍沟蜾蠃 40, 132, 139
等齿蜾蠃属 46, 111, 333
奥地利黄胡蜂 51, 548, 551
奥蜾蠃属 39, 54, 103
善捕同蜾蠃 48, 390, 396
普氏拟蜾蠃 46, 336, 340, 341
普通黄胡蜂 2, 52, 549, 565, 566
焰马蜂 49, 429, 438
港口亚沟蜾蠃 48, 383, 387
寒沟蜾蠃 40, 131, 142
强马蜂 50, 430, 453, 455, 456
疏刻马蜂 49, 429, 430
疏刻长片蜾蠃 44, 265, 272
疏刻费蜾蠃 39, 106
媒介旁沟蜾蠃 45, 302
缘代盾蜾蠃 41, 181
缘铃腹胡蜂 50, 461, 473
缘蜾蠃属 41, 111, 178, 196

十三画

瑞穗同蜾蠃 48, 389, 402
蓝翅丽腹胡蜂 52, 568, 569, 570
蒙古花粉胡蜂 49, 413
蒙古沟蜾蠃 40, 130, 148
暗盾蜾蠃天山亚种 44
暗铃腹胡蜂 50, 462, 474
跳马蜂 49, 430, 453, 459
锡兰小柄蜾蠃 43, 244, 250
锡兰啄蜾蠃 41, 165, 170
锡金沟蜾蠃 41, 130, 132, 158
简小柄蜾蠃 43, 244
简细蜾蠃 42, 194
微盾蜾蠃亚属 275
微盾蜾蠃属 44, 110, 275
新铃腹胡蜂 50, 461, 464
新疆蜾蠃 38, 65, 76
数铃腹胡蜂 50, 462
裸直盾蜾蠃 47, 364
福直盾蜾蠃 47, 364, 372
福建埃蜾蠃 42, 209, 210

十四画

墙沟蜾蠃 40, 131, 153
蜾蠃亚科 3, 4, 8, 22, 29, 30, 38, 53, 254
蜾蠃亚属 63
蜾蠃科 3
蜾蠃族 3, 38, 54
蜾蠃属 6, 38, 54, 63, 99, 103
膜翅目 2, 4, 415
精铃腹胡蜂 50, 462
滴斑啄蜾蠃远斑亚种 41, 166
寡毛土蜂科 2
褐马蜂 14, 49, 430, 431, 437
褐胡蜂 51, 516, 525, 526
熊猫长黄胡蜂 51, 501, 509
缩角窄蜾蠃 47, 344, 345

十五画

蕙荪马蜂 49
横沟蜾蠃 41, 130, 161
横带直沟蜾蠃 47, 357, 358
横窝旁细蜾蠃 45, 295, 300
颚长须蜾蠃 47, 350, 351, 352
墨体胸蜾蠃 45, 285, 286
墨体胸蜾蠃指名亚种 45, 286, 287
墨体胸蜾蠃黄额亚种 45, 286
墨体胸蜾蠃端棕亚种 45, 286, 288
稿秆拟蜾蠃 46, 336, 342
德氏小片蜾蠃 44, 281
德国黄胡蜂 52, 549, 554, 555
德钦华丽蜾蠃 38, 56, 58
德钦沟蜾蠃 40, 131, 140
德钦佳盾蜾蠃 43, 213, 224
澳狭腹胡蜂属 35

十六画

薄片长片蜾蠃 44, 265, 269
橘同蜾蠃 48, 390
赞等齿蜾蠃 46, 333, 335
糙全盾蜾蠃 39, 112, 113
糙沟蜾蠃 40, 131, 144
糙沟蜾蠃肯尼斯亚种 40, 131
糙沟蜾蠃指名亚种 40, 131
糙沟蜾蠃高糙亚种 40, 131
糙点长腹胡蜂 52, 581, 583

十七画

藏黄斑蜾蠃 39, 99

二十画

鳞翅目 4, 7, 12, 15, 415

二十二画

镶黄蜾蠃 39, 103, 104

拉丁学名索引

A

Alastorynerus 275
Allodynerus 39, 111, 112
Allodynerus asperipunctarus 39, 112, 113
Allodynerus bimaculus 39, 112, 114
Allodynerus delphinalis 39, 112, 115
Allodynerus dignotus 39, 112, 116
Allodynerus diqingensis 39, 112, 117
Allodynerus mandschuricus 39, 112, 113, 118, 119
Allodynerus reduncus 40, 112, 119
Allorhynchium 40, 110, 111, 120, 265
Allorhynchium argentatum 40, 120, 122, 123
Allorhynchium chinense 40, 120, 121, 123, 124
Allorhynchium diffinis 40, 120, 125, 129
Allorhynchium lugubrinum 40, 120, 126
Allorhynchium menglianensis 40, 120, 127
Allorhynchium metallicum 40, 120
Allorhynchium quadrimaculatum 40, 120, 127, 128
Allorhynchium radiatum 40, 120, 129
Ancistrocerus 40, 109, 130
Ancistrocerus abditus 40, 131, 133
Ancistrocerus antilope 40, 131, 134
Ancistrocerus antoni 40, 130, 135
Ancistrocerus arcanus 40, 131
Ancistrocerus aureovillosus 40, 130, 136
Ancistrocerus borneanus 40, 130, 137
Ancistrocerus chotanensis 40, 132, 138
Ancistrocerus densepilosellus 40, 132, 139
Ancistrocerus deqinensis 40, 131, 140
Ancistrocerus dusmetiolus 40, 132, 141
Ancistrocerus frigidus 40, 131, 142
Ancistrocerus gazella 40, 132, 143
Ancistrocerus hirsutus 40, 131, 144
Ancistrocerus hirsutus hirsutus 40, 131
Ancistrocerus hirsutus supiensis 40, 131
Ancistrocerus hirsutus tinkiensis 40, 131
Ancistrocerus japonicus 40, 131, 145
Ancistrocerus khangmarensis 40, 132
Ancistrocerus krausei 40, 132, 146
Ancistrocerus longispinosus gazelloides 40, 130, 147
Ancistrocerus melanocerus 40, 131
Ancistrocerus melanurus 40, 131
Ancistrocerus mongolicus 40, 130, 148
Ancistrocerus montuosus 40, 131, 149
Ancistrocerus nigricornis 40, 131, 150
Ancistrocerus oviventris oviventris 40, 131, 151
Ancistrocerus parapoloi 40, 131, 152
Ancistrocerus parietinus 40, 131, 153
Ancistrocerus parietum 2, 40, 131, 154
Ancistrocerus raddei 40, 131, 155
Ancistrocerus renimaculus 41, 132, 156
Ancistrocerus rufopictus 130
Ancistrocerus scoticus scoticus 41, 131, 157
Ancistrocerus sikhimensis 41, 130, 132, 158
Ancistrocerus terayamai 41, 130, 159
Ancistrocerus terekensis 41, 131, 160
Ancistrocerus tibetanus 131
Ancistrocerus transpunctatus 41, 130, 161
Ancistrocerus trifasciatus shibuyai 41, 131, 162
Ancistrocerus tussaci 41, 130, 163
Ancistrocerus waltoni 41, 132, 164
Anischnogaster 35
Antepipona 26, 41, 111, 165, 182
Antepipona asiamontana 41, 165, 166, 167
Antepipona biguttata 41, 166, 168
Antepipona bipustulata 41, 166, 169
Antepipona brunneola 41, 165
Antepipona ceylonica 41, 165, 170
Antepipona deflenda 41, 166, 171
Antepipona excelsa excelsa 41, 166
Antepipona guttata diffinis 41, 166

Antepipona menkei 41, 166, 172
Antepipona ovalis 41, 166
Antepipona plurimacula 41, 165
Antepipona rufescens 41, 165, 173
Antepipona sexfasciata 41, 165, 174
Antepipona shantungensis 41, 165, 175
Antepipona sibilans 41, 166, 176
Antepipona tytides 41, 166, 177
Anterhynchium 41, 111, 178, 196
Anterhynchium (*Anterhynchium*) *abdominale* 41, 178, 179
Anterhynchium (*Anterhynchium*) *mellyi* 41, 178, 179, 180
Antodynerus 41, 110, 180
Antodynerus limbatus 41, 181
Apocrita 2
Apodynerus 41, 110, 182, 183
Apodynerus flavidus 41, 182, 184
Apodynerus flavospinosus 41, 182, 185
Apodynerus formosensis 41, 182, 186, 187
Apodynerus formosensis continentalis 41, 182
Apodynerus formosensis formosensis 41, 182
Apodynerus icarioides 41, 182, 188
Apodynerus indicus 41, 182, 189
Apodynerus protuberantus 41, 182, 190
Apodynerus troglodytes 41, 182, 191
Apodynerus yayeyamensis 42, 182, 192
Asiapterocheilus 280
Asiodynerus 42, 111
Asiodynerus lucifer 42

B

Brachyodynerus 42, 110
Brachyodynerus perarrus 42
Bradynobaenidae 2

C

Calligaster 22, 26, 27, 37, 52, 568
Calligaster cyanoptera 52, 568, 569, 570
Calligaster himalayensis 52, 568, 570
Celonites 49
Celonites kozlovi 11, 412
Celonites montanus 49
Celonites sibiricus 11
Ceramiopsis 33
Cochlischnogaster 35, 50, 486
Cochlischnogaster daduogangensis 50, 486, 487
Cochlischnogaster menglunensis 50, 486, 488
Coeleumenes 25, 27, 42, 108, 193
Coeleumenes burmanicus 42, 193, 194
Coeleumenes thoracicus 42, 193
Cyrtolabulus 26, 42, 108, 194
Cyrtolabulus exiguus 42, 194
Cyrtolabulus punctatus 42, 194, 195
Cyrtolabulus yunnanensis 42, 194

D

Delta 28, 38, 54, 55
Delta campaniforme 38, 56
Delta conoideum 38, 55, 57
Delta deqinensis 38, 56, 58
Delta dimidiatipenne 38, 55, 59
Delta emarginatum 2
Delta esuriens 38, 58
Delta esuriens esuriens 38, 56, 60
Delta esuriens okinawae 38, 56
Delta pyriforme 38, 55, 61, 62
Deuterepipona 336
Dirhynchium 42, 111, 196
Dirhynchium coracinum 42, 196, 197, 198
Dirhynchium flavolineatum 42, 196, 198, 199
Dirhynchium flavomarginatum 8, 42, 196, 198, 200, 201
Dirhynchium flavopunctatum 42, 196, 200, 201, 202
Dirhynchium flavopunctatum flavopunctatum 42
Dirhynchium flavopunctatum opulentum 42
Dirhynchium inamurai 42
Dirhynchium melanopterum 42, 196, 200, 202
Dirhynchium yunnanensis 42, 196, 203
Discoelius 26, 27, 37, 52, 568, 571
Discoelius brevilamellatus 52, 567, 571, 572, 575
Discoelius dufourii 52, 573
Discoelius dufourii dufourii 52, 571, 573, 574
Discoelius dufourii manchurianus 52, 571, 574
Discoelius emeishanensis 52, 571, 575
Discoelius esakii 52, 571
Discoelius longinodus 52, 571
Discoelius nigriclypeus 52, 571, 576
Discoelius pictus 52, 571, 577
Discoelius turneri 52, 571, 578
Discoelius wangi 52, 571, 579
Discoelius zonalis 52, 571, 580
Dolichovespula 36, 51, 500, 501
Dolichovespula adulterina 51, 501, 502, 503
Dolichovespula flora 51, 501, 504
Dolichovespula intermedia 51, 502, 505
Dolichovespula lama 51, 501
Dolichovespula media 51, 501, 506
Dolichovespula norwegica 51, 502, 507

Dolichovespula pacifica 51, 501, 502, 508
Dolichovespula panda 51, 501, 509
Dolichovespula saxonica 51, 502, 510
Dolichovespula stigma 51, 502, 511
Dolichovespula sylvestris 51, 502, 512
Dolichovespula xanthicincta 51, 501

E

Ectopioglossa 42, 108, 204
Ectopioglossa convexa 42, 204
Ectopioglossa ovalis 42, 204, 205
Ectopioglossa sublaevis 42, 204, 206
Ectopioglossa taiwana 42, 204, 205, 207
Ectopioglossa trimacula 42, 204, 208
Epsilon 42, 110, 209
Epsilon dyscherum 42, 209
Epsilon fujianensis 42, 209, 210
Epsilon similimanasicum 42, 209, 210, 211
Eremodynerus 238
Eumenes 6, 38, 54, 63, 99, 103
Eumenes affinissimus 38, 64, 66
Eumenes aquilonius 38, 65, 67
Eumenes architectus 38, 64
Eumenes assamensis 38, 65
Eumenes atrophicus 38, 64, 68, 69
Eumenes belli 38, 64, 70
Eumenes buddha 38, 65
Eumenes coarctatus coarctatus 38, 65, 71
Eumenes coronatus coronatus 38, 65, 72
Eumenes ferruapiculus 38, 65, 74
Eumenes ferrugiantennus 38, 65, 73
Eumenes formosensis 38, 65
Eumenes fraterculus 38, 64, 75
Eumenes fulvopilosellus 38, 65, 76
Eumenes gibbosus 9, 38, 63, 65, 77
Eumenes kangrae 38, 65, 78, 79
Eumenes kiangsuensis 5, 38, 64, 79, 80
Eumenes labiatus 38, 64, 81
Eumenes labiatus flavoniger 38, 64, 81, 82
Eumenes labiatus labiatus 38, 64, 82
Eumenes labiatus sinicus 38, 64, 82, 83
Eumenes mediterraneus 38
Eumenes mediterraneus manchurianus 39, 65, 84
Eumenes mediterraneus mediterraneus 39
Eumenes multipictus 39, 64
Eumenes nigriscutatus 39, 65, 85
Eumenes pedunculatus pedunculatus 39, 65, 86
Eumenes pomiformis 39, 65, 87
Eumenes punctatus 6, 39, 65, 88, 89
Eumenes q. quadratus 64
Eumenes q. urainus 64
Eumenes quadratus 39, 64
Eumenes quadratus quadratus 39, 90, 91
Eumenes quadratus urainus 39
Eumenes rubrofemoratus 39, 65, 92
Eumenes rubronotatus 39, 65, 93, 94
Eumenes septentrionalis 39, 65
Eumenes septentrionalis khangmarensis 39, 65
Eumenes septentrionalis septentrionalis 39, 65, 95
Eumenes tosawae 39, 64
Eumenes tosawae lofouensis 39, 64
Eumenes tosawae tosawae 39, 64
Eumenes transbaicalicus 39, 64, 96
Eumenes tripunctatus 39, 64, 97, 98
Eumenes variepunctatus 39, 64
Eumenidae 3
Eumeninae 3, 4, 22, 29, 30, 38, 53, 54, 254
Eumenini 3, 38, 54
Euodynerus 26, 42, 110, 211, 212
Euodynerus (*Euodynerus*) *carinatus* 42, 212, 214
Euodynerus (*Euodynerus*) *caspicus* 42, 212, 215
Euodynerus (*Euodynerus*) *dantici* 42, 212, 214, 215, 216
Euodynerus (*Euodynerus*) *dantici brachytomus* 212
Euodynerus (*Euodynerus*) *dantici dantici* 42, 212, 216, 217
Euodynerus (*Euodynerus*) *dantici pamiricus* 212
Euodynerus (*Euodynerus*) *dantici violaceipennis* 42, 211, 212, 216, 217
Euodynerus (*Euodynerus*) *dantici voilaceipennis* 211
Euodynerus (*Euodynerus*) *disconotatus disconotatus* 42, 212, 218
Euodynerus (*Euodynerus*) *fastidiosus* 42, 212, 219, 220
Euodynerus (*Euodynerus*) *rufinus* 42
Euodynerus (*Euodynerus*) *semisaecularis semisaecularis* 43, 212, 221
Euodynerus (*Euodynerus*) *variegatus kruegeri* 43, 212, 222
Euodynerus (*Euodynerus*) *velutinus* 43, 212, 223
Euodynerus (*Pareuodynerus*) *adiacens* 43, 213
Euodynerus (*Pareuodynerus*) *deqinensis* 43, 213, 224
Euodynerus (*Pareuodynerus*) *ferrugineus* 43, 213, 225
Euodynerus (*Pareuodynerus*) *nipanicus* 43, 213, 225, 226, 229, 230, 231
Euodynerus (*Pareuodynerus*) *nipanicus nipanicus* 43, 213, 226, 227
Euodynerus (*Pareuodynerus*) *nipanicus ryukyuensis* 213
Euodynerus (*Pareuodynerus*) *nipanicus tonkinensis* 43, 213, 226, 227, 228

Euodynerus (*Pareuodynerus*) *notatus* 230
Euodynerus (*Pareuodynerus*) *notatus notatus* 43, 213, 229
Euodynerus (*Pareuodynerus*) *posticus* 213
Euodynerus (*Pareuodynerus*) *quadrifasciatus* 230
Euodynerus (*Pareuodynerus*) *quadrifasciatus quadrifasciatus* 43, 213, 230
Euodynerus (*Pareuodynerus*) *similinipanicus* 43, 213, 231
Euodynerus (*Pareuodynerus*) *strigatus* 43, 213, 232
Euodynerus (*Pareuodynerus*) *trilobus* 43, 212, 233
Euparagia 31
Euparagiinae 3, 4, 29, 30, 31
Eustenancistrocerus 43, 109, 234
Eustenancistrocerus (*Eustenancistrocerus*) *askhabadensis* 43, 234, 235
Eustenancistrocerus (*Parastenancistrocerus*) *amadanensis* 43, 234, 236
Eustenogaster 50, 486, 489
Eustenogaster eximia 50, 489, 491, 493
Eustenogaster micans 50, 489, 492
Eustenogaster nigra 21, 50, 485, 489, 490, 493
Eustenogaster scitula 50, 489

F

Formicidae 2

G

Gayellinae 4, 29, 30, 32
Gribodia 43, 110, 237
Gribodia cupreipennis 43
Gribodia nigra 43, 237

H

Hymenoptera 2, 4, 415

I

Insecta 2

J

Jucancistrocerus 43, 109, 238
Jucancistrocerus (*Eremodynerus*) *atrofasciatus* 43, 238, 239, 240
Jucancistrocerus (*Eremodynerus*) *chotanensis* 43, 238, 240
Jucancistrocerus (*Jucancistrocerus*) *alashanicus* 43, 238, 241, 242, 243
Jucancistrocerus (*Jucancistrocerus*) *angustifrons* 43, 238, 241, 242
Jucancistrocerus (*Jucancistrocerus*) *tachkensis* 43, 238, 243

K

Katamenes 39, 54, 99
Katamenes arbustorum arbustorum 39
Katamenes indetonsus 39, 99
Katamenes sichelii 99
Katamenes sichelii fulvus 39, 99, 100
Katamenes tauricus 39, 99, 101, 102

L

Labus 23, 26, 43, 108, 244, 245
Labus amoenus 43, 244, 246
Labus angularis 43, 244, 247
Labus clypeatus 43, 244, 248
Labus edentatus 43, 244, 249, 252
Labus exiguus 43, 244
Labus humbertianus 43, 244, 250
Labus lofuensis 43, 244, 251
Labus pusillus 43, 244, 252
Labus spiniger 43, 244, 253
Lepidoptera 4, 7, 12, 15, 415
Leptochilus 43, 110, 254, 275
Leptochilus (*Lionotulus*) *argentifrons* 43, 254, 255
Leptochilus (*Lionotulus*) *callidus* 43, 254, 256
Leptochilus (*Lionotulus*) *chinensis* 43, 254, 257, 259
Leptochilus (*Lionotulus*) *gobicus* 43, 254, 258
Leptochilus (*Lionotulus*) *habyrganus* 44, 254, 259
Leptochilus (*Lionotulus*) *incertus* 44, 254, 260
Leptochilus (*Lionotulus*) *kozlovi* 44, 254, 261
Leptochilus (*Lionotulus*) *locuples* 44, 254, 262
Leptochilus (*Neoleptochilus*) *tibetanus* 44, 254, 263
Leptomicrodynerus 44, 108
Leptomicrodynerus tieshengi 44
Liostenogaster 50, 486, 494, 495
Liostenogaster nitidipennis 50, 494, 495
Lissodynerus 44, 109, 264
Lissodynerus septemfasciatus feanus 44, 264

M

Malayepipona 44, 111, 265
Malayepipona brunnea 44, 265, 266
Malayepipona clypeata 44, 265, 267, 271
Malayepipona flaviclypeata 44, 265, 268
Malayepipona lamellata 44, 265, 269
Malayepipona maculosa 44, 265, 270
Malayepipona nigricans 44, 265, 271
Malayepipona sparsipuncta 44, 265, 272
Malayepipona triangula 44, 265, 273

Masaridae 3
Masarinae 3, 4, 11, 29, 30, 33, 49, 412
Masarini 3
Megaodynerus 44, 109, 274
Megaodynerus bimaculus 44, 274, 275
Megaodynerus maximus 274
Metaparagia 33
Microdynerus 44, 110, 275
Microdynerus (*Pseudomicrodynerus*) *parvulus* 44, 276
Microdynerus robustus 275
Mischocyttarus 34
Mutillidae 2

O

Odynerini 39, 54, 108
Odynerus 44, 111, 277
Odynerus melanocephalus 44, 277, 278
Odynerus tristis tianshanicus 44
Okinawepipona 44, 110, 265, 278
Okinawepipona curcipunctura 44, 278
Okinawepipona kogimai taiwana 44, 278
Okinawepipona nigra 44, 278, 279
Onychopterocheilus 44, 110, 280
Onychopterocheilus (*Asiapterocheilus*) *bensoni* 44, 280
Onychopterocheilus (*Asiapterocheilus*) *chinensis* 44, 281
Onychopterocheilus (*Asiapterocheilus*) *hirtus* 44, 281, 282
Onychopterocheilus (*Asiapterocheilus*) *kiritshenkoi* 44, 281, 282
Onychopterocheilus (*Asiapterocheilus*) *nigropilosus* 44, 281
Onychopterocheilus (*Asiapterocheilus*) *rongsharensis* 44, 280
Onychopterocheilus (*Asiapterocheilus*) *tibetanus* 44, 280
Onychopterocheilus (*Asiapterocheilus*) *waltoni* 44, 280
Onychopterocheilus (*Ghilarocheilus*) *turovi* 23, 44, 280, 283
Onychopterocheilus (*Onychopterocheilus*) *dementievi* 44, 281
Onychopterocheilus (*Onychopterocheilus*) *eckloni* 44, 281, 284
Onychopterocheilus (*Onychopterocheilus*) *wuhaiensis* 45, 281
Orancistrocerus 45, 110, 285
Orancistrocerus aterrimus 45, 285, 286
Orancistrocerus aterrimus aterrimus 45, 286, 287, 288
Orancistrocerus aterrimus erythropus 45, 286
Orancistrocerus aterrimus khasianus 45, 286, 288
Orancistrocerus drewseni 45, 286, 288
Orancistrocerus drewseni drewseni 45, 285, 286, 288, 289, 290, 291
Orancistrocerus drewseni opulentissimus 5, 45, 286, 291
Orancistrocerus moelleri aulicus 45, 285
Oreumenes 39, 54, 103
Oreumenes decoratus 39, 103, 104
Orientalicesa 45, 109, 292
Orientalicesa nigra 45, 292, 293, 294
Orientalicesa rangpocus 45, 292, 294

P

Paragia 33
Paraleptomenes 45, 110, 295
Paraleptomenes darugiriensis 45, 295, 296
Paraleptomenes kosempoensis 45, 295, 297
Paraleptomenes miniatus miniatus 45
Paraleptomenes nurseanus montanus 45, 295, 298
Paraleptomenes setaceus 45, 295, 299, 300
Paraleptomenes transifoveolus 45, 295, 300
Parancistrocerus 45, 109, 301
Parancistrocerus elatitergus 45, 302, 303
Parancistrocerus extentitergus 45, 302, 304
Parancistrocerus fragilitergus 45, 302, 305
Parancistrocerus guangxiensis 45, 302, 306
Parancistrocerus hongkongensis 45, 302
Parancistrocerus intermediatus 45, 302
Parancistrocerus irritatus 45, 301, 307, 310
Parancistrocerus jaferpaloti 45, 302, 308
Parancistrocerus kuraruensis 45, 302
Parancistrocerus lamnulus 45, 302, 309
Parancistrocerus latitergus 45, 301, 310
Parancistrocerus nitobei 45, 302
Parancistrocerus samarensis 45, 302, 311
Parancistrocerus similiandrocles 45, 302, 312
Parancistrocerus sulcatus 45, 302, 313
Parancistrocerus taihorinensis 45, 301
Parancistrocerus taihorinshoensis 45, 302
Parancistrocerus taikonus 45, 302
Parancistrocerus yachowensis 45, 302, 314, 315
Parancistrocerus yachowensis konkunensis 45, 302
Parancistrocerus yachowensis yachowensis 46, 302
Parancistrocerus yamanei 46, 302
Parapolybia 34, 49, 415, 416
Parapolybia bioculata 49, 416, 418, 419
Parapolybia crocea 13, 49, 416, 419, 420
Parapolybia flava 49, 416, 420
Parapolybia indica 49, 416, 421, 422
Parapolybia nodosa 49, 416, 423, 424, 426
Parapolybia nosoda 417
Parapolybia takasagona 49, 416
Parapolybia tinctipennis 49, 416, 425
Parapolybia varia 49, 416, 426, 427
Pararrhynchium 46, 109, 316
Pararrhynchium foveolatum 46, 317, 318

Pararrhynchium impunctatum 46, 316, 319
Pararrhynchium obsoletum 46, 317, 320
Pararrhynchium ornatum 46, 316, 321
Pararrhynchium ornatum bifasciatulum 46, 316
Pararrhynchium ornatum infrenis 46, 316, 317, 322
Pararrhynchium ornatum multifasciatum 46, 316
Pararrhynchium ornatum ornatum 46, 316, 321
Pararrhynchium ornatum sauteri 46, 316
Pararrhynchium paradoxum 46, 316, 323
Pararrhynchium parallelum 46, 316, 324
Pararrhynchium sinense 46, 317, 325
Pararrhynchium smithii 46, 316
Pararrhynchium striatum 46, 317, 326
Pararrhynchium taiwanum 46, 317, 327
Pararrhynchium venkataramani 46, 317, 328
Parastenancistrocerus 234
Parasymmorphus 389
Pareumenes 26, 27, 46, 108, 329
Pareumenes (*Nortonia*) *taiwanus* 46, 329
Pareumenes (*Pareumenes*) *chinensis* 46, 329, 330
Pareumenes (*Pareumenes*) *obtusus* 46, 329
Pareumenes (*Pareumenes*) *quadrispinosus* 46, 329, 331
Pareumenes (*Pareumenes*) *quadrispinosus acutus* 46, 329, 331
Pareumenes (*Pareumenes*) *quadrispinosus conjunctus* 46, 329
Pareumenes (*Pareumenes*) *quadrispinosus interruptus* 46, 329, 331, 332
Pareumenes (*Pareumenes*) *quadrispinosus quadrispinosus* 329
Pareumenes (*Pareumenes*) *quadrispinosus transitorus* 46, 329, 332, 333
Parischnogaster 50, 486, 495
Parischnogaster jacobsoni 51, 495, 496
Parischnogaster mellyi 51, 495, 497
Parischnogaster nigricans 51, 495, 498
Parodontodynerus 46, 111, 333
Parodontodynerus ephippium dalanicus 46, 333, 334
Parodontodynerus laudatus 46, 333, 335
Phimenes 39, 54, 105, 106
Phimenes curvatus 106
Phimenes flavopictus 39, 53, 105, 106
Phimenes flavopictus flavopictus 39, 106, 107
Phimenes flavopictus formosanus 39
Phimenes sparsipunctatus 106
Phimenes sparsipunctutus 39
Polistes 34, 49, 415, 428
Polistes (*Gyrostoma*) *gigas* 49, 428, 430, 431, 437
Polistes (*Gyrostoma*) *jokahamae* 49, 430, 432, 433, 435
Polistes (*Gyrostoma*) *olivaceus* 49, 430, 434, 435
Polistes (*Gyrostoma*) *rothneyi* 12, 49, 414, 430, 432, 435, 436
Polistes (*Gyrostoma*) *tenebricosus* 14, 49, 430, 431, 437
Polistes (*Gyrostoma*) *tenuispunctia* 49, 429, 430
Polistes (*Gyrostoma*) *wattii* 49, 430
Polistes (*Polistella*) *adustus* 49, 429, 438
Polistes (*Polistella*) *brunus* 49, 429, 439, 440
Polistes (*Polistella*) *eboshinus* 49
Polistes (*Polistella*) *formosanus* 49
Polistes (*Polistella*) *huisunensis* 49
Polistes (*Polistella*) *japonicus* 49, 415, 429, 441, 442
Polistes (*Polistella*) *mandarinus* 14, 49, 429, 442, 443, 448
Polistes (*Polistella*) *nigritarsis* 49, 429, 444
Polistes (*Polistella*) *nipponensis* 49, 429, 445, 446, 448
Polistes (*Polistella*) *sagittarius* 49, 429, 446, 447
Polistes (*Polistella*) *shirakii* 49
Polistes (*Polistella*) *snelleni* 15, 49, 429, 448, 449
Polistes (*Polistella*) *stigma* 49, 429, 450
Polistes (*Polistella*) *strigosus* 49, 429, 451, 452
Polistes (*Polistella*) *takasagonus* 49
Polistes (*Polistes*) *associus* 49, 430, 453, 454, 459
Polistes (*Polistes*) *chinensis* 49, 430, 454, 455
Polistes (*Polistes*) *dominula* 50, 430, 453, 455, 456
Polistes (*Polistes*) *gallicus* 50, 430, 455, 457, 458
Polistes (*Polistes*) *nimpha* 50, 430, 459
Polistinae 3, 4, 12, 22, 29, 30, 34, 49, 414, 415
Pompilidae 2
Provespa 36, 51, 500, 513
Provespa barthelemyi 19, 51, 513, 514, 515
Pseudepipona 46, 111, 336
Pseudepipona (*Pseudepipona*) *augusta* 46, 336, 337
Pseudepipona (*Pseudepipona*) *herrichii* 46, 336, 338
Pseudepipona (*Pseudepipona*) *kozhevnikovi* 46, 336, 339, 343
Pseudepipona (*Pseudepipona*) *lativentris* 46
Pseudepipona (*Pseudepipona*) *przewalskyi* 46, 336, 340, 341
Pseudepipona (*Pseudepipona*) *punctulata* 46, 336, 341
Pseudepipona (*Pseudepipona*) *straminea* 46, 336, 342
Pseudepipona (*Pseudepipona*) *tingjingliae* 46, 336, 343
Pseudomasaris 33
Pseudomicrodynerus 275
Pseudonortonia 46, 109, 344
Pseudonortonia abbreviaticornis 47, 344, 345
Pseudozumia 25, 27, 47, 108, 345
Pseudozumia indica 47
Pseudozumia indica indica 47, 345
Pseudozumia indica paulonotata 47, 345
Pseudozumia indosinensis 47, 345, 346
Pseumenes 26, 27, 47, 108, 347
Pseumenes depressus depressus 47, 347, 348
Pseumenes imperatrix 47, 347, 348, 349

Pterocheilus 47, 110, 350
Pterocheilus (*Pterocheilus*) *albofasciatus* 47
Pterocheilus (*Pterocheilus*) *mandibularis* 47, 350, 351, 352
Pterocheilus (*Pterocheilus*) *napalkovi* 47, 350, 352

Q

Quartinia 49, 413
Quartinia mongolica 49, 413

R

Rhopalosomatidae 2
Rhynchium 47, 111, 353
Rhynchium brunneum brunneum 47, 353, 354
Rhynchium quinquecinctum quinquecinctum 7, 47, 353, 355, 356
Ropalidia 34, 50, 415, 460, 461
Ropalidia aristocratica 50, 462, 463
Ropalidia artifex 50, 461, 464
Ropalidia bicolorata 50, 462, 465
Ropalidia binghami 50, 461
Ropalidia birmanica 50, 461, 466
Ropalidia cyathiformis 27, 50, 462, 467
Ropalidia fasciata 50, 460, 461, 468, 469, 484
Ropalidia flavopicta 50, 462
Ropalidia hongkongensis 50, 462, 470
Ropalidia magnanima 50, 461, 471
Ropalidia malaisei 50, 462, 472, 475
Ropalidia marginata 50, 461, 473
Ropalidia mathematica 50, 462
Ropalidia obscura 50, 462, 474
Ropalidia opifex 50, 462
Ropalidia ornaticeps 50, 462, 475
Ropalidia parartifex 50, 461, 476, 477
Ropalidia rufocollaris 50, 462
Ropalidia santoshae 50, 461, 478
Ropalidia scitula 50, 462
Ropalidia sculpturata 50, 461, 478, 479, 483
Ropalidia stigma 13, 50, 462, 480, 481
Ropalidia sumatrae 50, 462, 482
Ropalidia taiwana 50, 461, 483
Ropalidia variegata 50, 461, 484

S

Sapygidae 2
Scoliidae 2
Sierolomorphidae 2
Stenancistrocerus 47, 109, 357
Stenancistrocerus (*Paratropancistrocerus*) *transcaspicus* 47, 357, 358
Stenodyneriellus 47, 110, 358
Stenodyneriellus depressus 47, 358, 359
Stenodyneriellus guttulatus 47, 358, 360, 362
Stenodyneriellus maolanensis 47, 358, 361
Stenodyneriellus similiguttulatus 47, 358, 360, 362
Stenodynerus 7, 47, 111, 363, 383
Stenodynerus baronii 47, 364, 365
Stenodynerus bluethgeni 47, 364, 366
Stenodynerus chevrieranus 47, 364, 367
Stenodynerus chinensis 47, 364, 368, 369
Stenodynerus clypeopictus 47, 364, 370
Stenodynerus copiosus 47, 364, 371
Stenodynerus frauenfeldi 47, 364, 372
Stenodynerus funebris 47, 364, 373
Stenodynerus incurvitus 47, 364
Stenodynerus morawitzi 47, 363
Stenodynerus morbillosus 47, 363
Stenodynerus nepalensis 47, 364, 374
Stenodynerus ningliangensis 47, 364, 375
Stenodynerus nudus 47, 364
Stenodynerus pappi 47, 363
Stenodynerus pappi luteifasciatus 47, 363
Stenodynerus pappi pappi 47, 363, 376
Stenodynerus pullus 48, 364, 373, 377
Stenodynerus reflexus 48, 363, 378
Stenodynerus similibaronii 48, 364, 379
Stenodynerus strigatus 48, 363, 380
Stenodynerus taiwanus 48, 364
Stenodynerus tenuilamellatus 48, 363, 381
Stenodynerus tergitus 48, 363, 382
Stenogastrinae 3, 4, 21, 29, 30, 35, 50, 485, 486
Subancistrocerus 48, 109, 383
Subancistrocerus camicrus 48, 383, 384
Subancistrocerus clypeatus 48
Subancistrocerus compressus 48, 383, 385
Subancistrocerus jinghongensis 48, 383, 386
Subancistrocerus kankauensis 48, 383, 387
Subancistrocerus sichelii 48, 383, 388
Symmorphus 48, 109, 274, 389
Symmorphus (*Parasymmorphus*) *parvilineatus* 48, 389, 391
Symmorphus (*Symmorphus*) *ambotretus* 48, 389, 392
Symmorphus (*Symmorphus*) *angustatus* 48, 390, 393
Symmorphus (*Symmorphus*) *apiciornatus* 48, 390, 394
Symmorphus (*Symmorphus*) *aurantiopictus* 48, 390
Symmorphus (*Symmorphus*) *bifasciatus* 48, 390, 395
Symmorphus (*Symmorphus*) *captivus* 48, 390, 396

Symmorphus (*Symmorphus*) *cavatus* 48, 390, 397
Symmorphus (*Symmorphus*) *foveolatus* 48, 390, 398
Symmorphus (*Symmorphus*) *fuscipes* 48, 390, 399
Symmorphus (*Symmorphus*) *hoozanensis* 48, 389
Symmorphus (*Symmorphus*) *kurzenkoi* 48, 390, 400
Symmorphus (*Symmorphus*) *lucens* 48, 390, 401
Symmorphus (*Symmorphus*) *mizuhonis* 48, 389, 402
Symmorphus (*Symmorphus*) *nigriclypeus* 48, 389, 403
Symmorphus (*Symmorphus*) *ornatus* 48, 390
Symmorphus (*Symmorphus*) *sichuanensis* 48, 390
Symmorphus (*Symmorphus*) *sublaevis* 48, 390, 404
Symmorphus (*Symmorphus*) *tianchiensis* 48, 390, 405
Symmorphus (*Symmorphus*) *tsushimanus* 48
Symmorphus (*Symmorphus*) *violaceipennis* 48, 389, 406
Symmorphus (*Symmorphus*) *yananensis* 48, 390
Symmorphus (*Symmorphus*) *yunnanensis* 48, 390, 407

T

Tachyancistrocerus 48, 109, 408
Tachyancistrocerus schmidti 48, 408, 409
Tiphiidae 2
Trimeria 33
Tropidodynerus 48, 111, 409
Tropidodynerus (*Tropidodynerus*) *concavus* 49, 409, 410, 411
Tropidodynerus (*Tropidodynerus*) *liupanshanensis* 49, 409, 410, 411

V

Vespa 2, 36, 51, 500, 516
Vespa affinis 16, 17, 18, 51, 499, 517, 518, 519, 538
Vespa analis 51, 516, 520, 521
Vespa basalis 20, 51, 517, 521, 522, 535
Vespa bicolor 51, 517, 523, 524
Vespa binghami 51, 516, 525, 526
Vespa crabro 51, 517, 527, 528
Vespa ducalis 1, 18, 51, 517, 529, 530
Vespa dybowskii 51, 517, 531, 532
Vespa fumida 51, 517, 532
Vespa mandarinia 51, 517, 520, 533, 534
Vespa mocsaryana 51, 517, 521, 535, 536
Vespa orientalis 51, 517, 536, 537
Vespa simillima 51, 500, 517, 537, 538
Vespa soror 51, 517, 538, 539, 540
Vespa tropica 19, 51, 517, 541, 542
Vespa velutina 17, 20, 51, 517, 543, 544, 545
Vespa vivax 51, 517, 545, 546
Vespidae 2, 3, 4, 21, 23, 29, 30, 38
Vespinae 3, 4, 15, 22, 29, 30, 36, 51, 499, 500
Vespini 3
Vespoidea 3
Vespula 36, 51, 500, 501, 547, 548
Vespula arisana 51, 549, 550
Vespula austriaca 51, 548, 551
Vespula flaviceps 51, 547, 549, 552, 553, 554
Vespula germanica 52, 549, 554, 555
Vespula kingdonwardi 52, 548, 556, 557, 559
Vespula koreensis 52, 548, 549, 557, 558
Vespula nursei 52, 548, 556, 557, 559
Vespula orbata 52, 548, 549, 560, 561
Vespula rufa 2, 52, 548, 562, 563
Vespula shidai 52, 549, 563, 564
Vespula structor 52, 549, 564, 565
Vespula vulgaris 2, 52, 549, 565, 566

Z

Zeteumenoides 63
Zethinae 4, 22, 23, 27, 29, 30, 37, 52, 567, 568
Zethus 22, 23, 26, 37, 52, 568, 581
Zethus angulatus 52, 581, 582
Zethus asperipunctatus 52, 581, 583
Zethus bakeri 52, 581, 584
Zethus dolosus 52, 581, 585, 586
Zethus miniatus 22
Zethus nanlingensis 52, 581, 587
Zethus nigerrimus 52, 581, 588
Zethus nullimarginatus 52, 581, 589
Zethus striatus 52, 581, 590
Zethus taiwanus 52, 581, 591
Zethus tumidus 52, 581, 591, 592
Zethus velamellatus 52, 581

后记

我们团队从事胡蜂科 Vespidae 昆虫分类研究近二十载，在此基础上完成了本图鉴的编写工作。本图鉴编写历时近 5 年，其间先后得到国内外昆虫分类学前辈、同行、朋友及昆虫爱好者们的大力支持和帮助，在本图鉴即将出版之际，谨向他们致以衷心的感谢！

特别感谢中国科学院动物研究所李铁生先生及中国科学院昆明动物研究所董大志先生对我国胡蜂科 Vespidae 昆虫早期分类研究奠定的基础，本图鉴涉及的狭腹胡蜂亚科 Stenogastrinae 昆虫标本主要由董先生采集；衷心感谢谭江丽教授近些年对我国胡蜂科 Vespidae 昆虫分类研究所做的贡献；十分感谢中国科学院昆明动物研究所李开琴博士、中国科学院动物研究所张魁艳博士在标本借阅和拍摄中提供的无私帮助。本图鉴的完成也离不开重庆师范大学昆虫与分子生物学研究所全体教师及研究生们的帮助和支持，特别是参与胡蜂科 Vespidae 昆虫分类研究和编撰图鉴的研究生们，他们有周鑫、游菊、马振霞、彭艳、黄潘、张巧华、王华川、张雪、韩倩、陈洁、罗利、廖祥平、白越、姚余江、秦炯、代敏、曾鑫、彭云潋、肖楠、王婧、冯紫琰、龙思竹等，再次向他们致以诚挚的谢意。

本图鉴的编写得益于第一作者李廷景的恩师彩万志教授和李强教授长期的鼓励与支持，在此，向两位先生致以最崇高的敬意和衷心的感谢！同时，也感谢其同门兄弟姐妹的帮助和支持！

本图鉴涉及的标本主要来自重庆师范大学昆虫标本馆，部分标本借阅自国内外多家科研院所、高等院校和自然保护区管理局等单位的馆藏，还有少部分标本来自个人收藏、惠赠或交换。这些单位有中国科学院动物研究所国家动物博物馆、中国科学院上海昆虫博物馆、中国科学院昆明动物研究所昆明动物博物馆、中国科学院西双版纳热带植物园、中国科学院新疆生态与地理研究所、中国农业大学、云南农业大学、内蒙古师范大学、内蒙古农业大学、河北大学、新疆大学、中山大学、福建农林大学、中南林业科技大学、河南科技学院、河南科技大学、华中师范大学、广西师范大学、贵州大学、凯里学院、云南省林业和草原科学院、丽水市农林科学研究院、温州市农业科学研究院、广东省农业科学院植物保护研究所、海南大田国家级自然保护区管理局及四川小寨子沟国家级自然保护区管理处，以及美国自然历史博物馆、英国自然历史博物馆、俄罗斯科学院动物研究所动物博物馆、印度动物调查局、越南科学技术研究院、韩国韩瑞大学等，我们谨向上述单位及同仁致以诚挚的谢意。

衷心感谢各界朋友热心地为本图鉴拍摄和提供精美的生态照片，特别是中国科学院华南植物园陈华燕博士、浙江省台州市自然观察记录者许威先生、云南省红河州陈尽虫先生、香港特别行政区昆虫爱好者 Christophe Barthélémy、河南省昆虫爱好者何易涔先生、广西壮族自治区中国科学院广西植物研究所刘长秋博士、四川小寨子沟国家级自然保护区张涛先生、重庆师范大学黄敦元教授、云南王鹏昆虫科技服务有限责任公司王鹏先生、中国科学院昆明植物研究所陈高博士、武汉市洪山区蓝雪生态环境评价研究所刘庆明先生等。同时，衷心感谢美国自然历史博物馆 James M. Carpenter 教授、俄罗斯 RAS 南部海洋 Alexander V. Fateryga 博士和越南科学技术研究院 Lien Thi Phuong Nguyen 教授为本图鉴提供的部分模式标本照片或为检视模式标本提供的便利。另外，还要感谢河南科学技术出版社编辑认真严谨的工作态度，使本图鉴得以高质量的出版。

编著者

2023 年 10 月